AF508897

TRAITÉ

D'ASTRONOMIE ET DE MÉTÉOROLOGIE

APPLIQUÉES A LA NAVIGATION

TOME PREMIER

ASTRONOMIE

PARIS. — IMPRIMERIE ARNOUS DE RIVIÈRE. RUE RACINE. 26.

TRAITÉ
D'ASTRONOMIE

ET DE

MÉTÉOROLOGIE

APPLIQUÉES A LA

NAVIGATION

PAR

G. CHABIRAND
Lieutenant de vaisseau
Ancien élève de l'École polytechnique

L. BRAULT
Lieutenant de vaisseau
Ancien élève de l'École polytechnique

TOME PREMIER

ASTRONOMIE

PAR

G. CHABIRAND

PARIS

ARTHUS BERTRAND, ÉDITEUR
LIBRAIRIE MARITIME ET SCIENTIFIQUE
LIBRAIRE DE LA SOCIÉTÉ CENTRALE DE SAUVETAGE MARITIME
21, Rue Hautefeuille, 21

1877

TABLE DES MATIÈRES.

———

———

LIVRE I.

CARTES GÉOGRAPHIQUES. NAVIGATION PAR ESTIME

———

CHAPITRE I.

LIVRE II.

COORDONNÉES CÉLESTES CALCULS D'ASTRONOMIE SPHÉRIQUE.

CHAPITRE I.

SPHÈRE CÉLESTE. SYSTÈMES DE COORDONNÉES. APERÇU DU SYSTÈME DU MONDE.

CHAPITRE II.

APPLICATION DES FORMULES DE LA TRIGONOMÉTRIE
AU CALCUL DES COORDONNÉES CÉLESTES. TRANSFORMATION DES COORDONNÉES.
FORMULES DIFFÉRENTIELLES.

CHAPITRE III.

DES CALCULS EN ASTRONOMIE SPHÉRIQUE. DÉVELOPPEMENTS EN SÉRIES. FORMULE GÉNÉRALE DES APPROXIMATIONS SUCCESSIVES.

LIVRE III.

MOUVEMENTS DES CORPS CÉLESTES. MESURE DU TEMPS. CONSTRUCTION DES ÉPHÉMÉRIDES.

CHAPITRE I.

MOUVEMENTS DES PLANS DE COORDONNÉES. PRÉCESSION. NUTATION, ABERRATION.

CHAPITRE II.

MOUVEMENTS DU SOLEIL, DE LA LUNE ET DES PLANÈTES DANS LEURS ORBITES.

THÉORIE DU SOLEIL.

CHAPITRE III.

MESURE DU TEMPS. CALCUL DES ÉLÉMENTS DU SOLEIL.

CHAPITRE III.

CALENDRIER. ÉPHÉMÉRIDES ASTRONOMIQUES.

LIVRE IV.

DES POSITIONS APPARENTES. RÉDUCTION AU CENTRE DE LA TERRE.

CHAPITRE I.

FORME ET DIMENSIONS DE LA TERRE. APLATISSEMENT.

CHAPITRE II.

RÉFRACTION ASTRONOMIQUE.

CHAPITRE III.

PARALLAXES.

CHAPITRE IV.

DEMI-DIAMÈTRES APPARENTS.

CHAPITRE V.

RÉDUCTION DES OBSERVATIONS ET DES POSITIONS APPARENTES
AU CENTRE DE LA TERRE.

FIN DE LA TABLE DES MATIÈRES.

AVERTISSEMENT

Cet ouvrage est avant tout un livre de navigation destiné aux marins. Toutefois, les développements donnés aux théories principales qu'il contient, et la variété des documents qui s'y trouvent exposés, en font un véritable traité d'astronomie sphérique et de météorologie nautique.

Quand on examine avec soin l'ensemble des questions dont la connaissance constitue à proprement parler la science de la navigation, on arrive à conclure qu'elles dérivent à peu près toutes des deux problèmes suivants :

1° *Calcul des coordonnées géographiques de la position du navire ;*

2° *Tracé de la route à suivre pour atteindre une destination donnée ;*

Et l'on peut même ajouter que chaque jour ces deux problèmes s'imposent à tous ceux qui naviguent.

Or, la *Détermination des coordonnées géographiques,* ou, suivant l'expression consacrée dans le langage usuel, le *Calcul du point astronomique,* appartient exclusivement au domaine de l'astronomie sphérique. Quant au *Tracé de la route,* il dépend en premier lieu de la connaissance exacte de la direction du méridien, laquelle est fournie im-

médiatement par la déclinaison de l'aiguille aimantée à
bord : comme cette déclinaison est essentiellement variable,
elle est l'objet de mesures fréquentes dont l'ensemble constitue *la Régulation des compas du navire.* Cette opération, toujours basée sur des observations astronomiques, se
rattache au calcul du point et devient un véritable corollaire
du premier problème.

Mais il convient de remarquer que le second problème,
c'est-à-dire celui du *Tracé de la route,* dépend en outre de
données bien établies sur le régime des *Courants* et des
Vents généraux dans les parages que l'on se propose de
traverser. Car la question n'est pas seulement d'aller d'un
point à un autre sur la surface des mers, mais encore d'arriver à destination le plus promptement possible en rem-
plissant telle autre condition déterminée d'avance.

D'après cet ordre d'idées, nous avons divisé cet ouvrage
en deux parties distinctes : la *première,* qui a été faite par
M. Chabirand, renferme tous les éléments nécessaires au
calcul du point et à la résolution des problèmes qui s'y rattachent ; la *seconde,* qui est l'œuvre de M. Brault, a pour
objet l'exposé des principales lois établies aujourd'hui par
les observations météorologiques et des conclusions qu'on
en peut tirer relativement à la route probable.

Nous avons cherché à aborder successivement toutes les
questions dont la solution nous a paru présenter un véritable intérêt à la pratique de la navigation. En même temps
nous avons réuni en grand nombre les renseignements les
plus variés, susceptibles d'être mis à profit dans des travaux
inspirés par des idées différentes des nôtres. Nous avons
pensé en effet qu'en pareille matière, s'il importe avant
tout de fournir des résultats susceptibles d'une application
immédiate, il y a lieu de songer aussi à vulgariser les don-

nées scientifiques fondamentales et à préparer ainsi des éléments à de nouvelles recherches.

Enfin nous avons fait tous nos efforts pour réaliser un travail qui se trouve à la hauteur de la science actuelle : nous l'offrons avec confiance aux marins nos collègues, espérant qu'il leur rendra des services réels et qu'à ce titre il sera accueilli par eux avec faveur et bienveillance.

CHABIRAND. BRAULT.

PRÉFACE DU PREMIER VOLUME

Un ouvrage de navigation complet suppose d'abord l'exposé de tous les problèmes dont l'ensemble constitue l'objet de l'astronomie sphérique et en outre des développements particuliers relatifs à des sujets d'un ordre purement professionnel pour le marin, comme le point estimé, les cartes géographiques et la régulation des compas.

L'objet principal de l'astronomie sphérique peut se définir le calcul des coordonnées des astres, soit au moyen de formules fondamentales fournies par la mécanique céleste, soit à l'aide d'observations instrumentales exécutées à la surface de la terre avec des appareils spéciaux. Ce calcul est basé exclusivement sur l'emploi des formules de la trigonométrie sphérique, d'où le nom d'astronomie sphérique donné à cette branche de sciences astronomiques.

Le calcul du point astronomique en navigation a pour but la détermination des deux coordonnées géographiques, la latitude et la longitude de la position du navire; or ce problème ne peut se résoudre que par la mesure ou le calcul préalable des coordonnées de certains astres sur la sphère céleste, ou en d'autres termes par le calcul d'un ou de plusieurs triangles sphériques; il suppose en outre l'intelligence et l'usage des éphémérides astronomiques et par suite la connaissance des formules qui ont servi à les calculer.

Le problème de la régulation des compas repose sur la détermination de l'azimut d'un astre quelconque et la comparaison de cet azimut à l'azimut magnétique correspondant donné par l'aiguille aimantée; il dépend par conséquent de mesures de coordonnées célestes et de résolution de triangles sphériques.

Il doit résulter de là que les problèmes de navigation sont les mêmes que ceux de l'astronomie sphérique, et qu'alors ces deux sciences peuvent, sous la réserve de quelques différences d'ordre secondaire, être identifiées d'une manière à peu près absolue. C'est à ce titre que nous avons pu dire que ce livre est au fond un traité d'astronomie sphérique.

Pour que ce traité fût véritablement complet, nous aurions dû y donner la description et l'usage d'un certain nombre d'instruments employés par les marins et les géographes. Nous ne l'avons pas fait, d'un côté parce que nous avons voulu réduire autant que possible le volume de cet ouvrage, d'un autre, parce qu'il nous a paru impossible d'ajouter quelque chose aux détails donnés sur ce sujet dans des ouvrages d'une publication relativement récente, par exemple dans la partie pratique de *l'Astronomie sphérique* de Brünnow, et dans le *Traité d'astronomie et de géographie* de M. Emmanuel Liais. Il nous a semblé d'ailleurs que la théorie des instruments employés en astronomie constitue aujourd'hui un champ assez vaste pour devenir l'objet d'une véritable science que l'on pourrait appeler l'astronomie instrumentale.

Nous avons donc évité autant que possible d'aborder les détails d'instruments et les théories qui s'y rattachent; nous nous sommes proposé uniquement de décrire des méthodes de calcul en nous arrêtant d'une manière particulière aux questions d'approximations numériques. Les données seront les éléments des éphémérides ou ceux des observations supposées corrigées préalablement de toutes les erreurs instrumentales; quant aux calculs eux-mêmes, ils seront basés sur les formules fondamentales de la trigonométrie sphérique, sur des séries ou des développements fournis par l'analyse, et enfin sur quelques relations empruntées à la mécanique céleste.

En limitant le cercle de nos recherches dans le cadre qui vient d'être tracé, nous avons pu traiter d'une manière à peu près complète tout ce qui est calcul par approximations. Par le fait, tous les problèmes que l'on résout dans la pratique de la navigation sont de véritables approximations successives; nous les avons donc envisagés exclusivement à ce point de vue. Or ces problèmes ne peuvent se résoudre complétement et leurs solutions se traduire finalement par des formules simples et commodes qu'à l'aide du calcul différentiel. Jusqu'à ce jour, les auteurs qui ont fait des livres de navigation ont généralement reculé devant la nécessité d'employer l'analyse différentielle comme moyen d'investigation. Toutes les fois qu'ils l'ont pu, ils se sont efforcés de l'éluder, voulant sans doute demeurer plus élémentaires ; alors ils ont été conduits fatalement à des calculs pénibles qui donnent lieu le plus souvent à des discussions compliquées. Or, il faut bien le reconnaître, il y a des choses qui ne sauraient, quoi qu'on fasse, être rendues entièrement élémentaires et qui ne sont susceptibles d'être exposées d'une manière satisfaisante qu'à l'aide des connaissances qui sont du domaine de l'instruction secondaire.

Toutes les questions d'approximations numériques peuvent se traiter soit par la formule de Taylor, soit par la série de Lagrange, si l'on emploie des relations trigonométriques générales , ce qui suppose tout d'abord des conventions bien établies dans la notation des coordonnées. On arrive ainsi rapidement à mettre en évidence le résultat final sous une forme simple qui ne présente aucune ambiguïté et manifeste immédiatement le degré de précision qui affectera la quantité numérique calculée ; d'un autre côté, on évite au calculateur l'emploi de ce que l'on appelle vulgairement les calculs de fausse position, calculs dont l'économie est aussi imparfaite au point de vue analytique qu'au point de vue pratique.

Pour la classification générale des matières contenues dans la partie astronomique de cet ouvrage, on a adopté la division par *livres*, ce mode de division traduisant très exactement le programme général auquel on s'est arrêté. Le premier volume comprend quatre livres où se trouvent réunies un certain nombre de théories importantes dont la connaissance s'impose tout d'abord au calculateur marin et lui est pour ainsi dire indispensable pour l'intelligence du problème du point astronomique.

Le *premier livre* traite des questions les plus élémentaires de la navigation pratique : la détermination d'un point de la surface de la terre par ses deux coordonnées géographiques, l'usage du compas à bord pour assurer la route du navire et le calcul de ce que l'on appelle *le point estimé;* il renferme en outre des notions complètes sur la construction et l'usage des cartes marines.

Le *deuxième livre* est consacré principalement à l'application des formules de la trigonométrie sphérique au calcul des coordonnées, et à la description détaillée de tous les calculs qui en sont la conséquence. Ce livre se trouve avoir des développements exceptionnels, eu égard à l'objet principal de cet ouvrage qui est précisément le calcul numérique des coordonnées.

Le *troisième livre* a pour but final la construction et l'usage des tables des éphémérides. Il nous a semblé que ce sujet ne pouvait être exposé d'une manière satisfaisante qu'à la condition d'être précédé d'une théorie des mouvements des corps célestes et de la mesure du temps. Cette théorie, quoiqu'au fond assez sommaire, a reçu une extension qui dépasse peut-être un peu les limites ordinaires d'un ouvrage de navigation. Nous avons cru devoir la présenter de cette manière, parce qu'il nous a paru possible de réunir dans l'espace de quelques pages les documents nécessaires au calcul des coordonnées de tous les corps célestes, sinon avec la dernière précision, du moins avec une très grande approximation ; on remarquera du reste que ces documents se trouvent seulement dans certains ouvrages considérables dont on ne peut disposer que dans des conditions exceptionnelles. Il peut d'ailleurs être intéressant de savoir construire un calendrier ou déterminer les positions de certains astres sur la sphère céleste à une époque donnée, non-seulement dans le courant du siècle où nous vivons, mais encore dans un siècle quelconque.

Le *quatrième livre* renferme un certain nombre de théories astronomiques qui ont pour objet la réduction des observations et sont par suite d'une application fondamentale dans tous les calculs de navigation ; ces théories concernent l'aplatissement de la terre, la réfraction, les parallaxes et les demi-diamètres apparents.

Les introductions particulières qui précèdent chaque livre nous dispensent quant à présent d'insister davantage sur les idées principales qui nous ont guidé dans toutes les questions auxquelles nous avons cru devoir donner des développements spéciaux.

TRAITÉ
D'ASTRONOMIE ET DE MÉTÉOROLOGIE

APPLIQUÉES A LA NAVIGATION

ASTRONOMIE

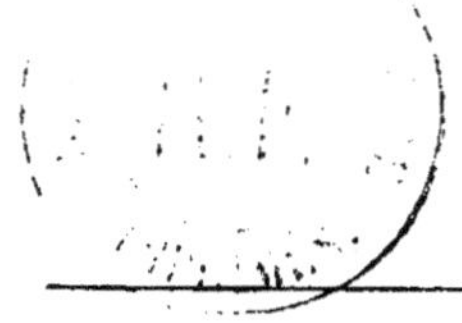

LIVRE I

CARTES GÉOGRAPHIQUES. — NAVIGATION PAR ESTIME

INTRODUCTION.

On a réuni dans ce livre toutes les notions élémentaires dont la connaissance est pour ainsi dire la base première de la navigation : la détermination d'un point de surface de la terre par ses deux coordonnées, latitude et longitude, la représentation de la surface elle-même par des cartes géographiques, enfin le calcul du point d'estime et le tracé des routes sur la carte.

La construction des cartes géographiques a été l'objet de quelques développements spéciaux qui pourront trouver quelquefois d'intéressantes applications dans la pratique. Les marins se servent à peu près exclusivement, dans leurs cartes, du système de projection de Mercator : or, cette projection extrêmement commode pour la navigation est très insuffisante toutes les fois qu'il y a lieu de figurer une représentation qui se rapproche autant que possible de la réalité : cela est vrai surtout pour les zones placées en dehors des tropiques. On a fait connaître les principes d'un certain nombre de projections qui réalisent chacune des avantages particuliers et à ce titre peuvent être mises à profit dans des circonstances données. Cet exposé est un peu som-

Chabirand, I.   1

maire, mais il peut être regardé comme suffisant : nous avons donné en effet un moyen pratique de calculer les éléments d'un canevas dans un système quelconque et par suite de construire immédiatement le canevas lui-même.

En ce qui concerne le calcul du point estimé, on n'a guère fait que reproduire des détails qui sont présents à l'esprit de tous les marins et qui se trouvent d'ailleurs dans les ouvrages de navigation les plus élémentaires. Une légère innovation a toutefois été adoptée dans la manière de compter les routes et les azimuts. On a abandonné l'emploi des points cardinaux et en général l'usage de la graduation de la circonférence en quarts et demi-quarts, pour se servir exclusivement des angles estimés en degrés et comptés de 0° à 360°. Cette notation s'impose d'une manière absolue quand on veut donner aux formules calculées en fonction de l'azimut toute la généralité qu'elles comportent : il était rationnel de l'adopter également pour la numération des routes et des caps qui sont de véritables azimuts et se concluent toujours d'ailleurs des azimuts calculés, au moyen d'une simple addition algébrique. Cette manière de procéder ne constitue du reste une innovation qu'en égard au langage usuel établi depuis longtemps dans la pratique. Je ferai remarquer toutefois que je ne suis pas le premier qui essaye de modifier l'ancien langage à ce sujet. Dans son ouvrage sur la *Déviation des compas*, M. Fournier n'a pas hésité à adopter la numération des azimuts de 0° à 360°, trouvant sans doute qu'elle était indispensable pour la généralisation des formules et par suite pour l'exposé d'une véritable théorie scientifique. Il y a lieu d'espérer que la vulgarisation de la théorie du compas et la pratique des calculs qui s'y rattachent ne tarderont pas à rendre la nouvelle notation d'un usage à peu près exclusif dans tous les calculs de navigation.

CHAPITRE I

FORME ET DIMENSIONS DE LA TERRE. — COORDONNÉES GÉOGRAPHIQUES.

1. Forme générale de la Terre.—Premières définitions.
— Le solide géométrique susceptible de figurer aussi exactement que
possible la forme générale de la Terre est une sphère qui serait légèrement aplatie aux extrémités d'un même diamètre et renflée suivant la
circonférence de grand cercle perpendiculaire à ce diamètre. Le solide
ainsi défini peut être identifié à un ellipsoïde de révolution dont la
section méridienne aurait une faible excentricité. Toutefois, si l'on
veut parler rigoureusement, on doit dire que la Terre n'est en réalité
ni une sphère, ni un ellipsoïde de révolution : sa forme ne saurait se
définir géométriquement. Les corps de ce genre qui se rapprochent
sensiblement de la sphère tout en présentant avec elle des différences
appréciables aux mesures instrumentales, ont reçu le nom générique
de *sphéroïdes*. La Terre est donc un sphéroïde qui diffère peu d'une
sphère et encore moins d'un ellipsoïde de révolution.

Pour étudier la surface d'un sphéroïde, il est commode d'assimiler
ce corps au solide géométrique le plus simple qui s'en rapproche le
plus. On établit dans cette hypothèse les résultats généraux dont on
a besoin ; plus tard, quand les dimensions exactes du sphéroïde ont
été déterminées par des mesures expérimentales, ces résultats généraux sont complétés par des termes de corrections. On arrive ainsi à
établir des formules rigoureuses qui renferment en premier lieu un
terme principal dépendant de la forme qui diffère le moins du sphéroïde, et ensuite un certain nombre de termes de correction d'ordre
inférieur qui sont fonctions des inégalités indiquées par l'observation.
Ce sont ces formules que l'on applique dans les calculs de la pratique.

La Terre sera donc assimilée tout d'abord à une sphère ; plus tard
on fera connaître les corrections à établir quand les dimensions des
principaux éléments auront été mesurées exactement.

La Terre est animée d'un mouvement de rotation autour d'une
droite fixe que l'on appelle *Axe de la Terre ;* les deux points où cet axe
perce la surface ont reçu le nom de *Pôles.* Le *Pôle Nord* est celui qui

se trouve au-dessus de notre horizon ; le second pôle est le *Pôle Sud*.

Tout plan mené par l'axe de la Terre découpe la surface suivant une circonférence de grand cercle qui est un *Méridien*. La circonférence du grand cercle perpendiculaire à l'axe s'appelle l'*Équateur*. L'équateur partage la surface de la Terre en deux hémisphères qui se distinguent en hémisphère nord et en hémisphère sud, du nom de leur pôle.

Tout plan perpendiculaire à l'axe de la Terre découpe sa surface suivant un petit cercle que l'on appelle un *Parallèle* ou un *Almicantarat*. Quelques parallèles qui servent à diviser la surface de la Terre en zones d'après le mouvement du soleil, ont reçu des noms particuliers. Si l'on divise un méridien en degrés et minutes, de l'équateur vers le pôle, le parallèle qui correspond à peu près à la division 23° 27' dans l'hémisphère nord s'appelle le *Tropique du Cancer* et dans l'hémisphère sud le *Tropique du Capricorne*. Les parallèles menées à la même distance angulaire 23° 27' de chaque pôle ont reçu le nom de *Cercles polaires*, *arctique* pour l'hémisphère nord, *antarctique* pour l'hémisphère sud.

La partie de la surface de la Terre comprise entre les deux tropiques s'appelle la *Zone torride* ; la zone située entre un tropique et un cercle polaire est une *Zone tempérée ;* enfin, les zones extrêmes qui ont pour centres les pôles et sont limitées par des cercles polaires sont dites *Zones glaciales*.

La normale à la surface de la Terre en un lieu donné est la *Verticale* de ce lieu. La direction de la verticale est donnée par le fil à plomb : c'est la trajectoire que suit un corps qui tombe librement vers la Terre sous l'action de la pesanteur. La verticale passe par le centre de la Terre si l'on admet la forme sphérique.

Tout plan mené par la verticale s'appelle un *Plan vertical* ou simplement un *Vertical :* il découpe la surface de la Terre suivant un grand cercle. Le plan mené perpendiculairement à la verticale du lieu par le centre de la Terre est l'*Horizon astronomique* du lieu. Le plan parallèle à l'horizon astronomique mené tangentiellement à la surface est l'*Horizon apparent* du lieu. Le plan du méridien coupe l'horizon apparent suivant une droite qui est la *Méridienne* du lieu. La direction de la méridienne donne par suite immédiatement celle du pôle dans l'hémisphère où l'on se trouve. Un plan vertical coupe l'horizon apparent suivant une droite : l'angle formé par cette droite avec la méridienne est un *Azimut*. La droite perpendiculaire à la méridienne détermine sur l'horizon deux points que l'on appelle *Est* et *Ouest*. Les quatre points de l'horizon déterminés par la méridienne et sa perpendiculaire ont reçu d'une manière générale le nom de *Points Cardinaux:* ce sont le *Nord*, l'*Est*, le *Sud* et l'*Ouest*. Entre ces point son peut en établir d'intermédiaires comme le N.-E., le S.-E., le NN.-E., le SS.-E., etc.

Quand une circonférence est graduée en rumbs désignés à l'aide des points cardinaux, elle prend le nom de *Rose des vents*. Un rumb quelconque est un azimut déterminé d'après la définition donnée tout à l'heure pour l'azimut. Les azimuts se comptent de 0° à 360°, du nord, vers l'est, le sud et l'ouest, de sorte que le point nord a pour azimut 0°; les azimuts des autres points cardinaux sont : 90° pour l'est, 180° pour le sud et 270° pour l'ouest. Plus tard on aura l'occasion de revenir sur la notation des azimuts et l'on insistera d'une manière toute particulière sur la nécessité absolue de compter toujours ces angles de 0° à 360° dans l'exécution des calculs.

2. Des coordonnées géographiques. — La position d'un point à la surface de la Terre se détermine à l'aide de deux coordon-

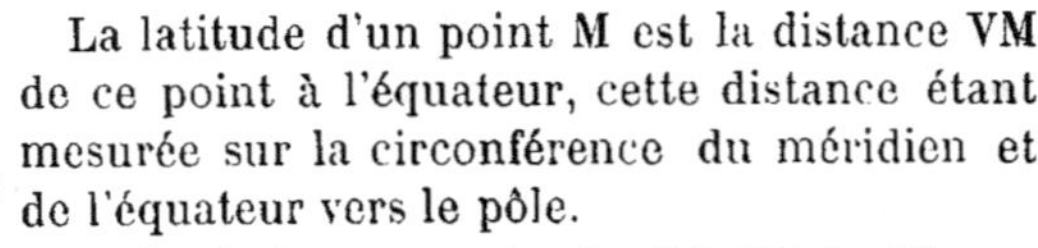

Fig. 1.

nées sphériques que l'on appelle la *latitude* et la *longitude*.

La latitude d'un point M est la distance VM de ce point à l'équateur, cette distance étant mesurée sur la circonférence du méridien et de l'équateur vers le pôle.

La latitude se compte de 0° à 90° de l'équateur au pôle ; nulle sur l'équateur elle est de 90° au pôle. La latitude est nord quand le point M est placé dans l'hémisphère nord et sud quand il se trouve dans l'hémisphère sud. La latitude nord est positive et affectée du signe $+$; la latitude sud négative et affectée du signe $-$.

La *longitude* d'un point M est l'arc de l'équateur AV compris entre le méridien du lieu et un méridien NAS pris pour origine. Le choix du méridien origine est entièrement arbitraire; habituellement chaque nation adopte le méridien qui passe par son observatoire principal : ainsi en France on prend le méridien de l'observatoire de Paris, en Angleterre celui de Greenwich, etc. Les longitudes se comptent de 0° à 360° du méridien origine vers l'ouest; quelquefois on compte seulement les longitudes de 0° à 180° vers l'ouest ou vers l'est, mais alors on les fait suivre de la dénomination ouest ou est; cette manière de compter ne peut être employée que dans le langage usuel; quand il faut introduire une longitude dans un calcul, on doit toujours la prendre avec sa valeur comptée entre 0° et 360° à partir du premier méridien et dans le sens du mouvement diurne.

Les définitions qui viennent d'être données de la latitude et de la longitude doivent être complétées par quelques remarques particulières.

Soit C une section méridienne de la Terre passant par le point M : d'après sa définition même, la latitude du point M est l'arc MV, ou si l'on prend le rayon de la Terre pour unité, l'angle MCP formé par la normale ou la verticale au point M avec le plan de l'équateur. Or, si l'on mène HH′ perpendiculaire à CM, cette perpendiculaire re-

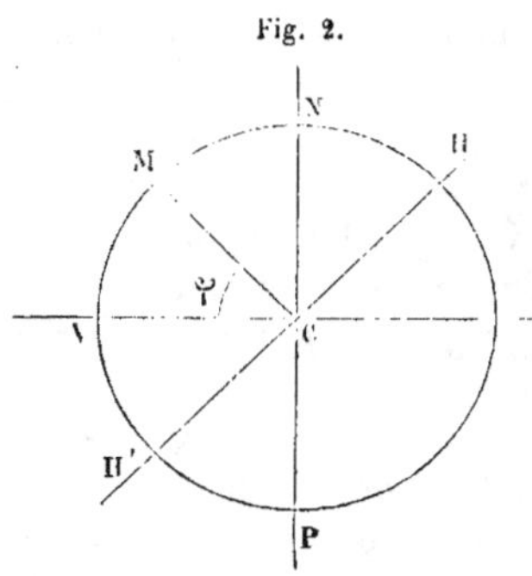

Fig. 2.

présentera la trace du plan de l'horizon sur le plan de projection, d'après une définition de l'horizon donnée précédemment. N étant le pôle, NCH représente la hauteur du pôle au-dessus de l'horizon ; mais NCH = MCV = latitude du point M ; on en conclut que la latitude d'un lieu donné M est égale à la hauteur du pôle au-dessus de l'horizon de ce lieu. De là un moyen de déterminer astronomiquement la latitude d'un point de la Terre.

Les notions précédentes doivent subir quelques modifications si l'on suppose que la section méridienne est une ellipse au lieu d'être une circonférence ; dans ce cas, en effet, la normale CM ne passe plus par le centre. Mais alors on doit toujours appeler LATITUDE ASTRONOMIQUE du point M, ou latitude égale à la hauteur du pôle au-dessus de l'horizon, l'angle formé par la normale en M avec le plan de l'équateur. Nous représenterons cette latitude par la lettre φ. Dans le cas de la section elliptique le rayon vecteur CM formera avec l'équateur un angle φ' différent de φ : ce sera la latitude *géocentrique*. Nous donnerons plus tard, en traitant de l'aplatissement de la Terre, l'expression rigoureuse de la différence des deux latitudes $\varphi' - \varphi$; mais il doit être bien entendu, pour éviter toute confusion de langage, que toutes les fois que l'on parle de latitude sans lui donner de dénomination, on veut parler de la latitude astronomique φ ou de la hauteur du pôle au dessus de l'horizon du lieu.

Figurons maintenant en O le plan et la circonférence de l'équateur : soient AA′, VV′ les traces sur ce plan du méridien principal et du méridien d'un point quelconque M. L'arc AV, ou si le rayon est pris pour unité, l'angle AOV mesure la différence des longitudes

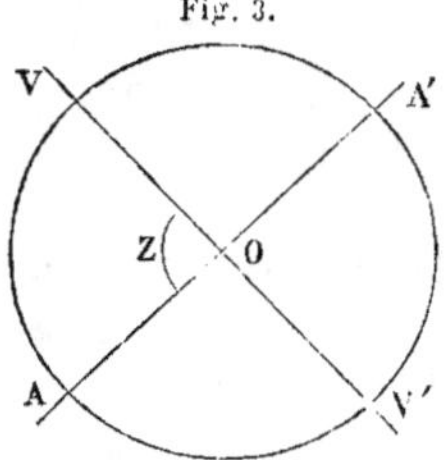

Fig. 3.

des méridiens AA′ et VV′, et comme AA′ est le méridien principal ou méridien origine, la longitude absolue du méridien VV′, c'est-à-dire du point M. Or, l'angle AOV n'est autre chose que la mesure de l'angle dièdre formé par les deux plans méridiens AA′ et VV′. La longitude d'un point peut donc être définie la mesure de l'angle dièdre formé par la section méridienne passant par ce point avec la section méridienne principale. Si l'on trouve un moyen de mesurer cet angle dièdre, on en conclura immédiatement la valeur de la longitude. Ainsi qu'on le verra plus loin, le mouvement uniforme des corps célestes autour de la Terre permet de déterminer cette mesure avec la plus grande facilité. La différence des longitudes des deux lieux est toujours égale à la différence des temps des deux lieux.

De même que nous avons adopté la lettre φ pour représenter la latitude géographique d'un point de la Terre, nous emploierons la lettre ψ pour figurer la longitude.

3. But de la navigation. — Deux points A et B étant donnés par leurs coordonnées géographiques, se rendre du point A au point B : tel est le problème essentiel dont la résolution peut être regardée comme le but de la navigation, celui d'où dérivent toutes les questions accessoires que l'on peut avoir à traiter.

Le plus court chemin de A à B est l'arc de grand cercle AB : il est

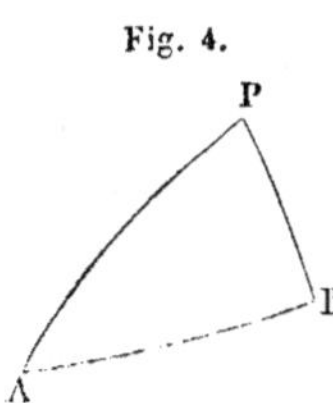

facile d'en calculer la longueur et en outre de mesurer les angles A et B en résolvant le triangle APB : on connaît dans ce triangle les côtés PA et PB qui sont les compléments des latitudes des points A et B et l'angle APB qui est égal à la différence de leurs longitudes ; on a, par suite, tous les éléments nécessaires pour résoudre le triangle. Ayant résolu le triangle APB on connaîtra l'angle A, c'est-à-dire l'angle sous lequel le navire doit couper le méridien pour se rendre en B ; cet angle est *l'Angle de route* ou simplement *la Route*. Il est évident que l'angle A variera au fur et à mesure que l'on s'éloignera de A pour se rapprocher de B, de là la nécessité de calculer cet angle pour les principaux méridiens que le navire doit rencontrer ; c'est ce qui a lieu quand on s'astreint à naviguer rigoureusement sur l'arc de grand cercle.

On a trouvé commode de construire les cartes marines sous la condition que l'angle de route du navire y reste constant, ou en d'autres termes que la trajectoire du navire soit figurée sur la carte par la droite qui y joint le point de départ au point d'arrivée. Il résulte de cette disposition que le chemin décrit effectivement par le navire sur la sphère n'est plus un arc de grand cercle, mais une courbe déterminée que l'on appelle la *Loxodromie*. Dans beaucoup de circonstances la loxodromie s'éloigne fort peu de l'arc de grand cercle, de sorte que l'augmentation de distance à parcourir est en réalité du second ordre. En revanche, l'usage de la loxodromie facilite le tracé des routes et la résolution de tous les problèmes qui s'y rattachent, d'une manière véritablement remarquable. Voulant, par exemple, se rendre d'un point A à un point B, on joint ces deux points par une ligne droite, on mesure au rapporteur l'angle formé par cette droite avec un méridien quelconque et l'on a immédiatement l'angle de route sans faire aucun calcul.

Les marins se servent donc de la loxodromie d'une manière à peu près exclusive. Toutefois, quand la distance à parcourir est considérable et que la loxodromie s'éloigne notablement de l'arc de grand cercle, il y a un avantage réel à se servir de ce dernier : alors on en effectue le tracé sur la carte ; on dirige ensuite sa route de manière à suivre à peu près le grand cercle en décrivant une série de petits arcs de loxodromie.

Le navigateur se rend compte du chemin qu'il parcourt et des parages qu'il traverse à l'aide d'une carte marine : il porte sur cette carte les coordonnées de sa position, toutes les fois que ces coordonnées ont pu être déterminées ; il trace ensuite la route et la compare à celle qui se trouve suivie effectivement par le navire : dans le cas où elle s'en écarterait par suite d'une cause accidentelle, il prend note de la différence pour en tenir compte ultérieurement. Ce travail doit pour ainsi dire être incessant : il peut arriver, en effet, qu'en raison de phénomènes particuliers, par exemple des courants ou des vents contraires, le navire soit dévié de sa route ; il importe de s'assurer de cette déviation et autant que possible de la mesurer exactement. D'un autre côté, la route normale peut se rapprocher trop près des terres ou traverser des parages dangereux ; alors il y a lieu de la modifier momentanément en temps opportun sauf à la reprendre plus tard.

L'étude du déplacement du navire sur la carte suppose des déterminations fréquentes de ses coordonnées géographiques. Ces coordonnées sont données soit par l'estime, soit par les observations astronomiques.

Ainsi qu'on le verra plus loin, on possède à bord les moyens de mesurer à chaque instant et l'angle de route et la vitesse du navire : quand on a mesuré ces éléments d'une manière suivie pendant un certain laps de temps, on peut par des calculs très simples en conclure les déplacements en latitude et en longitude pendant cet intervalle et par suite les coordonnées du navire à l'époque du calcul. Ce procédé est celui de la *Navigation par estime*. Les positions résultant de l'estime ne sont jamais bien exactes, mais dans beaucoup de circonstances elles sont suffisantes. Quand on veut des coordonnées rigoureuses, il faut recourir aux observations astronomiques.

Ces observations sont basées sur les deux principes suivants : 1° la latitude d'un lieu est égale à la hauteur du pôle au-dessus de l'horizon de ce lieu ; 2° la différence des longitudes de deux lieux est égale à la différence des heures, temps moyen, de chaque lieu. Déterminant par des observations exécutées sur la sphère céleste, et la hauteur du pôle et l'heure temps moyen du lieu, et connaissant d'ailleurs l'heure temps moyen du premier méridien, on conclut immédiatement la latitude et la longitude du lieu.

Il peut résulter de ce qui précède que la navigation repose à la fois sur l'emploi des cartes marines et sur le calcul des coordonnées astronomiques. On donnera tout à l'heure une théorie suffisamment complète de la construction des cartes marines; quant au calcul des coordonnées, c'est l'objet principal de cet ouvrage. Mais avant d'aller plus loin, on va faire connaître les dimensions principales du globe terrestre; on y ajoutera ensuite quelques données sur les propriétés physiques de la Terre.

4. Dimensions principales de la Terre. — Depuis environ un siècle on a exécuté de nombreuses mesures d'arcs de méridien dans presque toutes les régions de la Terre. La France est la première nation qui ait inauguré ce grand travail à la fin du siècle dernier : on se proposait alors de déterminer la longueur du *mètre*, base du système des poids et mesures.

D'après les travaux de Delambre et Méchain, la commission des poids et mesures fixa la longueur du quart du méridien à 5 130 740 toises. La toise employée comme étalon était la toise du Pérou, c'est-à-dire la toise dont s'étaient servi Bouguer et Lacondamine dans leurs mesures de méridienne au Pérou.

On décida que la longueur du mètre serait la 10 000 000ᵉ partie du quart du méridien, par conséquent :

$$\text{Longueur du mètre} = \frac{\text{quart du méridien}}{10\,000\,000} = 0^{\text{toise}},513\,074\,0.$$

Depuis l'époque où la commission des poids et mesures arrêta le résultat de ses travaux, une erreur assez considérable fut relevée dans les mesures de Delambre et Méchain. Toutefois, cette erreur ne modifie pas d'une manière bien sensible la longueur du mètre.

L'astronome allemand Bessel, ayant composé les mesures d'arc de méridien exécutées chez les diverses nations, a donné comme valeur moyenne :

$$\text{Quart du méridien} = 5\,131\,180 \text{ toises,}$$

ce chiffre pouvant être regardé comme affecté d'une erreur de $\pm$ 256 toises.

Il résulterait de là que :

$$\text{Quart du méridien} = 10\,000\,857 \text{ mètres.}$$

Par suite, la longueur adoptée par la commission des poids et mesures se trouverait affectée d'une erreur de $0^{\text{m}},000\,085\,7$, si l'on voulait que le mètre fût exactement la 10 000 000ᵉ partie du quart du méridien. Cette erreur n'est pas sensiblement appréciable.

Les diverses mesures exécutées à la surface de la Terre pour des arcs
de méridiens différents ont démontré que ces arcs n'étaient point des
arcs de cercle, mais bien plutôt des arcs d'ellipse, d'où résulterait que
la section méridienne de la Terre serait une ellipse et que la Terre
serait elle-même un ellipsoïde de révolution. Toutefois, ce résultat
n'est pas rigoureusement exact : les diverses ellipses méridiennes
mesurées ne sont pas absolument identiques ; elles ont des excentricités différentes, et, par suite, ne sont pas superposables. On ne peut
pas dire que ces anomalies sont la conséquence d'erreurs de mesures :
ces mesures en effet présentent des moyens de contrôle et il est possible d'assigner une limite à l'erreur qui est susceptible de les affecter ;
or, il se trouve que les différences que présentent en général les ellipses
méridiennes mesurées, sont d'un ordre supérieur aux erreurs d'observation, d'où il faut conclure que les ellipses sont bien réellement
différentes, et que, par suite, la Terre n'est pas rigoureusement un
ellipsoïde de révolution. Mais, d'après les résultats calculés, il est permis d'affirmer que les erreurs que l'on commettra en supposant la
Terre un ellipsoïde de révolution, seront en général d'un ordre tel
qu'il n'y aurait lieu d'en tenir compte que dans les cas de calculs particuliers d'une précision extrême ; nous n'aurons jamais à faire des
calculs de ce genre.

Cela posé, si l'on considère une ellipse moyenne entre toutes les
ellipses mesurées pouvant par suite figurer la section méridienne
moyenne de la Terre, on exprimera les éléments de cette ellipse en
nombres ronds par les chiffres suivants :

a = demi grand axe ou rayon équatorial. . . . . . = 6 377 000 mèt.,
b = demi petit axe ou distance du pôle à l'équateur = 6 356 000 mèt.,
$a - b$ = différence des axes. . . . . = 21 000 mèt..

$$\frac{a - b}{a} = \text{aplatissement} = \frac{1}{300}.$$

e = excentricité ou distance du foyer au centre. . . = 52 000 mèt.,
    ou en prenant le demi grand axe pour unité = 0,081582.

On conclura de ces divers éléments :

    Surface de la Terre = 510 000 000 kilomètres carrés ;
    Volume de la Terre = 108 300 000 000 kilomètres cubes.

D'après des mesures exécutées avec la balance de Cavendish, la densité moyenne de la Terre a été fixée par **M. Bayly** à 5,67 à la suite de
deux mille observations. On peut, au moyen de cette densité, calculer
et le poids et la masse de la Terre à l'aide des relations connues :

$$\text{Poids ou } P = VD. \qquad P = Mg \qquad \text{ou} \qquad VD = Mg.$$

d'où
$$M = V\,\frac{D}{g} = V\delta\,;$$

D est la densité poids, ou poids sous l'unité de volume D = 5,67;
δ est la densité masse, ou masse sous l'unité de volume δ = 0,58;
g est l'intensité de la pesanteur.

Les masses des divers corps du système solaire s'expriment très-facilement en fonction les unes des autres; il en résulte qu'au moyen des résultats d'expérience que l'on vient de donner, il est possible de calculer immédiatement le poids, la masse et la densité de l'un quelconque de ces corps.

La circonférence de l'équateur a été trouvée égale à 40 070 376 mètres, on en conclura :

$$360 \text{ degrés de l'équateur} = 40\,070\,376 \text{ mètres};$$
$$1 \text{ degré de l'équateur} = 111\,306^{m},6;$$
$$1 \text{ minute de l'équateur} = 1\,855^{m},1.$$

La longueur de la minute équatoriale est habituellement prise pour unité de mesure itinéraire sur les cartes marines. On lui donne alors le nom de *Mille marin*. La *Lieue marine* est égale à 3 milles ou 5 565 mètres. A bord, la vitesse du navire et les distances s'expriment toujours en milles marins ou en lieues marines.

Les méridiens ayant une forme elliptique, l'emploi des degrés, minutes et secondes ou d'une manière générale de la graduation de la circonférence du cercle, pour mesurer un arc de méridien, n'aurait plus aucune signification si l'on ne faisait intervenir une nouvelle définition à ce sujet.

On appelle *degré, minute* ou *seconde du méridien* à un point donné, le degré, la minute ou la seconde du cercle osculateur à l'ellipse méridienne à ce point, c'est-à-dire du cercle qui aurait un rayon égal au rayon de courbure de l'ellipse à ce même point.

En désignant par a le demi grand axe de la terre ou rayon de l'équateur, e l'excentricité de l'ellipse méridienne et φ la latitude, le rayon de courbure ρ du méridien, au point dont la latitude en φ, a pour expression

$$\rho = \frac{a(1 - e^2)}{(1 - e^2 \sin^2 \varphi)^{\frac{3}{2}}}.$$

Cette valeur de ρ servira à calculer la grandeur du degré à la latitude φ :

$$1 \text{ degré du méridien} = \frac{\pi}{180}\,\rho.$$

On trouve d'après cela :

à l'équateur, 1 degré du méridien = 110 564 mètres,
1 minute du méridien = 1 842^m,7 ;

à la latitude de 45°, 1 degré du méridien = 111 119 mètres,
1 minute du méridien = 1 852^m,0 ;
au pôle, 1 degré du méridien = 111 680 mètres,
1 minute du méridien = 1 861^m,3.

La longueur d'un degré de parallèle à une latitude quelconque φ peut de même s'exprimer en mètres quand le rayon du parallèle r est connu ; or :

$$r = \frac{a \cos \varphi}{(1 - e^2 \sin^2 \varphi)^{\frac{1}{2}}}.$$

Et :

$$\text{longueur de 1 degré du parallèle} = \frac{\pi}{180} r.$$

On a déjà vu que la longueur de 1 minute à l'équateur est égale à 1855,1 ; d'après cette dernière relation et la valeur de r à la latitude 45°,

$$\text{longueur de 1 minute du parallèle} = 1 314 \text{ mètres.}$$

Cette longueur diminue rapidement au fur et à mesure que l'on se rapproche du pôle ;

à la latitude 75° : longueur de 1 minute du parallèle = 481^m,6.

DES PROPRIÉTÉS PHYSIQUES DE LA TERRE : PESANTEUR, MAGNÉTISME.

5. De la pesanteur. — La Terre est, comme tous les corps célestes, soumise à la force naturelle que l'on appelle l'*Attraction univer-selle*, en vertu de laquelle les corps s'attirent en raison directe des masses et en raison inverse du carré des distances. La Terre attire les corps célestes et est attirée par eux ; de cette double attraction résultent les lois qui président au mouvement général des corps dans l'espace.

La force générale de l'attraction se traduit à la surface de la Terre par le phénomène particulier de la chute des corps. La Terre attire vers son centre de gravité ou son centre de figure qui, selon toutes les probalités, n'en diffère pas d'une manière sensible, les corps placés à sa surface; quand ces corps sont dérangés de leur position d'équilibre et librement abandonnés à eux-mêmes dans l'espace, ils tombent sur la Terre en suivant la direction de la normale à la surface.

La force qui entraîne ainsi les corps vers le centre de la Terre a reçu le nom particulier de *Pesanteur;* elle est d'ailleurs entièrement identique à l'attraction universelle dont elle n'est qu'un cas particulier.

On appelle *Intensité de la pesanteur* l'accélération du mouvement dû à cette force. La pesanteur étant une force constante, l'accélération du mouvement qui en résulte est également une quantité constante. Il résulte de là que le mouvement dû à la pesanteur est uniformément accéléré et que, par suite, son accélération ou l'intensité de la pesanteur est égale au double de l'espace parcouru pendant une seconde par un corps tombant librement dans le vide sous la seule influence de la pesanteur : on a en effet d'une manière générale $e = \frac{1}{2} g t^2$ en appelant g l'accélération et e l'espace parcouru au bout du temps t; posant $t = 1$, il résulte $g = 2e$.

La pesanteur étant fonction de la distance au centre d'attraction, et le rayon de la Terre étant variable avec les latitudes, doit varier avec les diverses latitudes : minimum à l'équateur, elle est maximum aux pôles. Il y a une autre cause qui modifie encore l'intensité de la pesanteur : c'est la force centrifuge due au mouvement de rotation de la Terre autour de son axe. La force centrifuge, nulle aux pôles, est maximum à l'équateur.

En appelant k un coefficient qui dépend à la fois du rayon de la Terre et de la force centrifuge à la latitude φ, g l'intensité de la pesanteur à cette même latitude et g' cette intensité à la latitude 45°, Laplace a établi la relation générale :

$$g = g'(1 - k \cos 2\varphi).$$

Le calcul a donné pour k la valeur $k = 0,002837$;
L'observation a donné pour g', $g' = 9^m,80892$;
Remplaçant les constantes par leurs valeurs numériques,

$$g = 9,80892 - 0,027828 \cos 2\varphi.$$

On a trouvé expérimentalement à l'Observatoire de Paris, $g = 9,80896$, au pôle, $g = 9,83675$ et à l'équateur, $g = 9,78109$.

D'après les chiffres précédents, il est facile de calculer la variation de poids ΔP que subit un corps de poids P de la latitude 45° à l'équateur :

$$\Delta P = \frac{\Delta g}{g} P = \frac{2783}{980892} P = \frac{1}{352} P.$$

Par suite, un corps qui pèserait 352 kilogrammes à la latitude 45° n'en pèserait plus que 351 à l'équateur.

La variation de l'intensité de la pesanteur avec la latitude se traduit par une variation correspondante sur la longueur du pendule à secondes. En appelant l la longueur de ce pendule, on a en général

$$t = \pi \sqrt{\frac{l}{g}},$$ d'où l'on conclura la valeur de l en faisant $t = 1$.

On a trouvé à la latitude 45° :

$$l' = 0^{m},993852 ;$$

d'après l'expression générale donnée pour g, la longueur l du pendule sera alors la latitude φ' à

$$l = l'(1 - k \cos 2\varphi),$$

ou en remplaçant k et l' par leurs valeurs numériques,

$$l = 0^{m},993\,852 - 0,002\,819 \cos 2\varphi ;$$

à l'équateur, $l = 0^{m},991\,033$, et au pôle, $l = 0,996\,671$.

Il résulte de là que la longueur du pendule à secondes varie sensiblement avec la latitude. Il y a lieu d'en tenir compte avec soin dans l'installation des horloges, en particulier des pendules astronomiques.

La pesanteur varie en raison de l'altitude pour le double motif de l'augmentation de distance et de l'accroissement de force centrifuge.

Soient R le rayon de la Terre, h une altitude donnée, g l'intensité de la pesanteur au niveau de la mer en g_1 cette intensité à l'altitude h, d'après la loi de l'attraction universelle :

$$\frac{g_1}{g} = \frac{R^2}{(R + h)^2}, \quad \text{d'où} \quad g_1 = g \left(1 - \frac{2h}{R}\right) ;$$

diminution de la pesanteur $= \Delta g = -\dfrac{2gh}{R}.$

Pour l'altitude 4000 mètres, qui est une limite des hauteurs habitables,

$$\Delta g = -0,0116.$$

La variation de pesanteur due à la force centrifuge n'est pas sensiblement appréciable pour les plus hautes montagnes.

Les montagnes placées à la surface de la Terre constituent quelquefois des massifs assez considérables pour qu'il en résulte un véritable centre d'attraction locale indépendamment de l'attraction générale qui émane du centre de la Terre. Les corps qui tombent librement sur la surface de la Terre sont donc soumis à la double influence de la pesanteur et de l'attraction locale ; ils obéissent alors à la résultante de ces deux forces et décrivent une trajectoire différente de la normale ou verticale du lieu. L'attraction particulière des hautes montagnes peut avoir par suite pour effet de modifier la direction naturelle du fil à plomb en le déviant dans une certaine limite. Cette déviation du fil à plomb a pu être observée et mesurée expérimentalement dans le voisinage de quelques montagnes.

6. Du magnétisme. — Par rapport au fer doux, aux aimants et en général aux corps magnétiques, la Terre jouit de propriétés magnétiques extrêmement remarquables ; elle se comporte en réalité comme un véritable aimant : elle a en conséquence un pôle positif et un pôle négatif qui se trouvent placés chacun dans le voisinage d'un pôle géographique, d'où les noms de *Pôle Nord* et de *Pôle Sud* qu'on a donnés à ces pôles.

Si l'on dispose une aiguille aimantée horizontalement, sur un pivot vertical, de telle sorte qu'elle soit libre d'osciller autour de son point de suspension, cette aiguille, après avoir exécuté un certain nombre d'oscillations, prendra finalement une position d'équilibre dans laquelle elle fera, avec la direction du méridien géographique, un angle déterminé qui est toujours le même pour le même lieu ; l'aiguille aimantée revient en effet à cette position d'équilibre, si l'on vient à l'en déranger, et s'y maintient d'une manière invariable. C'est sur cette propriété qu'a été fondée la construction de la *Boussole* ou *Compas de route*, instrument destiné à diriger la marche des navires en faisant connaître à chaque instant l'angle de route ou angle sous lequel le navire coupe le méridien.

Une aiguille aimantée disposée dans un plan vertical de manière à pouvoir osciller librement autour d'un axe horizontal, prend finalement une position d'équilibre dans le plan vertical, faisant ainsi un angle déterminé avec la verticale. Quand on déplace l'aiguille, elle revient à sa même position d'équilibre en exécutant un certain nombre d'oscillations, et s'y maintient d'une manière invariable, de sorte que l'angle avec la verticale est toujours le même pour le même lieu.

On doit conclure des deux faits d'expérience qui viennent d'être signalés que la force magnétique émanant de la Terre se traduit dans les observations par deux composantes : l'une verticale et l'autre horizontale.

L'angle formé par l'aiguille aimantée avec la verticale du lieu, dans le plan azimutal qui correspond à la direction de l'aiguille aimantée en équilibre horizontalement, est due à l'action de la composante verticale : cet angle a reçu le non d'*Inclinaison* de l'aiguille aimantée. On représente habituellement cet angle par la lettre θ. L'inclinaison varie avec les positions géographiques : maximum aux pôles magnétiques, elle diminue au fur et à mesure qu'on s'en éloigne jusqu'à devenir entièrement nulle.

On a pu tracer autour des pôles magnétiques des lignes d'égale inclinaison en réunissant par un trait continu les points pour lesquels l'observation a donné les mêmes valeurs d'inclinaison. Ces lignes ont été appelées *Lignes Isocliniques;* elles figurent quelque chose d'analogue aux parallèles géographiques : le lieu des points pour lesquels l'inclinaison est nulle est l'*Équateur magnétique.*

Les parallèles et l'équateur magnétique ne sont pas des courbes régulières : ce sont des lignes sinueuses en général très irrégulières; en graduant ces lignes de 0" à 90" de l'équateur aux pôles magnétiques, on a obtenu ce que l'on a appelé les *Latitudes magnétiques* par analogie avec les latitudes géographiques.

En désignant par λ une latitude magnétique, θ l'inclinaison qui correspond à cette latitude, on a trouvé que la relation $\operatorname{tg}\theta = 2\operatorname{tg}\lambda$ représente assez exactement la loi qui lie l'inclinaison à la latitude. Toutefois cette formule, quoiqu'en général fort approchée, ne doit pas être regardée comme ayant une rigueur absolue.

L'angle formé par l'aiguille aimantée horizontale avec la méridienne du lieu a reçu le nom de *Déclinaison :* on la représente par la lettre V. Le plan mené par la verticale du lieu et la direction de l'aiguille aimantée pour ce lieu s'appelle le *Méridien magnétique* du lieu. Le méridien magnétique fait évidemment avec le méridien géographique un angle égal à la déclinaison; la déclinaison varie avec les positions géographiques. En réunissant par un trait continu les points de la Terre ayant même déclinaison, on obtient des courbes sinueuses qui vont d'un pôle magnétique à l'autre; ces courbes figurent des lignes analogues aux méridiens géographiques : on les désigne sous le nom de *Lignes Isogoniques.* Il y a deux lignes isogoniques pour lesquelles la déclinaison est nulle : dans l'intervalle de ces deux lignes la déclinaison est d'un côté nord-ouest et de l'autre nord-est; on est convenu de donner le signe $+$ à la déclinaison nord-est et le signe $-$ à la déclinaison nord-ouest. Cette convention résulte immédiatement de celle des azimuts.

Ayant mesuré pour divers lieux l'inclinaison et la déclinaison magnétique, on en conclura les deux composantes de force magnétique terrestre, et par suite, cette force elle-même considérée comme la résultante des deux premières. On a constaté ainsi que l'intensité magnétique varie avec les positions géographiques. Réunissant par un trait continu les lieux par lesquels l'intensité magnétique est la même, on a obtenu ce que l'on appelle les *Lignes Isodynamiques.*

M. Biot a cherché à exprimer l'intensité magnétique en fonction de la latitude magnétique; il est arrivé à la relation :

$$\text{\textit{Intensité magnétique}} \text{ ou } \varphi = \sqrt{1 + 3\sin^2\lambda}.$$

Cette formule traduit assez bien les faits dans la plupart des cas, mais elle ne saurait être regardée comme rigoureuse.

La déclinaison magnétique est un élément indispensable à connaître à bord d'un navire pour le tracé des routes ou la correction des relèvements obtenus avec le compas. Elle est habituellement inscrite sur les cartes marines : on peut l'obtenir directement en calculant l'azimut d'un astre et comparant cet azimut à l'azimut observé au compas ou azimut magnétique, ainsi qu'on l'expliquera plus tard en traitant du point observé. Il est généralement plus sûr de se servir, pour la correction des routes, de la variation ou déclinaison calculée que de celle qui est inscrite sur la carte. La variation totale du compas se compose habituellement de la déclinaison magnétique et de la déviation particulière du compas; l'observation donne immédiatement la somme de ces deux quantités, c'est-à-dire la variation totale. Si l'on se sert de la variation donnée par la carte, il faut la corriger de la déviation du compas.

La déclinaison, l'inclinaison et l'intensité magnétiques jouent un très grand rôle dans le calcul de la déviation des compas, et par suite, dans la régulation de ces instruments; aussi est-il indispensable de les connaître, toujours au moins avec une certaine approximation. Malheureusement ces éléments, différents pour les positions géographiques, varient encore d'une manière continue avec le temps, et les lois de leurs variations peuvent être regardées comme à peu près entièrement inconnues.

On a construit des cartes qui donnent séparément les lignes isocliniques, isogoniques et isodynamiques. Il est à regretter que ces cartes, très précieuses pour la navigation, soient encore très peu répandues. Il serait à désirer que leur publication eût lieu d'une manière suivie, et que dans cette publication il fût tenu compte des diverses modifications qui pourraient être fournies par les observateurs. Rien ne serait plus facile que d'obliger les navires qui exécutent de grandes traversées à recueillir au moins un certain nombre d'observations magnétiques : ces observations, coordonnées dans un registre spécial, serviraient en temps opportun à introduire dans les cartes magnétiques d'intéressantes rectifications et permettraient peut-être plus tard de découvrir la véritable loi de variation de la force magnétique terrestre.

CHAPITRE II

DES PROJECTIONS GÉOGRAPHIQUES. CARTES MARINES.

1. De la représentation de la surface de la sphère. — La surface de la sphère, non plus que celle de l'ellipsoïde de révolution, n'étant des surfaces développables, ou, suivant une définition généralement reçue, des surfaces susceptibles d'être appliquées sur un plan sans déchirure ni duplicature, la surface de la Terre elle-même ne saurait être développable, de sorte qu'il n'y a pas lieu de songer à figurer exactement sur une carte plane les diverses parties de sa surface.

Mais s'il n'est pas possible d'appliquer sur un plan la surface de la Terre, on conçoit au moins la possibilité d'obtenir une représentation de cette surface sur le plan en y projetant les divers points de la surface suivant une loi déterminée. Toutes les cartes géographiques sont des projections plus ou moins simples de la surface de la Terre sur un plan convenablement choisi. Il est impossible de conserver à la fois, dans une même projection, l'équivalence et la similitude des surfaces ; mais on peut avoir l'une ou l'autre. L'analyse mathématique, appliquée aux divers systèmes de projections susceptibles d'être employées pour la représentation de la surface de la sphère, démontre qu'en effet il est toujours possible d'obtenir en projection une figure où l'on aura conservé soit les angles tracés sur la sphère, soit l'équivalence des surfaces représentées. De là deux systèmes de projection : les projections *orthomorphes* et les projections *équivalentes*.

Dans les projections orthomorphes, les angles sont conservés, de sorte que les figures ou les configurations représentées sont semblables à celles de la surface de la Terre ; quant aux surfaces, elles sont plus ou moins altérées suivant le système de projection adopté. Parmi les projections orthomorphes, on doit citer comme les plus usuelles les *projections perspectives* ou *stéréographiques* et la *projection de Mercator*, système auquel appartiennent les cartes marines.

Dans les projections équivalentes, les surfaces des figures représentées sont conservées en grandeur ; mais les angles, et par suite la configuration des pays, sont plus ou moins modifiés. Parmi les projections de cette nature, nous citerons comme les plus employées les *projections zénithales équivalentes* et les *projections par développements.*

Il existe encore un grand nombre de projections particulières appartenant à l'un ou l'autre des deux systèmes, dont quelques-unes sont plus ou moins employées soit en France, soit à l'étranger. Mais nous ne saurions nous y arrêter; nous nous proposons de ne traiter ici d'une manière complète que les questions relatives aux cartes marines; ce n'est qu'incidemment que nous parlerons de quelques systèmes de projections que l'on rencontre fréquemment et qui sont d'ailleurs susceptibles de trouver d'importantes applications en astronomie ou en navigation, pour certaines représentations particulières. Pour tout ce qui se rattache à la théorie des projections, nous ne saurions mieux faire du reste que de renvoyer au savant ouvrage de M. Germain, ingénieur hydrographe (*).

Distinguant les projections au point de vue de leur mode de construction, nous allons parler successivement des projections perspectives ou stéréographiques, des projections zénithales, des projections par développements et enfin de la projection de Mercator et des cartes marines qui en sont la conséquence.

2. Des projections perspectives ou stéréographiques. — Figurons le contour apparent d'une sphère ayant pour centre le point O. Soient EE′ le plan d'un grand cercle de cette sphère, PP′ un diamètre perpendiculaire à ce plan; soit en outre un point M de l'hémisphère supérieur à EE′. Joignons le point M au point P′, et soit *m* l'intersection de MP′ avec le plan EE′.

m est la projection perspective du point M sur le plan EE′ par rap-

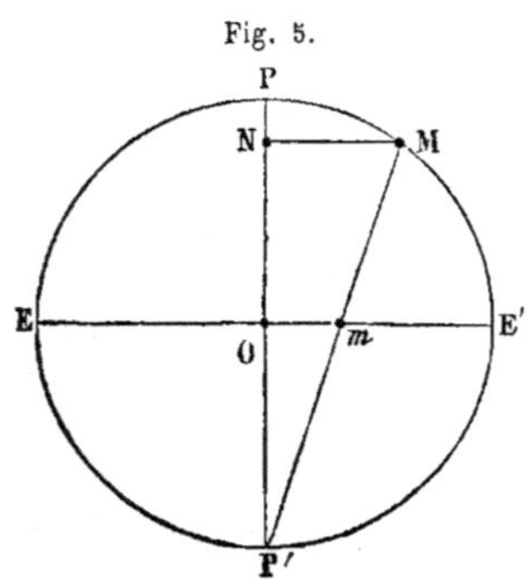

port au point P′ considéré comme *poin de vue;* c'est la position que donnerait au point M un observateur qui, ayant son œil placé en P′, rapporterait au plan EE′ pris comme tableau les divers points qu'il verrait dans l'hémisphère EPE′.

Or si au lieu d'un point unique tel que M, on considère un élément de la surface de l'hémisphère EPE′ et que l'on projette de la même manière que le point M les divers points qui déterminent la configuration de cet élément, on obtiendra évidemment sur le plan EE′ une projection perspective de l'élément de surface considéré. Étendant le raisonnement à l'hémisphère tout entier, on conçoit la possibilité de

---

(*) *Traité des projections des cartes géographiques.*

le représenter en projection sur le plan EE'. Tel est le principe de la projection perspective ou stéréographique. Cette projection jouit d'une propriété fort remarquable que nous nous contenterons d'énoncer : *Les cercles figurés sur l'hémisphère projeté ont des cercles pour projections.* — De cette propriété dérivent des constructions géométriques en général fort élégantes pour tous les problèmes relatifs à la sphère qui se résolvent sur la projection stéréographique. Nous ne nous arrêterons pas à ces constructions. Disons dès à présent que la projection stéréographique, très-intéressante au point de vue géométrique pur, ne présente en réalité que des avantages médiocres dans la pratique et ne peut être par suite que d'un usage des plus restreints.

iS l'on suppose que le point P soit le pôle sud et EE' le plan de l'équateur, on obtiendra ce que l'on appelle la *projection polaire* de l'hémisphère nord sur l'équateur. On voit immédiatement que dans ce système le parallèle d'un point tel que M sera figuré en projection par un cercle de rayon Om dont il est facile de déterminer la valeur en fonction de la distance polaire $PM = \delta$.

$$\frac{Om}{MN} = \frac{OP'}{NP'}, \text{ ou } \frac{Om}{a \sin \delta} = \frac{a}{a + a \cos \delta},$$

a étant le rayon de la sphère, d'où :

$$Om = a \frac{\sin \delta}{1 + \cos \delta} = a \operatorname{tg} \frac{1}{2} \delta = a \operatorname{tg} \frac{1}{2} (90° - \varphi).$$

Les parallèles de l'hémisphère nord seront donc des cercles concentriques ayant pour centre commun le centre de la figure et pour rayon une fonction de la latitude $a \operatorname{tg} \frac{1}{2}(90° - \varphi)$. Quant aux méridiens, ils seront représentés par des droites rayonnant du point central dans toutes les directions de 0° à 360°.

La *fig.* 6 donne une idée de l'aspect général du canevas. Les méridiens s'y trouvent régulièrement espacés de 0° à 360°, mais les parallèles sont inégalement éloignés du centre; la différence devient d'autant plus sensible que l'on s'approche davantage de la circonférence limite de la carte, d'où il résulte que les surfaces seront fortement altérées dans le voisinage de cette circonférence.

La projection stéréographique polaire n'est presque jamais employée.

Fig. 6.

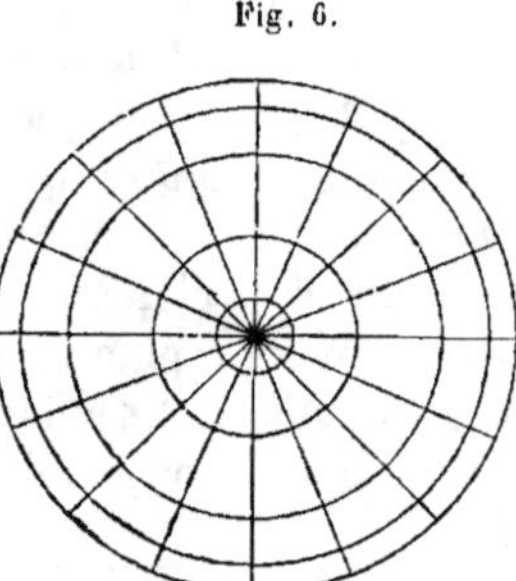

On devra toutefois remarquer que la construction de son canevas est d'une simplicité extrême, puisqu'il suffit de tracer des droites et des circonférences ; cette remarque a son importance ; ainsi qu'on le verra plus loin, nous baserons sur elle d'autre tracés susceptibles d'un usage très fréquent.

Quand le point de vue P' est placé sur l'équateur, la projection s'effectue sur un plan méridien ; elle est dite alors *projection méridienne*. Dans cette projection, l'équateur est représenté par une ligne droite ainsi que le méridien perpendiculaire au plan de projection. Les méridiens sont figurés par des cercles ayant leur centre sur la droite qui figure l'équateur et pour rayon $\rho = a$ cotang ψ, a étant le rayon de la sphère et ψ la longitude. Les parallèles sont de même représentées par des cercles ; les centres de ces cercles sont sur la droite de projection du méridien central ; ils ont pour rayon a cosec φ, φ étant la latitude. Enfin la carte est symétrique par rapport au méridien central et à l'équateur.

La *fig.* 7 donne le canevas de la projection stéréographique d'un hémisphère sur un méridien. Sur ce canevas, aussi bien que sur celui dont on a parlé tout à l'heure, les surfaces sont fortement altérées sur les bords de la carte.

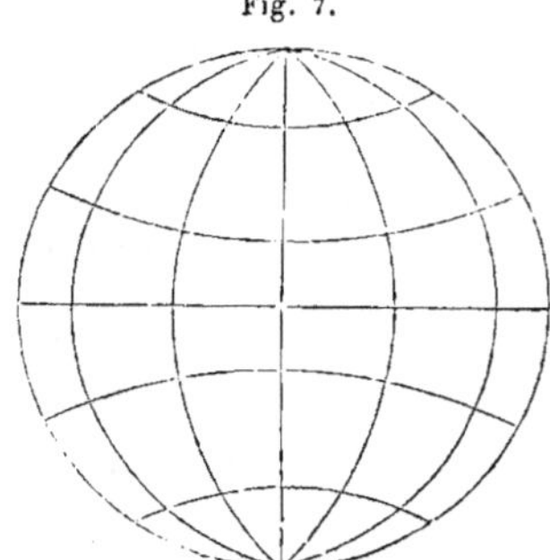

Fig. 7.

La projection stéréographique méridienne est généralement appliquée en France à la construction des mappemondes destinées à figurer les deux hémisphères du globe terrestre. Mais elle n'est guère employée qu'à cet usage. On ne s'en sert jamais pour le tracé de cartes particulières qui ne représentent qu'une surface limitée.

Au lieu de prendre pour plan de projection l'équateur ou un méridien, on peut choisir l'horizon d'un lieu donné ; le point de vue se trouve alors au point où la verticale perce l'hémisphère inférieur. Dans ce cas, on obtient ce que l'on appelle la *projection stéréographique horizontale*.

Cette projection exécutée pour un hémisphère se construit géométriquement d'une manière fort simple. Soit O la circonférence décrite avec le rayon de la terre pris pour unité : le diamètre AB sera le méridien du milieu de la carte ou méridien du lieu dont l'horizon est plan de projection ; on mène HH' perpendiculaire à AB. Des points H et H' on porte HP $=$ H'P' $= \varphi_0$, φ_0 étant la latitude du lieu sur l'horizon duquel on projette ; on joint HP, H'P' : les points de rencontre p, p' avec AB son les projections des pôles. Les parallèles se projettent suivant de cercles ayant leurs centres sur la ligne pp' ou le méridien central AB les méridiens se projetteront suivant des cercles dont les centres se trouveront sur NX perpendiculaire élevée par le milieu de pp'.

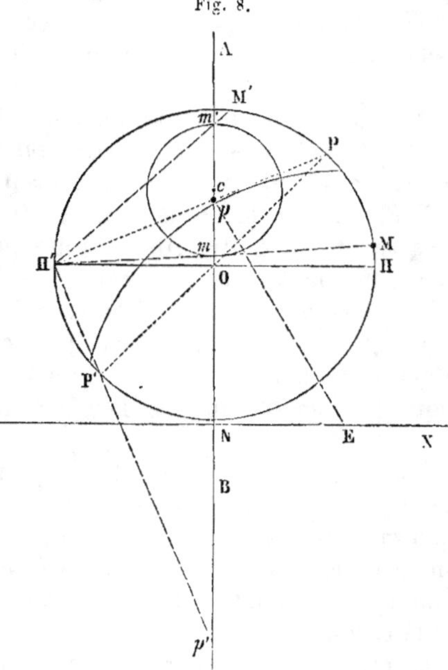

Fig. 8.

Pour trouver le parallèle dont la latitude est φ, on portera à droite et à gauche de P, PM = PM′ = 90° — φ; on tirera H′M, H′M′; les points de rencontre m, m' avec AB appartiennent au parallèle de latitude φ. On prendra le milieu c de mm', et de ce point on décrira le cercle mm' qui sera le parallèle cherché.

Pour tracer un méridien, par exemple celui qui correspond à la longitude de 30°, au point p on fera l'angle BpE = 30° : E point de rencontre de pE avec NX est le centre du méridien cherché, Ep est son rayon; il ne reste plus qu'à décrire ce cercle.

Finalement, quand on aura tracé les parallèles et les méridiens, le canevas général de la carte se présentera sous la forme indiquée par la *fig.* 9.

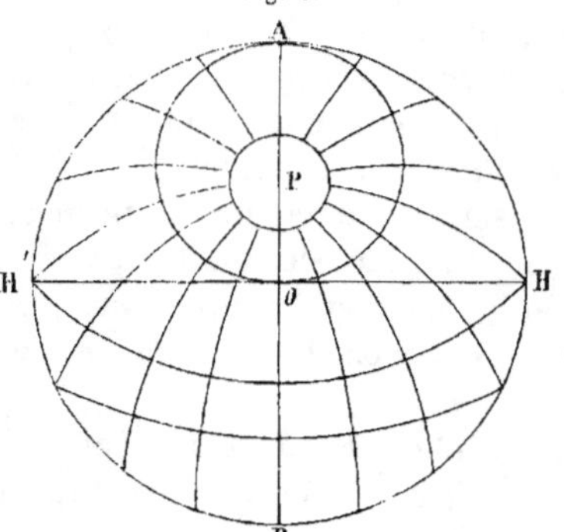

Fig. 9.

Dans la projection stéréographique horizontale, les surfaces, à peu près conservées au centre de la carte, sont notablement altérées sur les bords.

Dans toutes les projections stéréographiques, les angles tracés sur la sphère sont conservés en projection, de sorte que les figures représentées sont semblables aux figures de la sphère que l'on a projetées; mais les longueurs, et par suite les surfaces, sont considérablement modifiées au fur et à mesure que l'on s'éloigne du centre; en général, vers les bords, les longueurs sont doublées et les surfaces quadruplées. Les projections stéréographiques ne peuvent donc donner qu'une idée fort imparfaite des surfaces réelles.

Ce qui distingue essentiellement les projections stéréographiques, c'est non-seulement leur facilité d'exécution, mais encore la simplicité avec laquelle elles se prêtent à la résolution des principaux problèmes de la sphère : tracé d'un arc de grand cercle d'un point à un autre; tracé d'un grand cercle faisant avec un méridien ou l'horizon un angle donné; un point étant donné par sa latitude et sa longitude, placer ce point sur la carte, etc.

Ces avantages du tracé stéréographique ont au fond plus d'apparence que de réalité. En effet, ce tracé n'est véritablement d'une exécution rapide qu'à la condition de renfermer un hémisphère tout entier. Si l'on veut représenter une portion limitée de la surface de la sphère, construire une carte particulière en un mot, les cercles ont des rayons tellement considérables qu'il n'est plus possible de les tracer avec le compas; il faut alors les construire par points et calculer préalablement les positions de ces points d'après l'échelle de la carte. Dans ces nouvelles conditions les cartes stéréographiques ne sont pas plus faciles à construire que celles des autres systèmes; comme d'ailleurs elles ne présentent pas leurs avantages, on ne s'en sert jamais, sauf le cas où il s'agit de représenter un hémisphère tout entier.

Soit proposé de construire une carte particulière au moyen d'une projection stéréographique en prenant pour plan de projection l'horizon du point central du pays que l'on veut représenter. Comme le milieu de la carte se trouvera être le centre même de la surface projetée, si cette surface a peu d'étendue, les altérations seront toujours très-faibles. Nous allons, dans ce cas particulier, indiquer le moyen de tracer par points le canevas de la projection sur l'horizon. Considérons le point central sur l'horizon duquel on doit exécuter la projection : chaque lieu de la sphère peut être déterminé par son azimut par rapport à ce point et par sa distance à ce même point comptée sur la sphère. De là un système de coordonnées particulier qui aura l'avantage de conduire immédiatement à une construction très rapide de la projection. On se trouve en effet dans le cas de la projection stéréographique polaire; à la place des méridiens, on a les azimuts qui sont des droites qui rayonnent du centre; les parallèles sont des cercles

ayant pour rayon $\rho = a\,\mathrm{tg}\,\dfrac{\delta}{2}$, δ étant la distance mesurée sur la sphère

de la circonférence du parallèle au point central pris pour origine.

Les divers points de la terre sont donnés, il est vrai, par leur longitude et leur latitude; mais il est extrêmement facile de passer de ce système de coordonnées à celui qui vient d'être défini tout à l'heure, en un mot de calculer l'azimut A et la distance δ en fonction de la latitude et de la longitude.

Soient A le point origine, M un point quelconque de la terre ayant pour latitude φ et pour longitude ψ et P le pôle. Dans le triangle

AMP : $MP = 90° - \varphi$, $MA = \delta$, $PA = 90° - \varphi_0$, φ_0 étant la latitude du point origine A.

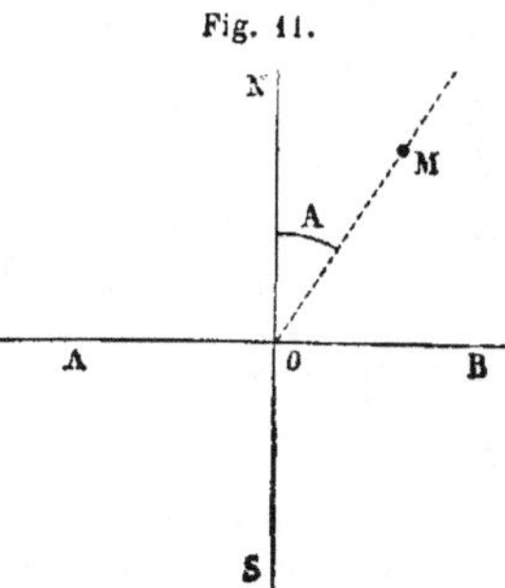

Fig. 10.

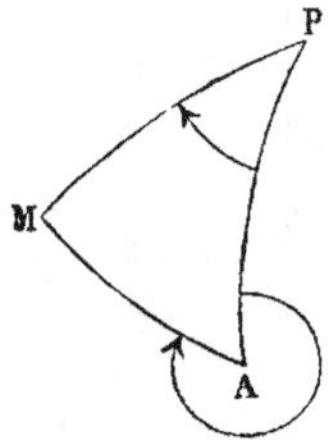

$MPA =$ longitude de $M = \psi$, PA étant supposé le premier méridien ; $MAP = 360° - A$, A étant l'azimut, lequel d'après la convention des azimuts est compté de 0° à 360° de P vers M en passant par l'est et le sud.

D'après cela :

$$\cos \delta = \sin \varphi \sin \varphi_0 + \cos \varphi \cos \varphi_0 \cos \psi,$$

et

$$\frac{\sin \psi}{\sin MAP} = \frac{\sin \delta}{\cos \varphi}, \text{ d'où } \sin MAP = \frac{\sin \psi}{\sin \delta} \cos \varphi,$$

et, enfin :

$$\sin A = - \frac{\sin \psi}{\sin \delta} \cos \varphi.$$

On rendra l'expression de $\cos \delta$ calculable par logarithmes, en posant :

$$\operatorname{tg} u = \cos \psi \operatorname{cotg} \varphi_0,$$

et l'on aura :

$$\cos \delta = \frac{\sin(\varphi + u)}{\cos u} \sin \varphi_0.$$

Quand on aura calculé δ, le tracé de la carte résultera des valeurs de l'azimut et du rayon du parallèle fournies par les relations :

$$\sin A = - \frac{\sin \psi}{\sin \delta} \cos \varphi, \qquad \rho = a \operatorname{tg} \frac{\delta}{2}.$$

La longitude est donnée en général par rapport à un méridien principal qui n'est pas celui du point A ; mais au moyen de la longitude connue du point A il est facile de transformer la longitude donnée en longitude par rapport au méridien du point A. La longitude ψ des formules précédentes est donc supposée mesurée à partir du méridien PA. L'azimut et la longitude sont comptés de 0° à 360°.

Fig. 11.

Cela posé, le canevas de la carte se construira de la manière suivante : on tracera le méridien central NS qui est une ligne droite ; on figurera la position du point O.

Un point M dont la latitude est φ et la longitude ψ se placera à l'aide des valeurs calculées de A et de ρ ; on fera $NOM = A$ et l'on portera sur le rayon OM la valeur de ρ, on obtiendra ainsi le point M.

De même pour un point quelconque. Réunissant ensuite par un trait continu les points qui ont même longitude, puis ceux qui ont même latitude, on aura construit le canevas de la carte. Nous donnerons une application de ce mode de construction au sujet des projections zénithales horizontales.

Des projections orthographiques. — On appelle ainsi les projections perspectives dans lesquelles le point de vue, au lieu d'être placé sur la sphère, est transporté à l'infini.

On distingue les projections orthographiques polaires, méridiennes et horizontales.

La projection orthographique polaire est en réalité une véritable projection orthogonale. Les méridiens y sont figurés par des droites qui rayonnent du centre et les parallèles par des cercles ayant pour rayon $\rho = \sin \theta$.

Dans la projection méridienne, les parallèles sont représentés par des droites et les méridiens par des ellipses.

Dans la projection sur l'horizon, les méridiens et les parallèles sont représentés par des ellipses.

Les projections orthographiques sont extrêmement faciles à construire. Malheureusement ce système donne lieu à des cartes où les altérations de surface sont encore plus considérables que dans les projections stéréographiques. Du reste, la commodité de construction du canevas orthographique n'existe réellement que pour le tracé d'un hémisphère tout entier; quand il s'agit de construire une carte particulière, il faut construire les courbes par points, absolument comme dans tous les autres systèmes.

3. Des projections zénithales. — Tout à l'heure, en voulant donner une construction pratique du canevas stéréographique pour une carte particulière, nous sommes arrivés à déterminer les divers points du canevas au moyen d'un azimut A et d'un rayon vecteur ρ; A étant une fonction déterminée de la latitude φ, de la longitude ψ et de la distance δ comptée sur la sphère du point considéré, au centre de la carte pris pour origine et ρ étant égal à $a \, \mathrm{tg} \dfrac{\delta}{2}$.

$$A = F(\varphi, \psi, \delta); \quad \rho = a \, \mathrm{tg} \frac{\delta}{2},$$

a étant le rayon de la sphère.

Or, si nous avions voulu exécuter la même opération pour une projection orthographique, nous aurions été conduits à employer les relations

$$A = F(\varphi, \psi, \delta); \quad \rho = a \sin \delta,$$

d'où résulte que ρ est une fonction différente de δ suivant le système de projection employé.

Les deux systèmes de projection qui viennent d'être définis peuvent être regardés comme des cas particuliers du système beaucoup plus général où chaque point du canevas serait déterminé par les deux coordonnées :

$$A = F(\varphi, \psi, \delta), \qquad \rho = f(\delta),$$

F est une fonction connue qui résulte des formules de la trigonométrie sphérique; quand à f, ce sera une fonction indéterminée dont on pourra calculer la forme de manière que la carte satisfasse à certaines conditions imposées d'avance.

L'analyse montre que l'on ne saurait déterminer f par la double condition que les angles et les surfaces soient conservés. Mais il est toujours possible d'obtenir pour f une forme telle que l'une ou l'autre de ces conditions soit satisfaite.

D'un autre côté, on peut encore déterminer f de telle sorte que les angles et les surfaces étant altérés les uns et les autres, les altérations restent très-limitées, de sorte que la carte obtenue peut donner une idée, sinon rigoureusement exacte, du moins très approchée, de ce qui existe en réalité.

Les projections définies d'une manière générale par les deux relations :

$$A = F(\varphi, \psi, \delta) \quad \text{et} \quad \rho = f(\delta)$$

ont reçu le nom de *projections zénithales*.

Les projections stéréographiques ne sont qu'un cas particulier des projections zénithales; elles correspondent au cas où la fonction f est déterminée par la condition que les angles soient conservés.

$\rho = a \operatorname{tg} \dfrac{\delta}{2}$ correspond à la projection stéréographique sur un grand cercle de la sphère; les angles y sont conservés, mais les surfaces altérées.

$\rho = a \sin \delta$ est le cas des projections orthographiques.

$\rho = 2a \operatorname{tg} \dfrac{\delta}{2}$ serait le cas de la projection perspective sur un plan tangent; les angles sont conservés, les surfaces sont altérées, mais elles le sont moins que dans les deux systèmes précédents.

En prenant pour ρ des valeurs telles que $3a \operatorname{tg} \dfrac{\delta}{3}$, $4a \operatorname{tg} \dfrac{\delta}{4}$, il y aura encore déformation, mais les altérations seront beaucoup plus faibles.

La forme la plus simple de la fonction f est $\rho = a\delta$; c'est le cas de la *projection zénithale équidistante;* dans ce système, les angles et les surfaces sont altérés; mais en somme les déformations sont beaucoup plus faibles que dans les projections stéréographiques.

Enfin, si f est déterminée par la condition que les angles étant altérés, les surfaces soient conservées, on trouvera $f = 2a \sin \dfrac{\delta}{2}$.

C'est le cas de la *projection zénithale équivalente.* Cette projection
peut être regardée comme la plus importante parmi les projections
zénithales; elle est fréquemment employée soit pour les cartes géographiques, soit pour les planisphères célestes.

On définira la projection zénithale équivalente par les relations :

$$\sin A = -\frac{\sin \psi}{\sin \delta} \cos \varphi; \qquad \rho = 2a \sin \frac{\delta}{2};$$

δ étant donné par la formule

$$\cos \delta = \frac{\sin (\varphi + u)}{\cos u} \sin \varphi_0 \qquad \text{avec} \qquad \operatorname{tg} u = \cos \psi \cot \varphi_0.$$

Cette projection, comme celles qui ont été examinées précédemment, peut être employée sous les formes polaire, méridienne et
horizontale.

Dans la projection polaire $\varphi_0 = 90°$

$$\sin A = -\sin \psi \qquad \text{ou} \qquad A = 360° - \psi \qquad \text{et} \qquad \rho = 2a \sin \frac{\delta}{2}.$$

Les méridiens sont des droites rayonnant du centre et les parallèles
des cercles concentriques.

Dans ce cas, l'hémisphère, représenté en projection zénithale, présente peu de différence sous le rapport de l'aspect général du canevas
avec celui qui serait figuré en projection stéréographique; une seule
différence frappera les yeux : les cercles qui figurent les parallèles se
trouvent plus régulièrement espacés.

Dans le cas de projection méridienne $\varphi_0 = 0°$

$$\sin A = -\frac{\sin \psi}{\sin \delta} \cos \varphi; \qquad \rho = 2a \sin \frac{\delta}{2} \qquad \text{avec} \qquad \cos \delta = \cos \varphi \cos \psi.$$

Dans cette projection, les méridiens et les parallèles ne sont ni des
cercles, ni des ellipses; ce sont des courbes d'une forme intermédiaire. Seulement ces courbes sont distribuées d'une manière beaucoup plus uniforme que les cercles qui figurent les méridiens et les
parallèles dans le cas de la projection stéréographique méridienne.
L'aspect général du canevas est, du reste, absolument le même.

Enfin dans le cas de la projection zénithale sur l'horizon : $\varphi_0 = $ latitude du point dont l'horizon est le plan de projection

$$\sin A = -\frac{\sin \psi}{\sin \delta} \cos \varphi; \qquad \rho = 2a \sin \frac{\delta}{2};$$

$$\cos \delta = \frac{\sin(\varphi + u)}{\cos u} \sin \varphi_0, \qquad \text{avec} \qquad \operatorname{tg} u = \cos \psi \cot \varphi_0.$$

Comme dans la projection méridienne, les parallèles et les méridiens ne sont ni des cercles, ni des ellipses, mais des courbes intermédiaires; les diverses remarques déjà faites, soit au sujet de la distribution de ces courbes, soit à propos de l'aspect général du canevas, demeurent, du reste, entièrement applicables.

Pour l'application des diverses formules qui viennent d'être données comme définissant pour ainsi dire le tracé du canevas, il doit demeurer bien entendu que la longitude ψ est estimée par rapport au méridien du lieu qui se trouve être le centre de la carte et qu'enfin les longitudes ψ et les azimuts A sont comptés de 0° à 360°.

Du reste, pour plus de clarté nous allons donner un exemple numérique susceptible d'une certaine application pratique. Il arrive fréquemment que l'on a besoin de représenter pour une certaine zone la marche d'un phénomène physique, par exemple, les diverses phases d'une éclipse, le régime des vents, ou quelque chose du même ordre. La projection la plus avantageuse à employer dans ce cas est la projection zénithale équivalente sur l'horizon du centre de la zone où le phénomène doit se produire.

Soit proposé de construire une carte particulière figurant en projection zénithale sur l'horizon des Açores la zone terrestre comprise entre les méridiens 10° Est et 70° Ouest, l'équateur et le parallèle 80° Nord. On prendra pour point central celui dont la longitude est 30° et la latitude 40°. Le méridien 30° deviendra alors le méridien principal et servira à compter la longitude ψ et l'on aura en outre $\varphi_0 = + 40°$.

Le méridien central de la carte sera une ligne droite; à droite, seront les méridiens numérotés 350° ou 10° Est (20° par rapport au méridien de Paris), 340° ou 20° Est (10°), 330° ou 30° Est (0°) et 320° ou 40° Est (10° Est); à gauche, 10° Ouest (40°), 20° (50°), 30° (60°), et enfin 40° (70°).

On supposera que le canevas soit construit de manière que méridiens et parallèles soient espacés de 10° en 10°.

La carte sera symétrique par rapport au méridien central, de sorte qu'il suffit de calculer les valeurs de ρ et de A pour la moitié de la carte, celle de droite ou celle de gauche. Nous supposerons que l'on fasse le calcul pour la moitié à droite; alors les longitudes à employer seront $\psi = 350°$, 340°, 330° et 320° et les azimuts seront compris entre 0° et 180°.

On graduera d'abord le méridien central; dans ce cas, $\psi = 0°$ et $\delta = \varphi - \varphi_0$. On fera successivement $\varphi = 80°$, 70°, 60°, 50°, 40°, 30°, 20°, 10° et 0°. On en conclura δ et, par suite, $\rho = 2a \sin \dfrac{\delta}{2}$ ou $\rho = 2\sin \dfrac{\delta}{2}$, si l'on convient de prendre a pour unité, la longueur de cette unité en mètres ou décimètres pouvant d'ailleurs rester arbitraire et devant être fixée uniquement par l'étendue de la feuille de papier sur laquelle la figure doit être exécutée.

Chaque point de la graduation du méridien principal ainsi obtenue correspond à un parallèle de la carte.

On calculera ensuite l'auxiliaire u pour les méridiens 350°, 340°, 330° et 320° au moyen de la relation $\operatorname{tg} u = \cos\psi \cot\varphi_0$, dans laquelle on fera successivement $\psi = 350°$, 340°, 330°, 320°; on obtiendra ainsi

$$u = 49°34'00''; \quad 48°14'10''; \quad 45°54'20''; \quad 42°23'40''.$$

Cela fait pour chaque valeur de u, δ se calculera numériquement par la relation

$$\cos\delta = \frac{\sin(\varphi + u)}{\cos u}\, \sin\varphi_0,$$

dans laquelle on fera successivement $\varphi = 80°$, 70°, 60°, 50°, 40°, 30°, 20°, 10° et 0°. On obtiendra ainsi 9 valeurs de δ pour chaque valeur de u, en tout 36 valeurs de δ, et, par suite, 36 valeurs de ρ par la formule $\rho = 2\sin \dfrac{\delta}{2}$. Prenant ensuite la formule $\sin A = -\dfrac{\sin\psi}{\sin\delta}\cos\varphi$, on y fera successivement $\psi = 350°$, 340°, 330° et 320° et pour chaque longitude on exécutera le calcul de A en prenant successivement chacune des 9 valeurs de δ et de φ; on obtiendra finalement 36 valeurs de A correspondant aux 36 valeurs de δ ou de ρ. On dressera alors le tableau suivant :

φ	$\psi=0°$		$\psi=350°\,(10°\,E)$		$\psi=340°\,(20°\,E)$		$\psi=330°\,(30°\,E)$		$\psi=320°\,(40°\,E)$	
	ρ	A	ρ	A	ρ	A	ρ	A	ρ	A
80°	$+0,684$	0°	0,687	2°40'40''	0,696	5°13'30''	0,710	7°31'10''	0,728	9°28'20''
70	$+0,518$	0	0,525	6 42 50	0,547	12 50 30	0,582	17 54 00	0,625	21 44 10
60	$+0,347$	0	0,364	14 03 00	0,408	25 19 20	0,472	32 59 40	0,548	37 36 40
50	$+0,174$	0	0,213	31 48 10	0,300	47 54 10	0,403	54 32 00	0,511	56 48 30
40	0,000	90	0,134	85 54 40	0,266	83 26 00	0,396	80 15 20	0,524	76 50 00
30	$-0,174$	180	0,225	137 42 30	0,332	115 19 10	0,456	102 53 10	0,584	94 26 40
20	$-0,347$	180	0,378	153 53 20	0,455	133 33 30	0,560	119 03 30	0,676	108 22 50
10	$-0,518$	180	0,539	160 46 40	0,599	143 53 50	0,686	130 08 00	0,788	119 04 00
0	$-0,684$	180	0,701	164 39 40	0,749	150 28 40	0,820	138 04 10	0,909	127 27 10

Ce tableau calculé, le tracé du canevas n'est plus qu'une opération graphique des plus simples. Veut-on, par exemple, le point qui correspond à la longitude 330° et à la latitude 60° : on fera avec le méridien central un angle $NOM = 32°59'40''$ et l'on portera à partir du point O une longueur $OM = 0,472$; le point M est le point cherché ; on procédera de même pour tous les autres points. Joignant ensuite par des traits continus et les points qui ont même longitude et ceux qui ont même latitude, on obtiendra le canevas général de la carte; on pourra, si on le veut, rétablir sur ce canevas les longitudes par rapport au méridien de Paris. La planche ci-jointe donne l'ensemble du tracé, résultant du tableau calculé pour la projection sur l'horizon des Açores.

Fig. 12.

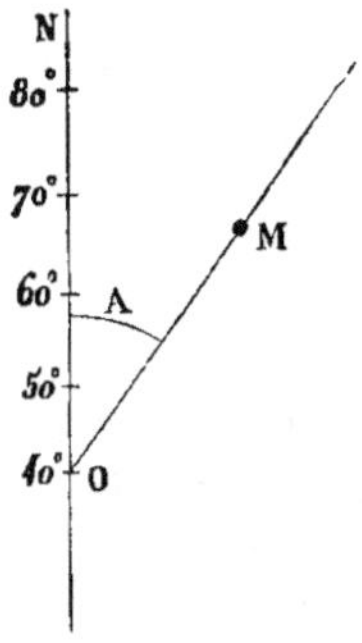

Les projections zénithales employées sous la forme horizontale conviennent spécialement pour la représentation d'un phénomène physique sur une zone déterminée. Dans *la Connaissance des temps*, on s'en sert habituellement pour figurer les lieux où doit se manifester une phase déterminée d'une éclipse de Soleil. On peut encore les employer avantageusement pour représenter l'aspect du Ciel dans un lieu donné et construire, par suite, des cartes célestes; mais pour ce dernier objet on préfère la projection zénithale sous la forme polaire; les cartes ainsi obtenues ne sont plus spécialement applicables à un lieu donné, mais par cela même présentent plus de généralité.

Les projections zénithales équivalentes ou équidistantes prises sous la forme méridienne complètent avantageusement dans un atlas les projections stéréographiques méridiennes; l'ensemble de trois mappemondes construites respectivement dans chacun de ces systèmes, pourra donner une idée très exacte et de la forme et de l'étendue des surfaces.

Nous terminerons ce sujet en faisant remarquer la facilité avec laquelle on peut graphiquement transformer une projection zénithale d'une espèce donnée en une autre projection zénithale d'une autre espèce. Ainsi qu'on l'a montré, la projection zénithale est définie par les deux relations $A = F(\varphi, \psi, \delta)$ et $\rho = f(\delta)$. Or, la fonction F reste la même dans tous les cas, $\sin A = -\dfrac{\sin \psi}{\sin \delta} \cos \varphi$; la fonction f seule varie avec le système employé. On a trouvé pour la progression stéréographique $\rho = a \operatorname{tg} \dfrac{\delta}{2}$; pour la projection orthographique $\rho = a \sin \delta$; pour la projection perspective sur un plan tangent $\rho = 2a \operatorname{tg} \dfrac{\delta}{2}$; pour la projection zénithale équivalente $\rho = 2a \sin \dfrac{\delta}{2}$; on pourrait avoir également $\rho = a \operatorname{tg} \delta$, c'est le cas de la projection centrale ou gnomonique, projection perspective sur un plan tangent, le point de vue étant placé au centre de la sphère. Il résulte de ces diverses expressions un moyen très simple de passer d'un système à un autre : il suffit de prendre le rapport des valeurs de ρ.

Ayant construit, par exemple, une projection stéréographique pour laquelle $\rho_1 = a \operatorname{tg} \dfrac{\delta}{2}$, si l'on veut s'en servir pour tracer un canevas de projection zénithale équivalente, auquel cas $\rho_2 = 2a \sin \dfrac{\delta}{2}$, on aura $\dfrac{\rho_1}{\rho_2} = \dfrac{1}{2\cos \dfrac{\delta}{2}}$, d'où $\rho_2 = 2\rho_1 \cos \dfrac{\delta}{2}$. Il suffira donc de multiplier tous les rayons vecteurs de la projection stéréographique par $2\cos \dfrac{\delta}{2}$ pour obtenir ceux de la projection zénithale. De là un moyen très simple de passer d'un système de projection à un autre que l'on supposerait donner des résultats plus satisfaisants au point de vue de la représentation, sans être obligé de recommencer le calcul toujours très laborieux des valeurs de A et de δ par les formules générales.

4. Des projections par développements. — Ce système de projection consiste, en général, à remplacer la surface de la sphère ou plutôt une portion de cette surface par une surface développable tangente sur laquelle on reporte les figures tracées sur la sphère. Développant ensuite sur le plan la surface développable, on obtient une représentation partielle de la surface de la terre qui est d'autant plus exacte que l'assimilation des deux surfaces a été plus parfaite.

La surface développable la plus usitée est le cône. Par le parallèle moyen de la surface à représenter, on fait passer un cône circonscrit à la sphère; on imagine les plans des méridiens et des parallèles prolongés jusqu'à leur rencontre avec le cône; les quadrilatères curvilignes de la sphère se trouvent alors figurés sur le cône par des quadrilatères mixtilignes que l'on regarde comme leurs équivalents. Développant la surface du cône, on obtient une carte dans laquelle les méridiens sont des droites qui convergent vers le sommet du cône et les parallèles des cercles concentriques ayant pour centre commun le sommet du cône.

Le tracé qui vient d'être indiqué est d'une grande simplicité; il est évident que la représentation qui en sera la conséquence sera très exacte au centre de la carte, mais qu'elle ira en s'altérant rapidement au fur et à mesure qu'on s'en éloignera; il est possible de modifier ce tracé de manière à conserver, sinon les angles, du moins l'équivalence des surfaces. Toutefois on comprendra aisément que la représentation résultant du développement conique ne peut jamais s'appliquer qu'à une surface très limitée, par exemple à la construction de la carte d'un pays d'une étendue moyenne.

Le développement conique modifié le plus généralement en usage est dû au géographe français Bonne. Il est aujourd'hui exclusivement employé par le dépôt de la guerre pour la construction de la carte de France.

Dans la projection de Bonne, le méridien du milieu est représenté par une ligne droite qui coupe tous les parallèles à angle droit : cette droite, qui est la génératrice du cône circonscrit, peut être regardée comme la rectification de l'arc elliptique du méridien ; les longueurs des degrés de latitude sont portées sur cette droite, soit d'après les résultats des mesures géodésiques exécutées directement à la surface de la terre, soit d'après les valeurs calculées au moyen du rayon de courbure de l'ellipse moyenne.

Le parallèle moyen, ou parallèle qui passe par le centre de la carte, a pour rayon la cotangente de la latitude correspondante et coupe tous les méridiens à angle droit.

Les trapèzes curvilignes de la surface sphérique sont représentés sur la carte par des trapèzes également curvilignes dont les côtés sont respectivement égaux en longueur aux côtés qui leur correspondent à la surface de la sphère ; comme les hauteurs sont égales, il en est de même des surfaces ; de sorte qu'en définitive les surfaces sont équivalentes.

Ayant tracé le méridien moyen et le parallèle moyen, ou le méridien et le parallèle du lieu, centre de la carte, et en outre gradué le méridien moyen au moyen de la longueur géodésique du degré, on décrira du centre du parallèle moyen des cercles passant par les divers points de la graduation ; ce seront les parallèles correspondants. Sur chaque parallèle, on portera à partir du méridien central les longueurs qui représentent les degrés de ce parallèle mesurés géodésiquement ou calculés à l'aide de la valeur connue du rayon du parallèle $r = \dfrac{a \cos \varphi}{(1 - e^2 \sin^2 \varphi)^{\frac{1}{2}}}$; joignant ensuite par un trait continu les points qui correspondent à la même longitude, on obtiendra le tracé du méridien correspondant.

Habituellement le centre commun des divers parallèles se trouve placé en dehors des limites de la carte ; on rapporte alors les parallèles à deux axes rectangulaires dont l'origine est au centre de la carte et l'on trace ces parallèles en joignant par un trait continu un certain nombre de points déterminés par leurs coordonnées rectilignes

$$x = MQ = PM \sin u = \rho \sin u ;$$
$$y = OP - PQ = \rho_0 - \rho \cos u.$$

ρ_0 et ρ étant les arcs rectifiés de l'ellipse méridienne qui correspondent, l'un au parallèle moyen, l'autre au
parallèle du point quelconque **M**.

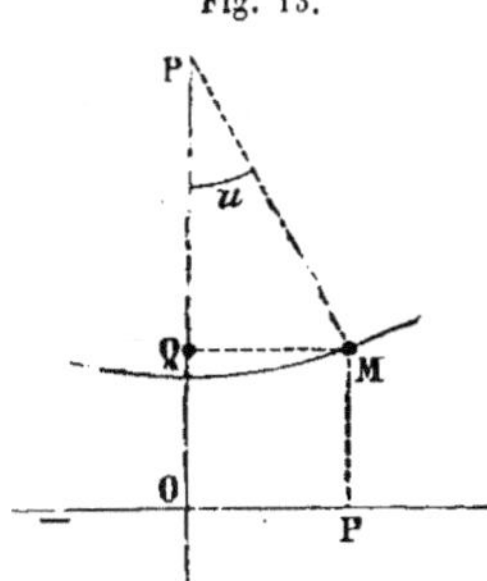

Fig. 13.

Les quelques explications qui viennent
d'être données sont plus que suffisantes pour
l'intelligence de la construction du canevas
d'une carte particulière dans le système de
Bonne. Dans ce mode de représentation les
angles et les surfaces seront bien conservés
au centre de la carte; mais les angles seront
altérés d'autant plus que l'on s'éloignera davantage du centre; toutefois quand la surface
à représenter sera limitée par 20° en longitude
et 20° en latitude, la représentation pourra être regardée comme en
somme des plus satisfaisantes.

PROJECTION DE MERCATOR. CARTES MARINES.

5. De la projection de Mercator. — Imaginons un cylindre
circonscrit à la sphère suivant la cinconférence de l'équateur; les
plans des divers méridiens de la sphère couperont le cylindre suivant
autant de génératrices qui seront regardées comme les représentations
correspondantes des méridiens de la sphère sur le cylindre. Portons
en second lieu sur chaque génératrice les degrés de latitude exprimés
en longueur des méridiens rectifiés; chaque parallèle de la sphère aura
un cercle pour représentation sur le cylindre. Cela fait, développons la
surface du cylindre sur un plan, nous obtiendrons une carte où les
méridiens et les parallèles seront représentés par des droites se coupant à angle droit.

Il est évident *à priori* que dans ce système les surfaces voisines de
l'équateur seront assez bien représentées et qu'elles pourront même
être regardées comme équivalentes; mais il ne saurait en être de même
vers les pôles où les surfaces seront considérablement augmentées en
vertu même des principes de la projection.

Le mode de représentation qui vient d'être indiqué présente un avantage capital au point de vue de la navigation; il est possible de déterminer la graduation en latitude, de telle sorte que la route à suivre par
un navire pour se rendre d'un point à un autre soit un angle constant,
ou, en d'autres termes, que la trajectoire sur la carte soit une ligne
droite. Il résultera de là un moyen très-simple de mesurer immédiatement à l'aide d'un rapporteur l'angle de route par une opération des
plus élémentaires.

Le fait de s'astreindre à couper tous les méridiens sous un angle
constant a pour conséquence d'obliger le navire à décrire une courbe

Chabirand, I.   3

que l'on appelle la *Loxodromie* qui diffère de l'arc de grand cercle et par suite n'est pas le plus court chemin. Mais eu égard à l'emploi du compas magnétique pour diriger le navire, la nécessité de suivre la loxodromie s'impose d'une manière à peu près absolue; d'ailleurs dans beaucoup de circonstances la loxodromie ne diffère pas sensiblement de l'arc de grand cercle. Quand il y a un avantage réel à naviguer suivant l'arc de grand cercle, on en arrive toujours à suivre un arc de loxodromie entre deux méridiens plus ou moins distants, de sorte que finalement le chemin que l'on s'est proposé de parcourir sur l'arc de grand cercle se compose d'une série d'arcs de loxodromie partiels; cela est une conséquence forcée de l'emploi de l'aiguille aimantée pour diriger la route du navire.

Cela posé, nous allons calculer la graduation des latitudes sur la projection de Mercator dans l'hypothèse ou l'angle de route reste constant sur la carte.

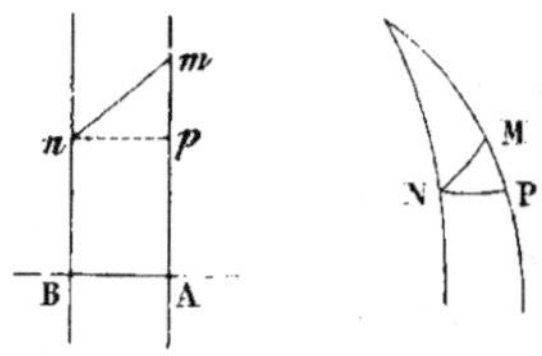

Soient m, n deux points voisins de la carte, M, N les points correspondants sur la sphère; menons les parallèles np sur la carte et NP sur la sphère.

L'angle de route nmp sur la carte est égal à l'angle NMP sur la sphère d'après l'hypothèse, et alors les deux triangles infinitésimaux nmp et NMP sont semblables et l'on a

$$\frac{mp}{\text{MP}} = \frac{np}{\text{NP}}.$$

$mp =$ arc de méridien sur la carte $= ds$;

MP $=$ arc de méridien sur la sphère $= d\text{S}$;

$np =$ arc de parallèle sur la carte $=$ arc de l'équateur AB compris entre les méridiens des points m et n;

NP $=$ arc de parallèle sur la sphère.

Les arcs np, NP sont entre eux comme les rayons des cercles auxquels ils appartiennent, c'est-à-dire comme les rayons de l'équateur a et du parallèle r, de sorte que

$$\frac{np}{\text{NP}} = \frac{a}{r},$$

d'où, par la relation ci-dessus,

$$ds = \frac{a}{r}\, d\text{S}.$$

Or r, rayon du parallèle pour la latitude φ, a pour expression

$$r = \frac{a \cos\varphi}{(1 - e^2 \sin^2\varphi)^{\frac{1}{2}}}, \qquad \text{d'où} \quad \frac{a}{r} = \frac{(1 - e^2 \sin^2\varphi)^{\frac{1}{2}}}{\cos\varphi}.$$

Fig. 14.

D'un autre côté, à la même latitude φ, l'arc infinitésimal de l'ellipse méridienne terrestre dS exprimé au moyen du rayon de courbure ρ et de l'arc de latitude $d\varphi$ a pour valeur

$$dS = \rho \, d\varphi = \frac{a(1 - e^2)d\varphi}{(1 - e^2 \sin^2 \varphi)^{\frac{3}{2}}}.$$

On en conclura

$$ds = \frac{a}{r} \, dS = \frac{a(1 - e^2)d\varphi}{\cos \varphi (1 - e^2 \sin^2 \varphi)}.$$

Pour faciliter l'intégration, on multipliera le numérateur par

$$1 = \sin^2 \varphi + \cos^2 \varphi,$$

et l'on aura

$$s = \int_0^\varphi \frac{a\,d\varphi}{\cos \varphi} - \int_0^\varphi ae \frac{e \cos \varphi \, d\varphi}{1 - e^2 \sin^2 \varphi} = a\int_0^\varphi \frac{d(\sin \varphi)}{1 - \sin^2 \varphi} - ae\int_0^\varphi \frac{d(e \sin \varphi)}{1 - e^2 \sin^2 \varphi};$$

d'où

$$s = \frac{a}{M} \left(\frac{1}{2} \log \frac{1 + \sin \varphi}{1 - \sin \varphi} - \frac{1}{2} e \log \frac{1 + e \sin \varphi}{1 - e \sin \varphi} \right).$$

$M =$ module des logarithmes vulgaires $= 0{,}434\,294\,5$. Or

$$\frac{1 + \sin \varphi}{1 - \sin \varphi} = \frac{\left(\sin \frac{1}{2} \varphi + \cos \frac{1}{2} \varphi \right)^2}{\left(\cos \frac{1}{2} \varphi - \sin \frac{1}{2} \varphi \right)^2} = \operatorname{tg}^2\left(45° + \frac{1}{2} \varphi \right);$$

de sorte que

$$\frac{1}{2} \log \frac{1 + \sin \varphi}{1 - \sin \varphi} = \log \operatorname{tg}\left(45° + \frac{1}{2} \varphi \right).$$

D'ailleurs par un développement en série (livre II, chapitre III)

$$\log \frac{1 + \sin \varphi}{1 - \sin \varphi} = 2M\left(e \sin \varphi + \frac{e^3}{3} \sin^3 \varphi + \frac{e^5}{5} \sin^5 \varphi + \dots \right);$$

d'où finalement

$$s = \frac{a}{M} \log \operatorname{tg}\left(45° + \frac{1}{2} \varphi \right) - a\left(e^2 \sin \varphi + \frac{e^4}{3} \sin^3 \varphi + \dots \right).$$

La circonférence de l'équateur $2\pi a = 21\,600'$, d'où pour la valeur de a exprimée en minutes équatoriales

$$a = \frac{10\,800'}{\pi} = 3437',7 \quad \text{et} \quad \frac{a}{M} = \frac{10\,800'}{\pi M} = 7915',7047.$$

On conclura pour la valeur de s exprimée en fonction de la latitude

$$s = 7915',7047 \log \operatorname{tg}\left(45° + \frac{1}{2}\varphi\right) - 3437',7\left(e^2 \sin\varphi + \frac{e^4}{3}\sin^3\varphi\right).$$

La quantité s ainsi déterminée est la longueur qui, exprimée en minutes équatoriales ou minutes comptées sur l'équateur à l'échelle de la carte, et portée ensuite sur la direction d'un méridien à partir de l'équateur, donnera le trait de graduation relatif à la latitude φ sur la carte, ou au parallèle correspondant. On inscrira en regard le nombre de degrés, minutes et secondes de la latitude φ.

Les latitudes de la carte ou latitudes données par la valeur de s portent habituellement le nom de *Latitudes croissantes*, parce que les longueurs qui les représentent croissent au fur et à mesure que l'on s'éloigne de l'équateur pour s'approcher du pôle.

D'après l'expression de s, la latitude croissante se compose de deux parties : la première ou principale, qui est indépendante de l'excentricité et serait par suite celle que l'on obtiendrait dans l'hypothèse de la terre sphérique, et la seconde, qui peut être regardée comme une correction de la première due à l'aplatissement. Soient φ' *croiss.* la latitude croissante totale et φ *croiss.* la latitude croissante due à la forme sphérique : on mettra l'expression de la latitude croissante sous la forme

$$\varphi' \; croiss. = \varphi \; croiss. + \Delta\varphi \; croiss.$$

$$\varphi \; croiss. = 7.915',7047 \log\left(45° + \frac{1}{2}\varphi\right).$$

et

$$\Delta\varphi \; croiss. = -3.437',7\left(e^2\sin\varphi + \frac{e^4}{3}\sin^3\varphi\right) =$$

$$= (22'.56'',66 \sin\varphi + 0'',05 \sin^3\varphi),$$

en prenant pour e le chiffre de Bessel, ou $e = 0,0816967$.

Pour la facilité des applications, on a construit des tables qui donnent à vue la latitude croissante en fonction de la latitude φ. Les tables XLVII de Guépratte et III de Callet sont destinées à cet objet. Ces tables donnent la latitude croissante dans l'hypothèse de la terre sphérique ; elles ne tiennent pas compte du terme de correction relatif à l'aplatissement.

Ces tables sont par suite imparfaites et ne peuvent servir à la construction des cartes que sous la réserve d'un calcul ultérieur du terme de correction relatif à l'aplatissement.

La table V de Caillet, qui est une reproduction d'une table de Rümker, tient compte de l'aplatissement de la terre ; elle a été calculée dans l'hypothèse d'un aplatissement égal à $\dfrac{1}{303}$, ou $e^2 = 0.0065897$.

Les cartes marines publiées en France par le dépôt hydrographique de la marine sont construites au moyen de la table VI de Bégat (*) ; dans cette table, l'aplatissement a été pris égal à $\dfrac{1}{321}$, d'où $e^2 = 0,00622082$: il en résulte

$$\Delta\varphi\ \textit{croiss.} = -\,(21'.23'',12 \sin\varphi + 0'',04 \sin{}^3\varphi).$$

Cette valeur diffère notablement de celle qui correspond à l'aplatissement moyen donné par Bessel : elle peut s'en écarter d'une minute et demie. Les cartes qui sont construites avec la table de Bégat ne présentent pas par suite toute la perfection désirable, mais il n'y a pas lieu de s'en préoccuper ; la différence qui vient d'être signalée n'a par le fait aucune importance dans la pratique, de sorte qu'il n'y a pas d'intérêt à changer les canevas déjà existants.

6. Construction d'un canevas de carte marine d'après le système de projection de Mercator. — Nous supposerons d'abord qu'il s'agisse de construire une mappemonde ou une carte destinée à représenter les deux hémisphères, c'est-à-dire la surface totale de la terre.

Au milieu de la carte, on mènera une ligne droite horizontale qui la divisera en deux parties et figurera l'équateur. D'après les dimensions de la feuille de papier, on fixera le nombre n de millimètres, qui sera destiné à représenter 1 minute équatoriale : on en conclura le nombre de millimètres qui correspondra à 1 degré ou à un nombre déterminé de degrés : admettant, par exemple, que les méridiens du canevas seront espacés de 5 degrés en 5 degrés, il faudra porter sur l'équateur 72 fois la longueur exprimée en millimètres qui représente 5° ou 300', et, par chaque point de division obtenu, faire passer une ligne verticale qui sera un méridien de la carte.

Pour tracer ensuite les parallèles qui seront supposés devoir être espacés de 5° en 5° comme les méridiens, il faudra se servir de la table des latitudes croissantes. Pour le premier parallèle, ou celui qui correspond à la latitude 5°, la table donnera 298',38 : il en résulte que le nombre n de millimètres, qui représente la minute équatoriale sur l'échelle des longitudes ou échelle des parties égales doit être multiplié par le nombre 298,38 et que, par suite, la longueur à porter sur l'échelle des latitudes est égale à $n \times 298,38$: on portera cette longueur à partir de l'équateur, et au point de division obtenu on marquera 5°. Pour un parallèle quelconque, par exemple celui de 25°, on trouvera dans la table 1540',29 : par suite, la longueur à porter à partir de l'équateur pour obtenir le parallèle 25° est égale à

(*) Bégat, *Traité de géodésie à l'usage des marins*, 1839.

$n \times 1340,29$. Les traits de division de l'échelle des latitudes ainsi obtenus, on fera passer par chacun d'eux une droite horizontale qui sera la représentation du parallèle correspondant. Le planisphère étant symétrique par rapport à l'équateur, il suffira de reproduire en dessous de la ligne de l'équateur le tracé qui aura été exécuté pour la partie supérieure; le canevas total de la projection de Mercator se trouvera ainsi construit.

Supposons en second lieu qu'il s'agisse de construire le canevas d'une carte destinée à figurer une fraction déterminée de la surface du globe. La manière de procéder sera tout à fait analogue. Soit proposé par exemple de tracer le canevas pour la surface comprise entre le 15° et le 55° degré de longitude, d'une part, entre le 25° et le 65° degré de latitude, d'autre part. On tracera au bas de la carte une ligne horizontale qui figurera le 25° parallèle; le nombre n de millimètres (*) qui représentera la minute équatoriale ayant été fixé, la ligne horizontale sera graduée en minutes ou en degrés, ou en multiples de 1 minute ou de 1 degré, suivant les dimensions de la carte; par les points de division, on fera passer des verticales, et l'on aura les méridiens.

Pour tracer les parallèles, il faudra se servir ensuite de la table des latitudes croissantes; s'il s'agit de tracer le parallèle 26°, par exemple, on trouvera pour 25° : $1.540',29$, et pour 26° : $1.606',41$, et par suite $66',12$ pour la différence 26° — 25°. Il faudra porter alors sur l'échelle des latitudes la longueur $n \times 66,12$: le point de division obtenu correspondra au parallèle de 26° : il est facile de conclure la marche à suivre pour le parallèle correspondant à un nombre quelconque de minutes ou de degrés. L'échelle des latitudes graduée, il ne restera plus qu'à faire passer des lignes horizontales par les points de division pour achever le canevas de la carte.

D'après le principe même des latitudes croissantes, l'échelle des latitudes varie pour chaque division; or comme cette échelle doit servir à mesurer les longueurs sur la carte sur chaque latitude, il y a utilité à pouvoir en conclure pour un point quelconque l'unité de mesure itinéraire. Pour cela il faut supposer que la latitude varie entre deux divisions consécutives suivant la loi de proportionnalité, ce qui est toujours suffisamment exact. Soit proposé de trouver l'unité de mesure pour la latitude φ; la table fera connaître par exemple pour $\varphi - 10'$ la latitude croissante φ_0 *croiss.* et pour $\varphi + 10'$ la latitude croissante φ_1 *croiss.* Soit x l'unité de mesure à la latitude φ, il en résultera évidemment, si l'on admet que la proportionnalité existe,

$$\frac{\varphi_1 \; croiss. - \varphi_0 \; croiss.}{20} = \frac{x}{n},$$

(*) Dans les cartes marines dites *cartes du pilote français*, on a pris $n = 0^m,0271$.

d'où

$$x = \frac{\varphi_1 \; croiss. - \varphi_0 \; croiss.}{20} \, n \, ;$$

x ainsi calculé donne la longueur exprimée en millimètres ou unités de n qui représente le mille sur la carte à la latitude φ.

7. Construction d'une carte marine à l'aide de mesures géodésiques exécutées sur le terrain. — Le tracé du canevas d'une carte marine une fois exécuté, il ne reste plus qu'à y dessiner la configuration des terres : quand cette configuration est déjà donnée par une autre projection bien définie, on n'a plus affaire qu'à une question de dessin graphique toujours très-simple si l'on a fixé préalablement avec le plus grand soin les positions des points principaux au moyen de leurs coordonnées géographiques.

Nous allons supposer maintenant que les éléments destinés à la construction de la carte soient donnés par des mesures géodésiques exécutées directement sur le terrain. Le tracé définitif de la carte suppose alors un certain nombre d'opérations préliminaires dont l'exécution est l'objet principal des travaux géodésiques ou hydrographiques et dont nous devons dire quelques mots.

On construit en premier lieu une série de cartes plates ou plans topographiques dont l'ensemble recouvre toute la surface à représenter. Chacun de ces plans doit être limité en étendue, de telle sorte que la surface sphérique qu'il représente puisse être assimilée à une surface plane ou plutôt susceptible de se rabattre sur elle d'une manière suffisamment exacte. Ce résultat sera obtenu si on limite la distance des points extrêmes figurés sur le même plan à 80 000 mètres au plus.

On est ainsi conduit à diviser la surface totale à représenter en une série de carrés ayant au plus 80 000 mètres de côté et à faire successivement le plan de chacun de ces carrés. Pour l'exécution de ce plan on prendra sur chaque carré un point central, on tracera la méridienne et la perpendiculaire à cette méridienne et l'on calculera les coordonnées x et y de tous les points par rapport à ces deux axes perpendiculaires.

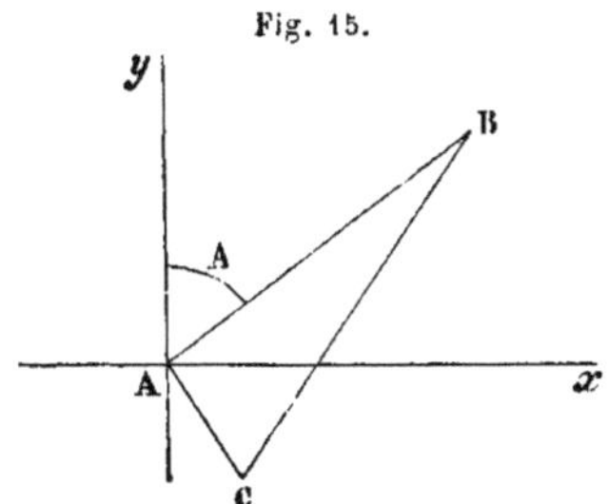

Fig. 15.

Soit A le centre du premier carré : la base AC sera mesurée tout d'abord avec le plus grand soin. Cela fait, on considérera par exemple un point B : ayant mesuré les angles nécessaires puis résolu le triangle ABC, les coordonnées du point B seront, en appelant A l'azimut yAB :

$$x = AB \sin A \, ; \quad y = AB \cos A$$

AB étant exprimé au moyen de l'échelle adoptée, c'est-à-dire en centimètres et en millimètres.

On conçoit immédiatement la possibilité d'établir autour du point A un réseau de triangles d'où l'on conclura les coordonnées des sommets principaux nécessaires pour figurer tous les détails relatifs à la configuration du terrain sur le plan.

Le mode de procéder sera absolument identique pour tous les carrés particuliers. Une opération importante consistera à relier entre eux les centres des divers carrés au moyen d'une grande triangulation d'ensemble. Ce travail s'exécutera en déterminant successivement les positions géographiques des divers points origines dans chaque carré d'après les formules ordinaires de la géodésie, c'est-à-dire en tenant compte de la forme réelle de la Terre.

Soient A et D, deux points origines dans deux carrés voisins. Pour relier ces deux points l'un à l'autre par une triangulation, il faudra généralement passer par un ou plusieurs sommets intermédiaires tels que B.

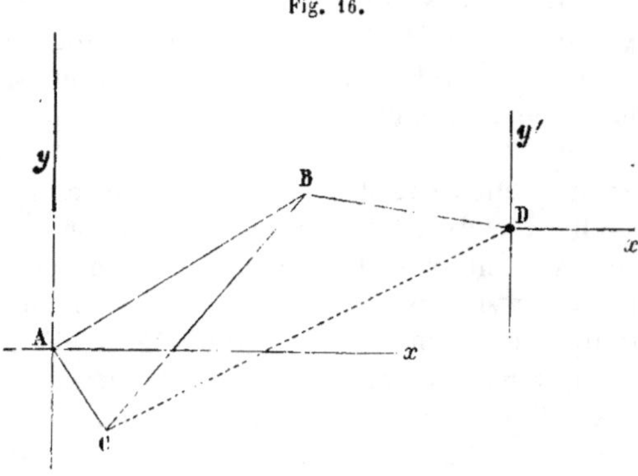

Fig. 16.

La longueur $AB = a$ résulte des opérations exécutées autour du point A. Soient φ_0 et ψ_0 la latitude et la longitude du point A, φ et ψ la latitude et la longitude du sommet B ; soit enfin A l'azimut de B par rapport au point A, d'après les formules de la géodésie on aura :

$$\varphi = \varphi_0 - (1 + e^2 \cos\varphi_0)\frac{a\cos A}{N\sin 1''} - \frac{1}{2}(1 + e^2 \cos^2\varphi_0)\left(\frac{a\sin A}{N}\right)^2 \frac{tg\,\varphi_0}{\sin 1''}$$

$$\psi = \psi_0 + \frac{a\sin A}{N\cos\varphi_0 \sin 1''}$$

N est la grande normale en A :

$$N = \frac{1}{(1 - e^2 \sin^2\varphi_0)^{\frac{1}{2}}}.$$

Pour abréger on pose habituellement :

$$P = \frac{1 + e^2 \cos^2\varphi_0}{N\sin 1''}; \quad Q = \frac{1 + e^2 \cos^2\varphi_0}{2\,N^2 \sin 1''} tg\,\varphi_0 ; \quad R = \frac{1}{N\sin 1''}.$$

Alors les formules deviennent :

$$\varphi = \varphi_0 - a\,\mathrm{P}\cos \mathrm{A} - \mathrm{Q}\,a^2 \sin^2\mathrm{A}$$

$$\psi = \psi_0 + \mathrm{R}\frac{a \sin \mathrm{A}}{\cos \varphi_0}.$$

La latitude et la longitude du point B se trouveront ainsi calculées.

La triangulation ayant donné l'angle ABC, on pourrait en conclure l'azimut de C par rapport au point B, si l'on connaissait l'azimut de A par rapport à B. Cet azimut serait égal à 180° + A si les méridiens de A et de B étaient parallèles, mais comme ils convergent l'un vers l'autre eu égard à la sphéricité de la Terre, il faut calculer l'azimut de A au moyen de la formule de géodésie relative aux azimuts.

Soit A′ l'azimut de A par rapport à B :

$$\mathrm{A}' = 180° + \mathrm{A} - \frac{a}{\mathrm{N}\sin 1''}\frac{\sin \mathrm{A}}{\cos \varphi_0}\sin \frac{1}{2}(\varphi + \varphi_0)$$

ou

$$\mathrm{A}' = 180° + \mathrm{A} - (\psi_0 - \psi)\sin\frac{1}{2}(\varphi + \varphi_0).$$

Ayant calculé les coordonnées géographiques de B et mesuré l'azimut de D par rapport à B, connaissant d'ailleurs par la triangulation la longueur du côté BD, on calculera absolument de la même manière les éléments de D en prenant le point B pour point de départ. Le point D se trouve alors finalement relié au point A. Le calcul sera identique pour tous les centres des carrés pris pour origines particulières.

On remarquera que d'après ce qui précède, eu égard au terme de correction des azimuts $(\psi_0 - \psi)\sin\frac{1}{2}(\varphi + \varphi_0)$, les axes des coordonnées de chaque carré ne sont pas parallèles. En général, les axes des carrés relatifs à deux origines ayant pour coordonnées géographiques φ_0 et φ, ψ_0 et ψ font entre eux un angle $(\psi_0 - \psi)\sin\frac{1}{2}(\varphi_1 + \varphi_0)$; ainsi qu'on l'a dit, cela tient à la convergence des méridiens à la surface de la Terre. Les méridiennes des carrés situés dans la zone de droite par rapport au point A s'inclinent vers la gauche dans la direction de la méridienne de A; les méridiennes de la zone de gauche s'inclinent vers la droite.

Ayant représenté sur des plans particuliers une certaine surface à l'aide des mesures géodésiques, il ne restera plus qu'à réunir ces divers plans, ou plutôt les éléments qu'ils fournissent sur une carte unique. On dressera tout d'abord le canevas de cette carte ainsi que cela a été expliqué précédemment et l'on portera ensuite sur ce canevas les coordonnées géographiques qui ont été déterminées. Ayant établi la position des points principaux et au besoin multiplié les points intermédiaires autant que cela aura paru utile, il deviendra facile d'achever les détails de la carte en traçant les configurations de côtes à l'aide des plans particuliers construits sur le terrain (*).

8. De l'usage des cartes marines. — Les cartes marines dressées d'après la projection de Mercator, sont pour ainsi dire l'un des éléments fondamentaux de la navigation. Elles permettent d'obtenir immédiatement et la projection de la trajectoire loxodromique d'un point à un autre par le tracé de la droite qui joint ces points sur la carte, et l'angle de route qui est l'angle formé par cette droite avec un méridien quelconque. D'un autre côté, la carte au moyen de ses deux échelles donne à vue la latitude et la longitude d'un point déterminé : inversement elle permet de fixer la position d'un point donné par ses deux coordonnées géographiques.

L'usage des cartes marines suppose l'application courante de quelques principes relatifs à la mesure des distances. D'après les conditions mêmes du système de projection employé, l'échelle qui convient à un point de la carte est donnée immédiatement par l'échelle de latitude croissante qui correspond à la latitude de ce point. L'échelle des latitudes croissantes variant avec la latitude, il en résulte que les diverses parties de la carte sont à des échelles différentes. Pour avoir un moyen pratique de mesurer des longueurs et par suite des surfaces sur la carte, on est obligé alors d'admettre que les latitudes croissantes varient d'une manière proportionnelle : ainsi que nous l'avons déjà dit, les résultats obtenus dans cette hypothèse sont en réalité suffisamment exacts toutes les fois que l'on a affaire à des éléments assez petits. S'il faut par exemple mesurer un élément de surface de petite étendue, on se servira de la latitude φ_0 du point milieu de cet élément de surface; sur l'échelle des latitudes croissantes on prendra au-dessus et au-dessous de φ_0 la longueur qui correspond à 0′,5 ou 2′,5 ou 5′, ou tel autre chiffre qui conviendra d'après l'unité qui aura été adoptée. Prenant ensuite une ouverture de compas des deux points extrêmes en dessus et en dessous on admettra qu'elle équivaut à 1′, 5′ ou 10′, c'est-à-dire 1 mille, 5 milles ou 10 milles de la latitude φ_0. Avec cette longueur prise pour unité, les éléments de la surface seront mesurés en milles ; on en conclura leurs valeurs en mètres et par suite la surface elle-même en mètres carrés, au moyen de la longueur du mille à la latitude φ_0.

En général, sur une carte marine, les longueurs réelles sont multi-

---

(*) Pour la construction des cartes marines, on pourra consulter avantageusement le *Traité de géodésie à l'usage des marins* de Bégat.

pliées par $\dfrac{1}{\cos \varphi}$ et les surfaces par $\dfrac{1}{\cos^2 \varphi}$, φ étant la latitude moyenne ou la latitude du point central.

Soit proposé de mesurer sur la carte une distance d'une certaine grandeur telle que AB. On pourrait diviser AB en un certain nombre de parties égales élémentaires, et mesurer chacune de ces parties à l'échelle de latitude croissante qui lui correspond ainsi que nous l'avons expliqué tout à l'heure : leur somme donnerait ensuite la longueur de AB. Mais il est possible de procéder d'une manière plus commode.

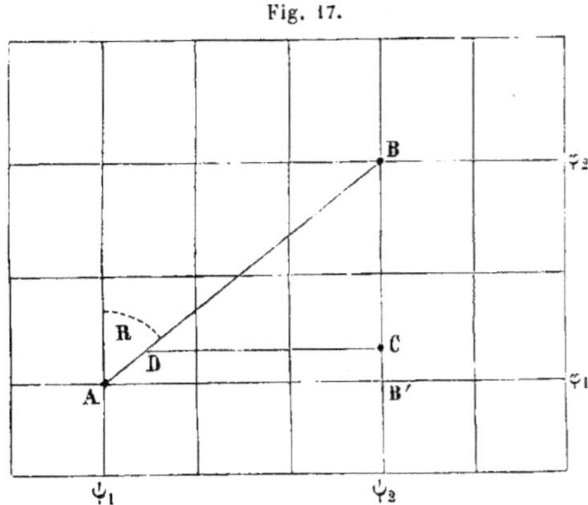

Fig. 17.

Si l'on remarque que AB coupe tous les méridiens sous un même angle R, on aura :

$$\text{AB} \sin \text{R} = \text{AB}' = \text{Différence des longitudes} = \psi_1 - \psi_2,$$
$$\text{AB} \cos \text{R} = \text{BB}' = \text{Différence des latitudes} = \varphi_2 - \varphi_1.$$

La différence des longitudes ne donne pas immédiatement en milles la distance cherchée, mais il sera facile de la conclure de la différence des latitudes :

$$\text{AB} = \text{Distance cherchée} = \frac{\varphi_2 - \varphi_1}{\cos \text{R}}.$$

Ce résultat sera exprimé en milles ; pour avoir la longueur en mètres, il faudra le multiplier par la valeur moyenne du mille.

On peut construire géométriquement d'une manière très-simple l'expression AB cos R et en conclure sa valeur en milles. Sur l'échelle des longitudes ou échelle des parties égales on prendra un nombre de minutes égal à celui de $\varphi_2 - \varphi_1$ et l'on portera la longueur correspondante de B en C : on mènera CD parallèle à B'A ; BD exprimé en minutes à l'échelle des parties égales donnera en milles la longueur cherchée.

Habituellement, en navigation, il n'est pas toujours nécessaire de mesurer une distance avec une précision extrême: souvent d'ailleurs cette distance est relativement faible. On procède alors d'une manière plus expéditive : à la latitude moyenne $\dfrac{\varphi_1 + \varphi_2}{2}$, on prend sur l'échelle des latitudes croissantes la valeur moyenne du mille en procédant comme nous l'avons expliqué tout à l'heure pour une quantité élémentaire, et, avec cette valeur moyenne, on mesure au compas la longueur AB. Les marins n'opèrent généralement pas autrement : le résultat obtenu n'est pas rigoureusement exact, mais il l'est presque toujours suffisamment.

CHAPITRE III.

DE LA NAVIGATION. CALCUL DU POINT ESTIMÉ.

---

1. Problème de la navigation. — Le problème de la navigation énoncé dans son acception la plus générale peut se formuler de la manière suivante :

Étant donné un point à la surface de la terre, se rendre par mer de ce point à un autre point déterminé, placé à une distance quelconque du premier.

Si les deux points sont placés de part et d'autre d'une même mer et séparés seulement par une étendue d'eau plus ou moins considérable sur laquelle on ne rencontre aucun obstacle, la solution du problème exécutée à l'aide d'une carte marine se présente sous une forme très simple. On joint sur la carte les deux points par une ligne droite et l'on mesure au rapporteur l'angle sous lequel cette ligne coupe chaque méridien : cet angle est l'*Angle de Route* ou la *Route* que devra suivre le navire. Si l'on dispose d'un instrument qui fasse connaître à chaque instant à bord l'angle formé par l'axe longitudinal du navire avec la direction nord et sud, et si l'on s'en sert pour mettre le navire dans la route donnée et l'y maintenir d'une manière constante, il est évident qu'au bout d'un certain temps de traversée on devra arriver au point que l'on se propose d'atteindre. L'instrument tout à fait fondamental en navigation, qui permet d'orienter le navire et de le mettre en route est la *Boussole* ou *Compas de Route*. Cet instrument est fondé sur la propriété de l'aiguille aimantée de se diriger vers le nord magnétique et de faire par suite un angle constant avec le méridien géographique.

Dans la réalité, le problème de la navigation ne se présente pas sous une forme aussi simple que celle qui vient d'être indiquée : il arrive le plus souvent que le point de départ et le point d'arrivée sont séparés par des îles ou des continents plus ou moins considérables qu'il faut contourner; d'un autre côté, le navire peut être contrarié par les vents et se trouver conduit à suivre une route qui l'éloigne momentanément de la direction qu'il devrait suivre pour se rendre à destination par le plus court chemin. Il résulte de là qu'après avoir parcouru un certain espace, le navigateur est obligé d'établir sa position sur la carte, de prendre cette position pour nouveau point de départ et de tracer en conséquence une nouvelle route. De là un problème partiel qui se présentera à chaque instant dans le cours de la traversée : déterminer la position du navire à un moment quelconque. C'est ce que l'on appelle *le Problème du Point*. Établir le point à une époque déterminée, c'est calculer la latitude et la longitude du navire pour cette époque ; ce point étant porté sur la carte, on en conclura l'angle de route. Le point suppose habituellement un troisième élément : la variation du compas ou angle formé par l'aiguille aimantée avec le méridien géographique, ou, d'une manière générale, l'azimut du méridien magnétique. Cet angle varie avec les positions géographiques ; or il est indispensable de le calculer pour passer de la route vraie ou route sur la carte à la route au compas ou route apparente du navire.

L'étude du tracé des cartes marines nous a montré comment, connaissant et le chemin parcouru depuis le point de départ et la route suivie, il est possible, par un calcul des plus élémentaires, de déterminer la différence des coordonnées du lieu où l'on se trouve avec celles du point de départ, ou, ce qui revient au même, de calculer purement et simplement la latitude et la longitude du navire. Or la route est toujours connue par le compas de route : si d'ailleurs on a mesuré d'une manière suivie la vitesse du navire de manière à pouvoir en conclure le chemin parcouru pendant le temps écoulé depuis le départ, on aura les éléments nécessaires pour faire le point ou déterminer la position du navire.

L'instrument destiné à mesurer la vitesse du navire est la *Ligne de Loch*. Avant d'aller plus loin, il y a lieu de donner quelques détails sur les deux instruments dont on vient de parler : le compas de route et la ligne de loch. Ces deux instruments, d'un usage continuel à bord, sont pour ainsi dire les bases de la navigation pratique.

2. Du compas de route. — Cet appareil se compose essentiellement d'une aiguille aimantée mobile autour d'un pivot vertical et renfermée dans une cage placée à côté de la roue du gouvernail.

L'aiguille est collée sur un disque formé d'une feuille de papier doublée d'une feuille de mica : la feuille de papier est destinée à porter une graduation, et la feuille de mica à donner au disque une certaine solidité tout en le laissant perméable à la lumière. Le disque doit être assez léger pour que l'aiguille puisse l'entraîner facilement dans les mouvements qu'elle exécute autour de son pivot ; le centre du disque coïncide d'ailleurs exactement avec le point de suspension de l'aiguille.

On gradue le disque de $0°$ à $360°$, de manière que le point $0°$ coïncide avec la pointe de l'aiguille aimantée qui s'oriente vers le nord :

les divisions 90°, 180° et 270° représentent alors les points cardinaux
E, S, O du compas. Ces points sont figurés à côté de la graduation en
degrés, ainsi du reste que les points intermédiaires
NE, SE, SO, NO, ou NNE, ENE, ESE, etc. On
remplaçait autrefois la division en degrés par la
division en *quarts* ou *demi-quarts*, le quart étant la
32ᵉ partie de la circonférence, ou 11°15′. Aujour-
d'hui, presque tous les compas portent la double
graduation en degrés et en quarts, quoique en
réalité, eu égard aux progrès de la navigation, la
graduation en quarts n'ait plus aucune raison d'être.
Le disque gradué ainsi qu'on vient de l'expliquer
s'appelle la *Rose du Compas*.

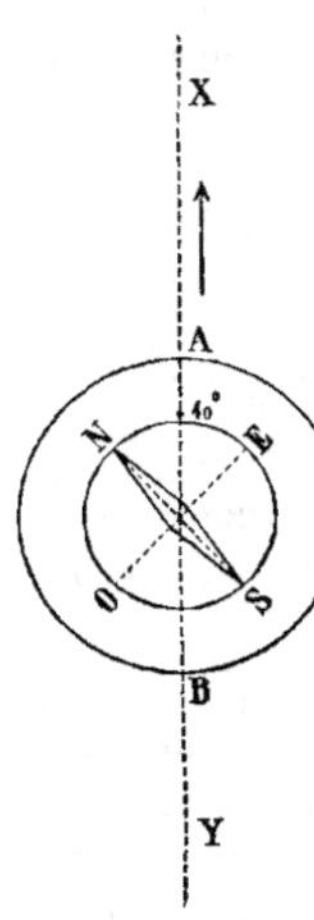

Fig. 18.

Après ces quelques détails, le fonctionnement de
l'appareil est extrêmement facile à saisir : si l'on
dispose l'aiguille et, par suite, la rose sur le pivot
de suspension, l'aiguille s'orientera vers le nord
magnétique, entraînant avec elle la rose, qui lui
est invariablement fixée; quand l'équilibre se sera
établi, le diamètre NS ou 0° 180° de la rose indiquera la direction du méridien magnétique, et les
divers autres diamètres feront connaître à vue toutes les directions ou
tous les azimuts, par rapport à ce méridien.

Supposons maintenant qu'en regard de la rose et sur la boîte qui
l'enveloppe, on ait marqué deux points A et B qui déterminent l'axe
longitudinal du navire XY : il est évident que le diamètre de la rose
qui passe par AB coïncide avec cet axe longitudinal et fait par suite
avec le méridien magnétique un angle précisément égal à l'angle de
route du navire. Dans le cas de la figure, la division 40° correspond au
point A et se trouve sur la droite AB ou ligne de foi : on en conclut que
la route du navire est 40° ou N. 40° E., ou suivant une expression consacrée dans le langage marin, que le *Cap* est au N. 40° E. Inversement,
si le navire doit faire route au N. 40° E., on le fera évoluer au moyen
du gouvernail, de manière à l'y ramener toutes les fois qu'il s'en écar-
tera par une cause accidentelle quelconque. Il est facile de comprendre
d'après cela comment, étant connue la route au compas, il est toujours
extrêmement élémentaire de la faire suivre par le navire aussi longtemps que cela est nécessaire.

Ainsi que nous l'avons dit dès en commençant, la rose est en principe installée sur un pivot vertical : eu égard aux mouvements du navire, il est évident que dans cette installation il faut avoir recours à
un système de suspension plus ou moins compliqué; c'est un détail
de construction sur lequel il n'y a pas lieu d'insister ici. Quoi qu'il en
soit, la rose est finalement enfermée dans une boîte circulaire sur

laquelle sont marqués deux traits verticaux bien apparents qui font connaître la ligne de foi et, par suite, la direction de l'axe longitudinal du navire.

Comme la nécessité de faire suivre exactement au navire la trajectoire tracée sur la carte est pour ainsi dire absolue, non-seulement en vue de la traversée que l'on veut exécuter, mais encore eu égard à la sécurité même du navire, le navigateur doit se préoccuper à chaque instant de maintenir la route au cap indiqué, en exerçant une surveillance incessante sur la rose du compas, et en facilitant par tous les moyens possibles la conservation de la route aux hommes chargés de la manœuvre de la roue du gouvernail. A bord des navires de l'État et des paquebots des grandes compagnies maritimes, la surveillance du compas s'exerce généralement aussi bien que possible; malheureusement, les conditions matérielles imposées aux hommes de barre laissent souvent beaucoup à désirer.

La mise en route et la conservation de cette route au cap donné, si simples et si élémentaires en théorie, présentent souvent dans la pratique des difficultés matérielles dont il est fort difficile de se rendre maître. Toutefois, dans les conditions ordinaires de la navigation, il est généralement possible d'obtenir des résultats suffisants, eu égard à la précision des éléments qu'ils sont appelés à fournir pour le calcul du point.

Du reste, il y a deux choses à considérer : la manœuvre de la barre et l'installation du compas de route.

La manœuvre de la barre est une opération pratique qui suppose de la part des hommes qui en sont chargés, d'abord de l'habitude et de l'exercice, et en second lieu une certaine habileté professionnelle : ces qualités de l'homme de barre résultent ordinairement de l'expérience de la mer et de la connaissance du navire que l'on a sous les pieds, c'est-à-dire de la manière dont ce navire obéit à l'action de son gouvernail : tous les navires, en effet, ne présentent pas sous ce rapport le même degré de sensibilité. La puissance de la barre dépend essentiellement de la vitesse du navire : il en résulte que pour les vitesses moyennes de sept à neuf nœuds, et, *à fortiori*, pour les vitesses supérieures, il suffit de mouvoir la roue très-peu pour remettre le cap en route : de là une grande facilité et, par suite, une grande certitude pour la conservation de la route. Sur les navires à voiles, la voilure doit toujours être équilibrée autant que possible; sans cela le navire ferait fréquemment ce que l'on appelle des *embardées* sur un bord ou sur l'autre, ce qui aurait pour conséquence une manœuvre constante de la roue. La mer, quand elle est grosse, peut devenir un élément perturbateur fort gênant : les grosses lames provoquent des embardées fréquentes qui rendent la manœuvre de la barre toujours fort pénible; c'est dans ce dernier cas surtout qu'il importe d'avoir au gouvernail des hommes qui soient à la fois des timoniers habiles et des marins expérimentés.

Quoi qu'il en soit, toutes les fois que la mer est suffisamment tranquille et que le navire est animé d'une vitesse moyenne d'au moins sept à huit nœuds, ce qui est le cas ordinaire des bâtiments à vapeur, on peut dire que la barre est facile à manier, que le navire gouverne bien et conserve d'une manière satisfaisante sa route au cap indiqué.

Le timonier étant supposé pouvoir manœuvrer à son gré la roue qu'il a sous la main, doit encore être en mesure de vérifier facilement si la rose du compas est exactement à son poste, ou, en d'autres termes, si le navire est en route. Or cela n'est pas toujours aussi aisé qu'on pourrait le supposer au premier abord; il s'agit en effet de mettre en coïncidence une division de la graduation de la rose avec la ligne de foi : c'est chose très-possible quand la mer est calme et qu'il fait jour, quoique la distance qui sépare l'œil du timonier de la rose soit toujours un peu grande par suite des conditions inhérentes aux installations; mais si la mer est mauvaise et si en outre il fait nuit, la route devient forcément difficile à tenir. Quand la mer est grosse et que le navire fait à chaque instant de grandes embardées, on peut dire qu'il n'y a absolument aucun remède : la seule garantie est l'habileté professionnelle du timonier. Dans le cas des grands roulis, les Anglais emploient des roses moins sensibles dites roses de mauvais temps; mais il ne semble pas que ce soit là une garantie bien sérieuse, les avantages que l'on peut obtenir d'un côté se trouvant compensés par les incertitudes qui proviennent du défaut de sensibilité de l'aiguille.

Les difficultés résultant de l'obscurité de la nuit peuvent être neutralisées dans une certaine mesure par un bon système d'éclairage de la rose et de la boîte qui la renferme.

A bord des navires de l'État, en France, le disque de la rose est formé par une feuille de papier doublée d'une feuille de mica, et se trouve à peu près perméable à la lumière; l'éclairage se fait par en dessous au moyen d'un fanal disposé à cet effet. L'ensemble de cette installation laisse généralement beaucoup à désirer : l'homme de barre ne voit le plus souvent qu'assez mal et quelquefois même pas du tout. Il y aurait avantage à remplacer la rose papier et mica par une rose en verre dépoli d'une épaisseur très-mince : ce système a été adopté sur les paquebots des Messageries, et il semble aussi satisfaisant que possible au point de vue de la perméabilité de la lumière. Mais un perfectionnement d'une grande simplicité, et en même temps d'une importance capitale, consisterait à fixer sur la rose, sur la division même qui doit être mise en coïncidence avec la ligne de foi, une petite pointe métallique bien polie et très-légère, par exemple une flèche en aluminium, et à disposer le fanal du compas de manière à projeter par un

Chabirand, I. 4

réflecteur une partie de a lumière sur la pointe métallique. De cette manière, la partie de la rose qui a surtout besoin d'être bien visible se trouve parfaitement éclairée, et le timonier n'a plus qu'à se préoccuper de faire coïncider la pointe brillante de la flèche métallique avec la ligne de foi, deux objets qu'il voit très nettement. Il n'échappera à personne qu'il est toujours plus facile de mettre en regard de la ligne de foi un point bien reconnaissable, comme l'extrémité d'une flèche métallique, plutôt qu'une division de graduation que l'œil doit tout d'abord s'efforcer de séparer des divisions voisines, qui lui sont identiques. Il demeure du reste bien entendu que la flèche métallique se déplace à volonté sur la rose, et qu'on la change de place toutes les fois que la route vient à être modifiée.

Le même système sera évidemment applicable pendant le jour, et ne manquera pas alors de donner des garanties très sérieuses pour la conservation précise de la route donnée. Je n'hésite pas à affirmer qu'avec l'installation tout élémentaire dont je viens de parler, de bons timoniers peuvent gouverner en moyenne au demi-degré près, quand la mer est calme et que le navire a une vitesse d'au moins sept à huit nœuds.

3. Du compas de relèvement. — Le compas de route qui vient d'être décrit peut facilement être transformé en un autre appareil destiné à mesurer les angles : il prend alors le nom de *Compas de Relèvement*. La rose est enfermée dans une boîte de forme cubique qui peut être déplacée à volonté et transportée soit dans un encastrement spécial construit en un point déterminé du navire, soit sur un pied de graphomètre portatif. La face supérieure de la caisse qui renferme la rose est une glace au centre de laquelle est fixé un petit axe vertical qui correspond exactement au pivot vertical autour duquel tourne la rose. Sur cet axe s'installe à frottement doux un alidade que l'on peut faire mouvoir dans toutes les directions de l'horizon. L'alidade porte deux pinnules, qui permettent de viser un point déterminé dans une orientation quelconque; pour plus de précision, on pourrait aisément remplacer l'alidade par une lunette.

On appelle *Relèvement* d'un point, l'angle que la direction de ce point fait avec le méridien, ou simplement l'azimut de ce point. Il est facile de voir que le compas de relèvement donne immédiatement à vue le relèvement ou azimut magnétique d'un point quelconque de l'horizon. En effet, la rose ayant pris sa position d'équilibre, le diamètre NS représente la méridienne magnétique : si alors on vise avec les pinnules un point de l'horizon, il est clair que le diamètre de la rose qui correspondra à la ligne de foi de l'alidade fera connaître par le numéro du trait de graduation placé à son extrémité sur la circonférence de la rose, l'azimut magnétique du point visé. Corrigeant cet azimut de la variation de l'aiguille aimantée, on obtiendra l'azimut géographique.

Le compas de relèvement est par suite un instrument propre à la mesure des angles.

Les compas de relèvement usuels dans la marine sont, on doit le dire, en général assez imparfaits : il est difficile de mesurer au moyen de ces instruments des angles avec une précision supérieure à 1 ou 2 degrés, et cela surtout quand les points visés sont un peu élevés au-dessus de l'horizon. Or il serait facile d'obtenir bien davantage, et cela serait désirable à tous les points de vue. Aujourd'hui, les conditions nouvelles de la navigation à grande vitesse, sur des navires où la présence du fer se traduit par des masses énormes, ont obligé le calculateur marin à demander à la science des méthodes de calcul plus précises que celles qui étaient rigoureusement suffisantes au temps de l'ancienne marine à voiles. On peut dire que la science a répondu à cet appel : toutes les théories relatives aux divers problèmes de navigation sont maintenant aussi avancées que possible ; relativement à la question des compas en particulier, la théorie a fait des progrès énormes. En revanche, la pratique est demeurée à peu près stationnaire. Les instruments dont on se sert encore aujourd'hui ne diffèrent pas sensiblement de ceux que l'on possédait il y a trente ans. Cela est regrettable, en particulier pour ce qui concerne les compas de relèvement ; j'aurai l'occasion de montrer en effet que ces instruments, s'ils étaient construits de manière à donner une véritable précision, pourraient rendre les plus grands services en permettant de calculer, par des procédés très rapides, des points d'observation avec une exactitude suffisante pour les besoins courants de la navigation, et cela pendant la nuit, à un moment quelconque, par des observations d'étoiles convenablement choisies.

4. De la ligne de Loch. — Cet instrument est destiné à mesurer la vitesse du navire à un instant quelconque ; il consiste essentiellement en un corps flottant qui est habituellement une planchette triangulaire à laquelle on donne le nom de *Bateau de Loch*, et en une corde en chanvre de l'espèce de celles qui sont désignées sous le nom générique de *Lignes* en matelotage et que l'on appelle la *Ligne de Loch*. La ligne étant attachée au bateau de loch, on jette celui-ci à la mer, et l'on file la ligne à la main au fur et à mesure que le navire s'éloigne, de manière qu'elle soit entièrement tendue au moment où il devient opportun d'arrêter l'opération. Le bateau de loch étant supposé resté fixe à la surface de la mer si l'on a compté le temps pendant lequel on a filé la ligne, il est clair que la longueur de ligne filée représente rigoureusement le chemin parcouru par le navire pendant ce temps, et que, par suite, il est possible d'en conclure sa vitesse.

Le temps est compté avec un sablier qui se vide habituellement en 30 secondes, et la ligne du loch est graduée de manière que le nombre de divisions filées, que l'on appelle des *Nœuds*, donne immédiatement sans calcul le nombre de milles que parcourt le navire en une heure, en admettant qu'il conserve pendant ce temps la vitesse accusée par le loch.

Soient m le nombre de milles parcourus par le navire en 1 heure, x la longueur d'une division de la ligne ou d'un nœud; si l'on veut que le nombre de nœuds filés soit égal au nombre de milles parcourus en 1 heure, on aura évidemment, en remarquant que 30 secondes $= \dfrac{1 \text{ heure}}{120}$,

$$\frac{mx}{m . 1^{\text{m}}} = \frac{\left(\dfrac{1}{120}\right)}{1},$$

d'où

$$\text{longueur du nœud} = x = \frac{1 \text{ mille}}{120} = \frac{1855,1}{120} = 15^{\text{m}},5.$$

La longueur du nœud serait donc égale à $15^{\text{m}},5$ environ. L'expérience a fait réduire ce chiffre à 15 mètres, eu égard, dit-on, à la mobilité du bateau de loch, mais probablement pour d'autres motifs en somme fort peu connus.

Ainsi qu'on le remarquera, la ligne de loch est un appareil des plus simples et des plus commodes pour mesurer la vitesse du navire. On peut trouver que cet appareil est au fond un peu élémentaire, et supposer qu'en réalité il ne donne qu'une approximation assez incertaine dans les résultats. Il n'en est rien : l'expérience montre que sous la réserve de certaines précautions techniques sur lesquelles nous ne croyons pas devoir insister ici, le loch, entre les mains de timoniers expérimentés, donne en général des mesures d'une grande exactitude. Malheureusement la vitesse obtenue, quelle que soit son degré de précision, ne peut en réalité s'appliquer qu'à l'époque où elle a été mesurée; si le navire a une vitesse variable, il est incontestable que le chemin parcouru effectivement ne sera pas celui qui sera calculé au moyen d'un certain nombre de vitesses estimées au loch à des époques plus ou moins distantes. Dans la pratique, à bord des navires de l'État, on jette le loch à chaque demi-heure et l'on prend pour vitesse pendant l'heure écoulée la moyenne des deux vitesses. Toutes les fois que le navire se déplace avec une vitesse à peu près constante, ce qui est souvent la règle, au moins sur les bâtiments à vapeur, on peut dire que cette manière de procéder est suffisamment exacte; mais il ne saurait en être de même quand, par des causes accidentelles, la vitesse change fréquemment.

On pourrait, il est vrai, en jetant le loch plus souvent, obtenir des moyennes plus exactes; mais, malheureusement cette opération ne peut être multipliée que dans une certaine mesure, surtout quand la vitesse est considérable. S'il est très-facile de filer 150 à 200 mètres de ligne, il est extrêmement pénible de les rentrer à bord quand le navire file plus de 10 nœuds ; il faut agir alors sur la ligne avec une très grande force à laquelle elle ne résiste jamais bien longtemps. Les navires qui marchent avec une grande vitesse ne tarderaient pas à faire des dépenses de ligne véritablement considérables, si l'on y jetait le loch trop fréquemment.

On a inventé bien des appareils destinés à enregistrer d'une manière continue la vitesse du navire, et susceptibles par suite de remplacer la ligne du loch ; mais jusqu'à présent, aucun de ces appareils n'a reçu la sanction de la pratique ; aussi les marins s'en tiennent-ils encore aujourd'hui à l'ancien procédé.

5. De la dérive. — En dehors de l'angle de route R et du chemin parcouru S, il est encore un élément particulier que l'on a besoin de mesurer dans certaines circonstances, notamment à bord des bâtiments à voiles : nous voulons parler de ce que l'on appelle la *Dérive*.

Quand un navire se déplace en vertu de l'effort du vent sur ses voiles, il est en réalité soumis à l'action de deux composantes : l'une dirigée suivant la direction de son axe longitudinal qui lui fait faire route et l'autre suivant la direction perpendiculaire qui a pour conséquence un certain déplacement en travers ; le déplacement réel du navire résulte des déplacements partiels dus à chacune des composantes.

On appelle *Dérive* l'angle formé par l'axe longitudinal du navire avec la direction moyenne du *Sillage* ou de la *Houache* qu'il laisse derrière lui. Cet angle s'estime au moyen d'un petit quart de cercle en cuivre gradué en degrés et disposé à l'arrière sur le couronnement du navire ; ce quart de cercle porte le nom de *Dériveur ;* il y a un dériveur à tribord et un autre à bâbord. Quand on veut mesurer la dérive, on cherche du bord où elle se produit, le rayon du dériveur qui correspond sensiblement avec la direction moyenne du sillage, et l'on en conclut, à vue en degrés, la valeur de l'angle cherché. Cette mesure est naturellement des plus incertaines ; aussi, toutes les fois que l'on est obligé d'en tenir compte, il est bien rare que le point d'estime présente une grande exactitude.

La dérive est dite tribord quand le sillage se relève à tribord de la route et bâbord quand au contraire il se relève à bâbord.

La dérive n'est guère sensible que dans le cas où le vent souffle sur l'avant du travers ; elle devient surtout sérieusement appréciable toutes les fois que le vent est frais et que le navire fait route au plus près des voiles carrées.

6. Convention adoptée pour compter les azimuts et les routes. — Corrections des routes et des relèvements. — D'après une convention établie en astronomie, les azimuts se comptent de 0° à 360° du Nord vers l'Est, le Sud ou l'Ouest ; le point Nord étant pris pour origine et ayant pour azimut A $= 0°$; les autres points cardinaux ont pour azimuts : l'Est 90°, le Sud 180° et l'Ouest 270°. Par analogie, je compterai les routes de 0° à 360° dans le même sens que les azimuts. D'après cela, par exemple, le cap à l'Est correspondra à la route 90°, le cap au S.-E. à la route 135° ; de même la route 247° 30' serait le S.-S.-O., etc.

Je ne me dissimule pas qu'en procédant de la sorte, j'introduis dans les usages reçus une légère innovation ; mais, en réalité, cette innovation qui, dans les applications usuelles se traduira toujours par des modifications insignifiantes, a une importance énorme au point de vue des calculs relatifs aux azimuts. D'ailleurs, pour peu que l'on y réfléchisse un instant, on trouvera qu'il est tout aussi commode de traduire une route en degrés que de l'énoncer au moyen des points cardinaux ; par exemple, il y a autant de facilité à s'exprimer en disant que la route est à 225° que de dire qu'elle est au Sud-Ouest ; il suffit d'en prendre l'habitude et au besoin d'avoir présente à l'esprit la graduation qui correspond aux principaux points cardinaux. La notation que je viens d'indiquer, à part les nombreux avantages qu'elle présente par ailleurs, aurait en particulier celui de supprimer les graduations en quarts et en demi-quarts qui surchargent fort inutilement les roses des compas et ne doivent plus être aujourd'hui d'aucun usage.

Du reste cette notation ne peut véritablement être appréciée que lorsque l'on aborde les calculs relatifs aux azimuts. Je citerai seulement un exemple.

Il arrive à chaque instant que l'on ait à se servir d'expressions de la forme :

$$\Delta E = f(A)\Delta E',$$

E, E' étant deux éléments qui sont un angle horaire, une latitude, un azimut, etc., ΔE, $\Delta E'$ des variations correspondantes de ces éléments, et $f(A)$ une fonction déterminée de l'azimut qui peut être une ligne trigonométrique de l'azimut, par exemple un sinus, un cosinus ou une tangente ou une fonction de ces lignes ; soit pour fixer les idées,

$$\Delta E = \operatorname{tg} A \Delta E'.$$

Ordinairement, on n'éprouvera aucune difficulté à calculer la valeur absolue de tg A, et cela quelle que soit la notation des azimuts que l'on ait adoptée ; mais ce qu'il importe de connaître, c'est le signe de tg A ; or, ce signe ne sera déterminé que si l'on sait dans quel quadrant se termine l'arc A compté de 0° à 360°. Toutes les fois que l'on se servira des notations usuelles basées sur l'emploi des points cardinaux, une discussion sera nécessaire pour déterminer le signe d'une ligne trigonométrique quelconque de l'azimut ; or, une discussion de signes faite rapidement au milieu d'un calcul numérique aboutit à une erreur, en moyenne une fois sur deux. Finalement, au lieu d'avoir corrigé un résultat calculé E d'une erreur ΔE, on l'aura souvent affecté d'une erreur double. Quand les azimuts sont notés par quadrants au moyen des points cardinaux, il y a autant de systèmes de formules que de quadrants, ce qui ne tarde pas à entraîner des complications extrêmes; si l'on a, par exemple, à exécuter un double calcul sur deux astres placés dans des quadrants différents de part et d'autre du méridien et qu'il faille faire intervenir dans les opérations la différence des azimuts, on sera infailliblement conduit à des discussions fort compliquées, en réalité plus difficiles que l'exécution du calcul lui-même. On évitera toute ambiguïté en comptant les azimuts de 0° à 360°.

La convention des azimuts étant pour ainsi dire imposée par la force des choses, il devient à peu près indispensable de l'appliquer à la notation des routes. Ainsi qu'il sera facile de le remarquer du reste, cette notation, loin de compliquer les calculs, les facilite singulièrement quand il s'agit d'exécuter les corrections relatives à la variation du compas et à la dérive; il n'y a alors véritablement plus de chances d'erreur possibles ; d'ailleurs, et c'est là un avantage fort appréciable, on évite la nécessité d'appliquer les procédés soi-disant mnémoniques plus ou moins compliqués qui ont été imaginés par divers auteurs en vue de la notation des caps à l'aide des points cardinaux.

Cela posé, nous allons indiquer la manière de calculer les routes et les relèvements donnés par le compas, en corrigeant ces derniers de la variation et de la dérive, et réciproquement de passer de la route ou d'un relèvement géographique à la route ou relèvement estimé au compas.

Soit XY la trajectoire suivie par un navire, N_g et N_m le nord géographique et le nord magnétique.

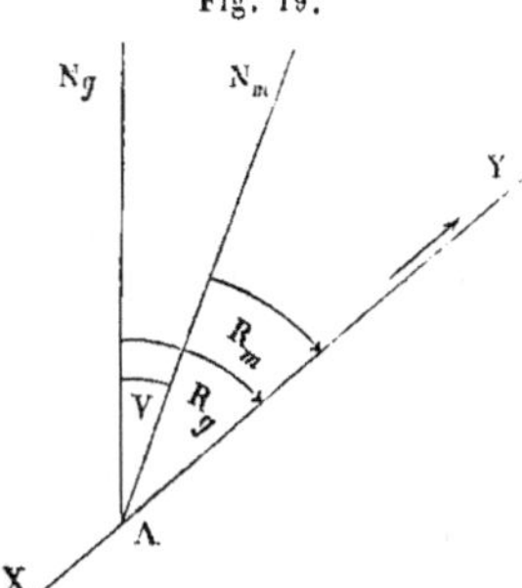

$N_gAN_m =$ angle des deux méridiens géog. et magnét. $=$ variation du compas $= V$.

Vu le cap du navire donné par la flèche :

$N_gAY =$ route géographique ou route sur la carte $= R_g$.

$N_mAY =$ route magnétique ou route au compas $= R_m$.

Or :
$$N_gAY = N_mAY + V,$$

c'est-à-dire :

$$R_g = R_m + V.$$

Telle est la relation simple qui existe entre la route sur la carte et la route au compas. Cette relation ayant été établie indépendamment de toute hypothèse sur la direction de XY par rapport aux points cardinaux, est d'une généralité absolue. Les angles R_g et R_m se compteront donc de 0° à 360° dans la direction du nord vers l'est, le sud et l'ouest jusqu'au cap du navire.

La variation V est positive quand elle est N.-E., c'est-à-dire quand le nord magnétique est dans l'est par rapport au nord géographique; elle est négative quand elle est au N.-O., c'est-à-dire quand le nord magnétique est dans l'ouest.

On aura donc, dans tous les cas :

$$R_g = R_m + V,$$

V pouvant, dans cette formule, être une quantité positive ou négative.

Il est évident que la variation N.-E. ou variation positive a pour conséquence une route magnétique moindre que la route géographique; la variation N.-O. produira un résultat contraire; dans les deux cas, la différence des deux routes sera en valeur absolue égale à la variation.

Le navire faisant route dans la direction de la flèche, si l'on suppose qu'il reçoive le vent de tribord, la dérive sera tribord; cette dérive aura pour conséquence une route au compas moindre que la route réelle; la dérive bâbord se traduirait par un phénomène inverse. Dans les deux cas, la différence entre la route vraie et la route apparente est en valeur absolue égale à la dérive. Il résultera de là que la dérive tribord se traduit par une correction identique à celle qui correspond à la variation N.-E. et que la dérive bâbord se corrigera dans le même sens que la variation N.-O.; on donnera donc le signe $+$ à la dérive tribord et le signe $-$ à la dérive bâbord, et l'on traitera d'une manière générale la dérive comme une variation. D'après cela, la valeur de la route géographique aura, dans tous les cas, pour expression :

$$R_g = R_m + V + D,$$

dans laquelle R_g et R_m se compteront de 0° à 360° à partir du nord correspondant; V et D seront positifs ou négatifs. Inversement on aura pour calculer la route magnétique ou route au compas.

$$R_m = R_g - V - D.$$

La première de ces deux équations donnera donc la route géographique quand la route au compas, la variation et la dérive seront déjà connues; la seconde servira à déterminer la route au compas au moyen de la route géographique et de la variation; dans ce dernier cas, on ne tient jamais compte de la dérive, et cela pour une raison fort simple : la dérive ne se produit que dans les circonstances où l'on est obligé de tenir sensiblement le plus près; toutes les fois qu'il en est ainsi, il est inutile de calculer la route au compas; la route à suivre est celle que l'on peut tenir, les voiles étant orientées au plus près; dans ce cas, la route est susceptible de varier souvent. Il y a lieu de la suivre avec attention et de l'enregistrer sur le journal du bord toutes les fois qu'elle subit des variations notables.

Voici maintenant quelques applications numériques :

I. *Un navire fait route à 228° (S. 48° O.); la variation est 22° N.-E. et la dérive 12° bâbord ; on demande la route géographique.*

$$R_g = R_m + V + D = 228° + 22° - 12° = 238°.$$

La route cherchée sera 238° ou S. 58° O.

II. *Un navire fait route à 272° (N. 88° O.); la variation est 25° N.-O. et la dérive 15° bâbord ; trouver la route géographique.*

$$R_g = R_m + V + D = 272° - 25° - 15° = 232°.$$

La route cherchée sera 232° ou le S. 52° O.

III. *Connaissant la route 42° sur la carte, trouver la route au compas sachant que la variation est 22° N.-O.*

$$R_m = R_g - V = 42° + 22° = 64°.$$

La route cherchée sera 64° ou N. 64°E.

IV. *Connaissant la route 106° (S. 74° E.), trouver la route au compas sachant que la variation est 16° N.-E.*

$$R_m = R_g - V = 106° - 16° = 90°.$$

La route cherchée sera 90° ou l'Est du compas.

Les problèmes relatifs aux relèvements se résolvent avec la même facilité; les relèvements magnétiques sont regardés comme des routes magnétiques ou routes au compas et transformés en relèvements sur la carte au moyen de la relation :

$$R'_g = R'_m + V.$$

I. *On a relevé un point à 227° (S. 47° O.), on demande son relèvement sur la carte sachant que la variation est 17° N.-O.*

$$R'_g = R'_m + V = 227° - 17° = 210° (S. 20° O.).$$

II. *On veut relever un feu au sud, c'est-à-dire à 180°; on demande quel sera le relèvement au compas, sachant que la variation est 23° N.-E.*

$$R'_m = R'_v - V = 180° - 23° = 157° (S. 23° E.).$$

7. Déterminer la position d'un navire sur la carte au moyen des relèvements de deux points remarquables. — Le navire étant placé en A, on a relevé un point B que l'on sait marqué sur la carte et l'on a obtenu un relèvement R' = NAB; il est évident que le relèvement du point A par rapport au point B est égal à $NAB + 180°$ ou $R^t + 180°$. Alors si l'on applique un rapporteur sur la carte de manière que son centre coïncide avec le point B, on pourra, en l'orientant convenablement par rapport au méridien, déterminer un angle égal à $R^t + 180°$ et par suite tracer la droite BA, et cette droite sera un lieu géométrique du point A supposé inconnu.

Si l'on possède le relèvement d'un autre point remarquable tel que C, on pourra, en procédant d'une manière identique, tracer un second lieu géométrique CA; l'intersection des droites BA et CA fera connaître par suite sur la carte la position du navire pour l'époque à laquelle on a pris les deux relèvements.

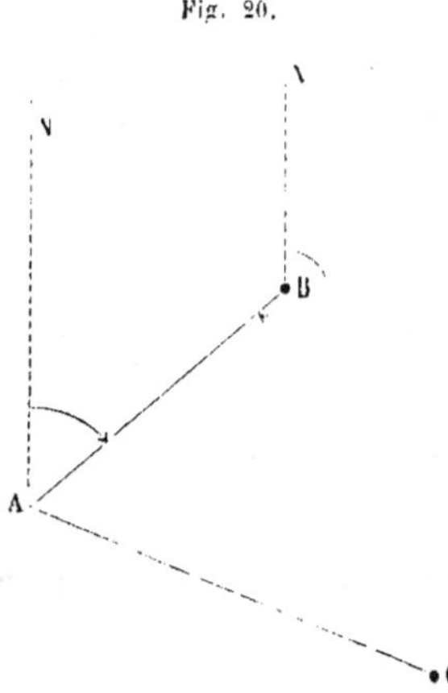
Fig. 20.

Deux relèvements suffisent pour déterminer la position d'un navire sur la carte; mais habituellement, du moins toutes les fois que la chose est possible, on en prend toujours au moins trois, les relèvements mesurés pouvant ainsi se contrôler les uns par les autres. De cette manière, on évite toutes les chances d'erreur.

Les relèvements pris au compas sont des relèvements magnétiques, de sorte qu'il y a lieu tout d'abord de les transformer en relèvements géographiques; on ajoute ensuite 180° au résultat obtenu. Finalement, on a pour expression générale du relèvement à porter sur la carte

$$R^t_g = R^t_m + V + 180°.$$

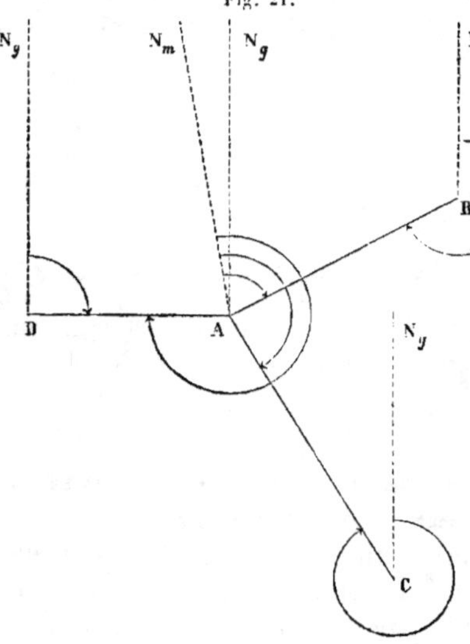
Fig. 21.

Exemple. — À bord d'un navire A on a relevé au compas trois points de la côte B, C, D :

$R^t_m (B) = 64°$ (N. 64° E.),
$R^t_m (C) = 151°$ (S. 39° E.),
$R^t_m (D) = 281°$ (N. 79° O.).

Déterminer la position de A sur la carte sachant que la variation est 11° N.-O. ou — 11°.

Transformant les relèvements magnétiques en relèvements géographiques par la relation $R^t_g = R^t_m + V$.

$R^t_g (B) = 64° — 11° = 53°,$
$R^t_g (C) = 151° — 11° = 140°,$
$R^t_g (D) = 281° — 11° = 270°.$

Ajoutant 180° à chacun de ces résultats, on obtiendra les relèvements de A par rapport aux points B, C, D, et l'on aura :

$$\text{pour le point B} \quad R^t_g (A) = 233° \ (\text{S. } 53° \text{ O.}),$$
$$\text{pour le point C} \quad R^t_g (A) = 320° \ (\text{N. } 40° \text{ O.}),$$
$$\text{pour le point D} \quad R^t_g (A) = 450° \text{ ou } 90° \ (\text{est}).$$

Comme le rapporteur ne présente qu'une demi-circonférence, il peut être commode dans ce cas de se servir des points cardinaux pour le tracé. Ayant fait coïncider la ligne de foi du rapporteur avec le méridien du point B sur la carte, on mesurera un angle S. 53° O. et l'on tracera BA ; procédant d'une manière analogue par rapport aux points C et D, on mènera de même CA et DA ; ces trois droites se rencontreront toujours à très-peu près en un même point A, si les angles ont été mesurés avec une exactitude suffisante.

8. Calcul du point d'estime. — On appelle *Point d'Estime* ou *Point Estimé* le point calculé au moyen de la distance parcourue déterminée avec les vitesses fournies par le loch, et l'angle de route donné par le compas corrigé de la variation et s'il y a lieu de la dérive.

Toutes les fois qu'un navire appareille pour se rendre à une destination déterminée, il se donne un point de départ, aussitôt que, dégagé des obstacles qui avoisinent le port, il se trouve en mesure de faire route. Ce point de départ s'obtient en déterminant la position du navire par les relèvements de deux ou trois points remarquables de la côte ; les relèvements ayant été portés sur la carte, on mesure la latitude φ_1 et la longitude ψ_1 du point ainsi obtenu qui, à partir de ce moment, devient le *Point de Départ*. On inscrit sur le journal du bord les coordonnées φ_1 et ψ_1 ainsi que l'heure et le temps moyen du lieu à laquelle a été pris le relèvement. Le point de départ établi, la route est tracée sur la carte, mesurée au rapporteur, transformée en route au compas et finalement remise au timonier. Le navire suivra cette route si le vent permet ; il tiendra le plus près dans le cas contraire. Dans tous les cas, on enregistrera fréquemment, sur les tables de loch, la route au compas, la dérive, s'il y a lieu, et la vitesse fournie par le loch, en même temps que l'heure correspondante.

Quand le navire a marché pendant un certain temps, 24 heures par exemple, ou un temps moindre, suivant les circonstances, on récapitule les données des tables de loch et l'on en conclut le point estimé. Supposons d'abord que la route soit restée constante dans l'intervalle des deux positions ; il sera facile ensuite de passer au cas général où il y a lieu de considérer plusieurs routes différentes.

Le calcul du point d'estime repose sur les relations suivantes :

$$\textit{Chemin nord et sud} = S \cos R,$$
$$\textit{Chemin est et ouest} = S \sin R,$$

Déplacement en latitude $=$ *chemin nord et sud* $=$ S cos R $= \varphi_2 - \varphi_1$,

Déplacement en longitude $=$ *déplacement en latitude* $\times$ tg R $= (\varphi_2 - \varphi_1)$ tg R,

$$\textit{Déplacement en longitude} = \frac{\textit{chemin est et ouest}}{\cos \varphi_m} = \frac{S \sin R}{\cos \varphi_m}.$$

φ_m étant la latitude moyenne   ou $\varphi_m = \dfrac{1}{2}(\varphi_1 + \varphi_2)$.

Ces diverses relations, du moins les quatre premières, résultent immédiatement du mode de construction adopté pour le canevas des cartes marines ainsi qu'on l'a vu précédemment.

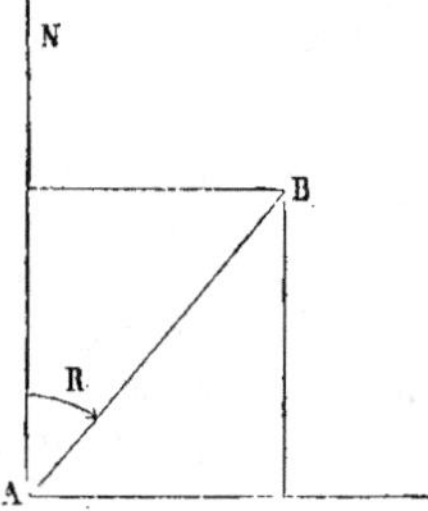

Fig. 22.

Les changements en latitude et en longitude étant connus, on conclura les coordonnées φ_2 et ψ_2 de la position pour laquelle on fait le point :

$$\varphi_2 = \varphi_1 + \textit{chang}^t \textit{ en latitude} = \varphi_1 + \text{S cos R}.$$
$$\psi_2 = \psi_1 - \textit{chang}^t \textit{ en longitude}$$
$$= \psi_1 - (\varphi_2 - \varphi_1) \text{ tg R ou } \psi_1 - \frac{S \sin R}{\cos \varphi_m}.$$

Ces deux formules sont générales et indépendantes de l'orientation du point B par rapport à A eu égard aux conventions adoptées pour la mesure des coordonnées géographiques et de l'angle de route R :

φ se compte de 0° à 90° avec le signe $+$ dans l'hémisphère nord et le signe $-$ dans l'hémisphère sud.

ψ se compte de 0° à 360° dans le sens du mouvement diurne.

R   se compte de 0° à 360° du nord vers l'est, le sud et l'ouest.

Le chemin nord et sud mesuré sur l'échelle des latitudes croissantes donne immédiatement le déplacement en latitude $\varphi_2 - \varphi_1$.

Le chemin est et ouest ne fait pas connaître tout de suite le déplacement en longitude parce que l'échelle des longitudes ou échelle des parties égales est différente de l'échelle des latitudes croissantes qui est sur la carte la véritable échelle.

On a rigoureusement :

$$\textit{Déplacement en longitude} = (\varphi_2 - \varphi_1) \text{ tg R},$$

$\varphi_2 - \varphi_1$ étant mesuré sur l'échelle des latitudes croissantes. Cette formule, quoique exacte, n'est pas employée ordinairement dans la pratique.

En général :

$$\textit{Arc de parallèle à la latitude } \varphi = \textit{Arc de l'équateur} \times \cos \varphi,$$

c'est-à-dire :

Chemin est et ouest à la latitude φ = Déplacement en longitude $\times \cos \varphi$,

d'où :

$$\text{\textit{Changement en longitude}} = \frac{\text{\textit{Chemin est et ouest}}}{\cos \varphi}.$$

Si les latitudes φ_1 et φ_2 ne sont pas trop différentes, on admet que les échelles relatives à ces deux latitudes peuvent être sensiblement remplacées par l'échelle de leur moyenne $\varphi_m = \frac{1}{2}(\varphi_1 + \varphi_2)$.

La formule précédente n'est pas rigoureuse, mais elle est en général suffisamment approchée pour les besoins de la pratique. On l'emploie de préférence à celle qui a été donnée plus haut, parce qu'elle peut être calculée sans le secours des logarithmes.

Le chemin nord et sud et le chemin est et ouest sont donnés à vue par des tables spéciales, dites *tables pour faire le point*. (Table XLV de Guépratte, table IV de Callet, table IV de Caillet.) Ces tables renferment les produits S cos R et S sin R exprimés en minutes et dixièmes de minute pour toutes les valeurs de R de degré en degré et de 0° à 90°. Le produit S cos R se trouve dans la colonne N.-S. et le produit S sin R dans la colonne E.-O., l'un et l'autre en regard de la valeur correspondante de S placé dans la colonne initiale intitulée *milles parcourus*.

Comme cos (90° — R) = sin R, que sin (90° — R) = cos R, et que, par suite :

Chemin N.-S. à la route (90° — R) = Chemin E.-O. à la route R,

ou

Chemin E.-O. à la route (90° — R) = Chemin N.-S. à la route R,

on a pu, en se servant de la disposition des arguments complémentaires placés en haut et en bas des tables, suivant l'usage adopté dans la construction des tables trigonométriques, ne construire les tables que pour les valeurs de R de 0° à 45°.

Il est inutile de faire remarquer pour les calculs courants que si R est plus grand que 90°, cet angle doit être remplacé par 180° — R ou 360° — R, suivant qu'il sera compris entre 90° et 180° ou 270° et 360° et par R — 180°, s'il est compris entre 180° et 270°.

Les tables pour faire le point donnent par le fait les produits $m \cos x$ et $m \sin x$, m représentant un nombre de minutes et x un nombre de degrés, et ces produits sont exprimés en minutes et dixièmes de minute. Dans ces conditions, elles sont assurément suffisantes pour le calcul du point d'estime. Mais on ne peut s'empêcher de remarquer que les mêmes tables construites de la même manière sous un volume peu différent, pourraient donner les produits $m \cos x$ et $m \sin x$ en minutes, secondes et fractions de seconde, et seraient alors susceptibles d'être employées dans une infinité de circonstances. En effet, dans la construction des tables, l'argument m varie de $1'$ à $240'$, ce qui est tout à fait superflu puisque tout nombre de minutes peut être décomposé en un multiple de 60 et un nombre moindre, par exemple,

$$231' \cos x = (3 \times 60' + 51') \cos x = 3 \times 60' \cos x + 51' \cos x.$$

En limitant l'étendue de l'argument m à $60'$, on eût pu diminuer la table des trois quarts; si, en second lieu, au lieu de faire varier x de degré en degré, on l'eût pris de $10'$ en $10'$, on eût augmenté la table de $\frac{5}{6}$: on eût donc obtenu finalement des tables qui n'auraient pas été beaucoup plus volumineuses que les tables actuelles. Mais comme ces tables auraient donné les secondes et les dixièmes de seconde, elles auraient l'avantage immense d'être usuelles pour un grand nombre de calculs d'analyse, en particulier pour le calcul de la plupart des termes des formules différentielles qui se présentent à chaque instant en astronomie et en navigation. Ce serait donc là un grand perfectionnement : malheureusement, il faut reconnaître que depuis fort longtemps en France, les auteurs qui publient des tables trouvent plus commode de reproduire celles qui existent déjà que d'en calculer de nouvelles qui seraient plus en harmonie avec les progrès de la science.

Quoi qu'il en soit, les tables pour faire le point telles qu'elles sont données par les recueils de tables nautiques, servent à déterminer à vue le chemin N.-S. et le chemin E.-O., quand on connaît l'angle de route et le chemin parcouru. Les chemins N.-S. et E.-O. étant connus, les mouvements à faire subir aux coordonnées du point de départ résulteront des relations

$$\textit{Changement en latitude} = \textit{Chemin Nord et Sud,}$$

$$\textit{Changement en longitude} = \textit{Chemin Nord et Sud} \times \operatorname{tg} R = \frac{\textit{chemin E. O.}}{\cos \varphi_m}.$$

La latitude du point cherché φ_2 sera

$$\varphi_2 = \varphi_1 + \textit{Chemin Nord et Sud.}$$

Le changement en longitude pourra se calculer par logarithmes au moyen de la première des deux relations; mais on préfère le conclure de la seconde en se servant des tables pour faire le point. On a en effet

$$\textit{Chemin E. O.} = \textit{Changement en longitude} \times \cos \varphi_m.$$

On cherchera φ_m dans la colonne horizontale de l'argument R, puis dans la colonne verticale correspondante un nombre de minutes égal à celui qui est représenté par chemin E.-O., et l'on trouvera en regard dans la colonne des *milles parcourus* le changement en longitude exprimé en minutes. Finalement, la longitude cherchée ψ_2 sera

$$\psi_2 = \psi_1 - \text{Changement en longitude.}$$

Exemple. On est parti d'un point situé par une latitude 47° 07' nord, ou $\varphi_1 = + 42° 07'$ et par une longitude $\psi_1 = 17° 27'$ (ouest) et l'on a fait 105 milles à la route 244° (S. 64° O.) du compas : la variation était 18° N.E. ou $+ 18°$ et la dérive 7° bâbord ou $- 7°$ calculer le point estimé.

On transformera tout d'abord la route apparente en route géographique

$$R_g = R_m + V + D = 244° + 18° - 7° = 255° \ (S. \ 75° \ O).$$

Cela posé, par les tables pour faire le point :

Chemin N.-S. $= S \cos R = 105' \cos 255° = - 105' \cos 75° = - \ 27',2,$
Chemin E.-O. $= S \sin R = 105' \sin 255° = - 105' \sin 75° = - 101',4.$

D'où l'on conclura

$$\text{Latitude d'arrivée ou } \varphi_2 = \varphi_1 + \text{Chemin N.-S.} = \varphi_1 - 27',2$$
$$\varphi_2 = + 42° 07' - 27',2 = + 41° 39',8,$$

et ensuite

$$\text{Latitude moyenne } \varphi_m = 41° 53',4.$$

D'un autre côté

Chemin E.-O. ou $- 101',4 = \text{Changement }|\text{en longitude} \times \cos 41°.53',4.$

Par les tables pour faire le point on trouvera

$$\text{Changement en longitude} = - 136' = - 2°.16',$$

et par suite

$$\psi_2 = \psi_1 - \text{Changement en longitude} = 17° 27' + 2° 16' = 19° 43'.$$

Le point d'estime sera donc :

$$\varphi_2 = 41°.40' \text{ nord}$$
$$\psi_2 = 19°.43' \text{ ouest.}$$

Le problème précédent renferme en substance tout ce qui est relatif au calcul du point estimé ; mais comme ordinairement la question ne se présente pas sous une forme aussi simple, et qu'en réalité dans la pratique il faut souvent tenir compte de plusieurs routes différentes, nous allons traiter un exemple un peu plus compliqué.

Étant parti d'un point situé par une latitude $\varphi_1 = + 44° 30'$ et une lon-

gitude $\psi_1 = 257°25'$ *(102°35' est)*, *on a parcouru successivement 25 milles au cap 65° (N. 65° E.), 32 milles au cap 87° (N. 87 E.) et 40 milles au cap 95° (S. 85 E.), toutes corrections faites de la variation et de la dérive. On demande le point estimé.*

A l'aide de la table pour faire le point, on formera le tableau suivant :

DISTANCES parcourues.	ROUTES.	CHEMIN N.-S.	CHEMIN E.-O.
25^m	65°	$+ 10',5$	$+ 22',7$
32	87	$+ 1',7$	$+ 32',0$
40	95	$- 3',5$	$+ 39',8$
		$+ 8',8$	$+ 94',5$

On conclura :

$$\text{Chemin N.-S. ou changement en latitude} = + 8',8$$
$$\varphi_2 = \varphi_1 + \text{changement en latitude} = + 44°.30' + 8',8 = + 44°.38',8,$$
$$\text{Latitude moyenne} = \varphi_m = + 44°.34',4,$$
$$\text{Chemin E.-O. ou} + 94',5 = \text{Changement en longitude} \times \cos 44°.34' ;$$

d'où par la table

$$\text{Changement en longitude} = + 2°12',$$

et enfin

$$\psi_2 = \psi_1 - \text{Changement en long.} = 257°.25' - 2°.12 = 255°13' (104°47' E.)$$

et le point demandé sera

$$\varphi_2 = + 44°.39'$$
$$\psi_2 = 255°,13'.$$

En somme, les calculs relatifs au point d'estime, toujours des plus élémentaires, ne sauraient dans aucun cas présenter des difficultés sérieuses ; tout au plus exigent-ils un peu d'attention pour les signes des lignes trigonométriques ; mais il n'y a guère lieu de s'en préoccuper davantage, aucune erreur n'étant en général possible à ce sujet dans la pratique. Quant à la précision de ces calculs, elle est toujours des plus limitées : la latitude et la longitude seront déterminées avec une approximation qui sera généralement comprise entre 1 et 2 minutes. Il serait bien facile de développer les calculs de manière que les résultats fussent exprimés, non plus en minutes, mais en dizaines de seconde ; mais alors il faudrait se garder de se servir de la latitude moyenne et calculer le changement de longitude par la formule rigoureuse. Il n'y a pas lieu de se préoccuper d'une pareille précision. L'exactitude du point d'estime dépend avant tout de celle des données fondamentales qui servent à le calculer : le chemin parcouru et l'angle de route. Or, d'après les procédés adoptés pour mesurer pratiquement ces deux éléments, leur approximation est telle qu'il serait parfaitement illusoire de calculer un point estimé à moins de 1 mille, et cela dans les conditions les plus favorables.

A bord d'un navire à vapeur, quand la mer est calme, la vitesse au-dessus de la moyenne, c'est-à-dire d'au moins 9 à 10 nœuds, est constante ou à peu près, ce qui suppose l'allure de la machine uniforme, si l'on gouverne au demi-degré, chose possible avec un compas bien installé, et si la vitesse est mesurée au loch par des timoniers fort exercés, il est certain que l'on peut répondre du point d'estime à environ 1′,5 : c'est un fait d'expérience dont on peut tirer de précieuses indications dans certaines circonstances, pour l'existence des courants, par exemple. Mais toutes les fois que la vitesse est faible et variable, que les changements de route sont fréquents, et qu'en outre la mer vient gêner l'action du gouvernail, les éléments du point d'estime diminuent rapidement de précision. Si, en outre, il faut faire intervenir la dérive dont l'évaluation est toujours des plus hypothétiques, le point d'estime doit être regardé comme ayant une approximation des plus douteuses; les erreurs peuvent dans ce cas atteindre 4 ou 5 milles, et même davantage. Mais, tel qu'il est, le point d'estime doit être regardé comme donnant une position au moins approchée de la position réelle du navire : à ce point de vue il peut devenir un élément important dans le calcul du *point d'observation* ou *point astronomique.*

Les données qui précèdent ont pu servir à faire connaître une partie des opérations courantes et pour ainsi dire professionnelles, qui sont en réalité les bases premières de la navigation. On en a conclu facilement la possibilité pour le navigateur de diriger sa route à travers les mers, de se rendre compte de la vitesse avec laquelle il se déplace, et finalement d'apprécier à une époque quelconque la distance qui le sépare encore du point qu'il se propose d'atteindre. Mais il est demeuré évident que si, par des causes accidentelles, le navire est dérangé de sa route et que les mesures de route et de chemin parcouru deviennent inexactes, l'estime de la position ne tardera pas à demeurer affectée de graves erreurs et à devenir de plus en plus incertaine, les erreurs étant susceptibles de s'accumuler indéfiniment. Il devient alors indispensable de contrôler le point d'estime en déterminant la position du navire indépendamment des données fournies par les mesures du bord : c'est le but du point astronomique.

On peut définir le point astronomique ou point d'observation en disant qu'il a pour objet la détermination à l'aide des données des éphémérides et d'observations instrumentales exécutées à bord sur certains corps célestes : 1° de la latitude, 2° de la longitude, 3° de l'azimut ou de la variation du compas de route. Étant donnés ces trois éléments, on peut fixer un nouveau point de départ sur la carte et tracer une nouvelle route.

Le calcul du point astronomique sera expliqué en détail dans le second volume de cet ouvrage; mais comme il exige, pour être bien compris, des connaissances préalables sur les coordonnées astronomiques et les calculs trigonométriques qui servent à les déterminer, et en outre sur la construction des éphémérides où l'on a besoin de puiser à chaque instant les éléments fondamentaux, nous allons tout d'abord donner quelques notions importantes sur divers points de théorie relatifs à l'astronomie.

Dans le second volume, nous reprendrons le sujet qui vient d'être abordé ici, et nous exposerons les procédés les plus exacts et en même temps les plus expéditifs, pour calculer la latitude et la longitude, et régler le compas de route à une époque quelconque.

LIVRE II

COORDONNÉES CÉLESTES. — CALCULS D'ASTRONOMIE SPHÉRIQUE

INTRODUCTION.

Dans ce livre on s'est proposé surtout d'exposer des formules et des méthodes de calcul : comme les unes et les autres sont destinées à servir à la résolution des principaux problèmes de navigation et d'astronomie sphérique, il a paru nécessaire de faire connaître préalablement la nature même de ces problèmes ou tout au moins d'en faire pressentir les caractères essentiels.

On a montré tout d'abord que l'étude du mouvement des corps célestes doit être basé sur les mesures expérimentales des coordonnées de ces corps et sur l'étude des variations de ces coordonnées. On a dès lors exposé les divers systèmes de coordonnées adoptées suivant la nature des observations et l'on a mis en évidence les conséquences qu'il était possible de tirer de l'emploi de chacun d'eux pour la connaissance des déplacements des astres sur la sphère céleste. On a pu montrer ainsi comment les lois fondamentales de l'astronomie ont été établies à la suite de recherches exécutées en prenant pour bases les mesures des coordonnées fournies par les observations. Il était naturel de faire suivre les considérations précédentes d'un rapide exposé du système du Monde destiné à présenter un aperçu sommaire des principales questions d'astronomie qui devront être traitées ultérieurement. .

Les données expérimentales indispensables à toute recherche astronomique étant avant tout des coordonnées sphériques, c'est-à-dire des mesures d'arcs de grand cercle sur la sphère céleste, il est évident *a priori* que les calculs qui seront la conséquence de l'emploi d'éléments de cette nature, doivent être basés sur les formules de la trigonométrie sphérique. Les conventions adoptées pour la manière de compter les coordonnées célestes dans chaque système de coordonnées, ont pour conséquence des modifications assez notables dans les formules générales de la trigonométrie. On a déterminé ces modifications et l'on s'en est servi pour transformer les expressions générales et donner finalement de nouvelles formules qui conviennent exclusivement aux recherches de l'astronomie sphérique.

L'emploi de ces nouvelles formules nous a paru en fait une innovation importante susceptible d'apporter une grande clarté dans les recherches théoriques. Ces formules, en effet, établies en tenant compte des conventions adoptées pour mesurer les coordonnées, étant d'une généralité absolue, les discussions qui se présentent invariablement dans chaque cas particulier toutes les fois que l'on est obligé d'avoir recours aux relations ordinaires, et cela précisément à cause des conventions, demeurent définitivement écartées. D'un autre côté, les formules constituant de véritables équations, il devient possible d'obtenir la différentielle ou d'une manière plus générale la variation d'un élément quelconque en fonction des différentielles ou des variations des trois autres, sans que jamais il puisse se présenter aucune incertitude à l'égard des signes. Les relations différentielles joueront un rôle très important dans plusieurs parties de cet ouvrage : or, il nous eût été parfaitement impossible de les établir dans toute leur généralité, indépendamment de toute discussion, et d'en faire ressortir des calculs simples et éminemment pratiques, si nous n'avions mis tout d'abord les formules trigonométriques en correspondance avec les conventions adoptées pour la mesure des coordonnées.

Les formules fondamentales se trouvant établies pour chaque système de coordonnées, on s'en est servi pour transformer les coordonnées d'un système dans un autre, et l'on a donné pour les cas les plus ordinaires des relations simples susceptibles d'un usage pratique dans es applications numériques.

Considérant les formules fondamentales comme des équations où l'un des éléments est une fonction explicite ou implicite des trois autres éléments, on a développé par la méthode différentielle la variation de cet élément en fonction des variations des trois autres : de là une série de développements différentiels utiles pour la discussion de divers problèmes de navigation.

Le Chapitre III contient d'importants détails relatifs aux calculs numériques, en particulier à ceux qui reposent sur l'emploi de petits arcs ou de petits angles. Les calculs de cette espèce se présentent fréquemment dans les applications ; aussi est-il indispensable au calculateur de se familiariser avec eux et de savoir toujours les traiter de la manière à la fois la plus simple et la plus expéditive. Les calculs des petits arcs résultant toujours de l'emploi d'une série, on a appelé l'attention sur ce genre d'expressions et l'on a énuméré un certain nombre de développements en série d'une application usuelle dans les recherches théoriques. Comme d'ailleurs l'usage des séries doit se présenter à chaque instant dans le cours de cet ouvrage, nous nous sommes arrêté à étudier d'une manière générale les caractères principaux de ces fonctions particulières, et nous avons cherché à mettre en évidence leur double importance tant au point de vue des calculs numériques qu'à celui des discussions analytiques.

La plupart des calculs d'astronomie et de navigation sont des calculs d'approximations successives : c'est un fait résultant de la nécessité d'opérer tout d'abord avec des données approchées à des degrés
différents et de la possibilité de rectifier ensuite les résultats obtenus
au fur et à mesure que l'on vient à obtenir de nouvelles observations.
Le calcul numérique d'une quantité par voie d'approximations successives s'impose dans une infinité de circonstances. Jusqu'à ce jour les
auteurs qui ont eu à traiter une opération de ce genre se sont conten-
tés d'indiquer un mode de calcul plus ou moins simple, pouvant résoudre le cas particulier qui se trouvait en vue ; mais aucun d'eux ne
s'est préoccupé de baser son analyse sur une relation générale applicable à tous les cas imaginables. Or, cette relation générale existe,
elle a été donnée pour la première fois sous forme de série par Lagrange dans sa *Théorie des fonctions analytiques.*

Nous avons considéré la série de Lagrange comme la représentation complète de l'ensemble des opérations de tout calcul d'approximations successives et nous lui avons donné en conséquence le nom
de *Formule générale des approximations successives.* Quelques applications ont servi à mettre immédiatement en évidence l'importance
de cette formule. Nous dirons dès à présent que nous baserons sur
son emploi, non-seulement l'exposé de la marche à suivre dans un
grand nombre de calculs numériques, mais encore la recherche analytique et l'établissement d'intéressantes formules susceptibles de fréquentes applications dans la pratique ; aussi, la série de Lagrange
jouera-t-elle, dans plusieurs de nos théories, un rôle de premier ordre.

Les diverses méthodes de calculs exposées dans ce livre avaient
naturellement pour complément la détermination d'un élément des
éphémérides pour une époque quelconque par voie d'interpolation.
Ce problème se trouve résolu dans tous les ouvrages spéciaux : mais
il n'en est pas de même du problème inverse qui consiste à calculer
l'époque pour laquelle un élément atteint une valeur déterminée :
cette question se traite habituellement d'une manière assez pénible.
Grâce à la formule des approximations successives, nous avons pu en
donner une solution simple sous la forme d'une formule des plus pratiques.

Nous avons fait suivre les diverses théories ou méthodes de calculs
qui viennent d'être exposées, de quelques considérations générales
sur les observations instrumentales et les erreurs qui en sont la conséquence forcée ; nous avons donné ensuite des formules usuelles
empruntées à la méthode des moindres carrés, ayant pour objet la
détermination des erreurs probables qui affectent les résultats calculés au moyen des données d'observation et conséquemment la limite
de l'approximation de ces résultats.

CHAPITRE I.

SPHÈRE CÉLESTE. — SYSTÈMES DE COORDONNÉES.
APERÇU DU SYSTÈME DU MONDE.

1. De la sphère céleste. Définitions. — Si par un temps bien clair on se place sur un point élevé, de manière à pouvoir embrasser toute l'étendue de l'horizon, on reconnaît immédiatement que la voûte céleste se présente à l'œil sous l'apparence d'une surface sphérique dont le centre serait placé au point occupé par l'observateur.

Cette surface est parsemée de figures lumineuses de grandeur et d'éclat variables : le *Soleil*, la *Lune*, les *Planètes*, les *Étoiles*.

Quand on observe quelques instants seulement l'un quelconque de ces corps lumineux, on s'aperçoit bien vite qu'il se meut d'un mouvement uniforme de l'est à l'ouest, ou, ce qui revient au même, que la sphère céleste semble animée d'un mouvement uniforme de l'orient vers l'occident, entraînant avec elle les différents astres, comme s'ils étaient fixés à sa surface d'une manière invariable.

L'axe autour duquel s'effectue le mouvement de rotation uniforme de la sphère céleste s'appelle *Axe du monde*.

Les points où l'axe du monde perce la voûte céleste ont reçu le nom de *Pôles Célestes : Pôle Nord* pour l'hémisphère nord et *Pôle Sud* pour l'hémisphère sud.

L'axe du monde coïncide avec l'axe que nous avons appelé précédemment axe de la Terre : on pourrait le définir en supposant l'axe de de la Terre prolongé jusqu'à sa rencontre avec la sphère céleste.

Le mouvement de rotation de la sphère céleste autour de son axe s'exécute dans l'espace de 24 heures environ ou d'un jour astronomique, d'où le nom de *Mouvement Diurne* qui lui a été donné. On doit remarquer dès à présent que ce mouvement n'est qu'*apparent*. En réalité les astres sont fixes dans l'espace, mais la Terre est animée autour de son axe d'un mouvement de rotation qui s'effectue dans l'espace de 24 heures de l'occident vers l'orient, c'est-à-dire en sens contraire du mouvement diurne. L'observateur, placé à la surface de la Terre, étant entraîné lui-même par le mouvement de rotation de la Terre, ne saurait avoir conscience de ce mouvement; mais en revanche la sphère

céleste lui paraît animée tout entière d'un mouvement égal et contraire.

Si l'on imagine la *verticale* du lieu où l'on se trouve prolongée de bas
en haut et de haut en bas jusqu'à sa rencontre avec la sphère céleste,
on obtiendra deux points d'intersection : le premier, placé au-dessus
de la tête de l'observateur, s'appelle le *Zénith* du lieu ; le second, situé
au-dessous de ses pieds, a reçu le nom de *Nadir*.

Dans les calculs astronomiques, on suppose toujours la Terre
réduite à son centre : pour se mettre dans le cas de cette hypothèse, on
fait subir au préalable à tous les résultats donnés par l'observation
directe, des corrections ou réductions calculées d'après la forme de la
Terre et les coordonnées du lieu de l'observation. La Terre, ainsi
réduite à son centre, devient un point géométrique qui est le centre
de la sphère céleste.

Tout plan passant par l'axe du Monde coupe la sphère céleste
suivant un grand cercle que l'on appelle *Méridien Céleste*.

Par le centre de chaque astre on peut faire passer un méridien.

Si par le centre de la Terre on imagine un plan perpendiculaire à
l'axe du monde, ce plan coupera la sphère céleste suivant un grand
cercle qui a reçu le nom d'*Équateur Céleste*.

Tout plan parallèle à l'équateur découpe la sphère suivant un petit
cercle que qui est un *Parallèle Céleste*.

Si, dans un lieu quelconque placé à la surface de la Terre, on fait
passer un plan par la verticale du lieu, ce plan coupera la sphère suivant un grand cercle que l'on appelle un *Vertical*.

Le plan vertical perpendiculaire au plan méridien du lieu a reçu le
nom particulier de *Premier Vertical*.

Le plan mené par le centre de la Terre, perpendiculaire à la verticale du lieu, est appelé *Horizon Vrai* ou *Horizon Astronomique* du lieu.

Le plan mené perpendiculairement à la verticale, mais tangentiellement à la surface de la Terre au lieu de l'observation, est l'*Horizon
Apparent* pour ce lieu.

Le plan de l'horizon est coupé par le premier vertical suivant une
droite dont les points de rencontre avec la sphère céleste ont reçu le
nom d'*Est* et *Ouest* du lieu ; la perpendiculaire à cette droite menée
dans le plan de l'horizon, ou, ce qui revient au même, l'intersection
du méridien du lieu avec l'horizon, perce la sphère céleste en deux
points appelés *Nord* et *Sud* du lieu.

Les quatre points *Nord*, *Est*, *Sud* et *Ouest* ont d'une manière générale
reçu le nom de *Points Cardinaux*.

2. Divers systèmes de coordonnées. — La position d'un
point dans l'espace est déterminée quand on connaît sa distance par
rapport à trois repères fixes, ou ses coordonnées par rapport à un système de plans ou d'axes suffisamment définis. Le système le plus géné

ralement en usage se compose de trois plans se coupant à angle droit, de manière à déterminer par leur intersection trois axes rectangulaires formant un angle trièdre dont le sommet est l'origine des coordonnées, c'est-à-dire le lieu de l'observation ou le centre de la Terre.

Soit, par exemple, ox, oy, oz un système de trois axes rectangulaires déterminé par trois plans coordonnés perpendiculaires entre eux. On démontre en géométrie qu'un point quelconque de l'espace M est entièrement déterminé en position dans l'espace par ses projections sur les trois plans coordonnés ou, ce qui est la même chose, par ses coordonnées Mm', $m'm''$ et om'', comptées paralèllement aux trois axes rectangulaires.

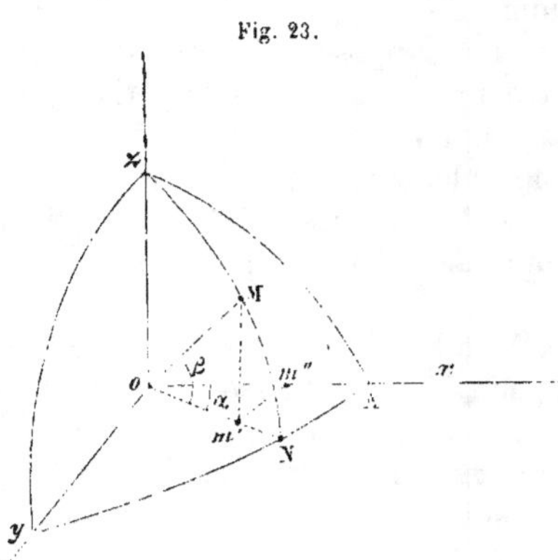

Fig. 23.

Le fait de prendre le point M sur une sphère invariable permet, en se servant des coordonnées sphériques ou coordonnées angulaires comptées à la surface de la sphère, de réduire le nombre des coordonnées à deux dans tous les cas. En effet, le point M est parfaitement déterminé par les deux arcs de grands cercles AN et MN ou par l'angle AON considéré dans le plan xoy et l'angle MON mesuré sur le plan ZON mené par l'axe des z et la direction ON. En prenant le point M sur une sphère invariable et en le déterminant alors par deux coordonnées angulaires AON $= \alpha$ et MON $= \beta$, on suppose implicitement que le rayon de la sphère est connu et pris pour unité. On a en effet :

$$z = \mathrm{M}m' = \mathrm{OM} \sin \beta, \quad y = m'm'' = om' \sin \alpha = \mathrm{OM} \cos \beta \sin \alpha,$$
$$x = om'' = om' \cos \alpha = \mathrm{OM} \cos \beta \cos \gamma.$$

Si l'on prend le rayon OM pour unité, on voit que les trois coordonnées x, y, z sont connues quand les angles α et β sont données.

Il résulte de là que dans tous les cas où l'on n'a pas à tenir compte du rayon de la sphère, c'est-à-dire où l'on se préoccupe uniquement des positions apparentes sur la sphère céleste, il suffit, pour déterminer la position d'un astre de mesurer les deux coordonnées angulaires par rapport à deux plans coordonnés bien définis.

Il y a lieu alors de choisir les plans qui se prêtent le plus commodément aux systèmes d'observations et d'établir une convention relativement au point A qui servira de point de départ à la mesure des angles et au sens dans lequel ces angles devront être comptés.

Plusieurs systèmes de coordonnées sont en usage en astronomie.

Premier système de coordonnées. Azimut et hauteur. — Dans ce système, le plan yox est le plan de l'horizon, l'angle β la *hauteur* de l'astre au-dessus de l'horizon et l'angle α l'angle formé par le vertical de l'astre avec un plan fixe déterminé par une convention; cet angle est ce que l'on appelle l'*Azimut* de l'astre.

On peut définir l'azimut d'un point de l'espace, l'angle formé par la droite suivant laquelle le vertical de ce point rencontre l'horizon avec une droite fixe tracée sur le plan de l'horizon dans une direction convenue. Les azimuts se comptent par suite sur le plan de l'horizon.

Les astronomes ont adopté le point sud pour origine des azimuts; ils comptent les azimuts de $0°$ à $360°$ de gauche à droite en passant par l'Ouest, le Nord et l'Est. D'après cette convention, le point Ouest a pour azimut $90°$, le point Nord $180°$, le point Est $270°$ et le point Sud $360°$ ou $0°$.

Les marins ont choisi le point Nord pour origine; ils comptent également les azimuts de $0°$ à $360°$ dans le sens indiqué tout à l'heure, de sorte que le point Nord ayant pour azimut $0°$ ou $360°$, le point Est a $90°$, le point Sud $180°$ et le point Ouest $270°$.

Il n'y a absolument aucune raison *a priori* pour adopter l'une de ces conventions de préférence à l'autre; l'essentiel est d'en avoir une et de s'y tenir. Nous ferons seulement observer que la convention adoptée en marine a eu pour conséquence une notation spéciale pour la variation de l'aiguille aimantée et que cette notation, employée sur toutes les cartes, est d'un usage universel chez toutes les nations.

Si l'on voulait adopter une autre convention, il faudrait modifier tous les chiffres inscrits sur les cartes marines et se condamner à parler un langage différent de celui qui a reçu la consécration du temps dans toutes les marines. Il est à regretter que les astronomes qui ont songé les premiers à établir une convention pour les azimuts, et cela depuis une époque relativement récente, n'aient pas tenu compte de cette importante considération.

Quant à nous, nous adopterons la convention établie en marine; *nous compterons en conséquence les azimuts de $0°$ à $360°$ à partir du point nord, en passant successivement par l'Est, le Sud et l'Ouest.*

Les hauteurs se comptent de $0°$ à $90°$ à partir de l'horizon; elles sont positives au-dessus de l'horizon et négatives au-dessous.

D'après cela, si un astre a été observé à $25°\,10'$ de hauteur au-dessus de l'horizon et dans une direction sud $14°\,20'$ Est, on dira que cet astre a pour coordonnées : *Hauteur* $= +25°\,10'$ et *Azimut* $= 165°\,40'$.

En réalité, les hauteurs observées s'appliquant presque toujours à des astres placés au-dessus de l'horizon sont généralement positives; ces hauteurs étant ordinairement positives, on ne les fait pas précéder de leur signe dans la pratique des calculs; il est bon toutefois de ne pas oublier la convention adoptée. Il pourrait arriver qu'un calcul particulier donnât pour résultat une hauteur négative, cela voudrait dire alors que l'astre est placé au-dessous de l'horizon.

La hauteur et l'azimut se mesurent simultanément au moyen du théodolithe; il y a lieu de remarquer toutefois que l'on mesure avec cet instrument, non pas la hauteur, mais plutôt la distance zénithale, c'est-à-dire son complément. Les instruments à réflexion, tels que le cercle ou le sextant qui sont usuels entre les mains de tous les marins, permettent de mesurer la hauteur, soit au moyen de l'horizon de la mer, soit avec un horizon artificiel.

Quand on exécute plusieurs observations d'un même astre à des intervalles différents, dans le système de coordonnées qui vient d'être défini, on remarque que la hauteur et l'azimut de cet astre varient à chaque instant, ainsi que cela doit résulter du mouvement diurne. La hauteur atteint son maximum pour le passage de l'astre au méridien; pour l'azimut, il y a deux cas à considérer : si l'astre est dans le sud par rapport à l'observateur, son azimut minimum au lever croît sans cesse jusqu'au coucher; si, au contraire, l'astre est dans le nord, son azimut diminue jusqu'au passage au méridien; là, il passe brusquement de 0° à 360° et va en décroissant. Le passage au méridien correspond par suite dans ce cas à une véritable discontinuité dans la variation de l'azimut. Si l'astre exécutait sa révolution diurne dans le premier vertical, il atteindrait le zénith en passant au méridien; alors son azimut qui avait été constant et égal à 90° dans l'Est devient brusquement 270° après le passage au méridien; il y aurait par suite encore ici un phénomène de discontinuité. Ces singularités relatives à l'azimut n'ont aucune importance dans les observations ordinaires; mais on peut avoir à en tenir compte dans l'étude des variations de l'azimut au moyen des formules différentielles.

Deuxième système de coordonnées : angle horaire et déclinaison. — Dans ce système, le plan xoy est le plan de l'équateur, l'angle β la distance angulaire de l'astre à l'équateur compté à partir de l'équateur sur le méridien céleste qui passe par le centre de l'astre, et l'angle z l'angle formé par le méridien de l'astre avec le méridien du lieu de l'observation.

La distance angulaire de l'astre à l'équateur comptée sur le méridien de l'astre a reçu le nom de *Déclinaison*.

La déclinaison se compte de 0° à 90° de l'équateur au pôle; elle est positive et affectée du signe $+$ quand l'astre est dans l'hémisphère nord et négative ou affectée du signe $-$ quand au contraire l'astre est placé dans l'hémisphère sud.

L'*Angle Horaire* d'un astre est l'angle formé par le méridien de l'astre avec le méridien du lieu de l'observation. Il se compte de 0° à 360° à partir du méridien supérieur, de l'Est à l'Ouest en passant par le Nadir, c'est-à-dire dans le sens du mouvement diurne.

Par exemple, si un astre a été observé dans l'est sur un méridien faisant un angle de 30° avec le méridien du lieu, et dans le sud de l'équateur avec une déclinaison égale à 15°, on dira que cet astre a pour coordonnées :

$$Déclinaison = -15°; \qquad Angle\ horaire = 330°.$$

Il existe dans les observatoires des instruments qui permettent de mesurer directement l'angle horaire et la déclinaison.

Si l'on observe successivement ces deux coordonnées pour un certain nombre de corps célestes, on remarquera tout d'abord que la déclinaison paraît demeurer constante et rester par suite indépendante de l'époque de l'observation. Quant à l'angle horaire, il varie d'une manière uniforme de 0° à 360° dans l'espace de vingt-quatre heures, de sorte que si une pendule a été réglée préalablement de manière à marquer 0 heure lors d'un passage de l'astre au méridien et à donner encore la même indication pour le passage suivant, le temps accusé par cette pendule pourra servir à mesurer l'angle horaire de l'astre ; en effet, le mouvement de l'un et de l'autre étant uniforme, on conclura que 24 heures de la pendule correspondant à 360° de l'angle horaire 1^h correspond à 15°, 1^m à 15′ et 1^s à 15″. La valeur de l'angle horaire pourra par suite s'exprimer soit en arc, soit en temps, d'où le nom qui lui a été donné.

Nous avons dit tout à l'heure que l'observation des astres dans le système de coordonnées dont nous parlons en ce moment accuse une déclinaison constante et un angle horaire variant d'une manière uniforme; cela n'est vrai que pour les étoiles; une observation plus attentive montre que le Soleil et les planètes se déplacent en déclinaison et que, d'un autre côté, la révolution diurne de ces astres n'a pas la même durée que celle des étoiles, d'où résulte un mouvement propre de ces corps sur la sphère céleste.

La durée de la révolution diurne d'une étoile ou révolution sidérale a reçu le nom de *Jour Sidéral*, celle de la révolution diurne moyenne du soleil est le *Jour Solaire Moyen*, le jour solaire est un peu plus long que le jour sidéral; on verra plus loin que 366 jours sidéraux équivalent à 365 jours solaires.

Troisième système de coordonnées : déclinaison et ascension droite ou coordonnées équatoriales. — Dans ce système, la position de l'astre est déterminée par la déclinaison telle qu'elle a été définie tout à l'heure et par l'arc de l'équateur compris entre le point où il est coupé par le méridien ou cercle de déclinaison de l'astre et un point fixe déterminé d'avance sur l'équateur; cette nouvelle coordonnée sphérique a reçu le nom d'*Ascension droite*.

Les déclinaisons se comptent de l'équateur au pôle, de 0° à 90° avec le signe + dans l'hémisphère nord et le signe — dans l'hémisphère sud.

Les ascensions droites se comptent de 0° à 360° à partir du point *origine et en sens inverse du mouvement diurne*, c'est-à-dire de *l'Occident vers l'Orient*. A part le sens dans lequel cette coordonnée se trouve comptée, on voit que l'ascension droite présente une grande analogie avec l'angle horaire. On l'exprime également soit en degrés, minutes et secondes d'arc, soit en temps.

On définira plus loin le point qui a été choisi pour origine des ascensions droites ; pour le moment, il nous suffit de savoir qu'il existe et que sa position est déterminée sur la sphère céleste. On peut du reste se le représenter à l'esprit par une étoile fixe qui se trouverait exactement placée sur l'équateur.

Exemple. — L'origine des ascensions droites se trouvant dans l'Est par rapport à l'observateur, on a observé dans l'Ouest un astre ayant une déclinaison Nord égale à 25° et dont le plan méridien coupe l'équateur en un point distant de 75° du point origine, cette distance étant comptée sur l'équateur de l'ouest vers l'est. Les coordonnées équatoriales de l'astre seront :

$$\text{Déclinaison} = + 25° ; \qquad \text{Ascension droite} = 285°.] |$$

Il existe dans les observatoires des instruments susceptibles de mesurer immédiatement la déclinaison et l'ascension droite d'un astre quelconque. On peut citer en particulier le cercle mural et l'équatorial.

Si l'on compare les trois systèmes de coordonnées qui viennent d'être définis, il sera facile de reconnaître que le troisième présente tout d'abord un avantage capital sur les deux autres, si l'on se propose d'étudier les déplacements des astres sur la sphère céleste. Dans les deux premiers systèmes, en effet, les observations ne sauraient être comparables qu'à la condition d'avoir été faites au même point de la terre et au même instant ou à des époques séparées les unes des autres par des intervalles bien connus ; en d'autres termes, il est indispensable pour employer l'un ou l'autre de ces deux systèmes, de connaître la forme exacte de la terre, la durée de sa révolution autour de son axe et enfin d'avoir un moyen exact de mesurer le temps. La mesure du temps dépend avant tout de la connaissance des mouvements des corps célestes ; eux seuls sont susceptibles de nous fournir des repères absolus sur lesquels nous puissions nous baser pour régler la marche des horloges. La connaissance de la mesure du temps dépendant essentiellement de celle des phénomènes célestes, ce serait commettre un cercle vicieux que de se servir des deux premiers systèmes de coordonnées comme bases d'investigation destinées à nous faire connaître ces phénomènes.

Le troisième système de coordonnées, supposant deux repères invariables, l'équateur et un point fixe sur cet équateur, a l'avantage de nous permettre d'effectuer sur la sphère céleste des mesures angulaires qui seront comparables, quel que soit le lieu de l'observation, à la surface de la terre et indépendamment de toute hypothèse sur le temps et sa mesure. Ce système sera donc celui dont on devra se servir tout d'abord pour établir d'une manière certaine les observations fondamentales destinées à fournir les premières notions sur les mouvements des corps célestes.

L'observation des déclinaisons et ascensions droites des différents astres conduit très rapidement aux deux principes suivants :

1° Les ascensions droites et les déclinaisons des étoiles paraissent demeurer constantes à une quantité près du troisième ordre, indépendamment de l'époque ou du lieu de l'observation.

2° Les ascensions droites et les déclinaisons du Soleil, de la Lune et des planètes sont essentiellement variables ; elles dépendent du temps et du lieu de l'observation, ou, d'une manière générale sont avant tout fonctions du temps.

Il résulte de ces deux résultats d'expérience que les étoiles sont fixes et, qu'au contraire, le Soleil, la Lune et les planètes se déplacent sur la sphère céleste.

Il est naturel de s'occuper tout d'abord du mouvement du soleil, du plus important des corps célestes qui possèdent des mouvements propres. L'observation montre d'ailleurs que c'est celui qui semble affecté du mouvement le plus simple et le plus facile à étudier.

Un grand nombre d'observations exécutées d'une manière suivie pendant au moins l'espace d'une année conduisent aux résultats suivants :

1° Le Soleil est, indépendamment du mouvement diurne, animé d'un mouvement propre qui se traduit chaque jour par un déplacement sur la sphère céleste d'occident en orient, dans une direction oblique par rapport à l'équateur qui reste constante.

2° Les diverses positions occupées successivement par le Soleil sur la sphère céleste pendant le courant d'une même année se trouvent à une quantité près du 3° ordre, sur la circonférence d'un grand cercle.

Le grand cercle, qui est le lieu des positions occupées pendant l'année par le Soleil, a reçu le nom d'*Écliptique*.

Le plan de l'écliptique est incliné sur l'équateur d'environ 23° 28' : cet angle est l'*Obliquité de l'Écliptique* (par rapport à l'équateur).

L'écliptique coupe le cercle de l'équateur en deux points qui correspondent aux positions occupées par le Soleil aux époques appelées *Équinoxe de Printemps* et *Équinoxe d'Automne*.

Le premier de ces points, que l'on appelle *point équinoxial du printemps* ou *point vernal*, est le point fixe qui a été choisi pour *origine des ascensions droites*. Ce point n'est pas observable à la vérité ; mais, ainsi qu'on le verra plus loin, il occupe une position remarquable qu'il est toujours facile de déterminer quand le mouvement du Soleil est bien connu.

Si l'on imagine une droite perpendiculaire au plan de l'écliptique par le centre de Terre, cette droite rencontrera la sphère céleste en deux points que l'on appelle les *pôles de l'écliptique*. Ces pôles se trouvent à environ 23° 28' des pôles correspondants de l'équateur.

Le grand cercle mené par les pôles de l'écliptique et les points équinoxiaux a reçu le nom particulier de *Colure des Équinoxes*.

Le grand cercle mené par le pôle et perpendiculairement au colure des équinoxes est le *Colure des Solstices*.

Les *points solsticiaux* sont deux points de l'écliptique définis par la condition de correspondre à la déclinaison maximum du Soleil dans l'hémisphère nord ou dans l'hémisphère sud : il en résulte que les arcs infiniment petits d'écliptique qui passent par ces points sont parallèles à l'équateur; par suite, le colure des solstices qui par définition est perpendiculaire à l'écliptique, vu qu'il passe par son pôle, est également perpendiculaire à l'équateur, et conséquemment passe par le pôle du monde. Ce colure passe donc à la fois par le pôle de l'écliptique et le pôle de l'équateur. Ce grand cercle coupe d'ailleurs l'équateur en deux points qui ont pour ascensions droites : 90° pour le solstice d'été et 270° pour le solstice d'hiver. Comme le Soleil est dans l'hémisphère nord au solstice d'été et dans l'hémisphère sud au solstice d'hiver, on conclut facilement que le pôle nord de l'écliptique se trouve sur le demi-colure qui passe par le solstice d'hiver, et que, par suite, ce pôle a pour ascension droite 270°. Les coordonnées équatoriales du pôle nord de l'écliptique sont donc :

Ascension droite $= 270°$,
Déclinaison $= 90°$ — obliquité de l'écliptique $= 36° 32'$ environ.

L'étude des mouvements propres de la Lune et des planètes sur la sphère céleste apprend que ces différents corps décrivent chacun un grand cercle dont l'inclinaison sur l'équateur diffère assez peu de celle de l'écliptique, de sorte que ce grand cercle est en général lui-même très peu incliné sur l'écliptique. Comme il est commode de rapporter les coordonnées d'un astre au plan dans lequel il effectue son mouvement, ou tout au moins à un plan qui ne fait avec celui-ci qu'un très petit angle, on est conduit à prendre le plan de l'écliptique pour plan de projection dans l'étude des mouvements des corps de notre système planétaire, et à adopter alors un nouveau système de coordonnées.

Quatrième système de coordonnées : longitude et latitude ou coordonnées écliptiques. — Dans ce système, le plan de projection *xoy* est le plan de l'écliptique.

La *Latitude* est l'arc de grand cercle passant par l'astre et le pôle de l'écliptique mesuré de l'écliptique vers l'astre; la latitude est positive et affectée du signe $+$, si l'astre est situé dans l'hémisphère nord par rapport à l'écliptique, et négative ou affectée du signe $-$, dans le cas contraire. La latitude se compte par suite de 0° à 90° absolument comme la déclinaison.

La *Longitude* est l'arc de l'écliptique compris entre le point où ce grand cercle est rencontré par le grand cercle de latitude et un point fixe pris sur l'écliptique et choisi pour origine des longitudes. Ce point origine est déterminé par l'intersection de l'écliptique avec l'équateur : il coïncide par suite avec le point origine des ascensions droites ; c'est, en un mot, le point équinoxial du printemps. Enfin les longitudes se comptent de 0° à 360° d'occident en orient, en sens inverse du mouvement diurne, absolument de la même manière que les ascensions droites.

On reconnaît immédiatement que ce système de coordonnées présente l'analogie la plus complète avec celui des coordonnées équatoriales. Ainsi que nous l'avons déjà fait remarquer, il présente l'avantage remarquable de permettre d'étudier le mouvement d'un corps quelconque de notre système planétaire, dans un plan très peu différent de celui dans lequel ce mouvement s'effectue en réalité. Si l'on veut en particulier se rendre compte du déplacement du Soleil dans l'espace, on n'aura jamais qu'à se préoccuper du mouvement en longitude, la latitude étant constamment nulle, du moins à une quantité près du 3ᵉ ordre.

Nous avons dit que le Soleil se déplace sur la sphère céleste et paraît finalement décrire un grand cercle, qui est l'écliptique. Nous rétablissons les faits dans leur réalité : de même que le mouvement diurne de la sphère céleste n'est qu'une apparence due au mouvement de rotation diurne de la Terre autour de son axe, de même le mouvement de translation du Soleil, dont la projection sur la sphère céleste figure la circonférence de l'écliptique, n'est lui-même qu'une illusion due à un mouvement dont l'observateur ne peut avoir conscience : c'est la Terre qui est animée du mouvement que l'étude des phénomènes apparents nous fait attribuer au Soleil. On peut reconnaître expérimentalement par un grand nombre d'observations, que les diverses planètes exécutent leurs révolutions autour du Soleil; or, la Terre ne différant en rien de ces planètes et étant par suite elle-même une des planètes du système solaire, doit exécuter sa révolution autour du Soleil absolument comme les autres. Le fait de l'observateur, impuissant à se rendre compte du mouvement de translation dont il est animé dans l'espace, explique l'apparence que l'on observe en réalité. Pour rétablir la vérité, il suffit de supposer le Soleil fixe et la Terre animée d'un mouvement égal et contraire à celui que l'illusion fait attribuer au Soleil.

Le mouvement de la Terre autour du Soleil a été connu des anciens :

il fut enseigné à l'école de Pythagore, en particulier par Philolaüs, l'un de ses disciples les plus célèbres. La connaissance en fut établie pour la première fois dans les temps modernes par Copernic : ce fut un pas immense dans l'histoire de l'astronomie. Les grands observateurs Tycho-Brahé, Galilée, Képler ne tardèrent pas à reconnaître que la théorie connue dès lors sous le nom de *Système de Copernic*, en permettant de séparer nettement les mouvements absolus des mouvements apparents ou relatifs, était seule susceptible, non-seulement de jeter une certaine lumière au milieu du chaos des idées astronomiques émises jusqu'alors, mais encore de tracer une marche certaine pour faire servir les observations à la recherche de la vérité.

Toutes les observations recueillies étaient en réalité des mesures d'ascensions droites ou de déclinaisons, de longitudes ou de latitudes. Ces observations étaient en très grand nombre : Tycho-Brahé en avait légué des milliers à Képler : ce dernier lui-même avait passé une partie de sa vie à en recueillir de nouvelles. Il s'agissait de conclure quelque chose de cette masse d'observations. L'idée du Soleil, foyer naturel autour duquel s'exécutait séparément le mouvement de chaque planète, déterminait évidemment la direction des recherches. Il fallait étudier en particulier le mouvement de chaque planète par rapport au Soleil, en prenant pour plan horizontal de projection, soit le plan de l'écliptique, soit le plan du grand cercle décrit par la planète considérée, comparer ensuite les divers résultats obtenus, et chercher à en conclure des lois communes à tous les corps observés.

C'est à la suite d'un travail de ce genre que Képler parvint finalement, après plusieurs années de recherches, à formuler les trois grandes lois qui ont conservé son nom.

Lois de Képler. — 1° *Les aires décrites par le rayon vecteur mené du Soleil à une planète quelconque varient proportionnellement au temps employé à les décrire;*

2° *Les orbites parcourues par les planètes sont des courbes planes : ce sont des ellipses dont l'un des foyers est occupé par le Soleil;*

3° *Les carrés des temps des révolutions de deux planètes sont entre eux comme les cubes des grands axes des orbites parcourues.*

Les deux premières lois résultent de l'étude du mouvement des planètes sur la sphère céleste, faite à l'aide des données d'observations fournies par des mesures de coordonnées aux diverses époques de l'année. Elles ont été établies tout d'abord en particulier pour la planète Mars, sur laquelle Képler avait un grand nombre de bonnes observations. Le fait d'une excentricité assez forte pour l'orbite de Mars a sans doute beaucoup contribué à mettre en évidence la découverte du mouvement elliptique aux yeux de Képler. Les deux lois une fois établies pour la planète Mars, il a été facile de reconnaître qu'elles étaient également applicables à toutes les autres.

Pour trouver la troisième loi, il a fallu tenir compte d'un nouvel élément dont nous n'avons pas encore parlé : la distance de la planète au Soleil. Il n'était point possible au temps de Képler de mesurer la grandeur absolue de cette distance; mais, en comparant entre elles les diverses ellipses décrites par les différentes planètes, on pouvait avoir *à priori* des notions sur leurs grandeurs relatives, en tenant compte seulement de la durée des révolutions déjà bien déterminées par les observations. On conçoit alors qu'exprimant les divers grands axes au moyen de l'un d'eux pris pour unité, celui de l'orbite terrestre par exemple, on puisse arriver à établir la troisième loi : c'est ce que fit Képler.

Quoi qu'il en soit, les lois de Képler sont assurément la plus belle découverte qui ait jamais été faite à la suite d'une laborieuse investigation exécutée parmi une longue série d'observations patiemment recueillies pendant un grand nombre d'années d'études et de recherches. Quand on songe aujourd'hui aux causes secondaires, en particulier aux perturbations de divers ordres qui viennent pour ainsi dire entourer les résultats d'observation d'une véritable confusion, on ne peut s'empêcher de reconnaître qu'il fallait une inspiration de génie pour dégager les principes fondamentaux de l'obscurité apparente qui les entourait, et finalement mettre en évidence et formuler les trois grandes lois devenues les bases de l'astronomie moderne.

La plupart des grandes lois naturelles ont été déduites d'un grand nombre d'observations; mais on peut dire que presque toujours il a fallu la sagacité d'un grand homme pour les deviner et les exposer dans toute leur simplicité.

Les lois de Képler établies, il ne restait plus qu'à leur appliquer l'analyse mathématique pour créer la mécanique céleste. C'est à Newton qu'appartient la gloire d'avoir inauguré ce magnifique travail. Newton, soumettant à l'analyse les trois lois de Képler, démontra qu'elles avaient pour conséquence un grand principe, qui est celui de l'attraction universelle et qu'il formula de la manière suivante :

Les corps s'attirent en raison directe des masses et en raison inverse du carré des distances.

Après Newton, plusieurs grands géomètres : Clairaut, d'Alembert, Lagrange, Laplace, Gauss, prenant pour point de départ le principe de l'attraction universelle et admettant en outre celui de l'inertie de la matière, ont pu calculer avec une précision extrême les mouvements des différents corps du système solaire, justifier toutes les perturbations ou inégalités accusées par les observations, et enfin établir des formules qui permettent de calculer pour une époque quelconque la position de l'un de ces corps sur la sphère céleste : l'ensemble de ces travaux constitue à proprement parler ce que l'on appelle aujourd'hui la *Mécanique Céleste*.

3. Aperçu du système du monde. — Éléments du mouvement elliptique. —Les données qui précèdent rendent maintenant tout à fait intelligible un exposé sommaire des principaux faits établis aujourd'hui en astronomie, et par l'observation, et par les calculs de la mécanique céleste. Plus tard nous donnerons des indications précises sur la manière de calculer pour une époque déterminée les coordonnées d'un astre sur la sphère céleste, c'est-à-dire de réaliser le principal objet que l'on se propose en astronomie.

Le système solaire se compose du *Soleil, des Planètes avec leurs satellites et des Comètes*. Le Soleil est lumineux par lui-même; les planètes et les satellites ne doivent leur éclat qu'à un phénomène de réflexion de la lumière solaire.

Les Étoiles sont indépendantes du système solaire : elles ont leur lumière propre : elles sont placées à des distances de nous tellement considérables que ces distances peuvent être regardées comme infinies, d'où il résulte que les Étoiles doivent être supposées fixes d'une manière absolue sur la sphère céleste. Selon toutes les probabilités, les Étoiles sont des corps analogues au Soleil, ayant la propriété d'être des centres de systèmes identiques au système solaire; mais nous n'avons à cet égard aucune donnée expérimentale.

Le Soleil est fixe dans l'espace, du moins il peut être supposé tel sans aucune erreur appréciable. On a été conduit à penser que le Soleil était animé d'un mouvement de translation, entraînant avec lui tout le système dont il est le centre : ce mouvement ne modifierait en rien les positions relatives des planètes les unes par rapport aux autres, ou par rapport au Soleil lui-même, mais il pourrait accuser à nos yeux des variations apparentes dans les coordonnées des étoiles : jusqu'à ce jour on n'a pas constaté à ce sujet des modifications véritablement sérieuses ; on en conclut que pendant longtemps encore on pourra sans erreur sensible considérer le Soleil comme absolument fixe dans l'espace.

Chaque planète se meut dans un plan passant par le Soleil, en décrivant une ellipse dont le Soleil occupe l'un des foyers : cette ellipse est appelée l'*Orbite* de la planète.

Les diverses planètes sont placées à des distances moyennes du Soleil différentes les unes des autres, de sorte que leurs orbites ont des grandeurs différentes.

L'inclinaison du plan de chaque orbite sur l'équateur est également différente pour chaque planète.

La masse de chaque planète est une quantité très petite par rapport à la masse du Soleil, de sorte que le centre de gravité du système matériel formé par le Soleil et l'ensemble des planètes est très peu éloigné du centre du Soleil lui-même.

Les planètes sont en général accompagnées de corps de grandeur et de masse beaucoup plus petites, que l'on appelle des *Satellites*. La planète joue par rapport à ses satellites un rôle identique à celui du Soleil par rapport aux planètes. D'après cela, chaque satellite gravite autour de sa planète en décrivant une orbite elliptique dont le plan est plus ou moins incliné sur le plan de l'équateur de la planète. La planète Jupiter, en particulier, qui est entourée de quatre satellites, constitue un véritable système tout à fait analogue au système solaire.

Les masses des satellites étant très-petites par rapport à celle de la planète, le centre de gravité du système matériel formé par la planète et ses satellites est généralement peu éloigné du centre de gravité de la planète elle-même.

Le système solaire renferme huit planètes principales qui sont, dans l'ordre de leur distance au Soleil : *Mercure*, *Vénus*, *la Terre*, *Mars*, *Jupiter*, *Saturne*, *Uranus* et *Neptune*. Trois seulement, Mercure, Vénus et Mars, n'ont pas de satellites. La Terre n'en a qu'un, qui est la *Lune*.

Indépendamment du mouvement de translation autour du foyer d'attraction auquel il est soumis, chacun des corps du système planétaire est animé d'un mouvement de rotation autour de son centre de gravité : le Soleil lui-même possède ce mouvement de rotation. La Lune a un mouvement de rotation dont la durée est précisément égale à celle de son mouvement de translation autour de la Terre. Lagrange a pu démontrer que ce mouvement particulier de la Lune était une conséquence rigoureuse des lois de la mécanique.

Nous avons dit précédemment que le mouvement diurne de la sphère céleste n'était qu'apparent ; ce mouvement résulte, en effet, de la rotation de la Terre autour de son axe : en réalité la Terre est animée d'un mouvement égal et contraire à celui que l'on observe pour la sphère céleste. L'observateur placé à la surface de la Terre, n'ayant pas conscience du mouvement qui le déplace lui-même, suppose les corps extérieurs animés d'un mouvement égal et contraire à celui dont il est animé en vertu des lois du mouvement relatif.

D'après le même principe, le Soleil paraissant animé d'un mouvement de translation sur la sphère céleste en sens inverse du mouvement diurne et se trouvant en réalité immobile dans l'espace, on doit supposer la Terre animée sur son orbite d'un mouvement de translation égal et contraire à celui que l'on observe pour le Soleil ; le mouvement s'effectuera donc dans le sens du mouvement diurne ou en sens inverse du mouvement de rotation de la Terre.

La Terre se trouve ainsi animée de deux mouvements en sens contraire l'un de l'autre : la durée absolue de la révolution de la Terre autour de son axe sera mesurée par l'intervalle qui sépare deux retours consécutifs d'un méridien au même point du ciel : c'est ce que l'on appelle *jour sidéral*. L'intervalle qui sépare deux retours consécutifs d'un méridien au Soleil est le *jour solaire*. La deuxième révolution étant la résultante de la révolution autour de l'axe et d'un mouvement de translation qui s'effectue en sens contraire, a évidemment une durée plus grande que la première, d'où il résulte que le *jour solaire* est plus grand que le *jour sidéral*.

L'ellipse, orbite d'une planète, coupe la circonférence de l'équateur en deux points que l'on appelle les *Nœuds* de l'orbite. L'intersection du plan de l'orbite avec le plan de l'équateur est la *Ligne des Nœuds*. On distingue le *Nœud Ascendant* qui correspond au passage de la planète à l'équateur quand elle se transporte de l'hémisphère sud dans l'hémisphère nord, et le *Nœud Descendant* qui est au contraire le point où l'équateur est coupé par la planète se transportant de l'hémisphère nord dans l'hémisphère sud.

Les points équinoxiaux sont les nœuds de l'orbite terrestre : l'équinoxe de printemps correspond au nœud ascendant, et l'équinoxe d'automne au nœud descendant.

Quand on considère en général deux orbites de planètes qui se coupent, on donne de même le nom de nœuds à leurs points d'intersection. Le nœud ascendant de l'orbite de la planète P sur l'orbite de la planète P' sera alors le point où la planète P passe de l'hémisphère sud dans l'hémisphère nord par rapport au plan de l'orbite P' ; le nœud ascendant de P' sur l'orbite de P se définira de même. Il résulte de là que le nœud ascendant de P par rapport à P' est le nœud descendant de P' par rapport à P.

Les deux sommets de l'orbite elliptique d'une planète qui correspondent aux extrémités du grand axe ont reçu le nom de *Périhélie* et d'*Aphélie*. Le *Périhélie* est le sommet le plus voisin du foyer occupé par le Soleil. L'*Aphélie* est au contraire le sommet le plus éloigné.

Dans le mouvement par rapport à la Terre, que ce mouvement soit apparent comme celui du Soleil, ou qu'il soit réel comme celui de la Lune, ces mêmes points s'appellent le *Périgée* et l'*Apogée*.

Un astre qui passe au périhélie ou au périgée se trouve, d'après les définitions précédentes, à la distance minimum du foyer d'attraction : en vertu de la loi de Newton, c'est alors qu'il doit être attiré avec la force maximum ; au contraire, à l'apogée et à l'aphélie la distance étant maximum la force d'attraction est minimum ; on en conclut facilement que la vitesse du mouvement de translation sur l'orbite est maximum au périhélie ou au périgée et minimum à l'aphélie ou à l'apogée.

Le Soleil passe au périgée ou la Terre au périhélie vers l'époque du solstice d'hiver ; l'apogée ou l'aphélie a lieu vers le solstice d'été.

Quand une planète ou la Lune se trouve sur la ligne droite qui passe par la Terre et le Soleil, on dit que la planète ou la Lune est en *Conjonction* ou en *Opposition*, suivant qu'elle se trouve placée entre la Terre et le Soleil ou sur le prolongement de la droite qui joint ces deux corps. Quand les trois centres sont rigoureusement en ligne droite, il y a conjonction ou opposition d'une manière absolue; mais s'ils se trouvent seulement dans un même plan perpendiculaire au plan de l'équateur, il y a simplement conjonction ou opposition en ascension droite.

Les mots *Conjonction* et *Opposition* peuvent de même s'appliquer à la position d'une planète et d'un satellite, considérés par rapport au Soleil ou à une planète quelconque.

La *Durée de la Révolution Sidérale* d'une planète sur son orbite est le temps employé par cet astre pour revenir au même point de l'orbite.

La *Durée de la Révolution Tropique* est le temps employé par la planète pour revenir au même nœud.

Ces deux révolutions ont une durée un peu différente, parce que les nœuds sont animés d'un petit mouvement de translation sur l'orbite.

La durée de la révolution sidérale de la Terre en particulier est égale à $365^j,256$ et celle de la révolution tropique à $365^j,242$.

Le mouvement de translation d'une planète sur son orbite n'est pas uniforme. La vitesse de ce mouvement maximum au périhélie ou au périgée est minimum à l'aphélie ou à l'apogée. Toutefois cette vitesse n'est pas en général bien différente de celle d'un mouvement uniforme qui serait défini par la condition de s'exécuter avec une durée de révolution rigoureusement égale à celle du mouvement réel. Cette remarque conduit à faire l'étude du mouvement effectif d'une planète en le comparant au mouvement uniforme d'un corps qui décrirait l'orbite dans le même temps. Les positions des deux corps ne sont jamais bien éloignées l'une de l'autre, de sorte que, étant connues les coordonnées du corps fictif, toujours faciles à déterminer, il suffit de leur ajouter une certaine correction qui est à la fois fonction du temps, de la vitesse et de l'excentricité, calculée d'après les données de la mécanique céleste, pour obtenir immédiatement les coordonnées réelles de la planète considérée.

On appelle *Moyen Mouvement* la vitesse du mouvement uniforme qui a la même durée de révolution que le mouvement réel. L'unité adoptée pour mesurer la durée de la révolution étant le jour, le moyen mouvement est le déplacement dans un jour pour le mouvement uniforme. Pour obtenir la valeur du moyen mouvement d'une planète, il suffit de diviser 360° par la durée de la révolution exprimée en jours.

Considérons le cas particulier du mouvement apparent du Soleil dans le plan de l'écliptique et adoptons le quatrième système de coordonnées, la longitude et la latitude, pour déterminer la position du Soleil : la latitude est constamment nulle; quant à la longitude elle est égale à l'arc de l'écliptique compris entre le Soleil et le point origine des longitudes.

Soit maintenant un corps fictif se mouvant sur la même orbite d'un mouvement uniforme, avec la condition d'avoir une durée de révolution égale à celle du Soleil : la longitude de ce corps fictif a un moment donné s'appellera la *Longitude Moyenne du Soleil*.

Pour calculer la longitude moyenne pour une époque quelconque, il suffit évidemment de multiplier le moyen mouvement par le temps écoulé depuis le passage du corps fictif à l'origine des longitudes : soient t ce temps, n le moyen mouvement ou vitesse du mouvement uniforme, et $\odot_m$ la longitude moyenne du Soleil, on aura d'après cela :

$$\odot_m = nt.$$

Si $\odot$ est la longitude du Soleil vrai :

$$\odot = \odot_m + f(n, t, e)$$

en représentant par $f(n, t, e)$ la correction fonction du moyen mouvement du temps et de l'excentricité qu'il faut ajouter à la longitude moyenne pour obtenir la longitude vraie.

L'origine adoptée pour mesurer le temps est le midi moyen du 1er janvier ; à cette époque le Soleil a passé au solstice d'hiver depuis environ dix jours, il est à très peu près au périgée et sa longitude est d'environ 280°. La position du Soleil à l'époque prise pour origine du temps ne correspond pas d'après cela à la position prise pour origine des longitudes. La connaissance de la longitude moyenne à l'époque prise pour origine du temps est un élément indispensable pour calculer la longitude moyenne à une époque quelconque. Connaissant en effet la longitude moyenne $\odot_{m_0}$ au 1er janvier, on aura pour une époque quelconque :

$$\odot_m = \odot_{m_0} + nt.$$

On pourrait mesurer $\odot_{m_0}$ au moyen du moyen mouvement et du temps écoulé depuis l'époque de l'équinoxe ; habituellement on ne procède pas ainsi, on conclut la longitude moyenne de l'époque initiale, de la *longitude du périgée* et du moyen mouvement :

$$\odot_{m_0} = \Pi + nt,$$

Π étant la longitude du périgée au midi moyen du 1er janvier et t le temps écoulé entre le midi moyen et le passage au périgée.

La longitude du périgée Π est, d'un autre côté, un élément important parce qu'il détermine la position d'un des sommets de l'ellipse orbite ou de l'extrémité du grand axe la plus voisine du foyer. On verra plus tard que cet élément ne reste pas constant, mais qu'il est animé d'un mouvement propre : de là la nécessité de faire dépendre le calcul de la longitude moyenne à l'époque initiale de celui de la longitude du périgée pour la même époque.

La longitude moyenne étant connue, il suffit, ainsi qu'on l'a déjà dit, pour obtenir la longitude vraie, de lui faire subir une correction en fonction du temps, du moyen mouvement et de l'excentricité.

L'excentricité est un élément qui dépend de la différence des deux axes de l'ellipse, orbite de la planète ; l'excentricité est d'autant plus grande que le foyer est plus éloigné du centre de l'ellipse, que les deux axes principaux ont une différence plus grande, ou encore que la forme elliptique de l'orbite est plus accusée et s'éloigne davantage de la circonférence concentrique décrite sur le grand axe comme diamètre. Il est évident *à priori* que les distances de la planète à son foyer d'attraction subiront des variations d'autant plus grandes que l'excentricité sera plus considérable, et que par suite, en vertu de la loi de Newton, l'intensité de l'attraction à laquelle la planète est soumise et conséquemment la vitesse de son mouvement subiront des variations correspondantes. On en conclura aisément que la valeur de l'excentricité devra jouer un rôle important dans le calcul de la correction à calculer pour passer de la longitude moyenne à la longitude effective.

La longitude du Soleil étant connue, il suffit de projeter la position correspondante sur l'équateur, au moyen de l'inclinaison du plan de l'écliptique sur celui de l'équateur pour conclure immédiatement l'ascension droite et la déclinaison du Soleil.

Par une simple transformation de coordonnées, on pourra calculer ensuite les coordonnées dans un système quelconque.

Il résultera de tout ce qui précède que les éléments nécessaires à la détermination de la position apparente du Soleil sur l'orbite sont les suivants :

1° *Durée de la révolution sidérale ;*

2° *Moyen mouvement ;*

3° *Longitude du périgée à l'époque initiale* (midi moyen du 1ᵉʳ janvier ;

4° *Longitude moyenne pour la même époque ;*

5° *Excentricité ;*

6° *Inclinaison du plan de l'écliptique sur l'équateur.*

A ces éléments il faut encore en ajouter un septième qui est la distance du Soleil à la planète ; si l'on prend le rayon de la Terre pour unité, on pourra remplacer cet élément par l'angle sous lequel est vu du Soleil le rayon terrestre, angle auquel on donne le nom de *Parallaxe* du Soleil.

Soient ST la distance du Soleil à la Terre, AT le rayon terrestre,

Fig. 24.

π l'angle sous lequel ce rayon est vu du centre du Soleil, on a par le triangle rectangle SAT :

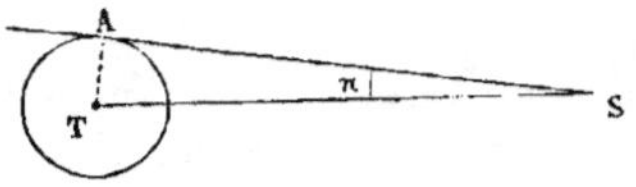

$$ST \sin \pi = AT$$

et si l'on prend le rayon AT pour unité :

$$Distance\ du\ Soleil\ à\ la\ Terre = \frac{1}{\sin \pi};$$

d'où il résulte que la connaissance de la parallaxe détermine la grandeur du rayon vecteur qui joint le Soleil à la Terre.

On aura encore à tenir compte d'un huitième élément qui est le demi-diamètre apparent du Soleil ; on ne peut observer que les bords du Soleil, de sorte que pour obtenir les coordonnées du centre lui-même il faut faire subir une correction qui dépend de la grandeur du demi-diamètre apparent.

Nous venons de considérer les éléments du *mouvement apparent* du Soleil par rapport à la Terre : si l'on regarde maintenant la Terre comme une planète et si l'on veut obtenir, par exemple la longitude de cette planète par rapport au Soleil, il suffira d'ajouter 180° à la longitude apparente du Soleil, de sorte que :

$$\text{Longitude de la Terre} = \text{Longitude du Soleil} + 180°.$$

Cela résulte immédiatement des conditions du mouvement relatif.

Le mouvement d'une planète quelconque peut être étudié sur son orbite absolument de la même manière que le mouvement apparent du Soleil sur l'écliptique. Sa position trouvée est ensuite déterminée en coordonnées écliptiques, longitude et latitude, au moyen d'une projection à l'aide de l'inclinaison du plan de l'orbite sur l'écliptique : on passera aux coordonnées équatoriales par une simple transformation de coordonnées. Il y a lieu toutefois de faire une remarque particulière : pour la Terre il se trouve que le nœud ascendant est l'origine des longitudes ; les orbites rencontrant l'écliptique ou l'équateur en des points différents du point équinoxial, il faut déterminer la longitude du nœud ascendant de l'orbite pour fixer entièrement la position de l'orbite et par suite celle de la planète par rapport à l'écliptique.

Les éléments d'une planète quelconque sont en somme les suivants :

1° *Durée de la révolution sidérale* ;

2° *Moyen mouvement* ;

3° *Longitude du périhélie pour l'époque initiale* :

4° *Longitude moyenne pour la même époque;*

5° *Longitude du nœud ascendant;*

6° *Excentricité;*

7° *Inclinaison du plan de l'orbite sur l'écliptique;*

8° *Grandeur du grand axe et parallaxe;*

9° *Demi-diamètre apparent.*

Ces divers éléments doivent être complétés par la connaissance de la *Masse* de la planète pour le calcul des perturbations dues aux actions réciproques : la masse s'exprime habituellement au moyen de la masse du Soleil prise pour unité.

Les corps célestes étant supposés rapportés soit au plan de l'orbite terrestre au moyen des coordonnées écliptiques, soit au plan de l'équateur au moyen de coordonnées équatoriales, il résulte des données qui viennent d'être exposées sur le système du monde que si l'équateur et l'écliptique sont invariablement liés l'un à l'autre, de sorte que le point équinoxial reste fixe dans l'espace et que l'obliquité de l'écliptique conserve une valeur constante, les coordonnées des étoiles resteront toujours invariables quelle que soit l'époque à laquelle on les observe et que les coordonnées du Soleil et des planètes varieront à chaque instant, mais se reproduiront périodiquement à certaines époques dépendant de la durée des révolutions. La durée de l'année étant fixée en particulier par celle de la révolution du Soleil, les coordonnées du Soleil devraient chaque année se trouver identiques aux mêmes époques.

Il en serait ainsi si le système solaire se composait seulement du Soleil et de la Terre, et si le centre de gravité du système formé par ces deux corps se trouvait au centre même du Soleil, ce qui supposerait la Terre infiniment petite par rapport au Soleil : or, la Terre a une masse qui est appréciable, et à cette masse vient s'ajouter celle de la Lune son satellite; enfin, si l'on tient compte des masses des autres planètes, on conçoit facilement que le centre de gravité de tout le système planétaire est notablement différent du centre du Soleil.

La Terre est en réalité soumise aux attractions simultanées de la Lune, du Soleil et des planètes. D'un autre côté, comme elle n'est pas exactement sphérique et présente un renflement notable à l'équateur, sa position d'équilibre autour de son axe est modifiée à chaque instant.

De là une série de déplacements particuliers, déplacements secondaires au fond, mais qui viennent compliquer le mouvement principal défini précédemment. Le mouvement véritable, celui qu'il nous faut connaître pour calculer à l'avance les positions des astres, est un mouvement complexe résultant du mouvement principal produit par la force émanée du Soleil et des mouvements secondaires dus à la forme particulière de la Terre ou produits par les actions combinées de la Lune et des planètes.

Il est d'usage en astronomie de considérer à part chacun des mouvements secondaires et de calculer séparément les perturbations qui en sont la conséquence. Les résultats que l'on obtient ainsi se présentent sous la forme de suites ou de séries convergentes, de sorte que chaque perturbation se traduit par une série particulière : faisant la somme de toutes les perturbations on obtient la perturbation totale qui vient s'ajouter comme terme de correction aux coordonnées calculées d'après le mouvement principal.

L'intersection du plan de l'écliptique avec le plan de l'équateur ou ligne équinoxiale se déplace lentement, de manière que le point vernal est animé d'un mouvement rétrograde d'environ $50''$ par an : le point vernal étant l'origine des longitudes et des ascensions droites, il résulte de là que ces coordonnées varieront en raison du déplacement de l'équateur, conséquence du mouvement du point vernal. Le déplacement de la ligne des équinoxes constitue le phénomène de la *Précession des équinoxes*. Ce phénomène a pour cause l'action combinée du Soleil, de la Lune et des planètes sur le renflement de la Terre à l'équateur.

La précession des équinoxes se traduit à la fois par un mouvement de point vernal et un déplacement dans l'espace de l'axe perpendiculaire au plan de l'écliptique, ou, ce qui est la même chose, un mouvement propre de l'équateur en position et en obliquité, mouvement qui devra être accusé à nos yeux par un déplacement apparent des étoiles sur la sphère céleste.

En dehors du mouvement dont nous venons de parler, le plan de l'équateur en possède un second dû aux actions combinées de la Lune et du Soleil, qui a pour causes principales les déplacements du périgée solaire et des nœuds de l'orbite lunaire. Ce mouvement, qui a reçu le nom de *Nutation*, est encore accusé par un déplacement apparent du pôle par rapport au pôle de l'écliptique, lequel a pour conséquence un mouvement du point équinoxial et une variation de l'obliquité de l'écliptique.

Les deux phénomènes de la précession et de la nutation peuvent s'interpréter très simplement l'un et l'autre par un mouvement apparent du pôle du monde par rapport au pôle de l'écliptique, d'où résulte un mouvement correspondant des positions relatives des plans qui leur sont perpendiculaires, l'équateur et l'écliptique.

Le mouvement du pôle du monde par rapport au pôle de l'écliptique n'est qu'apparent ; en réalité c'est le pôle de l'écliptique qui se déplace par rapport au pôle du monde ; par suite, le double mouvement de l'équateur en position et en obliquité n'est qu'apparent : c'est l'écliptique qui se transporte dans l'espace.

Les choses se passent absolument en apparence comme si le pôle du monde **P** décrivait une courbe elliptique **MN** autour du pôle de l'écliptique **Π**, et si en outre le pôle **P** était à chaque instant animé d'un second mouvement elliptique autour de chacun des points de l'ellipse **MN**. D'après cela, l'axe de la Terre **TP** serait animé d'un mouvement conique, l'un ayant pour trace l'ellipse **MN** sur la sphère céleste, le second une seconde ellipse *ab* dont le centre se trouverait à chaque instant sur l'ellipse **MN**.

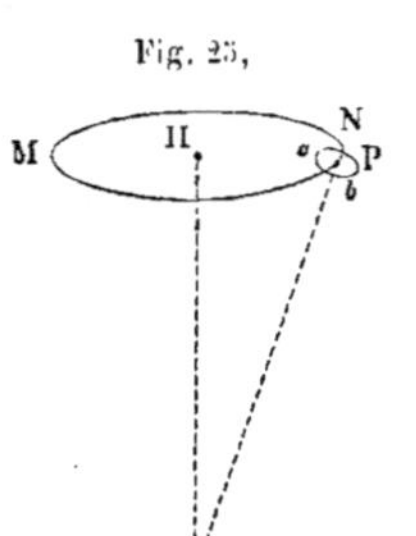

Le mouvement représenté par l'ellipse **MN** est la précession des équinoxes, le second est la nutation.

La précession est une perturbation séculaire ou à très longue période, la nutation est une simple perturbation périodique : du reste, pour fixer les idées à ce sujet, il suffit de dire que le temps employé à décrire l'ellipse **MN** ou durée de la période du mouvement en précession est de 26,000 ans environ, et que le temps employé à décrire l'ellipse *ab* ou durée de la révolution en nutation est seulement de 18 ans 2/3 environ.

Le mouvement de l'axe **TP** résulte des deux mouvements coniques qui viennent d'être définis : on pourra se représenter ce mouvement en figurant sur la sphère céleste la courbe résultante des deux ellipses **MN** et *ab* : ce sera une sorte de spirale qui s'enroulera autour de la circonférence de l'ellipse **MN**.

Ainsi que nous l'avons déjà fait remarquer, le mouvement de l'axe du monde n'est qu'apparent : c'est en réalité l'axe de l'écliptique qui est animé autour de l'axe du monde du double mouvement conique dont nous venons de parler.

La précession des équinoxes et la nutation ayant des périodes très différentes, on a soin de les séparer l'une de l'autre dans les calculs. La précession est ce que l'on appelle une perturbation séculaire qui se traduit chaque année par un mouvement en longitude à peu près constant et égal à environ 50″. La nutation, au contraire, est essentiellement une perturbation périodique dont l'influence varie très rapidement suivant l'époque de l'année.

On appelle *Pôle Moyen*, *Équateur Moyen* et *Équinoxe Moyen* pour une époque déterminée les positions que prendraient le pôle, l'équateur et l'équinoxe pour cette époque, abstraction faite de la nutation, c'est-à-dire dans le cas où la Terre ne serait soumise qu'à l'influence de la grande perturbation séculaire que l'on appelle la précession des équinoxes. L'*Obliquité Moyenne* de l'écliptique est de même l'inclinaison de l'écliptique sur l'équateur moyen, quand on ne tient pas compte de la nutation. On appelle également *Position Moyenne* d'un astre la position de cet astre par rapport à l'équateur moyen et à l'équinoxe moyen :

la position moyenne est déterminée par les *Coordonnées Moyennes*.

Le *Pôle Vrai*, l'*Équateur Vrai*, l'*Équinoxe Vrai* et l'*Obliquité Vraie* sont ceux que l'on obtient en tenant compte de la perturbation périodique appelée nutation, et par suite ceux qui existent dans la réalité. Les *Coordonnées Vraies* d'un astre sont relatives aux *Positions Vraies*, et par suite estimées par rapport à l'équateur vrai, à l'équinoxe vrai et en tenant compte de l'obliquité vraie.

Les coordonnées vraies sont égales aux coordonnées moyennes corrigées de la nutation.

Les définitions précédentes sont plus particulièrement applicables aux coordonnées des étoiles.

Supposons que l'on ait déterminé très-exactement pour une certaine époque, par exemple, les coordonnées équatoriales d'une étoile et que l'on veuille calculer ces mêmes coordonnées pour une autre époque plus ou moins éloignée : on calculera d'abord la variation due à la précession, ce qui se fera très simplement en multipliant la constante de précession correspondante par l'intervalle de temps qui sépare les deux époques, et l'on obtiendra ainsi les coordonnées moyennes α et δ. Soient maintenant $\Delta\alpha$ et $\Delta\delta$ les corrections dues à la nutation, on aura pour valeur des coordonnées vraies α' et δ' :

$$\alpha' = \alpha + \Delta\alpha, \quad \delta' = \delta + \Delta\delta.$$

Nous ferons connaître plus tard les constantes de précession et les expressions des corrections $\Delta\alpha$ et $\Delta\delta$ relatives à la nutation.

Indépendamment des grandes perturbations que nous avons appelées *Précession des Équinoxes* et *Nutation*, la Terre est soumise à de petites perturbations périodiques dues aux actions de la Lune et des planètes qui ont pour effet de faire varier à chaque instant l'obliquité de l'écliptique. La perturbation résultante de toutes ces petites perturbations particulières, qui sont en général du même ordre, se traduit par un phénomène tout à fait analogue à ceux que nous venons d'étudier; mais comme cette perturbation résultante est composée d'éléments complexes, elle se manifeste d'une manière fort irrégulière. Pour éviter des complications notables dans le calcul des coordonnées des étoiles, on n'en tient aucun compte dans l'établissement des coordonnées : on suppose toujours que ces coordonnées soient exprimées par rapport aux origines qui résultent de la précession et de la nutation. Mais comme il faut tenir compte néanmoins des perturbations secondaires indiquées tout à l'heure, on applique aux coordonnées de la Terre, ou plutôt aux coordonnées apparentes du Soleil, des corrections en longitude et en latitude, fonctions de ces perturbations.

Pour peu que l'on y réfléchisse un instant, on verra que les corrections de précession et de nutation n'ont leur raison d'être qu'en raison du mouvement des origines des coordonnées déterminées par la position de la Terre : si l'on prenait des origines absolument fixes dans l'espace, les coordonnées des étoiles resteraient invariables; mais alors la longitude et la latitude apparentes du Soleil devraient être modifiées en conséquence. Si donc on convient de ne donner à l'équateur ou au point vernal aucun déplacement en raison des petites perturbations planétaires, il faudra affecter les coordonnées du Soleil de petites corrections qui s'appliqueront à la longitude et à la latitude. Cette dernière, en particulier, qui serait constamment nulle si le Soleil était rapporté au plan de son orbite, se trouvera avoir toujours une petite valeur positive ou négative.

De l'aberration de la lumière. — Il nous reste à parler d'un phénomène particulier dû à la vitesse de la lumière et susceptible d'établir des différences notables entre les positions vraies et les positions apparentes des astres sur la sphère céleste.

La vitesse de la lumière, quoique très grande, a, avec la vitesse du mouvement de la Terre sur son orbite, un rapport fini facile à calculer.

Soient la Terre en T animée d'une vitesse TM sur son orbite, E une étoile, TN la vitesse de la lumière envoyée par cette étoile.

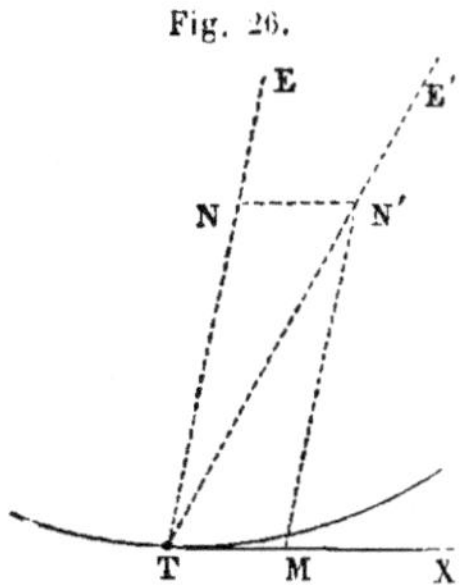

Les deux vitesses TM, TN composées suivant la règle ordinaire du parallélogramme donnent une vitesse résultante TN', de sorte que l'observateur placé en T voit l'étoile en E' au lieu de la voir en E.

La position apparente E' diffère donc de la position vraie E. Pour passer de l'une à l'autre, il suffit de lui faire subir une correction qui sera représentée par l'angle ETE'. Cette correction a reçu le nom d'*Aberration*. Nous donnerons plus tard des expressions qui permettront de calculer l'aberration.

On appelle *Coordonnées Apparentes* d'un astre les coordonnées vraies corrigées de l'aberration, c'est-à-dire les coordonnées de l'astre telles qu'elles résultent de nos observations instrumentales.

CHAPITRE II.

APPLICATION DES FORMULES DE LA TRIGONOMÉTRIE AU CALCUL
DES COORDONNÉES CÉLESTES. — TRANSFORMATION DES COORDONNÉES.
FORMULES DIFFÉRENTIELLES.

1. Principales formules de la trigonométrie sphérique.
— Tous les calculs de l'astronomie sphérique ont en général pour objet la résolution de triangles sphériques dans lesquels les éléments connus sont fournis par des mesures instrumentales de coordonnées sur la sphère céleste. Pour exécuter ces calculs, il est à peu près indispensable d'avoir constamment sous les yeux le tableau des formules employées en trigonométrie. Nous donnons d'abord les diverses formules telles qu'elles se trouvent établies dans tous les ouvrages de trigonométrie. Nous aurons ensuite à leur faire subir quelques modifications pour les appliquer aux coordonnées célestes.

Fig. 27.

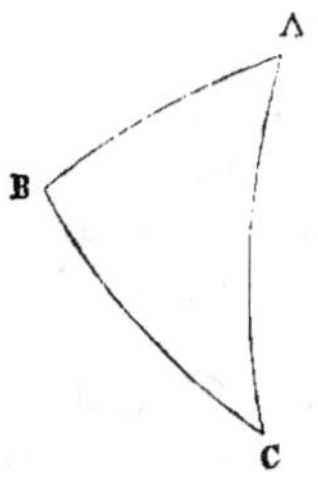

Soit ABC un triangle sphérique; les trois angles de ce triangle se représentent habituellement par les grandes lettres qui figurent les sommets correspondants du triangle; les côtés opposés sont désignés par une petite lettre, cette lettre étant la même que celle du sommet opposé au côté.

Ainsi les angles BAC, ACB, CBA seront représentés respectivement par A, C, B et les côtés BC, BA, AC par a, c, b. Cela posé, on démontre, en trigonométrie sphérique, que les six éléments A, B, C, a, b, c sont liés par les relations ou formules suivantes :

$$(1) \quad \begin{cases} \cos a = \cos b \cos c + \sin b \sin c \cos A, \\ \cos b = \cos c \cos a + \sin c \sin a \cos B, \\ \cos c = \cos a \cos b + \sin a \sin b \cos C. \end{cases}$$

$$(2) \quad \begin{cases} \sin a \sin B = \sin b \sin A, \\ \sin b \sin C = \sin c \sin B, \\ \sin c \sin A = \sin a \sin C. \end{cases}$$

$$(3) \begin{cases} \sin a \cos B = \cos b \sin c - \sin b \cos c \cos A, \\ \sin b \cos C = \cos c \sin a - \sin c \cos a \cos B, \\ \sin c \cos A = \cos a \sin b - \sin a \cos b \cos C, \\ \sin a \cos C = \cos c \sin b - \sin c \cos b \cos A, \\ \sin b \cos A = \cos a \sin c - \sin a \cos c \cos B, \\ \sin c \cos B = \cos b \sin a - \sin b \cos a \cos C, \end{cases}$$

$$(4) \begin{cases} \sin A \cot B = \cot b \sin c - \cos c \cos A, \\ \sin B \cot C = \cot c \sin a - \cos a \cos B, \\ \sin C \cot A = \cot a \sin b - \cos b \cos C, \\ \sin A \cot C = \cot c \sin b - \cos b \cos A, \\ \sin B \cot A = \cot a \sin c - \cos c \cos B, \\ \sin C \cot B = \cot b \sin a - \cos a \cos C. \end{cases}$$

$$(5) \begin{cases} \sin A \cos b = \cos B \sin C + \sin B \cos C \cos a, \\ \sin B \cos c = \cos C \sin A + \sin C \cos A \cos b, \\ \sin C \cos a = \cos A \sin B + \sin A \cos B \cos c, \\ \sin A \cos c = \cos C \sin B + \sin C \cos B \cos a, \\ \sin B \cos a = \cos A \sin C + \sin A \cos C \cos b, \\ \sin C \cos b = \cos B \sin A + \sin B \cos A \cos c, \end{cases}$$

$$(6) \begin{cases} \sin a \cot b = \cot B \sin C + \cos C \cos a, \\ \sin b \cot c = \cot C \sin A + \cos A \cos b, \\ \sin c \cot a = \cot A \sin B + \cos B \cos c, \\ \sin a \cot c = \cot C \sin B + \cos B \cos a, \\ \sin b \cot a = \cot A \sin C + \cos C \cos b, \\ \sin c \cot b = \cot B \sin A + \cos A \cos c, \end{cases}$$

$$(7) \begin{cases} \cos A = \sin B \sin C \cos a - \cos B \cos C, \\ \cos B = \sin C \sin A \cos b - \cos C \cos A, \\ \cos C = \sin A \sin B \cos c - \cos A \cos B. \end{cases}$$

Formules de Delambre.

$$(8) \begin{cases} \dfrac{\sin \frac{1}{2}(A + B)}{\cos \frac{1}{2} C} = \dfrac{\cos \frac{1}{2}(a - b)}{\cos \frac{1}{2} c}, \\[2mm] \dfrac{\sin \frac{1}{2}(A - B)}{\cos \frac{1}{2} C} = \dfrac{\sin \frac{1}{2}(a - b)}{\sin \frac{1}{2} c}, \\[2mm] \dfrac{\cos \frac{1}{2}(A + B)}{\sin \frac{1}{2} C} = \dfrac{\cos \frac{1}{2}(a + b)}{\cos \frac{1}{2} c}, \\[2mm] \dfrac{\cos \frac{1}{2}(A - B)}{\sin \frac{1}{2} C} = \dfrac{\sin \frac{1}{2}(a + b)}{\sin \frac{1}{2} c}. \end{cases}$$

Formules ou analogies de Néper.

$$(9) \quad \begin{cases} \operatorname{tg} \tfrac{1}{2}(A + B) = \operatorname{cotg} \tfrac{1}{2} C \, \dfrac{\cos \tfrac{1}{2}(a - b)}{\cos \tfrac{1}{2}(a + b)}, \\[2ex] \operatorname{tg} \tfrac{1}{2}(A - B) = \operatorname{cotg} \tfrac{1}{2} C \, \dfrac{\sin \tfrac{1}{2}(a - b)}{\sin \tfrac{1}{2}(a + b)}, \\[2ex] \operatorname{tg} \tfrac{1}{2}(a + b) = \operatorname{tg} \tfrac{1}{2} c \, \dfrac{\cos \tfrac{1}{2}(A - B)}{\cos \tfrac{1}{2}(A + B)}, \\[2ex] \operatorname{tg} \tfrac{1}{2}(a - b) = \operatorname{tg} \tfrac{1}{2} c \, \dfrac{\sin \tfrac{1}{2}(A - B)}{\sin \tfrac{1}{2}(A + B)}. \end{cases}$$

Nous n'avons pas à nous arrêter ici à la démonstration de ces diverses formules : cette démonstration se trouve dans tous les traités de trigonométrie. Mais il est un fait qu'il est utile de mettre en évidence : *il ne peut exister que trois relations distinctes entre les six éléments d'un triangle sphérique*, parce qu'un triangle sphérique est déterminé quand on connaît trois de ses éléments et dans ce cas seulement. S'il existait plus de trois relations, il en résulterait qu'un triangle sphérique serait déterminé par moins de trois éléments, ce qui est impossible.

Au fond trois relations distinctes entre les six éléments du triangle constituent trois équations dans lesquelles entrent six variables; si trois de ces variables ont une valeur déterminée, il résulte pour les trois autres variables des valeurs également déterminées, parce que trois équations distinctes à trois inconnues sont suffisantes pour calculer ces trois inconnues.

On devra conclure de là que les formules ou relations susceptibles d'être établies entre les six éléments d'un triangle sphérique sont au nombre de trois et ne sauraient dépasser ce nombre. Les nombreuses relations que nous venons d'énumérer doivent être regardées comme des transformations de trois relations fondamentales qui seront par exemple les formules (1). Il est facile de voir en effet que toutes les autres sont de nouvelles formes plus ou moins variées sous lesquelles on peut mettre les formules (1) à l'aide d'un simple calcul algébrique aidé des relations particulières qui lient entre elles les lignes trigonométriques. C'est, du reste, en procédant de la sorte que l'on arrive à établir toutes les formules qui viennent d'être exposées. Ces formes particulières des équations fondamentales trouvent d'ailleurs une importante application dans la pratique des calculs au point de vue de la facilité et de la promptitude d'exécution.

Dans les calculs ordinaires de la trigonométrie, on admet que l'on n'a à résoudre que des triangles convexes, de sorte qu'un côté ou un angle quelconque est toujours moindre de 180°. Dans cette hypothèse, toutes les fois qu'un angle est donné par un cosinus, une tangente ou une cotangente positive, il est moindre que 90°; si, au contraire, ces mêmes lignes trigonométriques sont négatives, la valeur trouvée pour l'angle doit être remplacée par son supplément parceque

$$\cos(180° - x) = -\cos x, \quad \mathrm{tg}(180° - x) = -\mathrm{tg}\,x,$$
$$\cot g(180° - x) = -\cot g\,x.$$

Nous avons vu précédemment que les coordonnées célestes varient, les unes (les côtés) de 0° à 90°, seulement avec la possibilité d'être positives ou négatives, les autres (les angles) de 0° à 360°. Ces conditions doivent entraîner des modifications dans les formules générales qui viennent d'être exposées, si l'on veut que ces formules puissent donner dans tous les cas les valeurs des coordonnées en grandeur et en signe.

Nous allons indiquer les modifications que doivent subir les formules générales de la trigonométrie en tenant compte : 1° des coordonnées définies pour le premier et le deuxième système, 2° de celles qui sont relatives au troisième et au quatrième. Nous serons alors conduits à donner de nouvelles formules qui devront servir de point de départ à tous les calculs de l'astronomie sphérique basés sur des mesures de coordonnées données par des observations instrumentales.

2. Application des formules de la trigonométrie au premier et au deuxième système de coordonnées célestes. (Azimut et hauteur, angle horaire et déclinaison.) Rappelons d'abord les conventions adoptées pour la mesure des arcs dans le premier et le deuxième système de coordonnées.

Les hauteurs se comptent de 0° à 90°, de l'horizon au zénith; elles sont positives au-dessus de l'horizon et négatives au-dessous.

Les azimuts se comptent de 0° à 360° à partir du point nord pris pour origine et du nord vers l'est, c'est-à-dire de gauche à droite ou dans le sens du mouvement diurne.

Les déclinaisons se comptent de 0° à 90° de l'équateur au pôle; elles sont positives quand l'astre est dans l'hémisphère nord et négatives quand il est dans l'hémisphère sud.

Les angles horaires se comptent de 0° à 360° à partir du méridien supérieur du lieu de l'observation et dans le sens du mouvement diurne.

Cela posé, soit ZPC un triangle sphérique formé par le zénith du lieu Z, le pôle du monde P et l'astre observé C; on aura dans ce triangle :

côté ZP = distance du zénith au pôle = complément de la latitude du lieu;

côté PC = distance polaire de l'astre = complément de la déclinaison de l'astre.

côté CZ = distance zénithale de l'astre = complément de la hauteur de l'astre.

> angle CZP = azimut de l'astre ou complément de cet azimut à 360°,
> suivant que l'astre sera dans l'est ou dans l'ouest;

> angle ZPC = complément à 360° de l'angle horaire ou angle horaire de
> l'astre, suivant que cet astre sera placé dans l'est ou dans l'ouest;

> angle PCZ = angle de position de l'astre.

Le triangle ZPC, que l'on appelle habituellement *triangle de position*, se présente à chaque instant en astronomie sphérique, en particulier dans la plupart des problèmes de navigation ou de géographie, soit qu'ayant mesuré la hauteur et l'azimut, on veuille conclure l'angle horaire et la latitude, soit que connaissant déjà la latitude, la déclinaison et l'angle horaire on veuille déterminer pour une certaine époque la hauteur et l'azimut.

Il est évident que la connaissance de trois coordonnées correspond à celle de trois éléments de ce triangle et que, par suite, il est possible de résoudre ce triangle au moyen des formules fondamentales de la trigonométrie ou de calculer les éléments dont on a besoin, soit au moyen des données de l'observation, soit à l'aide des éléments des éphémérides.

Mais il est nécessaire tout d'abord de représenter les angles et les côtés du triangle au moyen de la notation adoptée pour les coordonnées.

Dans tous les calculs que l'on aura l'occasion de faire, l'angle horaire sera désigné par la lettre T, l'azimut par la lettre A, l'angle de position par la lettre C, la hauteur par h, la latitude par φ et la déclinaison par δ. On reconnaîtra immédiatement en comparant le triangle de position ZPC au triangle BAC employé en trigonométrie, que leurs éléments se correspondent de la manière suivante :

a à 90° — h A à T ou 360° — T suivant que l'astre est dans l'ouest
                                            ou dans l'est;

b à 90° — δ B à A ou 360° — A suivant que l'astre est dans l'est
                                            ou dans l'ouest;

c à 90° — φ C à C dans tous les cas jusqu'à nouvelle convention.

Remplaçant a, b, c, A, B, C par leurs correspondants dans les formules fondamentales (1), on aura

$$\sin h = \sin \delta \, \sin \varphi + \cos \delta \, \cos \varphi \, \cos T$$
$$\sin \delta = \sin \varphi \, \sin h + \cos \varphi \, \cos h \, \cos A$$
$$\sin \varphi = \sin h \, \sin \delta + \cos h \, \cos \delta \, \cos C$$

et cela que l'on mette à la place de A, T ou 360° — T et à la place de

B, A ou 360° — A. Les formules (2) donneront un résultat un peu diffé-rent.

1° Si l'astre est dans l'est, A est remplacé par 360° — T et B par A, de sorte que

$$(a) \qquad \begin{cases} \cos h \sin A = -\cos \delta \sin T \\ \cos \delta \sin C = \cos \varphi \sin A \\ -\cos \varphi \sin T = \cos h \sin C. \end{cases}$$

2° Si l'astre est dans l'ouest, A est remplacé par T et B par 360° — A, alors :

$$(b) \qquad \begin{cases} -\cos h \sin A = \cos \delta \sin T \\ \cos \delta \sin C = -\cos \varphi \sin A \\ \cos \varphi \sin T = \cos h \sin C. \end{cases}$$

Les formules (b) diffèrent des formules (a); mais il est bien facile de les faire rentrer les unes dans les autres en établissant une convention pour C et admettant que les lignes trigonométriques de cet angle seront toujours de même signe que celles de A. Pour cela, il suffira de convenir que l'angle C sera compté de 0° à 360°, de telle sorte qu'il soit moindre que 180° pour l'astre placé dans l'est, et plus grand que 180° pour l'astre placé dans l'ouest. Pour qu'il en soit ainsi, on verra aisé-ment que l'angle C doit être compté en sens inverse des azimuts.

Les deux figures ci-dessous mettront entièrement en évidence la manière de compter les angles T, A et C.

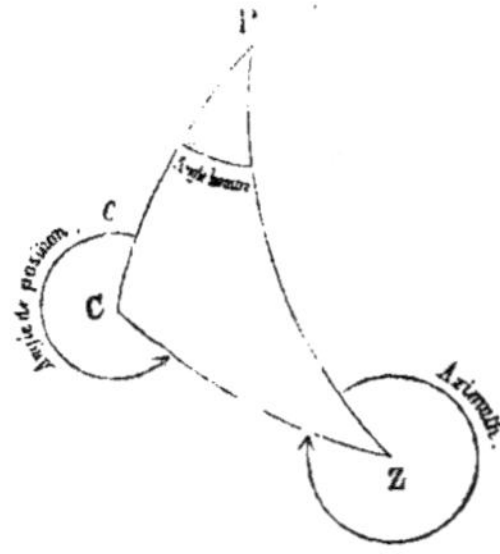

Fig. 29. — Astre placé dans l'Ouest.

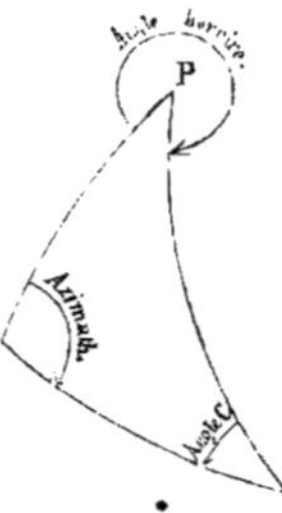

Fig. 30. — Astre placé dans l'Est.

Sur ces figures, les arcs terminés par une flèche indiquent très-net-tement et le point de départ, et la fin des arcs qui mesurent respecti-vement l'angle horaire, l'azimut et l'angle C, et par suite le sens dans lequel sont comptés chacun de ces angles.

Étant admis que l'angle C se comptera de 0° à 360°, à partir du mé-ridien ou cercle de déclinaison de l'astre et en sens inverse du mouve-ment diurne, les formules (b) ne diffèrent plus des formules (a), de sorte que l'on a dans tous les cas :

$$\cos h \, \sin A = -\cos \delta \, \sin T$$
$$\cos \delta \, \sin C = \cos \varphi \, \sin A$$
$$\cos \varphi \, \sin T = -\cos h \, \sin C.$$

Il résultera de là que les résultats obtenus pour les formules (1) et (2), en adoptant la notation établie pour les coordonnées célestes, sont identiques, que l'on mette à la place de A, B, C simultanément $360° - T$, A et C pour le cas de l'astre placé dans l'est ou T, $360° - A$ et $360° - C$ pour le cas de l'astre placé dans l'ouest.

Comme toutes les autres formules sont des conséquences de transformations exécutées avec les systèmes (1) et (2), on conclura facilement que ces diverses formules donneront des résultats analogues et pourront se transformer, de manière à s'appliquer à la fois au cas de l'astre placé dans l'est et au cas de l'astre placé dans l'ouest.

On remplacera donc dans toutes les formules a par $90 - h$, b par $90 - \delta$, c par $90 - \varphi$, A par $360° - T$ et B par A et l'on obtiendra les formules destinées à servir aux calculs de l'astronomie sphérique.

On formera ainsi le tableau suivant, qu'il est toujours indispensable d'avoir sous les yeux dans tous les calculs de trigonométrie relatifs aux coordonnées célestes.

$$(1) \quad \begin{cases} \sin h = \sin \delta \, \sin \varphi + \cos \delta \, \cos \varphi \, \cos T \\ \sin \delta = \sin \varphi \, \sin h + \cos \varphi \, \cos h \, \cos A \\ \sin \varphi = \sin h \, \sin \delta + \cos h \, \cos \delta \, \cos C \end{cases}$$

$$(2) \quad \begin{cases} \cos h \, \sin A = -\cos \delta \, \sin T \\ \cos \delta \, \sin C = \cos \varphi \, \sin A \\ -\cos \varphi \, \sin T = \cos h \, \sin C \end{cases}$$

$$(3) \quad \begin{cases} \cos h \, \cos A = \sin \delta \, \cos \varphi - \cos \delta \, \sin \varphi \, \cos T \\ \cos \delta \, \cos C = \sin \varphi \, \cos h - \cos \varphi \, \sin h \, \cos A \\ \cos \varphi \, \cos T = \sin h \, \cos \delta - \cos h \, \sin \delta \, \cos C \\ \cos h \, \cos C = \sin \varphi \, \cos \delta - \cos \varphi \, \sin \delta \, \cos T \\ \cos \delta \, \cos T = \sin h \, \cos \varphi - \cos h \, \sin \varphi \, \cos A \\ \cos \varphi \, \cos A = \sin \delta \, \cos h - \cos \delta \, \sin h \, \cos C \end{cases}$$

$$(4) \quad \begin{cases} \sin T \, \cot A = \sin \varphi \, \cos T - \operatorname{tg} \delta \, \cos \varphi \\ \sin A \, \cot C = -\sin h \, \cos A + \operatorname{tg} \varphi \, \cos h \\ \sin C \, \cot T = \sin \delta \, \cos C - \operatorname{tg} h \, \cos \delta \\ \sin T \, \cot C = \sin \delta \, \cos T - \operatorname{tg} \varphi \, \cos \delta \\ \sin A \, \cot T = \sin \varphi \, \cos A - \operatorname{tg} h \, \cos \varphi \\ \sin C \, \cot A = -\sin h \, \cos C + \operatorname{tg} \delta \, \cos h \end{cases}$$

$$(5)\quad\begin{cases}-\sin T\sin\delta=\cos A\sin C+\sin A\cos C\sin h\\ \sin A\sin\varphi=-\cos C\sin T+\sin C\cos T\sin\delta\\ \sin C\sin h=\cos T\sin A-\sin T\cos A\sin\varphi\\ -\sin T\sin\varphi=\cos C\sin A+\sin C\cos A\sin h\\ \sin A\sin h=\cos T\sin C-\sin T\cos C\sin\delta\\ \sin C\;\sin\delta=-\cos A\sin T+\sin A\cos T\sin\varphi\end{cases}$$

$$(6)\quad\begin{cases}\cos h\,\operatorname{tg}\delta=\cot A\sin C+\cos C\sin h\\ \cos\delta\,\operatorname{tg}\varphi=-\cot C\sin T+\cos T\sin\delta\\ \cos\varphi\,\operatorname{tg}h=-\cot T\sin A+\cos A\sin\varphi\\ \cos h\,\operatorname{tg}\varphi=\cot C\sin A+\cos A\sin h\\ \cos\delta\,\operatorname{tg}h=-\cot T\sin C+\cos C\sin\delta\\ \cos\varphi\,\operatorname{tg}\delta=-\cot A\sin T+\cos T\sin\varphi\end{cases}$$

$$(7)\quad\begin{cases}\cos T=\sin A\sin C\sin h-\cos A\cos C\\ -\cos A=\sin C\sin T\sin\delta+\cos C\cos T\\ -\cos C=\sin T\sin A\sin\varphi+\cos T\cos A\end{cases}$$

Formules de Delambre.

$$(8)\quad\begin{cases}\dfrac{\sin\frac12(T-A)}{\cos\frac12 C}=\dfrac{\cos\frac12(\delta-h)}{\cos(45°-\frac12\varphi)},\\[2.2ex]\dfrac{\sin\frac12(T+A)}{\cos\frac12 C}=\dfrac{\sin\frac12(\delta-h)}{\sin(45°-\frac12\varphi)},\\[2.2ex]-\dfrac{\cos\frac12(T-A)}{\sin\frac12 C}=\dfrac{\sin\frac12(\delta+h)}{\cos(45°-\frac12\varphi)},\\[2.2ex]-\dfrac{\cos\frac12(T+A)}{\sin\frac12 C}=\dfrac{\cos\frac12(\delta+h)}{\sin(45°-\frac12\varphi)}.\end{cases}$$

Formules de Néper :

$$(9)\quad\begin{cases}\operatorname{tg}\tfrac12(T-A)=-\cot\tfrac12 C\,\dfrac{\cos\frac12(\delta-h)}{\sin\frac12(\delta+h)},\\[2.2ex]\operatorname{tg}\tfrac12(T+A)=-\cot\tfrac12 C\,\dfrac{\sin\frac12(\delta-h)}{\cos\frac12(\delta+h)},\\[2.2ex]\operatorname{tg}\tfrac12(\delta-h)]=\operatorname{tg}(45°-\tfrac12\varphi)\,\dfrac{\sin\frac12(T+A)}{\sin\frac12(T-A)},\\[2.2ex]\cot\tfrac12(\delta+h)=\operatorname{tg}(45°-\tfrac12\varphi)\,\dfrac{\cos\frac12(T+A)}{\cos\frac12(T-A)},\end{cases}$$

Les formules qui viennent d'être énumérées sont celles dont on fera usage exclusivement dans tous les calculs trigonométriques relatifs aux coordonnées célestes qui seront successivement exposés, en particulier dans ceux qui s'appliquent spécialement aux problèmes de navigation.

On démontre en trigonométrie que les diverses formules données précédemment sont générales et s'appliquent dans tous les cas imaginables : il est permis d'en conclure que les nouvelles formules que nous venons de donner présentent le même degré de généralité. En effet, ces formules ne diffèrent des premières que par un simple changement de notation relatif à la manière de compter les angles ou les arcs. Comme on l'a déjà dit, il n'existe au fond que trois relations distinctes entre les six éléments d'un triangle sphérique ; mais ces relations peuvent se présenter sous des formes plus ou moins variées suivant les notations adoptées pour mesurer les angles et les côtés : or nous avons ici remplacé la notation établie en trigonométrie par une autre qui nous a été indiquée par les conventions établies pour la mesure des coordonnées, de sorte que nous n'avons modifié en rien les formules fondamentales.

Il ne semble pas que dans la plupart des ouvrages d'astronomie et de navigation, on se soit préoccupé sérieusement jusqu'à ce jour de transformer les formules ordinaires de la trigonométrie, en tenant compte des conventions établies dans la mesure des coordonnées. Il est incontestable que les calculs peuvent se faire en général, indépendamment de toute modification des formules ordinaires : on sait toujours si un astre est dans l'est ou dans l'ouest, et il est facile, après avoir calculé une valeur tabulaire d'angle moindre que 90°, de conclure la valeur véritable de l'angle, eu égard à la notation adoptée, par exemple, pour les angles horaires et les azimuts. Mais alors il devient indispensable, à la suite de chaque calcul particulier, de discuter la manière d'estimer les résultats ; cette discussion se représentera invariablement pour la solution de tout nouveau problème qui viendra à se présenter.

La notation que nous adoptons ici présente l'avantage d'établir, dès le principe, des règles invariables qui s'appliqueront à toutes les formules imaginables. Du reste, pour en comprendre la véritable valeur, il suffit d'en étudier quelques applications ; on pourra reconnaître, alors que dans certains cas elle permettent de présenter très-simplement des solutions qui seraient véritablement inextricables, si l'on voulait résoudre les triangles sphériques indépendamment de toute convention sur la manière de compter les angles.

Nous avons fait remarquer tout à l'heure qu'il est toujours possible de calculer par exemple un angle horaire ou un azimut au moyen des formules ordinaires de la trigonométrie, sauf à conclure ensuite des résultats tabulaires les grandeurs réelles des angles par une discussion subséquente.

Si, par exemple, un calcul logarithmique donnait 30° pour valeur tabulaire d'un angle horaire, et que l'astre fût placé dans l'est, il est bien évident que l'on comprendrait immédiatement que la valeur véritable de cet angle est 360° — 30° ou 330° et non pas 30°. Des erreurs à ce sujet ne sont jamais possibles, parce que l'on sait toujours à peu près comment l'astre est placé dans le ciel par rapport au méridien. En réalité, de quelque manière que l'on dirige les calculs, il est assez difficile de commettre des erreurs grossières sur la valeur absolue des éléments. Mais il n'en est pas de même quand il faut tenir compte des signes des lignes trigonométriques de ces éléments : il faut alors savoir bien exactement dans quel quadrant se trouve l'extrémité de l'arc que l'on considère : c'est là le but essentiel des conventions adoptées pour compter les coordonnées.

Les corrections de second ordre que l'on a souvent besoin de calculer sont généralement de petites quantités par rapport aux éléments eux-mêmes; s'il n'est presque jamais possible de se tromper sur la valeur absolue de ces éléments, les conditions sont bien différentes, quand il s'agit de simples corrections d'ordre inférieur : ce qu'il importe alors de connaître avant tout, c'est le signe de la correction. Cette correction est toujours donnée par une formule différentielle, dans laquelle entrent des lignes trigonométriques des coordonnées. Pour avoir le signe de la correction totale, il faut par suite tenir scrupuleusement compte des signes des lignes trigonométriques : de là la nécessité d'avoir des conventions générales bien définies, et d'y adapter les formules de la trigonométrie dont on est appelé à se servir.

Pour bien faire saisir aux yeux l'importance des considérations sur lesquelles nous appelons l'attention en ce moment, il suffira de citer un exemple. Chacun sait que l'aiguille aimantée est affectée d'une déviation en dehors du méridien, que l'on appelle la variation : cette variation est en réalité une correction à faire subir à l'azimut vrai, quand on doit se servir des indications de la boussole. Il importe avant tout de savoir appliquer cette correction à droite ou à gauche suivant son signe. De là une nécessité absolue de calculer bien exactement le signe de la variation en tenant compte des conventions adoptées pour mesurer les azimuts. Combien de navires se sont perdus, parce que la variation a été portée sur la carte avec le signe — quand elle était positive ou inversement!

Nous avons dit que les formules énumérées précédemment sont générales, par le fait seul de la généralité des formules fondamentales de la trigonométrie, et que cette circonstance dispense de toute discussion relativement à leur application. Il y a lieu toutefois de donner sommairement ici quelques indications relativement à l'usage de ces formules pour la pratique ordinaire des calculs.

Ces formules ont ordinairement pour objet le calcul de trois éléments d'un triangle quand on en connaît trois autres, ou encore de calculer deux coordonnées sphériques, quand on en connaît déjà deux autres d'un système différent.

Les éléments connus seront toujours introduits dans les formules avec leur signe, s'il s'agit de côtés, ou leur grandeur absolue de 0° à 360°, si l'on a affaire à des angles : les lignes trigonométriques employées auront alors des signes qui en seront la conséquence. Les éléments calculés seront ensuite donnés par des lignes trigonométriques positives ou négatives d'où l'on conclura la valeur absolue de l'élément cherché. Il n'y aura jamais d'incertitude s'il s'agit d'un côté, puisque cet angle est toujours moindre que 90°, les tables donneront immédiatement sa grandeur en valeur absolue : il ne restera plus qu'à lui affecter le signe $+$ ou le signe $-$.

Pour un côté (latitude, hauteur ou déclinaison) on a dans le cas d'un côté positif :

$$\text{sinus} = +, \quad \text{cosinus} = +, \quad \text{tangente} = +, \quad \text{et cotangente} = + ;$$

pour un côté négatif, au contraire :

$$\text{sinus} = -, \quad \text{cosinus} = +, \quad \text{tangente} = -, \quad \text{cotangente} = -.$$

Il peut y avoir incertitude si le côté est donné par son cosinus ; il sera préférable en général de le déterminer alors au moyen de son sinus ou de sa tangente.

Quand il s'agit d'un angle, il y a lieu de prêter un peu plus d'attention aux conditions du calcul. Pour cela, il suffit d'avoir présent à l'esprit le tableau des signes relatifs aux lignes trigononométriques dans chaque quadrant :

	1er quadrant.	2e quadrant.	3e quadrant.	4e quadrant.
Sinus.	$= +$	$= +$	$= -$	$= -$
Cosinus.	$= +$	$= -$	$= -$	$= +$
Tangente.	$= +$	$= -$	$= +$	$= -$
Cotangente.	$= +$	$= -$	$= +$	$= -$

D'après cela, soit x un axe quelconque, on aura pour les différents cas susceptibles de se présenter :

$$1° \quad \sin x = + : x < 180° \quad ; \quad \sin x = - : x > 180° ;$$
$$2° \quad \cos x = + : x < 90° \text{ ou } > 270° ; \quad \cos x = - : x > 90° \text{ et } < 270°.$$
$$3° \quad \operatorname{tg} x = + : x < 90° \text{ ou } > 180° \text{ et } < 270° ;$$
$$\operatorname{tg} x = - : x > 90° \text{ et } < 180° \text{ ou } > 270°.$$

La cotangente a toujours le même signe que la tangente.

On conclura facilement de l'inspection de ce tableau qu'il ne saurait

y avoir jamais d'incertitude dans l'appréciation de la grandeur d'un
angle, toutes les fois que cet angle est donné par deux lignes trigonométriques différentes. Cela n'a pas lieu ordinairement : mais une circonstance particulière permet de se fixer à ce sujet d'une autre manière.
Habituellement, tout calcul suppose la détermination simultanée de
l'azimut et de l'angle horaire; or, toutes les fois que ces deux éléments sont estimés au moyen de lignes trigonométriques différentes,
il y a généralement impossibilité absolue de commettre aucune erreur :
cela est la conséquence des indications simultanées données pour ces
deux éléments. Prenons deux exemples :

$$1° \ \ T < 90° : \sin T = +$$

$$\left\{ \begin{array}{c} \operatorname{tg} A = + \\ \text{ou} \\ \cos A = - \end{array} \right\} A > 180° \text{ et} < 270° \left\{ \begin{array}{c} \operatorname{tg} A = - \\ \text{ou} \\ \cos A = + \end{array} \right\} A > 270°.$$

$$2° \ \ T > 270° : \sin T = -$$

$$\left\{ \begin{array}{c} \operatorname{tg} A = - \\ \text{ou} \\ \cos A = - \end{array} \right\} A > 90° \text{ et} < 180° \left\{ \begin{array}{c} \operatorname{tg} A = + \\ \text{ou} \\ \cos A = + \end{array} \right\} A < 90°.$$

On pourrait ainsi étudier tous les cas particuliers imaginables.

Il est facile de voir qu'au fond cela revient à avoir une notion préalable sur la position de l'astre dans le ciel.

Quand l'astre est placé : 1° dans l'est et au nord du 1er vertical :

$$\sin T = -, \ \operatorname{tg} A = +, \ \cos A = +, \ \text{ou} \ A < 90°;$$

2° dans l'est et au sud du 1er vertical :

$$\sin T = -, \ \operatorname{tg} A = -, \ \cos A = -, \ \text{ou} \ A > 90° \text{ et} < 180°:$$

3° dans l'ouest et au nord du 1er vertical :

$$\sin T = +, \ \operatorname{tg} A = -, \ \cos A = +, \ A > 270° \text{ et} < 360°;$$

4° dans l'ouest et au sud du 1er vertical :

$$\sin T = +, \ \operatorname{tg} A = +, \ \cos A = -, \ A > 180° \text{ et} < 270°.$$

On ne se trompe jamais pour la grandeur de l'angle horaire, mais
cela pourrait arriver *à priori* pour l'azimut. Toutefois si l'on connaît
l'angle horaire, il est facile de reconnaître que toute erreur devient impossible. Il est inutile d'insister davantage à ce sujet : le calcul fournit
ordinairement des indications spéciales dans chaque cas particulier,
d'ailleurs la pratique en apprend toujours plus en pareille matière que
toutes les considérations générales que l'on pourrait émettre.

Les lignes trigonométriques se calculent à l'aide de tables de logarithmes construites à cet effet : ces tables sont calculées pour des angles moindres que 90°, de sorte que tout résultat donné par les tables est un angle plus petit que 90°. Nous donnerons le nom particulier de *Valeur Tabulaire* à ce résultat pour le distinguer de la valeur absolue cherchée, et nous le caractériserons par une notation spéciale afin d'éviter toute confusion.

Soit par exemple une valeur T de l'angle horaire pouvant être plus grande que 90°, nous représenterons par [T] la valeur tabulaire toujours moindre que 90° qui lui correspond.

Cela posé, le tableau suivant permettra de passer facilement de la valeur tabulaire d'un angle [x] dans les divers cas qui pourront se présenter.

$$\sin x = + : \begin{cases} x = [x] \\ \text{ou} \\ x = 180° - [x] \end{cases} \qquad \cos x = + : \begin{cases} x = [x] \\ \text{ou} \\ x = 360° - [x] \end{cases}$$

$$\operatorname{tg} x = + : \begin{cases} x = [x] \\ \text{ou} \\ x = 180° + [x] \end{cases} \qquad \operatorname{cotg} x = + : \begin{cases} x = [x] \\ \text{ou} \\ x = 180° + [x] \end{cases}$$

$$\sin x = - : \begin{cases} x = 180° + [x] \\ \text{ou} \\ x = 360° - [x] \end{cases} \qquad \cos x = - : \begin{cases} x = 180° - [x] \\ \text{ou} \\ x = 180° + [x] \end{cases}$$

$$\operatorname{tg} x = - : \begin{cases} x = 180° - [x] \\ \text{ou} \\ x = 360° - [x] \end{cases} \qquad \operatorname{cotg} x = - : \begin{cases} x = 180° - [x] \\ \text{ou} \\ x = 360° - [x] \end{cases}$$

Ainsi qu'il est facile de le voir, ce tableau résulte immédiatement des relations élémentaires suivantes :

$$\sin(180° - x) = + \sin x \qquad \cos(180° - x) = - \cos x$$
$$\sin(180° + x) = - \sin x \qquad \cos(180° + x) = - \cos x$$
$$\sin(360° - x) = - \sin x \qquad \cos(360° - x) = + \cos x$$

$$\operatorname{tg}(180° - x) = - \operatorname{tg} x \qquad \operatorname{cotg}(180° - x) = - \operatorname{cotg} x$$
$$\operatorname{tg}(180° + x) = + \operatorname{tg} x \qquad \operatorname{cotg}(180 + x) = + \operatorname{cotg} x$$
$$\operatorname{tg}(360° - x) = - \operatorname{tg} x \qquad \operatorname{cotg}(360° - x) = - \operatorname{cotg} x$$

Dans tous les calculs que nous aurons l'occasion d'exécuter, nous emploierons la notation qui vient d'être indiquée pour les valeurs tabulaires. Ainsi qu'on pourra le remarquer, cette notation introduit beaucoup de clarté dans la classification des résultats : elle devient du reste indispensable toutes les fois que l'on a affaire à des opérations compliquées dans lesquelles interviennent plusieurs valeurs d'angle plus grandes que 90°.

3. Application des formules de trigonométrie au 3ᵉ et au 4ᵉ systèmes de coordonnées (coordonnées équatoriales et coordonnées écliptiques). — On rappellera d'abord les conventions établies pour estimer les coordonnées équatoriales et les coordonnées écliptiques :

Les déclinaisons et les latitudes se comptent de 0° à 90° de l'équateur ou de l'écliptique vers le pôle correspondant. Elles ont le signe $+$ dans l'hémisphère nord et le signe $-$ dans l'hémisphère sud.

Les ascensions droites se comptent de 0° à 360° du point vernal vers le cercle de déclinaison de l'astre, en sens contraire du mouvement diurne, et sur le grand cercle de l'équateur.

Les longitudes se comptent de même de 0° à 360° du point vernal vers le cercle de latitude de l'astre, en sens contraire du mouvement diurne et sur le grand cercle de l'écliptique.

Considérons maintenant le triangle PCΠ formé par le pôle du monde, P, le pôle de l'écliptique Π et l'astre C.

Ainsi qu'on l'a montré précédemment en définissant les coordonnées écliptiques, l'arc de grand cercle PΠ appartient au colure des solstices, et cet arc mesure l'angle formé par le plan de l'écliptique avec le plan de l'équateur. L'arc de grand cercle CP est la distance de l'astre au pôle du monde ou le complément de la déclinaison ; CΠ est sa distance au pôle de l'écliptique ou le complément de sa latitude, de sorte que :

Fig. 31.

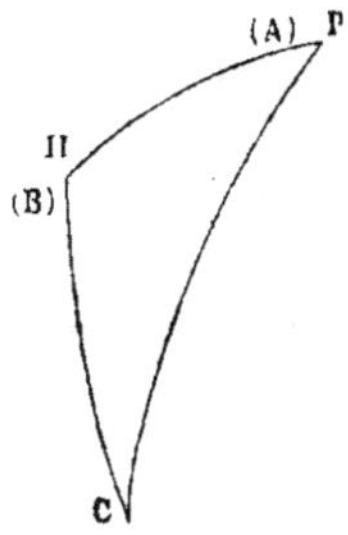

côté PΠ = obliquité de l'écliptique = ω
côté CP = complément de la déclinaison = 90° — δ
côté CΠ = complément de la latitude = 90° — λ.

On remarquera que le point vernal, origine des longitudes et des ascensions droites, se trouvant sur le colure des équinoxes, lequel est perpendiculaire au colure des solstices, et étant de plus à 90° du pôle de l'écliptique, ce point est le pôle du colure des solstices sur la sphère céleste. Il résulte de là que le grand cercle mené par le point Π vers l'origine des longitudes, aussi bien que celui mené du point P vers l'origine des ascensions droites, est perpendiculaire à l'arc de grand cercle PΠ.

Soit que l'on considère la position (1) ou la position (2) de l'astre par rapport au point vernal, on trouvera facilement en figurant à l'aide d'une flèche le sens dans lequel doivent être comptées les ascensions droites ou les longitudes.

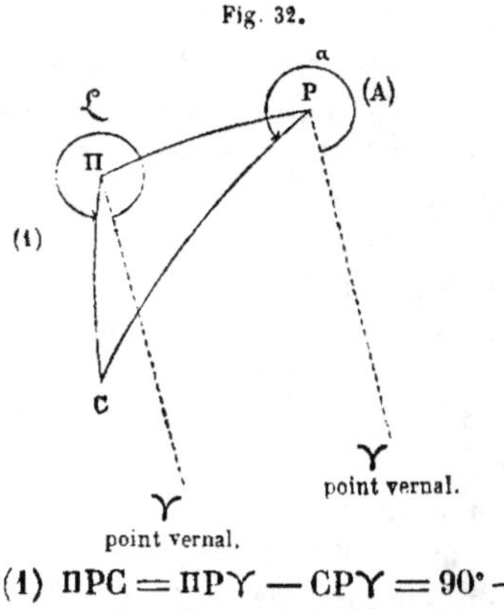

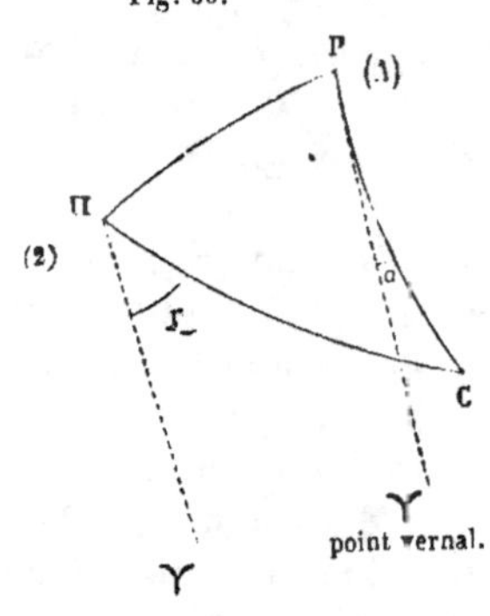

$$(1)\quad \Pi P C = \Pi P \Upsilon - C P \Upsilon = 90° - (360° - \alpha) = 90° + \alpha - 360°,$$
$$\quad P \Pi C = P \Pi \Upsilon + \Upsilon \Pi C = 90° + 360° - \mathcal{L} = 90° - \mathcal{L} + 360°,$$

ou

$$(2)\quad \Pi P C = \Pi P \Upsilon + \Upsilon P C = 90° + \alpha,$$
$$\quad P \Pi C = P \Pi \Upsilon - \Upsilon \Pi C = 90° - \mathcal{L}.$$

Si l'on prend les angles P, Π, C comme les analogues des angles A, B, C du triangle auquel s'appliquent les formules fondamentales de la trigonométrie, il est aisé de voir pour obtenir les relations qui existent entre les coordonnées équatoriales et les coordonnées écliptiques, qu'il suffira de remplacer dans les formules

$$\text{les côtés} \begin{cases} a \text{ par } 90° - \lambda, \\ b \quad\ \ 90° - \delta, \\ c \quad\ \ \omega, \end{cases} \qquad \text{et les angles} \begin{cases} A \text{ par } 90° + \alpha, \\ B \quad\ \ 90° - \mathcal{L}, \\ C \quad\ \ c. \end{cases}$$

Effectuant cette substitution, on obtiendra de nouvelles formules fondamentales applicables au 3ᵉ et au 4ᵉ système de coordonnées qui seront les suivantes :

$$(1)\quad \begin{cases} \sin\lambda = \sin\delta \cos\omega - \cos\delta \sin\omega \sin\alpha \\ \sin\delta = \cos\omega \sin\lambda + \sin\omega \cos\lambda \sin\mathcal{L} \\ \cos\omega = \sin\lambda \sin\delta + \cos\lambda \cos\delta \cos c \end{cases}$$

$$(2)\quad \begin{cases} \cos\lambda \cos\mathcal{L} = \cos\delta \cos\alpha \\ \cos\delta \sin c = \sin\omega \cos\mathcal{L} \\ \sin\omega \cos\alpha = \cos\lambda \sin c \end{cases}$$

$$(3)\quad \begin{cases} \cos\lambda \sin\mathcal{L} = \sin\delta \sin\omega + \cos\delta \cos\omega \sin\alpha \\ \cos\delta \cos c = \cos\omega \cos\lambda - \sin\omega \sin\lambda \sin\mathcal{L} \\ \sin\omega \sin\alpha = -\sin\lambda \cos\delta + \cos\lambda \sin\delta \cos c \\ \cos\lambda \cos c = \cos\omega \cos\delta + \sin\omega \sin\delta \sin\alpha \\ \cos\delta \sin\alpha = -\sin\lambda \sin\omega + \cos\lambda \cos\omega \sin\mathcal{L} \\ \sin\omega \sin\mathcal{L} = \sin\delta \cos\lambda - \cos\delta \sin\lambda \cos c \end{cases}$$

$$(4)\quad\begin{cases}\cos\alpha\,\operatorname{tg}\mathcal{L} = \operatorname{tg}\delta\sin\omega + \cos\omega\sin\alpha\\ \cos\mathcal{L}\cot c = \cot\omega\cos\lambda - \sin\lambda\sin\mathcal{L}\\ \sin c\,\operatorname{tg}\alpha = -\operatorname{tg}\lambda\cos\delta + \sin\delta\cos c\\ \cos\alpha\cot c = \cot\omega\cos\delta + \sin\delta\sin\alpha\\ \cos\mathcal{L}\,\operatorname{tg}\alpha = -\operatorname{tg}\lambda\sin\omega + \cos\omega\sin\mathcal{L}\\ \sin c\,\operatorname{tg}\mathcal{L} = \operatorname{tg}\delta\cos\lambda - \sin\lambda\cos c\end{cases}$$

$$(5)\quad\begin{cases}\cos\alpha\sin\delta = \sin\mathcal{L}\sin c + \cos\mathcal{L}\cos c\sin\lambda\\ \cos\mathcal{L}\cos\omega = \cos c\cos\alpha - \sin c\sin\alpha\sin\delta\\ \sin c\sin\lambda = -\sin\alpha\cos\mathcal{L} + \cos\alpha\sin\mathcal{L}\cos\omega\\ \cos\alpha\cos\omega = \cos c\cos\mathcal{L} + \sin c\sin\mathcal{L}\sin\lambda\\ \cos\mathcal{L}\sin\lambda = -\sin\alpha\sin c + \cos\alpha\cos c\sin\delta\\ \sin c\sin\delta = \sin\mathcal{L}\cos\alpha - \cos\mathcal{L}\sin\alpha\cos\omega\end{cases}$$

$$(6)\quad\begin{cases}\cos\lambda\,\operatorname{tg}\delta = \operatorname{tg}\mathcal{L}\sin c + \cos c\sin\lambda\\ \cos\delta\cot\omega = \cot c\cos\alpha - \sin\alpha\sin\delta\\ \sin\omega\,\operatorname{tg}\lambda = -\operatorname{tg}\alpha\cos\mathcal{L} + \sin\mathcal{L}\cos\omega\\ \cos\lambda\cot\omega = \cot c\cos\mathcal{L} + \sin\mathcal{L}\sin\lambda\\ \cos\delta\,\operatorname{tg}\lambda = -\operatorname{tg}\alpha\sin c + \cos c\sin\delta\\ \sin\omega\,\operatorname{tg}\delta = \operatorname{tg}\mathcal{L}\cos\alpha - \sin\alpha\cos\omega\end{cases}$$

$$(7)\quad\begin{cases}\sin\alpha = -\cos\mathcal{L}\sin c\sin\lambda + \sin\mathcal{L}\cos c\\ \sin\mathcal{L} = \sin c\cos\alpha\sin\delta + \cos c\sin\alpha\\ \cos c = \cos\alpha\cos\mathcal{L}\cos\omega + \sin\alpha\sin\mathcal{L}\end{cases}$$

Formules de Delambre.

$$(8)\quad\begin{cases}\dfrac{\cos\frac{1}{2}(\alpha - \mathcal{L})}{\cos\frac{1}{2}c} = \dfrac{\cos\frac{1}{2}(\delta - \lambda)}{\cos\frac{1}{2}\omega},\\[2mm] \dfrac{\sin\frac{1}{2}(\alpha + \mathcal{L})}{\cos\frac{1}{2}c} = \dfrac{\sin\frac{1}{2}(\delta - \lambda)}{\sin\frac{1}{2}\omega},\\[2mm] -\dfrac{\sin\frac{1}{2}(\alpha - \mathcal{L})}{\sin\frac{1}{2}c} = \dfrac{\sin\frac{1}{2}(\delta + \lambda)}{\cos\frac{1}{2}\omega},\\[2mm] \dfrac{\cos\frac{1}{2}(\alpha + \mathcal{L})}{\sin\frac{1}{2}c} = \dfrac{\cos\frac{1}{2}(\delta + \lambda)}{\sin\frac{1}{2}\omega},\end{cases}$$

Formules de Néper.

$$(9)\quad\begin{cases}\operatorname{tg}\tfrac{1}{2}(\alpha - \mathcal{L}) = -\operatorname{tg}\tfrac{1}{2}c\,\dfrac{\sin\frac{1}{2}(\delta + \lambda)}{\cos\frac{1}{2}(\delta - \lambda)},\\[2mm] \operatorname{tg}\tfrac{1}{2}(\alpha + \mathcal{L}) = \cot\tfrac{1}{2}c\,\dfrac{\sin\frac{1}{2}(\delta - \lambda)}{\cos\frac{1}{2}(\delta + \lambda)},\\[2mm] \operatorname{tg}\tfrac{1}{2}(\delta + \lambda) = -\cot\tfrac{1}{2}\omega\,\dfrac{\sin\frac{1}{2}(\alpha - \mathcal{L})}{\cos\frac{1}{2}(\alpha + \mathcal{L})},\\[2mm] \operatorname{tg}\tfrac{1}{2}(\delta - \lambda) = \operatorname{tg}\tfrac{1}{2}\omega\,\dfrac{\sin\frac{1}{2}(\alpha + \mathcal{L})}{\cos\frac{1}{2}(\alpha - \mathcal{L})},\end{cases}$$

La discussion faite précédemment au sujet des formules relatives au premier et au deuxième système de coordonnées pourrait être reproduite ici, pour les nouvelles formules qui viennent d'être énumérées; mais comme il n'y aurait rien de particulier à y ajouter, on se contentera d'en rappeler les résultats.

Les coordonnées δ et λ se comptent de 0° à 90° avec le signe $+$ ou le signe $-$ suivant que l'astre se trouve dans l'hémisphère nord ou dans l'hémisphère sud; les lignes trigonométriques demeurent affectées des signes correspondants.

Les coordonnées α et $\mathcal{L}$ se comptent de 0° à 360° à partir du point origine ou point vernal; leurs lignes trigonométriques sont positives ou négatives suivant le quadrant dans lequel vient se terminer l'arc qui représente α ou $\mathcal{L}$. Inversement la grandeur de α ou de $\mathcal{L}$ résulte du quadrant dans lequel se trouve placé par son signe la ligne trigonométrique correspondante.

Le côté ω est toujours positif et moindre que 90°; il en est de même de c.

Les formules précédentes reçoivent en somme d'assez rares applications dans la pratique. Mais il est un cas particulier qui se présente fréquemment, c'est celui où la latitude λ est nulle, l'astre se trouve alors placé sur l'écliptique. Dans ce cas, les formules se simplifient et deviennent d'un usage fréquent dans un grand nombre de circonstances.

Supposant $\lambda = 0$ dans les formules (1), (2), (3), (4), (5), (6), (7), on ramènera toutes ces formules aux trois systèmes suivants :

$$(a) \begin{cases} \sin \delta = \sin \omega \sin \mathcal{L}. \\[2mm] \sin \omega = \dfrac{\sin c}{\cos \alpha}, \\[2mm] \sin \alpha = \sin \mathcal{L} \cos c. \\[2mm] \sin \mathcal{L} = \dfrac{\sin \delta}{\sin \omega}, \\[2mm] \sin c = \sin \omega \cos \alpha. \end{cases} \qquad (b) \begin{cases} \cos \delta = \dfrac{\cos \mathcal{L}}{\cos \alpha}, \\[2mm] \cos \omega = \cos \delta \cos c, \\[2mm] \cos \alpha = \dfrac{\cos \mathcal{L}}{\cos \delta}, \\[2mm] \cos \mathcal{L} = \cos \alpha \cos \delta, \\[2mm] \cos c = \dfrac{\cos \omega}{\cos \delta}. \end{cases}$$

$$(c) \begin{cases} \operatorname{tg} \delta = \sin \alpha \operatorname{tg} \omega = \sin c \operatorname{tg} \mathcal{L}. \\[2mm] \operatorname{tg} \omega = \dfrac{\operatorname{tg} \delta}{\sin \alpha} = \dfrac{\operatorname{tg} c}{\sin \mathcal{L}}, \\[2mm] \operatorname{tg} \alpha = \sin \delta \operatorname{cotg} c = \operatorname{tg} \mathcal{L} \cos \omega. \\[2mm] \operatorname{tg} \mathcal{L} = \dfrac{\operatorname{tg} \alpha}{\cos \omega} = \dfrac{\operatorname{tg} \delta}{\sin c}, \\[2mm] \operatorname{tg} c = \cos \mathcal{L} \operatorname{tg} \omega = \sin \delta \operatorname{cotg} \alpha. \end{cases}$$

Les formules de Delambre deviendront :

$$(d) \begin{cases} \dfrac{\cos\frac{1}{2}(\alpha-\mathcal{L})}{\cos\frac{1}{2}c} = \dfrac{\cos\frac{1}{2}\delta}{\cos\frac{1}{2}\omega}, & \dfrac{\sin\frac{1}{2}(\alpha+\mathcal{L})}{\cos\frac{1}{2}c} = \dfrac{\sin\frac{1}{2}\delta}{\sin\frac{1}{2}\omega}, \\[2ex] -\dfrac{\sin\frac{1}{2}(\alpha-\mathcal{L})}{\sin\frac{1}{2}c} = \dfrac{\sin\frac{1}{2}\delta}{\cos\frac{1}{2}\omega}, & \dfrac{\cos\frac{1}{2}(\alpha+\mathcal{L})}{\sin\frac{1}{2}c} = \dfrac{\cos\frac{1}{2}\delta}{\sin\frac{1}{2}\omega}, \end{cases}$$

et les formules de Néper :

$$(e) \begin{cases} \operatorname{tg}\frac{1}{2}(\alpha-\mathcal{L}) = -\operatorname{tg}\frac{1}{2}c\,\operatorname{tg}\frac{1}{2}\delta; & \operatorname{tg}\frac{1}{2}(\alpha+\mathcal{L}) = \cot\frac{1}{2}c\,\operatorname{tg}\frac{1}{2}\delta, \\[2ex] \operatorname{tg}\frac{1}{2}\delta = -\cot\frac{1}{2}\omega\,\dfrac{\sin\frac{1}{2}(\alpha-\mathcal{L})}{\cos\frac{1}{2}(\alpha+\mathcal{L})}, & \operatorname{tg}\frac{1}{2}\delta = \operatorname{tg}\frac{1}{2}\omega\,\dfrac{\sin\frac{1}{2}(\alpha+\mathcal{L})}{\cos\frac{1}{2}(\alpha-\mathcal{L})}: \end{cases}$$

On déduira de là les trois relations remarquables :

$$\operatorname{tg}^2\tfrac{1}{2}\delta = -\operatorname{tg}\tfrac{1}{2}(\alpha-\mathcal{L})\,\operatorname{tg}\tfrac{1}{2}(\alpha+\mathcal{L}),$$
$$\operatorname{tg}^2\tfrac{1}{2}c = -\dfrac{\operatorname{tg}\frac{1}{2}(\alpha-\mathcal{L})}{\operatorname{tg}\frac{1}{2}(\alpha+\mathcal{L})},$$
$$\operatorname{tg}^2\tfrac{1}{2}\omega = -\dfrac{\sin(\alpha+\mathcal{L})}{\sin(\alpha-\mathcal{L})}.$$

Toutes ces formules ont été posées en vue du système de l'équateur et de l'écliptique; mais il est bien évident qu'on peut leur donner une généralité beaucoup plus grande et les appliquer à un système de deux grands cercles quelconques ayant l'un sur l'autre une inclinaison égale à ω, pourvu que les coordonnées mesurées sur les deux grands cercles soient comptés dans le même sens de 0° à 360° à partir de leur intersection commune.

Ayant estimé par exemple la longitude de la Lune ou d'une planète quelconque sur son orbite, en prenant pour origine le nœud de l'orbite avec l'écliptique, on conclura la longitude et la latitude par rapport à l'écliptique au moyen des formules précédentes; seulement il y aura lieu de remarquer pour l'exécution de ce calcul que la longitude et la latitude cherchée seront figurées dans les formules par les lettres α et δ; l'écliptique est alors par rapport à l'orbite de la planète ce qu'est l'équateur par rapport à l'écliptique dans le cas des formules. Enfin pour obtenir la longitude de la planète, il suffira d'ajouter au résultat de longitude calculé la longitude du nœud ascendant de la planète.

Les formules précédentes peuvent encore trouver une application importante dans le tracé d'un arc de grand cercle à la surface de la terre et la navigation sur ce grand cercle. On calculera préalablement l'inclinaison du grand cercle sur l'équateur et l'on estimera les longitudes par rapport au point d'intersection avec l'équateur; alors, on se trouvera entièrement dans le cas auquel s'applique l'emploi simultané des coordonnées écliptiques et équatoriales.

4. Transformation des coordonnées. — On se propose ici de résoudre le problème suivant : Étant données les coordonnées d'un astre dans un système quelconque, calculer les coordonnées qui déterminent la position de l'astre dans un autre système : on va étudier successivement les divers cas qui sont susceptibles de se présenter dans la pratique.

1° Azimut et hauteur en angle horaire et déclinaison. — Pour calculer commodément l'angle horaire et la déclinaison d'un astre quand on en connaît déjà l'azimut et la hauteur, on se servira de trois relations

$$\sin \delta = \sin \varphi \sin h + \cos \varphi \cos h \cos A,$$
$$\cos \delta \sin T = - \cos h \sin A,$$
$$\cos \delta \cos T = \sin h \cos \varphi - \cos h \sin \varphi \cos A,$$

empruntées aux systèmes (1), (2) et (3) des formules relatives au premier et au deuxième systèmes de coordonnées. On obtiendra des expressions calculables par logarithme en posant

$$\sin h = m \cos M,$$
$$\cos h \cos A = m \sin M,$$

m étant une indéterminée toujours positive et M un angle auxiliaire pouvant être positif ou négatif, mais restant toujours moindre que 90°. On en conclura pour valeur de l'auxiliaire M,

$$\operatorname{tg} M = \cos A \cot g\, h.$$

Portant les valeurs de $\sin h$ et de $\cos h \cos A$ dans les formules de tout à l'heure, on trouvera

$$\sin \delta = m (\sin \varphi \cos M + \cos \varphi \sin M) = m \sin (\varphi + M),$$
$$\cos \delta \cos T = m (\cos \varphi \cos M - \sin \varphi \sin M) = m \cos (\varphi + M);$$

d'où en divisant membre à membre,

$$\operatorname{tg} \delta = \cos T \operatorname{tg} (\varphi + M).$$

D'ailleurs la dernière de ces deux équations, combinée avec la deuxième des formules ci-dessus, donne

$$\operatorname{tg} T = - \frac{\cos h \sin A}{m \cos (\varphi + M)},$$

ou en remplaçant $\dfrac{\cos h}{m}$ par sa valeur $\dfrac{\sin M}{\cos A}$,

$$\operatorname{tg} T = -\ \frac{\sin M \operatorname{tg} A}{\cos(\varphi + M)}.$$

Finalement le problème du calcul de l'angle horaire et de la déclinaison, au moyen de la hauteur et de l'azimut, sera résolu par le système des trois formules :

$$\left\{\begin{aligned}
&\operatorname{tg} M = \cos A \operatorname{cotg} h,\\
&\operatorname{tg} T = -\ \frac{\sin M \operatorname{tg} A}{\cos(\varphi + M)},\\
&\operatorname{tg} \delta = \cos T \operatorname{tg}(\varphi + M).
\end{aligned}\right.$$

Ce calcul est particulièrement applicable dans le cas où la hauteur et l'azimut ayant été mesurés directement au moyen du théodolithe, on a besoin d'en conclure la déclinaison et l'angle horaire de l'astre observé.

2° Angle horaire et déclinaison en azimut et hauteur. — Pour effectuer cette transformation, on se servira des formules suivantes empruntées encore aux systèmes (1), (2) et (3) relatifs au premier et au deuxième systèmes de coordonnées,

$$\sin h = \sin\varphi \sin\delta + \cos\varphi \cos\delta \cos T,$$
$$\cos h \sin A = -\ \cos\delta \sin T,$$
$$\cos h \cos A = \sin\delta \cos\varphi - \cos\delta \sin\varphi \cos T.$$

On posera

$$\sin\delta = m \sin M \quad \text{et} \quad \cos\delta \cos T = m \cos M,$$

m étant, comme dans le cas précédent, une quantité positive indéterminée et M un angle auxiliaire positif ou négatif, mais moindre que 90°. On aura pour calculer l'auxiliaire M,

$$\operatorname{tg} M = \frac{\operatorname{tg} \delta}{\cos T}.$$

On conclura des formules précédentes

$$\sin h = m \cos(M - \varphi),$$
$$\cos h \cos A = m \sin(M - \varphi);$$

d'où

$$\operatorname{tg} h = \cos A \operatorname{cotg}(M - \varphi),$$

Chabirand, I.

8

et au moyen de la deuxième des trois formules ci-dessus,

$$\operatorname{tg} A = -\;\frac{\cos\delta\,\sin T}{m\,\sin(M-\varphi)},$$

et en remplaçant $\dfrac{\cos\delta}{m}$ par sa valeur $\dfrac{\cos M}{\cos T}$,

$$\operatorname{tg} A = -\;\frac{\cos M\,\operatorname{tg} T}{\sin(M-\varphi)}.$$

Le problème du calcul de l'azimut et de la hauteur sera en définitive résolu par l'emploi des trois formules :

$$\left\{\begin{aligned}
\operatorname{tg} M &= \frac{\operatorname{tg}\delta}{\cos T},\\[4pt]
\operatorname{tg} A &= \frac{\cos M\,\operatorname{tg} T}{\sin(\varphi-M)},\\[4pt]
\operatorname{tg} h &= -\cos A\,\operatorname{cotg}(\varphi-M).
\end{aligned}\right.$$

Nous donnerons de fréquentes applications de l'emploi de ces trois formules. Il arrive souvent, en effet, que l'on a besoin de conclure, pour une époque déterminée, la hauteur et l'azimut d'un astre, des coordonnées fournies par les éphémérides.

Dans le cas particulier où l'on n'a besoin que de calculer la hauteur, il peut être commode d'employer le calcul suivant :

On remplace la hauteur par la distance zénithale; $h = 90^{\circ} - z$, de sorte que

$$\cos z = \sin\varphi\,\sin\delta + \cos\varphi\,\cos\delta\,\cos T;$$

d'où

$$\cos z = \cos(\varphi-\delta) - 2\cos\varphi\,\cos\delta\,\sin^2\tfrac{1}{2}T,$$

ou

$$1 - \cos z = 1 - \cos(\varphi-\delta) + 2\cos\varphi\,\cos\delta\,\sin^2\tfrac{1}{2}T,$$

c'est-à-dire

$$\sin^2\tfrac{1}{2}z = \sin^2\tfrac{1}{2}(\varphi-\delta) + \cos\varphi\,\cos\delta\,\sin^2\tfrac{1}{2}T.$$

On pose $m^2 = \cos\varphi\,\cos\delta$ et $n^2 = \sin^2\tfrac{1}{2}(\varphi-\delta)$, m et n étant des quantités toujours positives, de sorte que $n = \sin\tfrac{1}{2}(\varphi-\delta)$ ou $n = \sin\tfrac{1}{2}(\delta-\varphi)$, suivant que $\varphi-\delta > 0$ ou $\varphi-\delta < 0$. Alors :

$$\sin^2\tfrac{1}{2}z = n^2\left(1 + \frac{m^2}{n^2}\sin^2\tfrac{1}{2}T\right),$$

soit

$$\frac{m}{n}\sin\tfrac{1}{2}T = \operatorname{tg} M,$$

on aura

$$\sin\tfrac{1}{2}z = \frac{n}{\cos M} = \frac{m}{\sin M}\sin\tfrac{1}{2}T.$$

3° **Angle horaire et déclinaison en ascension droite et déclinaison ou réciproquement**. — Cette transformation est facile parce qu'il existe une relation très-simple entre l'ascension droite et l'angle horaire d'un astre

Figurons le grand cercle de l'équateur, et soient P la projection du pôle, MM′ la trace du plan du méridien sur le plan de l'équateur. Indiquons par la flèche f le sens dans lequel sont comptés les angles horaires et f' celui des ascensions droites.

Fig. 34.

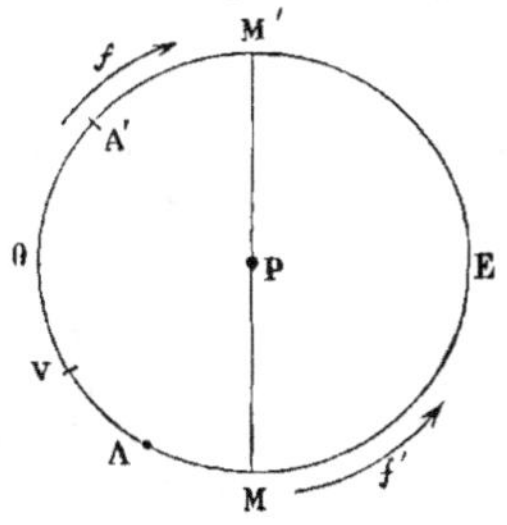

Soit A le point de rencontre du méridien d'un astre avec la circonférence de l'équateur, de sorte que

$$\text{arc MA} = \text{angle horaire de l'astre} = T.$$

Soit A le point de rencontre avec la circonférence de l'équateur du méridien du point vernal ou de l'origine des ascensions droites.

$$\text{Arc VA} = \text{ascension droite de l'astre} = \alpha.$$

D'ailleurs

$$\text{MV} = \text{angle horaire du point vernal} = \text{MA} + \text{VA} = T + \alpha.$$

L'angle du point vernal pour un lieu donné à une époque déterminée est ce qu'on appelle le *Temps Sidéral* du lieu pour cette époque : c'est un élément qui est donné par les éphémérides pour tous les jours de l'année. On définira plus tard le temps sidéral d'une manière complète. Pour le moment, il nous suffit de savoir que cet élément est fourni par les éphémérides absolument comme la déclinaison et l'ascension droite ; on le représentera par la lettre θ. Il résulte de ce qui a été dit tout à l'heure, que l'on a la relation

$$\theta = T + \alpha.$$

Il est facile de voir que cette relation est indépendante des positions relatives des points V et A. Supposons, par exemple, que l'astre se trouve en A′, on aura :

$$\text{Angle horaire de A}' = T = \text{Arc MoA}',$$
$$\text{Ascension droite de A}' = \alpha = \text{arc VMEA}' = 360^\circ - \text{VA}',$$
$$\text{Angle horaire du point vernal} = \text{temps sidéral} = \theta = \text{MV}.$$

Or
$$\text{MV} = \text{MA}' - \text{VA}',$$

et comme $\text{MA}' = T$ et $\text{VA}' = 360^\circ - \alpha$:

$$\theta = T + \alpha - 360^\circ ;$$

d'où il résulte que l'on pourra poser d'une manière générale

$$\theta = T + \alpha.$$

L'angle horaire et l'ascension droite se calculeront au moyen l'un de l'autre par les formules $T = \theta - \alpha$, ou $\alpha = \theta - T$, à la condition d'ajouter 360° à la différence toutes les fois que le résultat obtenu sera négatif, parce que les angles horaires et les ascensions droites se comptent toujours positivement de 0° à 360°.

Il sera donc toujours très-facile de passer du deuxième système de coordonnées au troisième, ou inversement au moyen de la relation $\theta = T + \alpha$.

4° Hauteur et azimut en ascension droite et déclinaison et réciproquement. — La hauteur et l'azimut sont préalablement transformés en angle horaire et déclinaison par les formules données tout à l'heure. On passe ensuite de l'angle horaire à l'ascension droite au moyen du temps sidéral, ainsi qu'on vient de l'indiquer.

Inversement, si l'on connaît l'ascension droite et la déclinaison, on calculera d'abord l'angle horaire en se servant du temps sidéral, et l'on effectuera la transformation de l'angle horaire et de la déclinaison en azimut et hauteur. Ce dernier calcul se présente souvent en navigation, nous en donnerons plusieurs exemples.

5° Coordonnées écliptiques en coordonnées équatoriales. — Cette transformation s'effectuera à l'aide des relations suivantes empruntées aux formules (1), (2), (3) relatives aux coordonnées écliptiques et équatoriales :

$$\sin \delta = \sin \lambda \cos \omega + \cos \lambda \sin \omega \sin \mathcal{L} ;$$
$$\cos \delta \cos \alpha = \cos \lambda \cos \mathcal{L} ;$$
$$\cos \delta \sin \alpha = - \sin \lambda \sin \omega + \cos \lambda \cos \omega \sin \mathcal{L} .$$

On posera

$$\sin \lambda = m \sin M, \qquad \cos \lambda \sin \mathcal{L} = m \cos M,$$

d'où

$$\operatorname{tg} M = \frac{\operatorname{tg} \lambda}{\sin \mathcal{L}},$$

m étant une indéterminée toujours positive et M un angle auxiliaire positif ou négatif, mais toujours moindre que 90°. Alors :

$$\sin \delta = m \sin (M + \omega) ;$$
$$\cos \delta \sin \alpha = m \cos (M + \omega).$$

On conclura facilement

$$\operatorname{tg} \delta = \sin \alpha \operatorname{tg} (M + \omega) \qquad \text{et} \qquad \operatorname{tg} \alpha = \frac{\cos (M + \omega) \operatorname{tg} \mathcal{L}}{\cos M}.$$

Le problème se trouvera donc résolu par l'emploi des trois formules :

$$\left\{ \begin{aligned} &\operatorname{tg} M = \frac{\operatorname{tg} \lambda}{\sin \mathcal{L}}; \\ &\operatorname{tg} \alpha = \frac{\operatorname{tg} \mathcal{L} \cos (M + \omega)}{\cos M}; \\ &\operatorname{tg} \delta = \sin \alpha \operatorname{tg} (M + \omega). \end{aligned} \right.$$

Dans ce cas particulier où $\lambda = 0$, c'est-à-dire où l'astre considéré se trouve sur l'écliptique $M = 0$ et l'on a pour calculer α et δ

$$\operatorname{tg} \alpha = \operatorname{tg} \mathcal{L} \cos \omega;$$
$$\operatorname{tg} \delta = \sin \alpha \operatorname{tg} \omega \qquad \text{ou} \qquad \sin \delta = \sin \omega \sin \mathcal{L}.$$

Ces formules sont spécialement applicables quand on veut passer des coordonnées du Soleil mesurées sur son orbite à ses coordonnées équatoriales. Dans ce cas, la latitude du Soleil n'est jamais entièrement nulle ainsi qu'on le verra plus loin; mais elle est toujours très faible; les résultats fournis par les formules précédentes doivent être alors complétés par des corrections différentielles que nous indiquerons plus loin.

Les dernières formules sont évidemment encore applicables quand on veut passer des coordonnées d'une planète quelconque estimées par rapport à son orbite propre à ses coordonnées par rapport à l'écliptique.

6° Coordonnées écliptiques en déclinaison et angle horaire ou en azimut et hauteur. — Cette transformation devra être effectuée en passant par l'intermédiaire des coordonnées équatoriales; mais, en réalité, on n'a jamais besoin de l'exécuter, du moins dans les circonstances ordinaires. Les éphémérides donnent toujours les coordonnées équatoriales, de sorte que si l'on veut avoir les coordonnées du 1ᵉʳ ou du 2ᵉ système on se servira de ces coordonnées. Mais si ayant mesuré au théodolithe la hauteur et l'azimut on voulait en conclure des coordonnées écliptiques, on passerait par l'intermédiaire des coordonnées équatoriales.

7° Coordonnées équatoriales en coordonnées écliptiques. — Ce problème est l'inverse de celui qui a été traité tout à l'heure. On prendra les trois relations :

$$\sin \lambda = \sin \delta \cos \omega - \cos \delta \sin \omega \sin \alpha;$$
$$\cos \lambda \cos \mathcal{L} = \cos \delta \cos \alpha;$$
$$\cos \lambda \sin \mathcal{L} = \sin \delta \sin \omega + \cos \delta \cos \omega \sin \alpha.$$

On posera comme précédemment :

$$\sin \delta = m \sin M, \qquad \cos \delta \sin \alpha = m \cos M,$$

d'où

$$\operatorname{tg} M = \frac{\operatorname{tg} \delta}{\sin \alpha},$$

et l'on aura

$$\sin \lambda = m \sin (M - \omega),$$
$$\cos \lambda \sin \mathcal{L} = m \cos (M - \omega),$$

d'où

$$\operatorname{tg} \lambda = \sin \mathcal{L} \operatorname{tg} (M - \omega).$$

D'ailleurs

$$\operatorname{tg} \mathcal{L} = \frac{m \cos (M - \omega)}{\cos \delta \cos \alpha} = \frac{\operatorname{tg} \alpha \cos (M - \omega)}{\cos M}.$$

Le problème sera finalement résolu par les trois formules

$$\left\{ \begin{array}{l} \operatorname{tg} M = \dfrac{\operatorname{tg} \delta}{\sin \alpha}; \\[2ex] \operatorname{tg} \mathcal{L} = \dfrac{\operatorname{tg} \alpha \cos (M - \omega)}{\cos M}; \\[2ex] \operatorname{tg} \lambda = \sin \mathcal{L} \operatorname{tg} (M - \omega). \end{array} \right.$$

Nous rattacherons à la théorie des transformations des coordonnées écliptiques en coordonnées équatoriales, la solution de deux questions qui sont susceptibles de se présenter quelquefois :

1° La détermination des coordonnées écliptiques d'un point du globe terrestre ;

2° Le tracé d'un arc de grand cercle à la surface de la terre.

5. Calcul des coordonnées écliptiques d'un point du globe terrestre. — La position d'un point de la terre est définie par deux coordonnées équatoriales qui sont la latitude et la longitude. On conçoit facilement la possibilité de rapporter les coordonnées de ce point au plan de l'écliptique: alors les latitudes seraient mesurées du grand cercle, intersection de la Terre avec le plan de l'écliptique vers le point où l'axe de l'écliptique perce la Terre ou pôle écliptique et les longitudes comptées à partir du point d'intersection des deux grands cercles.

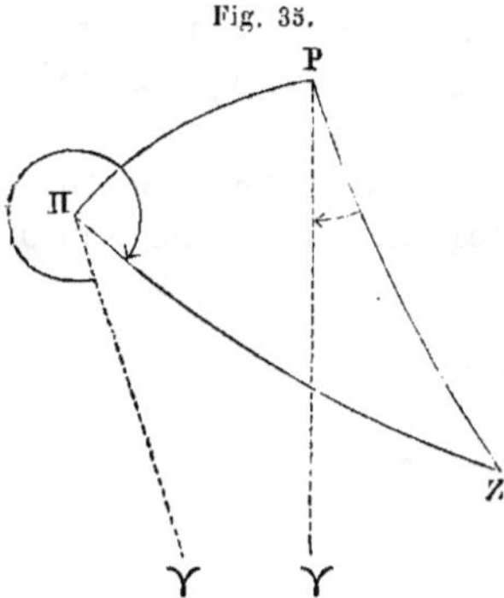

Fig. 35.

Soient P le pôle du monde, Π le pôle de l'écliptique et Z le zénith du lieu, de sorte que PZ représente le méridien du lieu par rapport à l'équateur.

On a déjà vu que les coordonnées équatoriales du pôle de l'écliptique Π sont $\alpha = 270°$ et $\delta = 90° - \omega$ et les coordonnées écliptiques du pôle du monde $\mathcal{L} = 90°$ et $\lambda = 90° - \omega$.

Si l'on adopte pour origine des longitudes le point d'intersection du grand cercle de l'écliptique avec le grand cercle de l'équateur à la surface de la terre, ces mêmes coordonnées seront également celles des deux pôles à la surface de la Terre.

Traçons par les pôles P et Π des arcs de grands cercles dans la direction du point d'intersection de l'équateur et de l'écliptique, c'est-à-dire du point choisi pour origine. Ces deux arcs de grand cercle sont respectivement perpendiculaires à l'arc PΠ, ainsi qu'on la vu précédemment, de sorte que

$$\text{Angle } \Upsilon P\Pi = 90° \quad \text{et} \quad \text{Angle } \Upsilon\Pi P = 90°.$$

D'un autre côté, en tenant compte des directions dans lesquelles il faut compter les angles horaires et les longitudes,

$$\text{Angle } ZP\Upsilon = \text{angle horaire du point vernal} = \text{temps sidéral,}$$
$$= \theta \text{ pour le lieu.}$$

Angle $\Upsilon\Pi Z =$ angle du méridien écliptique du lieu avec le méridien d'origine $\Pi\Upsilon$ ou longitude écliptique du lieu $= l$.

D'ailleurs

$$PZ = \text{complément de la latitude équatoriale} = 90° - \varphi$$

et

$$\Pi Z = \text{complément de la latitude écliptique} = 90° - k.$$

On a maintenant dans le le triangle ΠPZ :

$$\text{angle } \Pi PZ = 90° + \theta;$$
$$\text{angle } P\Pi Z = 90° - l.$$

Appliquant alors les formules ordinaires de la trigonométrie au triangle, on trouvera les trois relations :

$$\sin k = \sin \varphi \cos \omega - \cos \varphi \sin \omega \sin \theta;$$
$$\cos \varphi \cos \theta = \cos k \cos l;$$
$$\cos k \sin l = \sin \varphi \sin \omega + \cos \varphi \cos \omega \sin \theta.$$

Posant $\sin \varphi = m \sin M$ et $\cos \varphi \sin \theta = m \cos M$, et appliquant un calcul déjà souvent employé, les coordonnées écliptiques du point dont le zénith est Z seront déterminées par les trois relations :

$$\left\{ \begin{aligned} &\operatorname{tg} M = \frac{\operatorname{tg} \varphi}{\sin \theta}; \\ &\operatorname{tg} l = \frac{\operatorname{tg} \theta \cos (M - \omega)}{\cos M}; \\ &\operatorname{tg} k = \sin l \operatorname{tg} (M - \omega). \end{aligned} \right.$$

On verra plus loin qu'il y a lieu de distinguer pour un point de la Terre deux zéniths, appelés l'un astronomique et l'autre géocentrique, d'où résulteront deux latitudes différentes; les formules précédentes sont indépendantes de toute définition particulière du zénith, de sorte qu'elles sont applicables pour la latitude géocentrique aussi bien que pour la latitude astronomique.

Du tracé de l'arc de grand cercle. — Le problème que l'on se propose est le suivant : Étant donnés deux points à la surface de la Terre, tels que B et A, tracer sur la carte l'arc de grand cercle qui joint ces deux points et calculer à chaque instant l'angle de route ou l'angle sous lequel il faut couper le méridien pour naviguer constamment sur ce grand cercle.

Soient P le pôle de la Terre, EE' l'équateur. Traçons les méridiens

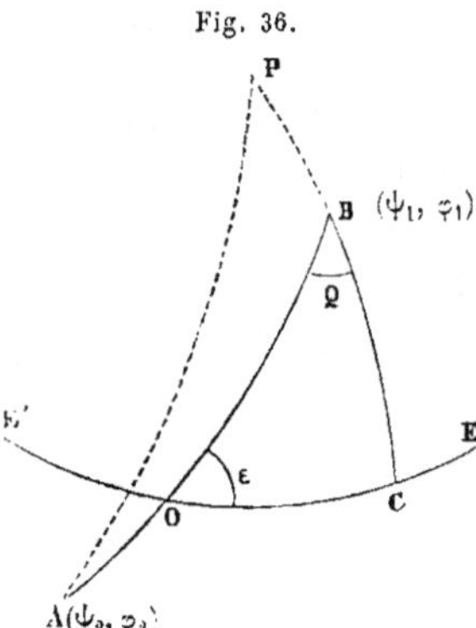

des points B et A et l'arc de grand cercle qui joint ces deux points; soit O le point de rencontre de cet arc avec l'équateur. Appelons ε l'angle formé par l'arc de grand cercle avec l'équateur.

On calculera avant toutes choses : 1° les angles en B et en A du triangle APB; 2° l'arc de l'équateur OC; 3° enfin l'inclinaison ε. Ce seront les éléments fondamentaux.

Les angles en A et en B s'obtiendront au moyen des formules de Néper avec l'angle P et les côtés PB et PA.

$$\text{Angle } P = \text{différence de longitudes} = \psi_2 - \psi_1$$
$$\text{côté } PB = 90° - \varphi_1; \qquad \text{côté } PA = 90° - \varphi_2;$$

φ_1 et φ_2 pouvant être positifs ou négatifs.

Les formules de Néper donneront

$$\operatorname{tg}\tfrac{1}{2}(A + B) = \operatorname{cotg}\tfrac{1}{2}(\psi_2 - \psi_1)\, \frac{\cos\tfrac{1}{2}(\varphi_2 - \varphi_1)}{\sin\tfrac{1}{2}(\varphi_2 + \varphi_1)};$$

$$\operatorname{tg}\tfrac{1}{2}(A - B) = \operatorname{cotg}\tfrac{1}{2}(\psi_2 - \psi_1)\, \frac{\sin\tfrac{1}{2}(\varphi_2 - \varphi_1)}{\cos\tfrac{1}{2}(\varphi_2 + \varphi_1)}.$$

Connaissant l'angle PBA, on aura l'angle $Q = 180° - PBA$;

au moyen de l'angle Q et du côté $BC = \varphi_1$ on calculera le côté CO

$$\operatorname{tg} CO = \sin\varphi_1\, \operatorname{tg} Q.$$

Enfin l'angle ε sera donné par la relation

$$\operatorname{tg}\varepsilon = \frac{\operatorname{tg}\varphi_1}{\sin CO}.$$

Cela posé, le point O devenant l'origine, les longitudes seront comptées de 0° à 360°, à partir de ce point, dans le sens ordinaire, c'est-à-dire celui du mouvement diurne.

Comme on connaît la longitude de B par rapport au premier méridien et la différence des longitudes des points O et B par la longueur de l'arc CO, la transformation des longitudes sera toujours des plus élémentaires.

Si maintenant par le pôle de BOA, on fait passer des grands cercles, ces grands cercles en rencontrant BOA détermineront des arcs qui seront des différences de longitudes estimées sur BOA. Le grand cercle BOA devient alors par rapport à l'équateur l'analogue de l'écliptique.

Appelons l la longitude comptée sur BOA et ψ la longitude comptée sur l'équateur, φ étant la latitude, pour un point quelconque de l'arc BOA. On aura

$$\operatorname{tg}\psi = \operatorname{tg}l\cos\varepsilon \quad \text{et} \quad \operatorname{tg}\varphi = \sin\psi \operatorname{tg}\varepsilon.$$

Il est évident que la deuxième relation donnant la latitude correspondante à une longitude quelconque permettra de tracer par points l'arc de grand cercle sur la carte ; quant à la première, elle pourra servir à mesurer toutes les fois que cela sera nécessaire la distance l de la position du navire au point O.

Enfin l'angle sous lequel il faut couper le méridien pour suivre l'arc de grand cercle sera donné par la relation

$$\operatorname{tg}Q = \frac{\operatorname{tg}\psi}{\sin\varphi}.$$

Il est clair que si l'on parvient à maintenir constamment le navire sur l'arc de grand cercle, l'angle ε conservera une valeur constante pendant toute la traversée ; le point O origine des longitudes restera également invariable. Mais si par une cause accidentelle le navire venait à être dérangé de sa route d'une manière notable, il faudrait calculer de nouveau les éléments de l'arc de grand cercle.

Les éléments ψ et φ sont donnés tous les jours par les observations astronomiques : ψ se calcule, il est vrai, par rapport au premier méridien ; mais comme la longitude du point O par rapport à ce méridien est connue, il est toujours facile de conclure la longitude l par rapport au point O.

5. Calcul de l'angle horaire, de l'azimut et de l'angle de position. — Les divers calculs de transformation de coordon-

nées exposés jusqu'à présent se sont traduits en somme par la détermination de deux éléments d'un triangle dans lequel trois autres
éléments étaient déjà connus : ces calculs ont par suite été une résolution partielle de ce triangle. Comme presque tous les problèmes de
l'astronomie sphérique ont pour objet la résolution, soit du triangle
formé par le pôle, le zénith et l'astre considéré, soit de celui qui est
déterminé par ce même astre et les pôles de l'équateur et de l'écliptique, les calculs de transformation de coordonnées se trouvent donner par le fait la solution de la plupart des problèmes qui peuvent se
présenter.

On a pu remarquer toutefois que ces calculs ont eu généralement
pour objet de déterminer à la fois un angle et un côté adjacent. En
navigation, il est souvent nécessaire de calculer au moins un des
trois angles du triangle formé par le pôle, le zénith et l'astre au moyen
des trois côtés; Ces trois côtés ne sont jamais, il est vrai, connus d'une
manière exacte; mais ils le sont suffisamment pour donner une valeur
approchée de l'angle cherché, valeur que l'on peut ensuite rectifier par
des approximations successives.

Chacun des angles T, A, C du triangle de position se calcule de la
même manière, au moyen de l'une des trois formules fondamentales (1) applicables aux deux premiers systèmes de coordonnées.

Soit proposé de calculer l'angle horaire T : on prendra la formule

$$\sin h = \sin \delta \sin \varphi + \cos \delta \cos \varphi \cos T.$$

Cette formule sera rendue calculable par logarithmes quand h aura été
remplacé par $90° - z$, z étant la distance zénithale, en remarquant
que

$$1 - \cos T = 2 \sin^2 \tfrac{1}{2} T, \quad \text{ou} \quad 1 + \cos T = 2 \cos^2 \tfrac{1}{2} T.$$

Alors :

$$\cos z = \sin \delta \sin \varphi + \cos \delta \cos \varphi - 2 \cos \delta \cos \varphi \sin^2 \tfrac{1}{2} T,$$

ou

$$\cos z = \cos(\delta - \varphi) - 2 \cos \delta \cos \varphi \sin^2 \tfrac{1}{2} T;$$

d'où

$$\sin^2 \tfrac{1}{2} T = \frac{\cos(\delta - \varphi) - \cos z}{2 \cos \delta \cos \varphi} = \frac{\sin \tfrac{1}{2}(\delta + z - \varphi) \sin \tfrac{1}{2}(z + \varphi - \delta)}{\cos \delta \cos \varphi}.$$

De même

$$\cos z = - \cos(\delta + \varphi) + 2 \cos \delta \cos \varphi \cos^2 \tfrac{1}{2} T;$$

d'où

$$\cos^2 \tfrac{1}{2} T = \frac{\cos(\delta + \varphi) + \cos z}{2 \cos \delta \cos \varphi} = \frac{\cos \tfrac{1}{2}(\delta + \varphi + z) \cos \tfrac{1}{2}(\delta + \varphi - z)}{\cos \delta \cos \varphi}.$$

On posera

$$\delta + \varphi + z = 2s;$$

d'où

$$\delta + \varphi - z = 2(s-z), \quad \delta + z - \varphi = 2(s-\varphi), \quad z + \varphi - \delta = 2(s-\delta),$$

et finalement

$$\sin^2 \tfrac{1}{2}T = \frac{\sin(s-\varphi)\sin(s-\delta)}{\cos\varphi\cos\delta}, \quad \cos^2\tfrac{1}{2}T = \frac{\cos s \cos(s-z)}{\cos\varphi\cos\delta},$$

$$\operatorname{tg}^2\tfrac{1}{2}T = \frac{\sin(s-\varphi)\sin(s-\delta)}{\cos s \cos(s-z)},$$

$$\sin^2 T = 4\sin^2\tfrac{1}{2}T\cos^2\tfrac{1}{2}T = 4\,\frac{\sin(s-\varphi)\sin(s-\delta)\cos(s-z)\cos s}{\cos^2\varphi\cos^2\delta}.$$

Soient

$$\sin(s-\varphi)\sin(s-\delta)\cos(s-z)\cos s = m^2 \quad \text{et} \quad \cos^2 h \cos^2\varphi\cos^2\delta = n^2,$$

$$\sin^2 T = 4\,\frac{m^2}{n^2}\cos^2 h, \quad \sin T = \pm 2\,\frac{m}{n}\cos h.$$

L'une quelconque de ces formules, facile à calculer par logarithmes, donnera la valeur de l'angle horaire T.

Les formules sont affectées du double signe, parce que l'angle horaire T variant de 0° à 360°, ses lignes trigonométriques peuvent être positives ou négatives.

L'azimut A se calculera absolument de la même manière au moyen de la deuxième des formules (1), dans laquelle h sera remplacé par $(90° - z)$,

$$\sin\delta = \sin\varphi\cos z + \cos\varphi\sin z\cos A,$$

$$\sin^2\tfrac{1}{2}A = \frac{\sin(\varphi+z)-\sin\delta}{2\cos\varphi\sin z} = \frac{\sin\tfrac{1}{2}(\varphi+z-\delta)\cos\tfrac{1}{2}(\varphi+z+\delta)}{\cos\varphi\sin z}$$

$$= \frac{\sin(s-\delta)\cos s}{\cos\varphi\sin z},$$

$$\cos^2\tfrac{1}{2}A = \frac{\sin\delta-\sin(\varphi-z)}{2\cos\varphi\sin z} = \frac{\cos\tfrac{1}{2}(\delta+\varphi-z)\sin\tfrac{1}{2}(\delta+z-\varphi)}{\cos\varphi\sin z}$$

$$= \frac{\cos(s-z)\sin(s-\varphi)}{\cos\varphi\sin z},$$

$$\operatorname{tg}^2\tfrac{1}{2}A = \frac{\sin(s-\delta)\cos s}{\sin(s-z)\sin(s-\varphi)},$$

$$\sin^2 A = 4\sin^2\tfrac{1}{2}A\cos^2\tfrac{1}{2}A = 4\,\frac{m^2}{n^2}\cos^2\delta, \quad \sin A = \pm 2\,\frac{m}{n}\cos\delta$$

L'azimut se trouvera ainsi calculé: les formules sont encore affectées du double signe, parce que l'angle A varie de 0° à 360°.

L'angle C s'obtiendrait de la même manière au moyen de la formule

$$\sin \varphi = \sin \delta \cos z + \cos \delta \sin z \cos C,$$

on trouvera

$$\sin^2 \tfrac{1}{2}C = \frac{\sin (s - \varphi)\cos s}{\cos \delta \sin z}, \qquad \cos^2 \tfrac{1}{2}C = \frac{\sin (s - \delta)\cos (s - z)}{\cos \delta \sin z}.$$

$$\operatorname{tg}^2 \tfrac{1}{2}C = \frac{\sin (s - \varphi)\cos s}{\sin (s - \delta)\cos (s - z)},$$

$$\sin^2 C = 4 \sin^2 \tfrac{1}{2}C \cos^2 \tfrac{1}{2}C = 4\,\frac{m^2}{n^2}\cos^2\varphi, \qquad \sin C = \pm\, 2\,\frac{m}{n}\cos\varphi.$$

En combinant les divers résultats qui viennent d'être obtenus, on trouve des relations assez curieuses qui peuvent trouver leur application dans certains calculs.

Ainsi, par exemple :

$$\sin^2 T \sin^2 A \sin^2 C = 64\,\frac{m^6}{n^6}\cos^2 h \cos^2 \delta \cos^2 \varphi = 64\,\frac{m^8}{n^4},$$

ou

$$\sin T \sin A \sin C = \pm\, 8\,\frac{m^3}{n^2} = N,$$

$$\sin^2 \tfrac{1}{2}T \sin^2 \tfrac{1}{2}A \sin^2 \tfrac{1}{2}C = \frac{m^4}{n^2 \cos^2 (s - z)};$$

$$\cos^2 \tfrac{1}{2}T \cos^2 \tfrac{1}{2}A \cos^2 \tfrac{1}{2}C = \frac{m^2 \cos^2 (s - z)}{n^2}.$$

$$\operatorname{tg}^2 \tfrac{1}{2}T \operatorname{tg}^2 \tfrac{1}{2}A \operatorname{tg}^2 \tfrac{1}{2}C = \frac{m^2}{\cos^4 (s - z)}.$$

Enfin

$$\frac{\operatorname{tg}^2 \tfrac{1}{2}T}{\operatorname{tg}^2 \tfrac{1}{2}C} = \frac{\sin^2 (s - \delta)}{\cos^2 s}; \qquad \frac{\operatorname{tg}^2 \tfrac{1}{2}C}{\operatorname{cotg}^2 \tfrac{1}{2}A} = \frac{\cos^2 s}{\cos^2 (s - z)};$$

d'où

$$\frac{\operatorname{tg}^2 \tfrac{1}{2}T}{\sin^2 (s - \delta)} = \frac{\operatorname{tg}^2 \tfrac{1}{2}C}{\cos^2 s} = \frac{\operatorname{cotg}^2 \tfrac{1}{2}A}{\cos^2 (s - z)}.$$

Cette dernière relation permettra d'obtenir facilement les angles A ou C quand T aura été calculé, puisque les logarithmes de $\sin (s - \delta)$, $\cos (s - z)$ et $\cos s$ seront déjà donnés par le calcul T.

6. Formules différentielles. — La résolution de tout triangle sphérique a pour but le calcul de trois éléments de ce triangle, étant donnés les trois autres éléments; la plupart des calculs d'astronomie sphérique ayant en somme pour objet la recherche d'un certain nombre de coordonnées qui sont autant d'éléments d'un triangle déterminé, on peut dire que ces calculs reviennent à la résolution d'un triangle sphérique.

Analytiquement le calcul de trois inconnues suppose toujours l'existence de trois équations distinctes entre ces inconnues elles-mêmes où entre ces inconnues et les données du problème; dans aucun cas, il ne pourrait en être autrement. Pour déterminer les quantités inconnues, il faut résoudre les trois équations. Le calcul de la résolution du triangle sphérique rentre entièrement dans cette loi générale. Il existe, il est vrai, entre les six éléments d'un triangle un très grand nombre de relations; mais ces relations ne sont pas distinctes les uns des autres; elles ne sont, par le fait, que des transformations plus ou moins variées de trois relations fondamentales. On peut établir entreles six éléments d'un triangle sphérique trois relations distinctes et l'on ne peut en établir d'avantage. Trois quelconque des nombreuses formules qui ont été données suffiront pour résoudre le triangle à la condition expresse qu'elles soient distinctes les unes des autres. Il devient alors évident que la résolution trigonométrique d'un triangle sphérique revient en dernière analyse à la résolution algébrique d'un système de trois équations à trois inconnues.

Dans ce nouvel ordre d'idées, les quantités inconnues pouvant être regardées comme des fonctions implicites ou explicites des quantités données qui seront assimilées alors à autant de variables indépendantes, on pourra calculer d'après les règles du calcul différentiel la variation ou différence de la quantité inconnue ou de la fonction considérée, qui correspond à des variations ou différences déterminées des variables.

Par exemple, dans la formule $\sin h = \sin \delta \sin \varphi + \cos \delta \cos \varphi \cos T$, h peut être regardée comme une fonction de δ, φ et T et Δh calculé au moyen de $\Delta \varphi$, $\Delta \delta$ et ΔT d'après les règles ordinaires du calcul différentiel.

Le calcul d'une différence d'un élément quelconque en fonction des différences des trois autres permet de résoudre les deux questions suivantes qui ont une grande importance dans la pratique de la navigation :

1° Mesurer très exactement le degré de précision des formules employées, eu égard à l'approximation des données fournies par les observations où les éléments des éphémérides;

2° Corriger des éléments déjà calculés, quand on vient à connaître par un moyen quelconque les corrections que l'on doit faire subir aux données déjà employées dans le premier calcul qui a servi à déterminer ces éléments.

Il arrive à chaque instant en astronomie et surtout en navigation qu'une inconnue est calculée avec des éléments inexacts ou plutôt approchés d'une manière insuffisante; plus tard, de nouvelles observations permettent d'avoir des valeurs plus approchées de ces éléments. Si alors on connaît la variation de l'inconnue qui correspond à une variation de l'élément donné, on pourra s'en servir pour corriger le résultat obtenu : on évitera ainsi de recommencer un nouveau calcul. Du reste, la pratique mettra en évidence l'importance de ce sujet dans un grand nombre de cas particuliers.

Nous allons indiquer sur un exemple la marche à suivre pour calculer la différence d'un élément quelconque en fonction des différences des trois autres; nous ferons ensuite connaître quelques résultats qui trouveront leur application dans les calculs de navigation.

Soient donnés les trois éléments h, δ et φ, les trois inconnues étant T, A, C : il s'agit de calculer soit ΔT, soit ΔA, soit ΔC en fonction de Δh, $\Delta \delta$ et $\Delta \varphi$. Chacun des éléments T, A, C sera regardé comme une fonction de h, δ, φ, par exemple : $T = f(h, \delta, \varphi)$, de sorte que d'après le développement de Taylor,

$$\Delta T = \frac{df}{dh} \Delta h + \frac{df}{d\delta} \Delta \delta + \frac{df}{d\varphi} \Delta \varphi + \frac{d^2 f}{dh^2} \frac{\Delta h^2}{2} + \frac{d^2 f}{d\delta^2} \frac{\Delta \delta^2}{2} + \frac{d^2 f}{d\varphi^2} \frac{\Delta \varphi^2}{2}$$
$$+ \frac{d^2 f}{dh\, d\delta} \Delta h \Delta \delta + \frac{d^2 f}{d\delta\, d\varphi} \Delta \delta \Delta \varphi + \frac{d^2 f}{d\varphi\, dh} \Delta \varphi \Delta h + \ldots$$

Il faut calculer les diverses différentielles successivement en se servant des formules relatives au 1ᵉʳ et au 2ᵉ système de coordonnées; on peut choisir indifféremment les formules à employer; quelle que soit la formule choisie, le résultat final doit toujours être le même en dernière analyse. Il y a naturellement avantage à choisir les formules qui donnent lieu à la plus grande simplicité dans le calcul; or comme ce calcul est toujours long, cette considération est d'une certaine importance.

Dans le cas dont il s'agit, il faudra procéder de la manière suivante : on prendra la formule fondamentale

$$\sin h = \sin \delta \sin \varphi + \cos \delta \cos \varphi \cos T.$$

Conformément à la règle établie dans l'analyse différentielle, on regardera successivement δ et φ, φ et h, h et δ comme constants et l'on différentiera par rapport à h et T, δ et T, φ et T.

1° δ et φ constants :

$$\cos h\, dh = - \cos \delta \cos \varphi \sin T\, dT,$$

d'où

$$\frac{dT}{dh} = - \frac{\cos h}{\cos \delta \cos \varphi \sin T},$$

et comme, d'après les formules (2), $-\cos\delta\sin T = \cos h\sin A$

$$\frac{dT}{dh} = \frac{1}{\cos\varphi\sin A}.$$

2° φ et h constants :

$$o = (\cos\delta\sin\varphi - \sin\delta\cos\varphi\cos T)d\delta - \cos\delta\cos\varphi\sin T dT,$$

ou, d'après la quatrième des formules (3),

$$o = \cos h\cos C d\delta - \cos\delta\cos\varphi\sin T dT,$$

d'où

$$\frac{dT}{d\delta} = \frac{\cos h\cos C}{\cos\delta\cos\varphi\sin T} = -\frac{\cos h\cos C}{\cos\delta\cos h\sin C} = -\frac{\cotg C}{\cos\delta}.$$

3° h et δ constants :

$$o = (\sin\delta\cos\varphi - \cos\delta\sin\varphi\cos T)d\varphi - \cos\delta\cos\varphi\sin T dT,$$

ou, d'après la première des formules (3),

$$o = \cos h\cos A d\varphi - \cos\delta\cos\varphi\sin T dT.$$

d'où

$$\frac{dT}{d\varphi} = \frac{\cos h\cos A}{\cos\delta\cos\varphi\sin T} = -\frac{\cos h\cos A}{\cos\varphi\cos h\sin A} = -\frac{\cotg A}{\cos\varphi}.$$

On connaît maintenant les coefficients des différences premières Δh, $\Delta\varphi$, $\Delta\delta$ et l'on peut avoir la différence ΔT de la fonction de ces différences premières. Pour obtenir les différences secondes, il faudra différentier les équations différentielles du premier ordre que l'on vient d'obtenir. Mais comme ces équations renferment A et C qui sont des fonctions de h, φ et δ, il faudra préalablement calculer $\frac{dA}{dh}$, $\frac{dA}{d\delta}$, $\frac{dA}{d\varphi}$ et $\frac{dC}{dh}$, $\frac{dC}{d\delta}$, $\frac{dC}{d\varphi}$. Ce sera un calcul identique à celui qui vient d'être fait ; on se servira successivement de la deuxième, puis de la troisième des relations fondamentales (1) ; on regardera A comme une fonction de h, δ et φ ; on différentiera successivement par rapport à chacune de ses variables l'équation

$$\sin\delta = \sin\varphi\sin h + \cos\varphi\cos h\cos A,$$

et l'on aura, en procédant comme tout à l'heure,

$$\frac{dA}{dh} = \frac{\cotg C}{\cos h}, \qquad \frac{dA}{d\varphi} = -\frac{\cotg T}{\cos\varphi}, \qquad \frac{dA}{d\delta} = -\frac{1}{\cos h\sin C}.$$

On procédera de même pour C; finalement on formera le tableau suivant :

$$
\left\{
\begin{aligned}
\frac{dT}{dh} &= + \frac{1}{\cos \varphi \sin A}; \\
\frac{dA}{dh} &= + \frac{\cotg C}{\cos h}; \\
\frac{dC}{dh} &= + \frac{\cotg A}{\cos h};
\end{aligned}
\right.
\left\{
\begin{aligned}
\frac{dT}{d\delta} &= - \frac{\cotg C}{\cos \delta}; \\
\frac{dA}{d\delta} &= - \frac{1}{\cos h \sin C}; \\
\frac{dC}{d\delta} &= - \frac{\cotg T}{\cos \delta};
\end{aligned}
\right.
\left\{
\begin{aligned}
\frac{dT}{d\varphi} &= - \frac{\cotg A}{\cos \varphi}; \\
\frac{dA}{d\varphi} &= - \frac{\cotg T}{\cos \varphi}; \\
\frac{dC}{d\varphi} &= + \frac{1}{\cos \delta \sin T}.
\end{aligned}
\right.
$$

On procédera ensuite au calcul des différentielles du second ordre de la manière suivante. Pour obtenir $\dfrac{d^2T}{dh^2}$, on différentiera par rapport à h l'équation différentielle

$$
\frac{dT}{dh} \cos \varphi \sin A = 1,
$$

et l'on aura

$$
\frac{d^2T}{dh^2} \cos \varphi \sin A + \frac{dT}{dh} \frac{dA}{dh} \cos \varphi \cos A = 0,
$$

d'où, en remplaçant $\dfrac{dT}{dh}$, $\dfrac{dA}{dh}$ par leurs valeurs respectives tirées du tableau précédent

$$
\frac{d^2T}{dh^2} \cos \varphi \sin A + \frac{\cos \varphi \cos A}{\cos \varphi \sin A} \frac{\cotg C}{\cos h} = 0,
$$

d'où

$$
\frac{d^2T}{d^2h} = - \frac{\cotg A \cotg C}{\cos \varphi \cos h \sin A} = + \frac{\cotg A \cotg C}{\cos \varphi \cos \delta \sin T},
$$

$\dfrac{d^2T}{d\delta^2}$ se calculera en différentiant par rapport à δ l'équation

$$
\frac{dT}{d\delta} \cos \delta + \cotg C = 0.
$$

on aura

$$
\frac{d^2T}{d\delta^2} \cos \delta - \frac{dT}{d\delta} \sin \delta - \frac{1}{\sin^2 C} \frac{dC}{d\delta} = 0.
$$

Remplaçant $\dfrac{dT}{d\delta}$ et $\dfrac{dC}{d\delta}$ par leurs valeurs :

$$
\frac{d^2T}{d\delta^2} \cos \delta = - \frac{\cotg C}{\cos \delta} \sin \delta - \frac{\cotg T}{\cos \delta \sin^2 C},
$$

d'où

$$\frac{d^2T}{d\delta^2} = -\frac{1}{\cos^2\delta\,\sin^2 C}\left(\operatorname{cotg} T + \tfrac{1}{2}\sin\delta\sin 2C\right).$$

La valeur de $\dfrac{d^2T}{d\delta^2}$ peut être mise sous une autre forme que nous préférons adopter. On a :

$$\frac{d^2T}{d\delta^2}\cos\delta = -\frac{1}{\cos\delta\,\sin T\,\sin^2 C}\left(\sin C\cos C\sin T\sin\delta + \cos T\right).$$

On substitue à $\cos T$ sa valeur tirée de la première des formules (7) et l'on a en mettant $\sin C$ en facteur

$$\frac{d^2T}{d\delta^2}\cos\delta = -\frac{1}{\cos\delta\,\sin T\,\sin^2 C}\left[\sin C(\sin A\sin h + \sin\delta\cos T\cos C) - \cos A\cos C\right].$$

Simplifiant le second membre par la cinquième des formules (5)

$$\frac{d^2T}{d\delta^2}\cos\delta = -\frac{1}{\cos\delta\,\sin T\,\sin^2 C}\left(\cos T\sin^2 C - \cos A\cos C\right),$$

d'où finalement

$$\frac{d^2T}{d\delta^2} = \frac{\operatorname{cotg} A\,\operatorname{cotg} C}{\cos\delta\,\cos\varphi\,\sin T} - \frac{\operatorname{cotg} T}{\cos^2\delta}.$$

$\dfrac{d^2T}{d\varphi^2}$ résultera d'un calcul identique au précédent basé sur la différentiation par rapport à φ de l'équation $\dfrac{dT}{d\varphi}\cos\varphi + \operatorname{cotg} A = 0$.

On trouvera, tout calcul fait

$$\frac{d^2T}{d\varphi^2} = -\frac{1}{\cos^2\varphi\,\sin^2 A}\left(\operatorname{cotg} T + \tfrac{1}{2}\sin\varphi\sin 2A\right) = +\frac{\operatorname{cotg} A\,\operatorname{cotg} C}{\cos\delta\,\cos\varphi\,\sin T} - \frac{\operatorname{cotg} T}{\cos^2\varphi}.$$

$\dfrac{d^2T}{dh\,d\delta}$ s'obtiendra en différentiant, par rapport à δ, la relation

$$\frac{dT}{dh} = \frac{1}{\cos\varphi\,\sin A}\quad\text{ou, par rapport à } h,\quad \frac{dT}{d\delta} = -\frac{\operatorname{cotg} C}{\cos\delta}.$$

Chabirand, I.   9

En se servant de la première, on trouvera

$$\frac{d^2 T}{dh\, d\delta}\cos\varphi\sin A + \frac{dT}{dh}\frac{dA}{d\delta}\cos\varphi\cos A = 0,$$

et en remplaçant $\dfrac{dT}{dh}$ et $\dfrac{dA}{d\delta}$ par leurs valeurs

$$\frac{d^2 T}{dh\, d\delta} = \frac{\operatorname{cotg} A}{\cos\varphi\cos h\sin A\sin C} = \frac{\operatorname{cotg} A}{\cos h\cos\delta\sin^2 C} = -\frac{\cos A}{\cos\varphi\cos\delta\sin T\sin A\sin C}.$$

On trouvera de même

$$\frac{d^2 T}{d\delta\, d\varphi} = \frac{1}{\sin T\sin^2 A\cos^2\varphi} = \frac{1}{\cos\delta\cos\varphi\sin T\sin A\sin C};$$

$$\frac{d^2 T}{d\varphi\, dh} = \frac{\operatorname{cotg} C}{\cos h\cos\varphi\sin^2 A} = -\frac{\cos C}{\cos\delta\cos\varphi\sin T\sin A\sin C}.$$

Il suffira maintenant de faire la récapitulation des résultats calculés pour obtenir le développement cherché de ΔT; on trouvera ainsi :

$$\begin{aligned}
\Delta T =\ & \frac{\Delta h}{\cos\varphi\sin A} - \frac{\operatorname{cotg} C}{\cos\delta}\Delta\delta - \frac{\operatorname{cotg} A}{\cos\varphi}\Delta\varphi + \frac{\operatorname{cotg} A\operatorname{cotg} C}{\cos\varphi\cos\delta\sin T}\frac{\Delta h^2}{2} + \\
& + \left(\frac{\operatorname{cotg} A\operatorname{cotg} C}{\cos\varphi\cos\delta\sin T} - \frac{\operatorname{cotg} T}{\cos^2\delta}\right)\frac{\Delta\delta^2}{2} + \left(\frac{\operatorname{cotg} A\operatorname{cotg} C}{\cos\varphi\cos\delta\sin T} - \frac{\operatorname{cotg} T}{\cos^2\varphi}\right)\frac{\Delta\varphi^2}{2} - \\
& - \frac{\Delta h\Delta\delta\cdot\cos A}{\cos\varphi\cos\delta\sin A\sin C\sin T} + \frac{\Delta\delta\Delta\varphi}{\cos\varphi\cos\delta\sin A\sin C\sin T} - \\
& - \frac{\Delta\varphi\Delta h\cdot\cos C}{\cos\varphi\cos\delta\sin A\sin C\sin T} + \dots
\end{aligned}$$

On trouvera de la même manière pour le développement de ΔA :

$$\begin{aligned}
\Delta A =\ & -\frac{\Delta\delta}{\cos h\sin C} - \frac{\operatorname{cotg} T}{\cos\varphi}\Delta\varphi + \frac{\operatorname{cotg} C}{\cos h}\Delta h - \frac{\operatorname{cotg} C\operatorname{cotg} T}{\cos h\cos\varphi\sin A}\frac{\Delta\delta^2}{2} - \\
& - \left(\frac{\operatorname{cotg} C\operatorname{cotg} T}{\cos h\cos\varphi\sin A} + \frac{\operatorname{cotg} A}{\cos^2\varphi}\right)\frac{\Delta\varphi^2}{2} - \\
& - \left(\frac{\operatorname{cotg} C\operatorname{cotg} T}{\cos h\cos\varphi\sin A} + \frac{\operatorname{cotg} A}{\cos^2 h}\right)\frac{\Delta h^2}{2} + \frac{\Delta\delta\Delta\varphi\cos C}{\cos h\cos\varphi\sin A\sin C\sin T} - \\
& - \frac{\Delta\varphi\Delta h}{\cos h\cos\varphi\sin A\sin C\sin T} + \frac{\Delta h\Delta\delta\cos T}{\cos h\cos\varphi\sin A\sin C\sin T} + \dots
\end{aligned}$$

Enfin on aura pour le développement de ΔC :

$$\Delta C = \frac{\Delta\varphi}{\cos\delta\sin T} + \frac{\cot g\,A}{\cos h}\,\Delta h - \frac{\cot g\,T}{\cos\delta}\,\Delta\delta - \frac{\cot g\,A\,\cot g\,T}{\cos\delta\cos h\sin C}\,\frac{\Delta\varphi^2}{2} -$$

$$- \left(\frac{\cot g\,A\,\cot g\,T}{\cos\delta\cos h\sin C} + \frac{\cot g\,C}{\cos^2 h}\right)\frac{\Delta h^2}{2} - \left(\frac{\cot g\,A\,\cot g\,T}{\cos\delta\cos h\sin C} + \frac{\cot g\,C}{\cos^2\delta}\right)\frac{\Delta\delta^2}{2} +$$

$$+ \frac{\Delta\varphi\Delta h\,\cos T}{\cos\delta\cos h\sin A\sin C\sin T} - \frac{\Delta h\Delta\delta}{\cos\delta\cos h\sin A\sin C\sin T} +$$

$$+ \frac{\Delta\delta\Delta\varphi\,\cos A}{\cos\delta\cos h\sin A\sin C\sin T} + \dots$$

Il y a lieu de remarquer que ces trois développements présentent entre eux une remarquable analogie : ils ont d'ailleurs des coefficients communs ; on simplifiera les écritures et même les calculs en posant

$$\frac{\cos T\cos A\cos C}{\cos h\cos\delta\cos\varphi\sin T\sin A\sin C} = U,$$

nous rappellerons, à ce sujet, que nous avons déjà donné des expressions des produits $\cos h\cos\delta\cos\varphi$ et $\sin T\sin A\sin C$.

On posera ensuite

$$p = U\,\frac{\cos h}{\cos T}, \qquad q = U\,\frac{\cos\delta}{\cos A}, \qquad r = U\,\frac{\cos\varphi}{\cos C}.$$

Les trois développements deviennent alors, en modifiant légèrement la forme des termes du premier ordre :

$$\Delta T = \frac{\Delta h}{\cos\varphi\sin A} - \frac{\cos C}{\cos\varphi\sin A}\,\Delta\delta - \frac{\cos A}{\cos\varphi\sin A}\,\Delta\varphi + p\,\frac{\Delta h^2}{2} +$$

$$+ \left(p - \frac{\cot g\,T}{\cos^2\delta}\right)\frac{\Delta\delta^2}{2} + \left(p + \frac{\cot g\,T}{\cos^2\varphi}\right)\frac{\Delta\varphi^2}{2} - \frac{p}{\cos C}\,\Delta h\Delta\delta +$$

$$+ \frac{p}{\cos A\cos C}\,\Delta\delta\Delta\varphi - \frac{p}{\cos A}\,\Delta\varphi\Delta\delta + \dots$$

$$\Delta A = - \frac{\Delta\delta}{\cos h\sin C} + \frac{\cos T}{\cos h\sin C}\,\Delta\varphi + \frac{\cos C}{\cos h\sin C}\,\Delta h - q\,\frac{\Delta\delta^2}{2} -$$

$$- \left(q + \frac{\cot g\,A}{\cos^2\varphi}\right)\frac{\Delta\varphi^2}{2} - \left(q + \frac{\cot g\,A}{\cos^2 h}\right)\frac{\Delta h^2}{2} +$$

$$+ \frac{q}{\cos T}\,\Delta\delta\Delta\varphi - \frac{q}{\cos C\cos T}\,\Delta\varphi\Delta h + \frac{q}{\cos C}\,\Delta h\Delta\delta + \dots$$

$$\Delta C = \frac{\Delta\varphi}{\cos\delta\,\sin T} - \frac{\cos A}{\cos\delta\,\sin T}\,\Delta h - \frac{\cos T}{\cos\delta\,\sin T}\,\Delta\delta - r\,\frac{\Delta\varphi^2}{2} -$$

$$- \left(r + \frac{\cotg C}{\cos^2 h}\right)\frac{\Delta h^2}{2} - \left(r + \frac{\cotg C}{\cos^2 \delta}\right)\frac{\Delta\delta^2}{2} +$$

$$+ \frac{r}{\cos A}\,\Delta\varphi\Delta h - \frac{r}{\cos A\,\cos T}\,\Delta h\Delta\delta + \frac{r}{\cos T}\,\Delta\delta\Delta\varphi + \ldots$$

Ces divers developpements constituent ce que l'on appelle en analyse des *séries* ou suites indéterminées dans lesquelles les termes d'un rang donné sont toujours d'un ordre inférieur par rapport à ceux qui les précèdent. Les séries ne peuvent recevoir d'applications pratiques dans les calculs qu'autant qu'elles sont *convergentes :* cette condition est réalisée toutes les fois qu'il est possible de trouver dans la série un terme à partir duquel tous les autres d'un ordre inférieur, quel que soit leur nombre, forment toujours une somme moindre qu'une quantité donnée; une série est plus ou moins convergente, suivant que le rapport qui existe entre la somme des termes d'un ordre quelconque et celle des termes de l'ordre immédiatement inférieur est plus ou moins petit. Pour qu'une série soit d'un usage pratique, il faut qu'elle soit très convergente; cette circonstance se présente toutes les fois que sans erreur appréciable, eu égard à l'approximation requise dans le résultat final, il est permis de ne tenir compte que des premiers termes.

Dans les développements du genre de ceux qui viennent d'être donnés, il est généralement facile de mettre en évidence un facteur dont la grandeur détermine le degré de convergence de la série; on remarquera, par exemple, que le développement de ΔT sera donné par une suite d'autant plus convergente que $\cos\varphi\,\sin A$ sera plus voisin de l'unité. Le degré de convergence de ΔA dépendra de même de $\cos h\,\sin C$ et celui de ΔC du facteur $\cos h\,\sin T$. C'est dans le but de mettre en évidence ce facteur que nous avons un peu modifié la forme sous laquelle nous avions présenté tout d'abord les coefficients des différences premières. Nous désignerons sous le nom d'*argument caractéristique de la convergence* le facteur qui détermine ainsi le degré de convergence du développement.

Le calcul exécuté pour obtenir le développement de ΔT est suffisant pour montrer comment il faut s'y prendre pour chercher l'expression de ΔT, ΔA, ΔC, Δh, $\Delta\delta$ ou $\Delta\varphi$ en fonction des différences de trois éléments quelconques du triangle. La recherche des termes du premier ordre est toujours fort simple, mais il n'en est pas toujours de même pour les termes du second ordre; comme alors il y a lieu de se préoccuper de trouver pour les coefficients des expressions aussi simples que possible, il faut chercher, au moyen des divers systèmes de formules, les combinaisons les plus avantageuses. L'exemple du calcul de ΔT a pu le démontrer d'une manière suffisante.

Comme il y a 20 combinaisons possibles entre 6 quantités 3 à 3, il existe 20 équations différentes entre 4 éléments du triangle, l'un étant considéré comme une inconnue à calculer; il y a, par suite, 20 développements possibles, analogues à ceux que nous avons présentés tout à l'heure. Nous ferons connaître seulement ceux de ces développements dont nous aurons l'occasion de nous servir par la suite.

1° $A = f(h, \delta, T)$.

$$\Delta A = -\operatorname{tg}\delta \operatorname{tg} A \Delta\delta + \operatorname{tg} h \operatorname{tg} A \Delta h + \operatorname{cotg} T \operatorname{tg} A \Delta T + \left(1 + \frac{\sin^2 h}{\cos^2 A}\right) \frac{\operatorname{tg} A}{\cos^2 h} \frac{\Delta h^2}{2} -$$
$$- \left(1 - \frac{\sin^2 \delta}{\cos^2 A}\right) \frac{\operatorname{tg} A}{\cos^2 \delta} \frac{\Delta\delta^2}{2} - \left(1 - \frac{\cos^2 T}{\cos^2 A}\right) \frac{\operatorname{tg} A}{\sin^2 T} \frac{\Delta T^2}{2} -$$
$$- \operatorname{tg} h \operatorname{tg}\delta \frac{\operatorname{tg} A}{\cos^2 A} \Delta h \Delta\delta - \operatorname{tg}\delta \operatorname{cotg} T \frac{\operatorname{tg} A}{\cos^2 A} \Delta\delta \Delta T +$$
$$+ \operatorname{tg} h \operatorname{cotg} T \frac{\operatorname{tg} A}{\cos^2 A} \Delta T \Delta h + \ldots$$

2° $A = f(\delta, \varphi, T)$.

$$\Delta A = - \frac{\sin C}{\cos h} \Delta\delta + \frac{\sin h \sin A}{\cos h} \Delta\varphi + \frac{\cos\delta \cos C}{\cos h} \Delta T -$$
$$- \frac{\sin h \sin 2C}{\cos^2 h} \frac{\Delta\delta^2}{2} + \tfrac{1}{2}(1 + \sin^2 h) \frac{\sin 2A}{\cos^2 h} \frac{\Delta\varphi^2}{2} +$$
$$+ \cos\delta \cos\varphi \frac{\sin A \cos C}{\cos^2 h} (\sin h - \operatorname{tg} C \operatorname{cotg} A) \frac{\Delta T^2}{2} -$$
$$- \frac{\sin C \cos A}{\cos^2 h} (\sin h - \operatorname{cotg} C \operatorname{tg} A) \Delta\delta \Delta\varphi +$$
$$+ \cos\delta \frac{\cos A \cos C}{\cos^2 h} (\sin h + \operatorname{tg} C \operatorname{tg} A) \Delta\varphi \Delta T -$$
$$- \cos\varphi \frac{\sin A \sin C}{\cos^2 h} (\sin h + \operatorname{cotg} A \operatorname{cotg} C) \Delta T \Delta\delta + \ldots$$

3° $h = f(\delta, \varphi, T)$.

$$\Delta h = \cos C \Delta\delta + \cos A \Delta\varphi + \sin A \cos\varphi \Delta T - \frac{\sin h \sin^2 C}{\cos h} \frac{\Delta\delta^2}{2} - \frac{\sin h \sin^2 A}{\cos h} \frac{\Delta\varphi^2}{2} +$$
$$+ \frac{\cos\varphi \cos\delta}{\cos h} \cos A \cos C \frac{\Delta T^2}{2} + \frac{\sin A \sin C}{\cos h} \Delta\delta \Delta\varphi -$$
$$- \frac{\cos\delta}{\cos h} \sin A \cos C \Delta\varphi \Delta T - \frac{\cos\varphi}{\cos h} \sin C \cos A \Delta T \Delta\delta + \ldots$$

$4°\quad \varphi = f(h, \delta, T).$

$$\Delta\varphi = \frac{\Delta h}{\cos A} - \frac{\cos C}{\cos A}\,\Delta\delta - \frac{\cos\varphi\sin A}{\cos A}\,\Delta T + \operatorname{tg}h\,\frac{\operatorname{tg}^2 A}{\cos A}\,\frac{\Delta h^2}{2} +$$

$$+ \tfrac{1}{2}\,\frac{\sin^2 C}{\cos^2\varphi\cos^3 A}\,(\sin 2\varphi\cos A + \sin 2\delta\cos C)\,\frac{\Delta\delta^2}{2} -$$

$$- \frac{\cos\varphi\,\operatorname{tg}A}{\cos^2 A}\,(\operatorname{cotg}T + \tfrac{1}{2}\sin\varphi\sin 2A)\,\frac{\Delta T^2}{2} - \operatorname{tg}\delta\,\frac{\operatorname{tg}^2 A}{\cos A}\,\Delta h\Delta\delta +$$

$$+ \frac{\cos C}{\cos^3 A}\,(\sin\delta\,\operatorname{tg}C - \tfrac{1}{2}\sin\varphi\sin 2A)\Delta\delta\Delta T + \operatorname{cotg}T\,\frac{\operatorname{tg}^2 A}{\cos A}\,\Delta T\Delta h + \ldots$$

$5°\quad \varphi = f(h, \delta, A).$

$$\Delta\varphi = - \frac{\cos C}{\cos T}\,\Delta h + \frac{\Delta\delta}{\cos T} - \frac{\cos\varphi\sin T}{\cos T}\,\Delta A +$$

$$+ \tfrac{1}{2}\,\frac{\sin^2 C}{\cos^2\varphi\cos^3 T}\,(\sin 2\varphi\cos T + \sin 2h\cos C)\,\frac{\Delta h^2}{2} +$$

$$+ \frac{\operatorname{tg}\delta\,\operatorname{tg}^2 T}{\cos T}\,\frac{\Delta\delta^2}{2} - \frac{\cos\varphi\,\operatorname{tg}T}{\cos^2 T}\,(\operatorname{cotg}A + \tfrac{1}{2}\sin\varphi\sin 2T)\,\frac{\Delta A^2}{2} -$$

$$- \frac{\operatorname{tg}h\,\operatorname{tg}^2 T}{\cos T}\,\Delta h\Delta\delta + \frac{\operatorname{cotg}A\,\operatorname{tg}^2 T}{\cos T}\,\Delta\delta\Delta A -$$

$$- \frac{\cos C}{\cos^3 T}\,(\sin h\,\operatorname{tg}C + \tfrac{1}{2}\sin\varphi\sin 2T)\Delta A\Delta h + \ldots$$

$6°\quad \varphi = f(\delta, A, T).$

$$\Delta\varphi = \frac{\sin C}{\sin h\sin A}\,\Delta\delta + \frac{\cos h}{\sin h\sin A}\,\Delta A - \frac{\cos\delta\cos C}{\sin h\sin A}\,\Delta T -$$

$$- \frac{\operatorname{cotg}h\sin C}{\sin h\sin A}\,(\cos C + \operatorname{tg}\delta\operatorname{cotg}h)\,\frac{\Delta\delta^2}{2} -$$

$$- \frac{\operatorname{cotg}h\operatorname{cotg}A}{\sin^2 h\sin A}\,(1 + \sin^2 h)\,\frac{\Delta A^2}{2} +$$

$$+ \frac{\cos\delta\operatorname{cotg}h\sin C}{\sin^2 h\sin A}\,(\sin\varphi\operatorname{tg}h - \cos h\operatorname{cotg}C\operatorname{cotg}T)\,\frac{\Delta T^2}{2} -$$

$$- \frac{\operatorname{tg}\delta\,\operatorname{cotg}h}{\sin^2 h\sin A}\,\Delta\delta\Delta A + \frac{\operatorname{cotg}h\operatorname{cotg}T}{\sin^2 h\sin A}\,\Delta A\Delta T +$$

$$+ \frac{\sin\varphi}{\sin^2 h\sin A}\,(\cos C - \operatorname{cotg}h\operatorname{cotg}\varphi\cos T)\Delta T\Delta\delta + \ldots$$

Les formules relatives au troisième et au quatrième systèmes de coordonnées constituent des équations qui peuvent donner lieu à des développements différentiels tout à fait analogues à ceux dont on vient de parler.

On a pu remarquer que pour passer les formules applicables pour les deux premiers systèmes à celles qui conviennent aux deux autres, il suffit de remplacer dans les premières

$$\text{T par } 270° - \alpha, \quad \text{A par } 90° - \mathcal{L}, \quad h \text{ par } \lambda \quad \text{et} \quad \varphi \text{ par } 90° - \omega,$$

C et δ ne changeant pas.

De même si l'on a calculé les développements différentiels relatifs aux formules des deux premiers systèmes, on pourra obtenir immédiatement les développements correspondants applicables à ces dernières, en remplaçant en outre

$$\Delta T \text{ par } - \Delta\alpha, \quad \Delta A \text{ par } - \Delta\mathcal{L}, \quad \Delta h \text{ par } \Delta\lambda \quad \text{et} \quad \Delta\varphi \text{ par } - \Delta\omega.$$

Nous donnerons seulement ici les développements qui s'appliquent au cas particulier où l'on a δ, α ou C fonctions de λ, ω et $\mathcal{L}$.

$$\Delta\delta = \cos C \Delta\lambda + \sin\alpha\Delta\omega + \sin\omega\cos\alpha\Delta\mathcal{L} - \operatorname{tg}\delta\sin^2 C\,\frac{\Delta\lambda^2}{2} - \operatorname{tg}\delta\cos^2\alpha\,\frac{\Delta\omega^2}{2} -$$

$$- \frac{\cos\lambda\cos C}{\cos\delta}\sin\omega\sin\alpha\,\frac{\Delta\mathcal{L}^2}{2} - \frac{\cos\alpha\sin C}{\cos\delta}\Delta\lambda\Delta\omega +$$

$$+ \frac{\cos\alpha\cos C}{\cos\delta}\cos\lambda\Delta\omega\Delta\mathcal{L} + \frac{\sin\alpha\sin C}{\cos\delta}\sin\omega\Delta\mathcal{L}\Delta\lambda + \dots$$

$$\Delta\alpha = - \frac{\sin C}{\cos\delta}\Delta\lambda - \operatorname{tg}\delta\cos\alpha\Delta\omega + \frac{\cos C}{\cos\delta}\cos\lambda\Delta\mathcal{L} - \frac{\operatorname{tg}\delta\sin 2C}{\cos\delta}\frac{\Delta\lambda^2}{2} -$$

$$- \tfrac{1}{2}(1 + 2\operatorname{tg}^2\delta)\sin 2\alpha\,\frac{\Delta\omega^2}{2} + \tfrac{1}{2}\frac{\sin 2C}{\cos^2\delta}\cos^2\lambda(\sin\delta + \operatorname{tg}\alpha\operatorname{tg}C)\,\frac{\Delta\mathcal{L}^2}{2} -$$

$$- \frac{\sin\alpha\sin C}{\cos^2\delta}(\sin\delta + \operatorname{cotg}\alpha\operatorname{cotg}C)\Delta\lambda\Delta\omega +$$

$$+ \frac{\sin\alpha\cos C}{\cos^2\delta}\cos\lambda(\sin\delta - \operatorname{tg}C\operatorname{cotg}\alpha)\Delta\omega\Delta\mathcal{L} -$$

$$- \frac{\sin^2 C}{\cos^2\delta}\cos\lambda(\sin\delta - \operatorname{tg}\alpha\operatorname{cotg}C)\Delta\mathcal{L}\Delta\lambda - \dots,$$

$$\Delta C = \operatorname{tg}\delta\sin C\Delta\lambda + \frac{\cos\alpha}{\cos\delta}\Delta\omega - \frac{\sin\alpha\sin\omega}{\cos\delta}\Delta\mathcal{L} + \tfrac{1}{2}(1 + 2\operatorname{tg}^2\delta)\sin 2C\,\frac{\Delta\lambda}{2}$$

$$+ \frac{\operatorname{tg}\delta\sin 2\alpha}{\cos\delta}\frac{\Delta\omega^2}{2} - \tfrac{1}{2}\frac{\sin 2\alpha}{\cos^2\delta}\sin^2\omega(\sin\delta + \operatorname{cotg}\alpha\operatorname{cotg}C)\,\frac{\Delta\mathcal{L}^2}{2}$$

$$+ \frac{\cos\alpha\cos C}{\cos^2\delta}(\sin\delta + \operatorname{tg}\alpha\operatorname{tg}C)\Delta\lambda\Delta\omega$$

$$- \frac{\sin\alpha\cos C}{\cos^2\delta}\sin\omega(\sin\delta - \operatorname{tg}C\operatorname{cotg}\alpha)\Delta\mathcal{L}\Delta\lambda$$

$$+ \frac{\cos^2\alpha}{\cos^2\delta}\sin\omega(\sin\delta - \operatorname{tg}\alpha\operatorname{cotg}C)\Delta\mathcal{L}\Delta\omega - \dots$$

Quand l'astre considéré se trouve sur l'écliptique ou dans son voisinage ces développements se simplifient natablement; on les met alors sous des formes particulières qui sont d'un usage fréquent dans les calculs astronomiques.

1° On suppose l'astre placé sur l'écliptique de sorte que $\lambda = 0$, $\Delta\lambda = 0$. On élimine C au moyen des relations données précédemment

$$\sin C = \sin \omega \cos \alpha, \qquad \operatorname{tg} C = \frac{\sin \delta}{\operatorname{tg} \alpha};$$

$$\cos C = \frac{\cos \omega}{\cos \delta}, \qquad \operatorname{cotg} C = \frac{\operatorname{tg} \alpha}{\sin \delta}.$$

On pose en outre

$$m = \Delta\zeta \cos \omega, \qquad n = \Delta\zeta \sin \omega, \qquad q = -\Delta\omega.$$

Effectuant ces divers substitutions et réduisant, on trouvera :

$$\Delta\delta = n \cos \alpha - q \sin \alpha - \frac{mn}{2} \frac{\sin \alpha}{\cos^2 \delta} - mq \frac{\cos \alpha}{\cos \delta} - \frac{q^2}{2} \operatorname{tg} \delta \cos^2 \alpha + \ldots$$

$$\Delta\alpha = \frac{m}{\cos^2 \delta} + q \operatorname{tg} \delta \cos \alpha + mn \frac{\cos \alpha \operatorname{tg} \delta}{\cos^2 \delta} + nq \frac{\cos 2\alpha}{\cos^2 \delta}$$
$$- \frac{q^2}{4} (1 + 2\operatorname{tg}^2 \delta) \sin 2\alpha + \ldots$$

$$\Delta C = - n \frac{\sin \alpha}{\cos \delta} - q \frac{\cos \alpha}{\cos \delta} + \frac{q^2}{2} \frac{\operatorname{tg} \delta \sin 2\alpha}{\cos \delta} - \frac{n^2}{2} \frac{\sin 2\alpha}{\cos \delta \sin 2\delta} (1 + \sin^2 \delta)$$
$$- 2nq \frac{\cos^2 \alpha}{\cos \delta \sin 2\delta} (\sin^2 \delta - \operatorname{tg}^2 \alpha) \ldots$$

2° L'astre est placé dans le voisinage de l'écliptique de sorte que $\lambda = 0$, $\Delta\omega = 0$. On éliminera C et l'on posera

$$m = \Delta\zeta \cos \omega, \qquad n = \Delta\zeta \sin \omega, \qquad r = \Delta\lambda \cos \omega, \qquad s = \Delta\lambda \sin \omega.$$

On trouvera toutes réductions faites :

$$\Delta\delta = n \cos \alpha + \frac{r}{\cos \delta} - \frac{s^2}{2} \operatorname{tg} \delta \cos^2 \alpha - \frac{mn}{2} \frac{\sin \alpha}{\cos^2 \delta} + \frac{ns}{2} \frac{\sin 2\alpha}{\cos \delta} + \ldots$$

$$\Delta\alpha = \frac{m}{\cos^2\delta} - s\,\frac{\cos\alpha}{\cos\delta} + \frac{n^2}{2}\,\frac{\sin 2\alpha}{\cos^2\delta} - \frac{s^2}{2}\,\frac{\sin 2\alpha}{\cos^2\delta}$$
$$- 2ns\,\frac{\cos^2\alpha}{\sin 2\delta\,\cos\delta}\,(\sin^2\delta - \operatorname{tg}^2\alpha) + \ldots$$

$$\Delta C = -n\,\frac{\sin\alpha}{\cos\delta} + s\sin\alpha - \frac{n^2}{2}\,\frac{\sin 2\alpha}{\sin 2\delta}\,\frac{(1+\sin^2\delta)}{\cos\delta} + \frac{rs}{2}\,\frac{\cos\alpha}{\cos\delta}\,(1+2\operatorname{tg}^2\delta)$$
$$+ ns\,\frac{\cos 2\alpha}{\cos^2\delta} + \ldots$$

Ces diverses formules trouvent leur application dans les corrections que l'on est obligé de faire subir aux coordonnées des astres pour tenir compte des petites perturbations, dans la construction des tables des éphémérides.

7. Des coordonnées rectilignes. — L'emploi de deux coordonnées sphériques pour déterminer la position d'un astre suppose que tous les corps célestes sont placés sur la même sphère. Cette hypothèse n'est pas exacte; les astres ne sont pas également distants du centre de la Terre et appartiennent par suite à des sphères de rayons différents. Les étoiles sont, il est vrai, tellement éloignées de nous, que, vu l'impossibilité de mesurer entre leurs distances à la Terre des différences appréciables, eu égard à nos moyens d'observation, on peut les regarder sans erreur sensible, comme réellement placées sur la même sphère. Mais il n'en est pas de même pour les corps du système planétaire : les distances relatives deviennent pour eux parfaitement mesurables, et il y a lieu d'en tenir compte dans l'étude des phénomènes apparents. L'hypothèse de la sphère céleste peut toutefois être encore maintenue pour ces corps, mais à la condition que l'on aura déterminé préalablement les lois de leurs mouvements angulaires ou de leurs déplacements apparents sur cette sphère idéale.

Toutes les fois qu'il devient nécessaire de tenir compte de la distance d'un astre à l'origine des coordonnées, pour déterminer les lois de son mouvement, on se sert de coordonnées rectilignes. Pour étudier le mouvement d'une planète, il y a avantage à rapporter les diverses positions de cette planète à deux axes de coordonnées rectangulaires tracés dans le plan de son orbite et ayant pour origine le foyer d'attraction, c'est-à-dire le Soleil. Quand il s'agit de mouvements apparents par rapport à la Terre d'un astre quelconque qui en est distant d'une quantité appréciable, il y a lieu de se servir de même d'un système de coordonnées rectilignes rectangulaires; mais comme alors il est en général difficile de trouver un plan passant par les deux astres qui se prête à la commodité des calculs, on adopte pour plan horizontal de projection soit le plan de l'équateur, soit celui de l'écliptique, soit encore celui de l'horizon ou tout autre que l'on jugera convenable suivant les circonstances, et l'on rapporte les positions à un système de trois axes rectangulaires dont l'un est perpendiculaire à ce plan de projection.

Soit A un point d'une surface sphérique dont le centre est O : menons par le point O trois axes rectangulaires ox, oy, oz, et projetons le point A en a sur le plan des xy. Soient $\text{AO}a = \beta$ et $\text{XO}a = \alpha$. Convenons de compter les angles β de o à 90°, positivement ou négativement, suivant que A sera placé au-dessus ou au-dessous du plan Xoy, et les angles α de 0° à 360°, à partir de oX pris pour origine et dans le sens indiqué par la flèche : les trois coordonnées rectilignes du point A sont évidemment :

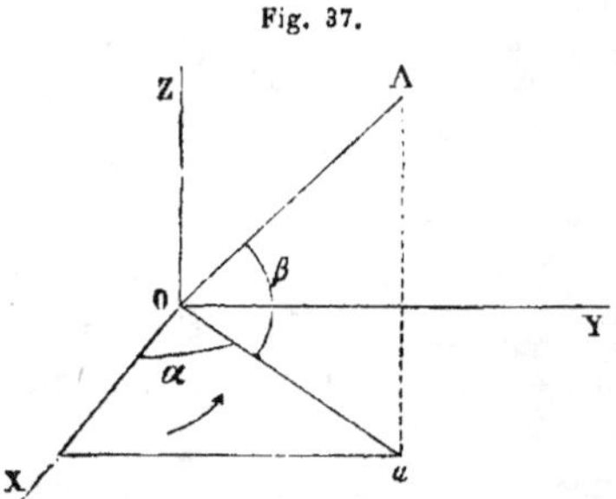

Fig. 37.

$$z = o\text{A} \sin\beta, \quad x = o\text{A} \cos\beta \cos\alpha. \quad y = o\text{A} \cos\beta \sin\alpha.$$

Si Xoy étant le plan de l'équateur oX passe par l'origine des ascensions droites et oy par le point dont l'ascension droite est 90°, β se trouve être égal à la déclinaison de l'astre considéré A, et α à son ascension droite, de sorte que les coordonnées rectilignes de cet astre sont en appelant $\Delta = o$A sa distance à la terre :

$$z = \Delta \sin\delta, \quad x = \Delta \cos\delta \cos\alpha, \quad y = \Delta \cos\delta \sin\alpha.$$

Si Xoy était le plan de l'horizon, que oX passe par l'origine des azimuts et oy par le point dont l'azimut est 90°, β serait la hauteur et α l'azimut, et l'on aurait pour coordonnées rectilignes de l'astre distant de la Terre de la quantité Δ :

$$z = \Delta \sin h, \quad x = \Delta \cos h \cos \text{A}, \quad y = \Delta \cos h \sin \text{A}.$$

Supposons enfin que A soit un point de la surface de la Terre, l'équateur étant Xoy : si le plan Zoy est le méridien origine des longitudes et que ces longitudes se comptent de X vers Y, de telle sorte que le plan méridien Zox passe par les points dont la longitude est 90°, on aura pour coordonnées rectilignes du point A, en appelant φ sa latitude, ψ sa longitude et ρ le rayon de la Terre qui lui correspond :

$$z = \rho \sin\varphi, \quad x = \rho \cos\varphi \cos\psi, \quad z = \rho \cos\varphi \sin\psi.$$

Quand on veut étudier le mouvement apparent d'un astre par rapport à un point de la surface de la Terre, il est utile de rapporter ce point et l'astre considéré aux mêmes axes rectangulaires. Il faut alors tenir compte du mouvement de rotation de la Terre et choisir pour origine des longitudes un méridien relativement fixe dans l'espace.

Supposons qu'à un moment donné on prenne pour méridien origine celui qui passe par le Soleil regardé comme fixe dans l'espace; par suite du mouvement de rotation de la Terre, tous les méridiens terrestres viendront successivement coïncider avec le méridien origine en se mouvant en sens inverse du mouvement diurne, c'est-à-dire de l'Ouest à l'Est, ou dans le sens contraire à celui où l'on est convenu de compter les longitudes. Il suffit de quelques instants de réflexion pour reconnaître alors que l'angle horaire du Soleil, tel qu'il résulte du mouvement apparent du Soleil, représentera à chaque instant en véritable grandeur la longitude du lieu considéré par rapport à l'origine adoptée pour les longitudes.

On s'en convaincra aisément en jetant les yeux sur les deux figures ci-dessous, qui sont l'une et l'autre une projection sur le plan de l'équateur.

Dans la première, la Terre étant supposée fixe, le Soleil S s'est déplacé de l'angle AoS $=$ T dans le sens du mouvement diurne à partir du méridien oA du point A; dans la seconde, le Soleil étant supposé fixe et la Terre mobile, le méridien oA s'est déplacé d'un angle égal SoA $=$ T. Cet angle T est alors la longitude du point A par raport au méridien oS supposé fixe dans l'espace. Admettant cette nouvelle ma-

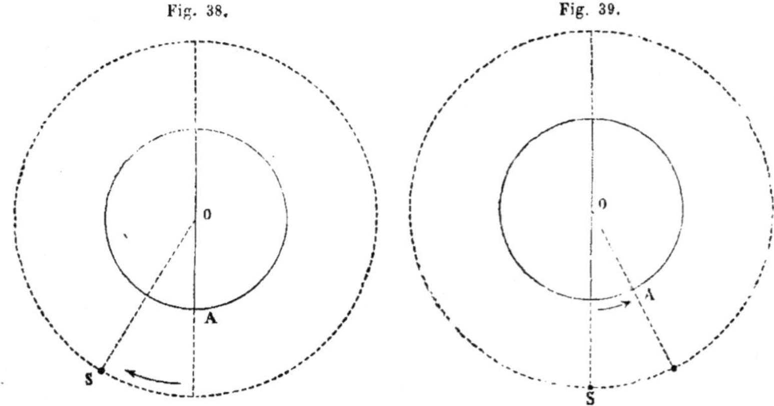

nière de compter les longitudes, les coordonnées rectilignes d'un point de la Terre pour lequel l'angle horaire du Soleil est égal à T, deviendront en prenant pour origine des longitudes le méridien qui passe par le Soleil :

$$z = \rho \sin\varphi, \quad x = \rho \cos\varphi \cos T, \quad y = \rho \cos\varphi \sin T.$$

La longitude du lieu devient ainsi une véritable fonction du temps et varie à chaque instant.

Dans les calculs astronomiques, le méridien que l'on adopte de préférence est celui qui passe par le point origine des ascensions droites ; alors l'angle horaire T du Soleil employé tout à l'heure doit être remplacé par celui du point vernal ou le temps sidéral θ. Dans ce cas, les coordonnées d'un point de la Terre pour lequel l'heure sidérale est égale à θ, sont :

$$z = \rho \sin \varphi, \quad x = \rho \cos \varphi \cos \theta, \quad y = \rho \cos \varphi \sin \theta.$$

Le système de coordonnées rectilignes qui vient d'être défini est d'un usage commode toutes les fois que l'on a besoin de déterminer par un point de la surface de la Terre soit les coordonnées apparentes d'un astre pour ce point, soit les phases successives d'un phénomène apparent comme une éclipse ou une occultation.

Soient A un point de la suface de la Terre dont le centre est en O

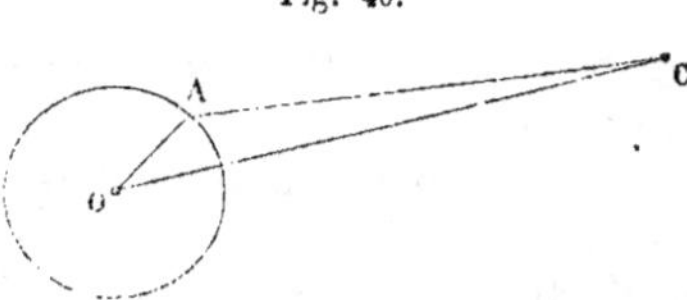

Fig. 40.

et C la position du centre d'un astre. Si le point C est suffisamment éloigné pour que les directions AC et OC puissent sans erreur sensible être regardées comme parallèles, ou en d'autres termes, que l'angle ACO sous lequel le rayon terrestre est vu de l'astre C soit infiniment petit, il est bien évident que les coordonnées sphériques de l'astre C seront les mêmes, qu'elles soient estimées du centre O de la Terre ou d'un point de sa surface A. Mais si l'angle ACO est appréciable, les coordonnées sphériques de l'astre C par rapport au point A ou *coordonnées apparentes* seront différentes de celles qui seraient estimées au centre O de la Terre ou *coordonnées vraies*. L'angle ACO est ce que l'on appelle la parallaxe de l'astre C; toutes les fois que la parallaxe a une valeur sensible, les coordonnées apparentes sont différentes des coordonnées vraies. Les Éphémérides donnent les coordonnées sphériques par rapport au centre de la Terre; quand on veut étudier le mouvement par rapport à un lieu déterminé d'observation à la surface de la Terre, il devient nécessaire de calculer tout d'abord les coordonnées apparentes de l'astre pour ce lieu.

On y arrive très facilement en établissant successivement les coordonnées rectilignes du point C par rapport à un système d'axes rectangulaires pour son origine au point A, puis à un second système d'axes rectangulaires parallèles aux premiers, mais ayant son origine au point O. Appliquant ensuite la théorie des projections au triangle OAC, on aura

Projection de OC sur un axe quelconque = projection de OA
+ projection AC sur le même axe.

On appliquera ce théorème successivement à chacune des coordonnées et l'on obtiendra facilement un système de trois équations qui permettront de déterminer les trois coordonnées rectilignes du point C par rapport au point A.

Supposons que C soit le Soleil; cet astre rapporté à trois axes rectangulaires ayant leur origine au point O et disposés de telle sorte que l'axe oz passe par le pôle de l'équateur, l'axe ox par l'origine des ascensions droites et l'axe des y par le point dont l'ascension droite est égale à 90°, aura pour coordonnées rectilignes

$$z = \Delta \sin \delta, \quad x = \Delta \cos \delta \cos \alpha, \quad y = \Delta \cos \delta \sin \alpha.$$

Si δ', α', Δ' sont les déclinaisons, ascension droite et distance par rapport au point A de la Terre ou coordonnées apparentes, et les axes de coordonnées parallèles à ceux qui ont été employés tout à l'heure, les coordonnées rectilignes z', x', y' par rapport au point A de la Terre, deviennent

$$z' = \Delta' \sin \delta', \quad x' = \Delta' \cos \delta' \cos \alpha', \quad y' = \Delta' \cos \delta' \sin \alpha'.$$

D'ailleurs, par rapport au point O, les coordonnées rectilignes du point A de la Terre sont

$$z'' = \rho \sin \varphi, \quad x'' = \rho \cos \varphi \cos \theta, \quad y'' = \rho \cos \varphi \sin \theta.$$

Chacune des quantités z, z', z'' est une projection sur l'axe des z des trois côtés du triangle OAC; x, x', x'' sont de même les projections sur l'axe des x de ces mêmes côtés; y, y', y'' sont les proportions sur l'axe de y, de sorte que si l'on applique le théorème des projections à chacun des trois axes :

Proj. sur oz, $z = z' + z''$ ou $\Delta \sin \delta = \Delta' \sin \delta' + \rho \sin \varphi,$
Proj. sur ox, $x = x' + x''$ ou $\Delta \cos \delta \cos \alpha = \Delta' \cos \delta' \cos \alpha' + \rho \cos \varphi \cos \theta,$
Proj. sur oy, $y = y' + y''$ ou $\Delta \cos \delta \sin \alpha = \Delta' \cos \delta' \sin \alpha' + \rho \cos \varphi \sin \theta.$

De là un système de trois équations à trois inconnues : Δ', δ' et α', qui permettra de calculer les coordonnées apparentes de l'astre C par rapport au lieu de l'observation A.

Ainsi qu'on aura l'occasion de le voir dans les applications, on exprime habituellement les distances Δ et Δ' au moyen des parallaxes de l'astre qui correspondent aux points O et A.

Les trois équations obtenues tout à l'heure, ou trois autres équations analogues suivant le système des coordonnées adoptées, servent à la résolution d'un grand nombre de problèmes relatifs aux phénomènes apparents. L'établissement de ces trois équations est une application heureuse du théorème des projections. Nous rappellerons ici cet important théorème en donnant quelques détails sur la manière dont il doit être entendu dans la pratique.

8. Théorème des projections. — *La somme des projections d'un contour polygonal plan ou gauche, convexe ou concave, mais fermé, sur un axe quelconque, est toujours égale à 0.*

Ce théorème est au fond une proposition évidente par elle-même.

Soient ABCDEF un contour polygonal fermé; projetons les sommets en a, b, c, d, e, f sur un même axe X'X. On imaginera un mobile qui, partant du point A, parcoure les divers côtés du polygone sans jamais revenir en arrière, de manière à atteindre finalement le point de départ A, puis un second mobile qui se meuve sur l'axe XX' de manière à se trouver constamment la projection du premier sur cet axe. Quand le premier mobile

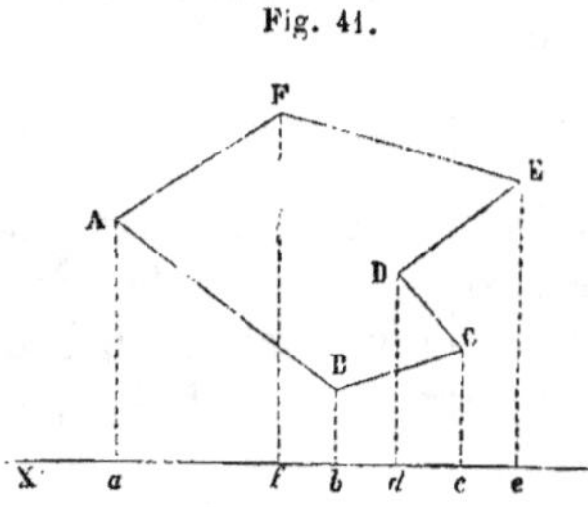

Fig. 41.

sera revenu au point de départ, le second ou sa projection sur l'axe XX sera de même revenu au point de départ a; il arrivera alors évidemment que le mobile projection aura parcouru dans un sens sur l'axe XX' une distance précisément égale à celle qu'il aura parcourue dans le sens contraire, de sorte que si les chemins dans la direction X ont le signe $+$ et ceux dans la direction X' le signe $-$, la somme des chemins parcourus par le mobile projection sera évidemment égale à 0.

La projection d'un côté sur un axe quelconque se mesure en multipliant la longueur du côté par le cosinus de l'angle qu'il fait avec la direction de l'axe sur lequel on effectue les projections. Pour que les projections soient positives ou négatives et constituent finalement une somme égale à 0, il est indispensable d'adopter une convention pour mesurer les angles.

La convention sera la suivante : *les angles seront comptés de gauche à droite ou de droite à gauche indifféremment, mais tous dans le même sens, c'est-à-dire dans la direction de l'axe des projections vers le côté considéré.*

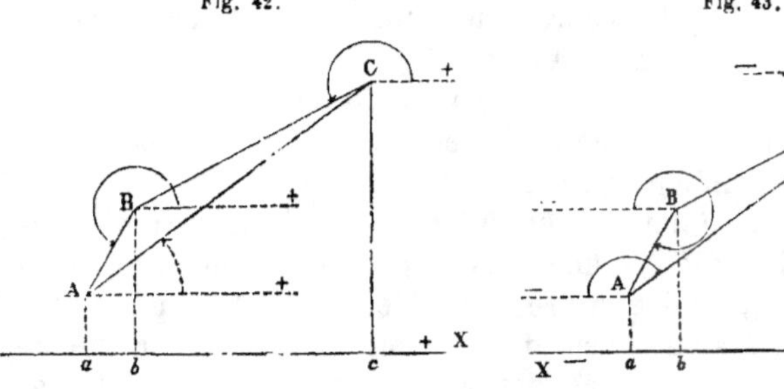

Fig. 42.   Fig. 43.

Soit ABC un triangle dont les trois sommets se projettent en a, b, c. D'après la direction des X positifs, on voit que la projection ac ayant le signe $+$, les projections cb et ba ont le signe $-$, de sorte que le théorème des projections se traduit par

$$ac - bc - ba = 0.$$

Or l'énoncé général du théorème se traduit par l'équation :

$$\text{proj. AC sur X} + \text{proj. CB sur X} + \text{proj. DA sur X} = 0,$$

ou $\qquad \text{AC} \cos(\text{AC},\text{X}) + \text{CB} \cos(\text{CB},\text{X}) + \text{BA} \cos(\text{BA},\text{X}) = 0.$

Il est facile de reconnaître que pour obtenir la relation de tout à l'heure, $ac - bc - ba = 0$, il suffit de compter tous les angles de la direction des X positifs ou des X négatifs sur le côté considéré et de 0° à 360°, ainsi que les flèches le montrent sur les deux figures ci-dessus. La condition nécessaire et suffisante en un mot est que les angles soient mesurés dans un sens déterminé quel qu'il soit d'ailleurs, mais toujours dans le même, de 0° à 360°, et à partir de la direction adoptée pour origine.

Quand un côté est notablement différent des autres, on peut écrire immédiatement que sa projection est égale à celle de tous les autres; mais on évitera toute erreur en se conformant scrupuleusement à la règle qui vient d'être indiquée.

CHAPITRE III

DES CALCULS EN ASTRONONIE SPHÉRIQUE. DÉVELOPPEMENTS EN SÉRIE.
FORMULE GÉNÉRALE DES APPROXIMATIONS SUCCESSIVES.

1. Des calculs en astronomie sphérique. — Les calculs numériques de l'astronomie sphérique sont de deux sortes :

1° Des calculs de grands angles ou de grands arcs effectués au moyen des formules ordinaires de la trigonométrie;

2° Des calculs de petits angles ou de petits arcs basés sur des développements en série.

Dans le premiers cas, les angles sont estimés au moyen de leurs lignes trigonométriques; ils sont fournis par les tables de logarithmes en valeurs moindres que 90° ou valeurs tabulaires. On détermine les valeurs réelles ainsi qu'il a été expliqué précédemment (chapitre II, page 106). Pour éviter toute confusion entre les valeurs tabulaires et les valeurs effectives, il est pratique d'adopter pour les premières une notation particulière : ainsi que nous l'avons dit, nous mettrons toujours entre guillemets les quantités qui représentent des valeurs tabulaires. Si par exemple un azimut A est égal à 145°, sa valeur tabulaire sera 35°, et l'on écrira

$$Valeur \; tabulaire \quad ou \quad [A] = 35°$$
$$Azimut \; réel \quad ou \quad A = 145°.$$

Tout résultat numérique obtenu à l'aide des tables de logarithmes est plus ou moins approché, suivant que les éléments du calcul qui ont servi à l'établir sont eux-mêmes plus ou moins approchés. Ces éléments sont de deux sortes : ceux qui sont fournis par les éphémérides et ceux qui résultent des mesures instrumentales.

L'analyse fait toujours connaître quelle est l'approximation sur laquelle on est en droit de compter pour ces éléments dans chaque cas particulier, et en outre celle qui en résulte pour la valeur que l'on veut déterminer au moyen de ces éléments. Le calculateur doit alors se préoccuper uniquement d'arrêter son calcul au degré d'approximation qui lui est indiqué par l'analyse.

Si par exemple il a été démontré qu'une quantité ne peut être calculée qu'à 10″ près, eu égard à l'approximation des éléments dont il faut se servir, il est évidemment tout à fait illusoire de déterminer cette quantité à 1″ près au moyen du calcul logarithmique : on exécutera alors ce calcul en nombre rond de dizaines de secondes, sans s'inquiéter des unités de secondes que l'on néglige.

Nous avons exposé en détail, dans le chapitre précédent, les diverses formules de trigonométrie qui sont en usage en astronomie sphérique et les calculs logarithmiques qui en résultent; il n'y a pas lieu d'y insister davantage. Quant à ce qui est du degré d'approximation des résultats, il sera déterminé avec soin dans chaque problème particulier au moyen des formules différentielles.

Le calcul des petits arcs doit maintenant appeler notre attention d'une manière toute particulière. Ce calcul est d'ailleurs dans plusieurs circonstances le complément forcé des calculs de grands angles effectués au moyen des formules trigonométriques. Ainsi qu'on aura l'occasion de le montrer souvent, ces derniers calculs, eu égard à l'approximation des éléments donnés, sont toujours plus ou moins imparfaits : il est indispensable de les compléter par des corrections déterminées qui ne peuvent être estimées avec une exactitude suffisante que quand on connaît les éléments approchés résultant du calcul logarithmique. Le calcul logarithmique des grands angles dégrossit pour ainsi dire le résultat que l'on cherche : le calcul des petits angles vient ensuite lui donner toute la perfection que l'on est en droit d'exiger : or, ce second calcul ne peut s'exécuter qu'à l'aide du résultat fourni par le premier. On peut dire encore que la plupart des calculs astronomiques sont de véritables calculs d'approximations successives dans lesquelles on obtient des valeurs de plus en plus approchées de l'élément cherché en se basant sur des opérations déjà exécutées. Cela tient aux conditions dans lesquelles on se trouve placé le plus souvent par les exigences de la pratique. Le fait sera du reste mis surabondamment en évidence dans un grand nombre de problèmes d'astronomie nautique qui seront traités ultérieurement.

Tous les calculs de petits arcs ont en général pour point de départ un développement en série, ordonné suivant les puissances d'un petit arc, élément du calcul, ce développement étant fourni, soit par une formule d'analyse, soit par une différentiation des données du problème.

Considérons un exemple particulier. De la relation $\operatorname{tg} x = \dfrac{\sin y}{\sin(A + y)}$ dans laquelle x et y sont des angles très petits et A un angle quelconque, on conclut

$$\operatorname{tg} y = \frac{\operatorname{tg} x \sin A}{1 - \operatorname{tg} x \cos A},$$

D'où l'on tire le développement suivant :

$$y = x \sin A + \tfrac{1}{2} x^2 \sin 2A + \tfrac{1}{3} x^3 \sin 3A + \ldots\ldots$$

Si l'on suppose que x et A soient donnés comme éléments du problème, le développement précédent pourra servir à calculer y, à la condition toutefois qu'il représente une *série convergente*, ou, en d'autres termes, que la loi de décroissance y soit telle qu'il sera toujours possible d'assigner une limite à partir de laquelle les termes d'ordre inférieur négligés représenteront une somme moindre qu'une quantité donnée, laquelle pourra être aussi petite que l'on voudra.

Disons une fois pour toutes que les séries appelées à servir au calcul d'une inconnue doivent toujours être convergentes. Il appartient à l'analyse de vérifier par une discussion approfondie la convergence des séries qu'elle fournit au calculateur. Mais il ne suffit pas qu'une série soit convergente : il faut encore qu'elle le soit beaucoup. Cela aura lieu toutes les fois que, eu égard au degré d'approximation du résultat cherché, la série peut être réduite à son premier terme. On ne doit avoir à tenir compte que rarement du deuxième terme, sauf dans certains calculs particuliers où il peut être utile même d'aller jusqu'au troisième. Mais, en général, quand il y a lieu de calculer plusieurs termes successifs d'une série. il est avantageux de calculer par logarithmes la formule qui a servi à établir la série, toutes les fois du moins que la chose est possible. On aura du reste l'occasion de revenir sur ce sujet dans la résolution de plusieurs problèmes.

La série donnée tout à l'heure doit maintenant être l'objet d'une remarque importante. Cette série résulte d'une relation établie entre les lignes trigonométriques des angles y, x et A. On peut même dire qu'elle n'en est qu'une transformation algébrique. Les lignes trigonométriques étant toujours exprimées au moyen du rayon de la même circonférence pris pour unité, la formule qui a servi à établir la série est par le fait une véritable relation numérique dans laquelle l'unité est le rayon. La série qui n'est autre chose que la formule transformée algébriquement est par suite de même une relation numérique. Dans cette formule, les arcs y et x doivent donc être exprimés en partie du rayon et non pas en secondes, minutes ou degrés d'arcs. S'il n'en était pas ainsi du reste, la série n'aurait aucun sens puisqu'elle ne serait plus convergente. La remarque qui vient d'être faite est d'une grande importance; le calculateur doit toujours l'avoir présente à l'esprit, sous peine de s'exposer à des erreurs fort graves. On la résumera en disant que :

Toutes les fois que dans un développement quelconque déduit d'une formule de trigonométrie, soit par une différentiation, soit par tout autre moyen, les arcs viennent se substituer à leurs signes trigonométriques, les

*arcs doivent être regardés dans ce développement comme exprimés en par-
ties du rayon pris pour unité.*

Les tables de logarithmes ordinaires ne donnent pas immédiatement
les logarithmes des arcs exprimés en parties du rayon; mais il est
facile de les calculer au moyen du logarithme de $\sin 1''$. On a généralement, avec une approximation suffisante,

$$n'' = n \sin 1''.$$

Si par suite n est le nombre de secondes d'un arc A, on aura pour
exprimer A en parties du rayon

$$\log A = \log n + \log \sin 1'';$$

cela résulte du reste des données numériques qui vont suivre.

$$\pi = 3{,}141\,592\,653\,589\,793\ldots$$
$$180° = 10800' = 648\,000''$$
$$1'' = \frac{\pi}{648\,000} = 0{,}000\,004\,848\,136\,811.$$

On a trouvé d'ailleurs que

$$\sin 1'' = 0{,}000\,004\,848\,136\,809.$$

D'où il résulte que

$$1'' - \sin 1'' < 0{,}000\,00\,000\,000\,001 \quad \text{ou} \quad < 0''{,}000\,000\,001$$
$$3\,600'' \text{ ou } 1° - \sin 3\,600'' < 0{,}000\,000\,000\,04 \quad \text{ou} \quad < 0''{,}000\,01$$

On peut conclure de là que dans tous les cas un arc représenté par
un nombre quelconque de degrés, minutes ou secondes pourra être
exprimé en parties du rayon en multipliant sa valeur numérique en
secondes par $\sin 1''$. Le calcul devra s'effectuer par logarithmes : alors
le logarithme de l'arc exprimé en parties du rayon sera égal au logarithme du sinus de $1''$ augmenté du logarithme du nombre de secondes
renfermé dans l'arc A; cet arc A sera, d'après cela, calculé en parties
du rayon au moyen de la relation

$$\log A = \log n + \log \sin 1'',$$

A sera donné alors par les tables des logarithmes des nombres.

Soit, par exemple, un arc $A = 1°17'45''$ que l'on veut exprimer en
parties du rayon :

$$A = 1°17'45'' = 77'45'' = 4665''.$$

On trouvera par les tables :

$$\log 4665 = 3,6688516$$
$$\log \sin 1'' = 4,6855749$$
$$\overline{}$$
$$\log \mathrm{A} = 8,3544265$$
$$\mathrm{A} = 0,0226165$$
$$\log \mathrm{A}^2 = 6,7088530$$
$$\mathrm{A}^2 = 0,000512$$
$$\log \mathrm{A}^3 = 5,0632795$$
$$\mathrm{A}^3 = 0,000012$$

On remarquera que dans le calcul précédent on a employé le logarithme de $\sin 1''$ en l'augmentant de 10 unités, suivant l'usage adopté dans la construction des tables; le logarithme de A et, par suite, ceux de A^2 et de A^3 se sont trouvés augmentés de 10 unités. Il est pratique de procéder ainsi dans les calculs pour éviter les caractéristiques négatives. Nous emploierons toujours cette notation dans nos calculs parce que nous la trouvons d'une grande commodité à tous les points de vue. Quand on veut passer des logarithmes aux nombres, il suffit de se rappeler que ces nombres succèdent immédiatement aux initiales 0; 0,0; 0,00..... suivant que la caractéristique est 9; 8; 7..... Toute démonstration à ce sujet est superflue; l'usage seul peut véritablement mettre la chose en évidence et en faire un véritable principe de calcul.

Il doit résulter de tout ce qui précède que si la série

$$y = x \sin \mathrm{A} + \tfrac{1}{2} x^2 \sin 2\mathrm{A} + \tfrac{1}{3} x^3 \sin 3\mathrm{A} + \dots$$

doit servir au calcul de y en parties du rayon, cette série devra préalablement pour le calcul être mise sous la forme

$$y = x \sin 1'' \sin \mathrm{A} + \tfrac{1}{2} (x \sin 1'')^2 \sin 2\mathrm{A} + \tfrac{1}{3} (x \sin 1'')^3 \sin 3\mathrm{A},$$

x représentant alors le *nombre* de secondes et de fractions de secondes contenues dans l'arc donné x. La valeur de y obtenue par la somme des termes du second membre sera exprimée en partie du rayon.

Si l'on voulait que y fût exprimée en secondes d'arc, et c'est le cas qui se présente le plus souvent dans les calculs d'astronomie sphérique, il faudrait diviser le second membre par $\sin 1''$; alors

$$y = x \sin \mathrm{A} + \tfrac{1}{2} x(x \sin 1'') \sin 2\mathrm{A} + \tfrac{1}{3} x(x \sin 1'')^2 \sin 3\mathrm{A} + \dots$$

Avec cette nouvelle forme, x représentant un *nombre* donné de secondes et fractions de secondes, la somme des termes du second membre donnera de même un *nombre* de secondes et fractions de secondes pour y.

a étant un nombre abstrait moindre que l'unité, la série

$$y = a \sin A + \tfrac{1}{2} a^2 \sin 2A + \tfrac{1}{3} a^3 \sin 3A + \ldots$$

pourrait servir de même à calculer y en secondes et fractions de secondes à la condition de diviser chaque terme du second membre par $\sin 1''$ ou simplement le résultat total formé par la somme des termes du second membre par la quantité $\sin 1''$; y exprimé en secondes est alors fourni par la relation

$$y = \frac{a \sin A}{\sin 1''} + \tfrac{1}{2}\, \frac{a^2 \sin 2A}{\sin 1''} + \tfrac{1}{3}\, \frac{a^3 \sin 3A}{\sin 1''} + \ldots$$

L'introduction du facteur $\sin 1''$ ou $\dfrac{1}{\sin 1''}$ dans les séries, a pour objet de rétablir une homogénéité qui n'existe pas par suite de l'emploi de quantités exprimées avec des unités différentes, mais qui est indispensable pour l'exécution des calculs numériques. On peut à ce sujet formuler les règles suivantes en prenant pour type la série de tout à l'heure

$$y = x \sin A + \tfrac{1}{2} x^2 \sin 2A + \tfrac{1}{3} x^3 \sin 3A + \ldots$$

1° *Si* x *étant exprimé en secondes d'arc on veut avoir* y *en parties du rayon, on multipliera le nombre* x *de secondes par* sin 1″, *de sorte que :*

$$y = x \sin 1'' \sin A + \tfrac{1}{2} (x \sin 1'')^2 \sin 2A + \tfrac{1}{3} (x \sin 1'')^3 \sin 3A + \ldots$$

2° *Si* x *étant encore exprimé en secondes d'arc on veut obtenir* y *en secondes et fractions de secondes, on mettra* x *en facteur dans le second membre et l'on remplacera la valeur de* x *entre parenthèses par* x sin 1″; *alors :*

$$y = x(\sin A + \tfrac{1}{2} x \sin 1'' \sin 2A + \tfrac{1}{3} x^2 \sin^2 1'' \sin 3A + \ldots).$$

3° *Si* x *est exprimé en parties du rayon, on aura pour* y *exprimé de même en parties du rayon :*

$$y = x \sin A + \tfrac{1}{2} x^2 \sin 2A + \tfrac{1}{3} x^3 \sin 3A + \ldots$$

4° *Enfin, si* x *étant exprimé en parties du rayon, il faut calculer* y *en secondes et fractions de secondes, on aura :*

$$y = \frac{x \sin A}{\sin 1''} + \tfrac{1}{2}\, \frac{x^2 \sin 2A}{\sin 1''} + \tfrac{1}{3}\, \frac{x^3 \sin 3A}{\sin 1''} + \ldots$$

Les quatre règles précédentes embrassent tous les cas qui peuvent se présenter.

Dans les développements en série que l'on est conduit à exécuter à chaque instant, on ne se préoccupe pas habituellement de rétablir l'homogénéité, surtout dans le but de simplifier les écritures; mais il y a à cela un autre motif qui résulte des quatre règles précédentes; la forme homogène se présente sous un aspect différent suivant la nature de l'unité du résultat final que l'on cherche. Il doit demeurer bien entendu alors que *les petits arcs qui entrent dans les développements en série sont toujours exprimés en parties du rayon.* Toutes les fois que l'on a besoin de se servir de ces développements pour calculer un résultat numérique, il faut avant tout rétablir l'homogénéité qui convient à ce résultat.

L'emploi de la valeur numérique de $\sin 1''$ ou de $\dfrac{1}{\sin 1''}$ ou plutôt de leurs logarithmes devient, par suite, d'un usage continuel, quand on a besoin de calculer des petits arcs au moyen des séries; on doit alors les avoir toujours sous les yeux

$$\log \sin 1'' = 4,6855749;$$
$$\log \frac{1}{\sin 1''} \quad \text{ou} \quad \text{c}^\text{l}\log \sin 1'' = 5,3144251.$$

Le logarithme de $\sin 1''$ est suivant l'usage augmenté de 10 unités pour éviter une caractéristique négative.

On remarquera que $\dfrac{1}{\sin 1''}$ représente, à une unité près d'un ordre tout à fait inférieur, le nombre de secondes renfermées dans le rayon de la circonférence

$$\frac{1}{\sin 1''} = 206\,264'',8.$$

Dans les ouvrages d'astronomie on emploie quelquefois le facteur $206\,264,8$ ou $\dfrac{1}{206\,264,8}$ à la place de $\dfrac{1}{\sin 1''}$ ou de $\sin 1''$.

$$\log 206\,264,8 = 5,3144251, \quad \text{c}^\text{l}\log 206\,264,8 = 4,6855749.$$

Quand dans un calcul numérique on a besoin d'estimer le résultat final à $1''$ près et que dans les formules dont on se sert des arcs moindres que $1°$ entrent par leur sinus ou leur tangente, il est généralement avantageux de remplacer les lignes trigonométriques des petits arcs par ces arcs eux-mêmes. Cela résulte de la remarque suivante: toutes les fois qu'un résultat doit être déterminé à $1''$ près, il faut le plus souvent estimer les différents éléments du calcul chacun en particulier avec une approximation équivalente à $0'',1$. Les tables donnent seulement les logarithmes des grands arcs de 10″ en 10″ et ceux des petits arcs moindres que 5° de 1″ en 1″; il en résulte que pour avoir l'approximation indiquée tout à l'heure, il faut se servir des différences logarithmiques et calculer des parties proportionnelles. L'expérience montre que ce calcul est d'autant plus pénible que les arcs employés comme éléments donnés ou comme résultats sont plus petits. Pour les arcs moindres que 1°, en particulier, le calcul des parties proportionnelles est en réalité des plus laborieux. On l'abrégera énormément en se servant du nombre de secondes renfermées dans chaque arc, et en pressant le logarithme de ce nombre dans la table des logarithmes des nombres; comme cette dernière table fait connaître à vue la partie proportionnelle dont on peut avoir besoin, il en résulte que l'on peut estimer ainsi un nombre de secondes et fractions de secondes avec une grande rapidité.

Quand un arc est moindre que 1°, il est presque toujours permis de remplacer son sinus et sa tangente par l'arc lui-même. On se rendra compte de l'approximation des calculs par les données numériques suivantes qui résultent des valeurs des arcs de 1″, 10″,....., 3600″ ou 1° et de celles des sinus ou des tangentes correspondantes

$$1'' - \sin 1'' < 0,''000000001 \qquad \mathrm{tg}\ 1'' - 1'' < 0'',000000001$$
$$10'' - \sin 10'' < 0'',00000001 \qquad \mathrm{tg}\ 10'' - 10'' < 0'',00000001$$
$$1' - \sin 1' < 0'',00001 \qquad \mathrm{tg}\ 1' - 1' < 0'',00001$$
$$10' - \sin 10' < 0'',001 \qquad \mathrm{tg}\ 10' - 10' < 0'',001$$
$$30' - \sin 30' < 0'',02 \qquad \mathrm{tg}\ 30' - 30' < 0'',04$$
$$1° - \sin 1° < 0'',2 \qquad \mathrm{tg}\ 1° - 1° < 0'',5$$

On a exprimé la différence entre l'arc et la ligne trigonométrique en fractions de secondes, parce que sous cette forme elle est plus sensible aux yeux, les inconnues à calculer étant en général exprimées elles-mêmes en secondes et fractions de secondes.

Les résultats précédents peuvent être obtenus en calculant au moyen des tables les valeurs des lignes trigonométriques et en se servant des valeurs d'arc qui résultent de la valeur connue de 1″ ou du rapport de la circonférence au diamètre π. On peut les établir également ment en se servant des développements en série relatifs à $\sin x$ et $\mathrm{tg}\,x$.

$$\sin x = x - \frac{x^3}{1.2.3} + \frac{x^5}{1.2.3.4.5} - \dots$$

$$x = \sin x + \frac{\sin^3 x}{2.3} + \frac{1.3\sin^5 x}{2.4.5} + \dots$$

De la première de ces deux séries, on conclura

$$x - \sin x < \frac{x^3}{6},$$

ou, en rétablissant l'homogénéité, si l'on veut que le résultat soit exprimé en secondes

$$x - \sin x < x\, \frac{(x \sin 1'')^2}{6},$$

x représentant alors un *nombre* de secondes,

$$\operatorname{tg} x = x + \frac{x^3}{3} + \frac{2x^5}{5} + \ldots$$

$$x = \operatorname{tg} x - \frac{\operatorname{tg}^3 x}{3} + \frac{\operatorname{tg}^5 x}{5} + \ldots$$

De la seconde de ces séries, on conclut

$$\operatorname{tg} x - x < \frac{\operatorname{tg}^3 x}{3},$$

ou, en exprimant le résultat en secondes,

$$\operatorname{tg} x - x < \frac{1}{\sin 1''}\, \frac{\operatorname{tg}^3 x}{3}.$$

Les séries précédentes sont d'un usage fréquent dans un grand nombre de calculs d'analyse; nous aurons l'occasion d'en faire application très souvent dans les formules d'astronomie sphérique. La démonstration de ces séries, quoique fort simple, ne saurait être exposée ici; on la trouvera dans tous les ouvrages de trigonométrie. On ne s'arrêtera pas davantage au rétablissement de l'homogénéité; cette question sera regardée désormais comme entièrement vidée par les règles données précédemment.

Les autres lignes trigonométriques; le cosinus, la cotangente, la sécante et la cosécante peuvent également se développer en séries en fonction de l'arc

$$\cos x = 1 - \frac{x^2}{2} + \frac{x^4}{1.2.3.4} - \ldots$$

d'où il résulte que

$$1 - \cos 1' < 0'',006, \quad 10' - \cos 10' < 0'',9, \quad 30' - \cos 30' < 8''.$$

Par suite, quand un arc est moindre que 10', son cosinus peut, en général, être remplacé par l'unité

$$\operatorname{cotg} x = \frac{1}{x} - \frac{x}{3} - \frac{x^3}{45} - \frac{2x^5}{945} - \ldots$$

$$\sec x = 1 + \frac{x^2}{2} + \frac{5x^4}{24} + \frac{61x^6}{720} + \dots\dots$$

$$\operatorname{cosec} x = \frac{1}{x} + \frac{x}{6} + \frac{7x^3}{360} + \frac{31x^5}{15120} + \dots\dots$$

Il n'y a pas lieu d'insister sur ces derniers développements : ils sont du reste assez rarement employés. Au contraire, ceux qui se rattachent au sinus, au cosinus et à la tangente sont d'un usage très fréquent.

2. Divers développements en séries. — Nous allons maintenant énumérer un certain nombre de séries que l'on a fort souvent l'occasion d'appliquer dans les calculs d'astronomie. Nous renverrons aux ouvrages spéciaux pour la démonstration de ces séries.

Soit proposé de résoudre un triangle sphérique ABC dans lequel on connaît deux côtés a, b et l'angle C, sachant que le côté a est très-petit par rapport aux deux autres.

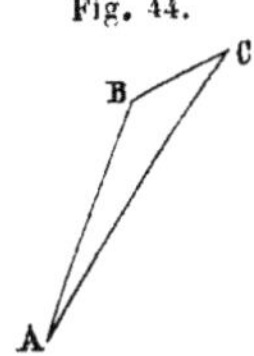
Fig. 44.

En général, quand on connaît un angle et deux côtés, on calcule les deux angles inconnus au moyen des formules de Néper. Mais dans le cas particulier dont il s'agit, c'est-à-dire quand l'un des côtés est très petit par rapport aux deux autres, il est commode de se servir de développements en séries, et cela surtout quand les séries sont très convergentes.

On calculera les éléments inconnus c, B et A par les séries suivantes dont on trouvera la démonstration dans la trigonométrie de M. Serret.

$$c = b - a\cos C + \tfrac{1}{2}a^2\cotg b \sin^2 C + \tfrac{1}{4}a^3(\tfrac{1}{3}+\cotg^2 b)\sin C \sin 2C + \dots\dots$$

$$B = \pi - C - a\sin C \cotg b - \tfrac{1}{4}a^2\sin 2C\,(1 + 2\cotg^2 b) -$$
$$- \tfrac{1}{6}a^3\cos C \sin 2C \cotg b\,(3 + 4\cotg^2 b) +$$
$$+ \tfrac{1}{6}a^3\sin C \cotg b\,(1 + 2\cotg^2 b) + \dots\dots$$

$$A = a\,\frac{\sin C}{\sin b} + \tfrac{1}{2}a^2\sin 2C\,\frac{\cotg b}{\sin b} + \tfrac{1}{6}a^3\cos C \sin 2C\,\frac{1 + 4\cotg^2 b}{\sin b} -$$
$$- \tfrac{1}{3}a^3\sin C\,\frac{\cotg^2 b}{\sin b} + \dots\dots$$

Ces séries ne deviennent d'un calcul pratique qu'à la condition que les termes en a^3 soient entièrement négligeables. Si a est assez petit pour que les termes en a^2 soient négligeables, le calcul des éléments c, B et A devient d'une simplicité extrême. On a alors, en effet :

$$c = b - a\cos C, \quad B = \pi - C - a\sin C \cotg b, \quad A = a\,\frac{\sin C}{\sin b}.$$

Dans la théorie de l'aplatissement de la Terre ainsi que dans celle des parallaxes, on rencontre les deux expressions suivantes :

$$\operatorname{tg} x = \frac{m \sin \alpha}{1 - m \cos \alpha}, \qquad \rho = \sqrt{1 - 2m \cos \alpha + m^2},$$

dans lesquelles m est une quantité très petite et α un angle quelconque : il y a alors avantage à calculer x et ρ ou plutôt son logarithme au moyen de développements en séries. Ces développements ont été donnés pour la première fois par Delambre :

$$x = m \sin \alpha + \frac{m^2}{2} \sin 2\alpha + \frac{m^3}{3} \sin 3\alpha + \ldots$$

$$\log \rho = -\,M \left(m \cos \alpha + \frac{m^2}{2} \cos 2\alpha + \frac{m^3}{3} \cos 3\alpha + \ldots \right),$$

$M =$ module des logarithmes vulgaires.

$$M = 0,4342945, \quad \log M = 9,6377843 \quad \text{ou} \quad \bar{1},6377843.$$

Si dans les expressions précédentes on remplace α par $180° - \alpha$, on trouvera

$$x = m \sin \alpha - \frac{m^2}{2} \sin 2\alpha + \frac{m^3}{3} \sin 3\alpha - \ldots$$

$$\log \rho = M \left(m \cos \alpha - \frac{m^2}{2} \cos 2\alpha + \frac{m^3}{3} \cos 3\alpha - \ldots \right).$$

Soit une expression de la forme

$$\rho = A \frac{\sqrt{1 + 2m \cos \alpha + m^2}}{\sqrt{1 + 2m \cos \alpha + n^2}},$$

on aura :

$$\log \rho = \log A + \log \sqrt{1 + 2m \cos \alpha + m^2} - \log \sqrt{1 + 2n \cos \alpha + n^2}$$

et par le développement donné tout à l'heure :

$$\log \rho = \log A + M \left[(m - n) \cos \alpha - \frac{m^2 - n^2}{2} \cos 2\alpha + \frac{m^3 - n^3}{3} \cos 3\alpha - \ldots \right].$$

Cette série nous servira plus tard pour calculer le rayon de la Terre pour une latitude quelconque.

Aux développements logarithmiques précédents nous ajouterons les trois suivants :

$$\log(1+x) = \mathrm{M}\left(x - \frac{x^2}{2} + \frac{x^3}{3} - \frac{x^4}{4} + \dots\right),$$

$$\log(1-x) = -\mathrm{M}\left(x + \frac{x^2}{2} + \frac{x^3}{3} + \frac{x^4}{4} + \dots\right),$$

$$\log\left(\frac{1+x}{1-x}\right) = 2\mathrm{M}\left(x + \frac{x^3}{3} + \frac{x^5}{5} + \dots\right).$$

Soit l'expression

$$\operatorname{tg} x = \frac{1+m}{1-m} \operatorname{tg} \tfrac{1}{2}\alpha,$$

dans laquelle m est une quantité très petite : si l'on pose $x = z + \tfrac{1}{2}\alpha$, on trouvera en faisant les calculs que l'on a finalement

$$\operatorname{tg} z = \frac{m \sin\alpha}{1 - m \cos\alpha}.$$

On en conclut immédiatement, d'après le développment donné tout à l'heure, la série qui donne z en fonction de m et de α et par suite

$$x = \tfrac{1}{2}\alpha + m \sin\alpha + \frac{m^2}{2} \sin 2\alpha + \frac{m^3}{3} \sin 3\alpha.$$

Ce développement est dû à Lagrange, qui l'a obtenu directement.

De la série précédente on conclura le développement de la relation $\operatorname{tg} y = n \operatorname{tg} x$ dans laquelle n diffère peu de l'unité

$$y = x + \frac{n-1}{n+1} \sin 2x + \tfrac{1}{2}\left(\frac{n-1}{n+1}\right)^2 \sin 4x + \tfrac{1}{3}\left(\frac{n-1}{n+1}\right)^3 \sin 6x + \dots$$

Cette série peut servir à la résolution d'un triangle sphérique rectangle quand l'un des angles obliques B est très aigu : on a, en effet,

$$\operatorname{tg} c = \cos \mathrm{B} \operatorname{tg} a;$$

B étant très aigu, $\cos \mathrm{B}$ est voisin de l'unité.

On trouvera aisément que

$$\operatorname{tg} a = \frac{1}{\cos \mathrm{B}} \operatorname{tg} c = \frac{1 + \operatorname{tg}^2 \tfrac{1}{2}\mathrm{B}}{1 - \operatorname{tg}^2 \tfrac{1}{2}\mathrm{B}} \operatorname{tg} c,$$

d'où

$$a = c + \operatorname{tg}^2 \tfrac{1}{2}\mathrm{B} \sin 2c + \tfrac{1}{2} \operatorname{tg}^4 \tfrac{1}{2}\mathrm{B} \sin 4c + \dots$$

Cette série est employée en particulier dans le calcul que l'on appelle la *Réduction à l'Équateur* ou *Réduction à l'Écliptique*.

Nous compléterons cette énumération par deux séries qui sont d'un emploi très-commode dans certains cas particuliers :

Soit une expression de la forme

$$\cos y = \cos x + b,$$

dans laquelle b est une quantité très petite, de sorte que les angles y et x qui peuvent d'ailleurs être quelconques sont très peu différents l'un de l'autre

$$y = x - \frac{b}{\sin x} - \tfrac{1}{2}\cotg x \frac{b^2}{\sin^2 x} - \tfrac{1}{6}(1 + 3\cotg^2 x)\frac{b^3}{\sin^3 x} + \ldots$$

De même si l'on avait

$$\sin y = \sin x + b,$$

on développerait y en fonction de x de la manière suivante :

$$y = x + \frac{b}{\cos x} + \tfrac{1}{2}\tg x \frac{b^2}{\cos^2 x} + \tfrac{1}{6}(1 + 3\tg^2 x)\frac{b^3}{\cos^3 x} + \ldots,..$$

On ne s'est pas préoccupé de discuter le degré de convergence des diverses séries qui viennent d'être énumérées; on n'a pas cru devoir non plus donner la démonstration analytique de ces développements, parce que l'on ne saurait ici s'arrêter à des questions de théorie pure. Il suffit de savoir que l'analyse n'a donné au calculateur les séries dont nous venons de parler qu'après avoir constaté qu'au moins dans un grand nombre de cas elles présentent toute la convergence désirable. Il appartient ensuite à la théorie spéciale du calcul de s'assurer dans chaque cas particulier des limites dans lesquelles les séries sont susceptibles d'être employées avantageusement, eu égard à la nature des éléments dont il faut se servir. C'est ce que nous aurons l'occasion de faire souvent dans les diverses questions que nous aurons à traiter.

Au point de vue pratique, une série n'est en général utile pour les calculs numériques qu'à la condition de pouvoir être réduite à son premier terme, vu le degré d'approximation du résultat cherché. Le calcul du premier terme se présente alors sous une grande simplicité : il permet d'obtenir très facilement en secondes et en fractions de secondes le petit arc que l'on veut déterminer. Ainsi qu'on l'a montré précédemment, toutes les fois qu'il s'agit de calculer un petit arc en fonction d'un autre arc également petit, il vaut mieux se servir des arcs eux-mêmes que de leurs lignes trigonométriques, et cela surtout à cause des longueurs qui résultent forcément des calculs de parties proportionnelles. Il y a ainsi véritable avantage à se servir des expressions fournies par les séries pour les calculs numériques.

En général il n'est pas pratique de calculer les termes de séries d'ordre inférieur par rapport au premier et il vaut mieux se servir de la formule qui a donné lieu à la série en la rendant calculable par logarithmes : mais il y a des cas où non-seulement il n'en est pas ainsi, mais pour lesquels, au contraire, il y a un avantage réel à se servir des termes d'ordre inférieur au point de vue même de la rapidité du calcul.

On a conclu tout à l'heure de la relation $\cos y = \cos x + b$

$$y = x - \frac{b}{\sin x} - \tfrac{1}{2} \cotg x \, \frac{b^2}{\sin^2 x} - \ldots\ldots$$

Supposons que x restant constant, on donne à b diverses valeurs successives et que l'on veuille calculer les valeurs correspondantes de y avec une approximation de l'ordre de b^2. Le coefficient de b aussi bien que celui de b^2 restant constant, il est bien évident qu'il suffira d'avoir calculé leurs logarithmes ou leurs valeurs numériques une fois pour toutes, pour conclure très rapidement les quantités numériques du premier et du second ordre qui correspondent à des valeurs successives de b et par suite les valeurs totales qui en résultent pour y.

Nous avons fait connaître précédemment à la suite du calcul de l'angle horaire T au moyen des éléments h, δ et φ une série qui donne la variation ΔT, en fonction de Δh, $\Delta \delta$ et $\Delta \varphi$; supposons pour simplifier que $\Delta \delta$ et $\Delta \varphi$ soient nuls, de sorte qu'il n'y a lieu seulement de tenir compte de la variation de hauteur Δh, la série devient

$$\Delta T = \frac{\Delta h}{\cos \varphi \sin A} + \frac{\cos \varphi \cos \delta \sin T}{\cotg A \, \cotg C} \, \frac{\Delta h^2}{2} + \ldots$$

Ayant calculé une valeur T_0 de l'angle horaire au moyen d'une hauteur h_0, proposons-nous de déterminer diverses valeurs T_1, $T_2\ldots$, voisines les unes des autres au moyen de hauteurs successives très peu équidistantes h_1, $h_2\ldots$.

Soient

$$\Delta_1 T_0 = T_1 - T_0, \quad \Delta_2 T_0 = T_2 - T_0\ldots,$$
$$\Delta_1 h = h_1 - h_0, \quad \Delta_2 h = h_2 - h_0\ldots$$

On aura successivement :

$$T_1 = T_0 + \Delta_1 T_0, \quad T_2 = T_0 + \Delta_2 T_0\ldots,$$

et

$$\Delta_1 T_0 = \frac{\Delta_1 h}{\cos \varphi \sin A} + \frac{\cotg A \, \cotg C}{\cos \varphi \cos \delta \sin T_0} \, \frac{\Delta_1 h^2}{2} + \ldots,$$

$$\Delta_2 T_0 = \frac{\Delta_2 h}{\cos\varphi\,\sin A} + \frac{\cotg A\,\cotg C}{\cos\varphi\,\cos\delta\,\sin T_0}\,\frac{\Delta_2 h^2}{2} + \ldots$$

$$\cdots\cdots\cdots\cdots\cdots\cdots\cdots\cdots\cdots\cdots$$

On voit que les coefficients de Δh, Δh^2..., restent invariables, de sorte qu'il suffit de les avoir calculés une fois pour toutes, eux ou leurs logarithmes, pour obtenir avec une très grande rapidité les valeurs successives T que l'on cherche.

Ces deux exemples suffisent pour montrer l'avantage qu'il peut y avoir à employer les deux ou trois premiers termes d'une série dans les cas où il s'agit de réduire ou de calculer plusieurs observations dont les époques sont séparées par des intervalles de temps suffisamment petits.

Il pourrait se faire que les coefficients fussent eux-mêmes variables; mais alors il arrivera presque toujours que les coefficients des termes du premier ordre pourront être regardés comme constants si le résultat cherché doit être obtenu avec une approximation du premier ordre; l'erreur commise en procédant ainsi sera générale du deuxième ordre.

Soit, par exemple, un développement de la forme

$$y = Ax + Bx^2 + Cx^3 + \ldots$$

A, B, C étant des coefficients d'ordre supérieur, x une quantité du premier ordre et les variations Δx, ΔA, ΔB, ΔC..... également des quantités du premier ordre.

$$\Delta(Ax) = A\Delta x + x\Delta A; \qquad \Delta(Bx^2) = 2Bx\Delta x + \tfrac{1}{2}x^2\Delta B\ldots;$$

$A\Delta x$ est de l'ordre de Δx, c'est-à-dire du premier ordre; mais $x\Delta A$ est du second ordre, c'est-à-dire de l'ordre de x^2; $2Bx\Delta x$ est du deuxième ordre et $\tfrac{1}{2}x^2\Delta B$ du troisième. Par suite, si le résultat final doit être obtenu avec une approximation du premier ordre, les variations du premier ordre des coefficients sont négligeables.

En général, toutes les fois qu'il s'agit de déterminer une inconnue avec une approximation de l'ordre m, il y a lieu de négliger toute variation du premier ordre des coefficients de termes de l'ordre m.

Si pour les calculs numériques l'usage des termes d'ordre inférieur dans les séries est presque toujours essentiellement limité, il n'en est plus de même lorsqu'il s'agit de discussions analytiques relatives soit à l'importance des éléments qui servent à calculer le résultat final, soit à celle de leurs variations respectives. La série devient dans ce cas un instrument de recherche extrèmement précieux qui permet toujours au calculateur de fixer très-exactement le degré d'approximation qu'il doit attribuer au résultat final, eu égard à celui des éléments employés.

Soit, par exemple, la série

$$x = m \sin \alpha + \frac{m^2}{2} \sin 2\alpha + \dots$$

Si l'on sait que $\frac{m^2}{2} \sin 2\alpha$ est moindre que $1''$, il est évident que la valeur de x obtenue en ne tenant compte que du premier terme $m \sin \alpha$, sera approchée à moins de $1''$. Si l'on établissait d'avance que x doit être calculé à $0'',1$ près, on chercherait parmi les termes successifs de la série quel est celui qui est moindre que $0'',1$ et l'on en conclurait que ce terme et tous les suivants sont entièrement négligeables.

Si l'on a de même

$$\Delta T = M \Delta h + N \Delta h^2 + \dots$$

et que l'on sache que l'élément h ne peut être mesuré expérimentalement qu'avec une approximation de $10''$ et que d'ailleurs M soit tel que $M \Delta h$ représente une valeur de $15''$, il demeure établi que l'erreur ΔT de l'angle horaire calculé qui correspond à une erreur de hauteur Δh est de l'ordre de $15''$. Dans ce cas, il devient tout à fait illusoire d'estimer T avec une fraction moindre que $15''$ et par suite de calculer le terme en Δh^2.

Toutes les fois que nous aurons à calculer un élément quelconque au moyen d'éléments résultant de l'observation, nous ferons connaître avec soin la variation de l'élément à calculer en fonction des variations des éléments donnés et nous conclurons immédiatement les limites de l'approximation sur laquelle il y a lieu de compter.

Dans le cas précédent l'utilité des termes du second ordre n'apparaît plus; l'estimation de l'erreur dépend de la première différence en général, de sorte que cette différence peut être assimilée à une différentielle ordinaire. Mais les choses ne se présentent pas toujours ainsi. Il peut arriver que par un moyen quelconque on arrive à la suite de nouvelles observations à mesurer une différence telle que Δh; alors la série différentielle qui a servi tout à l'heure à déterminer la limite de l'approximation de l'élément cherché pourra être utilisée pour calculer une correction de cet élément.

Supposant négligeables les variations Δh et $\Delta \delta$ et ne tenant compte que de celle de $\Delta \varphi$, on a trouvé

$$\Delta T = - \frac{\cotg A}{\cos \varphi} \, \Delta \varphi + \left(\frac{\cotg A \cotg C}{\cos \varphi \cos \delta \sin T} - \frac{\cotg T}{\cos^2 \varphi} \right) \frac{\Delta \varphi^2}{2} + \dots$$

Si l'on a calculé l'angle horaire T_0 avec une latitude inexacte φ_0 et que plus tard une nouvelle observation donne la véritable latitude φ_1, il est clair que l'on aura commis dans le premier calcul une erreur ΔT

qui correspond à $\Delta\varphi = \varphi_1 - \varphi_0$. Sans qu'il soit nécessaire de recommencer le calcul déjà fait, on calculera la correction nécessaire ΔT_0 au moyen de la série précédente en y remplaçant $\Delta\varphi$ par $\varphi_1 - \varphi_0$ et l'on aura pour valeur de T

$$T = T_0 + \Delta T_0.$$

Ce calcul se fera habituellement au moyen du premier terme de la série, les autres étant supposés négligeables. Mais cela ne peut avoir lieu qu'à la condition que l'on soit fixé sur la valeur absolue de ces termes eux-mêmes ; de là la nécessité de les avoir sous les yeux pour en apprécier l'importance.

Les séries ont un autre avantage non moins sérieux ; elles représentent aux yeux avec une grande netteté la marche plus ou moins rapide des variations des éléments en fonction de celles des autres éléments dont ils dépendent ; c'est là surtout un point d'une importance capitale dans tous les calculs de l'astronomie sphérique.

Si dans la série

$$y = x - \frac{b}{\sin x} - \tfrac{1}{2}\cotg x\, \frac{b^2}{\sin^2 x} - \ldots$$

x est un arc voisin de zéro, il est évident que de petites variations de b en donneront de très notables sur la quantité y.

Dans la suivante

$$\Delta T = \frac{\Delta h}{\cos\varphi\sin A} + \frac{\cotg A\,\cotg C}{\cos\varphi\cos\delta\sin T}\,\frac{\Delta h^2}{2} + \ldots$$

si A est égal à 90° et φ égal à 0, tous les termes d'ordre inférieur s'annulent et l'on a $\Delta T = \Delta h$. Si au contraire A est voisin de zéro, les termes d'ordre inférieur croissent rapidement et il n'y a plus lieu de les regarder comme négligeables.

Si x est voisin de zéro dans la première série de tout à l'heure et A également voisin de zéro dans la seconde, les séries ne sont plus convergentes. L'étude des termes d'ordre inférieur sert surtout au point de vue analytique à se rendre compte du degré de convergence et de la marche de cette convergence.

Dans les séries différentielles exposées précédemment, nous avons montré qu'il est toujours possible de mettre en évidence une quantité qui entre en facteur dans tous les termes du développement que l'on peut appeler *l'argument caractéristique de la convergence*. Ce facteur apparaîtra toujours très-nettement toutes les fois que l'on aura sous les yeux plusieurs termes successifs de la série ; c'est surtout à cause de cela qu'il importe généralement de calculer les expressions de ces termes quoiqu'en réalité il n'y ait jamais lieu de s'en servir dans les calculs numériques.

La série qui donne ΔT peut encore servir à mettre en évidence un autre fait d'une certaine importance ; le coefficient Δh ne renfermant que φ et A, il en résulte que toute variation du premier ordre, conséquence d'une variation du même ordre de la hauteur h, ne dépend absolument que de l'azimut et de la latitude. Le coefficient de Δh^2 contenant δ et T, on en conclut que ΔT dépend aussi, mais dans la limite du second ordre, de la grandeur absolue de la déclinaison et de l'angle horaire ou de la hauteur elle-même.

La série différentielle montre ainsi l'importance relative des grandeurs des éléments donnés pour la recherche du résultat. Il peut résulter de là des enseignements précieux pour le calculateur. Il n'y a jamais lieu, par exemple, de calculer un élément avec une donnée qui est de grandeur telle que l'erreur du résultat calculé soit d'un ordre beaucoup supérieur à celui de l'observation. Or ce fait ne peut être mis en évidence que par une discussion basée sur un développement composé de plusieurs termes.

Il résulte de la remarque qui vient d'être faite, dans l'exemple particulier que l'on a choisi, une véritable loi de la variation ou plutôt du mouvement de l'angle horaire d'un astre ; ce mouvement dépend en premier lieu des grandeurs absolues de la latitude et de l'azimut et en second lieu des grandeurs absolues de la déclinaison et de la hauteur, mais alors dans la limite du second ordre seulement. Cette loi, qui résulte immédiatement du développement analytique de la formule qui lie entre eux les différents éléments du calcul, pourrait être établie directement par des résultats d'observation ; mais dans ce dernier cas elle deviendrait très difficile à formuler ; les variations des éléments ne peuvent, en effet, être accusées expérimentalement que par des valeurs numériques qui renferment confondues les quantités d'ordre différent.

Nous aurons l'occasion de faire connaître les mouvements des principaux corps du système solaire ; ces mouvements résultent tous de la loi de l'attraction universelle ; mais non-seulement ils ne se présentent pas sous une forme simple, mais ils se traduisent toujours par des développements plus ou moins complexes. Le premier terme du développement dépend de l'attraction principale, de l'attraction du Soleil, par exemple, pour le cas de la Terre ; quant aux autres, ils résultent d'attractions mutuelles, conséquences du principe même de l'attraction universelle et se représentent par des expressions d'ordre plus ou moins inférieur.

Les lois qui président au mouvement des corps célestes se trouvent d'après cela exprimées par de véritables séries d'un nombre infini de termes. Il est impossible de déduire immédiatement la loi fondamentale des résultats expérimentaux parce que les résultats renferment confondues toutes les variations secondaires. Képler en posant les trois grandes lois a fait une œuvre de génie parce qu'il a su deviner les lois principales qui existeraient indépendamment des perturbations secondaires. Un fait a facilité beaucoup le travail de Képler : de son temps les erreurs d'observation étaient à peu près du même ordre que les deuxièmes termes des séries; dans ces conditions il suffisait de savoir rester dans la limite des approximations pour arriver à découvrir les lois principales. Il y a lieu de remarquer, en outre, que dans le cas choisi par Képler, celui du mouvement d'une planète par rapport au Soleil, la série est toujours très-convergente; or cela est loin d'avoir lieu pour le mouvement de la Lune par rapport à la Terre, Képler n'aurait sans doute jamais établi ses trois grandes lois s'il avait étudié seulement le mouvement de la Lune.

Il semble établi jusqu'à ce jour par les découvertes de la science que toutes les grandes lois naturelles sont de véritables séries composées de termes d'ordres différents dont le nombre est infini; ces lois découlant chacune d'un principe primordial susceptible d'être exprimé par une formule simple. On peut dire alors que si les lois elles-mêmes se traduisent dans leur essence par une relation algébrique, elles se manifestent dans les faits sous la forme de véritables transcendantes.

Dans de pareilles conditions si en réalité il est toujours très facile au moyen du calcul différentiel de passer des lois simples aux faits qui existent dans la nature, quand on connaît les lois elles-mêmes, il devient toujours très-difficile de faire l'opération inverse, c'est-à-dire de partir des faits pour rétablir les lois; cela deviendra encore plus difficile si les lois sont représentées par des séries peu convergentes.

Ces quelques réflexions d'un ordre tout à fait général suffisent pour montrer quelle importance la série joue dans les lois naturelles et celle qu'on doit lui attribuer dans toutes les recherches relatives aux phénomènes d'observation.

3. Formule générale des approximations successives. — L'emploi dans les calculs astronomiques de séries convergentes ou de suites indéterminées dont les termes vont en décroissant, de sorte que l'un quelconque est toujours d'un ordre inférieur par rapport à celui qui le précède immédiatement, donne naissance à des équations d'une espèce particulière qu'il importe de savoir résoudre.

Soit par exemple une relation de la forme

$$y = Ax + Bx^2 + Cx^3 + \ldots$$

dans laquelle le second membre est une série convergente. Quand x est un élément donné, on peut calculer y avec telle approximation que l'on veut; mais si y se trouvant au contraire un élément donné, on a besoin de calculer x, on aura à résoudre une véritable équation d'un ordre indéterminé à laquelle on ne saurait appliquer les règles ordinaires de l'analyse algébrique relatives à la résolution des équations.

On déduit immédiatement de la relation précédente :

$$x = \frac{y}{A} - \frac{B}{A} x^2 - \frac{C}{A} x^3 \dots$$

ou d'une manière générale,

$$x = m + nx^2 + px^3 + \dots$$

Comme on a supposé que y était représenté par une série convergente, il suit naturellement que x est une quantité au moins plus petite que l'unité, de sorte que m est moindre que l'unité et une valeur très-approchée de la valeur cherchée pour x qui, dans certains cas, pourra être regardée comme suffisante.

En remplaçant x^2, x^3 ..... par m^2, m^3 ....., on aurait une nouvelle valeur de x plus approchée. On pourra répéter ce mode d'opération aussi longtemps que l'on voudra, et l'on obtiendra ainsi des valeurs de x de plus en plus rapprochées. Soient x_0, x_1, x_2 ..... les valeurs de x obtenues successivement.

$$x_0 = m$$
$$x_1 = m + nx_0^2 + px_0^3 + \dots$$
$$x_2 = m + nx_1^2 + px_1^3 + \dots$$
$$\dots \dots \dots \dots \dots$$
$$x_{n+1} = m + nx_n^2 + px_n^3 + \dots$$

L'ensemble des opérations qui se trouvent ainsi indiquées constitue ce que l'on appelle un calcul *d'approximations successives*. Il est évident que ce calcul permettra dans tous les cas de déterminer la valeur de x avec toute l'approximation désirable. Mais ce calcul, tel qu'il vient d'être indiqué, est en réalité toujours assez long et même, dans certains cas, fort pénible ; pour les recherches théoriques il devient tout à fait insuffisant. Les calculs successifs peuvent être remplacés par ceux des termes d'une nouvelle série qui sera le développement de x en fonction de m, ou si l'on part de la relation $y = Ax + Bx^2 + Cx^3 \dots$, le développement de x en fonction de y par une nouvelle série convergente.

La solution de cet important problème se trouve entièrement donnée par une belle formule établie par Lagrange, dans la *Théorie des fonctions analytiques*.

Soit en général une expression de la forme

$$x = a + bf(x)$$

dans laquelle $bf(x)$ représente une fonction algébrique ou transcendante qui se traduit numériquement par une quantité très petite, de sorte que a est une valeur très-voisine de la racine de l'équation que l'on veut calculer; Lagrange a démontré que l'on a :

$$x = a + bf(a) + \frac{b^2}{1 \cdot 2} \frac{df(a)^2}{da} + \frac{b^3}{1 \cdot 2 \cdot 3} \frac{d^2f(a)^3}{da^2} + \ldots$$

pour exprimer la valeur exacte de cette racine.

Nous donnerons au développement précédent le nom de *Formule des approximations successives*. Cette formule semble généralement ignorée; dans tous les cas, elle n'est jamais appliquée: on peut en donner comme preuve les calculs longs et embarrassés de tous les auteurs qui se sont trouvés en présence d'un problème d'approximations successives, calculs qui deviennent au contraire d'une grande simplicité et d'une grande élégance par la seule application de la série de Lagrange.

Toutes les fois que nous aurons à traiter une question d'approximations successives, nous dirigerons notre analyse de manière à rendre facile l'usage de la formule précédente, et, ainsi qu'on le verra souvent, nous en conclurons des expressions non-seulement très commodes pour les calculs numériques, mais encore très précieuses au point de vue de la discussion analytique.

Il n'entre pas dans le plan de cet ouvrage de s'arrêter aux questions d'analyse pure, en particulier aux démonstrations théoriques des formules; on renvoie, à ce sujet, aux ouvrages spéciaux d'analyse, de trigonométrie ou de mécanique céleste. Toutefois, comme la formule de Lagrange est peu connue et que son emploi occupera une place très importante dans un grand nombre de recherches, nous en donnons ici une démonstration sommaire.

LEMME. y *étant une fonction d'une variable indépendante, dont les dérivées successives sont* y′, y″, y‴ ..... yⁿ, *si l'on appelle* X_0, X_1, X_2 ..... X_n *des fonctions telles que*

$$X_0 = y + X_1 \frac{y'}{1} + X_1^2 \frac{y''}{1 \cdot 2} + X_1^3 \frac{y'''}{1 \cdot 2 \cdot 3} + \ldots + X_1^m \frac{y^{(m)}}{1 \cdot 2 \ldots m}$$

$$X_1 = y + X_2 \frac{y'}{1} + X_2^2 \frac{y''}{1 \cdot 2} + X_2^3 \frac{y'''}{1 \cdot 2 \cdot 3} + \ldots + X_2^m \frac{y^{(m)}}{1 \cdot 2 \ldots m}$$

$$X_2 = y + X_3 \frac{y'}{1} + X_3^2 \frac{y''}{1 \cdot 2} + X_3^3 \frac{y'''}{1 \cdot 2 \cdot 3} + \ldots + X_3^m \frac{y^{(m)}}{1 \cdot 2 \ldots m}$$

$$\cdots \cdots \cdots \cdots \cdots \cdots \cdots \cdots \cdots \cdots \cdots$$

$$X_n = y + X_{n+1} \frac{y'}{1} + X_{n+1}^2 \frac{y''}{1 \cdot 2} + X_{n+1}^3 \frac{y'''}{1 \cdot 2 \cdot 3} + \ldots + X_{n+1}^m \frac{y^{(m)}}{1 \cdot 2 \ldots m}$$

les suites qui forment les seconds membres étant des séries convergentes, ce qui ne peut avoir lieu qu'à la condition que y *soit moindre que l'unité, les dérivées successives* y′, y″, y‴ *étant en outre du même ordre que* y, *de sorte que les produits* yy′, yy″, y′y″ ..... *sont du deuxième ordre,* yy′y″, yy′y'ᴵⱽ, ... *du troisième ordre, etc.....,* le résultat de l'élimination de X_1, X_2 ..... X_n *entre les* n + 1 *suites sera exprimé à une quantité près du* (n + 1)ᶦᵉᵐᵉ *ordre par la série*

$$X_0 = y + \frac{(y^2)'}{1.2} + \frac{(y^3)''}{1.2.3} + \frac{(y^4)'''}{1.2.3.4} + \cdots \frac{(y^{n+1})^{(m)}}{1.2 \cdots (n+1)}.$$

Il est extrêmement facile de vérifier cette proposition en procédant de proche en proche.

Soit d'abord proposé d'éliminer X_1 entre les deux relations

$$\begin{cases} X_0 = y + X_1 \dfrac{y'}{1}, \\ X_1 = y, \end{cases}$$

on a $\qquad X_0 = y + yy' = y + \frac{1}{2}(y^2)$.

Soit ensuite à éliminer X_1 et X_2 entre les trois relations

$$\begin{cases} X_0 = y + X_1 \dfrac{y'}{1} + X_1^2 \dfrac{y''}{1.2}, \\ X_1 = y + X_2 \dfrac{y'}{1}, \\ X_2 = y; \end{cases}$$

on négligera le quatrième ordre et l'on trouvera

$$X_0 = y + yy' + yy'^2 + \tfrac{1}{2} y^2 y'',$$

c'est-à-dire $\qquad X_0 = y + \dfrac{(y^2)'}{1.2} + \dfrac{(y^3)''}{1.2.3}.$

On peut continuer ainsi indéfiniment et constater la loi de formation des termes successifs.

Cela posé, prenons la relation

$$x = a + bf(x);$$

a étant par hypothèse une valeur très approchée de x, en substituant dans $f(x)$ les valeurs successives de plus en plus approchées de x, la relation pourra s'écrire d'une manière figurée

$$v = a + bf \left[a + bf(x) \right]$$

$$x = a + bf \left\{ a + bf \left[a + bf(x) \right] \right\}$$

$$\cdots \cdots \cdots \cdots \cdots \cdots$$

$$x = a + bf \left(a + bf \left(a + bf \left(a + bf \left(a + \ldots \right) \right) \right) \right)$$
$$\quad\;\; {}_0 \qquad\quad {}_1 \qquad\quad {}_2 \qquad\quad {}_3 \qquad\qquad {}_0$$

en distinguant les parenthèses par des indices.

Soit $x - a = X_0$. Représentons l'ensemble de la parenthèse d'indice 1 par Y_1, de sorte que

$$X_0 = bf(a + bY_1),$$

le second membre pourra se développer suivant la série de Taylor, et l'on aura

$$X_0 = bf(a) + \frac{b^2 Y_1}{1} \frac{df(a)}{da} + \frac{b^3 Y_1^2}{1 \cdot 2} \frac{d^2 f(a)}{da^2} + \ldots,$$

ou en faisant $bf(a) = y$,   et $bY_1 = X_1$

$$X_0 = y + X_1 \frac{y'}{1} + X_1^2 \frac{y''}{1 \cdot 2} + \ldots$$

Mais on a

$$bY_1 = bf(_1 a + bf(_2 a + \ldots)) = bf(a + bY_2),$$

en représentant par Y_2 l'ensemble de la parenthèse qui a l'indice 2, et par suite en faisant $bY_1 = X_1$, $bY_2 = X_2$ et $bf(a) = y$,

$$X_1 = y + X_2 \frac{y'}{1} + X_2^2 \frac{y''}{1 \cdot 2} + \ldots;$$

on trouvera de même

$$X_2 = y + X_3 \frac{y'}{1} + X_3^2 \frac{y''}{1 \cdot 2} \ldots,$$

et ainsi de suite, c'est-à-dire les n séries que nous avons considérées tout à l'heure.

On en conclura immédiatement que si $y = bf(a)$ et ses dérivées successives sont des quantités moindres que l'unité et au plus du premier ordre, on aura

$$X_0 = y + \frac{(y^2)'}{1 \cdot 2} + \frac{(y^3)''}{1 \cdot 2 \cdot 3} + \ldots + \frac{(y^{n+1})^{(4n)}}{1.2\ldots(n+1)},$$

ou en remplaçant X_0 par sa valeur $(x-a)$ et y par $bf(a)$

$$x = a + \frac{b}{1} f(a) + \frac{b^2}{1 \cdot 2} \frac{df(a)^2}{da} + \frac{b^3}{1 \cdot 2 \cdot 3} \frac{d^2 f(a)^3}{da^2} + \ldots,$$

c'est-à-dire la formule qu'il s'agissait d'établir.

Nous donnerons immédiatement deux applications très-simples de la formule des approximations successives.

Soit l'équation du second degré

$$bx^2 - x + a = 0,$$

dans laquelle le coefficient de b est très-petit et a moindre que 1, de sorte que l'une des racines de l'équation est très-voisine de a; on écrira

$$x = a + bx^2.$$

Dans ce cas la fonction générale $f(x)$ est égale à x^2, de sorte que

$$f(a) = a^2, \qquad f(a)^2 = a^4, \qquad f(a)^3 = a^6 \ldots,$$

d'où

$$\frac{df(a)^2}{da} = 4a^3, \qquad \frac{d^2 f(a)^3}{da^2} = 30a^4 \ldots$$

Substituant dans le développement général, on aura

$$x = a + ba^2 + 2b^2 a^3 + 5b^3 a^4 + \ldots$$

Tel est le développement qui permettra de calculer la valeur de x. On remarquera que si $b = 1$ ou même si $b > 1$ le développement peut encore être convergent à la condition que a soit très-petit.

Dans la théorie du Soleil on est conduit à la relation

$$u = m + e \sin u,$$

entre l'anomalie excentrique u et l'anomalie moyenne m, et l'on a besoin de développer u en fonction de m; l'excentricité e étant très-petite, la formule des approximations successives est applicable. On remplacera a par m, b par e et $f(a)$ par $\sin m$; on calculera les dérivées successives de $\sin^2 m$, $\sin^3 m$, ... et en substituant on trouvera très-rapidement

$$u = m + e \sin m + e^2 \sin m \cos m + \ldots$$

Ces deux applications très simples et très élémentaires suffisent pour montrer combien il est commode de se servir de la formule de Lagrange pour résoudre tous les problèmes qui se traduisent en dernière analyse par un calcul d'approximations successives.

Nous allons maintenant appliquer la même méthode à la résolution d'une équation d'un ordre plus général

$$x = a + cx^2 + dx^3 + ex^4 + fx^5 + \ldots,$$

dans laquelle le second nombre est une série convergente de sorte que si les coefficients a, c, d... sont du premier ordre, a est au plus du premier ordre.

On mettra l'équation sous la forme

$$x = a + c\left(x^2 + \frac{d}{c}\,x^3 + \frac{e}{c}\,x^4 + \ldots\right),$$

et l'on posera $\dfrac{d}{c} = m$, $\dfrac{e}{c} = n$, etc., de sorte que

$$x = a + c(x^2 + mx^3 + nx^4 + \ldots),$$

c'est-à-dire une expression de la forme

$$x = a + b[f(x)].$$

Pour obtenir le développement de x, on appliquera la série de Lagrange, après avoir calculé séparément les termes successifs

$$\frac{c^2}{2}\frac{df(a)^2}{da}, \quad \frac{c^4}{6}\frac{d^2 f(a)^3}{da^2}, \quad \frac{c^3}{24}\frac{d^3 f(a)^4}{da^3}, \text{ etc.}$$

Ce calcul ne présente d'autres difficultés que sa longueur.

En poussant l'approximation jusqu'à la cinquième puissance de a, on a trouvé :

$$\begin{aligned} x = a &+ ca^2 + (d + 3c^2)a^3 + (e + 5cd + 5c^3)a^4 \\ &+ (f + 6ce + 3d^2 + 21c^2 d + 14c^4)a^5 + \ldots \end{aligned}$$

Ce développement ne saurait être convergent qu'à la condition que a soit moindre que l'unité et que les divers coefficients soient au plus du même ordre que a : il n'y a pas lieu d'insister à ce sujet, la série de Lagrange n'étant applicable à l'équation proposée que dans cette hypothèse.

Dans les applications on ne se sert généralement que des trois pre-

niers termes du développement : si la valeur de x ainsi obtenue n'était
pas suffisamment approchée, on transformerait préalablement l'équa-
tion en posant $x = x' + \varepsilon$; on ferait $\varepsilon = a + ca^2$ et l'on résoudrait la
nouvelle équation en x'.

Il y a lieu de remarquer que la méthode précédente peut s'appliquer
au calcul d'une racine quelconque d'une équation quand cette racine
est déjà connue à moins d'une unité près.

Soit en effet $f(x) = 0$ une équation dont a est une racine approchée
et $a + \varepsilon$ la racine exacte : on a

$$f(a + \varepsilon) = 0 \quad \text{ou} \quad f(a) + \varepsilon \frac{df(a)}{da} + \frac{\varepsilon^2}{1.2} \frac{d^2f(a)}{da^2} + \frac{\varepsilon^3}{1.2.3} \frac{d^3f(a)}{da^3} + \ldots = 0,$$

d'où en désignant par m, c, d les coefficients

$$\varepsilon = m + c\varepsilon^2 + d\varepsilon^3 + \ldots,$$

c'est-à-dire une équation de la forme de celle qui a été résolue tout à
l'heure, on calculera ε et l'on aura la racine cherchée.

Le calcul qui vient d'être exposé renferme donc implicitement la
résolution numérique de toute équation algébrique ou transcendante.

CHAPITRE IV

DES ÉLÉMENTS DES CALCULS. — INTERPOLATIONS. — OBSERVATIONS. — MÉTHODE DES MOINDRES CARRÉS.

1. Des éléments des calculs. — Les données fondamentales qui servent de bases aux calculs astronomiques sont : 1° les éléments fournis par les éphémérides pour les diverses époques de l'année; 2° les mesures instrumentales obtenues par des observations directes. Ces deux sortes de données, que l'on appelle en général les éléments des calculs, vont être ici l'objet de quelques remarques fort importantes.

Ainsi que chacun le sait, les éphémérides sont des tables qui donnent pour toutes les époques de l'année les positions des astres dans le ciel en faisant connaître les coordonnées de ces astres. Les éphémérides sont calculées au moyen des formules de la mécanique céleste comme on le verra plus loin.

Les éphémérides généralement en usage sont, en France, la *Connaissance des temps* publiée par les soins du bureau des longitudes, en Angleterre le *Nautical almanack* et en Allemagne le *Jahrbuch*.

La *Connaissance des temps* dont il sera fait plus loin une description complète donne les positions du Soleil de 24 heures en 24 heures et celles de la Lune de 12 heures en 12 heures, de 3 heures en 3 heures ou aussi d'heure en heure. Il arrive presque toujours dans la pratique que l'époque pour laquelle on a besoin de connaître les coordonnées d'un astre ne correspond pas exactement à celle pour laquelle ces coordonnées se trouvent calculées dans les éphémérides. De là deux problèmes dont la solution s'impose tout d'abord dans presque tous les calculs :

1° *Connaissant les valeurs d'un élément astronomique pour diverses époques consécutives, par les éphémérides, calculer cet élément pour une époque intermédiaire;*

2° *Sachant à quelles époques un élément atteint des valeurs déterminées, trouver l'époque à laquelle il prendra une valeur intermédiaire qui est donnée d'avance.*

La solution de ces deux problèmes s'exécute à l'aide de la formule d'interpolation de Newton.

2. Formule d'interpolation de Newton. — Soit y une fonction d'une variable indépendante $x : y = f(x)$; donnons à la variable x différentes valeurs successives équidistantes $x_0, x_1, x_2, \ldots x_n$, la fonction prendra les valeurs correspondantes $y_0, y_1, \ldots y_n$, de sorte que :

$$y_0 = f(x_0), \quad y_1 = f(x_1), \quad y_2 = f(x_2), \ldots \quad y_n = f(x_n).$$

Soient en outre :

$$\Delta y_0 = y_1 - y_0. \quad \Delta y_1 = y_2 - y_1, \quad \Delta y_2 = y_3 - y_2, \ldots \quad \Delta y_{n-1} = y_n - y_{n-1},$$
$$\Delta^2 y_0 = \Delta y_1 - \Delta y_0, \quad \Delta^2 y_1 = \Delta y_2 - \Delta y_1 \ldots$$
$$\Delta^3 y_0 = \Delta^2 y_1 - \Delta^2 y_0 \ldots$$

Les différences se calculent toujours *en retranchant l'élément qui précède de celui qui le suit immédiatement dans l'ordre naturel*.

Newton a établi la formule suivante qui permet de calculer l'expression générale de y quand on connaît déjà un certain nombre de valeurs particulières $y_0, y_1, \ldots y_n$ correspondant à diverses valeurs de la variable $x_0, x_1, \ldots x_n$ supposées équidistantes :

$$y = y_0 + \frac{x - x_0}{x_1 - x_0} \frac{\Delta y_0}{1} + \frac{(x - x_0)(x - x_1)}{(x_1 - x_0)^2} \frac{\Delta^2 y_0}{1.2} +$$
$$+ \frac{(x - x_0)(x - x_1)(x - x_2)}{(x_1 - x_0)^3} \frac{\Delta^3 y_0}{1.2.3} + \ldots$$

Il serait facile de démontrer que cette formule n'est au fond que le développement de Taylor dans lequel on aurait exprimé les dérivées successives $y', y'', y''' \ldots$ au moyen des différences des divers ordres.

On remarquera que la fonction qui se trouve au second membre jouit de la propriété de devenir $y_0, y_1, y_2, \ldots y_n$ quand on fait $x = x_0$, $x = x_1$, $x = x_2, \ldots x = x_n$. En effet :

Pour $x = x_0$, tous les termes s'annulent à partir du second, et il reste $y = y_0$; pour $x = x_1$, tous les termes s'annulent à partir du troisième et il reste $y = y_0 + \Delta y_0 = y_1$, et pour $x = x_2$, tous les termes s'annulent à partir du quatrième et l'on a $y = y_0 + 2\Delta y_0 + \Delta^2 y_0$, car les valeurs de x étant équidistantes $x_2 - x_1 = x_1 - x_0$; remplaçant $\Delta^2 y_0$ par $\Delta y_1 - \Delta y_0$ et ensuite Δy_1 et Δy_0 par leurs valeurs $y_2 - y_1$, $y_1 - y_0$, on aura finalement $y = y_2$, et ainsi de suite.

Il doit résulter de là que si $y_0, y_1, \ldots y_n$ sont des valeurs numériques de la fonction y qui ont été trouvées correspondre à diverses valeurs équidistantes $x_0, x_1, \ldots x_n$ de la variable x, la fonction $y = f(x)$ calculée au moyen de la formule précédente, pourra être regardée comme représentant la loi qui lie entre eux les éléments y et x. Cette loi ne sera à la vérité qu'empirique, puisqu'elle ne fait que résumer par le fait un ensemble de données expérimentales sans préjuger en rien des causes véritables qui sont susceptibles de faire varier les données, mais elle pourra toujours être regardée comme traduisant très-exactement la loi réelle, au moins dans la limite des observations, toutes les fois que les diverses valeurs y_0, y_1,...... y_n paraîtront varier d'une manière continue sans présenter jamais entre elles ni maximum ni minimum, non plus qu'aucune apparence de discontinuité.

Le raisonnement précédent peut recevoir une interprétation graphique très simple ; la fonction $y = f(x)$, quelle qu'elle soit, peut se représenter par une courbe dont les abscisses varieraient proportionnellement aux valeurs de x et les ordonnées proportionnellement aux valeurs de y. Si l'on suppose que l'équation de cette courbe étant en réalité inconnue, on ait pu expérimentalement mesurer les ordonnées y_0, y_1,...... y_n et les porter sur le papier, on se trouvera avoir un certain nombre de points dont l'ensemble figurera d'autant mieux le tracé de la courbe que ces points seront plus rapprochés les uns des autres. Dire que l'équation de la courbe est la relation calculée par la formule de Newton, c'est en réalité la même chose que joindre les points obtenus graphiquement par un trait continu, ou encore remplacer la courbe réelle par un tracé parabolique d'un certain ordre qui n'en diffère pas sensiblement.

Ayant calculé la fonction y au moyen des valeurs successives y_0, y_1,...... y_n, et admettant que cette fonction est la représentation exacte de la fonction réelle $f(x)$ au moins dans l'intervalle considéré, c'est-à-dire de x_0 à x_n, il en résultera que l'on pourra s'en servir pour obtenir ensuite une valeur quelconque de y qui correspond à une valeur de x intermédiaire à deux valeurs consécutives x_0, x_1,...... x_n. L'opération qui a pour objet de calculer ainsi une valeur particulière d'une fonction intermédiaire à d'autres valeurs déjà connues, sans que la forme de la fonction le soit elle-même, s'appelle un calcul d'interpolation.

Il demeure ainsi établi que la formule d'interpolation de Newton ayant été calculée pour un certain nombre de valeurs consécutives correspondant à des valeurs équidistantes x_0, x_1.....x_n de la variable pourra servir à calculer la valeur y de la fonction qui correspond à une valeur quelconque x de la variable intermédiaire entre x_0 et x_n. Nous allons maintenant appliquer cette formule au calcul des éléments astronomiques.

La variable adoptée dans les éphémérides est toujours le temps solaire moyen que nous désignerons par t ; l'élément à calculer E est fonction de ce temps, de sorte que

$$E = f(t).$$

Les éléments du Soleil sont calculés pour chaque midi moyen, c'est-à-dire de 24 heures en 24 heures ; il en est de même des éléments des planètes; pour la Lune, les longitudes, latitudes, parallaxes et demi-diamètres sont calculés de 12 heures en 12 heures, les ascensions droites d'heure en heure et les distances lunaires de 3 heures en 3 heures.

Quel que soit l'intervalle des époques pour lesquelles les éléments sont donnés, nous le représenterons par i, de sorte que

$$x_1 - x_0 = i.$$

Nous admettrons en outre que l'on prenne provisoirement pour origine du temps le temps t_0 qui correspond à l'élément initial E_0, de manière que l'on puisse faire $t_0 = 0$, dans le but de simplifier la formule. Dans ces conditions, la formule générale d'interpolation devient

$$E = E_0 + \frac{t}{i} \Delta E_0 + \frac{t(t-i)}{i^2} \frac{\Delta^2 E_0}{1.2} + \frac{t(t-i)(t-2i)}{i^3} \frac{\Delta^3 E_0}{1.2.3} +$$
$$+ \frac{t(t-i)(t-2i)(t-3i)}{i^4} \frac{\Delta^4 E_0}{1.2.3.4} + \dots$$

ou :

$$E = E_0 + \frac{t}{i}\Delta E_0 + \frac{t}{i}\left(\frac{t}{i}-1\right)\frac{\Delta^2 E_0}{1.2} + \frac{t}{i}\left(\frac{t}{i}-1\right)\left(\frac{t}{i}-2\right)\frac{\Delta^3 E_0}{1.2.3} +$$
$$+ \frac{t}{i}\left(\frac{t}{i}-1\right)\left(\frac{t}{i}-2\right)\left(\frac{t}{i}-3\right)\frac{\Delta^4 E_0}{1.2.3.4} + \dots$$

Dans cette expression, E sera la valeur de l'élément a calculer, E_0 celle qui correspond au temps initial, t_0 pris pour origine, t l'époque pour laquelle on veut l'élément E, i l'intervalle de temps qui sépare les époques t_0, t_1...... t_n pour lesquelles sont donnés les éléments des éphémérides E_0, E_1, E_2...., E_n. Quant aux différences, elles résultent de ces derniers éléments d'une manière très-simple.

$$\Delta E_0 = E_1 - E_0 \quad \Delta E_1 = E_2 - E_1, \quad \Delta E_2 = E_3 - E_2, \quad \Delta E_3 = E_4 - E_3 \dots$$
$$\Delta^2 E_0 = \Delta E_2 - \Delta E_1, \quad \Delta E_1 = \Delta E_2 - \Delta E_1, \quad \Delta^2 E_2 = \Delta E_3 - \Delta E_1 \dots,$$
$$\Delta^3 E_0 = \Delta^2 E_1 - \Delta^2 E_0, \quad \Delta^2 E_1 = \Delta^2 E_2 - \Delta^2 E_1 \dots$$
$$\Delta^4 E_0 = \Delta^3 E_1 - \Delta^2 E_1 \dots$$

On se rappellera que les valeurs numériques des diffférences s'obtiennent toujours en retranchant un élément de celui qui le suit immédiatement dans l'ordre naturel. L'élément initial E_0 correspond au temps initial qui est pris provisoirement pour origine du temps, et l'on a $\Delta E_0 = E_1 - E_0$. Il est important qu'il n'y ait jamais aucune incertitude au sujet du signe des différences. Pour le cas ces éléments astronomiques, le temps étant la variable indépendante, les différences se calculent en *retranchant un élément relatif à une époque quelconque de celui qui convient pour l'époque immédiatement postérieure*, quel que soit du reste l'intervalle adopté dans les éphémérides pour les époques successives. Les résultats pouvant être *positifs* ou *négatifs*, on donne en conséquence aux différences le signe $+$ ou le signe $-$, suivant que cela est indiqué par la soustraction.

Les diverses quantités qui entrent dans la formule d'interpolation se trouvant ainsi évaluées avec leurs signes respectifs, il ne reste plus qu'à calculer séparément les termes successifs et ensuite à en faire la somme algébrique pour obtenir finalement la valeur de l'elément cherché E.

Le développement donné tout à l'heure qui, ainsi qu'on l'a vu, n'est autre chose que la formule d'interpolation de Newton, mise sous une forme particulière, se trouve ainsi résoudre analytiquement le problème suivant :

Trouver un élément E intermédiaire à deux éléments consécutifs E_0, E_1 *qui correspond à une époque donnée t intermédiaire aux époques* t_0 *et* t_1, *pour lesquelles conviennent les valeurs* E_0 *et* E_1.

Nous supposerons, en second lieu, que E intermédiaire à E_0 et E_1 étant donné, ou veuille calculer l'époque correspondante t intermédiaire à t_0 et t_1. Pour cela, nous poserons $\dfrac{l}{i} = x$, et en outre pour abréger les écritures :

$$E - E_0 = A, \quad \Delta E_0 = m, \quad \frac{\Delta^2 E_0}{2} = n, \quad \frac{\Delta^3 E_0}{6} = p, \quad \frac{\Delta^4 E_0}{24} = q,$$

$$\frac{\Delta^5 E_0}{120} = r, \text{ etc.}$$

La formule d'interpolation devient alors

$$A = mx + nx(x-1) + px(x-1)(x-2) + qx(x-1)(x-2)(x-3) + \ldots$$

ou en développant et ordonnant par rapport aux puissances croissantes de x,

$$A = (m - n + 2p - 6q + 24r\ldots)\,x + (n - 3p + 11q - 50r\ldots)x^2 + (p - 6q + 35r\ldots)x^3 + (q - 10r\ldots)x^4 + (r\ldots)x^5 + \ldots$$

Cela posé, on fera

$$B = m - n + 2p - 6q + 24r\ldots; \qquad C = n - 3p + 11q - 50r\ldots$$
$$D = p - 6q + 35r\ldots \quad E = q - 10r\ldots, \qquad F = r\ldots,$$

et l'on obtiendra, en divisant par B et faisant passer tous ces termes,
à l'exception du premier, dans le premier membre

$$x = \frac{A}{B} - \frac{C}{B} x^2 - \frac{D}{B} x^3 - \frac{E}{B} x^4 - \frac{F}{B} x^5 - \ldots$$

Soient $\dfrac{A}{B} = a, \qquad -\dfrac{C}{B} = c, \qquad -\dfrac{D}{B} = d, \qquad -\dfrac{E}{B} = e, \qquad -\dfrac{F}{B} = f$

$$x = a + cx^2 + dx^3 + ex^4 + fx^5 + \ldots$$

D'après les conditions mêmes du problème, a est une valeur très-
approchée de x, et le second membre est une série convergente. Il y a
par suite lieu de résoudre cette équation en appliquant la formule
générale des approximations successives.

On aura alors pour calculer x avec une approximation du cinquième
ordre

$$x = a + ca^2 + da^3 + 2c^2a^3 + ea^4 + 5cda^4 + 5c^3a^4 + fa^5.$$

Exprimons maintenant les quantités a, c, d, e, f en fonction des
données E, E_0 et des différences successives

$$B = m - n + 2p - 6q + 24r\ldots = \Delta E_0 - \frac{\Delta^2 E_0}{2} + \frac{\Delta^3 E_0}{3} - \frac{\Delta^4 E_0}{4} + \frac{\Delta^5 E_0}{5} - \ldots$$

$$a = \frac{A}{B} = \frac{E - E_0}{B}; \qquad c = -\frac{C}{B} = -\frac{\dfrac{\Delta^2 E_0}{2} - \dfrac{\Delta^3 E_0}{2} + 11\dfrac{\Delta^4 E_0}{24} + 5\dfrac{\Delta^5 E_0}{12}}{B} + \ldots$$

$$d = -\frac{D}{B} = -\frac{\left(\dfrac{\Delta^3 E_0}{6} - \dfrac{\Delta^4 E_0}{4} + 7\dfrac{\Delta^5 E_0}{25}\right)}{B}; \qquad e = -\frac{E}{B} = -\frac{\left(\dfrac{\Delta^4 E_0}{24} - \dfrac{\Delta^5 E_0}{12}\right)}{B};$$

$$f = -\frac{F}{B} = -\frac{\left(\dfrac{\Delta^5 E_0}{125}\right)}{B}\ldots$$

Il est habituellement tout à fait superflu de pousser l'approximation
au delà du quatrième ordre ; comme les quantités $c, d, e,\ldots$ sont déjà
du premier ordre, on a alors simplement :

$$x = a + ca^2 + da^3,$$

et en outre

$$a = \frac{E - E_0}{B} \; ; \quad c = -\frac{1}{2B}\left(\Delta^2 E_0 - \Delta^3 E_0 + \tfrac{11}{12}\Delta^4 E_0\right) ; \quad d = -\frac{1}{2B}\left(\tfrac{1}{3}\Delta^3 E_0 - \tfrac{1}{2}\Delta^4 E_0\right),$$

avec

$$B = \Delta E_0 - \tfrac{1}{2}\Delta^2 E_0 + \tfrac{1}{3}\Delta^3 E_0 - \tfrac{1}{4}\Delta^4 E_0 \ldots$$

Ayant calculé la valeur numérique de x, on conclura immédiatement après celle de t ; on a, en effet,

$$x = \frac{t}{i},$$

d'où

$$t = xi.$$

Par le fait x sera donné en nombre abstrait par une fraction décimale, de sorte que t se trouvera ainsi exprimé en fraction décimale de l'intervalle i, quel que soit d'ailleurs cet intervalle.

Il est bien évident que la solution précédente est tout à fait subordonnée à la convergence de la série $a + cx^2 + dx^2 + \ldots$ Nous ne nous arrêterons pas à discuter cette convergence : elle existera forcément toutes les fois que les valeurs numériques des différences successives décroîtront rapidement, ainsi que cela résulte immédiatement des expressions données tout à l'heure pour les coefficients c, d, e, $f \ldots$

Les données théoriques qui viennent d'être exposées nous permettent maintenant de résoudre entièrement les deux problèmes qui ont été énoncés au commencement de ce chapitre. Nous allons traiter chacun de ces deux problèmes au point de vue pratique en accompagnant leur solution de quelques applications d'un usage fréquent.

3. Interpolation. Premier problème. — *Connaissant par les éphémérides les valeurs* E_0, E_1, $E_2 \ldots$ *d'un élément astronomique pour diverses époques consécutives* t_0, t_1, $t_2 \ldots$, *calculer une valeur* E *de cet élément pour une époque* t *intermédiaire entre* t_0 *et* t_1.

On se servira de la formule d'interpolation

$$E = E_0 + \frac{t}{i}\Delta E_0 + \frac{t}{i}\left(\frac{t}{i} - 1\right)\frac{\Delta^2 E_0}{2} + \frac{t}{i}\left(\frac{t}{i} - 1\right)\left(\frac{t}{i} - 2\right)\frac{\Delta^2 E_0}{2.3} + \ldots$$

On calculera tout d'abord les diverses quantités qui entrent dans les termes de cette formule.

E_0 est la valeur de l'élément E qui correspond au temps initial t_0.

ΔE_0, $\Delta^2 E_0$, $\Delta^3 E_0 \ldots$ sont des différences de différents ordres qui résultent des éléments successifs E_0, E_1, $E_2 \ldots$ des éphémérides ainsi qu'on l'a expliqué précédemment :

$$\Delta E_0 = E_1 - E_0 ; \quad \Delta^2 E_0 = \Delta E_1 - \Delta E_0 ; \quad \Delta^3 E_0 = \Delta^2 E_1 - \Delta^2 E_0 \dots$$

t est l'intervalle de temps qui sépare l'époque considérée du temps t_0 pris pour époque initiale et par suite supposé égal à 0.

i est l'intervalle de temps qui sépare les époques pour lesquelles sont données les valeurs E_0, E_1, E_2.....

Dans les éphémérides, l'intervalle i varie avec les astres. Pour le Soleil et pour les planètes $i = 24$ heures ; pour la longitude, la latitude, la parallaxe et le demi-diamètre de la Lune $i = 12$ heures ; pour l'ascension droite et la déclinaison de la Lune $i = 1$ heure ; pour les distances lunaires $i = 3$ heures.

Le premier terme E_0 du développement est donné immédiatement par les éphémérides pour l'époque initiale t_0, comme on l'a dit tout à l'heure.

Le terme suivant $\dfrac{t}{i} \Delta E_0$ devra se calculer par parties proportionnelles ; on peut trouver avantage à procéder par logarithmes : dans ce cas t et i doivent être exprimés en secondes et fractions de seconde de temps, ΔE_0 de même en secondes ou fractions de seconde ou d'arc suivant le cas ; comme i est susceptible d'être égal à 24^h, 12^h, 3^h, ou 1^h, il est bon d'avoir alors sous les yeux les nombres suivants :

$$24^h = 86\,400^s \qquad \log 24^h = 4{,}936\,51\,37$$
$$12 = 43\,200 \qquad \log 12 = 4{,}635\,48\,37$$
$$3 = 10\,800 \qquad \log 3 = 4{,}033\,42\,38$$
$$1 = 3\,600 \qquad \log 1 = 3{,}556\,30\,25$$

Le calcul du terme $\dfrac{t}{i}\left(\dfrac{t}{i} - 1\right)\dfrac{\Delta^2 E_0}{2}$ s'effectuera ensuite ; on pourra de même procéder par logarithmes ; le logarithme de $\dfrac{t}{i}$ est connu par le calcul précédent ; on en conclut la valeur numérique de $\dfrac{t}{i}$, par suite celle de $\dfrac{t}{i} - 1$ et enfin celle de $\log\left(\dfrac{t}{i} - 1\right)$. On a construit des tables qui permettent de supprimer le calcul logarithmique et donnent à vue ou à peu près la valeur numérique cherchée.

La table XII (*tables additionnelles*) de la *Connaissance des temps* donne à vue le produit $\dfrac{t}{i}\left(\dfrac{t}{i} - 1\right)$ dans l'hypothèse $i = 24$ heures ; il

ne reste plus qu'à multiplier $\dfrac{\Delta^2 E_0}{2}$ par le résultat donné par la table.
Le produit a le signe $+$ ou le signe $-$ suivant que $\Delta^2 E_0$ est négatif ou positif, parce que $\dfrac{t}{i} - 1$ est toujours négatif.

La table XV, placée à la suite des tables de Callet (*tables nautiques*), est plus commode que la précédente parce qu'elle donne immédiatement le produit total $\dfrac{t}{i}\left(\dfrac{t}{i} - 1\right)\dfrac{\Delta^2 E_0}{2}$: elle est pour cela à double entrée; les arguments sont t et $\Delta^2 E_0$. Cette table est calculée dans l'hypothèse $i = 12$ heures. Une annotation rappelle que le produit est positif ou négatif suivant que $\Delta^2 E_0$ a le signe $-$ ou le signe $+$.

On trouve généralement des tables de ce genre dans la plupart des recueils de tables nautiques.

Il est facile de voir qu'une table calculée pour un intervalle quelconque 24^h, 12^h, 3^h....., peut également servir pour un autre intervalle qui en est un multiple ou un sous-multiple.

Prenons pour exemple la table XV de Callet qui a été calculée dans l'hypothèse $i = 12^h$, et supposons que l'on ait affaire à des éléments donnés de 24^h en 24^h, c'est-à-dire pour $I = 24^h$: on remarque que $I = 24^h = 12^h \times 2 = 2i$. Le terme de la formule d'interpolation se transforme dans ce cas de la manière suivante :

$$\frac{t}{2i}\left(\frac{t}{2i} - 1\right)\frac{\Delta^2 E_0}{2} = \frac{\left(\frac{t}{2}\right)}{i}\left[\frac{\left(\frac{t}{2}\right)}{i} - 1\right]\frac{\Delta^2 E_0}{2} = \frac{t'}{i}\left(\frac{t'}{i} - 1\right)\frac{\Delta^2 E_0}{2},$$

en faisant $t' = \dfrac{t}{2}$.

Il résulte de là qu'en prenant pour argument t', de la table XV, la moitié de l'argument t que l'on a effectivement, cette même table XV pourra servir à calculer le terme cherché dans l'hypothèse $I = 24$ heures.

Si l'on avait $I = 3^h$, l'argument t' serait égal à $4t$, et enfin si $I = 1^h$, t' serait égal à $12t$, de sorte qu'en multipliant l'argument par 4 ou par 12, on pourrait encore se servir de la table XV.

La valeur numérique du terme relatif aux différences troisièmes $\dfrac{t}{i}\left(\dfrac{t}{i} - 1\right)\left(\dfrac{t}{i} - 2\right)\dfrac{\Delta^3 E_0}{2.3}$ sera donnée de même, soit par un calcul logarithmique, soit par une table à double entrée ayant pour argument t et $\Delta^2 E_0$. La table XVI de Callet est construite dans ce but : on y a supposé $i = 12^h$. Si $i = 24^h$, on remplacera t par $\dfrac{t}{2}$, si $i = 3^h$, t par $4t$, et enfin, si $i = 1^h$, t par $12t$, ainsi qu'on l'a expliqué tout à l'heure.

Enfin, le terme relatif aux différences quatrièmes

$$\left(\frac{t}{i}\right)\left(\frac{t}{i}-1\right)\left(\frac{t}{i}-2\right)\left(\frac{t}{i}-3\right)\frac{\Delta^4 E_0}{2,3.4}$$

sera calculé d'une manière analogue. La table XVII de Callet est destinée à cet objet, les observations faites précédemment demeurant toujours applicables. Il n'y a jamais lieu de tenir compte des cinquièmes différences; mais si toutefois le cas venait à se présenter, on voit immédiatement comment il faudrait procéder : il suffit d'avoir bien compris les calculs qui viennent d'être exposés.

Cela posé, nous allons donner un certain nombre de calculs numériques relatifs au *premier problème* :

1° APPLICATIONS AUX ÉLÉMENTS DU SOLEIL.

1ᵉʳ EXEMPLE. *On demande la longitude du Soleil le 18 février 1874 pour 20 heures, T. M. de Paris.*

La *Connaissance des temps* permettra tout d'abord de former le tableau suivant :

Époques.	E = longitude.	1ʳᵉ différ. ou Δ	2ᵉ diffé. ou Δ^2
18 Février.	329° 42′ 26″7		
		+ 1° 00′ 28″6	
19 »	330 42 55 3		— 0′ 01″8
		+ 1 00 26 8	
20 »	331 43 22 1		— 0 01 9
		+ 1 00 24 9	
21 »	332 43 47 0		

Il n'y a pas lieu de s'occuper des différences troisièmes.

La longitude cherchée ou l'élément inconnu E sera donné par la formule d'interpolation

$$E = E_0 + \frac{t}{i}\Delta E_0 + \frac{t}{i}\left(\frac{t}{i}-1\right)\frac{\Delta^2 E_0}{2}.$$

$E_0 =$ longitude de l'époque initiale $= 329°\ 42′\ 26″,7$

$$t = 20^h = 72000^s; \quad i = 24^h; \quad \Delta E_0 = +1°\ 00′\ 28″,6 = 3628″,6$$
$$\Delta^2 E_0 = -1″,8.$$

On voit aisément comment il faudra s'y prendre si l'on veut calculer les deux termes de correction par logarithmes :

$$\log t = 4{,}8573325$$
$$\text{et } \log i = 5{,}0634863$$
$$\log \frac{t}{i} = 9{,}9208188$$
$$\log \Delta = 3{,}5597391$$
$$3{,}4805579$$

$$\frac{t}{i} = 0{,}8334$$
$$\frac{t}{i} - 1 = -0{,}1666$$

$$\log \frac{t}{i} = 9{,}9208188$$
$$\log \left(\frac{t}{i} - 1 \right) = 9{,}2216750$$
$$9{,}1424938$$
$$\log \frac{\Delta^2}{2} = 9{,}9542425$$
$$9{,}0967353$$

$$\text{1}^{\text{re}} \text{ corr.} = +\,3023''{,}83 = +\,50'\ 23''{,}83 ; \qquad \text{2}^{\text{e}} \text{ corr.} = +\,0''{,}124.$$

D'où l'on conclura :

$$
\begin{aligned}
\text{Longitude initiale ou } E_0 &= 329°\ 42'\ 26''{,}7 \\
\text{1}^{\text{re}} \text{ correction} &= +\ \ 50'\ 23''{,}83 \\
\text{2}^{\text{e}} \text{ correction} &= +\ \ 00\ 00''{,}12 \\
\hline
\text{Longitude cherchée ou } E &= 330°\ 32'\ 50''{,}7
\end{aligned}
$$

Quand on a sous la main des tables qui permettent de calculer à vue les termes relatifs aux différences des divers ordres, le calcul logarithmique n'est jamais avantageux. On arrive plus rapidement au résultat en se servant de ces tables, sauf à calculer directement le premier terme par parties proportionnelles. Dans le cas actuel on procéderait de la manière suivante :

$$
\begin{aligned}
\text{Valeur de } \Delta E_0 \text{ pour } 24^{\text{h}} \dots &\quad +60'\ 28''{,}6 \\
\text{»} \qquad \text{» pour } 12^{\text{h}} \dots &\quad 30'\ 14''{,}3 \\
\text{»} \qquad \text{» pour } 8^{\text{h}} \dots &\quad 20'\ 09''{,}53 \\
\hline
\text{pour } 20^{\text{h}} = (12+8) \dots &\quad +50'\ 23''{,}8
\end{aligned}
$$

Se servant alors de la table XV en prenant pour arguments $t' = \frac{t}{2} = \frac{20^{\text{h}}}{2} = 10^{\text{h}}$ (puisque les éléments E sont dans les cas actuels donnés de 24^{h} en 24^{h}), et $\Delta^2 E_0 = 1''{,}8$, on trouvera $+\,0''{,}12$ pour valeur de la correction du deuxième ordre. La table ne fait connaître la correction que pour $\Delta^2 E_0 = 10''$, qui est égal à $0''{,}69$; mais on en conclut immédiatement :

$$
\begin{aligned}
\text{Correction pour } \Delta^2 = 1'' &\ \dots\ 0''{,}069 \\
\text{»} \qquad \text{» } 0''{,}8 &\ \dots\ 0''{,}0552 \\
\hline
\text{Correction totale} &\ \dots = +\,0''{,}124
\end{aligned}
$$

Ajoutant la somme des deux corrections à la longitude initiale, on aura la longitude cherchée.

Nous emploierons habituellement le mode de calcul qui vient d'être indiqué, parce qu'il nous paraît en général plus court et plus expéditif.

2ᵉ EXEMPLE. — *Trouver l'ascension droite du Soleil le* 18 *février* 1874 *pour* 20ʰ *T. M. de Paris.*

Par la *Connaissance des temps,* on aura :

	$E = \alpha$	Δ	Δ^2
18 Février.	22ʰ07ᵐ15ˢ17		
		+ 3ᵐ50ˢ95	
19 »	22 11 06 12		− 0ˢ69
		+ 3 50 26	
20 »	22 14 56 38		− 0 68
		+ 3 49 58	
21 »	22 18 45 96		

On trouvera ensuite successivement :

Valeur de ΔE_0 pour 24ʰ . . . . . . $+ 3^m 50^s,95$
  »   pour 12 . . . . . . $+ 1\ 55\ ,48$
  »   pour 8 . . . . . . $+ 1\ 16\ ,98$
  —————
  »   »   20ʰ . . . . . . $+ 3^m 12^s,46 = 1^{re}$ correction.

Par la table XV :

$$2^{me}\text{ correction} = + 0^s,05,$$

et finalement :

Ascension droite initiale ou α_0 . . . . . $=$ 22ʰ07ᵐ15ˢ,17
  »   1ʳᵉ correction. . . . . $= +$ 3 12 ,46
  »   2ᵐᵉ correction. . . . . $= +$ 0 00 ,05
  ————————
Ascension droite cherchée ou α . . . . . . $=$ 22ʰ10ᵐ27ˢ,68

3ᵐᵉ EXEMPLE. — *Trouver l'équation du temps et la déclinaison du Soleil pour le* 19 *avril* 1874 *à* 5ʰ35ᵐ51ˢ *T. M. de Paris.*

On aura d'abord pour l'équation du temps, par les éphémérides :

	$E = Eq$	Δ	Δ^2
19 Avril.	11ʰ59ᵐ04ˢ28		
		− 13ˢ06	
20 »	11 58 51 22		+ 0ˢ42
		− 12 64	
21 »	11 58 38 58		+ 0 42
		− 12 22	
22 »	11 58 28 36		

Le calcul des parties proportionnelles donnera

Valeur de ΔE_0 pour 24^h. . . . $-13^s,06$
　　　»　　　　　»　　　　　4^h. . . . . $-\ 2,173$ ⎱ pour 5^h. . . . $-2^s,716$
　　　»　　　　　»　　　1^h ou $60^m -\ 0,543$ ⎰
　　　»　　　　　»　　　　30^m. . . . $-\ 0,271$ ⎱ pour 35^m.. . . $-0,316$
　　　»　　　　　»　　　　5^m.. . . . $-\ 0,045$ ⎰
　　　»　　　　　»　　　1^m ou $60^s -\ 0,009$
　　　»　　　　　»　　　　30^s. . . . $-\ 0,004$ ⎱ pour 51^s. . . . $-0,007$
　　　»　　　　　»　　　　20^s. . . . $-\ 0,003$ ⎰

On en conclura :

Valeur initiale de l'équation du temps ou $Eq_0 = 11^h 59^m 04^s,28$
1re correction pour les premières différences $=\qquad -3,04$
2me correction (table XV avec $t' = 2^h.47^m.55^s) =\qquad -0,04$

Valeur cherchée ou Eq. . . . . $= 11^h 59^m 01,20$

On aura ensuite pour la déclinaison, par la *Connaissance des temps :*

	E ou δ	Δ	Δ²
19 Avril.	$+ 11^o 12' 39''7$		
		$+ 20' 38''6$	
20 »	$+ 11\ 33\ 18\ 3$		$-\ 11''5$
		$+ 20\ 27\ 1$	
21 »	$+ 11\ 53\ 45\ 4$		$-\ 11\ 8$
		$+ 20\ 15\ 3$	
22 »	$+ 11\ 14\ 00\ 7$		

Par un calcul des parties proportionnelles identique à celui qui a été
fait tout à l'heure et dont il est inutile de reproduire le détail, on trouvera que la correction relative aux différences premières est égale à
$+ 4' 48'',9$.

Déclinaison initiale ou δ_0. . . . . .　　$+\ 11^o 12' 39'',7$
1re correction. . . . .　　$+\qquad 4\ 48\ ,9$
2me correction (table XV). . . . . .　　$+\qquad 0\ 01\ ,0$

Déclinaison cherchée ou δ. . . . . .　　$= + 11^o 17' 28'',6$

Dans les divers exemples qui viennent d'être traités, on n'a jamais
eu besoin de recourir aux différences troisièmes ; cela tient à la fois au
degré d'approximation requis pour les éléments du Soleil et au mode
de variation de ces éléments. S'il s'était agi de la parallaxe ou du demi-
diamètre apparent du Soleil, il eût suffi de s'en tenir à la différence
première. Il en est absolument de même pour les planètes ; aussi ne

sera-t-il pas donné d'exemples à ce sujet, ceux qui précèdent étant plus que suffisants pour fixer les idées.

2° APPLICATIONS RELATIVES A LA LUNE.

1er EXEMPLE. — *Calculer le 19 février 1874 la longitude et la latitude de la Lune pour* $5^h.30^m$ *T. M. de Paris.*

On trouvera par la *Connaissance des temps*, pour la longitude :

		E ou longit.	Δ	Δ^2	Δ^3	Δ^4
19 Février. . .	0^h	8° 29′ 10″4				
			+ 7° 24′ 04″2			
	12	15 53 14 6		— 4′ 28″3		
			+ 7 19 35 9		— 32″0	
20 » . . .	0	23 12 50 5		— 5 00 3		+ 11″0
			+ 7 14 35 6		— 21 0	
	12	30 27 26 1		— 5 21 3		+ 10 1
			+ 7 09 14 3		— 10 9	
21 » . . .	0	37 36 40 4		— 5 32 2		
			+ 7 03 42 1			
	12	44 40 22 5				

Le calcul des parties proportionnelles donnera :

$$
\begin{aligned}
&\text{Valeur de } \Delta E_0 \text{ pour } 12^h \quad \ldots \ldots \ldots \quad + 7°\ 24'\ 04'',2 \\
&\quad » \qquad » \qquad 4 \quad \ldots \ldots \ldots \quad + 2\ 28\ 01\ ,4 \\
&\quad » \qquad » \qquad 1 \quad \ldots \ldots \ldots \quad + 0\ 37\ 00\ ,35 \\
&\quad » \qquad » \qquad 30^m \ldots \ldots \quad + 0\ 18\ 30\ ,17 \\
&\quad » \qquad » \qquad 5^h 30^m \ldots \ldots \quad + 3°\ 23'\ 31'',9
\end{aligned}
$$

Cela posé, on arrivera rapidement au résultat final :

$$
\begin{aligned}
&\text{Longitude initiale ou } L_0 \ldots \ldots \ldots = 8°\ 29'\ 10'',4 \\
&\text{1}^{re}\text{ correction (diff. 1}^{re}\text{)}. \ldots \ldots + 3\ 23\ 31\ ,9 \\
&\hline
&\qquad\qquad\qquad\qquad\qquad 11\ 52\ 42\ ,3 \\
&\text{2}^{me}\text{ correction (diff. 2}^{me}\text{, table XV)} \ldots + \qquad 33\ ,3 \\
&\hline
&\qquad\qquad\qquad\qquad\qquad 11°\ 53'\ 15'',6 \\
&\text{3}^{me}\text{ correction (diff. 3}^{mes}\text{, table XVI)} . — \qquad 2\ ,0 \\
&\hline
&\qquad\qquad\qquad\qquad\qquad 11\ 53\ 13\ ,6 \\
&\text{4}^{me}\text{ correction (diff. 4}^{mes}\text{ ou table XVII)} — \qquad 0\ ,4 \\
&\hline
&\text{Longitude cherchée} \ldots \ldots \ldots = 11°\ 53'\ 13'',2
\end{aligned}
$$

En second lieu pour la latitude :

		E ou latitude	Δ	Δ^2	Δ^3	Δ^4
19 Février . .	0^h	— 2° 29′ 54″9				
			+ 35′ 19″4			
	12	— 1 54 35 5		+ 1′ 35″7		
			+ 36 55 1		— 42″4	
20 » . . .	0	— 1 17 40 4		+ 0 53 3		+ 1″3
			+ 37 48 4		— 41 1	
	12	— 0 39 52 0		+ 0 12 2		+ 2 9
			+ 38 00 6		— 38 2	
21 » . . .	0	— 0 01 51 4		— 0 26 0		
			+ 37 34 6			
	12	+ 0 35 43 2				

Calculant successivement les diverses corrections :

Latitude initiale.	— 2″ 29′ 54″.9
1re correction (diff. 1re).	+ 16 11 ,4
	— 2 13 43 ,5
2me correction (diff. 2mes ou table XV). . —	11 ,9
	— 2 13 55 ,4
3me correction (diff. 3mes ou table XVI) —	2 ,7
	— 2 13 58 ,1
4me correction (diff. 4mes ou table XVII) —	0 ,1
Latitude cherchée.	— 2° 13′ 58″,2

Les longitudes et les latitudes de la Lune sont calculées de 12 heures en 12 heures, au dixième de seconde; pour obtenir l'un ou l'autre de ces éléments à une époque intermédiaire, il faut toujours pousser la différentiation jusqu'au quatrième ordre et par suite employer successivement des tables XV, XVI et XVII.

La parallaxe et le demi-diamètre apparent de la Lune sont donnés de même de 12 heures en 12 heures; mais comme ces éléments varient très-peu, il n'y a jamais lieu de tenir compte des différences du troisième ordre.

2e EXEMPLE. *Calculer le 19 février 1874 l'ascension droite et la déclinaison de la Lune pour* $5^h 30^m$ *T. M. de Paris.*

On a par la *Connaissance des Temps*, pour l'ascension droite,

		E ou α	Δ	Δ^2
19 Février.	5^h	$0^h 46^m 06^s 74$		
			+ $2^m 11^s 82$	
»	6	0 48 18 56		— 0^{s}03
			+ 2 11 79	
»	7	0 50 30 35		— 0 03
			+ 2 11 76	
»	8	0 52 42 11		

La correction du premier ordre, calculée par parties proportionnelles.

donnera $+ 1^m 05^s,91$. Pour la correction du deuxième ordre, on devra
se servir de la table XV, en prenant pour argument $t' = 5^h 30 \times 12$
ou 6^h, puisque les éléments sont donnés d'heure en heure, et que la
table est calculée pour l'intervalle $i = 12^h$; on trouvera alors $0^s,0037$
pour valeur de la 2ᵉ correction : par suite il n'y a pas lieu d'en tenir
compte.

Ascension droite initiale. . . . . $0^h 46^m 06^s,74$
1ʳᵉ correction. . . . . $+ 1^m 05^s,91$

Ascension droite cherchée. . . . . $0^h 47^m 12^s,65$

En second lieu pour la déclinaison :

		E ou δ	Δ	Δ²
19 Février. . .	5ʰ	$+ 2° 30' 17''1$		
			$+ 0° 17' 07''9$	
» . . .	6	2 47 25 0		$- 1''6$
			17 06 3	
» . . .	7	3 04 31 3		1 7
			17 04 6	
» . . .	8	3 30 35 9		

Déclinaison initiale. . . . . $+ 2° 30' 17'',1$
1ʳᵉ correction (diff. 1ʳᵉ). . . . . $+ \quad 8' 33'',8$
2ᵉ correction (diff. 2ᵉ, table XV, arg. $= 6^h$). $+ \quad\quad 0'',2$

Déclinaison cherchée. . . . . $+ 2° 38' 51'',1$

Les ascensions droites et déclinaisons de la Lune étant calculées
d'heure en heure, il n'y a jamais lieu de pousser la différentiation au
delà du second ordre.

3ᵉ EXEMPLE. *Trouver le 19 février 1874 une distance lunaire pour*
$5^h 30^m$ *T. M. de Paris.*

On trouvera d'abord dans la *Connaissance des temps :*

		E ou distance	Δ	Δ²
19 Février. . . .	3ʰ	39° 33' 37''		
			$+ 1° 42' 59''$	
»	6	41 16 36		$- 0' 10''$
			1 42 49	
»	9	42 59 25		0 12
			1 42 37	
»	12	44 42 02		

La 1ʳᵉ correction sera trouvée égale à $+ 1° 25' 49'',1$.

La 2ᵉ sera calculée avec la table XV, en prenant pour argument
$t' = 5^h 30 \times 4 = 22^h$ ou 10^h, et sera trouvée égale à $+ 0'',69$.

On en conclura :

Distance lunaire initiale.	$39°33'37''$
1re correction.	$+ \ 1°25'49'',1$
2e correction.	$+ \ \ \ \ \ \ 0'',7$
Distance cherchée.	$40°59'27''$

4. Interpolation. Second problème. — *Connaissant la valeur numérique d'un élément astronomique* E *intermédiaire à deux éléments* E_0, E_1 *des éphémérides relatifs aux époques* t_0, t_1, *calculer l'époque* t *intermédiaire entre* t_0 *et* t_1 *qui convient à cet élément.*

Au moyen des éléments consécutifs E_0, E_1, E_2... des éphémérides, les différences de divers ordres ΔE_0, $\Delta^2 E_0$,... seront calculées comme dans le cas du premier problème.

On en conclura les quantités suivantes :

$$B = \Delta E_0 - \tfrac{1}{2} \Delta^2 E_0 + \tfrac{1}{3} \Delta^3 E_0 - \tfrac{1}{4} \Delta^4 E_0 + \ldots$$
$$C = \tfrac{1}{2}(\Delta^2{}_0 E - \Delta^3 E_0 + \tfrac{11}{12} \Delta^4 E_0 - \ldots)$$
$$D = \tfrac{1}{2}(\tfrac{1}{3} \Delta^3 E_0 - \tfrac{1}{2} \Delta^4 E_0 + \ldots)$$
$$E = \tfrac{1}{24} \Delta^4 E_0 + \ldots$$

D'ailleurs

$$A = E - E_0.$$

On calculera les valeurs numériques :

$$a = + \frac{A}{B}, \quad c = - \frac{C}{B}, \quad d = - \frac{D}{B}, \quad e = - \frac{E}{B}, \text{ etc.,}$$

puis x sera donné par le développement

$$x = a + ca^2 + da^3 + 2c^2 a^3 + ea^4 + \ldots$$

On aura finalement $t = ix$, i étant l'intervalle de temps qui sépare les époques des éléments E_0, E_1, etc. Cet intervalle étant exprimé en secondes; t se trouve par le fait être une fraction de l'intervalle i : cette fraction, traduite en heures, minutes et secondes et ajoutée au temps t_0, donnera l'époque temps moyen de ce qui convient à l'élément E.

L'approximation de t dépendra de celle de x : $dt = idx$. Si l'on veut que $dt = 0^s,1$, il faudra que $dx = \dfrac{1}{10i}$; on en conclura que dans l'hypothèse de $i = 24$ heures $= 86400$ $dx = 0,000001$, c'est-à-dire que x doit être approché à une unité près du sixième ordre décimal.

Pour $i = 12$ heures $= 43200^s$, x devrait être estimé à deux unités du sixième ordre décimal.

Pour $i = 3^h = 10800^s$, l'approximation devrait être 0,000 009 ou simplement une unité du cinquième ordre décimal.

Enfin pour $i = 1^h = 3600^s$, x doit être estimé à deux unités près du cinquième ordre décimal.

Il est utile de tenir compte scrupuleusement des indications précédentes pour les applications numériques, sous peine de s'exposer à des mécomptes sur le chiffre de secondes et surtout sur celui des dixièmes de seconde.

Dans le cas des éléments du Soleil qui sont calculés de 24 heures en 24 heures, il n'y a généralement pas lieu de tenir compte des différences troisièmes, de sorte que

$$x = a + ca^2.$$

Pour les éléments de la Lune donnés de 12 en 12 heures, il n'y aura lieu de se servir que des différences troisièmes toutes les fois que a sera plus petit que 0,5; mais si a est plus grand que 0,5, il faudra se préoccuper des termes $2c^2a^3$ et ea^4.

Enfin, pour les éléments lunaires donnés d'heure en heure, il suffit toujours de s'en tenir aux deuxièmes différences, de sorte que $x = a + ca^2$.

Cela posé, nous donnerons maintenant quelques exemples numériques. Nous pourrions reprendre ceux qui ont été exposés tout à l'heure et les résoudre en sens inverse; mais nous n'en reproduirons que quelques-uns seulement. Nous en choisirons de nouveaux d'un ordre différent à la solution desquels convient spécialement la formule que nous venons de donner.

EXEMPLE RELATIF AU SOLEIL. *A quelle époque T. M. de Paris la longitude du Soleil sera-t-elle égale à 0° ou 360°, ou, en d'autres termes, à quelle heure commencera le printemps en l'année 1877?*

On trouvera dans la *Connaissance des temps* de 1877 :

	$\odot$	Δ	Δ^2
19 mars.	359° 00' 34"0		
		$+ 59' 33''8$	
20 »	0 00 07 8		$- 2''3$
		$+ 59\ 31\ 5$	
21 »	0 59 39 3		

On calculera d'abord : $A = E - E_0$, $B = \Delta - \frac{1}{2}\Delta^2$, $C = \frac{1}{2}\Delta^2$.

$$E = 360° 00' 00''$$
$$E_0 = 359° 00' 34'',0$$

$$E - E_0 = \quad 59' 26'',0 = 3566''0; \quad B = 59' 34'',9 = 3574,9; \quad C = -1'',1.$$

Il faudra chercher ensuite $a = \dfrac{A}{B}$, $c = -\dfrac{C}{B}$; ce sera un calcul à exécuter au moyen des logarithmes.

$$\log A = 3,5521813 \qquad \log C = 0,0413927$$
$$\text{et } \log B = 6,4467361 \qquad \text{et } \log B = 6,4467361$$
$$\log a = 9,9989174 \qquad \log c = 6,4881288$$
$$a = 0,997510 \qquad 2\log a = 9,9978348$$
$$ca^2 = 0,000306$$
$$\log ca^2 = 6,4859626$$
$$x = a + ca^2 = 0,997816 \qquad ca^2 = 0,000306$$

$$\log x = 9,9990505$$
$$i = 24^h : 86400 \qquad \log i = 4,9365137$$
$$\log t = 4,9355642$$
$$t = 85211,3 = 23^h 56^m 51^s,3.$$

Le printemps commencera le 19 mars à $23^h 56^m 51^s,3$ temps astronomique moyen de Paris, ou le 20 mars à $11^h 56^m 51^s,3$ du matin.

On eût pu rendre le calcul un peu plus approché, et dans tous les cas, notablement plus court, en remarquant que, d'après les valeurs données par la *Connaissance des temps* pour la longitude du Soleil, l'époque cherchée est très voisine du 20 mars, choisir alors cette époque comme initiale et prendre les différences en sens inverse.

Dans ce cas :

$$E - E_0 = 7'',8 \quad \text{et} \quad a = -\frac{7,8}{3572,7}.$$

a se fût trouvé ainsi très petit et il n'y aurait pas eu lieu de tenir compte du terme ca^2. — Le résultat trouvé eût été $23^h 56^m 51^s,4$: il est approché à $0^s,05$.

La remarque précédente montre comment, en prenant les différences en sens inverse de l'ordre naturel, on peut, quand on veut, rendre a moindre que 0,5 et alors augmenter un peu le degré d'approximation du résultat final.

L'été commence quand la longitude du Soleil est égale à $90°$; l'automne, quand elle est $180°$, et l'hiver quand elle devient $270°$. Les dates de ces époques s'obtiendraient par un calcul identique au précédent.

EXEMPLES RELATIFS A LA LUNE.

1er EXEMPLE. — *A quelle heure, T. M. de Paris, la différence des longitudes de la Lune et du Soleil* ☾ — ☉ *sera-t-elle nulle le 13 avril 1877, ou, en d'autres termes, quelle sera pour cette époque l'heure de la nouvelle Lune?*

Les longitudes de la Lune sont données de 12 heures en 12 heures

et celles du Soleil de 24 heures en 24 heures; on calculera ces dernières pour les époques intermédiaires, 12 heures, par interpolation,
en tenant compte des différences secondes, et l'on formera le tableau
suivant :

<table>
<tr><td></td><td>$\odot$</td><td>$\mathbb{C}$</td><td>$\mathbb{C}-\odot$</td><td>$\Delta(\mathbb{C}-\odot)$</td><td>Δ^2</td><td>Δ^3</td><td>Δ^4</td></tr>
<tr><td>13 avril. . . 0ʰ</td><td>23°39'02"0</td><td>20°40'04"6</td><td>− 2°58'37"4</td><td></td><td></td><td></td><td></td></tr>
<tr><td></td><td></td><td></td><td></td><td>+ 5°59'30"7</td><td></td><td></td><td></td></tr>
<tr><td>12</td><td>24 08 23 9</td><td>27 09 17 2</td><td>+ 3 00 53 3</td><td></td><td>+4'04"9</td><td></td><td></td></tr>
<tr><td></td><td></td><td></td><td></td><td>+ 6 03 55 6</td><td></td><td>− 8"4</td><td></td></tr>
<tr><td>14 » . . . 0</td><td>24 37 45 5</td><td>33 42 34 4</td><td>+ 9 04 48 9</td><td></td><td>+3 56 5</td><td></td><td>− 3"9</td></tr>
<tr><td></td><td></td><td></td><td></td><td>+ 6 07 52 1</td><td></td><td>− 12 3</td><td></td></tr>
<tr><td>12</td><td>25 07 06 5</td><td>40 19 47 5</td><td>+15 12 41 0</td><td></td><td>+3 41 2</td><td></td><td></td></tr>
<tr><td></td><td></td><td></td><td></td><td>+ 6 11 36 3</td><td></td><td></td><td></td></tr>
<tr><td>15 » . . . 0</td><td>25 36 27 1</td><td>47 00 44 4</td><td>+21 24 17 3</td><td></td><td></td><td></td><td></td></tr>
</table>

On trouvera ensuite

$$\mathrm{E} - \mathrm{E_0} = 2°58'57",4 = 10737",4, \quad \mathrm{B} = \Delta - \tfrac{1}{2}\Delta^2 - \tfrac{1}{3}\Delta^3 + \ldots = 21466",5,$$
$$\mathrm{C} = +124",9, \quad \mathrm{D} = -0",4, \quad \mathrm{E} = -0",2$$

$$\log(\mathrm{E} - \mathrm{E_0}) = 4,0308993 \qquad \log \mathrm{C} = 2,0965624$$
$$\mathrm{c}^\iota \log \mathrm{B} = 5,6682397 \qquad \mathrm{c}^\iota \log \mathrm{B} = 5,6682397$$
$$\overline{\quad\quad \log a = 9,6991390 \quad\quad} \qquad \overline{\quad\quad \log c = 7,7648021 \quad\quad}$$
$$2 \log a = 9,3982780$$
$$a = 0,500194$$
$$\overline{\quad\quad \log ca^2 = 7,1630801 \quad\quad}$$
$$ca^2 = -0,001456$$

En continuant le calcul logarithmique :

$$da^2 = -\frac{\mathrm{D}}{\mathrm{B}} a^3 = +0,000002 ; \quad 2c^2a^3 = +0,000009 ;$$

$$ea^4 = -\frac{\mathrm{E}}{\mathrm{B}} a^4 = +0,000001.$$

D'où finalement

$$x = a + ca^2 + da^3 + 2c^2a^3 + ca^4 = 0,498750.$$

$$i = 12^ʰ = 43200 \qquad \log x = 9,6978829$$
$$\log i = 4,6354837$$
$$\overline{\quad\quad 4,3333666 \quad\quad}$$
$$t = 21546',0 = 5^ʰ 59^ᵐ 06',0.$$

La nouvelle Lune aura lieu le 13 avril 1877 à $5^ʰ 59^ᵐ 06',0$ du soir,
T. M. de Paris. — Ce résultat est exact à $0',1$ près.

Le problème précédent donne la solution de l'équation $\mathbb{C} - \odot = 0$. Les équations $\mathbb{C} - \odot = 90°$, $\mathbb{C} - \odot = 180°$, $\mathbb{C} - \odot = 270°$ qui correspondent au calcul du temps du premier quartier, de la pleine Lune et du second quartier, se résoudraient identiquement de la même manière.

2ᵉ EXEMPLE. — *A quelle heure, T. M. de Paris, l'ascension droite de la Lune est-elle égale à* $0^h 47^m 12^s,65$ *le 19 février 1874?*

D'après la *Connaissance des temps :*

		α	Δ	Δ^2
19 février.	5^h	$0^h 46^m 06^s 74$		
			$+ 2^m 11^s 82$	
"	6	0 48 18 56		$- 0^s 03$
			$+ 2\ 11\ 79$	
"	7	0 50 30 35		

$$E = 0^h 47^m 12^s,65$$
$$E_0 = 0\ 46\ 06\ ,74 .$$

$$E - E_0 = 0^h 01^m 05^s,91 = 65^s,91,$$

$$B = \Delta - \tfrac{1}{2} \Delta^2 + \tfrac{1}{3} \Delta^3 = 131^s,835; \quad C = - 0,015.$$

Effectuant les calculs, on trouvera ensuite :

$$a = \frac{E - E_0}{B} = 0,499920$$
$$ca^2 = \qquad\quad + 0,000028$$
$$x = a + ca^2 = 0,499\,948$$

$$i = 1^h = 3600, \quad t = ix = 1799^s,96 = 29^m 59^s 96 = 30^m .$$

L'époque cherchée sera donc $5^h 30^m$, T. M. de Paris.

L'exemple précédent est l'inverse et par suite la vérification d'un de ceux qui ont été calculés comme application du problème direct. — Le problème qui vient d'être traité se présente toutes les fois que, voulant calculer la longitude d'un lieu, on mesure l'ascension droite de la Lune en observant son passage au méridien.

3ᵉ EXEMPLE. — *Calculer pour le 16 juin 1877, l'époque T. M. de Paris, à laquelle la différence de l'heure sidérale du lieu et de l'ascension droite de la Lune* $\theta - \alpha$ *sera égale à* 0, *ou, en d'autres termes, à quelle heure la Lune passera au méridien de Paris.*

En jetant les yeux sur la *Connaissance des temps*, on verra assez vite que l'heure sidérale qui est $5^h 39^m 24^s,48$, le 16 juin à midi, ou simplement $5^h 39^m$ d'une manière approchée, sera à peu près $9^h 39^m$, à 4 heures, et $10^h 39^m$ à 5 heures ; d'ailleurs, l'ascension droite de la Lune est environ $10^h 25^m$ pour 4 heures, et $10^h 27^m$ pour 5 heures ; on en conclura à vue que l'époque cherchée est comprise entre 4 et 5 heures.

On formera alors le tableau suivant en calculant exactement la valeur de θ :

		θ	α	$\theta - \alpha$	Δ	Δ^2
16 juin. . . .	4^h	$9^h 40^m 03^s 91$	$10^h 25^m 12^s 64$	$- 0^h 45^m 08^s 73$		
»	5	10 40 13 76	10 27 22 71	$+$ 12 51 05	$+ 57^m 59^s 78$	
»	6	11 40 23 62	10 29 32 48	$+ 1$ 10 51 14	$+ 58$ 00 09	$+ 0^s 31$

$$E - E_0 = 45^m.08^s,73 = 2708,73 ; \quad B = \Delta - \tfrac{1}{2}\Delta^2 = 3479^s,63 ; \quad C = 0,15.$$

D'où en effectuant les calculs :

$$a = \frac{E - E_0}{B} = \quad 0,778\,453 \qquad ca^2 = -\frac{C}{B}\, a^2 = -0,000\,026$$

$$ca^2 = \qquad\qquad -0,000\,026$$

$$\overline{\qquad\qquad\qquad\qquad\qquad}$$

$$x = a + ca^2 = 0,778\,427$$

$$i = 3600 \qquad t = ix = 2802,3 = 46^m.42^s,3.$$

L'époque cherchée sera $4^h.46^m.42^s,3$ T. M. de Paris.

4e EXEMPLE. *Trouver le 19 février 1874 à quelle heure T. M. de Paris la distance de la Lune au Soleil est égale à* $40° 59' 26'',8$.

On trouve pour le 19 février :

		DISTANCES.	Δ	Δ_2
19 février.	3^h	$39° 33' 37''$		
»	6	41 16 36	$+ 1° 42' 59''$	$- 0' 10''$
9	9	42 59 25	$+ 1$ 42 49	

$$E = 40° 59' 26'',8$$
$$E_0 = 39° 33' 37''$$
$$\overline{\qquad\qquad\qquad\qquad}$$
$$E - E_0 = 1° 25' 49'',8 = 5149'',8$$
$$B = 6184'',0 \qquad C = 5$$

$$a = \frac{E - E_0}{B} = \quad 0,832\,76 \qquad i = 10800 \qquad \log x = 9,920\,8118$$
$$ca^2 \qquad\qquad +0,000\,56 \qquad\qquad\qquad \log i = 4,033\,4238$$
$$\overline{\qquad\qquad\qquad\qquad\qquad\qquad\qquad}$$
$$x = a + ca^2 = \quad 0,833\,32 \qquad\qquad \log t = \log ix = 3,954\,2356$$
$$t = 8999,95 = 2^h\ 30^m.$$

Et comme l'époque initiale est 3^h, l'époque cherchée sera $5^h 30^m$ T. M. de Paris.

La *Connaissance des temps* donne à vue le logarithme de $\dfrac{\iota}{\Delta}$ ou $\dfrac{3^{h}}{\Delta}$; en l'augmentant du logarithme de $(E - E_{0})$, on a alors une première valeur approchée de ι; en lui ajoutant une correction relative aux différences secondes des logarithmes et calculée à l'aide de la table additionnelle XI, on obtient facilement le nombre cherché. Ce calcul est un peu plus court que celui qui résulte de la méthode générale que nous avons appliquée jusqu'à présent, mais il est un peu moins exact parce que les logarithmes de $\dfrac{3}{\text{diff.}}$ ne sont calculés qu'avec quatre décimales.

5. Des observations. — On a fait remarquer au commencement de ce chapitre que les données de tout calcul astronomique sont : 1° des éléments fournis par les éphémérides; 2° des observations résultats de mesures instrumentales. Les problèmes que l'on a le plus souvent à résoudre en géographie ou en navigation sont la recherche d'un azimut, d'une latitude, d'une longitude ou la régulation d'un chronomètre. Pour y parvenir on observe tout d'abord un astre sur la sphère céleste en mesurant une ou deux des coordonnées et notant avec soin le temps moyen de cette observation; ce temps sert immédiatement après à évaluer les éléments nécessaires que l'on a besoin d'emprunter aux éphémérides, au moyen des calculs d'interpolation qui ont été exposés tout à l'heure. Il ne reste plus alors qu'à introduire dans les calculs les données instrumentales pour conclure la valeur de l'élément cherché à l'aide des formules de la trigonométrie sphérique.

La précision de l'élément calculé dépend évidemment, avant tout, du degré d'exactitude des observations qui auront servi à l'exécution du calcul. Comme ces observations sont elles-mêmes fournies par des mesures de coordonnées estimées par un observateur au moyen d'un instrument spécial, il en résulte que leur précision est à la fois fonction de la perfection de l'instrument et de l'habileté de l'observateur qui s'en est servi.

Il existe presque autant d'instruments qu'il y a de genres d'observations en astronomie; il y a plus : les instruments d'une même espèce présentent quelquefois entre eux des différences notables quand ils sont dus à des constructeurs différents. La connaissance approfondie de l'instrument qu'il a entre les mains s'impose par suite tout d'abord à chaque observateur. Chaque instrument a sa théorie qui lui est propre, basée sur le principe de la construction et l'agencement de ses pièces principales, et en outre sur des phénomènes d'optique plus ou moins variés. Cette théorie, loin d'être toujours élémentaire, est quelquefois fort compliquée. La description des divers instruments employés en astronomie et leur usage pratique constitue une véritable science que l'on peut appeler l'astronomie instrumentale, et qui se trouve avoir un champ très vaste, ainsi qu'on le conçoit aisément. Il n'entre point dans notre programme de traiter aucune des questions qui sont du ressort de cette science; mais nous devons faire connaître quelques vérités d'ordre général relatives aux observations ou mesures instrumentales et donner ensuite un certain nombre d'indications touchant la précision des résultats que l'on peut en conclure.

En général, toute observation supposée bien faite doit être corrigée tout d'abord : 1° d'une erreur instrumentale; 2° d'un certain nombre de quantités du second ordre inhérentes à la position de l'observateur. L'erreur instrumentale résulte de la théorie même de l'instrument; elle a dû être calculée avant toutes choses avec toute la précision possible. Les autres corrections dépendent de l'aplatissement de la Terre, de la réfraction, de la parallaxe, etc. ; leur calcul fera plus loin l'objet d'une étude spéciale (livre IV). L'observation ainsi corrigée est dite *réduite;* elle peut alors être introduite dans le calcul. Les diverses réductions que l'on fait subir à une observation peuvent presque toujours être estimées avec une précision qui dépasse de beaucoup celle de l'observation elle-même, de sorte que l'approximation de l'élément que l'on cherche, et que l'on aura calculé au moyen de cette observation, dépend essentiellement de la précision de la mesure instrumentale et se trouve ainsi subordonnée entièrement à la valeur de l'instrument et à l'habileté de l'observateur.

Toute observation se compose, en général, de deux parties : l'appréciation d'un intervalle de temps au moyen d'un appareil d'horlogérie et l'estime d'un contact de deux images au foyer de la lunette, la première dépendant de l'oreille et la seconde de l'œil de l'observateur.

La pendule où, en général, l'appareil chronométrique bat la seconde, la demi-seconde ou une fraction déterminée de la seconde; le moment du contact correspond généralement à un temps intermédiaire à deux battements consécutifs; de là un certain intervalle à ajouter à l'époque du dernier battement, intervalle dont la mesure est entièrement livrée à l'appréciation de l'observateur; la mesure en sera exécutée évidemment avec une précision d'autant plus grande que l'organe de l'ouïe sera plus perfectionné.

L'estime du contact consiste à faire tangenter soit deux images, soit une image et un fil au foyer de la lunette. Cette opération dépend beaucoup de la puissance de la lunette, de l'exactitude de la mise au point et enfin de la bonté de la vue de l'observateur; elle demande, en outre, beaucoup d'exercice et une grande habitude de l'instrument. Mais quelle que soit la précision avec laquelle on opère, l'exactitude ne saurait être absolue; il plane toujours une certaine erreur sur la qualité mathématique du contact.

Chabirand, i.   13

En dehors des deux opérations précédentes, il y en a encore le plus souvent une troisième à exécuter, la mesure d'un arc sur un cercle gradué. Pour établir le contact, l'observateur fait mouvoir une alidade sur le cercle et il la fixe d'une manière invariable avec toutes les précautions possibles au moment où il regarde le contact comme parfait. Il faut alors lire sur la graduation la valeur de l'arc mesuré. Habituellement l'extrémité de cet arc tombera entre deux divisions consécutives et il restera à estimer à vue une certaine fraction d'arc, opération qui sera entièrement subordonnée à l'appréciation et, par suite, à la qualité de l'œil.

Il résultera de ce qui précède que la détermination d'une observation dépend du fonctionnement particulier de deux organes différents, l'oreille et l'œil, que chacun d'eux peut donner lieu à des erreurs d'un ordre différent et qu'enfin leur emploi simultané est susceptible d'en entraîner encore d'autres, eu égard au défaut de coïncidence qui pourra exister entre la perfection des organes eux-mêmes.

Cela posé, nous passons à des résultats pratiques.

Supposons que l'on ait pris un certain nombre de mesures d'une coordonnée d'un astre mobile sur la sphère céleste, de manière que la coordonnée observée soit variable avec le temps et qu'à chaque observation on ait noté le temps. Mettons en regard sur deux colonnes les temps et les arcs mesurés. On peut admettre que si les temps ont été estimés à $0',5$, chacun d'eux est affecté d'une erreur de $\pm 0',25$; de même si les arcs ont été évalués à $5''$ près, ils seront eux-mêmes erronés de $\pm 2'',5$. Mais pour fixer les idées, supposons que l'on reporte l'erreur des temps sur les arcs de manière à pouvoir regarder les estimes de temps comme rigoureusement exacts et les arcs affectés d'une erreur naturellement plus grande qui sera, par exemple, le double, c'est-à-dire $\pm 5''$, et admettons, en outre, que les temps soient équidistants. Si l'on prend les différences consécutives des mesures d'arcs obtenus, il est évident que l'on pourra, dans certaines limites, contrôler l'exactitude des observations. Si, en effet, les intervalles sont petits, les différences devront rester à très peu près constantes dans la limite de l'exactitude des observations, c'est-à-dire à $5''$ près. Au lieu de procéder comme il vient d'être dit, on pourrait diviser chaque différence d'arc par la différence de temps correspondante et en conclure la différence pour l'intervalle de temps pris pour unité; le résultat reviendrait absolument au même. Or, si l'on a sous les yeux un grand nombre d'observations et que l'on calcule les différences successives, on constatera généralement que la majeure partie de ces observations suivent la loi indiquée, c'est-à-dire qu'elles ne diffèrent entre elles que d'une quantité qui ne dépasse pas le maximum de l'erreur possible inhérente à l'observation; mais on reconnaîtra aussi que quelques observations, toujours en très petit nombre, pré-

sentent des écarts notables qui dépassent de beaucoup la limite de
l'erreur possible. Ces observations sont mauvaises : elles sont entachées
de grosses erreurs dues à quelques événements accidentels qui ont
échappé à l'attention de l'observateur. On conclura de là un fait
important : les observations sont susceptibles d'être affectées d'erreurs
considérables qui dépassent de beaucoup l'erreur normale, et il est
impossible *à priori* de répondre de la valeur intrinsèque d'une observation quelconque si elle n'est pas accompagnée d'un grand nombre
d'autres de la même espèce, d'où cette conséquence :

*Une observation isolée n'a qu'une valeur douteuse et ne présente aucune
certitude.*

Toute observation doit donc être accompagnée d'un certain nombre
d'autres qui la suivent ou la précèdent à des intervalles très rapprochés. L'ensemble de ces observations constitue ce que l'on appelle
une série.

On ne peut augmenter indéfiniment le nombre des observations
d'une même série; l'observateur se fatiguerait très vite; or, il importe
évidemment que pendant toute la durée d'une série, la sensibilité des
organes de l'ouïe et de la vue reste autant que possible identique.
Mais on peut établir un certain nombre de séries à des intervalles
convenables. Plusieurs séries constitueront alors un ensemble d'observations dont il sera facile de contrôler la valeur en prenant les différences consécutives, et dont il sera possible ensuite de se servir
pour calculer l'élément cherché.

En navigation, il n'est pas d'usage de calculer séparément les
diverses observations de chaque série; on remplace les observations
d'une même série par une seule qui en est la moyenne ou qui se détermine par interpolation, et l'on fait un calcul avec cette observation
supposée représenter alors toutes les observations de la même série.

Mais toutes les fois qu'il y a lieu d'établir un résultat avec une
grande exactitude et qu'il importe ensuite d'être fixé sur la valeur probable du chiffre numérique auquel on s'arrête finalement, il est utile
d'avoir sous les yeux les résultats qui correspondent à chaque observation, de manière à pouvoir les soumettre au calcul des probabilités.
On calcule alors séparément le résultat fourni par chaque observation, de manière à avoir le plus grand nombre possible de valeurs
numériques. C'est ainsi qu'il faut procéder quand on veut mesurer la
latitude ou la longitude d'un point terrestre ou même aussi l'état d'un
chronomètre. Appliquant ensuite la *méthode des moindres carrés*, dont
il sera dit quelques mots tout à l'heure, on déterminera la certitude
probable du résultat final.

La mesure d'une série d'observations a pour conséquence l'exclusion
forcée des mesures qui seraient entachées de grosses erreurs accidentelles; mais comme les conditions physiques de l'observateur sont

restées les mêmes pendant toute la durée de la série, il pourrait arriver que toutes les observations d'une même série fussent affectées d'une erreur systématique constante; l'emploi de plusieurs séries est susceptible de mettre ce fait en évidence.

Toutefois, le fait dont nous venons de parler se présente rarement pour les bons observateurs. En général, toutes les séries obtenues par le même observateur donneront des résultats identiques, à part l'erreur d'observation normale. En revanche, les séries obtenues par des observateurs différents présentent souvent des différences constantes généralement très petites, mais pourtant susceptibles d'être calculées. Cela tient à un phénomène physiologique. Le fonctionnement simultané de l'œil et de l'oreille n'est pas le même chez tous les individus : la perception de l'oreille en particulier paraît s'effectuer à des intervalles de temps variables avec les observateurs. De là une erreur d'un ordre particulier que l'on a appelée *erreur* ou *équation personnelle*. On cherche habituellement à déterminer cette erreur expérimentalement dans tous les observatoires, pour les astronomes qui ont à exécuter des mesures d'un grande précision. L'équation personnelle est toujours une petite quantité; elle dépasse rarement $0^s,3$, de sorte que le géographe ou le marin n'ont jamais besoin de s'en préoccuper. En effet, si l'on tient compte de la précision toujours très restreinte des instruments dont on se sert en dehors des observatoires, et d'un autre côté des conditions plus ou moins défavorables dans lesquelles observe le voyageur, on comprendra facilement qu'il est bien rare que dans l'évaluation d'une mesure géographique il soit permis de répondre du résultat seulement à $0^s,5$ près.

6. Méthode des moindres carrés. — Toute erreur d'observation ou de mesure instrumentale se traduit par une erreur correspondante sur l'élément qui doit être calculé au moyen de cette donnée expérimentale. Si l'on a par exemple $E = f(u, v)$, u et v étant fournis par l'observation et affectés d'erreur Δu et Δv, l'erreur résultante pour E sera $\Delta E = \dfrac{df}{du} \Delta u + \dfrac{df}{dv} \Delta v$, en négligeant les termes du second ordre, ce qui est généralement possible, et même rigoureusement exact si l'on admet que les erreurs d'observation sont purement et simplement assimilables à des différentielles.

Les coefficients $\dfrac{df}{du}$, $\dfrac{df}{dv}$ sont toujours connus numériquement, puisque la fonction f est elle-même connue; on connaît d'ailleurs des limites supérieures de Δu et Δv. On peut donc conclure *a priori* une limite supérieure de l'erreur ΔE commise sur l'élément E.

Si maintenant on calcule un grand nombre de valeurs de E avec des observations exécutées à des époques différentes, toutes ces valeurs de E seront différentes les unes des autres, mais les différences seront toujours moindres que la limite supérieure de ΔE en valeur absolue si les observations sont également bonnes. Si l'on fait la moyenne arithmétique de toutes les valeurs trouvées pour E et que l'on adopte cette moyenne pour valeur exacte de E, il y a quelques chances pour que cette moyenne soit plus approchée qu'aucune des valeurs particulières trouvées. Il semble probable, en effet, que sur un grand nombre d'observations il y aura autant d'erreurs dans le sens positif que dans le sens négatif, et que, par suite, ces erreurs seront susceptibles de se compenser dans la moyenne arithmétique. Toutefois, il suffit de quelques réflexions pour voir que ce raisonnement ne saurait être d'une rigueur absolue. Mais on conçoit alors qu'il est possible d'établir, par une analyse particulière, une nouvelle limite de l'erreur qui affectera le résultat final. Cette analyse est basée sur le calcul des probabilités.

La méthode la plus pratique et la plus expéditive de déterminer l'erreur la plus probable qui affecte une observation déterminée, et, par suite, de fixer les idées sur la valeur de l'approximation d'un élément calculé, est la *méthode des moindres carrés;* elle est fondée essentiellement sur la théorie des probabilités.

Les applications usuelles de la méthode des moindres carrés ont été mises en évidence par Gauss dans plusieurs mémoires remarquables. Les Allemands en font un grand usage : on peut même dire qu'ils en abusent souvent en l'employant fréquemment sans beaucoup de discernement. En France, au contraire, cette méthode est peu vulgarisée et par suite assez rarement appliquée; cela tient surtout à ce que la théorie de la méthode n'est nullement élémentaire pour les personnes qui ne sont pas très familiarisées avec le calcul intégral. Mais sans qu'il soit nécessaire d'approfondir la théorie, on peut s'en tenir aux résultats pratiques et les appliquer quand il y a lieu; il peut en résulter quelquefois des indications précieuses utiles à connaître.

Nous nous proposons ici uniquement de faire connaître les quelques formules pratiques susceptibles d'une application usuelle; nous réduirons en conséquence autant que possible les indications théoriques, et nous renverrons par l'analyse aux ouvrages spéciaux (*).

La probabilité p d'une erreur d'observation Δ est représentée par la relation

$$p = \frac{h}{\sqrt{\pi}} e^{-h^2 \Delta^2},$$

où π est le rapport de la circonférence au diamètre, e la base des

---

(*) Voir la *Méthode des moindres carrés* de Gauss, traduction de M. Bertrand ; on pourra consulter aussi un chapitre intéressant à ce sujet dans l'*Astronomie* de **Brunow** (1ᵉʳ vol.).

logarithmes népériens et h une constante que l'on peut considérer comme la mesure ou le *module* de l'exactitude des observations (Gauss, *Theoria motus corporum cœlestium*, art. 178. — Bertrand, p. 119 et 142).

La valeur de l'observation ou son degré de précision dépend essentiellement de la grandeur du module h, de sorte que si l'on connaît la valeur numérique de ce module, on se trouvera fixé sur l'approximation de l'observation elle-même.

Or si l'on fait m observations affectées séparément d'erreurs Δ, Δ', Δ''..... et dans des conditions telles que le module soit constant, ou, ce qui revient au même, que les observations soient également bien faites et affectées d'erreurs au plus égales en valeur absolue à la limite supérieure de l'erreur normale possible. la probabilité P de la présence simultanée de toutes les erreurs sera égale au produit des probabilités partielles p, p', p''....., c'est-à-dire que

$$ P = p \cdot p' \cdot p'' ..... = \frac{h^m}{\pi^{\frac{m}{2}}} e^{-h^2 \Sigma \Delta^2}, $$

en représentant par $\Sigma \Delta^2$ la somme des carrés $\Delta^2 + \Delta'^2 + \Delta''^2 + ...$

D'après l'hypothèse établie, Δ ne pouvant varier que dans des limites très restreintes déterminées par la valeur de l'erreur normale possible, il est clair que le maximum de P dépend essentiellement de h, et que pour avoir ce maximum il faudra différentier P par rapport à h et résoudre l'équation $\dfrac{dP}{dh} = 0$.

$$ \frac{dP}{dh} = \frac{mh^{m-1}}{\pi^{\frac{m}{2}}} e^{-h^2 \Sigma \Delta^2} - 2 \frac{h^{m+1}}{\pi^{\frac{m}{2}}} e^{-h^2 \Sigma \Delta^2} \Sigma \Delta^2 = 0, $$

ou en réduisant

$$ m - 2h^2 \Sigma \Delta^2 = 0. $$

d'où

$$ h = \sqrt{\frac{m}{2 \Sigma \Delta^2}}. $$

Soit $\dfrac{1}{h \sqrt{2}} = \varepsilon$; ε est ce que l'on appelle l'*erreur moyenne*

$$ \varepsilon = \sqrt{\frac{\Sigma \Delta^2}{m}}. $$

Si l'on peut calculer $\Sigma \Delta^2$. ou tout au moins une valeur approchée de cette quantité, on pourra, au moyen de cette formule, établir numériquement une valeur de l'erreur moyenne qui affecte les observations et par suite celle du module h.

Au lieu du module h, on se sert habituellement de ce que l'on appelle l'*erreur probable* que l'on désigne par r et l'on calcule r en fonction de ε. La probabilité d'une erreur comprise entre $-r$ et $+r$ a pour expression générale l'intégrale $\dfrac{h}{\sqrt{\pi}}\displaystyle\int_{-r}^{+r} e^{-h^2\Delta^2}\, d\Delta$; or cette probabilité est évidemment égale à $\frac{1}{2}$, d'où l'équation

$$\frac{h}{\sqrt{\pi}}\int_{-r}^{+r} e^{-h^2\Delta^2}\, d\Delta = \frac{1}{2}.$$

Soit $h\Delta = t$ d'où $h\,d\Delta = dt$

$$\frac{h}{\sqrt{\pi}}\int_{-r}^{+r} e^{-h^2\Delta^2}\, d\Delta = \frac{1}{\sqrt{\pi}}\int_{-hr}^{+hr} e^{-t^2}\, dt = \frac{2}{\sqrt{\pi}}\int_{0}^{hr} e^{-t^2}\, dt = \frac{1}{2},$$

d'où finalement

$$\int_{0}^{hr} e^{-t^2}\, dt = \frac{\sqrt{\pi}}{4} = 0,44311.$$

Cette équation est satisfaite quand $hr = 0,47694$, d'où $r = \dfrac{0,47694}{h}$, et comme $\dfrac{1}{h} = \varepsilon\sqrt{2}$,

$$r = 0,47694 \times \varepsilon\sqrt{2} = 0,674489\varepsilon.$$

Telle est l'expression de l'erreur probable en fonction de l'erreur moyenne.

Ainsi qu'on vient de le voir, la probabilité d'une erreur moindre que l'erreur problable r résulte immédiatement de la valeur de l'intégrale employée tout à l'heure. Si l'on voulait d'une manière générale trouver la probabilité d'une erreur moindre que n fois l'erreur probable, il faudrait calculer l'intégrale

$$\frac{2}{\sqrt{\pi}}\int_{0}^{nhr} e^{-t^2}\, dt,$$

dans laquelle $hr = 0,47694$. Faisant successivement $n = \frac{1}{2};\ \frac{3}{2};\ 2;\ \frac{5}{2};\ 3;\ \frac{7}{2};\ 4;\ \frac{9}{2};\ 5$, on trouvera les nombres

$$0,264;\ 0,688;\ 0,823;\ 0,908;\ 0,956;\ 0,982;\ 0,993;\ 0,998;\ 0,999,$$

qui signifieront que sur 1000 observations, il y en aura 264 où l'erreur probable sera moindre que $\frac{1}{2} r$, ou la moitié de l'erreur probable; 688 où elle sera moindre que $\frac{3}{4} r$, etc. On a déjà trouvé tout à l'heure qu'il y en a 443 où elle est moindre que r.

L'intégrale précédente se trouve ainsi donner la loi générale qui préside à la distribution des observations. Quand on a sous les yeux un grand nombre d'observations, on constate généralement que cette loi se vérifie dans la pratique d'une manière fort satisfaisante.

Tout à l'heure nous avons fait connaître la valeur de l'erreur probable r qui affecte une observation quelconque. Il est évident *a priori* que cette erreur n'est pas la même que celle qui affectera la moyenne arithmétique des observations. Dans cette moyenne, en effet, les erreurs négatives compensant dans une certaine limite les erreurs positives, il doit arriver finalement que l'erreur probable sera moindre que celle d'une observation quelconque.

On trouvera effectivement que si l'on désigne par ε_m l'erreur moyenne de la moyenne arithmétique de m observations et par r_m l'erreur probable de cette moyenne,

$$\varepsilon_m = \frac{\varepsilon}{\sqrt{m}} \quad \text{et} \quad r_m = \frac{r}{\sqrt{m}},$$

ε et r étant l'erreur moyenne et l'erreur probable d'une observation quelconque.

Cela posé, il est facile de comprendre comment on peut calculer numériquement des valeurs sinon rigoureusement exactes, du moins suffisamment approchées des erreurs moyennes et des erreurs probables.

Nous avons donné pour expression de l'erreur moyenne $\varepsilon = \sqrt{\dfrac{\Sigma\Delta^2}{m}}$, m étant le nombre des observations, Δ. Δ'. Δ''..... les erreurs commises sur chacune de ces observations. et $\Sigma\Delta^2 = \Delta^2 + \Delta'^2 + \Delta''^2 + ...$ la somme des carrés de ces erreurs. Par le fait, on ne connaît aucune des valeurs Δ, Δ', Δ''....., mais il est possible d'en avoir des valeurs approchées. sauf à tenir compte ensuite des erreurs commises autant qu'il est possible. Pour cela on admettra provisoirement que la moyenne arithmétique des observations serait la valeur exacte d'une observation quelconque indépendamment de toute erreur. Dans cette hypothèse les quantités Δ. Δ'. Δ''....., sont les différences des observations successives avec leur moyenne arithmétique, et deviennent alors des quantités qu'il est possible de calculer numériquement. Faisant ensuite la somme des carrés $\Sigma\Delta^2$, on obtiendra d'abord l'erreur moyenne ε et ensuite l'erreur probable r.

Or, la moyenne arithmétique de m observations ne correspond pas rigoureusement à la valeur que pourrait avoir l'une quelconque de ces m observations, indépendamment de toute erreur, parce que les erreurs en plus ne sauraient compenser exactement les erreurs en moins, ou que du moins la probabilité d'une pareille compensation ne saurait être établie. La moyenne arithmétique étant différente de la valeur exacte que devrait avoir l'une quelconque des m observations, désignons la différence par ξ; appelons, en outre, δ, δ', δ''....., les différences que l'on aurait obtenues en retranchant chaque observation obtenue de l'observation supposée indépendante de toute erreur, on aura évidemment la série des équations

$$\Delta + \xi = \delta,$$
$$\Delta' + \xi = \delta',$$
$$\Delta'' + \xi = \delta''.$$
$$. \quad . \quad . \quad . \quad .$$

Δ, Δ', Δ'', ... étant les différences de la moyenne arithmétique des m observations avec chacune des observations en particulier.

Élevons au carré chacun des membres de ces m équations et faisons la somme de ces carrés, nous aurons

$$\Sigma\Delta^2 + m\xi^2 + 2\xi\Sigma\Delta = \Sigma\delta^2;$$

$\Sigma\Delta$ est identiquement nul puisque cette quantité est la somme des différences avec la moyenne arithmétique, et l'on a simplement

$$\Sigma\Delta^2 + m\xi^2 = \Sigma\delta^2.$$

δ et ξ ne sont connus ni l'un ni l'autre: mais on peut admettre que $\Sigma\delta^2$ peut être remplacé par $m\varepsilon^2$, ε étant l'erreur moyenne, et ξ par l'erreur moyenne de la moyenne arithmétique, c'est-à-dire $\dfrac{\varepsilon^2}{m}$; on a alors

$$\Sigma\Delta^2 = (m - 1)\varepsilon^2,$$

et par suite

$$\varepsilon = \sqrt{\frac{\Sigma\Delta^2}{m - 1}}.$$

On en conclura immédiatement:

Erreur probable d'une observation $= r = 0{,}674489 \sqrt{\dfrac{\Sigma\Delta^2}{m - 1}}$

Erreur moyenne de la moyenne arithmétique $= \varepsilon_m = \dfrac{1}{\sqrt{m}} \sqrt{\dfrac{\Sigma\Delta^2}{m - 1}}$

Erreur probable de la moyenne arithmétique $= r_m = \dfrac{0{,}674489}{\sqrt{m}} \sqrt{\dfrac{\Sigma\Delta^2}{m - 1}}$

Dans ces diverses expressions, m sera le nombre des observations obtenues, et $\Sigma\Delta^2$ se calculera de la manière suivante : ayant pris la moyenne arithmétique des m observations, on formera successivement la différence de chaque observation avec cette moyenne ; on élèvera ensuite séparément au carré chacune de ces différences : la somme de tous ces carrés sera la quantité $\Sigma\Delta^2$. Ce calcul est en somme des plus élémentaires ; cela va du reste être mis en évidence par l'exemple suivant :

La longitude de Bourges a été calculée au moyen de 28 observations de passage de la Lune au méridien : calculer les erreurs probables d'une observation quelconque et de la moyenne arithmétique de toutes les observations.

LONGITUDES observées.	DIFFÉRENCES avec la moyenne ou Δ.	VALEURS de Δ^2.	LONGITUDES observées	DIFFÉRENCES avec la moyenne ou Δ.	VALEURS de Δ^2.
6',505	— 0',065	0,00 42 25	6',771	+ 0',201	0,04 04 01
6 ,653	+ 0 ,083	0,00 68 89	6 ,691	+ 0 ,121	0,01 46 41
6 ,597	+ 0 ,027	0,00 07 29	6 ,733	+ 0 ,163	0,02 65 29
6 ,550	— 0 ,020	0,00 04 00	6 ,317	0 ,253	0,06 40 09
6 ,463	— 0 ,107	0,01 14 49	6 ,447	— 0 ,123	0,01 51 29
6 ,563	— 0 ,007	0,00 00 49	6 ,597	+ 0 ,027	0,00 07 29
6 ,372	— 0 ,198	0,03 92 04	6 ,635	+ 0 ,065	0,00 42 25
6 ,465	— 0 ,105	0,01 10 25	6 ,382	— 0 ,188	0,03 53 44
6 ,763	+ 0 ,193	0,03 72 49	6 ,468	— 0 ,102	0,01 04 04
6 ,808	+ 0 ,238	0,05 66 44	6 ,387	— 0 ,183	0,03 34 89
6 ,780	+ 0 ,210	0,04 41 00	6 ,355	— 0 ,215	0,04 62 25
6 ,800	+ 0 ,230	0,05 29 00	6 ,555	— 0 ,015	0,00 02 25
6 ,643	+ 0 ,073	0,00 53 29	6 ,547	— 0 ,023	0,00 05 29
6 ,729	+ 0 ,159	0,02 52 81	6 ,394	— 0 ,176	0,03 09 76
			Somme = 183,970		Somme ou $\Sigma\Delta^2$ =
			Moyenne = 6,570		= 0,618368

$$m = 28, \qquad m - 1 = 27, \qquad \Sigma\Delta^2 = 0,618368,$$

$$\log \sqrt{\frac{\Sigma\Delta^2}{m-1}} = 9,1799327 \qquad\qquad 9,1799327 \qquad\qquad \log r = 9,0089077$$

$$\log 0,674489 = 9,8289750 \qquad \log \frac{1}{\sqrt{m}} = 9,2764210 \qquad \log \frac{1}{\sqrt{m}} = 9,2764210$$

$$\log r = 9,0089077 \qquad \log \varepsilon_m = 8,4563537 \qquad \log r_m = 8,2853287$$

$$r = 0,102, \qquad\qquad \varepsilon_m = 0,029. \qquad\qquad r_m = 0,019.$$

Il résultera de là qu'une observation quelconque est affectée d'une erreur probable $r = \pm 0',102$, la moyenne arithmétique d'une erreur moyenne $\varepsilon_m = \pm 0',029$ et la moyenne arithmétique $6',570$ de toutes les observations d'une erreur probable $r_m = \pm 0',019$; si donc on adopte $6',57$ pour longitude de Bourges, cette valeur devra être regardée comme approchée à $0',02$, en vertu du calcul précédent.

Il arrive assez souvent que l'on a besoin de calculer un certain nombre de quantités inconnues au moyen d'équations du premier degré, résultant d'observations ou de mesures expérimentales, et que le nombre des équations, qui n'est limité que par les observations, soit de beaucoup supérieur au nombre des inconnues. En navigation, par exemple, on rencontre le problème suivant :

Ayant calculé un certain élément pour une époque donnée avec un angle horaire T et une latitude φ affectés d'erreurs ΔT et $\Delta\varphi$ à la suite d'une première observation, on recommence plus tard le même calcul avec une autre observation ; les éléments des observations permettent alors d'établir deux équations du premier degré, telles que

$$P_1 \Delta T + Q_1 \Delta\varphi = R_1,$$
$$P_2 \Delta T + Q_2 \Delta\varphi = R_2.$$

dans lesquelles les coefficients résultent de données expérimentales et sont entachés, par suite, de certaines erreurs. Ces équations résolues par rapport à ΔT et $\Delta\varphi$, donnent immédiatement les corrections à faire subir aux valeurs calculées pour T et φ. Si au lieu de deux observations on en a exécuté par exemple un nombre m, on aura également un nombre m d'équations qui seront par le fait plus ou moins distinctes les unes des autres, parce que les données expérimentales sont entachées d'erreurs. Il importe alors de résoudre le système des m équations de manière à trouver sûrement les valeurs les plus probables qui conviennent aux inconnues.

Soit en général un système de m équations du premier degré à μ inconnues

$$(a) \quad \begin{aligned} n + ax + by + cz + \ldots &= 0 \\ n' + a'x + b'y + c'z + \ldots &= 0 \\ n'' + a''x + b''y + c''z + \ldots &= 0 \\ \cdots \cdots \cdots \cdots \cdots \\ \cdots \cdots \cdots \cdots \cdots \end{aligned}$$

dans lequel chaque équation est affectée d'une erreur w, w', w''. etc. On résout ces équations sous la condition que $w^2 + w'^2 + w''^2 + \ldots = \Omega$ soit un minimum.

Pour cela on posera :

$$a^2 + a'^2 + a''^2 + \ldots = (aa)$$
$$an + a'n' + a''n'' + \ldots = (an)$$
$$ab + a'b' + a''b'' + \ldots = (ab)$$
$$ac + a'c' + a''b'' + \ldots = (ac)$$
$$\cdot \quad \cdot \quad \cdot \quad \cdot \quad \cdot \quad \cdot \quad \cdot$$
$$b^2 + b'^2 + b''^2 + \ldots = (bb)$$
$$bn + b'n' + b''n'' + \ldots = (bn)$$
$$bc + b'c' + b''c'' + \ldots = (bc)$$
$$\cdot \quad \cdot \quad \cdot \quad \cdot \quad \cdot \quad \cdot \quad \cdot$$

et ainsi de suite.

Les équations (a) devront être remplacées par les suivantes dont le nombre est égal à celui des inconnues, c'est-à-dire à μ (*) :

$$(b) \quad \begin{cases} (an) + (aa)x + (ab)y + (ac)z + \ldots = 0, \\ (bn) + (ba)x + (bb)y + (bc)z + \ldots = 0, \\ (cn) + (ca)x + (cb)y + (cc)z + \ldots = 0, \\ \cdot \quad \cdot \quad \cdot \quad \cdot \quad \cdot \quad \cdot \end{cases}$$

Il ne restera plus qu'à résoudre toutes ces équations par l'une des méthodes connues; mais toutes les fois que le nombre des inconnues est supérieur à 2, le calcul est toujours long et fastidieux.

Le procédé le plus avantageux et le plus expéditif est le suivant. On remplace le système des équations (b) par celui-ci :

$$A = (an) + (aa)x + (ab)y + (ac)z + \ldots = 0,$$
$$B = (bn,1) + (bb,1)y + (bc,1)z + \ldots = 0,$$
$$C = (cn,2) + (cc,2)z + \ldots = 0,$$
$$\cdot \quad \cdot \quad \cdot \quad \cdot \quad \cdot \quad \cdot$$

Les nouveaux coefficients ayant les expressions suivantes :

$$(nn,1) = (nn) - \frac{(an)^2}{(aa)}, \qquad (bb,1) = (bb) - \frac{(ab)^2}{(aa)}, \quad \ldots$$

$$(bn,1) = (bn) - \frac{(an)(ab)}{(aa)}, \qquad (bc,1) = (bc) - \frac{(ab)(ac)}{(aa)}, \quad \ldots$$

(*) *Méthode des moindres carrés*, trad. de M. Bertrand, page 136.

$$(cn,1) = (cn) - \frac{(an)(ac)}{(aa)}, \quad (bd,1) = (bd) - \frac{(ab)(ad)}{(aa)}, \quad \ldots$$

$$\cdots \cdots \cdots \cdots \cdots \cdots$$

$$(nn,2) = (nn,1) - \frac{(bn,1)^2}{(bb,1)}, \qquad (nn,3) = (nn,2) - \frac{(cn,2)^2}{(cc,2)}.$$

$$(cn,2) = (cn,1) - \frac{(bc,1)(bn,1)}{bb,1}, \qquad \cdots \cdots \cdots$$

$$(cc,2) = (cc,1) - \frac{(bc,1)^2}{(bb,1)}, \qquad \cdots \cdots \cdots$$

La loi de formation de ces divers coefficients est extrêmement facile à saisir.

Si maintenant on examine les équations :

$$A = 0, \quad B = 0, \quad C = 0, \quad \ldots$$

on voit que la première contient toutes les inconnues, que la seconde ne renferme plus x, que la troisième ne renferme ni x ni y, etc., et que finalement la dernière ne contient qu'une seule inconnue que l'on calculera immédiatement: on résoudra ensuite l'équation qui précédait au moyen de cette valeur et ainsi de suite en remontant jusqu'à la première $A = 0$.

S'il s'agissait, par exemple, de trois inconnues x, y, z, z serait donné d'abord par l'équation :

$$C = (cn,2) + (cc,2)z = 0.$$

Portant la valeur trouvée pour z dans l'équation $B = 0$, on calculerait y ; puis enfin au moyen des valeurs de z et de y, on déterminerait x avec l'équation $A = 0$.

Tout cela est en somme très-simple, le calcul seul est un peu long, surtout si les inconnues sont en grand nombre.

Cela posé, on démontre que l'erreur $\Omega = w^2 + w'^2 + w''^2 + \ldots$ qui doit être un minimum a l'expression suivante :

$$\Omega = \frac{A^2}{(aa)} + \frac{B^2}{(bb,1)} + \frac{C^2}{(cc,2)} \quad \ldots \quad + (nn,\mu),$$

comme A, B, C, $\ldots$ sont nuls et que d'ailleurs les dénominateurs sont différents de 0 :

$$\Omega = (nn,\mu).$$

Dans le cas particulier de trois inconnues $\mu = 3$:

$$\Omega = (nn,3) = \left(nn,2 - \frac{(cn,2)}{(cc,2)}\right),$$

et si le nombre des inconnues est égal à 2 ou $\mu = 2$,

$$\Omega = (nn,2) = (nn,1) - \frac{(bn,1)^2}{(bb,1)}.$$

Dans le cas d'un nombre d'inconnues égal à μ, l'erreur probable qui affecte une équation quelconque a pour expression :

$$r = 0{,}674\,489 \sqrt{\frac{(nn,\mu)}{m - \mu}},$$

et les erreurs probables des inconnues, x, y, ... seront :

$$r(x) = \frac{r}{\sqrt{(aa_1)}}; \qquad\qquad r(y) = \frac{r}{\sqrt{(bb_1)}}; \quad \text{etc.}$$

$$(aa_1) = (aa) - \frac{(ab)^2}{(bb)}; \qquad (bb,1) = (bb) - \frac{(ab)^2}{(aa)}; \quad .....$$

Comme application, on résoudra les quatre équations suivantes :

$$1{,}01 + 3{,}02x - 0{,}98y = 0$$
$$1{,}00 + 2{,}99x - 1{,}01y = 0$$
$$3{,}97 + 2{,}01x - 3{,}02y = 0$$
$$4{,}01 + 1{,}98x - 3{,}01y = 0$$

On calculera d'abord les coefficients :

$$(an) = \quad (1{,}01 \times 3{,}02) + (1{,}00 \times 2{,}99) + (3{,}97 \times 2{,}01) + (4{,}01 \times 1{,}98)$$
$$(bn) = -(1{,}01 \times 0{,}98) - (1{,}00 \times 1{,}01) - (3{,}97 \times 3{,}02) - (4{,}01 \times 3{,}01)$$
$$(ab) = -(3{,}02 \times 0{,}98) - (2{,}99 \times 1{,}01) - (2{,}01 \times 3{,}02) - (1{,}98 \times 3{,}01)$$
$$(aa) = \quad (3{,}02)^2 + (2{,}99)^2 + (2{,}01)^2 + (1{,}98)^2 \ldots \ldots \ldots \ldots$$
$$(bb) = \quad (0{,}98)^2 + (1{,}01)^2 + (3{,}02)^2 + (3{,}01)^2 \ldots \ldots \ldots \ldots$$
$$(nn) = \quad (1{,}04)^2 + (1{,}00)^2 + (3{,}97)^2 + (4{,}01)^2 \ldots \ldots \ldots \ldots$$

Le calcul numérique donnera :

$$(an) = +21{,}9597 \qquad (bn) = -26{,}0593 \qquad (ab) = -18{,}0095$$
$$(aa) = +26{,}0210 \qquad (bb) = +20{,}1610 \qquad (nn) = +33{,}8611$$

Le système des quatre équations devra être remplacé par le suivant :

$$21,9597 + 26,0210x - 18,0095y = 0$$
$$26,0593 + 18,0095x - 20,1610y = 0 \, ;$$

on résoudra ensuite l'équation :

$$bn,1) + (bb,1)y = 0,$$

$$(bn,1) = (bn) - \frac{(an)(ab)}{(aa)} = -10,8609, \quad (bb_1) = (bb) - \frac{(ab)^2}{(aa)} = +7,6964,$$

d'où

$$y = +1,4112,$$

et au moyen de la première des deux équations :

$$x = +0,1328,$$

Pour se rendre compte de l'approximation des résultats, il faudra calculer ensuite r, $r(x)$ et $r(y)$.

$$(nn,\mu) = (nn,2) = (nn,1) - \frac{(bn,1)^2}{(bb,1)}, \qquad (nn,1) = (nn) - \frac{(an)^2}{(aa)},$$

on trouve

$$(nn,1) = 15,3288 \quad \text{et} \quad (nn,2) = 0,0023,$$

$$r = 0,674\,489 \sqrt{\frac{nn,2}{2}} = 0,0141,$$

$$r(x) = \frac{r}{\sqrt{(aa_1)}}, \qquad (aa_1) = (aa) - \frac{(ab)^2}{(bb)} = 9,9334, \qquad r(x) = 0,0045,$$

$$r(y) = \frac{r}{\sqrt{(bb_1)}}, \qquad (bb_1) = (bb) - \frac{(ab)^2}{(aa)} = 7,6964, \qquad r(y) = 0,0051,$$

telles sont les erreurs probables des valeurs trouvées pour x et pour y ; on prendra alors $x = 0,133$ et $y = 1,411$ et ces valeurs pourront être regardées comme approchées, la première à 4 et la seconde à 5 unités du dernier ordre décimal conservé.

L'exemple choisi ne comporte que quatre équations: en réalité, pour que la méthode des moindres carrés puisse donner de véritables résultats, il faut un nombre d'équations beaucoup plus considérable. Comme nous nous sommes proposé uniquement d'indiquer la marche du calcul, nous n'avons pris que 4 équations uniquement dans le but d'abréger les écritures.

LIVRE III

MOUVEMENTS DES CORPS CÉLESTES, MESURE DU TEMPS. CONSTRUCTION DES ÉPHÉMÉRIDES.

— — —

INTRODUCTION.

Ce livre renferme un exposé sommaire des données astronomiques qui résultent immédiatement des formules de la mécanique céleste. On y trouvera tous les éléments nécessaires au calcul des positions des astres dans le ciel, dans les limites de ce que l'on est convenu d'appeler la première et la seconde approximation.

Les résultats obtenus successivement dans l'étude des corps célestes ont conduit à établir trois ordres d'approximation distincts. Dans le premier, le corps considéré est supposé animé d'un mouvement uniforme équivalant au mouvement réel, au point de vue du déplacement total produit au bout d'une période déterminée; les positions qui résultent de ce mouvement fictif sont dites positions moyennes. Dans la seconde approximation, on tient compte des inégalités du mouvement uniforme qui sont dues à l'excentricité de l'orbite ou aux grandes perturbations à longues périodes. Enfin la troisième approximation consiste à compléter les données précédentes par des corrections secondaires dues aux petites perturbations ou inégalités périodiques qui viennent troubler à chaque instant le mouvement général sous l'apparence d'oscillations, au premier abord de la plus complète irrégularité. En somme, si l'on appelle E la valeur exacte d'un élément à une époque déterminée, E_0 celle qui conviendrait pour la position moyenne, ΔE_0 et δE_0 les corrections dues à la deuxième et à la troisième approximation, on pourra toujours représenter la valeur totale de l'élément cherché par l'expression :

$$E = E_0 + \Delta E_0 + \delta E_0.$$

Le système des trois approximations se trouve justifié par ce fait que ΔE_0 est une quantité de second ordre par rapport à E_0 et δE_0 une quantité au plus du troisième ordre et souvent même d'un ordre inférieur.

On trouvera dans ce livre toutes les données nécessaires pour calculer exactement les deux premiers termes en ce qui concerne le Soleil, la Lune et les petites planètes. Pour les étoiles, le troisième terme est toujours nul, de sorte que dans ce cas l'approximation du calcul sera aussi complète que possible. Quelques-unes des perturbations de la Lune ayant une valeur notable qui les fait en réalité rentrer dans le cadre de la deuxième approximation, nous en avons énuméré un certain nombre faciles à calculer. On possédera donc, par le fait, tous les éléments qui sont nécessaires pour établir les coordonnées d'un astre sur la sphère céleste avec une approximation de quelques secondes pour le Soleil et les petites planètes, et de quelques minutes pour la Lune.

La nécessité d'avoir à calculer un élément astronomique ou une date importante d'un calendrier s'impose aujourd'hui bien rarement dans la pratique. On a en effet presque toujours sous la main des éphémérides calculées à l'avance ; j'ai vu pourtant le fait se présenter dans le cours de l'un de mes voyages ; nous avons pendant quelques jours manqué absolument de *Connaissance des temps*. Or, quand on possède quelques notions d'astronomie, on doit toujours être en mesure, non-seulement de construire un almanach, mais encore de calculer au moins les coordonnées du Soleil ; il est vrai que de quelque façon que l'on s'y prenne, le calcul sera toujours fort long si l'on veut l'exécuter de toutes pièces ; mais il est possible de l'abréger considérablement en se servant des données des éphémérides anciennes que l'on possède déjà. Sous l'impression de cette idée, j'ai établi une formule avec laquelle il sera toujours possible de déterminer immédiatement, indépendamment des tables fondamentales, la longitude du Soleil et par suite toutes les autres coordonnées qui en sont la conséquence, à la condition seule d'avoir déjà des éphémérides relatives à une autre année du reste entièrement quelconque. J'ai, d'un autre côté, en plusieurs circonstances, cherché à mettre en évidence le parti pratique que l'on pouvait tirer des formules générales de l'astronomie, au point de vue des applications usuelles.

Mais si, laissant de côté cet ordre d'idées, on se place un instant à un point de vue plus élevé, on doit reconnaître que la connaissance exacte des mouvements des corps célestes rentre aujourd'hui dans le domaine de l'enseignement secondaire et, qu'à ce titre, elle demeure le complément indispensable de toute instruction scientifique sérieuse. La vulgarisation en pareille matière devient tous les jours de plus en plus facile. La lumière a commencé à se faire depuis longtemps en astronomie à la suite des immortels travaux de Laplace, Poisson et Bessel. Cette science était restée toutefois le domaine exclusif de quelques esprits privilégiés ; mais aujourd'hui elle devient véritablement accessible à tous, grâce aux derniers travaux de M. Le Verrier. Les incon-

nues qui existent encore sont, on le sait, d'un ordre tout à fait inférieur; aussi leur détermination ne peut offrir d'intérêt qu'à un point
de vue essentiellement spéculatif. En revanche, les mouvements généraux sont connus avec une approximation extrême; on sait que ces
mouvements restent invariables dans la suite des âges et que les perturbations périodiques qui les altèrent à chaque instant ne modifient en
rien la durée de leurs périodes. Il résulte de là que pour quiconque veut
étudier les positions remarquables occupées à diverses époques par les
astres sur la sphère céleste apparente, il suffit de s'en tenir à la première
et à la deuxième approximation. Ce travail devient facile si l'on se sert
des expressions générales calculées pour les éléments fondamentaux.
Les recherches de ce genre peuvent avoir leur importance tant au point
de vue de l'établissement des périodes importantes qu'à celui de la
détermination de certaines dates historiques fixées par un phénomène
astronomique remarquable.

La convention adoptée pour supputer le temps donne lieu dans les
calculs à une difficulté qui peut embarrasser sérieusement les personnes
peu familières avec les calculs astronomiques. Les expressions générales données en fonction du temps supposent toujours l'année de
$365^{\text{jours}},25$; il faut alors savoir en conclure une valeur en tenant compte
à la fois des années et des siècles bissextiles. Cette question a été
résolue d'une manière complète; les formules données ne permettent
aucune erreur à ce sujet. Après avoir montré comment on passait dans
le courant du XIXe siècle d'une date à une autre, on a fait voir également comment il fallait s'y prendre pour obtenir à une date donnée,
dans un siècle quelconque, la valeur d'un élément déjà calculé à la
même date dans le XIXe siècle. Ces calculs sont d'une simplicité
extrême : il suffit de les avoir examinés un instant pour reconnaître
qu'il est aussi facile de calculer les éléments du Soleil ou d'une planète
quelconque, par exemple le 27 mai 1877, que le 27 mai 3 000 ans avant
ou après le commencement de l'ère chrétienne.

L'exactitude de pareils calculs dépend uniquement de la régularité
des périodes et de la connaissance exacte des constantes relatives aux
termes séculaires. Or, la régularité des périodes est absolue, et c'est
là, on peut le dire, l'un des caractères les plus saisissants qui signale
à l'attention du géomètre l'équilibre merveilleux du système solaire;
quant aux constantes séculaires, elles sont connues en particulier en
ce qui concerne la Terre au moins à une unité près du septième ordre
décimal, d'où il résulte qu'aucune de ces constantes ne saurait donner
lieu à une erreur de 2″ dans l'espace de 4 000 ans.

CHAPITRE I.

MOUVEMENTS DES PLANS DE COORDONNÉES. PRÉCESSION. NUTATION. ABERRATION.

1. Mouvements généraux des plans de coordonnées.
— On a vu dans le livre précédent que pour déterminer les déplacements des astres sur la sphère céleste, on rapporte leurs coordonnées soit au plan de l'équateur, soit à celui de l'écliptique. Le nœud ascendant de l'écliptique sur l'équateur sert d'origine commune aux ascensions droites et aux longitudes : ce point correspond à la position occupée par le Soleil à l'équinoxe de printemps, d'où le nom de *point vernal* ou de *point équinoxial*, qui lui est donné habituellement.

Or l'axe du monde n'est pas invariable dans l'espace : il résulte en effet des attractions réciproques des corps du système solaire que le pôle de l'écliptique se déplace sur la sphère céleste décrivant une courbe elliptique autour du pôle du monde, phénomène qui se traduit à nos yeux par un mouvement conique apparent de l'axe du monde autour de l'axe de l'écliptique. La conséquence de cet état de choses est un déplacement constant des plans de l'écliptique et de l'équateur dans l'espace, et par suite, du point origine des longitudes et des ascensions droites.

Si après avoir mesuré à diverses époques les coordonnées d'un astre on veut conclure de ces mesures le mouvement propre de cet astre sur la sphère céleste, il conviendra tout d'abord de se rendre un compte bien net des déplacements des plans de coordonnées eux-mêmes. Ces déplacements dépendent des phénomènes connus sous les noms de *Précession des équinoxes* et de *Nutation de l'axe terrestre*, lesquels ne sont au fond que des perturbations ou inégalités d'un ordre particulier. Si l'on regarde la précession comme un mouvement général, la nutation peut être considérée comme une inégalité périodique de ce mouvement.

Soient E, ε les positions de l'écliptique et de l'équateur à une époque déterminée, par exemple au 1ᵉʳ janvier 1850, et ♈ leur point d'intersection. Construisons pour une autre époque, qui sera 1850 + *t*, les positions vraies E′, ε′ de ces deux grands cercles; N est le nœud ascendant de E′ sur E, ♈ le nœud ascendant de E sur ε′ et ♈″ le nœud ascendant de E' sur ε' en $1850 + t$, c'est-à-dire le point vernal pour cette époque.

Fig. 44.

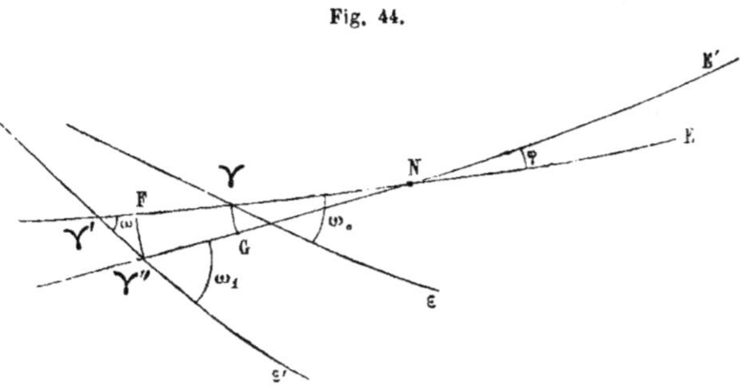

Cela posé, on fera :

$$N\Upsilon\varepsilon = \omega_0; \quad N\Upsilon'\varepsilon' = \omega; \quad N\Upsilon''\varepsilon' = \omega_1; \quad \Upsilon'N\Upsilon'' = \varphi;$$
$$\Upsilon N = \theta; \quad \Upsilon\Upsilon' = \psi; \quad \Upsilon'\Upsilon'' = v; \quad \Upsilon F = \psi_1;$$

$\Upsilon''F$ étant un arc de grand cercle perpendiculaire sur NE mené par Υ''.

Les quantités ψ et ω représentent les déplacements de l'équateur en longitude et en obliquité par rapport à l'écliptique de 1850; elles dépendent uniquement des actions combinées du Soleil et de la Lune sur la Terre; c'est pourquoi le mouvement de l'équateur qui leur correspond s'appelle la *Précession luni-solaire.*

Les quantités ψ_1 et ω_1 déterminent la position réelle de l'équateur par rapport à l'écliptique de $1850 + t$: elles font connaître le mouvement relatif qu'a subi l'équateur par rapport à l'écliptique, de 1850 à $1850 + t$. Ce mouvement a reçu le nom de *Précession générale* ou *Précession apparente.* Cette dernière expression est justifiée par la remarque suivante : si l'on rabat Υ en G par un arc de cercle décrit du point N comme pôle, $G\Upsilon'' = F\Upsilon$ à une quantité d'un ordre tout à fait inférieur; l'angle $\Upsilon'N\Upsilon'' = \varphi$ n'atteint pas en effet $100''$ en 200 ans. Alors $\Upsilon''G = \psi_1$ représente la distance dont le point vernal a rétrogradé sur l'écliptique vraie de 1850 à $1850 + t$. Les éléments ω_1 et ψ_1 se trouvent par suite des angles susceptibles d'être déterminés directement par des observations instrumentales à une époque quelconque.

La grandeur de ψ_1 dépend évidemment de celles de ΥF et de ω_1; ces deux derniers éléments appartiennent à la *précession planétaire ;* cette précession se traduira sur l'écliptique de 1850 par le déplacement en longitude ΥF et sur l'équateur de $1850 + t$ par le déplacement en ascension droite $\Upsilon'\Upsilon''$. La précession planétaire, ainsi que son nom l'indique, est due uniquement à la somme des attractions planétaires sur la Terre. La précession générale peut être regardée comme la résultante de la précession luni-solaire et de la précession planétaire.

Lorsqu'on étudie le mouvement de la Terre autour de son centre de gravité en tenant compte des influences perturbatrices qui émanent de la Lune et du Soleil, on reconnaît que les quantités ψ et ω peuvent se représenter en fonction du temps par des expressions de la forme

$$\psi = at + bt^2 + \Psi,$$
$$\omega = \omega_0 + ft^2 + \Omega;$$

a, b, f étant des constantes, Ψ et Ω des fonctions périodiques qui dépendent de la nutation de l'axe terrestre; les termes séculaires $at + bt^2$ et ft^2 déterminent la précession luni-solaire proprement dite.

Quand on connaît la précession luni-solaire, il est facile de conclure la précession générale ou réciproquement.

Les triangles $\Upsilon'\Upsilon''N$ et $\Upsilon'\Upsilon''F$ donnent les relations :

$$\cos \omega_1 = \cos \omega \cos \varphi - \sin \omega \sin \varphi \cos (\psi + \theta),$$
$$\sin \omega_1 \sin \upsilon = \sin \varphi \sin (\psi + \theta),$$
$$\operatorname{tg} (\psi - \psi_1) = \cos \omega \operatorname{tg} \upsilon,$$

qui, vu la petitesse des angles φ, υ et ψ, peuvent être remplacées par les suivantes :

$$\cos \omega_1 = \cos \omega - \varphi \sin \omega \cos (\psi + \theta) - \frac{\varphi^2}{2} \cos \omega,$$
$$\upsilon = \varphi \frac{\sin (\psi + \theta)}{\sin \omega_1},$$
$$\psi = \psi_1 + \upsilon \cos \omega.$$

La première donnera, d'après un développement connu,

$$\omega_1 = \omega + \varphi \cos (\psi + \theta) + \tfrac{1}{2}\varphi^2 \operatorname{cotg} \omega \sin^2 (\psi + \theta) + \ldots$$

Si l'on remarque ensuite que d'après cette valeur

$$\frac{1}{\sin \omega_1} = \frac{1}{\sin \omega [1 + \varphi \cos (\psi + \theta) \operatorname{cotg} \omega]} = \frac{1}{\sin \omega} [1 - \varphi \cos (\psi + \theta) \operatorname{cotg} \omega],$$

on aura, au moyen de la seconde,

$$v = \varphi \frac{\sin (\psi + \theta)}{\sin \omega} - \frac{\varphi^2}{2 \sin \omega} \sin 2(\psi + \theta) \operatorname{cotg} \omega + \ldots$$

d'où l'on conclura, avec la troisième,

$$\psi_1 = \psi - \varphi \sin (\psi + \theta) \cotg \omega + \tfrac{1}{2} \varphi^2 \sin 2(\psi + \theta) \cotg^2 \omega + \ldots$$

Eu égard à la petitesse des angles ψ et φ, on peut, en restant dans les limites de l'approximation supposée fixée au second ordre, faire

$$\cos (\psi + \theta) = \cos \theta - \psi \sin \theta ; \quad \sin (\psi + \theta) = \sin \theta + \psi \cos \theta.$$

Suivant la notation adoptée par Laplace, on remplacera alors φ et θ par φ'' et θ'' (*) et l'on posera

$$\varphi'' \sin \theta'' = p''; \quad \varphi'' \cos \theta'' = q''.$$

Cotg ω sera remplacé par $\cotg \omega_0$, ce qui se peut faire à une quantité près du troisième ordre, et l'on aura finalement pour expression de la précession générale :

$$(1) \begin{cases} \psi_1 = \psi - p'' \cotg \omega_0 - \psi q'' \cotg \omega_0 + p''q'' \cotg^2 \omega_0 \ldots + \Psi \\ \omega_1 = \omega + q'' - p''\psi + \tfrac{1}{2} p''^2 \cotg \omega_0 \ldots \ldots \ldots + \Omega \end{cases}$$

et pour la précession planétaire sur l'équateur,

$$\upsilon = \frac{p''}{\sin \omega_0} + \frac{q''}{\sin \omega_0} \psi - \frac{p''q'' \cotg \omega_0}{\sin^2 \omega_0} \ldots$$

Si les valeurs de ψ, ω_0, p'' et q'' sont connues, il sera facile de conclure de ces relations ψ_1, ω_1 et υ en fonction du temps.

D'après M. Le Verrier, pour l'époque $1850 + t$,

$$(2) \begin{cases} p'' = \varphi'' \sin \theta'' = 0'',058\,88t + 0'',000\,019\,64t^2, \\ q'' = \varphi'' \cos \theta'' = -0'',475\,66t + 0'',000\,005\,68t^2. \end{cases}$$

Ces valeurs de p'' et q'' ne doivent pas être regardées comme déterminées avec une bien grande certitude.

(*) Si l'on considère un orbite de planète quelconque ayant avec l'écliptique une inclinaison φ, les quantités p et q sont d'une manière générale des fonctions de l'inclinaison φ et de la longitude du nœud ascendant θ et à chaque planète correspondra une valeur particulière de p et de q. Il est d'usage de distinguer ces valeurs les unes des autres en donnant aux lettres p et q un nombre d'accents déterminé par le numéro d'ordre de la planète par rapport à sa distance au Soleil. Pour Mercure il n'y a pas d'accent, pour Vénus il y en a 1, pour la Terre 2, pour Mars 3, etc. C'est d'après cette notation que l'on a donné ici deux accents aux lettres p et q.

Les coefficients de t et de t^2 ne peuvent, en effet être évalués qu'à l'aide des formules de la mécanique céleste qui font connaître les déplacements séculaires de l'écliptique en fonction des attractions de toutes les planètes. Ces formules, toujours fort compliquées, renferment comme éléments principaux les masses des diverses planètes; or, ces masses étant affectées encore aujourd'hui d'incertitudes très-grandes, il en résulte des erreurs correspondantes sur les coefficients eux-mêmes.

A la suite de ses recherches les plus récentes, M. Le Verrier, tenant compte des corrections qu'il a cru devoir apporter aux masses des planètes, a donné en 1876 de nouvelles expressions pour p'' et q'' :

$$p'' = 0'',054\,72t + 0'',000\,019\,64t^2,$$
$$q'' = -0'',466\,68t + 0'',000\,005\,68t^2,$$

d'où il a conclu pour $1850 + t$

$$\theta'' = 172°56'36'',55 - 8'',75t,$$
$$\varphi'' = 0'',4778t - 0'',000\,003\,23t^2.$$

Les constantes a, b, f de ψ et de ω peuvent se calculer avec assez d'exactitude à l'aide de deux constantes susceptibles d'être mesurées expérimentalement.

D'après M. Serret :

$$(3) \quad \begin{cases} a = 0,917\,73\varkappa + 0,910\,37\varkappa\varepsilon, \\ b = -0,000\,001\,989\varkappa - 0,000\,001\,963\varkappa\varepsilon, \\ f = 0,000\,000\,131\varkappa + 0,000\,000\,130\varkappa\varepsilon. \end{cases}$$

La constante $\varkappa$ dépend du moyen mouvement N du Soleil dans l'unité de temps, de la vitesse de rotation n de la Terre autour de son axe et des moments principaux d'inertie A, B, C de la Terre, C étant le moment d'inertie autour de l'axe polaire; ε dépend du rapport des masses M$'$ et M de la Lune et du Soleil et du rapport des distances a', a de ces astres à la Terre.

$$\varkappa = \frac{3N^2}{4n}\,\frac{2C - A - B}{C}, \qquad \varepsilon = \frac{M'}{M}\,\frac{a^3}{a'^3}. \qquad (*)$$

(*) $\dfrac{2C - A - B}{2C} = \dfrac{1}{305,6}$ (aplatissement de la Terre); N=6,28308; $\dfrac{N}{n}$ =0,0027304;

M = 354936; M$' = \dfrac{1}{82.87}$; $\dfrac{a}{a'}$ =0,0025.

Voir à ce sujet le mémoire de M. Serret auquel sont empruntées toutes ces données (*Annales de l'Observatoire*, t. V).

Mais la nutation dépend des mêmes constantes $\varkappa$ et ε

$$(4) \begin{cases} \Psi = \varkappa\varepsilon(-0,4562 \sin \Omega + 0,0055 \sin 2\Omega - 0,0054 \sin 2\mathbb{C} + 0,0018 \sin A_{\mathbb{C}}) + \\ \quad + \varkappa(-0,0073 \sin 2\odot + 0,0073 \sin A_{\odot}), \\ \Omega = \varkappa\varepsilon(0,2439 \cos \Omega - 0,0024 \cos 2\Omega + 0,0023 \cos 2\mathbb{C}) + \varkappa\,0,0317 \cos 2\odot. \end{cases}$$

Ω étant la longitude du nœud ascendant de la Lune, $\odot$ et $\mathbb{C}$ les longitudes du Soleil et de la Lune ; $A_{\mathbb{C}}$ et $A_{\odot}$ les différences $\mathbb{C} - P'$ et $\odot - P$, où P' et P représentent les longitudes des périgées lunaire et solaire.

Cela posé, on déterminera la valeur de a au moyen de celle de la précession générale à une époque donnée ; en 1850 au 1er janvier

$$\psi_1 = 50'',235\ 72 ;$$

c'est ce que l'on appelle la constante de précession ; en la désignant par F, on déduira de la première des équations (1)

$$a = F + 0,058\ 88 \cot \omega_0.$$

D'après M. Peters, les observations de nutation donnent, par l'expression de Ω,

$$0,2439\varkappa\varepsilon = 9'',223.$$

Au moyen de la première des équations (3), on trouvera avec cette valeur

$$\varkappa = 17'',378$$

et ensuite avec la relation précédente

$$\varepsilon = 2,1758.$$

Les constantes ainsi déterminées, on obtiendra les expressions de la précession et de la nutation.

D'après M. Serret,

$$\psi = 50'',371\ 40t - 0'',000\ 108\ 806t^2,$$
$$\omega = 23°27'32'' + 0'',000\ 007\ 189t^2 :$$

on en a conclu pour la précession générale

$$\psi_1 = 50'',235\ 72t + 0'',000\ 112\ 900t^2,$$
$$\omega_1 = 23°27'32'' - 0'',475\ 66t - 0,000\ 001\ 490t^2.$$

Par rapport à l'écliptique de 1850,

Précession planétaire en longitude $= \psi - \psi_1 =$
$$= 0'',135\,68\,t - 0'',000\,221\,71\,t^2,$$
Précession en obliquité $= \omega_1 - \omega =$
$$= -0'',547\,66\,t - 0,000\,008\,68\,t^2.$$

Il résultera, des diverses expressions qui viennent d'être données, que la précession planétaire diminue, dans une faible partie, la valeur de la précession luni-solaire en longitude, mais que d'un autre côté elle est la cause principale de la variation d'obliquité de l'écliptique. On doit en conclure que le mouvement rétrograde du nœud de l'écliptique est dû, presque entièrement, à l'attraction combinée de la Lune et du Soleil, et que le déplacement du plan de l'écliptique lui-même est produit, à peu près exclusivement, par la somme des attractions planétaires.

Les chiffres précédents ont été donnés par M. Serret; ce sont les plus récents qui aient été calculés. Toutefois, il n'a pas été tenu compte des dernières corrections apportées par M. Le Verrier aux masses des planètes. En prenant les nouvelles valeurs de p'' et de q'' données pour 1876, il sera facile de faire les rectifications nécessaires. Dans les circonstances présentes, cela ne peut avoir qu'un intérêt secondaire.

Jusqu'à présent, les chiffres de Bessel sont adoptés à peu près exclusivement dans tous les observatoires pour la construction des catalogues d'étoiles. Or ces chiffres sont notablement différents de ceux donnés par M. Le Verrier en 1876. Dans un temps plus ou moins éloigné il en résultera un remaniement des catalogues.

Voici du reste les chiffres de Bessel, ainsi que ceux de M. Peters, pour l'époque $1850 + t$:

Bessel . .
$$\begin{cases} \psi = 50'',327\,00\,t - 0'',000\,243\,589\,t^2, \\ \omega = 23°\ 27'\ 32'' + 0'',000\,009\,842\,t^2, \\ \psi_1 = 50'',235\,72\,t + 0'',000\,122\,148\,t^2, \\ \omega_1 = 23°\ 27'\ 32'' - 0'',484\,22\,t - 0'',000\,002\,723\,t^2. \end{cases}$$

Peters . .
$$\begin{cases} \psi = 50'',324\,04\,t - 0'',000\,108\,4\,t, \\ \omega = 23°\ 27'\ 32'' + 0'',000\,007\,35\,t^2, \\ \psi_1 = 50'',237\,52\,t + 0'',000\,112\,34\,t^2, \\ \omega_1 = 23°\ 27'\ 32'' - 0'',474\,2\,t - 0'',000\,001\,4\,t^2. \end{cases}$$

Les mouvements généraux de l'écliptique et de l'équateur se trouvant déterminés par ce qui précède, on va maintenant étudier les variations qui en résultent pour les coordonnées, en tenant compte séparément des causes qui les produisent.

2. De la précession. Variations des longitudes et des latitudes causées par la précession. — Soient $\mathcal{L}_0$ et λ_0 la lon-

Fig. 43.

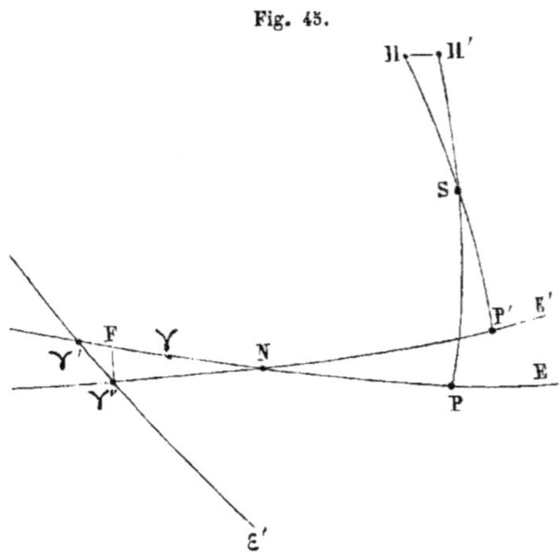

gitude ΥP et la latitude SP d'une étoile au 1ᵉʳ janvier 1850; soient $\mathcal{L}_1$ et λ_1 les valeurs que prennent ces coordonnées à la même époque, en $1850 + t$. Soient Π et Π' les pôles des écliptiques E et E' de 1850 et $1850 + t$. Le grand cercle $\Pi \Pi'$ ayant pour pôle N est perpendiculaire à la fois à NE et NE', et alors

$$\Pi'\Pi P = 180° - (90° - NP) = 90° + NP,$$
$$\Pi \Pi'P = 90° - NP'.$$

Comme d'ailleurs $NP = \mathcal{L}_0 - \theta''$ et $NP' = \mathcal{L}_1 - \psi_1 - \theta''$, on aura dans le triangle $S\Pi\Pi'$,

$$\Pi \Pi' = \varphi'', \quad \Pi S = 90° - \lambda_0, \quad \Pi'S = 90° - \lambda_1,$$
$$\Pi'\Pi P = 90° + (\mathcal{L}_0 - \theta''), \quad \Pi \Pi'P = 90 - (\mathcal{L}_1 - \theta'' - \psi_1).$$

Appliquant à ce triangle les formules fondamentales de la trigonométrie sphérique,

$$\cos\lambda_0 \cos(\mathcal{L}_0 - \theta'') = \cos\lambda_1 \cos(\mathcal{L}_1 - \theta'' - \psi_1),$$
$$\cos\lambda_0 \sin(\mathcal{L}_0 - \theta'') = \cos\lambda_1 \cos\varphi'' \sin(\mathcal{L}_1 - \theta'' - \psi_1) - \sin\lambda_1 \sin\varphi'',$$
$$\sin\lambda_0 = \cos\lambda_1 \sin\varphi'' \sin(\mathcal{L}_1 - \theta'' - \psi_1) + \sin\lambda_1 \cos\varphi''.$$

A cause de la petitesse de φ'', on remplacera dans les deux dernières $\sin\varphi''$ par φ'' et $\cos\varphi''$ par l'unité.

On remarquera que λ_1 et $\mathcal{L}_1$ devront différer très peu de λ_0 et $\mathcal{L}_0$, de sorte que l'on pourra poser

$$\lambda_1 = \lambda_0 + x, \qquad \mathcal{L}_1 = \mathcal{L}_0 + \psi_1 + y.$$

x et y étant de petites quantités,

$$\sin\lambda_1 = \sin\lambda_0 + x\cos\lambda_0, \qquad \cos\lambda_1 = \cos\lambda_0 - x\sin\lambda_0,$$
$$\sin(\mathcal{L}_1 - \theta'' - \psi_1) = \sin(\mathcal{L}_0 - \theta'') + y\cos(\mathcal{L}_0 - \theta''),$$
$$\cos(\mathcal{L}_1 - \theta'' - \psi_1) = \cos(\mathcal{L}_0 - \theta'') - y\sin(\mathcal{L}_0 - \theta'').$$

Substituant dans les relations trouvées tout à l'heure, on aura les trois équations :

$$x\sin\lambda_0\cos(\mathcal{L}_0 - \theta'') + y\cos\lambda_0\sin(\mathcal{L}_0 - \theta'') = 0,$$
$$x\sin\lambda_0\sin(\mathcal{L}_0 - \theta'') - y\cos\lambda_0\cos(\mathcal{L}_0 - \theta'') + \varphi''\sin\lambda_0 = 0,$$
$$x + \varphi''\sin(\mathcal{L}_0 - \theta'') = 0;$$

d'où l'on conclura

$$x = -\varphi''\sin(\mathcal{L}_0 - \theta'') \quad \text{et} \quad y = \varphi''\,\mathrm{tg}\lambda_0\cos(\mathcal{L}_0 - \theta''),$$

et ensuite pour les coordonnées cherchées,

$$\mathcal{L}_1 = \mathcal{L}_0 + \psi_1 + \varphi''\mathrm{tg}\lambda_0\cos(\mathcal{L}_0 - \theta'') = \mathcal{L}_0 + \psi_1 + \mathrm{tg}\lambda_0(p''\sin\mathcal{L}_0 + q''\cos L_0),$$
$$\lambda_1 = \lambda_0 - \varphi''\sin(\mathcal{L}_0 - \theta'') = \lambda_0 + p''\cos\mathcal{L}_0 - q''\sin\mathcal{L}_0.$$

Ces formules permettront de passer très facilement des longitudes et latitudes établies pour 1850 aux valeurs que prendraient ces cocrdonnées en 1850 + t. On en conclurait facilement d'autres formules permettant de passer des positions en 1850 + t à celles en 1850 + t'.

D'après Bessel, pour 1850 + t,

$$\theta'' = 172°\,42'\,30'' + 39'',79t,$$
$$\varphi'' = 0^{\,\cdot},48831t - 0'',000003072t^2.$$

Variations des ascensions droites et des déclinaisons causées par la précession. — Connaissant $\Delta\mathcal{L}$ et $\Delta\lambda$, on pourrait en déduire $\Delta\alpha$ et $\Delta\delta$ par les formules différentielles établies précédemment (livre II. chap. II, page 135); mais comme le calcul est un peu long, nous le remplacerons par le suivant :

Considérons les équateurs de 1850 et 1850 + t, $M\epsilon$ et $M\epsilon'$ qui se coupent en M, et calculons pour ces deux grands cercles les analogues de p'' et q''.

Dans le triangle $M\Upsilon'\Upsilon$ l'angle M est très aigu, le côté $\Upsilon\Upsilon'$ très petit et les côtés $M\Upsilon'$, $M\Upsilon$ peu différents l'un de l'autre, de sorte que l'on peut appliquer les développements en série (page 153).

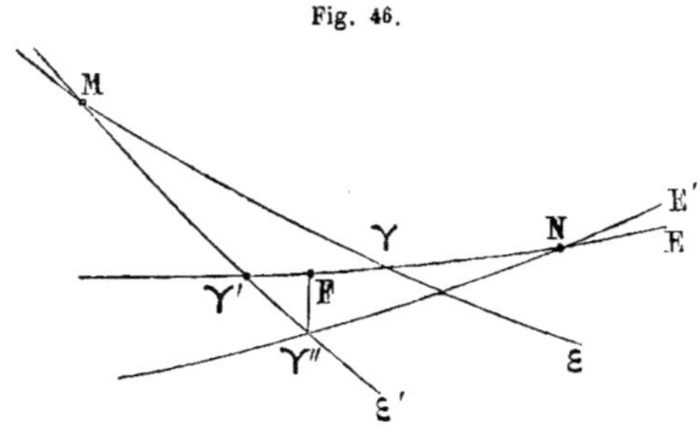

Fig. 46.

$$\Upsilon M\Upsilon' = \varphi''_1 = \Upsilon\Upsilon'\,\frac{\sin M\Upsilon\Upsilon'}{\sin M\Upsilon};$$

$$M\Upsilon'\Upsilon = 180^\circ - M\Upsilon\Upsilon' - \Upsilon\Upsilon'\sin M\Upsilon\Upsilon'\,\mathrm{cotg}\,M\Upsilon.$$

Or

$$\Upsilon\Upsilon' = \psi;\quad M\Upsilon\Upsilon' = \omega_0;\quad M\Upsilon = \theta''_1;\quad M\Upsilon'\Upsilon = 180^\circ - \omega.$$

Par conséquent

$$\varphi''_1\sin\theta''_1 = p''_1 = \psi\sin\omega_0,\quad \varphi''\cos\theta''_1 = q''_1 = \omega - \omega_0.$$

q'' sera par suite du troisième ordre au plus, et il n'y aura pas lieu d'en tenir compte.

Cela posé, il suffira pour obtenir les corrections d'ascension droite et de déclinaison de remplacer dans les formules calculées tout à l'heure pour les coordonnées écliptiques, $\mathcal{L}$ par α, λ par δ, p'' et q'' par leurs analogues que l'on vient de calculer; l'analogue de ψ_1 sera évidemment

$$\psi\cos\omega \text{ ou } \psi\cos\omega_0 - \Upsilon'\Upsilon'' = \psi\cos\omega_0 - \upsilon.$$

On aura alors

$$\alpha_1 = \alpha_0 + \psi\cos\omega_0 - \upsilon + \psi\sin\omega_0\,\mathrm{tg}\,\delta_0\sin\alpha_0,$$
$$\delta_1 = \delta_0 + \psi\sin\omega_0\cos\alpha_0.$$

Habituellement on prend pour unité la variation annuelle; on remplace alors ψ et υ par les variations en 1 an $\dfrac{d\psi}{dt}$ et $\dfrac{d\upsilon}{dt}$; soient alors :

$$m = \frac{d\psi}{dt}\cos\omega_0 - \frac{d\upsilon}{dt};\quad n = \frac{d\psi}{dt}\sin\omega_0,$$

Les expressions des variations annuelles des ascensions droites et des déclinaisons sont :

$$\alpha_1 - \delta_0 = \Delta\alpha = m + n \operatorname{tg} \delta \sin \alpha,$$
$$\alpha_1 - \delta_0 = \Delta\delta = n \cos \alpha,$$

pour $1850 + t$:

$$\alpha_1 = \alpha_0 + t\Delta\alpha_0, \qquad \delta_1 = \delta_0 + {}^{"}t\Delta\delta_0.$$

D'après Bessel, pour $1850 + t$, on a :

$$\frac{d\upsilon}{dt} = 0'',12605 - 0'',000532078\,t,$$
$$m = 46'',05910 + 0'',000308645\,t,$$
$$n = 20'',05472 - 0'',000097020\,t.$$

Les formules précédentes sont particulièrement applicables aux étoiles qui n'ont pas une trop forte déclinaison ; pour les étoiles voisines du pôle, elles ne seraient pas suffisamment exactes. En se servant du triangle formé par l'étoile et les positions des deux pôles de l'équateur pour les deux époques, on calcule des formules plus précises. On se contentera de donner ici les résultats qui sont généralement employés.

Soient ψ et ψ' les précessions luni-solaires aux époques $1850 + t$ et $1850 + t'$; ω et ω' les inclinaisons correspondantes sur l'écliptique de 1850 ; on choisit des auxiliaires z, z', U, V que l'on détermine par les relations suivantes :

$$\operatorname{tg} \tfrac{1}{2}(z + z') = \cos \tfrac{1}{2}(\omega + \omega') \operatorname{tg} \tfrac{1}{2}(\psi' - \psi),$$
$$\tfrac{1}{2}(z' - z) = \frac{\tfrac{1}{2}(\omega' - \omega)}{\operatorname{tg} \tfrac{1}{2}(\psi' - \psi) \sin \tfrac{1}{2}(\omega + \omega')},$$
$$\operatorname{tg} \tfrac{1}{2} U = \operatorname{tg} \tfrac{1}{2}(\omega + \omega') \sin \tfrac{1}{2}(z + z'),$$
$$V = \sin U (\operatorname{tg} \delta + \operatorname{tg} \tfrac{1}{2} U \cos A),$$

et en outre

$$A = \alpha + \upsilon + z, \qquad A' = \alpha' + \upsilon' - z',$$

α, α', δ, δ' étant les ascensions droites et les déclinaisons pour $1850 + t$ et $1850 + t'$, v et v' les précessions planétaires pour ces mêmes époques.

On trouve alors :

$$\operatorname{tg}(A' - A) = \frac{V \sin A}{1 - V \cos A},$$

et ensuite $\alpha' - \alpha = A' - A - (\upsilon' - \upsilon) + (z + z'),$

$$\operatorname{tg} \tfrac{1}{2}(\delta' - \delta) = \operatorname{tg} \tfrac{1}{2} U \, \frac{\cos \tfrac{1}{2}(A' + A)}{\cos \tfrac{1}{2}(A' - A)}.$$

Telles sont les expressions qui permettent de calculer l'ascension droite α' et la déclinaison δ' pour $1850 + t'$ quand les valeurs de ces coordonnées α et δ sont données pour $1850 + t$.

D'après ce qui précède, on voit que le phénomène de la précession a pour conséquence une augmentation des longitudes et des ascensions droites qui varie à peu près proportionnellement au temps. Les étoiles et par suite la sphère céleste tout entière doivent donc nous paraître animées d'un mouvement de translation de l'occident vers l'orient dont la vitesse angulaire autour de l'axe de l'écliptique serait d'environ 50", l'année étant prise pour unité. Une étoile placée sur l'écliptique décrirait par suite ce grand cercle en 26000 ans environ. Les étoiles qui aujourd'hui sont placées près du pôle du monde s'en éloigneront de plus en plus, et de nouvelles viendront prendre leur place : toutes les étoiles qui se trouvent placées à une distance du pôle de l'écliptique égale à l'obliquité de l'écliptique passeront successivement par le pôle du monde. Par exemple, Véga ou α de la Lyre, dont la longitude est actuellement d'environ 283°, aura la même longitude que le pôle de l'équateur, c'est-à-dire 90" quand la sphère céleste se sera déplacée de 167°, c'est-à-dire dans 12 000 ans environ ; comme d'ailleurs sa distance au pôle de l'écliptique ne diffère de l'obliquité que de quelques degrés, elle deviendra alors l'étoile polaire.

Le Soleil venant occuper périodiquement les mêmes positions sur l'écliptique aux mêmes époques, les déplacements de la sphère céleste peuvent s'estimer par rapport à ces positions. Les anciens avaient divisé l'écliptique en 12 parties dont chacune se distinguait par une constellation particulière : c'étaient les 12 signes du zodiaque. Le temps employé par le Soleil à parcourir une de ces constellations correspondait à un mois de l'année. Comme la sphère céleste se déplace de 30° en 2000 ans environ, il en résulte qu'au bout de ce temps le Soleil aura rétrogradé d'un signe, et que par suite le signe qui correspondait auparavant à un mois donné ne convient plus alors qu'au mois suivant.

Ce phénomène permit aux astronomes anciens de découvrir la précession des équinoxes. Hipparque, comparant les positions des étoiles de son temps à celles qui étaient indiquées par un autre astronome 150 ans avant lui, reconnut un mouvement rétrograde général dont il fixa la valeur annuelle à 51" environ ; toutefois il n'osa l'affirmer d'une manière catégorique, ne sachant quel degré de confiance il pouvait attacher aux observations qui lui avaient été transmises. Les monuments de l'antiquité nous ont laissé quelques indications relativement aux positions du Soleil par rapport à certaines étoiles à des époques déterminées. Malheureusement ces indications comportent toujours des erreurs d'un ou deux degrés au moins : on ne peut en conclure aucun élément nouveau pour la détermination des constantes; mais il est possible de s'en servir pour fixer certaines dates avec une précision de un ou deux siècles.

L'observation la plus précise que nous ait laissée l'antiquité, au sujet de la précession, est la mesure de l'obliquité de l'écliptique. Elle fut faite par Ératosthène qui vivait 240 avant Jésus-Christ. Cet illustre astronome avait remarqué qu'à l'époque du solstice, le Soleil se projetait à peu près verticalement dans un puits à Syène, et que cela n'arrivait qu'une fois : il en conclut que Syène se trouvait à peu près sous le tropique, et il détermina aussi exactement que possible, à l'aide du gnomon, le lieu qui devait appartenir au tropique lui-même. Avec l'ombre portée par le gnomon au solstice d'hiver, il calcula ensuite la distance des deux tropiques qu'il fixa à $\dfrac{11}{83}$ de la circonférence ou $47°\ 42'\ 39''$.

Il en résulte pour l'obliquité de l'écliptique au temps d'Ératosthène une valeur de $23°\ 51'\ 20''$: cette valeur ne serait erronée que d'un petit nombre de minutes, d'après les constantes admises aujourd'hui.

Changements des éléments des orbites par suite des déplacements séculaires de l'écliptique et de l'équateur. — Il est aisé de reconnaître que le mouvement rétrograde du nœud de l'écliptique, origine des longitudes, équivaut à un mouvement en sens contraire de l'écliptique elle-même. L'écliptique pourra alors être regardée comme animée d'une vitesse égale à la précession générale dans le sens même du mouvement de translation de la Terre. La vitesse apparente de la Terre sur son orbite sera, par suite, évidemment égale à sa vitesse propre augmentée de la vitesse de l'orbite, c'est-à-dire de la précession générale.

La vitesse moyenne de la Terre ou en général d'une planète quelconque dans son orbite est donnée par ce que l'on appelle le *moyen mouvement sidéral*, c'est-à-dire la vitesse du mouvement uniforme équivalent au mouvement vrai, ou encore la vitesse moyenne qui correspond à la révolution sidérale, la durée de cette révolution étant le temps employé par la planète à revenir au même point de son orbite.

On obtiendra le moyen mouvement apparent, c'est-à-dire le moyen mouvement en longitude en ajoutant le mouvement en précession au moyen mouvement sidéral. Prenons l'année de $365^j,25$ pour unité, on aura donc en général

$$\frac{d\mathcal{L}_m}{dt} = n + \frac{d\psi_1}{dt}.$$

Pour la longitude moyenne du Soleil en particulier :

$$\frac{d\odot_m}{dt} = n'' + \frac{d\psi_1}{dt}.$$

Le moyen mouvement sidéral est une quantité constante pour chaque planète. Ce fait important, avancé pour la première fois par Laplace, a été établi rigoureusement par Lagrange et par Poisson.

Pour la longitude du Périgée solaire, on aurait de même

$$\frac{d\Pi}{dt} = \text{moyen mouvement propre du Périgée} + \frac{d\psi_1}{dt}.$$

Pour les diverses planètes, les expressions de la variation en longitude seront les mêmes, sauf toutefois une très légère correction due à la différence des inclinaisons sur l'écliptique de 1850. Pour une planète quelconque

$$\frac{d\mathcal{L}_m}{dt} = n + \frac{d\psi_1}{dt} + \tfrac{1}{2}\,\mathrm{tg}\,\varphi\,(p'' \cos\theta - q'' \sin\theta)\ (*),$$

n étant le moyen mouvement sidéral de la planète, φ son inclinaison sur l'écliptique, et θ la longitude de son nœud ascendant.

Les éléments φ et θ subissent en outre avec le temps des variations particulières qui dépendent des actions réciproques et qui sont, par suite, des fonctions des masses plus ou moins compliquées; pour $1850 + t$, on a

$$\varphi_1 = \varphi_0 + [(\Delta p - p'') \sin\theta_0 + (\Delta q - q'') \cos\theta_0]\cos^2\varphi_0.$$
$$\theta_1 = \theta_0 + \psi_1 + [(\Delta p - p'') \cos\theta_0 - (\Delta q - q'') \sin\theta_0]\cot\varphi_0.$$

La variation de la longitude moyenne aussi bien que celle du Périgée ou du Périhélie étant connues par ce qui précède, on en conclut immédiatement l'expression de la longitude elle-même en $1850 + t$:

$$\mathcal{L}_m = \mathcal{L}_0 + nt + \psi_1 = \mathcal{L}_0 + \mathrm{A}t + \mathrm{B}t^2.$$

Le moyen mouvement n étant une constante, le coefficient B est égal à celui de t^2 dans l'expression de la précession générale. Il résulte de cette remarque que, quelle que soit la planète considérée, le terme $\mathrm{B}t^2$ est toujours le même pour la longitude moyenne, du moins à une quantité près d'un ordre tout à fait inférieur.

3. De la nutation. — D'après les développements donnés précédemment pour ψ et ω, la nutation est une inégalité périodique du

---

mouvement général dû à la précession. Cette inégalité se reporte tout entière sur la précession générale. La nutation est causée ainsi que la précession luni-solaire par la double influence de la Lune et du Soleil sur la Terre.

On tient compte de la nutation en ajoutant aux corrections de coordonnées dépendant de la précession les valeurs correspondantes de la nutation. On a déjà donné l'expression analytique de cette inégalité. D'après les déterminations de M. Peters (*) on a :

$$\Psi = \Delta\lambda = -17'',2405 \sin \Omega + 0'',2073 \sin 2\Omega - 1'',2692 \sin 2\odot -$$
$$- 0'',2041 \sin 2\mathbb{C} + 0'',1279 \sin (\odot - P) -$$
$$- 0'',0213 \sin (\odot + P) + 0'',0677 \sin (\mathbb{C} - P'),$$

$$\Omega = \Delta\omega = + 9'',2131 \cos \Omega - 0'',0897 \cos 2\Omega + 0'',5509 \cos 2\odot +$$
$$+ 0'',0886 \cos 2\mathbb{C} + 0'',0093 \cos (\odot + P).$$

P et P′ sont les longitudes des périgées solaires et lunaires; de 1850 à 1900, on pourra poser

$$0'',1279 \sin (\bigcirc - P) - 0'',0213 \sin (\odot - P) = + 0'',0101 \sin \odot +$$
$$+ 0'',1663 \cos \odot,$$

en se servant de l'expression de P qui sera donnée ultérieurement dans la théorie du Soleil.

La partie de la nutation qui a pour argument la longitude de la Lune ou celle de son nœud est dite la nutation lunaire; la seconde, celle qui dépend de la longitude du Soleil, s'appelle la nutation solaire.

Les coefficients donnés dans les deux expressions précédentes ont été calculés pour l'année 1800; pour l'année 1900, 17'',2405 deviendrait 17'',2577, et 9'',2231 devrait être remplacé par 9,2240; les autres coefficients ne varieraient que de quelques unités du 4e ordre décimal.

Les expressions précédentes de la nutation sont relatives aux coordonnées écliptiques; il importe d'avoir les expressions correspondantes applicables aux coordonnées équatoriales.

On a trouvé

$$\alpha' - \alpha = -15'',8148 \sin \Omega + 0'',1902 \sin 2\Omega - 1'',1642 \sin 2\odot -$$
$$- 0'',1872 \sin 2\mathbb{C} - 0'',0195 \sin (\odot + P) +$$
$$+ 0'',0621 \sin (\mathbb{C} - P') + 0'',1173 \sin (\odot - P) -$$

(*) *Numerus constans nutationis.*

$$- \sin \alpha \operatorname{tg} \delta [6'',8650 \sin \Omega - 0'',0825 \sin 2\Omega + 0'',5054 \sin 2\odot +$$
$$+ 0'',0813 \sin 2\mathbb{C} + 0'',0085 \sin (\odot + P) -$$
$$- 0'',0270 \sin (\mathbb{C} - P') - 0'',0509 \sin (\odot - P)] -$$
$$- \cos \alpha \operatorname{tg} \delta [9'',2231 \cos \Omega - 0'',0897 \cos 2\Omega + 0'',5509 \cos 2\odot +$$
$$+ 0'',0886 \cos 2\mathbb{C} + 0''0093 \cos (\odot + P)]$$

$$\delta' - \delta = - \cos \alpha [6'',8650 \sin \Omega - 0'',0825 \sin 2\Omega + 0'',5054 \sin 2\odot +$$
$$+ 0'',0813 \sin 2\mathbb{C} + 0'',0085 \sin (\odot + P) -$$
$$- 0'',0270 \sin(\mathbb{C} - P') - 0'',0509 \sin (\odot - P)] +$$
$$+ \sin \alpha [9'',2231 \cos \Omega - 0'',0897 \cos 2\Omega + 0'',5509 \cos 2\odot +$$
$$+ 0'',0886 \cos 2\mathbb{C} + 0'',0093 \cos (\odot + P)].$$

Dans ces expressions, comme dans celles données précédemment, les coefficients ont été calculés pour l'année 1800. En 1900, les nombres 15'',8148, 6'',8650 et 9'',2231 devraient être remplacés par 15'',8321, 6'',8623 et 9'',2240; les autres ne sont susceptibles d'être modifiés que de quelques unités du 4ᵉ ordre décimal.

Nous allons indiquer comment les expressions de $\alpha - \alpha'$ et de $\delta - \delta'$ doivent être traitées pour être calculées commodément.

Nous remplacerons d'abord les coefficients numériques par des lettres auxquelles nous donnerons une notation symbolique particulière très facile à saisir immédiatement et qui aura l'avantage de simplifier l'expression du calcul.

Nous poserons

$$\alpha' - \alpha = a_1 \sin \Omega + a_2 \sin 2\Omega + a_3 \sin 2\odot + a_4 \sin 2\mathbb{C} +$$
$$+ a_5 \sin (\odot + P) + a_6 \sin (\mathbb{C} - P') + a_7 \sin (\odot - P) +$$
$$+ \sin \alpha \operatorname{tg} \delta [b_1 \sin \Omega + b_2 \sin 2\Omega + b_3 \sin 2\odot + b_4 \sin 2\mathbb{C} +$$
$$+ b_5 \sin (\odot + P) + b_6 \sin (\mathbb{C} - P') + b_7 \sin (\odot - P)] +$$
$$+ \cos \alpha \operatorname{tg} \delta [c_1 \cos \Omega + c_2 \cos 2\Omega + c_3 \cos 2\odot + c_4 \cos 2\mathbb{C} + c_5 \cos (\odot + P)]$$

$$\delta' - \delta = \cos \alpha [b_1 \sin \Omega + b_2 \sin 2\Omega + b_3 \sin 2\odot + b_4 \sin 2\mathbb{C} +$$
$$+ b_5 \sin (\odot + P) + b_6 \sin (\mathbb{C} - P') + b_7 \sin (\odot - P)] -$$
$$- \sin \alpha [c_1 \cos \Omega + c_2 \cos 2\Omega + c_3 \cos 2\odot + c_4 \cos 2\mathbb{C} + c_5 \cos (\odot + P)].$$

Prenons maintenant les quantités m et n que nous avons définies en traitant de la précession en ascension droite et déclinaison, quantités dont les valeurs ont été données pour l'époque $1850 + t$

$$m = 46'',05910 + 0'',0003086450 t \quad \text{et} \quad n = 20'',05472 - 0'',00009702204 t$$

et appelant i_1, i_2,....; h_1, h_2...... des auxiliaires convenables, nous poserons

$$b_1 = ni_1, \qquad b_2 = ni_2..... \qquad b_7 = ni_7,$$
$$a_1 = mi_1 + h_1, \quad a_2 = mi_2 + h_2...... \quad a_7 = mi_7 + h_7.$$

Soient de plus

$$M = i_1 \sin \Omega + i_2 \sin 2\Omega + ... + i_7 \sin(\odot + P),$$
$$E = h_1 \sin \Omega + h_2 \sin 2\Omega + ... + h_7 \sin(\odot + P),$$
$$D = c_1 \cos \Omega + c_2 \cos 2\Omega + ... + c_5 \cos(\odot + P).$$

Substituant dans les expressions de $\alpha' - \alpha$ et de $\delta' - \delta$, on trouve

$$\alpha' - \alpha = mM + E + nM \sin \alpha \, \mathrm{tg} \, \delta + D \cos \alpha \, \mathrm{tg} \, \delta,$$
$$\delta' - \delta = Mn \cos \alpha - D \sin \alpha.$$

ou

$$\alpha' - \alpha = M(m + n \sin \alpha \, \mathrm{tg} \, \delta) + D \cos \alpha \, \mathrm{tg} \, \delta + E,$$
$$\delta' - \delta = Mn \cos \alpha - D \sin \alpha.$$

On adopte habituellement la notation suivante :

$$m + n \sin \alpha \, \mathrm{tg} \, \delta = c, \quad \cos \alpha \, \mathrm{tg} \, \delta = d, \quad n \cos \alpha = c', \quad - \sin \alpha = d',$$

de sorte que les expressions précédentes se mettent sous la forme

$$\alpha' - \alpha = Mc + Dd + E,$$
$$\delta' - \delta = Mc' + Dd'.$$

La *Connaissance des temps* donne avec les positions apparentes des étoiles des tables qui permettent de calculer très facilement M et D; ces tables contiennent en effet pour tous les jours de l'année à minuit moyen de Paris les logarithmes des nombres A, B, C, D. A et B sont relatifs à l'aberration, ainsi que nous le verrons plus loin ; C est égal à $M + t$, t étant la fraction de l'année qui correspond à l'époque considérée; on a par suite $M = C - t$; quant au nombre D, il est précisément celui qui entre dans nos formules.

Pour fixer les idées sur l'importance des divers coefficients que nous avons employés, nous donnons leurs valeurs respectives pour l'année 1900 en faisant remarquer que ces valeurs peuvent être employés pendant 50 ans sans erreurs sensibles.

$$m = 46'',07454, \quad n = 20'',04987.$$

$$i_1 = -0'',34256 \qquad h_1 = -0'',0488 \qquad c_1 = -9'',2240 \qquad a_1 = -15'',8321 \qquad b_1 = -6'',8623$$
$$i_2 = +0'',00410 \qquad h_2 = +0'',0014 \qquad c_2 = +0'',0896 \qquad a_2 = +0'',1903 \qquad b_2 = +0'',0822$$
$$i_3 = -0'',02520 \qquad h_3 = -0'',0035 \qquad c_3 = -0'',5506 \qquad r_3 = -1'',1646 \qquad b_3 = -0'',5053$$
$$i_4 = -0'',00405 \qquad h_4 = -0'',0005 \qquad c_4 = -0'',0885 \qquad a_4 = -0'',1871 \qquad b^4 = -0'',0812$$
$$i_5 = -0'',00042 \qquad h_5 = -0'',0000 \qquad c_5 = -0'',0092 \qquad a_5 = -0'',0193 \qquad b_5 = -0'',0084$$
$$i_6 = +0'',00134 \qquad h_6 = +0'',0005 \qquad \qquad a_6 = +0'',0622 \qquad b_6 = +0'',0269$$
$$i_7 = +0'',00253 \qquad h_7 = +0'',0005 \qquad \qquad a_7 = +0'',1171 \qquad b_7 = +0'',0507$$

4. De l'aberration de la lumière. — Nous avons défini précédemment le phénomène de l'aberration et nous avons montré comment il a pour effet de faire paraître les astres dans des positions différentes de celles qu'ils occupent réellement, eu égard à la résultante de la vitesse de la lumière et de celle de la Terre dans son mouvement général.

La Terre étant animée à la fois d'un mouvement de translation sur son orbite et d'un mouvement de rotation autour de son axe, on considère deux sortes d'aberration : l'aberration annuelle due à la vitesse suivant l'orbite, et l'aberration diurne conséquence de la vitesse de rotation.

On a trouvé pour corrections d'aberration annuelle des étoiles sur les coordonnées équatoriales

$$\alpha' - \alpha = -C (\cos \odot \cos \alpha \cos \omega + \sin \odot \sin \alpha) \sec \delta,$$
$$\delta' - \delta = +C (\cos \odot \sin \alpha \cos \omega - \sin \odot \cos \alpha) \sin \delta - C \cos \odot \cos \delta \sin \omega.$$

Si l'on pose

$$-C \cos \odot \cos \omega = A, \quad -C \sin \odot = B, \quad \cos \alpha \sec \delta = a, \quad \sin \alpha \sec \delta = b,$$
$$\operatorname{tg} \omega \cos \delta - \sin \alpha \sin \delta = a', \quad \cos \alpha \sin \delta = b',$$

ces formules deviennent simplement

$$\alpha' - \alpha = Aa + Bb,$$
$$\delta' - \delta = Aa' + Bb'.$$

La *Connaissance des temps* donne pour tous les jours de l'année à minuit moyen de Paris, les logarithmes des nombres A et B. On peut, à l'aide de ces tables, calculer très facilement l'expression de l'aberration pour un astre quelconque à une époque déterminée.

L'aberration en longitude et en latitude a pour valeur

$$\mathcal{L}' - \mathcal{L} = -C \cos (\mathcal{L} - \odot) \sec \lambda.$$
$$\lambda' - \lambda = +C \sin (\mathcal{L} - \odot) \sin \lambda.$$

Pour le cas particulier du Soleil $\mathcal{L} = \odot$, d'ailleurs λ peut être regardé comme nul, de sorte que $\mathcal{L}' - \mathcal{L} = - C$.

La quantité C est ce que l'on appelle la constante d'aberration. Il y a lieu de remarquer toutefois que cette quantité n'est pas rigoureusement constante, parce que la vitesse du Soleil sur son orbite n'est pas elle-même constante. Il est facile, du reste, de donner l'expression exacte de C. C est égale au rapport de la vitesse du Soleil sur son orbite à la vitesse μ de la lumière, de sorte qu'en appelant r le rayon vecteur, on a

$$C = \frac{r\,\dfrac{dv}{dt}}{\mu}.$$

On verra bientôt dans la théorie du Soleil que $\dfrac{dv}{dt} = \dfrac{a^2\sqrt{1-e^2}}{r^2}\dfrac{dm}{dt}$.

D'ailleurs dans le mouvement elliptique $r = \dfrac{a(1-e^2)}{1 + e\cos v}$, de sorte que

$$C = \frac{r}{\mu}\,\frac{a^2\sqrt{1-e^2}}{r^2}\,\frac{dm}{dt} = \frac{a}{\mu\sqrt{1-e^2}}\,(1 + e\cos v)\,\frac{dm}{dt},$$

ou, en remplaçant v par m, c'est-à-dire l'anomalie vraie par l'anomalie moyenne, ce qui est suffisamment exact, et posant $\dfrac{a}{\mu\sqrt{1-e^2}}\dfrac{dm}{dt} = C_0$,

$$C = C_0 + C_0 e\cos m.$$

C_0 est, à proprement parler, la constante de l'aberration, $C_0 e\cos m$ est ce que l'on appelle la partie variable de cette aberration.

$\dfrac{a}{\mu}$, temps employé par la lumière à parcourir le demi grand axe de l'orbite terrestre a été trouvé égal à $497',78$; $\dfrac{dm}{dt} =$ moyen mouvement sidéral en 1 seconde de temps moyen est $0'',041067$.

On trouve

$$C_0 = 20''4451, \qquad C_0 e = 0'',343,$$
$$C = 20'',4451 + 0'',343\cos m.$$

Les astronomes qui ont cherché à déterminer la constante d'aberration ont donné successivement plusieurs valeurs de cette quantité.

D'après les observations de Bradley $C_0 = 20'',212$, d'après Delambre $C_0 = 20'',255$; diverses observations modernes effectuées sur la polaire ont donné $20'',445$. M. Peters a trouvé $20'',503$. Enfin, à la suite de tra vaux considérables à ce sujet, M. Struve a été conduit à donner 20″,463. C'est ce dernier résultat qui est adopté aujourd'hui pour calculer les éphémérides; c'est en particulier celui que l'on a pris dans la *Connaissance des temps*.

Le nombre 20″,463 diffère peu de 20″,445; aussi le coefficient de la partie variable que nous avons donné ne doit pas être modifié.

Aberration diurne. — Elle est toujours très faible et par suite généralement négligeable dans les observations qui ne supposent pas une précision extrême.

On a trouvé pour expression de l'aberration diurne en ascension droite et en déclinaison dans le lieu dont la latitude géographique est φ et le temps sidéral θ

$$\alpha' - \alpha = 0″,311 \cos \varphi \cos (\theta - \alpha) \sec \delta,$$
$$\delta' - \delta = 0″,311 \cos \varphi \sin (\theta - \alpha) \sin \delta.$$

Aberration planétaire. — Nous avons défini l'aberration annuelle en considérant le mouvement de la Terre autour du Soleil supposé fixe et nous n'avons comparé la vitesse de l'orbite avec la vitesse de la lumière émanant de ce point fixe. Si au lieu du Soleil, on prend une planète, l'aberration pourra s'interpréter de la même manière; mais dans ce cas il y a lieu d'observer que, la planète ayant elle-même un mouvement propre, la vitesse que l'on devra prendre pour la vitesse de la Terre ne sera plus sa vitesse réelle sur son orbite, mais bien sa vitesse apparente par rapport à la planète. La vitesse de la planète intervient par suite pour donner un terme de correction à l'aberration annuelle telle que nous l'avons donnée. Cette correction est ce que l'on appelle l'aberration planétaire.

Il résulte de ce qui vient d'être dit que l'on doit avoir

$$\alpha' - \alpha = - \frac{\Delta}{\mu} \frac{d\alpha}{dt},$$
$$\delta' - \delta = - \frac{\Delta}{\mu} \frac{d\delta}{dt}.$$

Δ étant la distance de la planète à la Terre, μ la vitesse de la lumière, et par suite $\frac{\Delta}{\mu}$ le temps employé par la lumière pour parcourir la distance Δ; $\frac{d\alpha}{dt}$ et $\frac{d\delta}{dt}$ sont les variations d'ascension droite et de déclinaison de la planète dans 1 seconde de temps.

5. Calcul des positions apparentes des Étoiles. — Comme application des diverses théories qui viennent d'être exposées, nous calculerons les expressions qui servent à établir les positions apparentes des étoiles dans le ciel pour une époque déterminée.

On appelle *coordonnées moyennes* les coordonnées calculées en tenant compte de la précession, *coordonnées vraies* les coordonnées moyennes corrigées des effets de nutation, et enfin *coordonnées apparentes* **les** coordonnées vraies corrigées de l'aberration.

Cela posé, étant données les coordonnées moyennes α et δ en ascension droite et déclinaison d'une étoile déterminée pour une certaine époque, on calculera les coordonnées apparentes pour une autre époque séparée de la première par un intervalle de temps t en procédant de la manière suivante :

Soient d'une manière générale P_1, N_1, A_1 les corrections en ascension droite dues séparément à la précession, à la nutation et à l'aberration; soient également P_2, N_2, A_2 les corrections correspondantes en déclinaison, on a évidemment en appelant α' et δ' les coordonnées apparentes cherchées

$$\alpha' = \alpha + P_1 + N_1 + A_1$$
$$\delta' = \delta + P_2 + N_2 + A_2.$$

Or nous avons trouvé successivement

$$P_1 = (m + n \operatorname{tg} \delta \cos \alpha)t = ct, \qquad P_2 = n \cos \alpha . t = c't,$$
$$N_1 = Mc + Dd + E, \qquad N_2 = Mc' + Dd',$$
$$A_1 = Aa + Bb, \qquad A_2 = Aa' + Bb'.$$

Substituant ces diverses valeurs, on trouvera

$$\alpha' = \alpha + (t + M)c + Dd + E + Aa + Bb,$$
$$\delta' = \delta + (t + M)c' + Dd' + Aa' + Bb'.$$

On pose $t + M = C$, de sorte que

$$\alpha' = \alpha + Cc + Dd + E + Aa + Bb,$$
$$\delta' = \delta + Cc' + Dd' + Aa' + Bb'.$$

Il peut arriver que l'étoile considérée soit animée d'un mouvement propre μ en ascension droite et μ' en déclinaison. Il faut alors ajouter μt à l'expression de α' et $\mu' t$ à l'expression de δ'.

Les formules définitives seront, donc en négligeant E qui est toujours très faible,

$$\alpha' = Aa + Bb + Cc + Dd + \mu t,$$
$$\delta' = Aa' + Bb' + Cc' + Dd' + \mu' t.$$

CHAPITRE II.

MOUVEMENTS DU SOLEIL, DE LA LUNE ET DES PLANÈTES DANS LEURS ORBITES.

1. De la mesure du temps. — La mesure du temps est basée sur le mouvement de la Terre dans son orbite, ou, ce qui revient au même, sur le mouvement apparent du Soleil dans cette même orbite. La construction du calendrier dépend des données fournies par la connaissance de ce mouvement.

On a trouvé que le Soleil exécute sa révolution autour de la Terre dans un intervalle de temps à peu près constant auquel on a donné le nom d'*année*.

Le temps employé par le Soleil à revenir au même méridien pour un lieu déterminé, c'est-à-dire à exécuter sa révolution diurne, a reçu le nom de *jour solaire* ou *jour vrai*.

L'année contient 365^{jours},25 environ.

Le jour est divisé en 24 *heures*, *l'heure* en 60 *minutes* et la *minute* en 60 *secondes*.

L'angle horaire du Soleil variant de 0° à 360° pendant la révolution diurne, ou, ce qui revient au même, le méridien du Soleil décrivant 360° en 24 heures, il résulte qu'il décrit 15° en 1 heure, 15′ en 1 minute et 15″ en 1 seconde, ce que l'on exprime ordinairement en disant que 1 heure $=$ 15°, 1 minute de temps $=$ 15 minutes d'arc et 1 seconde de temps $=$ 15 secondes d'arc.

Le temps employé par un point déterminé du ciel, une étoile fixe, par exemple, à effectuer sa révolution diurne s'appelle jour *sidéral*.

Le jour sidéral se divise en 24 heures sidérales, l'heure en 60 minutes sidérales et la minute en 60 secondes sidérales.

Si l'on détermine pendant deux jours consécutifs les heures du passage du Soleil et d'une étoile au méridien, on observe que le second jour l'étoile paraît en avance sur le Soleil, ou ce qui est la même chose le Soleil en retard sur l'étoile. Le jour solaire est donc plus grand que le jour sidéral.

Il faut environ 365 jours pour que le Soleil et l'étoile se retrouvent dans la même position l'un par rapport à l'autre, de sorte que 365 ré-

volutions diurnes du Soleil équivalent à 366 révolutions diurnes de
l'étoile, ou encore que 365 jours solaires correspondent à 366 jours
sidéraux.

Nous verrons plus loin que le temps dont retarde chaque jour le Soleil sur l'étoile est d'environ $3^m,56^s$.

Quel que soit le temps que l'on considère, sa détermination s'effectue au moyen de la connaissance exacte de la position des corps célestes. Les Éphémérides ont pour but de fournir aux diverses époques
du calendrier les coordonnées de ces différents corps. Elles sont calculées au moyen de tables spéciales appelées *tables du Soleil*, *tables de
la Lune* et *tables des Planètes*, obtenues à l'aide de formules fournies
par l'étude du mouvement de ces astres considérés isolément, et des
actions réciproques qu'ils exercent les uns sur les autres.

Nous allons exposer d'une manière sommaire la théorie des mouvements du Soleil, de la Lune et des Planètes.

THÉORIE DU SOLEIL.

2. Anomalies. Rayon vecteur. Équation du centre. —
Képler, en étudiant le mouvement apparent du Soleil autour de la
Terre, trouva, ainsi que nous l'avons dit précédemment, que la courbe
décrite était une ellipse dont la Terre occuperait l'un des foyers.

Fig. 47.

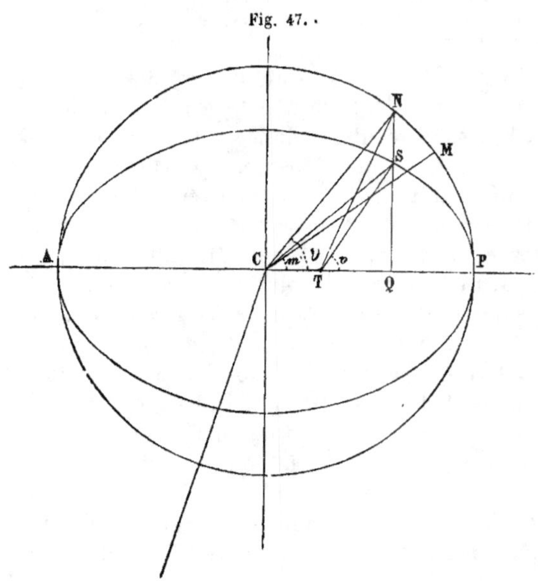

Il reconnut en outre que le Soleil, tout en se mouvant sur cette orbite avec des vitesses variables, n'en effectuait pas moins toujours sa révolution totale dans un temps sensiblement constant. Comme l'ellipse parcourue diffère peu de la circonférence décrite sur son grand axe. et que dans tous les cas il est très facile de passer d'une courbe à l'autre d'après la théorie même de l'ellipse, il lui parut commode de comparer le mouvement réel du Soleil au mouvement d'un point qui décrirait la circonférence d'une manière uniforme en exécutant sa révolution totale dans le même temps que le Soleil réel.

Nous appellerons ce point le Soleil *fictif;* sa vitesse sera naturellement la moyenne des vitesses du Soleil vrai.

Cela posé, soient C le centre de l'ellipse, AP son grand axe, T le foyer occupé par la Terre; soient en outre, pour une époque donnée, S une position du Soleil vrai et M la position correspondante du Soleil fictif. Abaissons la perpendiculaire SQ sur le grand axe, et prolongeons-la jusqu'à sa rencontre en N avec la circonférence; menons enfin les rayons CN, CS, CM, TN et TS.

On appelle :

> *Anomalie vraie v* l'angle PTS,
> *Anomalie moyenne m* l'angle PCM,
> *Anomalie excentrique u* l'angle PCN.

La longueur CT est l'*Excentricité e* de l'ellipse; enfin ce rayon TS = R est dit le *Rayon vecteur.* Pour la mesure de e et de R on prend le demi grand axe de l'ellipse pour unité.

Les éléments v, m et R peuvent se calculer très facilement en fonction de u et e.

En désignant par t le temps employé par le Soleil vrai à parcourir, l'arc PS et en même temps celui employé par le Soleil fictif à se rendre de P en M, et par T la durée de la révolution totale, on a, d'après la première loi de Képler ou loi des aires :

$$\frac{\text{aire PTS}}{\text{aire de l'ellipse}} = \frac{t}{T}, \qquad \frac{\text{aire PCM}}{\text{aire du cercle}} = \frac{t}{T}.$$

D'où

$$\frac{\text{aire PTS}}{\text{aire PCM}} = \frac{\text{aire de l'ellipse}}{\text{aire du cercle}}.$$

D'ailleurs, d'après la théorie de l'ellipse,

$$\frac{\text{aire PTS}}{\text{aire PTN}} = \frac{\text{aire de l'ellipse}}{\text{aire du cercle}}.$$

Donc

$$\text{aire PCM} = \text{aire PTN} = \text{aire PCN} - \text{aire TCN}.$$

Ou en remplaçant ces aires par leurs expressions analytiques et prenant le demi grand axe CP pour unité,

$$\tfrac{1}{2}\,m = \tfrac{1}{2}\,u - \tfrac{1}{2}\,e\sin u,$$

ou

$$m = u - e\sin u.$$

Pour le rayon vecteur TS $=$ R, on aura

$$\mathrm{R}^2 = \overline{\mathrm{TQ}}^2 + \overline{\mathrm{SQ}}^2.$$

Or

$$\mathrm{TQ} = \mathrm{CQ} - \mathrm{CT} = \cos u - e, \qquad \mathrm{SQ} = \mathrm{NQ}\sqrt{1-e^2} = \sqrt{1-e^2}\,\sin u,$$
$$\overline{\mathrm{SQ}}^2 = (1-e^2)\sin^2 u,$$
$$\mathrm{R}^2 = (e-\cos u)^2 + (1-e^2)\sin^2 u;$$

d'où

$$\mathrm{R} = 1 - e\cos u.$$

Enfin

$$\mathrm{TS}\cos v = \mathrm{TQ}, \qquad \cos v = \frac{\mathrm{TQ}}{\mathrm{TS}} = \frac{\cos u - e}{1-e\cos u},$$

ou

$$\operatorname{tg}\tfrac{1}{2}v = \frac{1-\cos v}{1+\cos v} = \sqrt{\frac{1+e}{1-e}}\,\operatorname{tg}\tfrac{1}{2}u.$$

L'anomalie moyenne, l'anomalie vraie et le rayon vecteur se trouvent ainsi déterminés en fonction de l'anomalie excentrique.

L'équation polaire de l'ellipse fournit une relation très simple entre le rayon vecteur et l'anomalie vraie; on a, en effet,

$$\mathrm{R} = \frac{a(1-e^2)}{1+e\cos v},$$

ou en prenant le demi grand axe a pour unité

$$\mathrm{R} = \frac{1-e^2}{1+e\cos v}.$$

Il est facile de développer cette expression en série : on trouvera ainsi

$$\mathrm{R} = (1 - \tfrac{1}{2}e^2) - (e - \tfrac{1}{4}e^3)\cos v + \tfrac{1}{2}e^2\cos 2v - \tfrac{1}{4}e^3\cos 3v + \dots$$

et

$$\frac{1}{\mathrm{R}} = (1 + e^2 + e^4 + \dots) + (e + e^3 + e^5 + \dots)\cos v.$$

Il existe entre l'anomalie vraie et l'anomalie moyenne une équation différentielle très simple susceptible d'une application fréquente dans les calculs relatifs au mouvement elliptique.

Soient ds l'aire décrite sur l'ellipse dans un intervalle de temps dt, et ds' l'aire correspondante décrite sur le cercle dans le même temps; dv et dm étant les valeurs de l'anomalie vraie et de l'anomalie moyenne relatives à cet intervalle de temps, on a évidemment

$$ds = \tfrac{1}{2} R^2 dv, \qquad ds' = \tfrac{1}{2} a^2 dm,$$

R étant le rayon vecteur de l'ellipse pour la position considérée, et a son demi grand axe.

D'ailleurs

$$\frac{ds}{ds'} = \frac{\text{aire de l'ellipse}}{\text{aire du cercle}} = \frac{\pi a^2 \sqrt{1-e^2}}{\pi a^2} = \sqrt{1-e^2}.$$

On a donc

$$\frac{R^2 dv}{a^2 dm} = \frac{ds}{ds'} = \sqrt{1-e^2}.$$

D'où

$$dv = \frac{a^2 \sqrt{1-e^2}}{R^2} dm,$$

ou encore

$$\frac{dv}{dt} = \frac{a^2 \sqrt{1-e^2}}{R^2} \frac{dm}{dt}.$$

Cette équation établit pour chaque instant la relation qui doit exister entre le mouvement elliptique réel et le mouvement uniforme sur le cercle ou *moyen mouvement*.

En remplaçant R^2 par son expression en fonction de v et intégrant ensuite l'équation différentielle, on obtiendra v en fonction de m.

Il est nécessaire, dans les applications, de connaître les quantités u, R et v en fonction de e et de m. Au moyen des expressions qui viennent d'être données, on effectue alors leur développement en séries. Sans nous arrêter aux détails du calcul, nous donnerons les résultats que l'on obtient :

$$u = m + (e + e^3)\sin m + \tfrac{1}{2} e^2 \sin 2m - \tfrac{1}{2} e^3 \sin 3m + \ldots$$

$$R = (1 + \tfrac{1}{2} e^2) - (e - \tfrac{3}{8} e^3)\cos m - \tfrac{1}{2} e^2 \cos 2m - \tfrac{3}{8} e^3 \cos 3m + \ldots$$

$$\frac{1}{R} = 1 + (e - \tfrac{1}{8} e^3)\cos m + e^2 \cos 2m + \tfrac{9}{8} e^3 \cos 3m + \ldots$$

$$\log R = -M\left[-\frac{e^2}{4} + (e - \tfrac{3}{8} e^3)\cos m + \tfrac{3}{4} e^2 \cos 2m + \tfrac{17}{24} e^3 \cos 3m + \ldots \right],$$

$$v = m + (2e - \tfrac{1}{4}e^3)\sin m + (\tfrac{5}{4}e^2 - \tfrac{11}{24}e^4)\sin 2m + \tfrac{13}{12}e^3\sin 3m +$$
$$+ \tfrac{103}{96}e^4\sin 4m + \ldots$$

Nous avons donné déjà les développements de R et de $\dfrac{1}{R}$ en fonction de v; on peut également développer m en fonction de v; on trouvera ainsi

$$m = v - 2e\sin v + (\tfrac{3}{4}e^2 + \tfrac{1}{8}e^4)\sin 2v - \tfrac{1}{3}e^3\sin 3v + \tfrac{5}{32}e^4\sin 4v \ldots$$

La différence $v - m$ entre l'anomalie vraie et l'anomalie moyenne a reçu le nom particulier d'*Équation du centre;* on la représente habituellement par f. En appelant a_1 le coefficient de $\sin m$, a_2 celui de $\sin 2m$, etc. dans l'expression de v, on aura

$$f = a_1\sin m + a_2\sin 2m + a_3\sin 3m + \ldots$$

D'après la théorie qui a été exposée, le point pris pour origine des anomalies est le sommet P de l'ellipse qui correspond au foyer T occupé par la Terre; ce point P s'appelle le *périgée;* le second sommet A a reçu le nom d'*apogée*.

On voit que l'expression de f est nulle pour $m = 0$ et $m = 180°$, c'est-à-dire pour les deux positions du Soleil qui correspondent au périgée et à l'apogée. Par conséquent l'équation du centre s'annule deux fois par an quand le Soleil passe par les deux points que nous venons d'indiquer.

3. Longitude du Soleil. — La longitude du Soleil est l'angle formé par sa direction avec une direction déterminée prise pour origine : cette direction fixe est, ainsi qu'on l'a déjà dit, donnée par la position du *point vernal* ou position du Soleil à l'équinoxe du printemps. Soit CΥ cette direction; si l'on connaît la longitude du périgée P par raport à cette direction, il suffira évidemment d'y ajouter l'anomalie moyenne pour avoir la longitude du Soleil fictif ou longitude moyenne, ou l'anomalie vraie pour avoir la longitude du Soleil vrai.

D'après cela, si l'on désigne par Π la longitude du périgée, par $\odot$ celle du Soleil vrai, et $\odot_m$ celle du Soleil fictif ou longitude moyenne,

$$\odot = \Pi + v, \qquad \odot_m = \Pi + m.$$

En retranchant ces deux équations l'une de l'autre,

$$\odot - \odot_m = v - m = f.$$

D'où

$$\odot = \odot_m + f.$$

L'équation du centre f étant connue en fonction de l'excentricité e et de l'anomalie moyenne m, si l'on possède ces deux éléments, et si l'on a déterminé en outre la longitude moyenne, il sera facile de conclure immédiatement la valeur de la longitude vraie pour une époque quelconque.

Avant d'aller plus loin, l'équation $\odot = \odot_m + f$ doit être l'objet d'une remarque particulière. D'après cette équation, f est la différence entre les longitudes résultant l'une du mouvement elliptique et l'autre du mouvement circulaire; comme d'ailleurs le mouvement elliptique est la conséquence de l'existence d'une excentricité dans l'orbite réelle, f est une différence due à cette excentricité.

La quantité f est ce que l'on appelle en astronomie une *inégalité* ou *perturbation* du mouvement uniforme ou en général de tout mouvement type bien défini, et comme tel introduit dans le calcul.

L'excentricité, la longitude moyenne et la longitude du périgée peuvent se déterminer de la manière suivante :

Pour l'excentricité, on mesure le moyen mouvement du Soleil au périgée et à l'apogée; soient μ et μ' ces deux mouvements, R, R' les deux rayons vecteurs correspondants; d'après la loi des aires,

$$R^2\mu = R'^2\mu'.$$

Comme d'ailleurs

$$R = 1 - e, \qquad R' = 1 + e,$$
$$\left(\frac{1-e}{1+e}\right)^2 = \frac{\mu'}{\mu} = x.$$

D'où

$$e = \frac{1-x}{1+x}.$$

Pour obtenir la longitude du périgée, il suffit de faire la remarque suivante due à Képler : si l'on considère deux points de l'orbite diamétralement opposés, ils seront à un intervalle de temps égal à une demi-révolution; mais ils auront entre eux une différence de longitude plus petite ou plus grande que 180°, suivant qu'ils comprendront entre eux le périgée ou l'apogée, et cela parce que le mouvement elliptique a une vitesse maximum au périgée et minimum à l'apogée; ils auront une différence de longitude exactement égale à 180° si l'un correspond au périgée et l'autre à l'apogée, et cela ne se présentera que pour ces deux points seulement.

Si par suite on a sous les yeux un tableau où se trouvent enregistrées un grand nombre d'observations d'ascensions droites ou de longitudes ou en général d'observations méridiennes, on pourra facilement conclure la longitude du périgée et par suite l'époque de cette longitude.

Comme $\odot = \odot_m$ pour $f = 0$, et que l'équation du centre s'annule au périgée, ainsi que nous l'avons vu, connaissant l'époque où le Soleil passe au périgée, on aura immédiatement la longitude moyenne du Soleil par une simple observation méridienne.

Les procédés élémentaires dont nous venons de donner un aperçu ont le grave inconvénient de restreindre les observations à des intervalles de temps très limités (époques du périgée et de l'apogée). En réalité, on ne procède pas ainsi. Les relations $\odot = \odot_m + f$, $\odot_m = \Pi + m$ fournissent deux équations dans lesquelles entrent la longitude vraie, la longitude moyenne, l'excentricité, l'anomalie moyenne et la longitude du périgée, c'est-à-dire cinq éléments; comme d'ailleurs l'anomalie moyenne et la longitude moyenne varient d'une manière uniforme, ce qui équivaut pour chacune d'elles à une équation de condition, il résulte que les deux relations considérées équivalent à quatre équations dans lesquelles on peut prendre pour inconnues Π, e, m et $\odot_m$; pour toute valeur de $\odot$ déterminée par une observation directe, à une époque quelconque, on conçoit qu'il soit possible de conclure la valeur de chacune des inconnues. Mais si l'on veut trouver les expressions complètes des divers éléments, il est indispensable d'avoir recours aux formules de la mécanique céleste qui tiennent compte des actions réciproques des divers corps du système solaire.

En discutant les 8000 observations faites à Paris, à Greenwich et à Kœnigsberg pendant environ un siècle, M. Le Verrier a pu calculer les éléments du Soleil avec une précision qui pour le moment ne saurait être surpassée, eu égard aux données actuelles fournies par les observations (*Annales de l'Observatoire*, tome IV).

Voici les résultats donnés par M. Le Verrier, le temps t étant compté en années de $365^{\text{jours}},25$, à partir du 1er janvier 1850 à midi, temps moyen de Paris ,

$$Excentricité = e = 3459'',28 - 0'',08755 t - 0'',00000282 t^2.$$
$$Longitude\ du\ périgée = \Pi = 280°.21'.21'',5 + 61'',6995 t + 0'',0001823 t^2(*).$$
$$Longitude\ moyenne = \odot_m = 280°.46'.43'',51 + (360° + 27'',6784) t +$$
$$+ 0'',00011073 t^2.$$

(*) En 1876, M. Le Verrier a modifié un peu les coefficients de ces expressions à la suite des corrections qu'il a trouvées pour les masses des planètes. Il a donné alors

$$e = 3459'',6 - 0'',08809 t - 0'',00000282 t^2,$$
$$\Pi = 280°.21'.19'',5 + 61'',6856 t + 0'',0001828 t^2.$$

Les corrections qui en resulteraient ne pouvant être sensibles qu'au bout d'un

L'anomalie moyenne m résulte de Π et $\odot_m$.

Anomalie moyenne $= m = \odot_m - \Pi = 25'.22'',01 + (360° - 34'',0211)t - 0'',0000716\, t^2$.

L'équation du centre se calculera en fonction de m avec la valeur donnée pour e à l'aide du développement fourni précédemment.

Équation du centre $f = (6918'',310 - 0'',175\,10\,t - 0'',00000564\,t^2)\sin m +$
$+ (72'',508 - 0'',003\,75t)\sin 2m +$
$+ (1'',054 - 0'',00008t)\sin 3m + 0'',018\sin 4m$.

Le rayon vecteur se calculera de même :

Rayon vecteur $= R = 1,00014063 - 0,00000000073\,t -$
$- (0,01676927 - 0,0000004338\,t)\cos m -$
$- (0,00014060 - 0,00000000073\,t)\cos 2m -$
$- (0,00000177 - 0,00000000001\,t)\cos 3m -$
$- 0,00000003\cos 4m.$

Dans ces formules l'unité de t est l'année de $365^{\text{jours}},25$. Or l'année se compte toujours en nombre rond de jours 365 ou 366; de là une manière particulière de tenir compte de la fraction d'année 0,25, qu'il ne faut pas oublier dans l'application. On reviendra avec quelques détails sur ce sujet en traitant du calcul des éléments du Soleil. (Voir chapitre III).

Voici, du reste, avec une autre notation les valeurs comparées de Π et de $\odot_m$ données par MM. Le Verrier et Bessel pour l'époque $1860 + t$, c'est-à-dire le temps t étant compté du 1er janvier 1860 à midi moyen de Paris.

D'après M. Le Verrier :

$$\Pi = 280°.31'.38'',5 + 61'',7031\,t + 0'',0001823t^3;$$
$$\odot_m = 281°.20'.54'',47 + (360° + 27'''6806)t + 0'',00011073t^2 -$$
$$- (14'.47'',083)N.$$

D'après Bessel :

$$\Pi = 280°\ 31'\ 40'',234 + 61'',5415\,t + 0'',0002037965t^2;$$
$$\odot_m = 281°\ 46',481 + (360° + 27'',620506)t + 0'',0001221850t^2 -$$
$$- (14'\ 47'',003)N.$$

---

laps de temps considérable, nous nous servirons exclusivement des premières valeurs, en remarquant d'ailleurs qu'elles ont servi à établir les tables qui servent actuellement et serviront longtemps encore à la construction des éphémérides.

Dans ces expressions, N est le reste de la division par 4 du nombre qui représente l'année considérée; N est égal à 4 pour les années bissextiles. Si l'on voulait, par exemple, calculer $\odot_m$ pour 1870, on ferait dans la formule $t = 10$ et $N = 2$; pour 1872, $t = 12$, $N = 4$.

On remarquera tout d'abord une différence assez notable entre les valeurs de $\odot_m$ données par Bessel et M. Le Verrier; cette différence n'est pas toutefois aussi grande qu'elle peut le paraître au premier abord; il y a lieu de dire, en effet, que M. Le Verrier a tenu compte dans la constante de la longitude moyenne d'une perturbation à longue période ($4'',55$ environ). Les autres différences sont dues aux résultats obtenus par M. Le Verrier à la suite de la discussion des observations et d'une détermination plus exacte des masses de la Terre et des planètes.

La masse de la Terre a été fixée, en dernier lieu, par M. Le Verrier à $\dfrac{1}{324\,439} = 0,0000030823$, la masse du Soleil étant prise pour unité.

On appelle moyen mouvement en longitude pour une année de $365^{j},5$, la variation de longitude moyenne $\dfrac{d\odot_m}{dt} = 360° + 27'',6784 +$ $+ 0'',000\,221\,46\,t$ dans cet espace de temps; en divisant ce résultat par $365,25$, on aurait le moyen mouvement en un jour

$$\frac{1}{365,25}\,\frac{d\odot_m}{dt} = 3548'',330\,399\,4 + 0'',000\,000\,50\,t.$$

Il résulte des expressions précédentes que les éléments du Soleil, qui jusqu'à présent avaient été supposés constants, subissent en réalité des altérations notables variables avec le temps.

L'excentricité diminue, d'où il résulte que l'orbite se déforme et tend à se rapprocher de la forme circulaire. La longitude du périgée augmente, ce qui indique que l'orbite se déplace dans son plan et est animée d'un mouvement de rotation autour de son centre. La variation de la longitude moyenne suppose un phénomène du même ordre; enfin on a déjà vu que l'inclinaison de l'orbite par rapport à l'équateur subit une diminution annuelle.

Ces divers mouvements des éléments de l'orbite terrestre étant fonctions de t^2 s'exécutent, en outre, chacun avec une accélération déterminée. Tous ces phénomènes sont dus aux actions réciproques des différents corps qui composent le système solaire. Il semblerait devoir résulter des variations qui viennent d'être signalées, des altérations importantes susceptibles de s'accroître indéfiniment et de modifier entièrement le système solaire dans la suite des temps. Mais il n'en est rien; ces altérations sont dues au fond à des mouvements périodiques séculaires dont nos formules ne représentent qu'une partie fort limitée. Laplace a établi que les grands axes des orbites et les moyens mouvements demeurent invariables, mais que les autres éléments du système solaire ne peuvent que subir des variations périodiques ou en d'autres termes osciller autour d'une certaine valeur moyenne. En un mot, le Soleil et les planètes constituent un système matériel dont l'équilibre est parfait et les mouvements des planètes restent immuables. Du moins tout se passe comme s'il en était ainsi, eu égard aux données actuelles de la science.

4. Ascension droite et déclinaison du Soleil. Équation du temps. — Connaissant la longitude et supposant la latitude nulle ce qui est pour le moment suffisamment exact, on calculera facilement l'ascension droite et la déclinaison du Soleil au moyen des formules qui servent à passer des coordonnées écliptiques aux coordonnées équatoriales. En appelant ω l'obliquité de l'écliptique :

$$\operatorname{tg}\alpha = \operatorname{tg}\odot\cos\omega \quad \text{et} \quad \sin\delta = \sin\odot\sin\omega \quad \text{ou} \quad \operatorname{tg}\delta = \operatorname{tg}\omega\sin\alpha.$$

A l'aide de ces formules, on calculera l'ascension droite α et la déclinaison δ.

La formule $\operatorname{tg}\alpha = \operatorname{tg}\odot\cos\omega$ peut être développée en série et l'on a alors

$$\odot = \alpha - \operatorname{tg}^2\tfrac{1}{2}\omega\sin 2\odot + \tfrac{1}{2}\operatorname{tg}^4\tfrac{1}{2}\omega\sin 4\odot - \tfrac{1}{3}\operatorname{tg}^6\tfrac{1}{2}\omega\sin 6\odot + \ldots$$

La partie en dehors de α dans le second membre se représente habituellement par $-r$, de sorte que

$$\odot = \alpha + r.$$

La quantité $-r$ a reçu le nom particulier de *réduction à l'équateur* ou, dans d'autres circonstances, de *réduction à l'écliptique*.

De la relation précédente, on tire pour la valeur de l'ascension droite

$$\alpha = \odot - r.$$

Comme d'ailleurs $\odot = \odot_m + f$

$$\alpha = \odot_m + f - r.$$

L'expression $f - r$ est appelée *Équation du temps*.

$$\text{Équation du temps} = f - r.$$

De sorte que

$$\alpha = \odot_m + \text{équation du temps}.$$

On remarquera que la réduction à l'équateur s'annule pour $\odot = 0$, $\odot = 90°$, $\odot = 180°$, $\odot = 270°$, et ce, c'est-à-dire pour les équinoxes et les solstices, en tout quatre fois par an.

L'équation du centre s'annule deux fois par an au périgée et à l'apogée.

L'équation du temps s'annule quatre fois par an à des époques qui sont à peu près le 15 avril, le 15 juin, le 31 mars et le 24 décembre. Elle passe par quatre maximums ou minimums qui peuvent atteindre $16^m 18'$. On peut se rendre compte de ces différents résultats en discutant complétement l'équation du temps après l'avoir mise pour plus de commodité sous la forme indiquée (chap. III).

Il est très facile d'interpréter les quantités que nous avons appelées réduction à l'équateur et équation du temps. D'après l'expression même qui sert à définir r, cette quantité serait nulle si l'obliquité ω était elle-même égale à 0, c'est-à-dire si le Soleil se mouvait suivant l'équateur. — r est donc la correction qu'il faut faire subir au mouvement réel du Soleil pour obtenir le mouvement correspondant qui s'effectuerait sur l'équateur, d'où le nom de réduction à l'équateur.

L'équation du temps est la différence entre l'ascension droite et la longitude du Soleil.

Imaginons un point qui passe à l'équinoxe en même temps que celui que nous avons appelé Soleil fictif et qui se meuve sur l'équateur dans le même sens que celui-ci avec une vitesse uniforme de manière à décrire l'équateur exactement dans le même temps que le Soleil fictif met à décrire l'écliptique. Ce nouveau point que nous appellerons dès à présent *Soleil moyen*, ayant un mouvement en ascension droite uniforme, son angle horaire variera également d'une manière uniforme. Comme d'ailleurs il n'en différera jamais beaucoup en position horaire du Soleil vrai, il pourra servir à mesurer le temps tous les jours en vertu même de son mouvement uniforme.

D'après la définition du Soleil moyen l'ascension droite de ce point, pour une époque donnée, sera égale à la longitude moyenne du Soleil; en effet, cette ascension droite et cette longitude étant des arcs décrits avec la même vitesse et dans le même temps, mais dans des plans différents, sont rigoureusement égaux, de sorte que l'on pourra poser

$$\text{Ascension droite du Soleil moyen} = \odot_m.$$

Appelons maintenant θ l'angle horaire du point vernal V à un instant déterminé, T_v l'angle horaire du Soleil vrai, S et T_m l'angle horaire du Soleil moyen S_m, α et α_m les ascensions droites de ces deux Soleils.

Projetons les points V, S_m et S sur l'équateur au moyen de leurs méridiens respectifs. Soit le sens du mouvement diurne indiqué par la flèche. En tenant compte du sens dans lequel se comptent les angles horaires et les ascensions droites, on a

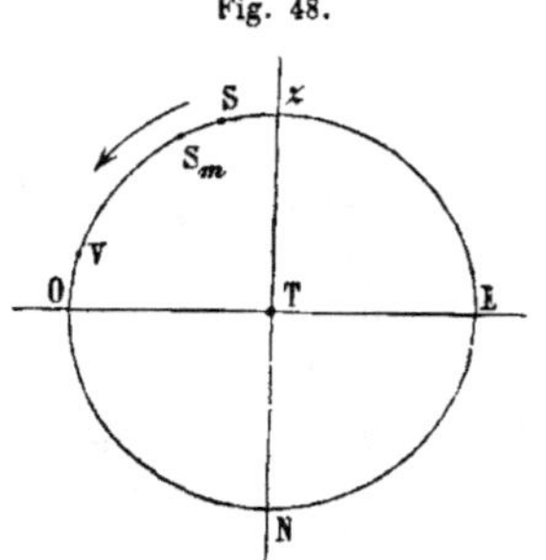

Fig. 48.

$$ZS = T, \quad ZS_m = T_m, \quad ZV = \theta,$$
$$VS = \alpha, \quad VS_m = \alpha_m.$$

Or

$$ZV - ZS = VS \quad \text{ou} \quad \theta - T_v = \alpha$$

et

$$ZV - ZS_m = VS_m \quad \text{ou} \quad \theta - T_m = \alpha_m,$$

et par suite en retranchant les deux égalités l'une de l'autre

$$T_m - T_v = \alpha - \alpha_m.$$

Or

$$\alpha = \odot_m + \text{équation du temps} \quad \text{et} \quad \odot_m = \alpha_m.$$

Donc

$$T_m - T_v = \text{équation du temps}$$

ou

$$T_m = T_v + \text{équation du temps.}$$

Or T_v, angle horaire du Soleil vrai, mesure le temps vrai et T_m, angle horaire du Soleil moyen, mesure le temps moyen; l'équation du temps est donc la quantité qu'il faut ajouter au temps vrai pour obtenir le temps moyen correspondant, d'où le nom donné à cette expression.

D'après la relation précédente nous conviendrons, dès à présent, de prendre l'équation du temps positive quand le temps moyen est plus grand que le temps vrai et négative dans le cas contraire.

Le point du ciel choisi, pour déterminer le temps sidéral, est le point vernal; quand le Soleil moyen et le point vernal passent simultanément au méridien, le temps sidéral est égal au temps moyen; mais le jour suivant le point vernal passera au méridien avant le Soleil moyen, et l'arc de l'équateur qui mesurera au moment du passage du point vernal au méridien la différence des angles horaires de ce point et du Soleil moyen sera précisément l'ascension droite du Soleil moyen pour cet instant.

Si donc on a pris pour origine du temps sidéral l'époque à laquelle le point vernal passe au méridien à midi moyen en même temps que le Soleil moyen, on pourra dire que le temps sidéral pour une époque quelconque à midi moyen sera l'ascension droite du Soleil moyen à cette époque, et comme cette ascension droite est elle-même égale à la longitude moyenne,

$$\text{Temps sidéral} = \theta = \odot_m.$$

La longitude moyenne devra alors être exprimée en temps.

Le retard du Soleil moyen sur le point vernal au passage au méridien augmente chaque jour de $0^h03^m55^s,909$ de temps moyen.

D'après ce qui été dit jusqu'à présent, on voit que nous avons défini trois espèces de temps susceptibles d'être mesurés à un instant quelconque par une observation d'angle horaire du Soleil : le temps vrai, le temps moyen et le temps sidéral. Ces trois espèces de temps se mesurent avec des unités différentes; aussi toutes les fois que l'on donne un intervalle de temps, il est indispensable d'indiquer sa nature et l'unité avec laquelle il est mesuré, sous peine de s'exposer à la plus grande confusion.

5. De l'obliquité de l'écliptique. — L'écliptique fait avec l'équateur un angle que l'on désigne habituellement sous le nom d'obliquité de l'écliptique.

Cet angle est mesuré par la déclinaison du Soleil aux solstices.

Ainsi qu'on l'a vu cet angle n'est pas constant; il varie très sensiblement avec le temps, le plan de l'écliptique étant animé d'un mouvement oscillatoire.

D'après M. Serret, pour l'époque $1850 + t$ (1er janvier à midi moyen),

$$\omega = 23°27'32'',00 - 0'',475\,66\,t - 0'',000\,001\,490\,t^2.$$

6. Parallaxe du Soleil. — On appelle, en général, parallaxe d'un astre, l'angle sous lequel serait vu le rayon terrestre par un observateur placé au centre de cet astre. En désignant par ρ le rayon terrestre R la distance de la Terre au Soleil ou ce que nous avons appelé le rayon vecteur et π la parallaxe du Soleil, on a immédiatement, d'après cette définition,

$$\operatorname{tg}\pi = \frac{\rho}{R}$$

ou simplement, vu la petitesse de l'angle π,

$$\pi = \frac{\rho}{R}.$$

D'ailleurs en prenant le demi grand axe de l'orbite terrestre pour unité, on a avec une approximation suffisante

$$R = 1 - e\cos m.$$

D'où

$$\pi = \rho(1 + e \cos m).$$

Dans cette expression ρ représentera la parallaxe du Soleil pour une distance égale au demi grand axe ou en d'autres termes pour sa moyenne distance à la Terre; M. Le Verrier a trouvé que cette parallaxe était égale à $8'',95$, d'où

$$\Pi = 8'',95(1 + 0,0168 \cos m).$$

D'après les observations les plus récentes, la valeur de $8'',95$ doit être remplacée par $8'',86$.

Demi-diamètre apparent du Soleil. — Le demi-diamètre apparent d'un astre est l'angle sous lequel serait vu son demi-diamètre réel par un observateur placé au centre de la Terre; si l'on appelle $\frac{1}{2}d$ le demi-diamètre apparent et $\frac{1}{2}D$ le demi-diamètre réel, on a d'après cette définition

$$\operatorname{tg} \tfrac{1}{2} d = \frac{\frac{1}{2}D}{R},$$

d'où en appelant $\frac{1}{2}d_0$ le demi-diamètre pour la distance moyenne et remplaçant $\dfrac{1}{R}$ par $1 + e \cos m$

$$\operatorname{tg} \tfrac{1}{2} d = \tfrac{1}{2} d_0(1 + e \cos m)$$

ou

$$d = d_0(1 + 0,0168 \cos m)$$

d'après **M. Le Verrier**

$$d_0 = 32'.00''.$$

Les valeurs absolues de la distance moyenne du Soleil à la Terre et du diamètre du Soleil résultent immédiatement de la connaissance de la parallaxe du demi-diamètre apparent

$$\textit{Distance moyenne du Soleil à la Terre} = \frac{\rho}{\pi \sin 1''} = 28\,280 \text{ rayons terrestres}$$

$$\textit{Rayon du Soleil} = \frac{\frac{1}{2} d_0}{\pi} \rho = 108 \text{ rayons terrestres}.$$

7. Des perturbations dues à la Lune et aux planètes. — Les données sommaires qui viennent d'être exposées seront complétées dans le chapitre III quand on exposera d'une manière complète le calcul des éléments du Soleil et la construction des tables des éphémérides. Mais il y a lieu de dire, dès à présent, quelques mots touchant les corrections dues aux perturbations.

La théorie du Soleil, telle qu'elle vient d'être présentée, suppose la Terre soumise uniquement à l'action du Soleil; en réalité, les choses ne se passent pas ainsi : le mouvement de la Terre dépend non-seulement de l'attraction du Soleil, mais encore de celle de la Lune et des planètes; l'influence de chacun de ces corps, considérée isolément, se traduit par un déplacement déterminé que l'on appelle perturbation; ce déplacement pourra se décomposer en deux autres : l'un en longitude et l'autre en latitude; il y aura par suite lieu de considérer les perturbations en longitude et en latitude et en outre celles qui en sont la conséquence pour le rayon vecteur. Les valeurs des coordonnées calculées au moyen des formules générales seront donc complétées par une correction déterminée qui sera pour chacune d'elles la somme de toutes les perturbations correspondantes.

On considère trois sortes de perturbations : les perturbations séculaires, les perturbations à longues périodes et les petites perturbations périodiques.

La seule perturbation séculaire à considérer dans le mouvement de la Terre est la précession des équinoxes. Cette perturbation, dont les résultats ont été donnés dans le chapitre I, se traduit par un déplacement du plan de l'orbite et un mouvement du périgée dans ce plan, de sorte qu'elle n'entraîne aucune correction des coordonnées comptées sur ce plan.

Les grandes perturbations périodiques sont la nutation et une perturbation particulière due à Jupiter, Mars et Vénus qui a été mise en évidence par M. Le Verrier. La nutation se traduit par un mouvement en longitude et par un déplacement du plan de l'orbite ou une variation de l'inclinaison ω; il résulte de là que la nutation ne donne aucune perturbation en latitude.

La perturbation P_m à longue période qui dépend de Vénus, Mars et Jupiter est représentée par la somme des deux perturbations

$$P_1 = + 0'',24 \sin(4l''' + 3l' - 7l'') - 0'',16 \cos(4l''' + 3l' - 7l'')$$

$$P_2 = + 1'',23 \sin(8l''' - 4l'' - 3l^{iv}) + 6'',29 \cos(8l''' - 4l'' - 3l^{iv})$$

dans lesquelles l', l'', l''', l^{iv} représentent les longitudes héliocentriques de Vénus, la Terre, Mars et Jupiter.

M. Le Verrier met la somme $P_m = P_1 + P_2$ sous la forme

$$P_m = - 4'',551 - 0'',0159t,$$

t étant compté du 1er janvier 1850.

La correction P_m s'applique directement à la longitude moyenne.

Les petites perturbations périodiques se traduisent par des corrections généralement du second ordre sur la longitude, la latitude et le rayon vecteur.

Perturbation lunaire. — Elle a pour expression en longitude

$$\Delta\odot = 2.490'' \frac{\pi}{P} \cos(\mathbb{C} - \odot),$$

π et P étant les parallaxes du Soleil et de la Lune, $\mathbb{C}$ et $\odot$ les longitudes de la Lune et du Soleil. Le facteur $2490 \frac{\pi}{P}$ a pour valeur moyenne $6'',50$.

Pour le rayon vecteur, on a

$$\Delta R = 0,012\,07 \frac{\pi}{P} \cos(\mathbb{C} - \odot);$$

la perturbation en latitude est

$$\Delta\lambda = 0'',56 \sin(\mathbb{C} - \Omega),$$

Ω étant la longitude du nœud ascendant de l'orbite lunaire.

Perturbations planétaires. — Les perturbations dues à Mercure sont toujours extrêmement petites; les plus importantes donnent pour la longitude et le rayon vecteur

$$\Delta\odot = + 0'',077 \sin(4l'' - l - 3\varpi); \quad \Delta R = + 0'',033 \cos(l'' - l),$$

l'' et l étant les longitudes héliocentriques de la Terre et de Mercure, ϖ la longitude du périhélie de Mercure.

En latitude, la perturbation est insensible.

Les perturbations produites par Vénus sont nombreuses; les plus considérables donnent en longitude la somme

$$\begin{aligned}
\Delta\odot = &- 4'',938 \sin(l'' - l') + 5'',619 \sin 2(l'' - l') + \\
&+ 1'',107 \sin(3l'' - 2l' - \varpi') - \\
&- 3'',442 \sin(3l'' - 2l' - \varpi'') - 2'',141 \sin(4l'' - 3l' - \varpi'') + \\
&+ 1'',975 \sin(13l'' - 8l' - 2\varpi'' - \varpi' - 2\theta') - \\
&- 2'',254 \sin(13l'' - 8l' - 3\varpi'' - 2\theta') - \\
&- 1'',186 \sin(13l'' - 8l' - \varpi'' - 4\theta');
\end{aligned}$$

pour le rayon vecteur,

$$\Delta R = - 1'',145 \cos(l'' - l') + 3'',314 \cos 2(l'' - l');$$

pour la latitude,

$$\Delta\lambda = -0'',212 \sin(4l'' - 3l' - \theta') - 0'',105 \sin(2l'' - l' - \theta').$$

l'' et l' sont les longitudes héliocentriques de la Terre et de Vénus, ϖ'' et ϖ' les longitudes des périhélies de la Terre et de Vénus, θ' la longitude du nœud ascendant de Vénus.

En remplaçant ϖ'', ϖ' et θ' par leurs valeurs en 1850, et faisant la somme de tous les termes qui ont le même argument, on trouve

$$\Delta\odot = -4'',933 \sin(l''-l') + 5'',635 \sin 2(l'-l') + 2'',526 \cos(3l''-2l') +$$
$$+ 1'',591 \cos(4l'' - 3l') - 1'',288 \sin(13l'' - 8l') +$$
$$+ 1'',431 \cos(13l' - 8l') + 0'',992 \sin(5l'' - 3l'),$$
$$\Delta R = + 3'',322 \cos 2(l'' - l') - 1'',145 \cos(l'' - l'),$$
$$\Delta\lambda = + 0'',202 \cos(4l'' - 3l') + 0'',102 \cos(2l'' - l').$$

Les coefficients varient très peu dans l'espace de 50 ans, de sorte que ces expressions pourront servir de 1800 à 1900.

Les perturbations principales produites par Mars se traduisent par les résultats suivants :

$$\Delta\odot = + 2'',323 \sin(2l''' - 2l'') + 1'',346 \sin(2l''' - l'' - \varpi'''),$$
$$\Delta R = + 1'',014 \cos(2l''' - 2l'');$$

pour 1850, on a

$$\Delta\odot = + 2'',111 \sin 2(l'''-l'') + 1'',330 \sin(2l''' - l'') + 1'',256 \cos(2l''' - l''),$$
$$\Delta R = + 1'',009 \cos 2(l''' - l'').$$

l''' et l'' sont les longitudes héliocentriques de Mars et de la Terre.

Les perturbations dues à Jupiter sont les plus considérables avec celles de Vénus ; elles sont assez nombreuses, voici les principales :

$$\Delta\odot = + 7'',191 \sin(l^{iv} - l'') - 2'',724 \sin 2(l^{iv} - l'') -$$
$$- 1'',506 \sin(2l^{iv} - l'' - \varpi'') - 2'',594 \sin(l^{iv} - \varpi^{iv}),$$
$$\Delta R = + 3'',344 \cos(l^{iv} - l'') - 1'',903 \cos 2(l^{iv} - l''),$$
$$\Delta\lambda = + 0'',173 \sin(2l^{iv} - l'' - \theta^{iv}).$$

l^{iv}, l'' sont les longitudes héliocentriques de Jupiter et de la Terre, ϖ^{iv} et ϖ'' les longitudes des périhélies de Jupiter et de la Terre, θ^{iv} la longitude du nœud de Jupiter.

Pour 1850, on a

$$\Delta\odot = + 7'',191 \sin(l^{\text{iv}} - l'') - 2'',724 \sin 2(l^{\text{iv}} - l'') -$$
$$- 2'',593 \sin l^{\text{iv}} + 1'',351 \cos (2l^{\text{iv}} - l''),$$
$$\Delta R = + 3'',344 \cos(l^{\text{iv}} - l'') - 1'',903 \cos 2(l^{\text{iv}} - l''),$$
$$\Delta\lambda = + 0'',171 \cos(2l^{\text{iv}} - l'').$$

Les perturbations produites par Saturne sont très faibles, ainsi que l'on en peut juger par les plus importantes

$$\Delta\odot = + 0'',418 \sin(l^{\text{v}} - l''); \qquad \Delta R = + 0'',198 \cos (l^{\text{v}} - l'');$$
$$\Delta\lambda = - 0'',033 \sin(l' - 2l^{\text{v}} + \theta^{\text{v}}).$$

Les arguments des expressions générales des perturbations sont, d'après les résultats précédents, les longitudes héliocentriques, les longitudes des périhélies et la longitude du nœud de chaque planète.

On donnera, dans la théorie des planètes, les éléments de chaque planète en particulier.

La longitude héliocentrique de la Terre est égale à la longitude du Soleil estimée indépendamment de l'aberration et augmentée de 180°

$$l'' = \odot + 180° + 20'',45 - 0'',343 \cos m.$$

De même

$\varpi'' = $ longitude du périhélie de la Terre $=$ longitude du périgée $+$
$\quad + 180° + $ aberration.

Le plus souvent les longitudes vraies peuvent être remplacées par les longitudes moyennes, eu égard à la petitesse des corrections, et il n'y a pas à se préoccuper de l'aberration.

La somme des perturbations lunaire et planétaires peut atteindre 30″ en longitude, mais elle reste généralement bien inférieure à cette limite extrême. Le 1ᵉʳ avril 1871, la somme des perturbations planétaires s'élevait à 22″,28; le 15 avril 1882 elle sera de 23″,12; or, ce sont là des chiffres exceptionnels.

Quand on a calculé séparément les diverses perturbations périodiques pour un certain nombre d'époques, il est pratique d'en faire la somme et de la mettre en table; cela n'est possible toutefois que pour les perturbations planétaires, celles de la Lune variant trop rapidement pour qu'il soit possible de les introduire commodément dans la somme totale. M. Le Verrier a donné des tables de ce genre pour faciliter le calcul des éphémérides. On trouvera dans ces tables la somme de toutes les perturbations planétaires pour tous les 8 jours, de 1850 à 1899.

Enfin, comme conclusion, nous donnerons les expressions générales des coordonnées et de l'obliquité de l'écliptique, telles qu'elles résultent de tout ce qui vient d'être exposé.

$$Longitude = \odot = \odot_m + f + \textit{Nutation} + \textit{Aberration} + P_m + P_n.$$

P_m étant la perturbation à grande période qui affecte la longitude moyenne et P_n la somme de toutes les perturbations périodiques.

$$\textit{Latitude} = \lambda = \text{somme des perturbations périodiques en latitude.}$$

$$\textit{Rayon vecteur} = R = R_0 + P_r.$$

R_0 étant la valeur qui résulte du dévoloppement en fonction de l'anomalie moyenne et P_r la somme de toutes les petites perturbations périodiques.

$$\textit{Obliquité de l'écliptique} = \omega = \omega_1 + \textit{Nutation en obliquité.}$$

ω_1 résultant de la formule donnée (page 217), laquelle est calculée en tenant compte de la précession des équinoxes, et la nutation en obliquité étant donnée par l'expression $\Delta\omega$ (page 216).

THÉORIE DE LA LUNE.

8. Du mouvement de la Lune. — La Lune décrit une ellipse dont la Terre occupe l'un des foyers.

Cette orbite a une inclinaison sur l'équateur qui est un peu plus grande que celle de l'écliptique; en désignant par I l'inclinaison de l'orbite lunaire sur l'écliptique, on a d'après Hansen

$$I = 5°08'39'',96.$$

En appelant e l'excentricité de l'orbite lunaire, on a trouvé

$$e = 0,054\,908\,07,$$

ou

$$\frac{e}{\sin 1''} = 11\,324'',80.$$

On appelle *nœuds* les points où l'orbite de la Lune rencontre l'écliptique; le *nœud ascendant* est le point où la Lune passe de l'hémisphère sud dans l'hémisphère nord, et le *nœud descendant* celui où la Lune coupe l'écliptique pour passer dans l'hémisphère sud.

Les longitudes moyennes des nœuds se représentent habituellement par

$$\Omega \quad \text{pour le nœud ascendant}$$

et

$$\mho \quad \text{pour le nœud descendant.}$$

La connaissance de la longitude des nœuds ou simplement du nœud ascendant est d'une grande importance dans la théorie de la Lune ; joint à l'inclinaison de l'orbite, il fixe en effet complétement la position de cette orbite par rapport à l'écliptique.

L'axe de l'orbite lunaire est animé d'un mouvement conique autour de l'axe de l'écliptique, de sorte qu'à chaque révolution de la Lune le nœud ascendant a rétrogradé d'une certaine quantité. La durée de la révolution de ce mouvement est de 18 ans $\frac{2}{3}$ environ.

L'inclinaison de l'orbite lunaire sur le plan de l'écliptique et l'excentricité de cette orbite ne varient pas sensiblement. Laplace a démontré en effet que les variations de ces deux éléments sont assez petites pour pouvoir être regardées comme inappréciables et par suite être négligées d'une manière absolue dans les calculs.

En soumettant à l'analyse le mouvement de la Lune par rapport à la Terre, il est évident *à priori*, d'après la loi de l'attraction universelle, que l'on devra obtenir des résultats tout à fait analogues à ceux que l'on a trouvés pour la Terre et le Soleil. Mais, comme la durée de la révolution de la Lune est assez courte et sa distance à la Terre relativement faible, les durées des périodes des mouvements trouvés seront en général beaucoup plus petites.

Dans la théorie du Soleil, la Lune et les Planètes agissent comme causes perturbatrices ; dans celle de la Lune, la Terre, le Soleil et les Planètes interviennent pour produire des inégalités.

Comme la masse de la Lune par rapport à celle de la Terre, du Soleil et de l'ensemble des Planètes est très faible, que d'ailleurs son mouvement autour de la Terre est très rapide, les diverses influences auxquelles elle est soumise de la part de ces différents corps se manifestent avec beaucoup d'intensité et les perturbations qui en sont la conséquence deviennent très sensibles. Aussi quand on étudie attentivement le mouvement de la Lune, on est conduit à constater bien vite des inégalités des plus compliquées qui rendent le calcul des divers éléments fort difficile.

On peut néanmoins employer pour l'étude de ce mouvement la méthode que nous avons suivie dans la théorie du Soleil. Considérant la Lune dans le plan de son orbite, on cherchera à déterminer le rayon vecteur et l'anomalie vraie en fonction de l'anomalie moyenne, puis la longitude du Périgée, la longitude moyenne et enfin la longitude vraie. Projetant ensuite ces diverses valeurs sur le plan de l'écliptique, on aura les coordonnées écliptiques.

9. Coordonnées de la Lune. — En désignant par v l'anomalie vraie, g l'anomalie moyenne de la Lune et par f l'équation du centre ou l'inégalité due au mouvement elliptique, on aura, en considérant le mouvement de la Lune dans son orbite absolument comme cela a été fait pour le Soleil,

$$v = g + f.$$

Suivant le mode de calcul adopté par Hansen dans la construction de ses tables de la Lune, on supposera l'anomalie moyenne affectée des diverses inégalités dues aux influences planétaires. Il faut procéder ainsi eu égard à l'importance des inégalités.

Appelons γ la somme de toutes les inégalités de g de sorte que

$$\gamma = \gamma_1 + \gamma_2 + \gamma_3 + \cdots\cdots$$

l'expression de l'anomalie vraie v deviendra

$$v = g + \gamma + f,$$

f étant alors calculé en fonction de $g + \gamma$.

$$f = \left(2e - \frac{1}{4}e^3 + \frac{5}{96}e^5\right) \sin(g+\gamma) + \left(\frac{5}{4}e^2 - \frac{11}{24}e^4\right) \sin 2(g+\gamma)$$
$$+ \left(\frac{13}{12}e^3 - \frac{43}{64}e^5\right) \sin 3(g+\gamma) + \frac{103}{96}e^4 \sin 4(g+\gamma) + \frac{1097}{960}e^5 \sin 5(g+\gamma).$$

Au moyen de la valeur numérique de l'excentricité, on trouvera :

$$f = 6°17'22'',66 \sin(g+\gamma) + 12'56'',47 \sin 2(g+\gamma) + 36'',92 \sin 3(g+\gamma)$$
$$+ 2'',01 \sin 4(g+\gamma) + 0'',11 \sin 4(g+\gamma).$$

Les inégalités de g sont en très grand nombre; voici d'abord les trois principales, celles qui ont reçu des noms particuliers :

$$\gamma_1 = \textit{Évection} = 74'27'',016 \sin(2a - g);$$
$$\gamma_2 = \textit{Variation} = 35'45'',014 \sin 2a;$$
$$\gamma_3 = \textit{Équation annuelle} = -10'57'',520 \sin m;$$

$a = \mathbb{C}_m - \odot_m =$ long. moyenne de la Lune — long. moyenne du Soleil.

$m =$ anomalie moyenne du Soleil.

Voici maintenant, d'après Hansen, la somme des autres inégalités moins importantes, du moins de celles qui, en valeur absolue, peuvent être supérieures à 15" :

$$\Sigma\gamma_n = -73'',260 \sin(g+m) + 111'',688 \sin(g-m) - 23'',004 \sin(2a+m)$$
$$-41'',630 \sin 2(a-g) + 60'',018 \sin(2a+g) +$$
$$+198'',132 \sin(2a-g-m) + 155'',061 \sin(2a-m) +$$
$$+30'',046 \sin 2(2a-g) - 27'',651 \sin(2a-g+m) +$$
$$+35'',724 \sin(4a-g) - 84'',906 \sin(2\mathbb{C}_m - 2\Omega - g) -$$
$$-81'',610 \sin(2\odot_m - 2\Omega) - 121'',368 \sin a + 17'',489 \sin(a+m) +$$
$$+15'',34 \sin(30°.12' - g - 16l'' + 18l') +$$
$$+21'',47 \sin(274°.14' + 8l' - 13l'').$$

l'' et l' sont, comme précédemment, les longitudes héliocentriques de la Terre et de Vénus.

D'après les résultats fournis par Hansen, on a pour le 1er janvier à midi moyen de Paris et pour l'époque $1850 + t$.

$$g = 36°11'56'',39 + (13.360° + 331158'',8663)t + 49'',510\left(\frac{t}{100}\right)^2 +$$
$$+ 0'',050073\left(\frac{t}{100}\right)^3.$$

D'après une notation d'un usage commode on fera :

$$B = k.360° + \alpha, \quad \alpha = 331158'',8663 = 91°59'18'',8663.$$

Mouv. annuel de $g = 13\,360° + \alpha$ (l'année étant de $365^{jours},25$)

Mouv^{nt} de g *en* $24^h = \dfrac{m^t\ annuel}{365,25} = m = 47033'',9723 = 13°03'53'',9723,$

Mouvement de g *en* 12 *heures* $= \dfrac{m}{2} = 23516'',9862 = 6°31'56'',9862,$

Mouvement de g *en* 6 *heures* $= \dfrac{m}{4} = 11758'',4931 = 3°15'58'',4931,$

Mouvement de g *en* 18 *heures* $= 3\dfrac{m}{4} = 35275'',4793 = 9°47'55'',4793.$

Durée de la période de révolution de $g = Mois\ Anomalistique = 27^{jours},55455.$

En appelant ω la distance du périgée lunaire au nœud ascendant ou la longitude du périgée dans l'orbite lunaire, on trouve pour la même époque :

$$\omega = 313°48'03'',76 + 216\,114'',7772\,t - 44'',388\left(\frac{t}{100}\right)^2 - 0'',043\,759\left(\frac{t}{100}\right)^3.$$

$\alpha = 216\,114'',7772 = 60°01'54'',7772 = $ *Mouvement annuel de* ω.

Mouvement en 24 heures $= m = 591'',69123 = 9'51'',69123.$

Durée de la période de révolution de $\omega = 2190^{\text{jours}},33161$ (6 ans moins 3 jours).

Soit ω' la distance du Périgée solaire au nœud ascendant lunaire :

$$\omega' = 134°11'11'',85 + 69\,690'',9157\,t - 6'',529\left(\frac{t}{100}\right)^2 - 0'',007159\left(\frac{t}{100}\right)^3.$$

Mouvement annuel de $\omega' = \alpha = 69\,690'',9157 = 19°21'30'',9157.$

Mouv. de ω' *en 24 heures* $= m = 190'',80351.$

Durée de la période de révolution de $\omega' = 6792^{\text{jours}},18900 = 18^{\text{ans}},596.$

On a trouvé maintenant pour expression de la longitude moyenne du nœud ascendant lunaire, toujours à la même époque :

$$\Omega = 146°10'29'',32 - 69\,629'',3142\,t + 8'',200\left(\frac{t}{100}\right)^2 + 0'',007159\left(\frac{t}{100}\right)^3.$$

Mouvement annuel de $\Omega = \alpha = 69\,629'',3142 = 19°20'29'',3142\ (-),$

Mouvement en 24 heures $= m = 190'',63490\ (-).$

Durée de la période de révolution du nœud $= 6798^{\text{j}},33557 = 18^{\text{ans}},613.$

Soit Π la longitude du Périgée lunaire

$$\Pi = \omega + \Omega + \text{réduction de } \omega \text{ à l'écliptique.}$$

$$\omega + \Omega = 99°58'33'',18 + 146\,485'',4630\,t - 36'',188\left(\frac{t}{100}\right)^2 -$$
$$- 0'',036600\left(\frac{t}{100}\right)^3.$$

Mouvement annuel $= \alpha = 146\,485'',4630 = 40°41'25'',4630,$

Mouv. en 24 heures $= m = 401'',05633.$

En ajoutant à ω l'anomalie moyenne g, on obtiendrait évidemment la longitude moyenne dans l'orbite par rapport au nœud ascendant pris pour origine

$$L = \omega + g.$$

Habituellement la longitude moyenne s'estime dans l'orbite en prenant pour origine le point équinoxial; cette longitude se présente par la caractéristique $\mathbb{C}_m$; on a alors évidemment :

$$\mathbb{C}_m = L + \Omega + \text{réduction à l'orbite de } \Omega,$$

puisque la longitude du nœud est comptée sur l'écliptique par rapport au point équinoxial, origine des longitudes, ou

$$\mathbb{C}_m = \omega + g + \Omega + \text{réduction de } \Omega.$$

Négligeant ici la réduction de Ω qui est toujours très faible et dont on a rarement besoin de se préoccuper dans les calculs où l'on se sert de $\mathbb{C}_m$, au 1er janvier 1850 $+ t$, midi moyen de Paris :

$$\mathbb{C}_m = \omega + g + \Omega = 136°10'29'',57 + (13\,360° + 477\,644'',3293)t +$$
$$+ 13'',322 \left(\frac{t}{100}\right)^2 + 0'',013\,473 \left(\frac{t}{100}\right)^3.$$

Mouvement annuel de $\mathbb{C}_m = k.360° + \alpha,$

$$\alpha = 477\,644'',3293 = 132°40'44'',3293.$$

Mouvement en 24^h $= \dfrac{k.360° + \alpha}{365,25} = m = 47\,435'',0286 = 13°10'35'',0286.$

Mouvement en 12 heures $\qquad = \tfrac{1}{2}m = 23\,717'',5143 = 6°35'17'',5143.$

Mouvement en 6 heures $\qquad = \tfrac{1}{4}m = 11\,858'',7572 = 3°17'38'',7572.$

Mouvement en 18 heures $\qquad = \tfrac{3}{4}m = 35\,576'',2665 = 9°52'56'',2665.$

Durée de la période de révolution $= 27^{jours},32158$ (*révolution tropique*).

Au moyen de la valeur de $\mathbb{C}_m$ on calculera $a = \mathbb{C}_m - \odot_m$, quantité utile à connaître parce qu'elle sert d'argument à un grand nombre de perturbations et qu'elle peut d'ailleurs trouver son application dans un grand nombre de calculs pratiques, ainsi qu'on le verra plus loin.

En se servant de la valeur de $\odot_m$ donnée précédemment après l'avoir augmentée de la constante d'aberration 20'',460, on trouvera

$$a = \mathbb{C}_m - \odot_m = 215°23'25'',60 + (12.360° + 477\,616'',6509)t +$$
$$+ 12'',215 \left(\frac{t}{100}\right)^2 + 0'',013\,473 \left(\frac{t}{100}\right)^3.$$

Mouvement annuel de $a = k.360° + \alpha.$

$$\alpha = 477\,616'',6509 = 132°40'16'',6509.$$

Mouvement en 24 heures $= m = 43\,886'',6982 = 12°11'26'',6982$

Chabirand, I.   17

Mouvement en 12 heures $= \frac{1}{2} m = 21\,943'',3491 = 6°05'43'',3491.$

Mouvement en 6 heures $= \frac{1}{4} m = 10\,971'',6745 = 3°02'51'',6745.$

Mouvement en 18 heures $= \frac{3}{4} m = 32\,915'',0236 = 9°08'35'',0236.$

Durée de la période de révolution $= 29^{jours},53059$ (*mois synodique*).

Au moyen des données précédentes il sera facile de calculer la longitude vraie projetée sur l'écliptique.

Soient $\mathbb{C}$ cette longitude, Π la longitude tropique du périgee, R la réduction à l'écliptique et R' la somme des inégalités de R.

$$\mathbb{C} = v + \Pi + R + R'.$$

Les expressions de v et Π ont été données; celles de R et de R' seront les suivantes :

$$\operatorname{tg} R = - \frac{\operatorname{tg}^2 \frac{1}{2} I \sin 2(v+\omega)}{1 + \operatorname{tg}^2 \frac{1}{2} I \cos 2(v+\omega)},$$

ou

$$R = -416'',275 \sin 2(v+\omega) + 0',420 \sin 4(v+\omega).$$

$$R' = -17'',332 \sin \Omega + 1'',254 \sin 2\Omega - 1'',146 \sin 2(\odot - \Omega) -$$
$$- s\,\frac{\operatorname{tg} I \cos(v+\omega)}{1 - \sin^2 I \sin^2(v+\omega)},$$

I étant l'inclinaison de l'orbite sur l'écliptique et s la somme des inégalités en latitude.

En se servant de la longitude moyenne on peut mettre la longitude sous une autre forme

$$v = g + \gamma + f; \quad \Pi = \omega + \Omega + \text{réduction de } \omega.$$
$$\mathbb{C} = g + \gamma + f + \omega + \Omega + \text{réduction de } (\omega + v), \quad \text{ou} \quad R + R'.$$

et comme

$$\mathbb{C}_m = g + \omega + \Omega,$$
$$\mathbb{C} = \mathbb{C}_m + f + \gamma + R + R'.$$

Pour que la position de la Lune soit complétement déterminée, il faut maintenant avoir sa latitude. Or quand la longitude est connue, cette latitude est toujours facile à calculer. Appelant λ_0 la latitude

$$\operatorname{tg} \lambda_0 = \operatorname{tg} I \sin \mathbb{C}.$$

Ajoutant à λ_0 la somme s des inégalités en latitude, l'expression de la latitude λ sera finalement

$$\lambda = \lambda_0 + s.$$

Les principales inégalités en latitude, du moins celles qui sont supérieures à $15''$, sont les suivantes :

$$s = 522'',629 \sin \left(\mathbb{C}_m - 2\odot_m + \Omega \right) - 44'',025 \sin \left(\mathbb{C}_m - 2\odot_m + \Omega - g \right) +$$
$$+ 30'',588 \sin \left(\mathbb{C}_m - 2\odot_m + \Omega + g \right) - 24'',780 \sin \left(\mathbb{C}_m - \Omega - 2g \right) -$$
$$- 24'',770 \sin \left(\mathbb{C}_m - \Omega - m \right) + 23'',583 \sin \left(\mathbb{C}_m - \Omega + m \right) +$$
$$+ 22'',770 \sin \left(\mathbb{C}_m - 2\odot_m + \Omega - m \right) +$$
$$+ 21'',750 \sin \left(\mathbb{C}_m - \Omega - g \right).$$

10. Parallaxe de la Lune. — En appelant p la parallaxe de la Lune pour une époque déterminée, D le rayon équatorial terrestre, a le demi grand axe de l'orbite lunaire, R le rayon vecteur de la Lune et ᴀR la somme des inégalités de R, on a d'après la définition même de la parallaxe

$$\sin p = \frac{D}{a(R + \Delta R)},$$

R et ᴀR étant exprimés au moyen de l'excentricité e et de l'anomalie, ou

$$\log \sin p = \log \frac{D}{a} - \log R - w,$$

en désignant par w la somme des inégalités de $\log$ R.

Log R se développe en fonction de l'anomalie moyenne de la manière suivante, M étant le module de logarithme et γ la somme des inégalités de g,

$$\log R = - M \left\{ - \frac{e^2}{4} - \frac{e^4}{32} + \ldots + \left(e - \frac{3}{8} e^3 \right) \cos (g + \gamma) + \right.$$
$$\left. + \left(\frac{3}{4} e^2 - \frac{11}{24} e^4 \right) \cos^2 (g+\gamma) + \frac{17}{24} e^3 \cos 3 (g+\gamma) + \frac{71}{96} e^4 \cos 4 (g+\gamma) + \ldots \right\},$$

ou en posant

$$\text{Somme des termes constants} = P' = M \left(\frac{e^2}{4} + \frac{e^4}{32} + \ldots \right),$$

$$\text{Somme des termes variables } P'' = - M \left\{ \left(e - \frac{3}{8} e^3 \right) \cos (g + \gamma) + \right.$$
$$\left. + \left(\frac{3}{4} e^2 - \frac{11}{24} e^4 \right) \cos 2 (g + \gamma) + \ldots \right\}$$
$$\log R = P' + P''.$$

w peut de même se décomposer un une partie constante w' et une partie variable w'' de sorte que $w = w' + w''$. Il résulte de là que

$$\log \sin p = \log \frac{D}{a} - P' - P'' - w' - w''.$$

Soit $\log \dfrac{D}{a} - P' - w' = \log \sin P,$

$$\log \sin p = \log \sin P - (P'' + w'').$$

D'après Hansen

$$\log \frac{D}{a} = 8{,}2170139, \quad w' = - 1348''{,}840.$$

Én unités de logarithmes

$$P' = 0{,}0003275, \quad w' = - 0{,}0028398,$$

de sorte que

$$\log \sin P = \log \frac{D}{a} - P' - w' = 8{,}2195262,$$

d'où

$$P = 56' 59''{,}57.$$

Cette valeur est celle de la parallaxe moyenne de la Lune.

Cela posé, soit $- (P'' + w'') \operatorname{tg} P \; (*) = p'$, de sorte que

$$\log \sin p = \log \sin P + p'.$$

Développant cette expression, on trouve

$$p = P + p' + p'^2 \frac{1}{2 \sin P \cos P} + p'^3 \frac{1 + 2 \sin^2 P}{6 \sin^2 P \cos^2 P} +$$
$$+ p'^4 \frac{1 + 10 \sin^2 P + 4 \sin^4 P}{24 \sin^3 P \cos^3 P} + \ldots$$

C'est là l'expression générale de la valeur de la parallaxe.

(*) P'' et w'' étant exprimés en arcs doivent être multipliés par $\dfrac{D}{a}$ ou $\operatorname{tg} P$ pour l'homogénéité.

On a trouvé d'ailleurs

$$-\mathrm{P}''\,\mathrm{tg}\,\mathrm{P} = 187'',591\cos(g+\gamma) + 7'',720\cos 2(g+\gamma) +$$
$$+ 0'',400\cos 3(g+\gamma) + 0'',023\cos 4(g+\gamma).$$

Voici maintenant les principales inégalités dont la somme est la valeur de $w''\,\mathrm{tg}\,\mathrm{P}$ et ajoutée à $\mathrm{P}''\,\mathrm{tg}\,\mathrm{P}$ constitue finalement le terme p'

$$-w''\,\mathrm{tg}\,\mathrm{P} = -1'',424\cos g + 0'',640\cos(g+m) - 0'',400\cos m +$$
$$+ 0'',856\cos(g-m) + 0'',856\cos(2a-2g) + 0'',429\cos(4a-g) +$$
$$+ 34'',568\cos(2a-g) + 25'',233\cos 2a - 0'',978\cos a +$$
$$+ 1'',471\cos(2a-g-m) + 1'',782\cos(2a-m) +$$
$$+ 1'',145\cos(2a+g) - 0'',706\cos(2\mathbb{C}_m - 2\Omega - g).$$

Demi-diamètre de la Lune. —En désignant par K le rayon de la Lune, $\frac{1}{2}d$ son demi-diamètre apparent et R le rayon vecteur de la Terre à la Lune, on a dans tous les cas

$$\mathrm{R}\sin\tfrac{1}{2}d = \mathrm{K}.$$

Or, on a trouvé pour expression de la parallaxe : $\sin p = \dfrac{\left(\dfrac{\mathrm{D}}{a}\right)}{\mathrm{R}}$. On en conclura

$$\frac{\mathrm{D}}{a}\sin\tfrac{1}{2}d = \mathrm{K}\sin p,$$

d'où

$$\sin\tfrac{1}{2}d = \frac{k}{\left(\dfrac{\mathrm{D}}{a}\right)}\sin p = \sin\tfrac{1}{2}d_0\sin p \quad\text{ou simplement}\quad \tfrac{1}{2}d = \tfrac{1}{2}d_0\sin p.$$

D'après Hansen

$$\log\frac{\mathrm{K}}{\left(\dfrac{\mathrm{D}}{a}\right)} = \log\tfrac{1}{2}d_0 = 4,750519.$$

de sorte que

$$\tfrac{1}{2}d_0 = 56301'' \quad\text{et par suite}\quad \tfrac{1}{2}d = 56301''\sin p.$$

En posant $p = \mathrm{P} + \Delta\mathrm{P}$, P étant la parallaxe moyenne et $\Delta\mathrm{P}$ la variation indiquée par la formule générale établie tout à l'heure, on trouvera :

$$\tfrac{1}{2}d = 15'\,33'',36 + 56301''\sin\Delta\mathrm{P}.$$

$15' 33'',36$ est la valeur du demi-diamètre moyen ou demi-diamètre à la moyenne distance.

Les nombres qui viennent d'être donnés permettent de déterminer facilement la grandeur de la distance de la Lune à la Terre et de son rayon en prenant le rayon équatorial terrestre pour unité.

$$\log \frac{D}{a} = 8{,}2170139, \qquad \frac{D}{a} = 0{,}016482,$$

$a =$ distance moyenne ou demi grand axe de l'orbite lunaire $= 60\,671$ rayons terrestres.

$$\text{Rayon vecteur} = R = \frac{1}{\sin p}\left(\frac{D}{a}\right) = \frac{0{,}016482}{\sin p}.$$

D'ailleurs à la distance moyenne : $K = D \sin \tfrac{2}{2} d_0 = (56\,301 \sin 1'')\, D$,

$$K = 0{,}27296 \text{ rayon terrestre.}$$

11. Des révolutions de la Lune. — Au moyen des données qui précèdent, il est possible de calculer les coordonnées de la Lune, longitude et latitude, et par suite ascension droite et déclinaison à quelques minutes près en général et la parallaxe à quelques secondes. Mais il est facile de reconnaître que, de quelque façon que l'on s'y prenne, les calculs seront toujours au moins fort longs, sinon bien compliqués. Ce sont surtout les inégalités qui rendent les opérations très pénibles. Or, nous n'avons cité que les inégalités principales : il en existe encore un grand nombre d'autres plus petites, à la vérité, mais dont il est pourtant indispensable de tenir compte quand on veut construire des éphémérides avec une certaine précision.

Il n'y a guère que quelques années que l'on possède des tables (*Tables de Hansen*) qui permettent de calculer les éléments de la Lune avec une certaine exactitude. Toutefois ces tables sont encore loin d'être parfaites : elles donnent quelquefois des erreurs qui peuvent atteindre jusqu'à 5 ou 6 secondes dans l'évaluation des coordonnées. Cela tient surtout à l'incertitude qui règne quelquefois sur les inégalités, eu égard à l'imperfection de la théorie de la Lune.

M. Delaunay a calculé de nouvelles formules destinées à compléter cette théorie et à augmenter considérablement la précision des calculs des éphémérides. Ces formules n'ont pas été mises en tables et ne le seront sans doute jamais, l'auteur étant mort sans avoir achevé son travail.

Il nous reste à dire quelques mots de la révolution de la Lune autour de la Terre et du phénomène particulier connu sous le nom de phases de la Lune.

La durée de la révolution de la Lune autour de la Terre peut être évaluée de diverses manières suivant le point de l'orbite que l'on adopte pour origine, ce point ayant lui-même un déplacement qui varie avec sa position.

Outre les révolutions sidérales et tropiques que nous avons définies en parlant du Soleil, on compte la *révolution synodique*, intervalle de deux retours consécutifs à la même position par rapport à la Terre et au Soleil (même différence de longitude), la *révolution anomalistique* intervalle entre deux retours au même périgée ou au même apogée, et enfin la *révolution draconitique*, intervalle entre deux retours consécutifs du même nœud.

On a trouvé pour les durées de ces diverses révolutions en jours moyens :

$$\text{Révolution sidérale} = 27^{\text{jours}},32165$$
$$\text{Révolution tropique} = 27\ ,32153$$
$$\text{Révolution synodique} = 29\ ,53059$$
$$\text{Révolution anomalistique} = 27\ ,55455$$
$$\text{Révolution draconitique} = 27\ ,21222$$

Les anciens avaient été conduits à remarquer qu'après un certain nombre de révolutions, la Lune venait occuper périodiquement les mêmes positions par rapport à la Terre et au Soleil, et qu'alors certains phénomènes, comme les éclipses, se reproduisaient dans le même ordre et à des époques faciles à déterminer; de là de longues et patientes recherches du nombre de révolutions lunaires susceptibles de ramener périodiquement ces phénomènes. C'est en se livrant à ces recherches que l'on fut conduit à prendre diverses unités de révolutions dans le but de trouver des nombres commodes pour traduire la période de la manière la plus simple.

Il existe deux périodes célèbres trouvées par les anciens qui résolvent à peu près le problème que l'on cherchait. Elles sont connues sous les dénominations de *Saros* des Chaldéens et de *Cycle de Méton* ou *cycle d'or*.

Le Saros des Chaldéens renferme 6585,021 jours moyens ou 18 ans et 11 jours, et comprend, à très peu près 223 révolution synodiques ou lunaisons, 241 révolutions tropiques ou sidérales, 239 révolutions anomalistiques et 242 révolutions draconitiques.

Le cycle de Méton se compose de 6798,33 jours moyens ou 18 ans $\frac{2}{3}$ à très peu près, et renferme 235 lunaisons. Il correspond exactement à la révolution du nœud de la Lune, ainsi qu'on peut le voir d'après la durée de la période que nous avons donnée précédemment pour cette révolution.

12. Des phases de la Lune. — Dans son mouvement autour de la Terre, la Lune nous paraît éclairée d'une manière variable. De là des apparences particulières auxquelles on a donné le nom de *phases*.

La Lune exécute son mouvement de rotation autour de son axe dans un temps qui est égal à la durée de sa révolution autour de la Terre. Lagrange à démontré que, d'après les lois de la mécanique céleste, il devait en être rigoureusement ainsi.

Il résulte de ce fait que la Lune présente toujours la même partie de sa surface du côté de la Terre ; or nous ne pouvons voir que la partie de la surface qui est éclairée par le Soleil. De là le phénomène des phases.

Quand la Lune est placée entre la Terre et le Soleil, ce que l'on exprime en disant qu'il y a *conjonction*, la face de la Lune éclairée par le Soleil est située à l'opposite de la Terre et nous ne pouvons apercevoir qu'une très faible partie du disque éclairé, quand toutefois nous pouvons voir quelque chose. On dit alors qu'il y a *nouvelle Lune*, N. L.

Quand la Lune est diamétralement opposée au Soleil par rapport à la Terre, ce que l'on exprime en disant qu'elle est en *opposition*, elle nous paraît éclairée tout entière ; la face éclairée de la Lune se trouve, en effet, du côté de la Terre ; on dit alors qu'il y a pleine Lune, P. L.

Dans l'intervalle qui sépare l'époque de la nouvelle Lune de celle de la pleine Lune, la partie éclairée apparaît sous la forme d'un croissant plus ou moins grand, suivant que l'on est plus ou moins près de la pleine Lune. Quand ce croissant est égal à la moitié du disque total, la Lune est dite dans l'un de ses *quartiers;* le quartier qui se trouve entre la nouvelle Lune et la pleine Lune s'appelle le premier quartier, P. Q.; celui qui est entre la pleine Lune et la nouvelle Lune s'appelle le second quartier. D. Q.

Astronomiquement, il y a nouvelle Lune quand la différence des longitudes de la Lune et du Soleil est égale à 0 ou 360°, pleine Lune quand cette différence est égale à 180°, premier quartier quand elle est 90° et enfin second quartier quand elle devient 270°.

D'après cela, pour trouver l'époque d'une phase, il suffit de résoudre par rapport au temps l'une des équations

$$\mathbb{C} - \odot = 0; \quad \mathbb{C} - \odot = 90^{\circ}; \quad \mathbb{C} - \odot = 180^{\circ}; \quad \mathbb{C} - \odot = 270^{\circ}.$$

On a eu l'occasion de montrer (livre II, chap. IV, page 189) dans les applications relatives à la formule générale des approximations successives comment on peut résoudre immédiatement ces équations avec toute la précision désirable au moyen des données fournies par les éphémérides. Il est possible d'en trouver immédiatement une solution approchée qui, dans beaucoup de circonstances, sera suffisamment exacte; pour cela, on remplace les longitudes vraies par les longitudes moyennes. On a alors à résoudre l'équation générale

$$a = \mathbb{C}_m - \odot_m = n\frac{\pi}{2}.$$

Comme dans les cas plus extrêmes a ne diffère de $\mathbb{C} - \odot$ que d'une quantité inférieure à 12°, que d'ailleurs la différence des longitudes varie de plus de 12° en 24 heures, la valeur de t qui résultera de l'équation précédente sera au moins approchée à 1 jour près dans les cas les plus défavorables et pourra même en général être regardée comme exacte à 12 heures près.

Comme application on considérera l'équation $\mathbb{C}_m - \odot_m = 180''$, et l'on calculera l'époque de la pleine Lune qui suit immédiatement l'équinoxe du printemps, c'est-à-dire le 21 mars. Cette époque sert à fixer une date importante dans le calendrier catholique.

On a donné précédemment l'expression de $\mathbb{C}_m - \odot_m$ pour l'époque $1850 + t$; soit en négligeant les termes séculaires et prenant des nombres ronds

$$\mathbb{C}_m - \odot_m = 215°23'20'' + (12\,360° + 477.616'',7)\,t.$$

On calculera pour $1870 + t$, 1ᵉʳ janvier de Paris à midi moyen,

$$\mathbb{C}_m - \odot_m = 348°49'00' + (12\,360° + 132°40\,16'',7)t.$$

La variation diurne ayant été trouvée $43\,886'',7$, on conclut facilement pour le 21 mars, c'est-à-dire 79 jours après le 1ᵉʳ janvier,

$$\mathbb{C}_m - \odot_m = 231°53'10'' + (12\,360° + 132°40'16'',7)\,t.$$

Il s'agit de trouver à quelle époque le second membre est égal à 180° dans l'intervalle du mois qui suit immédiatement le 21 mars; il n'y a pas alors lieu de tenir compte du terme 12 360° et l'équation qui donne la date de la pleine Lune, c'est-à-dire le nombre n de jours à laquelle elle se présente en $1870 + t$ est

$$231°53'10'' + (132°40'16'',7)t + n\,43\,886'',7 = 180°,$$

ou simplement

$$51°53'10'' + (132°40'16'',7)t + n\,43\,886'',7 = 0.$$

Prenant la variation diurne $43\,886,7$ pour expression du jour qui deviendra alors l'unité et exprimant les autres termes avec cette unité

$$4^{jours},26 + (10,88)t + n^j = 0,$$

ajoutant une période synodique au second membre pour n'avoir pas de quantités négatives

$$n = 25,24 — (10,88)t.$$

Telle sera l'expression du nombre n de jours qui s'écoulera du 21 mars à la date de la pleine Lune suivante.

Faisant successivement $t = 0$, $t = 1$, $t = 5$, $t = 6$, $t = 7$, $t = 10$, on trouvera pour les années 1870, 1871, 1875, 1876, 1877, 1880 :

$$n = 25,20; \quad 14,40; \quad 0,3; \quad 19,0; \quad 8,10; \quad 5,00,$$

nombres qui, ajoutés an 21 mars, donnent les dates : 15 avril 1870; 4 avril 1871; 22 mars 1875; 8 avril 1876; 29 mars 1877; 25 mars 1880, en prenant la précaution de retrancher 1 jour pour les années bissextiles.

Il y a lieu de remarquer, quand on se sert de la formule donnée tout à l'heure, qu'il faut retrancher du produit $10,88 \times t$ autant de périodes de $29^{jours},50$ que cela est possible toutes les fois que le produit est supérieur à 29,5, et que c'est le reste ainsi obtenu qui doit être soustrait de 25,24 pour donner le nombre n.

On peut du reste poser pour plus de simplicité

$$n = 25,24 — r,$$

r étant le reste de la division de $(10,88)t$ par 29,50, le quotient de cette division devant toujours être un nombre entier.

L'exemple qui vient d'être traité peut servir à montrer comment, au moyen des diverses expressions données précédemment, on peut calculer des formules particulières susceptibles de faire connaître d'une manière approchée la position de la Lune pour une époque donnée et par suite les phénomènes particuliers qui s'y rattachent. Cela peut avoir son importance au point de vue de la recherche des dates historiques qui se trouvent déterminées par un événement astronomique comme une éclipse de Soleil ou de Lune ou simplement une phase de la Lune. Voici du reste un autre exemple qui ne sera indiqué que d'une manière sommaire, mais qui pourra entièrement fixer les idées à ce sujet.

Pour qu'il y ait éclipse de Soleil la Lune doit être en conjonction, de sorte qu'alors $\mathbb{C} — \odot = 0$, et pour qu'il y ait éclipse de Lune il faut que la Lune se trouve en opposition, c'est-à-dire que $\mathbb{C} — \odot = 180°$.

Il faut en outre que la Lune se trouve dans le plan de l'écliptique ou
à fort peu près, ce qui ne peut avoir lieu qu'autant qu'elle passe à
l'un de ses nœuds. On aura donc simultanément dans le cas d'une
éclipse

$$\mathbb{C} - \odot = 0 \text{ ou } 180° \quad \text{et} \quad \mathbb{C} - \math234 = 0 \text{ ou } 180° \quad \text{ou} \quad \odot - \math234 = 0 \text{ ou } 180°$$

Pour savoir si une éclipse est possible, il suffit donc de rechercher
tout d'abord si les deux équations

$$\mathbb{C}_m - \odot_m = 0 \text{ ou } 180° \quad \text{et} \quad \odot_m - \math234 = 0 \text{ ou } 180°$$

peuvent avoir une solution commune ou du moins à peu près ou, en
d'autres termes, si à quelques degrés près les valeurs de $\mathbb{C}_m$, $\odot_m$ et $\math234$
donnent une même valeur pour t; on saura alors que l'éclipse peut
avoir lieu. Remplaçant $\mathbb{C}_m$ par $\mathbb{C}$ et $\odot_m$ par $\odot$ et tenant compte
de l'équation du centre et en outre des trois inégalités principales
pour la Lune, on aura une seconde approximation. Si la possibilité
du phénomène s'accuse encore, il ne restera plus qu'à tenir compte de
la parallaxe lunaire pour obtenir une certitude complète.

DES PLANÈTES.

13. Du mouvement des planètes. — La théorie de chaque
planète prise en particulier est identique à celle que nous venons
d'exposer pour le Soleil et la Lune.

On compare le mouvement de la planète sur son orbite elliptique
à celui d'un point qui décrirait d'un mouvement uniforme une circonférence dont le diamètre serait le grand axe de l'ellipse, dans le même
temps que la planète met à décrire l'ellipse.

Ayant déterminé l'excentricité, le moyen mouvement et le demi
grand axe par des observations, on calcule pour une époque donnée le
rayon vecteur, l'anomalie moyenne et la longitude moyenne, c'est-à-
dire la longitude comptée sur l'ellipse décrite, en ne tenant compte
que du mouvement réel autour du Soleil.

La longitude de la planète dans son orbite sera ensuite déterminée
en tenant compte de l'équation du centre et des perturbations dont les
expressions sont données par la mécanique céleste. Ces perturbations
ayant en général pour effet de déplacer la planète de son orbite, non-
seulement dans le plan de cette orbite, mais encore en dehors de ce
plan, il en résulte une certaine valeur pour la latitude.

On arrive ainsi finalement en rapportant la planète à son orbite à
calculer sa longitude, sa latitude et son rayon vecteur.

Ayant déterminé l'inclinaison de l'orbite sur l'ecliptique, on projettera, au moyen de cette inclinaison, les longitudes, latitudes et rayons vecteurs dans l'orbite sur le plan de l'écliptique, ce qui s'appelle effectuer la *réduction à l'écliptique*, et l'on conclura les longitudes, latitudes et rayons vecteurs héliocentriques ou coordonnées de la planète par rapport au Soleil.

Les coordonnées héliocentriques seront ensuite transformées en coordonnées géocentriques ou coordonnées par rapport à la Terre. Ce dernier calcul, qui est le même pour toutes les planètes, s'exécutera de la manière suivante.

Soient S, T les positions du Soleil et de la Terre, P_1 la projection sur le plan de l'écliptique de la position P de la planète, $T\Upsilon$ ou $S\Upsilon$ la direction du point vernal.

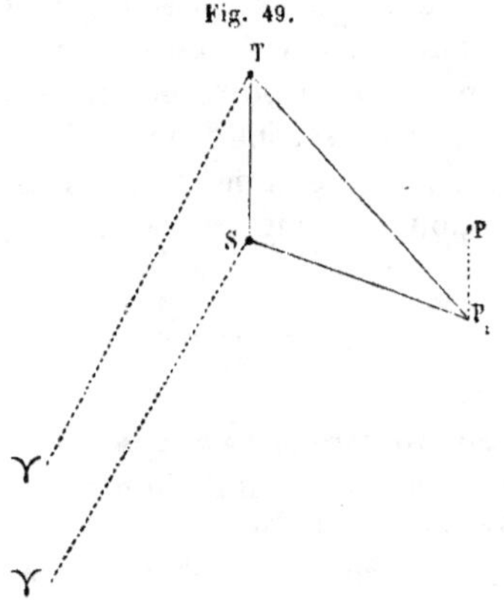

Fig. 49.

ΥTS = longitude du Soleil = $\odot$,

ΥTP_1 = longitude géocentrique de la planète = $\mathcal{L}$,

ΥSP_1 = longitude héliocentrique de la planète = v_1,

TP_1 = rayon vecteur géocentrique de la planète = Δ_1,

SP_1 = rayon vecteur héliocentrique de la planète = r_1,

ST = rayon vecteur du Soleil ou de la Terre = R,

On a pour les triangles STP_1

$$\frac{SP_1 \text{ ou } r_1}{\sin STP_1} = \frac{TP_1 \text{ ou } \Delta_1}{\sin TSP_1},$$

et en projetant TP_1 et SP_1 sur TS,

$$TP_1 \cos STP_1 = ST \text{ ou } R + SP_1 \cos (180° - TSP_1).$$

Or

$$STP_1 = \mathcal{L} - \odot; \quad TSP_1 = 360° - (180° - \odot) - v_1 = 180° (v_1 - \odot).$$

Par suite

$$\Delta_1 \sin (\mathcal{L} - \odot) = r_1 \sin (v_1 - \odot)\, l,$$
$$\Delta_1 \cos (\mathcal{L} - \odot) = R + r_1 \cos (v_1 - \odot).$$

D'où l'on conclura

$$tg(\mathcal{L} - \odot) = \frac{r_1 \sin (v_1 - \odot)}{R + r_1 \cos (v_1 - \odot)},$$

et

$$\Delta_1 = r_1 \frac{\sin (v_1 - \odot)}{\sin (\mathcal{L} - \odot)}.$$

Ces formules permettront de calculer la longitude géocentrique et le rayon vecteur géocentrique.

Pour avoir la latitude géocentrique, on remarquera, en désignant par λ cette latitude et par s la latitude héliocentrique,

$$tg s = \frac{PP_1}{r_1}, \quad tg \lambda = \frac{PP_1}{\Delta_1}.$$

Si le Soleil a une petite latitude γ, la Terre n'est pas exactement dans le plan de l'écliptique. Alors PP_1 doit être remplacé dans la seconde relation par $PP_1 + \Delta PP_1$, et l'on a

$$tg \gamma = \frac{\Delta PP_1}{R}.$$

Finalement

$$\Delta_1 tg \lambda = PP_1 + \Delta PP_1 = r_1 tg S + R tg \gamma.$$

Comme γ est toujours très petit, ou pourra calculer λ par la relation $\Delta_1 tg \lambda = r_1 tg s$, et ajouter ensuite à la valeur de λ une correction $d\lambda$.

$$d\Delta = \frac{dPP_1}{\Delta_1} \cos^2 \lambda = \left(\frac{R}{\Delta_1} \cos^2 \lambda \right) \gamma.$$

Les cordonnées géocentriques ainsi obtenues sont les coordonnées vraies; on obtiendra les coordonnées apparentes en tenant compte de l'aberration.

$$\mathcal{L}' = \mathcal{L} - 497,77\Delta . d\mathcal{L},$$
$$\lambda' = \lambda - 497,77\Delta d\lambda;$$

$d\zeta$ et $d\lambda$ étant les variations de la longitude et de la latitude en une seconde de temps, et Δ étant la distance de la planète à la Terre calculée par la formule $\Delta = \dfrac{\cos\lambda}{\Delta_1}$.

Nous allons maintenant énumérer sommairement les divers éléments des planètes, tels qu'ils ont été calculés par M. Le Verrier.

14. Mercure. — Mercure est la plus petite de toutes les planètes principales connues jusqu'à ce jour; elle est la plus rapprochée du Soleil. Sa masse a été longtemps supposée égale à 0,000 000 333, la masse du Soleil étant prise pour unité. A la suite de ses dernières recherches, M. Le Verrier a trouvé que cette masse était trop grande; il l'a fixée alors à $\dfrac{1}{4\,317\,000} = 0,000\,000\,231\,6$.

Voici les expressions des éléments de Mercure (*Annales de l'Observatoire*, tome V), en supposant le temps t compté en années de $365^j,25$, à partir du midi moyen du 1er janvier 1850, temps moyen de Paris.

$$\textit{Durée de la révolution sidérale} = \mathrm{T} = 87^{jours},969\,2562.$$

$$\textit{Moyen mouvement sidéral} = n = 129\,6000\;\frac{365,25}{\mathrm{T}} = 5\,381\,016'',2855.$$

$$\textit{Mouvement en précession} = \psi_1 + \tfrac{1}{2}\operatorname{tg}\varphi\,(p''\cos\theta - q''\sin\theta) = \psi_1 + 0'',0237\,0$$

$$\textit{Longitude moyenne} = \mathrm{L} = 327°15'20'',43 + 5\,381\,066'',5449\,t + {} + 0'',000\,112\,89\,t^2.$$

$$\textit{Longitude du périhélie} = \varpi = 75°07'13'',93 + 55'',9138\,t + 0'',0001111\,t^2.$$

$$\textit{Longitude du nœud ascendant} = \theta = 46°33'08'',75 + 42'',6430\,t + {} + 0'',0000835\,t^2.$$

$$\textit{Excentricité} = e = 0,205\,604\,78 \text{ ou } 42\,409'',030 + 0'',041\,95\,t + {} - 0'',000\,000\,9\,t^2\;(^*).$$

(*) Les valeurs précédentes sont celles qui sont aujourd'hui employées dans la construction des tables. En 1876, à la suite des nouvelles valeurs qu'il a calculées pour p'' et q'', M. Le Verrier les a modifiées légèrement; il a donné alors :

$$e = 42\,411'',7 + 0'',042\,20\,t - 0'',000\,0009\,t^2,$$
$$\varpi = 75°07',00 + 5'',278\,29 - 0'',000\,0020\,t^2 + \psi_1 + \delta\psi_1,$$
$$p = 0,089\,1690 - 0'',538\,21\,t - 0'',000\,00\,10\,t^2,$$
$$d = 0,084\,4678 + 0,251\,63\,t - 0'',000\,00\,58\,t^2.$$

De même que l'on n'a pas calculé la valeur de ψ_1 résultant des nouvelles expressions de p'' et de q'', on ne fait pas subir non plus de corrections à L, φ et θ, eu égard aux dernières valeurs de ψ, de p et de q, en faisant remarquer que pendant plusieurs années encore il n'y aura plus lieu de toucher aux nombres actuellement adoptés dans la correction des tables. Ces corrections seront du reste toujours faciles à calculer au moyen des expressions générales données dans la théorie de la précession.

Cette excentricité étant considérable, l'équation du centre $f = v - \zeta$ est donnée par une série assez peu convergente.

$$\textit{Équation du centre} = f = (84\,373'',889 + 0'',082\,59t - 0'',000\,001\,8t^2)\sin\zeta +$$
$$+ (10\,731'',815 + 0'',020\,89t - 0,000\,000\,4t^2)\sin 2\zeta +$$
$$+ (1891'',841 + 0'',005\,51t)\sin 3\zeta +$$
$$+ (381'',075 + 0'',001\,50t)\sin 4\zeta +$$
$$+ (82'',548 + 0'',000\,40t)\sin 5\zeta +$$
$$+ (18'',716 + 0'',000\,11t)\sin 6\zeta +$$
$$+ (4'',378 + 0''000\,03t)\sin 7\zeta +$$
$$+ (1'',048\sin 8\zeta + 0'',255\sin 9\zeta + \ldots$$

$$\zeta = \textit{anomalie moyenne} = \mathrm{L} - \varpi.$$

Si l'on désigne par Δv la somme des perturbations en longitude, la longitude dans l'orbite aura pour expresion

$$v = \mathrm{L} + f + \Delta v.$$

Pour effectuer la réduction à l'écliptique, on calculera la longitude héliocentrique; il faut se servir de l'inclinaison φ du plan de l'orbite sur le plan de l'écliptique.

$$\textit{Inclinaison de l'orbite} = \varphi = 7°00'07'',71 + 0'',063\,14t - 0'',000\,005\,6t^2.$$

$$\textit{Réduction à l'écliptique} = \rho = - (772'',082 + 0'',003\,88t)\sin 2(v - \theta)$$
$$+ 1'',445\sin 4(v - \theta).$$

$$\textit{Longitude héliocentrique} = v_1 = v + \rho.$$

Enfin la latitude héliocentrique se calculera par la relation ordinaire

$$\sin s = \sin\varphi\sin(v - \theta),$$

et l'on devra ajouter à s la somme des perturbations en latitude projetées sur l'écliptique.

Le demi grand axe de Mercure est égal à $0,387\,098\,7$, le demi grand axe de l'orbite terrestre étant pris pour unité. On en pourra conclure la valeur du rayon vecteur dans l'orbite pour une époque quelconque à l'aide du développement connu du rayon vecteur en fonction de l'anomalie moyenne. Toutefois, comme ce développement est peu convergent, si l'on ne dispose pas de tables qui donnent immédiatement la valeur de r et que l'on veuille la calculer, il sera plus court de conclure d'abord l'anomalie vraie de l'anomalie moyenne, et de calculer ensuite le rayon vecteur par la formule $r = \dfrac{a(1 - e^2)}{1 + e\cos v}$.

Le rayon vecteur r dans l'orbite étant connu, le rayon vecteur héliocentrique r_1 résultera de r et de la latitude s

$$r_1 = r \cos s.$$

Le diamètre apparent de Mercure est de $6''{,}68$ à sa distance moyenne; son diamètre réel est de 1200 lieues environ.

Les principales perturbations auxquelles est soumis le mouvement de Mercure sont les suivantes :

1° Celles qui dépendent de Vénus :

$$\Delta v = -\ 8''{,}244 \sin(5l' - 2l - 3\varpi) -\ 2''{,}135 \sin 2(l' - l) -$$
$$-\ 3''{,}813 \sin(2l' - l - \varpi) - 1''{,}410 \sin(3l' - 2l - \varpi) -$$
$$-\ 3''{,}102 \sin(5l' - 3l - 2\varpi) +$$
$$+\ 1''{,}390 \sin(5l' - 2l - \varpi' - 2\varpi) -$$
$$-\ 1''{,}656 \sin(5l' - l - 4\varpi),$$
$$\Delta R = -\ 0''{,}421 \cos 2(l' - l) ;$$

2° Celles qui dépendent de la Terre :

$$\Delta v = -0''{,}994 \sin(4l'' - l - 3\varpi) + 0''{,}547 \sin(4l'' - l - \varpi' - 2\varpi) + \ldots$$
$$\Delta R = -0{,}047 \cos 2(l'' - l) ;$$

3° Celles qui dépendent de Jupiter :

$$\Delta v = -\ 3''{,}300 \sin(2l^{iv} - l - \varpi + 0''{,}643 \sin(l^{iv} - l) - 0''{,}940 \sin 2(l^{iv} - l),$$
$$\Delta R = -\ 0''{,}602 \cos(2l^{iv} - l - \varpi).$$

Suivant la notation habituelle, dans ces expressions, les lettres non accentuées s'appliquent à des éléments de Mercure; les lettres affectées d'un accent à Vénus, celles qui ont deux accents à la Terre et ainsi de suite. Si l'on voulait des expressions entièrement rigoureuses, il faudrait remplacer l par $l + \tau' - \tau$, τ étant la longitude du nœud ascendant de la planète troublée sur l'orbite de la planète perturbatrice, et τ' la longitude du nœud descendant de la planète perturbatrice sur l'orbite de la planète troublée. On n'a pas tenu compte de cette correction, eu égard à la petitesse de $\tau' - \tau = \frac{1}{2}(qp' - pq')$. La même remarque est applicable aux expressions de perturbation qui seront données pour les autres planètes.

15. Vénus. — Sous le rapport de la distance au Soleil, Vénus vient après Mercure et précède immédiatement la Terre. La masse de cette planète a été fixée en dernier lieu par **M.** Le Verrier à

$$\frac{1}{412150} = 0,0000024264.$$

Voici les éléments de Vénus pour l'époque $1850 + t$, l'origine du temps restant toujours fixée comme précédemment (*Annales de l'Observatoire*, tome VI) :

Durée de la révolution sidérale $= \mathrm{T}' = 224^{\mathrm{j}},7007962.$

Moyen mouvement sidéral $= n' = 2106641'',40066.$

Mouvement en précession $= \psi_1 + 01405t.$

Longitude moyenne $= \mathrm{L}' = 245°33'14'',70 +$
$$+ 2106691'',65043t +$$
$$+ 0'',00011289t^2.$$

Longitude du périhélie $= \varpi' = 129°27'14'',5 + 49'',462t -$
$$- 0'',000593t^2.$$

Longitude du nœud ascendant $= \theta' = 75°19'52'',3 + 32'',8899t +$
$$+ 0'',0004508t^2.$$

Excentricité $= e' = 0,0068431$ ou $1411'',544 - 0''11132t +$
$$+ 0''',0000026t^2 \; (*).$$

L'équation du centre se conclut de l'excentricité et de l'anomalie moyenne suivant le développement ordinaire :

Équation du centre $= f' = (2823'',050 - 0,22264t + 0'',0000052t^2)\sin\zeta +$
$$+ (12'',056 - 0'',00190t)\sin 2\zeta +$$
$$+ (0'',071 - 0'',00005t)\sin 3\zeta.$$

Si l'on appelle $\Delta v'$ la somme des perturbations en longitude, l'expression de la longitude dans l'orbite sera

$$v' = \mathrm{L}' + f' + \Delta v'.$$

La longitude héliocentrique se conclura ensuite de l'inclinaison de

---

(*) Les valeurs précédentes sont celles qui servent actuellement à la construction des tables. En 1876, M. Le Verrier a donné les suivantes, qui pourront servir à les corriger ultérieurement :

$$e = 1409'',5 - 0'',10575\,t + 0'',00000265\,t^2,$$
$$\varpi' = 129°23'36'',0 - 0'',32063\,t - 0'',00070536\,t^2 + \psi_1 + \delta\psi_1,$$
$$p' = 0,05733332 - 0'',17608\,t - 0'',00002397\,t^2,$$
$$q' = 0,01502206 + 0'',56977\,t - 0'',00000414\,t^2.$$

l'orbite φ' :

Inclinaison de l'orbite $= \varphi' = 3°23'34'',83 + 0'',04524t -$
$$- 0'',00000156t^2.$$

Réduction à l'écliptique $= \rho' = - (180'',95 + 0'',00134t) \sin 2(v' - \theta' +$
$$+ 0'',08 \sin 4(v' - \theta').$$

Longitude héliocentrique $= v'_1$ ou $l' = v' + \rho'.$

Latitude héliocentrique $= s' + \Delta s'.$

$\Delta s'$ étant la somme des perturbations en latitude et s' étant donné par la formule habituelle

$$\sin s' = \sin \varphi' \sin (v' - \theta').$$

Le demi grand axe de l'orbite de Vénus est égal à $0,7233323$, le demi grand axe de l'orbite terrestre étant pris pour unité.

Au moyen de cette valeur du demi grand axe, on calculera le rayon vecteur par une époque quelconque à l'aide de son développement habituel en fonction de l'excentricité et de l'anomalie moyenne, et l'on conclura ensuite le rayon vecteur héliocentrique $r'_1 = r' \cos s'$.

Le diamètre apparent de Vénus à sa distance moyenne a été trouvé $16'',61$. Son diamètre réel est égal à 2800 lieues environ.

Le mouvement de Vénus est tombé principalement par la Terre, Mars et Jupiter; les perturbations de la Terre sont de beaucoup les plus importantes.

En premier lieu la longitude moyenne est soumise à une perturbation séculaire qui dépend à la fois de Mars et de la Terre.

$$\Delta L' = - 0'',230 \sin (4l''' + 3l'' - 7l') + 0'',149 \cos (4l''' + 3l'' - 7l').$$

Voici maintenant les expressions des principales perturbations suivant la notation ordinaire.

1° Par Mercure :

$$\Delta v' = + 0'',812 \sin (5l' - 2l - 3\varpi),$$
$$\Delta R' = + 0'',124 \cos (2l' - l - \varpi).$$

2° Par la Terre :

$$\Delta v' = + 10'',459 \sin 2(l'' - l') - 6'',629 \sin 3(l'' - l') + 4'',534 \sin (l'' - l') -$$
$$- 1'',397 \sin (3l'' - 2l' - \varpi') + 4'',345 \sin (3l'' - 2l' - \varpi') +$$
$$+ 1'',978 \sin (5l'' - 4l' - \varpi'') + 1'',032 \sin (5l'' - 5l' - 2\varpi'') +$$

$$+ 2'',629 \sin (13l'' - 8l' - 2\varpi'' - \varpi' - 2\tau') +$$
$$+ 2'',299 \sin (13l'' - 8l' - 3\varpi'' - 2\tau') +$$
$$+ 1'',580 \sin (13l'' - 8l' - \varpi'' - 4\tau'),$$
$$\Delta R' = + 3'',120 \cos 2(l'' - l') - 2'',641 \cos 3(l'' - l'),$$
$$\Delta s' = - 0'',280 \sin (5l'' - 4l' - \tau).$$

3° Par Mars :

$$\Delta v' = + 0'',882 \sin (3l''' - l' - 2\varpi''').$$

4° Par Jupiter :

$$\Delta v' = + 2'',957 \sin (l^{\text{iv}} - l') - 1'',532 \sin (l^{\text{iv}} - \varpi^{\text{iv}}) -$$
$$- 0'',880 \sin (2l^{\text{iv}} - 2l'),$$
$$\Delta R' = + 1'',025 \cos (l^{\text{iv}} - l'),$$
$$\Delta s' = - 0'',159 \sin (2l^{\text{iv}} - l' - \tau).$$

5° Par Saturne :

$$\Delta v' = - 0'',208 \sin (l^{\text{v}} - \varpi^{\text{v}}).$$

6. Mars. — Dans l'ordre des distances au Soleil, Mars vient immédiatement après la Terre. Cette planète est moins grosse que Vénus. Les distances au Soleil de Vénus, la Terre et Mars n'ont pas entre elles des différences moyennes bien considérables; les observations semblent indiquer qu'au point de vue physique ces trois planètes présentent les plus grandes analogies. Selon toutes les probabilités Mars et Vénus sont habités comme la Terre et les conditions matérielles de la vie ne diffèrent guère de celles qui existent sur notre globe.

La masse de Mars a été fixée en dernier lieu par M. Le Verrier à

$$\frac{1}{2812526} = 0{,}00000035556.$$

Les éléments de Mars seront les suivants pour l'époque $1850 + t$ (*Annales de l'Observatoire*, tome VI) :

Durée de la révolution sidérale $= \mathrm{T}''' = 686^{\text{j}},9798163.$

Moyen mouvement sidéral $= n''' = 689050{,}81165.$

Mouvement en précession $= \psi_1 + 0'',00638t.$

Longitude moyenne $= \mathrm{L}''' = 83°40'31,33 + 689101'',05375t +$
$$+ 0'',00011341t^2.$$

$$\text{Longitude du périhélie} \qquad = \varpi''' = 333°\,17'\,53'',67 + 66'',2421\,t +$$
$$+ 0'',00012093\,t^2.$$

$$\text{Longitude du nœud ascendant} = \theta''' \;\; = 48°\,23'\,53'',1 + 27'',992\,t -$$
$$- 0'',00021\,t^2.$$

$$\text{Excentricité} = e''' = 0,09326113 \quad \text{ou} \quad 19236'',490 + 0'',19679\,t -$$
$$- 0,0000252\,t^2 \; (*).$$

$$\text{Équat. du centre} = f''' = (38431'',227 + 0'',39229\,t - 0'',00005 04\,t^2)\sin\zeta +$$
$$+ (2235'',381 + 0,04559\,t)\sin 2\zeta +$$
$$+ (180'',279 + 0,00552\,t)\sin 3\zeta +$$
$$+ (16'',614 + 0'',00068\,t)\sin 4\zeta +$$
$$+ (1'',647 + 0'',00008\,t)\sin 5\zeta +$$
$$+ 0'',171 \sin 6\zeta + 0'',019 \sin 7\zeta.$$

Si l'on appelle $\Delta v'''$ la somme des perturbations en longitude, l'expression de la longitude dans l'orbite sera

$$v''' = L'' + \Delta v'''.$$

La longitude héliocentrique se conclura ensuite de l'inclinaison φ''' de l'orbite sur l'écliptique

$$\text{Inclinaison de l'orbite} \quad = \varphi''' = 1°\,51'\,02'',28 - 0'',02431\,t +$$
$$+ 0'',0000945\,t^2.$$

$$\text{Réduction à l'écliptique} \quad = \rho''' = - 53'',807 \sin 2(v''' - \theta''') +$$
$$+ 0'',007 \sin 4(v''' - \theta''').$$

$$\text{Longitude héliocentrique} = v_1''' = v''' + \rho'''.$$

$$\text{Latitude héliocentrique} \quad = s''' + \Delta s'''.$$

$\Delta s'''$ étant la somme des perturbations en latitude et s''' étant déterminé par la relation ordinaire

$$\sin s''' = \sin \varphi''' \sin (v''' - \theta''').$$

(*) Les valeurs précédentes servent actuellement à la construction des tables. En 1876, M. Le Verrier a donné les suivantes :

$$e''' = 19236'',6 + 0'',18708\,t - 0'',00000252\,t^2,$$
$$\varpi''' = 333°\,17'\,50'',5 + 15'',92960\,t + 0'',00000804\,t^2 + \psi_1 + \delta\psi_1,$$
$$p''' = 0'',02416434 - 0'',44572\,t - 0'',00000851\,t^2,$$
$$q''' = 0,02146988 + 0'',06020\,t - 0'',00000825\,t^2.$$

Le demi grand axe de l'orbite de Mars est égal à 1,5236913. On en conclura le rayon vecteur r''' pour une époque quelconque au moyen du développement ordinaire: on lui ajoutera la somme des perturbations et l'on aura pour le rayon vecteur héliocentrique :

$$r'''_1 = r'' \cos s'''.$$

Le diamètre de Mars à la distance moyenne a été trouvé $11'',10$. Le diamètre réel est d'environ 1500 lieues, c'est-à-dire à très-peu près la moitié de celui de la Terre.

Le mouvement de Mars est fortement troublé par les attractions des autres planètes en particulier de la Terre et de Jupiter; il doit en être ainsi, eu égard à la petitesse de la masse de cette planète.

En premier lieu la longitude moyenne est soumise à deux perturbations séculaires dont l'une est notable :

$$\Delta L''' = -0'',477 \sin(4l''' + 3l' - 7l'') + 0'',319 \cos(4l''' + 3l' - 7l''),$$

$$\Delta L''' = -18'',01 \sin(8l''' - 4l'' - 3l^{\mathrm{iv}}) - 38'',50 \cos(8l''' - 4l'' - 3l^{\mathrm{iv}}) =$$
$$= +21'',55 + 0'',1278t - 0'',000136t^2.$$

Voici les expressions analytiques des autres perturbations les plus importantes :

1° Par Vénus :

$$\Delta v''' = +1'',975 \sin(3l''' - l' - \varpi''' - \varpi') - 4'',480 \sin(3l''' - l' - 2\varpi'''),$$
$$\Delta r''' = +0'',463 \cos(l''' - l').$$

2° Par la Terre :

$$\Delta v''' = -7'',657 \sin(l''' - l'') + 4'',723 \sin(2l''' - l'' - \varpi'') -$$
$$- 9'',579 \sin(2l''' - l'' - \varpi''') - 6'',325 \sin(3l''' - 2l'' - \varpi''') -$$
$$- 1'',061 \sin(3l''' - l'' - 2\varpi''') - 3'',969 \sin(4l''' - 2l'' - 2\varpi''') -$$
$$- 2'',134 \sin(5l''' - 3l'' - 2\varpi'''),$$

$$\Delta r''' = -4'',500 \cos(l''' - l'') + 1'',708 \cos(2l''' - l'' - \varpi''') -$$
$$- 4'',077 \cos(3l''' - 2l'' - \varpi'') + 1'',362 \cos(4l''' - 2l'' - 2\varpi''') -$$
$$- 1'',237 \cos(5l''' - 3l'' - 2\varpi'''),$$

$$\Delta s''' = -0'',051 \sin(l''' - l'' + \tau' - \varpi''').$$

3° Par Jupiter :

$$\Delta v''' = + 25'',\!625 \sin(l^{\text{v}} - l''') - 16'',\!197 \sin 2(l^{\text{v}} - l''') -$$
$$- 1'',\!060 \sin(l^{\text{v}} - l''' - \varpi^{\text{iv}} + \varpi''') + 2'',\!132 \sin(-2l^{\text{v}} + 3l''' - \varpi''') -$$
$$- 3'',\!001 \sin(-l^{\text{v}} + 2l''' - \varpi''') + 1'',\!221 \sin(l''' - \varpi''') +$$
$$+ 5'',\!653 \sin(l^{\text{iv}} - \varpi''') - 23'',\!815 \sin(2l^{\text{v}} - l''' - \varpi''') +$$
$$+ 2'',\!442 \sin(3l^{\text{iv}} - 2l''' - \varpi''') - 5'',\!572 \sin(l^{\text{iv}} - \varpi^{\text{iv}}) +$$
$$+ 2'',\!713 \sin(2l^{\text{iv}} - l''' - \varpi^{\text{iv}}) - 4'',\!056 \sin(3l^{\text{iv}} - 2l''' - \varpi^{\text{iv}}) -$$
$$- 1'',\!808 \sin 2(l^{\text{iv}} - \varpi''') + 1'',\!598 \sin(3l^{\text{iv}} - l''' - 2\varpi''') -$$
$$- 4'',\!595 \sin(3l^{\text{iv}} - l''' - \varpi^{\text{iv}} - \varpi''') + 1'',\!030 \sin(4l^{\text{iv}} - 2l''' - \varpi^{\text{iv}} - \varpi''')$$

$$\Delta r''' = - 1'',\!339 + 16'',\!942 \cos(l^{\text{iv}} - l''') - 15'',\!494 \cos 2(l^{\text{iv}} - l''') -$$
$$- 1''.194 \cos 3(l^{\text{iv}} - l''') - 1'',\!474 \cos(-2l^{\text{iv}} + 3l''' - \varpi''') +$$
$$+ 1'',\!880 \cos(-l^{\text{iv}} + 2l''' - \varpi''') - 2'',\!288 \cos(l^{\text{iv}} - \varpi''') -$$
$$- 12'',\!466 \cos(2l^{\text{iv}} - l''' - \varpi''') + 2'',\!444 \cos(3l^{\text{iv}} - 2l''' - \varpi''') +$$
$$+ 1'',\!502 \cos(2l^{\text{iv}} - l''' - \varpi^{\text{iv}}) - 3'',\!796 \cos(3l^{\text{iv}} - 2l''' - \varpi^{\text{iv}}) +$$
$$+ 1'',\!848 \cos(2l^{\text{iv}} - 2\varpi''') - 1'',\!810 \cos(3l^{\text{iv}} - l''' - \varpi^{\text{iv}} - \varpi'''),$$

$$\Delta s''' = - 0'',\!410 \sin(2l^{\text{iv}} - l''' - \tau) - 0'',\!097 \sin(2l^{\text{iv}} - \tau) +$$
$$+ 0'',\!097 \sin(2l^{\text{iv}} - \tau - \varpi''').$$

4° Par Saturne :

$$\Delta v''' = + 1'',\!310 \sin(l^{\text{v}} - l''') - 1'',\!723 \sin(2l^{\text{v}} - l''' - \varpi'''),$$
$$\Delta r''' = - 1'',\!152 \cos(2l^{\text{v}} - l''' - \varpi'''),$$
$$\Delta s''' = - 0'',\!061 \sin(2l^{\text{v}} - l''' - \tau).$$

La théorie de chacune des planètes qui vient d'être étudiée présente l'analogie la plus complète avec celle de la Terre ou plutôt avec celle du Soleil considéré dans son mouvement apparent. Les perturbations du mouvement général sont toujours très faibles; on a pu énumérer toutes celles qui, en valeur absolue, sont supérieures à $1''$. On conçoit alors la possibilité de calculer avec un peu de patience les coordonnées de l'un quelconque de ces corps pour une époque quelconque avec une approximation de 2 ou $3''$, et cela indépendamment du secours des tables astronomiques. Ainsi qu'on va le voir, les conditions sont tout à fait différentes pour les planètes dont il nous reste à dire quelques mots.

17. Jupiter. — Cette planète est la plus grosse de notre système planétaire. Sa masse a été fixée à $\frac{1}{1050}$ par M. Le Verrier, à la suite de ses travaux les plus récents.

On va faire connaître les éléments principaux de Jupiter en exposant sommairement la théorie que l'on est obligé de suivre pour la construction des Tables (*Annales de l'Observatoire*, tome XII).

$\mathrm{T}^{\text{iv}} = $ *Durée de la révolution sidérale* $= 4332^{\text{j}},5881707.$

$n^{\text{iv}} = $ *Moyen mouvement sidéral*. . . $= 109256'',63399.$

$\psi_1^{\text{iv}} = $ *Mouvement en précession*. . . $= 50'',23814 t + 0,000001215 t^2.$

$\varphi^{\text{iv}} = $ *Inclinaison sur l'écliptique*. . . $= 1°18'41'',37 - 0,20520 t.$

$\theta^{\text{iv}} = $ *Longitude du nœud ascendant* $= 98°56'17'',00 + 36'',36617 t +$
$$+ 0,000131 t^2.$$

Le mouvement de Jupiter est très peu troublé par les planètes inférieures, Mars, la Terre et Vénus; il l'est davantage par les planètes les plus éloignées, comme Uranus et Neptune, mais il l'est très fortement par la grosse planète Saturne. Les perturbations causées par Saturne sont d'un ordre tel qu'il n'est pas possible de considérer le mouvement moyen indépendamment des déplacements qui en sont la conséquence. Pour la théorie de Jupiter, on est obligé de suivre alors une marche un peu analogue à celle qui a été adoptée pour la Lune. On regarde la longitude moyenne, l'excentricité, la longitude du périhélie et le grand axe comme affectés chacun en particulier des perturbations; on les calcule en conséquence, et c'est au moyen de ces éléments ainsi déterminés que l'on établit les coordonnées de la planète.

La longitude moyenne aura pour expression à l'époque $1850 + t$

$$\mathrm{L}^{\text{iv}} = 160°01'10'',26 + 109306'',37213 + 0'',000001215 t^2.$$

Cette longitude moyenne sera affectée de la somme des perturbations $\Delta\mathrm{L} = \mathrm{P}_1 + \mathrm{P}_2 + \mathrm{P}_3.$

P_1 est une perturbation séculaire qui dépend de Saturne;

$$\text{Soit } \mathrm{V} = 5\mathrm{L}' - 2\mathrm{L}^{\text{iv}}.$$

$$\mathrm{P}_1 = (1205'',96 - 0'',0554 t - 0,000096 t^2) \sin \mathrm{V} +$$
$$+ (13'',17 - 0'',4763 t - 0,000022 t^2) \cos \mathrm{V} +$$
$$+ (- 9'',33 - 0,0011 t) \sin 2\mathrm{V} +$$
$$+ (0,00 + 0,0077 t) \cos 2\mathrm{V}.$$

P_2 est une autre perturbation séculaire qui dépend de Saturne et d'Uranus;

$$\text{Soit } 2\mathrm{L}^{\text{iv}} + 3\mathrm{L}^{\text{vi}} - 6\mathrm{L}' = \mathrm{W}.$$

$$\mathrm{P}_2 = (8'',28 - 0'',0012 t) \sin \mathrm{W} + (0'',46 + 0'',0016 t) \cos \mathrm{W}.$$

Quant aux perturbations représentées par P_3, elles dépendent uniquement de Saturne et sont essentiellement périodiques.

L'expression générale de P_3 est de la forme

$$P_3 = S_1 \sin l^{\text{v}} + S_2 \sin 2l^{\text{v}} + S_3 \sin 3l^{\text{v}} + S_4 \sin 4l^{\text{v}} + \ldots$$
$$+ C_0 + C_1 \cos l^{\text{v}} + C_2 \cos 2l^{\text{v}} + C_3 \cos 3l^{\text{v}} + C_4 \cos 4l^{\text{v}} + \ldots$$

Les coefficients S et C étant des fonctions de la différence $l^{\text{v}} - l^{\text{iv}} = g$.

On se contentera d'énumérer les perturbations qui, en valeur absolues, sont au moins de 10″; cela suffira pour donner une idée du mouvement.

$$C_0 = + \ 48″,63 \sin g + 66″,20 \sin 2g + 24″,11 \sin 3g,$$

$$S_1 = + \ 26″,36 \sin g + 23″,07 \sin 2g + \ldots - 121″,65 \cos g - 13″,71 \cos 2g \ldots$$

$$C_1 = -127″,88 \sin g - 15″,30 \sin 2g \ldots - \ 22″,97 \cos g - 23″,97 \cos 2g \ldots$$

$$S_2 = - \ 12″,78 \sin 2g \ldots$$

$$C_2 = + \ 11″,96 \cos 2g \ldots$$

L'excentricité a pour valeur moyenne

$$e^{\text{iv}} = 9952″,66 + 0″,34376 t - 0,00000958 t^2.$$

Cette excentricité sera affectée d'une somme de perturbations $P_1 + P_2 + P_3$ pour lesquelles les arguments seront les mêmes que tout à l'heure. Les deux premières sont séculaires :

$$P_1 = (74″,67 + 0,00542 t) \sin V + (26″,33 - 0,02334 t) \cos V$$
$$- 1″,26 \sin 2V - 0″,28 \cos 2V.$$

$$P_2 = - 0″,22 \sin W - 0″,03 \cos W.$$

La perturbation périodique a une expression identique à celle qui a été donnée au sujet de la longitude moyenne. Voici les principaux coefficients :

$$S_1 = -138″,93 \sin g - 22″,89 \sin 2g \ldots + 26″,00 \cos g,$$

$$C_1 = 29″,52 \sin g \ldots - 16″,76 + 124″,69 \cos g + 20″,46 \cos 2g + 10″,48 \cos 3g,$$

$$S_2 = - 19″,47 \sin g \ldots - 20″,56 \cos g \ldots$$

$$C_2 = - 19″,70 \sin g + 10″,10 \sin 2g \ldots + 20″,89 \cos g \ldots$$

La longitude du périhélie a pour valeur moyenne

$$\varpi^{\text{iv}} = 11°54'58″,41 + 57″,90321 t + 0″,000362 t^2.$$

Cette longitude sera affectée d'une somme de perturbations qui résul-

tera de la valeur de $e\delta\varpi$ dans laquelle e sera l'excentricité affectée
elle-même des perturbations qui lui correspondent :

$$e\delta\varpi = \mathrm{P}_1 + \mathrm{P}^2 + \mathrm{P}_3.$$

P_1 et P_3 sont deux perturbations séculaires :

$$\mathrm{P}_1 = (25'',59 - 0'',023\,7t)\sin \mathrm{V} - (74'',63 + 0,004\,5t)\cos \mathrm{V} -$$
$$- 0'',16 \sin 2\mathrm{V} + 1'',34 \cos 2\mathrm{V},$$

$$\mathrm{P}_2 = 0'',03 \sin 2\mathrm{W} - 0'',22 \cos 2\mathrm{W}.$$

P_3 est une perturbation périodique dont la forme est celle qui a déjà
été donnée; en voici les principaux coefficients :

$$\mathrm{S}_1 = 26'',11 \sin g \dots\dots\dots -15'',61 + 122'',16 \cos g + 20'',13 \cos 2g +$$
$$+ 10'',65 \cos 3g \dots$$

$$\mathrm{C}_1 = 135'',53 \sin g + 22'',14 \sin 2g \dots\dots - 23'',68 \cos g \dots$$

$$\mathrm{S}_2 = -19'',30 \sin g \dots\dots\dots + 16'',53 \cos g \dots$$

$$\mathrm{C}_2 = 16'',11 \sin g \dots\dots\dots + 19'',98 \cos g \dots$$

Le demi grand axe a pour valeur moyenne $5,202\,800$.
Ce demi grand axe sera affecté des perturbations $\mathrm{P}_1 + \mathrm{P}_3$.
La première est séculaire et a pour expression :

$$\mathrm{P}_1 = (0'',7 - 0'',0250t)\sin \mathrm{V} - (53'',8 - 0,0025t)\cos \mathrm{V} -$$
$$- 0'',1 \sin 2\mathrm{V} + 0'',9 \cos 2\mathrm{V}.$$

P_3 est périodique et représentée par l'expression ordinaire; en voici
les principaux coefficients :

$$\mathrm{C}_0 = \dots\dots\dots\dots\dots - 49'',4 + 41'',8 \cos g + 141'',8 \cos 2g +$$
$$+ 63'',9 \cos 3g + 30'',1 \cos 4g + 14'',3 \cos 5g \dots$$

$$\mathrm{S}_1 = 61'',2 \sin g + 19'',9 \sin 2g + 15'',7 \sin 3g + \dots\dots + 10'',8 \cos g +$$
$$+ 37'',0 \cos 2g + 19'',7 \cos 3g + 10'',8 \cos 4g \dots$$

$$\mathrm{C}_1 = 41'',6 \sin 2g + 22'',7 \sin 3g + 13'',4 \sin 4g + \dots\dots - 69'',0 \cos g -$$
$$- 22'',7 \cos 2g \dots$$

$$\mathrm{S}_2 = \dots\dots\dots\dots\dots - 12'',4 \cos 2g \dots$$

$$\mathrm{C}_2 = 12'',1 \sin g - 11'',0 \sin 2g \dots$$

Ayant calculé les éléments L, e, ϖ et a en tenant compte des perturbations au moyen des expressions précédentes, on conclura l'anomalie excentrique

$$u - e \sin u = L - \varpi.$$

et l'on obtiendra la longitude vraie et le rayon vecteur par les deux équations

$$r^2 \sin^2 \tfrac{1}{2}(v - \varpi) = a(1 - e) \sin^2 \tfrac{1}{2} u,$$

$$r^2 \cos^2 \tfrac{1}{2}(v - \varpi) = a(1 + e) \cos^2 \tfrac{1}{2} u.$$

La longitude vraie et le rayon vecteur peuvent également se calculer, indépendamment de l'anomalie excentrique, au moyen des expressions de l'équation du centre et du rayon vecteur données en fonction de l'anomalie moyenne $\zeta = L - \varpi$ ou de l'anomalie vraie

$$v = L + \left(2e - \frac{1}{4} e^3\right) \sin(L - \varpi) + \left(\frac{5}{4} e^2 + \frac{11}{24} e^4\right) \sin 2(L - \varpi),$$

$$r = \frac{a(1 - e^2)}{1 + e \cos(v - \varpi)}.$$

Quand on connaît la longitude et le rayon vecteur dans l'orbite, on les affecte des perturbations particulières dues à Vénus, la Terre, Mars, Uranus et Neptune. Ces perturbations, toujours extrêmement faibles, donnent rarement une correction totale supérieure à $2''$.

La longitude vraie ainsi obtenue, on passe à la longitude héliocentrique en affectant la réduction à l'écliptique suivant la formule ordinaire.

La latitude est donnée par la relation $\sin s = \sin \varphi \sin(v - \theta)$; il faut ajouter ensuite à s la somme des inégalités :

$$\delta s = S_1 \sin l^{\mathrm{v}} + S_2 \sin 2l^{\mathrm{v}} + \ldots + C_0 + C_1 \cos l^{\mathrm{v}} + C_2 \cos 2l^{\mathrm{v}} + \ldots$$

$$S_1 = + 1'',03 \sin 2g \ldots ; \qquad S_2 = - 3'',17 \sin 3g - 1'',81 \cos 3g \ldots ;$$

$$C_2 = - 1'',81 \sin 3g \ldots + 3'',17 \cos 3g \ldots$$

Telle est la marche générale adoptée pour calculer les éphémérides de Jupiter. La plupart des formules ont dû être mises en table. Les Tables de Jupiter les plus récentes sont celles qui ont été publiées par M. Le Verrier en 1876 dans les *Annales de l'Observatoire*.

Le diamètre apparent de Jupiter a une valeur moyenne de $37''$; son diamètre réel est de 31 000 lieues ou 11 fois $\frac{1}{2}$ à peu près celui de la Terre.

Jupiter est accompagné de quatre satellites dont les orbites sont peu inclinées sur le plan de celle de la planète. Il en résulte pour ces satellites des éclipses fréquentes. La théorie de chacun des satellites de Jupiter a été étudiée par Laplace. Les formules données par Laplace servent à calculer les époques des éclipses. Les longitudes moyennes des trois premiers satellites sont assujetties à une loi assez curieuse qui a été formulée pour la première fois par l'auteur de la *Mécanique céleste ;* la longitude du premier satellite moins trois fois celle du second, plus deux fois celle du troisième est constante et égale à 180°. Cette loi résulte rigoureusement de la position d'équilibre du système des trois satellites.

18. Saturne. — Cette planète est la plus grosse après Jupiter ; sa masse a été fixée à $\dfrac{1}{3512}$; elle est donc environ trois fois et demie plus petite que celle de Jupiter. Il doit en résulter que les perturbations apportées par Jupiter dans le mouvement de Saturne seront beaucoup plus considérables que les perturbations réciproques de Jupiter ; comme Saturne est soumis en outre à une assez forte attraction de la part d'Uranus, on peut prévoir tout d'abord que le mouvement de Saturne sera très fortement troublé. Aussi on suivra pour la théorie de cette planète une marche identique à celle qui a été adoptée pour Jupiter.

Voici les valeurs des principaux éléments (*Annales de l'Observatoire,* t. XII) :

$\mathrm{T}' = $ *Durée de la révolution sidérale* $= 10\,759^{\text{jours}},236\,359\,7.$

$n' = $ *Moyen mouvement sidéral* $= 43\,996'',059\,216.$

$\psi' = $ *Mouvement en précession* $= 50'',244\,01t + 0'',000\,116\,08t^2.$

$\varphi = $ *Inclinaison sur l'écliptique* $= 2°29'39'',80 - 0'',1400t -$
$$- 0'',000\,005\,6t^2.$$

$\theta' = $ *Longitude du nœud ascendant* $= 112°20'53'',0 + 31'',395\,94t -$
$$- 0,000\,047\,96t^2.$$

La longitude moyenne a pour expression

$$\mathrm{L}' = 14°52'28'',30 + 44046'',303\,210t + 0,000\,116\,598t^2.$$

On affectera cette longitude de la somme des perturbations

$$\Delta\mathrm{L} = \mathrm{P}_1 + \mathrm{P}_2 + \mathrm{P}_3.$$

P_1 et P_2 sont deux perturbations séculaires :

$$\mathrm{P}_1 = (-2\,988'',95 + 0'',138\,1t + 0'',000\,024\,2t^2)\sin \mathrm{V} +$$
$$+ (-23'',26 + 1'',180\,2t - 0,000\,060\,4t^2)\cos \mathrm{V} +$$
$$+ (23'',60 - 0,002\,4t)\sin 2\mathrm{V} + 0, (-0'',17 - 0,019\,2t)\cos 2\mathrm{V}.$$

$$\mathrm{P}_2 = (-25'',97 + 0,004\,1t)\sin \mathrm{W} + (-2'',19 - 0,005\,8t)\cos \mathrm{W}.$$

Comme dans la théorie de Jupiter,

$$V = 5l^{\text{v}} - 2l^{\text{vi}} : \qquad W = 2l^{\text{vi}} + 3l^{\text{vii}} - 6l^{\text{v}}.$$

P_3 est une somme de perturbations périodiques de la forme

$$P_3 = S_1 \sin l^{\text{v}} + S_2 \sin 2l^{\text{v}} + S_3 \sin 3l^{\text{v}} + \dots + C_0 + C_1 \cos l^{\text{v}} +$$
$$+ C_2 \cos 2l^{\text{v}} + C_3 \cos 3l^{\text{v}} + \dots$$

Les coefficients S et C dépendent de l^{v} et de l^{vi}, mais quelquefois aussi de l^{vii} et de l^{viii}.

Soient

$$l^{\text{v}} - l^{\text{vi}} = g, \qquad l^{\text{vii}} - l^{\text{v}} = g'.$$

En s'en tenant aux valeurs supérieures à $10''$, voici les expressions des coefficients :

$$C_0 = -536'',31 \sin g - 147'',70 \sin 2g - 55'',06 \, 3g - 22'',90 \sin 4g -$$
$$- 10'',14 \sin 5g,$$

$$S_1 = -32'',61 \sin g - 59'',48 \sin 2g + 20'',92 \sin 3g \dots - 22'',68 +$$
$$+ 293'',37 \cos g + 54'',19 \cos 2g + 15'',06 \cos 3g,$$

$$C_1 = 308'',35 \sin g + 13'',27 \sin 2g + 10'',84 \sin 3g \dots - 10'',76 +$$
$$+ 91'',45 \cos g + 52'',00 \cos 2g + 22'',84 \cos 3g +$$
$$+ 11'',27 \cos 4g \dots$$

$$S_2 = 22'',76 \sin g + 32'',96 \sin 2g \dots - 16'',45 \cos g +$$
$$+ 16'',14 \cos 2g \dots + 24'',93 \sin 3g' \dots$$

$$C_2 = -14'',55 \sin g + 16'',52 \sin 2g \dots - 18'',62 \cos g -$$
$$- 27'',86 \cos 2g \dots$$

$$\cdot \quad \cdot \quad \cdot \quad \cdot \quad \cdot \quad \cdot \quad \cdot \quad \cdot \quad \cdot \quad \cdot \quad \dots - 24'',93 \cos 3g' \dots$$

L'excentricité a pour expression moyenne

$$e^{\text{v}} = 11.565'',62 - 0'',706 \, 4t - 0'',000 \, 013 \, 9t^2.$$

On lui ajoutera la somme des perturbations séculaires et périodiques.

$$\delta e = P_1 + P_2 + P_3.$$

$$P_1 = (-163'',88 + 0,107 \, 4t + 0,000 \, 007 \, 9t^2 \sin V +$$
$$+ (280'',98 + 0,050 \, 8t - 0,000 \, 021 \, 5t^2) \cos V +$$
$$+ (+ 4'',44 - 0,004 \, 6t) \sin 2V - (+ 5'',72 + 0,0031t) \cos 2V.$$

$$P_2 = (0'',34 - 0,000 \, 3t) \sin W + (1'',21 - 0,000 \, 1t) \cos W.$$

La partie périodique P_3 étant donnée par l'expression générale ordinaire, en voici les principaux coefficients :

$C_0 = .$ . . . .

$S_1 = \ldots + 258'',12 + 547'',19 \cos g - 96'',14 \cos 2g - 38'',82 \cos 3g -$
$\qquad - 17'',04 \cos 4g \ldots$

$C_1 = - 263'',91 \sin g - 87'',56 \sin 2g - 31'',12 \sin 3g - 12'',70 \sin 4g \ldots$

$S_2 = + 45'',71 \sin g - 45'',58 \sin 2g - 11'',82 \sin 3g \ldots -$
$\qquad - 57'',22 \cos g + 41'',74 \cos 2g \ldots$

$C_2 = - 58'',62 \sin g \ldots - 10'',18 - 33'',05 \cos g + 44'',66 \cos 2g +$
$\qquad + 11'',68 \cos 3g \ldots$

La longitude moyenne du périhélie a pour expression :

$$\varpi' = 90°.06'.56'',74 + 70'',413\,38\,t + 0,000\,280\,08\,t^2.$$

On devra lui ajouter la somme des perturbations résultant de la valeur $e\delta\varpi$ et de l'excentricité

$$e\delta\varpi = P_1 + P_2 + P_3.$$

$P_1 = (280'',03' + 0,051\,6t - 0,000\,021\,2t^2) \sin V +$
$\qquad + (166'',74 - 0,1072t - 0,000\,007\,8t^2 \cos V +$
$\qquad + (- 6'',79 + 0,004\,5t) \sin 2V - (6'',34 - 0,005\,4t) \cos 2V$

$P_2 = - 0'',91 \sin W + 0'',23 \cos W.$

Les principaux coefficients de la partie périodique P_3 seront :

$C_0 = - 25'',53 \sin g \ldots - 11'',42 \cos g \ldots$

$S_1 = - 275'',08 \sin g - 90'',00 \sin 2g - 31'',17 \sin 3g - 12'',34 \sin 4g \ldots$

$C_1 = \ldots - 263'',77 - 539'',76 \cos g + 96'',14 \cos 2g + 36'',41 \cos 3g +$
$\qquad + 16'',14 \cos 4g \ldots$

$S_2 = - 48'',87 \sin g + 11'',04 \sin 2g \ldots - 28'',02 \cos g +$
$\qquad + 48'',94 \cos 2g + 13'',34 \cos 3g \ldots$

$C_2 = - 49'',30 \sin g + 43'',12 \sin 2g + 13'',78 \sin 3g \ldots + 13'',22 +$
$\qquad + 53'',37 \cos g - 47'',10 \cos 2g \ldots$

Le demi grand axe a pour valeur 9,538 852.

On ajoutera à a la perturbation séculaire P_1 et la perturbation périodique P_3.

$$P_1 = (- 7'' + 0'',24t - 0'',000\,2t^2)\sin V +$$
$$+ (609'' + 0'',03t - 0,000\,4t^2)\cos V + 0'',5\sin 2V - 9'',5\cos 2V.$$

P_3 a la forme habituelle; on en donnera les principaux coefficients

$$C_0 = 23'',5\sin 2g \ldots + 3285'' + 6.896''\cos g - 636''\cos 2g -$$
$$- 293''\cos 3g - 138''\cos 4g \ldots$$
$$- 66'',\cos 5g - 32''\cos 6g - 15''\cos 7g \ldots$$
$$+ 26'',\cos 2g' + 10''\cos 3g' \ldots$$

$$S_1 = - 584''\sin g + 136''\sin 2g - 84''\sin 3g - 48''\sin 4g - 29''\sin 5g -$$
$$- 17''\sin 6g - 10''\sin 7g \ldots + 231'' + 425''\cos g - 208''\cos 2g -$$
$$- 127''\cos 3g - 66''\cos 4g - 35''\cos 5g - 19''\cos 6g \ldots$$

$$C_1 = 435''\sin g - 332''\sin 2g - 134''\sin 3g - 74''\sin 4g - 41''\sin 5g -$$
$$- 22''\sin 6g - 13''\sin 7g \ldots - 184'' + 593''\cos g + 446''\cos 2g +$$
$$+ 59''\cos 3g + 25''\cos 4g + 12''\cos 5g + \ldots - 10''\sin 2g' \ldots$$

$$S_2 = - 55''\sin 2g - 12''\sin 3g + 16''\sin 4g \ldots - 161''\cos g +$$
$$+ 101''\cos 2g + 48''\cos 3g + 23''\cos 4g + 14''\cos 5g,$$

$$C_2 = - 175''\sin g + 89''\sin 2g + 36''\sin 3g + 22''\sin 4g +$$
$$+ 13''\sin 5g \ldots + 11''\cos g + 59''\cos 2g + 39''\cos 3g +$$
$$+ 15''\cos 4g + \ldots$$

$$S_3 = - 79''\sin g + 73''\sin 3g \ldots$$

$$C_3 = \ldots + 63''\cos g - 80''\cos 3g \ldots$$

$$S_4 = \ldots - 14''\cos 3g \ldots$$

$$C_4 = - 14''\sin 3g \ldots$$

Quand on aura calculé les éléments L, e, ϖ et a en tenant compte des perturbations, on déterminera la longitude et le rayon vecteur dans l'orbite au moyen des formules générales du mouvement elliptique que l'on a rappelées dans la théorie de Jupiter, en se servant soit de l'anomalie excentrique, soit de l'anomalie moyenne et de l'anomalie vraie.

La latitude dans l'orbite sera égale à la somme des perturbations périodiques :

$$\delta s = S_1\sin l' + S_2\sin 2l' + S_3\sin 3l' + \ldots + C_0 + C_1\cos l' +$$
$$+ C_2\cos 2l' + C_3\cos 3l' + \ldots$$

où les principales valeurs sont les suivantes :

$$C_0 = \ldots \quad . \quad . \quad . \quad . \quad . \quad . \quad . \quad . \quad . \quad . \quad .$$
$$S_1 = -0'',97 \sin g \ldots . + 2'',88 \cos g \ldots .$$
$$C_1 = \ldots . + 0'',76 + 3'',89 \cos g . \ldots$$
$$S_2 = + 7'',85 \sin 2g \ldots . + 4'',52 \cos 2g \ldots .$$
$$C_2 = + 4'',46 \sin 2g . \ldots - 7'',71 \cos 2g \ldots .$$

Les coordonnées dans l'orbite se trouvant connues par ce qui précède, on obtiendra les coordonnées héliocentriques en effectuant la réduction à l'écliptique par la formule ordinaire.

Le diamètre apparent de Saturne est d'environ 18″, son diamètre réel est de 28000 lieues ou neuf fois et demie environ celui de la Terre.

Saturne est entouré d'un anneau circulaire très large et très mince qui est animé d'un mouvement de rotation dans son plan autour de la planète. Le diamètre extérieur de l'anneau est d'environ 40″.

Enfin Saturne est accompagné de huit satellites.

Il nous resterait maintenant à parler des deux planètes les plus éloignées du Soleil : *Uranus* et *Neptune*. Mais ces deux astres n'étant susceptibles d'être observés qu'à l'aide des instruments les plus puissants des observatoires, ne sauraient avoir ici qu'un intérêt purement secondaire. Nous ne donnerons pas leur théorie, nous nous contenterons de faire connaître la valeur de quelques-uns de leurs éléments à l'époque 1850.

1° *Uranus.*

$$Masse = \frac{1}{24\,000}; \quad \mathrm{T}^{\mathrm{n}} = \textit{Durée de la révolution sidérale} =$$
$$= 30\,686^{\mathrm{jours}},820\,829\,6.$$

$$n^{\mathrm{n}} = \textit{Moyen mouvement sidéral} = 15\,424'',737\,984.$$

$$L^{\mathrm{n}} = \textit{Longitude moyenne (partie sidérale)} = 29° 33' 33'',912 +$$
$$+ 14\,824'',737\,66t.$$

Excentricité $= 9\,607'',30\,;$ *Demi grand axe* $= 19\,182\,639.$

Longitude du périhélie $= 168° 16' 45'',00.$

Inclinaison sur l'écliptique $= 0° 46' 29'',91.$

Longitude du nœud ascendant $= 73° 14' 14'',35.$

2° *Neptune.*

$$Masse = \frac{1}{14\,400}; \quad \textit{durée de la révolution sidérale} = 60\,126^{\mathrm{jours}},72.$$

$$\textit{Moyen mouvement sidéral} = 7\,865'',424.$$

$$l''' = \textit{Longitude moyenne (partie sidérale)} = 334°.32'.45'',024 +$$
$$+ 7.865'',424t.$$

$$\textit{Excentricité} = 1798'',53 ; \qquad \textit{Demi grand axe} = 30'',036\,97.$$

$$\textit{Longitude du périhélie} \qquad = 47°14'37'',30.$$

$$\textit{Inclinaison sur l'écliptique} \qquad = 1°46'58'',97.$$

$$\textit{Longitude du nœud ascendant} = 130°06'51'',58.$$

En faisant connaître les principales perturbations qui affectent le mouvement de chaque planète, nous n'avons point eu l'intention de fournir au calculateur des éléments qui lui permissent d'établir, à une époque quelconque, la position d'un astre sur la sphère céleste. Dans chaque cas particulier, en effet, nous nous sommes borné à n'indiquer que les perturbations d'un ordre déterminé. On remarquera toutefois, en ce qui concerne le mouvement du Soleil et celui des petites planètes, qu'on pourrait, au moyen des éléments donnés, obtenir la position de l'astre avec une très grande exactitude, puisque, eu égard à la limite inférieure adoptée dans l'ordre des perturbations énumérées, on aurait, par le fait, une approximation finale de quelques secondes seulement. Mais, sauf certains cas tout-à fait exceptionnels, des applications de ce genre se présenteront toujours fort rarement.

Nous nous sommes surtout proposé de donner autant que possible une idée exacte de la théorie du mouvement de chacun des corps du système planétaire. Pour cela, il nous a paru utile de mettre en évidence les éléments particuliers relatifs à chacune des trois approximations. L'exposition théorique est toujours très simple si l'on s'en tient au mouvement uniforme moyen et au mouvement elliptique, aux deux premières approximations en un mot ; mais on ne saurait aborder, d'une manière élémentaire, l'analyse sur laquelle est basée le calcul de la troisième approximation ; au fond, cela importe peu si l'on ne veut que se rendre un compte exact des faits, il suffit alors d'avoir sous les yeux un exposé rapide des principales modifications du mouvement elliptique dû aux perturbations. On arrive immédiatement à ce résultat en indiquant, sur une liste plus ou moins sommaire, l'argument et le coefficient de chacune des perturbations principales, tels qu'ils résultent des formules de la mécanique céleste ; c'est le procédé que nous avons suivi.

L'exposé des perturbations planétaires doit maintenant nous suggérer quelques considérations importantes relatives à la recherche des lois naturelles en général. Si l'on jette les yeux sur l'ensemble des inégalités des petites planètes, on remarque immédiatement que ces inégalités sont toujours très petites et qu'elles ne modifient par suite le mouvement elliptique que dans des limites très restreintes ; si l'on admet d'ailleurs que la précision des observations soit du même ordre que ces inégalités, ce qui a eu lieu à une époque relativement récente, on conçoit facilement la possibilité de conclure les trois lois de Képler, en présence d'un grand nombre d'observations.

Képler formula ses lois à la suite de ses recherches sur le mouvement de la planète Mars; il crut devoir les généraliser immédiatement. Au premier abord, l'affirmation de Képler dans cette circonstance peut paraître quelque peu téméraire; en fait, elle se trouvait entièrement justifiée. Il ne faut pas oublier, en effet, qu'à cette époque Copernic avait fixé les idées astronomiques sur le système du monde, et que d'un autre côté Képler avait consacré quarante ans de son existence à l'observation des mouvements des corps célestes. Ce qui était vrai pour une planète en particulier, devait paraître applicable à une planète quelconque, ces corps, vu leur identité, ne pouvant être supposés *à priori* se mouvoir autour du Soleil suivant des lois différentes; Képler le comprit, et c'est en cela qu'il eut véritablement une inspiration de génie.

Le résultat obtenu eût été assurément tout autre, si ce grand astronome eût dirigé ses recherches sur le mouvement d'une grosse planète comme Jupiter ou Saturne ou simplement sur celui de la Lune. Dans ce cas, en effet, les perturbations altèrent d'une manière si profonde la régularité du mouvement elliptique que l'on ne saurait affirmer l'existence d'un mouvement de cette nature à la suite de recherches purement expérimentales.

En somme les lois de Képler ne traduisent les faits d'observation que d'une manière fort imparfaite. Ce sont des lois moyennes; mais ces lois moyennes nous paraîtraient rigoureuses dans le cas d'un système composé du Soleil et de planètes suffisamment éloignées pour n'exercer les unes sur les autres que des actions réciproques inappréciables : or c'est là un fait capital : envisagées à ce point de vue, les lois de Képler deviennent tout à fait exactes : l'analyse appliquée à ces lois devait alors tôt ou tard en conclure la véritable loi naturelle qui régit le système du monde : *Le principe de l'attraction universelle.*

Il est curieux de remarquer maintenant que si Képler n'avait pas avancé ses trois grandes lois, leur découverte fût devenue après lui de plus en plus difficile. La puissance des moyens d'observation et par suite la précision des mesures augmentant avec le temps, les inégalités du mouvement des planètes se fussent manifestées d'une manière de plus en plus sensible aux yeux des astronomes, et il est au moins douteux qu'alors aucun d'eux eût osé formuler des lois qui, en général, ne rendaient qu'un compte fort inexact des faits d'observation. Comme conséquence, la loi de l'attraction universelle serait encore à découvrir et l'astronomie à créer tout entière.

Nous avons cru devoir insister un instant sur ces diverses considérations, parce qu'elles renferment au fond de précieux enseignements pour quiconque s'occupe de la recherche des lois de la nature en basant ses moyens d'investigation sur des observations expérimentales. Il nous semble que l'on est en droit d'en conclure que l'attention de l'observateur doit surtout se porter sur la mise en évidence des lois moyennes, abstraction faite de toute cause perturbatrice. Quant à la découverte de la véritable loi naturelle, on ne devra s'attendre à la voir apparaître qu'à la suite de l'application de l'analyse à ces lois supposées exactes en tant que lois moyennes, c'est-à-dire traduisant la vérité dans un cas simple qui peut se présenter accidentellement, mais qui le plus souvent ne se rencontrera jamais au milieu des phénomènes complexes que l'on observe dans la réalité.

CHAPITRE III

MESURE DU TEMPS. — CALCUL DES ÉLÉMENTS DU SOLEIL.

1. Durée du jour et de l'année. — La connaissance [exacte des divers mouvements de la Terre dans l'espace nous permet maintenant d'évaluer les périodes ou intervalles qui servent de bases dans l'évaluation du temps et la fixation des dates et sur lesquelles repose par suite l'établissement du calendrier.

La manière de compter le temps étant bien connue, il sera facile d'indiquer comment on doit se servir des formules générales déjà données dans la théorie du mouvement du Soleil pour calculer la position apparente du Soleil à une époque quelconque.

On voit par ce qui précède que la Terre est en réalité animée de trois mouvements principaux : un mouvement de rotation autour de son axe, un mouvement de translation suivant son orbite et enfin un troisième mouvement dû au déplacement de l'orbite elle-même par suite de la précession des équinoxes. La durée du jour et celle de l'année résultent de la combinaison de ces trois mouvements. Nous ne tenons pas compte ici de la nutation et des perturbations à petites périodes : ces mouvements particuliers ont pour effet de modifier à chaque instant le temps vrai et par suite le jour vrai et de faire de ce temps ou de ce jour un élément irrégulier qui ne saurait servir à compter commodément une période de temps ou à fixer une date. Nous savons du reste transformer à chaque instant, en temps moyen, le temps vrai résultat immédiat de l'observation du Soleil : nous supposerons donc cette transformation effectuée, et conformément à l'hypothèse du Soleil moyen animé d'un mouvement uniforme suivant le grand cercle de l'équateur, nous supposerons que la Terre se meut d'un mouvement uniforme sur cet équateur, mais en restant affectée de la perturbation séculaire appelée précession des équinoxes, ou plutôt du mouvement dû à cette précession projetée sur le plan de l'équateur.

Il importe tout d'abord de bien fixer les idées sur la manière dont

doit être interprété le mouvement dû à la précession. En vertu de ce
mouvement, le point vernal rétrograde sur
l'écliptique par rapport à la direction du mouvement de translation du Soleil : on doit entendre
par là qu'étant donné un point A de l'écliptique
qui se trouve sur l'équateur à une époque déterminée, le point de l'écliptique qui se trouvera
sur l'équateur à une époque postérieure sera un
point, tel que B qui, à la première époque, était en arrière de A par
rapport à la direction du mouvement sur l'orbite. On exprime ce fait
en disant que le point vernal a rétrogradé sur l'écliptique de A en B ;
mais il est évident que ce mouvement rétrograde pourra se définir
également par un déplacement de l'écliptique elle-même dans son
plan et autour de son centre, ce déplacement étant mesuré par l'arc BA
et s'exécutant alors dans le sens même du mouvement de translation
sur l'orbite. Il résultera de là que le phénomène de la précession se
traduit par un déplacement de l'orbite dans le sens du mouvement
annuel du Soleil sur cette orbite.

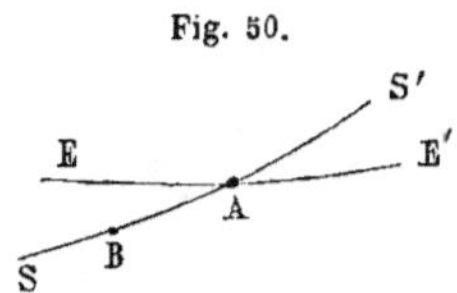

Le mouvement du Soleil n'étant qu'apparent, si l'on veut rentrer
dans la réalité, il faudra remplacer, sur l'orbite, le Soleil par la Terre
et renverser le sens dans lequel les deux mouvements qui viennent
d'être définis nous sont manifestés par les observations. Or le mouvement de translation apparent se produit en sens inverse du mouvement
diurne qui n'est lui-même qu'apparent et doit être remplacé par la
rotation de la Terre autour de son axe s'exécutant en sens inverse. La
translation sur l'orbite et le déplacement de l'orbite elle-même se produisent donc en sens inverse de la rotation de la Terre.

Finalement la Terre doit être regardée comme animée de trois mouvements particuliers : un mouvement de rotation autour de son axe,
un mouvement de translation sur son orbite et enfin un mouvement
résultant du déplacement de l'orbite, ces deux derniers s'effectuant
l'un et l'autre en sens inverse du premier. La période de temps appelée
jour est basée sur la durée du premier mouvement, et la période appelée *année* sur celle du second ; quant au troisième mouvement, la
durée de sa révolution (26000 ans environ) est trop considérable pour
que l'on ait pu songer à en faire la base d'une période d'un usage pratique.

On appelle *jour solaire moyen*, pour un lieu donné, l'intervalle de
temps qui s'écoule entre deux passages consécutifs du Soleil moyen
au méridien de ce lieu.

On appelle *jour sidéral* l'intervalle entre deux passages consécutifs
d'un même point du ciel au méridien, ou ce qui est la même chose, la
durée de la révolution diurne.

Si la Terre ne possédait pas un mouvement de translation sur son orbite, il est évident que le jour moyen serait égal au jour sidéral ou à la durée de la révolution diurne; mais il n'en est pas ainsi : alors la vitesse du mouvement dont la durée de révolution définit le jour moyen résulte des vitesses du mouvement diurne et du mouvement de translation et est égal à leur différence, puisqu'elles sont de sens contraire.

$$V_m = V_s - v,$$

en désignant par V_m, V_s et v les vitesses qui correspondent respectivement à la révolution du Soleil moyen, à la révolution diurne et à la révolution annuelle.

Les durées du jour moyen et du jour sidéral sont évidemment en raison inverse des vitesses relatives aux révolutions qui les définissent, de sorte que

$$\frac{1 \text{ jour moyen}}{1 \text{ jour sidéral}} = \frac{V_s}{V_m} = \frac{V_s}{V_s - v} = \frac{V_m + v}{V_m},$$

d'où l'on conclut

$$1 \text{ jour moyen} = \left(1 + \frac{v}{V_m}\right) \text{ jour sidéral.}$$

$$1 \text{ jour sidéral} = \left(1 - \frac{v}{V_s}\right), \quad \text{ou} \quad \left(\frac{V_m}{V_m + v}\right) \text{ jour moyen.}$$

Sans nous préoccuper autrement de la valeur absolue du jour moyen, nous l'avons défini l'intervalle de temps entre deux passages consécutifs du Soleil moyen au méridien, et nous avons montré dans la théorie du Soleil comment le temps moyen se concluait toujours du temps vrai au moyen de l'équation du temps; comme d'ailleurs l'étude du mouvement du Soleil nous a montré que ce jour moyen avait une durée constante, nous l'avons pris pour unité, et nous avons exprimé, au moyen de cette unité, l'espace parcouru en longitude en $365^{\text{jours}},25$; nous avons trouvé ainsi :

$$\text{Mouv. en longitude en } 365^j,25 = \frac{d\odot_m}{dt} = 1\,296\,027'',6784 + 0'',000\,221\,46t.$$

Il résulte de là pour le mouvement en 1 jour moyen, ou, ce qui est la même chose, pour la valeur de la vitesse v, en négligeant le terme séculaire,

$$v = \frac{1\,296\,027,6784}{365,25} = 3548'',330\,3994.$$

D'ailleurs V_m, espace parcouru en 1 jour moyen, est égal à 360° ou 1296000″, comme étant une révolution complète; on en conclura en effectuant les calculs :

$$jour\ moyen = 1{,}002\,737\,909\ jour\ sidéral,$$
$$jour\ sidéral = 0{,}997\,269\,567\ jour\ moyen.$$

Et comme le jour quel qu'il soit se divise en 86400 secondes,

$$1\ jour\ moyen = 86636{,}555\ \text{secondes de jour sidéral},$$
$$1\ jour\ sidéral = 86164{,}091\ \text{secondes de jour moyen};$$

ou

$$1\ jour\ moyen = 1\ jour\ sidéral + 3^m.56'{,}555\ \text{de jour sidéral},$$
$$1\ jour\ sidéral = 1\ jour\ moyen + 3^m.55'{,}909\ \text{de jour moyen};$$

d'où il résulte que le temps sidéral avance chaque jour de $3^m 55'{,}909$ de temps moyen sur le temps moyen.

On trouverait également

$$365{,}25\ \text{jours moyens} = 366{,}25\ \text{jours sidéraux} + \frac{27{,}6806}{1\,296\,000}\ \text{jour sidéral}$$
$$= 366{,}25\ \text{jours sidéraux} + 1{,}8453\ \text{secondes sidér.}$$

Dans le calcul de v nous avons négligé le terme séculaire; si l'on veut en tenir compte, on trouvera

$$1\ \text{jour moyen} = 1\ \text{jour sidéral} + 3^m 56'{,}555\ \text{sidérales} + 0'{,}00000004t.$$

D'où résulte que la différence qui existe entre le jour moyen et le jour sidéral varie avec le temps; toutefois la variation est tellement faible qu'elle peut être regardée comme inappréciable.

La durée obtenue pour le jour sidéral ou la révolution diurne n'est pas rigoureusement égale à celle de la rotation de la Terre autour de son axe; il y a lieu de remarquer en effet que la vitesse v qui a été prise pour vitesse sur l'orbite se compose en réalité de la vitesse sur l'orbite et de celle de l'orbite dans son plan, cette dernière étant due à la précession des équinoxes. En appelant v_r la vitesse de rotation de la Terre, v_s la vitesse de rotation diurne et v_p la vitesse du mouvement en précession sur l'équateur, on a

$$v_r = v_s - v_p.$$

Et comme les durées des révolutions sont en raison inverse des vitesses,

$$\frac{\textit{Révolution autour de l'axe}}{\textit{Révolution diurne}} = \frac{v_s}{v_r} = \frac{v_s}{v_s - v_p} = 1 + \frac{v_p}{v_s}.$$

v_p dépend du mouvement diurne de la précession sur l'équateur, et comme le mouvement annuel de cette précession $m = 46'',05910 +$ $+ 0'',0003086450t$ pour $1850 + t$, on conclura

Révolution de la Terre autour de l'axe $= 1$ jour sidéral $+ 0^s,0084 +$
$$+ 0^s,0000206t.$$
$$= 86164,099 \text{ sec. de temps moy.}$$

La différence qui existe entre la durée de la rotation de la Terre et celle du jour sidéral ou révolution diurne varie avec le temps, puisque m contient un terme séculaire; mais cette variation est à peu près inappréciable.

On devra remarquer que les raisonnements qui ont été faits pour établir la durée du jour sont entièrement indépendants des unités adoptées pour mesurer le temps ou la circonférence. Par le fait nous avons trouvé

$$1 \text{ jour moyen} = \frac{1}{15} \left(\text{révolution diurne} + \frac{1}{365,25} \frac{d\odot_m}{dt} \right) \text{ jour sidéral,}$$

$\dfrac{1}{15} = \dfrac{24}{360}$ est le rapport des nombres qui mesurent la circonférence en temps et en arcs dans le système sexagésimal, il est clair que si l'on adoptait tout autre système, et que l'on appelât k le rapport des deux mesures de la circonférence et N le nombre de jours de l'année, on aurait d'une manière générale

$$1 \text{ jour moyen} = k \left(\text{révolution diurne} + \frac{1}{N} \frac{d\odot_m}{dt} \right) \text{ jour sidéral.}$$

On appelle *Année sidérale* l'intervalle de temps qui s'écoule entre deux passages consécutifs de la Terre au même point de son orbite.

L'*Année tropique* est l'intervalle de temps compris entre deux passages consécutifs au même point du ciel (au même équinoxe et en général au même nœud), ou, ce qui revient au même, la durée d'une révolution exacte de 360° sur le grand cercle de l'écliptique.

Si le mouvement de précession n'existait pas, il est clair que l'année tropique se confondrait avec l'année sidérale. Comme la précession déplace l'orbite dans le sens du mouvement de translation, le mouvement résultant estimé par rapport à un point fixe sera la somme des mouvements en translation et en précession, de sorte que si l'on appelle V_t la vitesse qui correspond à la révolution tropique, V_s celle de la révolution sidérale et enfin v_p celle de la précession,

$$V_t = V_s + v_p,$$

et comme les durées des révolutions sont en raison inverse des vitesses,

$$\frac{Année\ tropique}{Année\ sidérale} = \frac{V_s}{V_t} = \left(1 - \frac{v_p}{V_t}\right).$$

D'où l'on conclura

$$Année\ tropique = \left(1 - \frac{v_p}{V_t}\right) Année\ sidérale,$$

$$Année\ sidérale = \left(1 + \frac{v_p}{V_s}\right) Année\ tropique.$$

Si l'on fait $v_p = \dfrac{\psi_1}{dt} = 50'',23572 + 0'',0002258\,t$, et $V_s = 360° = 1\,296\,000''$, on trouvera

$$Année\ tropique = 0{,}9999612379\ Année\ sidérale - 0^s{,}0054\,t.$$
$$Année\ sidérale = 1{,}0000387636\ Année\ tropique + 0^s{,}0054\,t.$$

Si l'on veut la durée de l'année tropique en jours moyens, il faudra prendre le rapport de l'espace parcouru pendant la durée de la révolution à l'espace parcouru en 1 jour moyen, c'est-à-dire au moyen mouvement en longitude, et l'on aura

$$Année\ tropique = \frac{1\,296\,000''}{\left(\dfrac{d\odot_m}{dt}\right)} = \frac{1\,296\,000''}{3\,548'',330399} - \alpha t,$$

α dépendant de la correction séculaire de la longitude.

$$\alpha = \frac{129\,000}{3548} \times \frac{0{,}00022146}{365{,}25} = 0^s{,}0054.$$

On trouvera pour l'époque $1850 + t$:

$$Année\ tropique = 365^{\text{jours moyens}}{,}2421996 - 0^s{,}0054\,t =$$
$$= 365^{\text{jours moyens}}.5^{\text{heures}}.48^{\text{minutes}}.46^{\text{secondes}}{,}04 - 0^s{,}0054\,t.$$

De la valeur de l'année tropique, on peut conclure celle de l'année sidérale en jours moyens au moyen de la relation de tout à l'heure. Mais on peut également l'obtenir directement en remarquant que l'année sidérale se compose de l'année tropique augmentée du temps employé par la Terre à parcourir l'arc d'écliptique égal à la précession annuelle avec une vitesse égale au moyen mouvement sidéral en un jour moyen, ou encore que l'année sidérale est égale au temps employé par la Terre à parcourir 360° de l'écliptique avec une vitesse égale au moyen mouvement sidéral en un jour moyen, suivant la définition même de la révolution sidérale.

$$\text{T} = Durée\ de\ la\ révolution\ sidérale =$$
$$= \frac{360° \text{ ou } 1296\,000''}{moyen\ mouvement\ sidéral\ en\ 1\ jour\ moyen}\ jours\ moyens,$$

ou

$$Année\ sidér. = Ann.\ tropique + \frac{précession\ annuelle}{moyen\ mouvem.\ sidér.\ en\ 1\ jour\ moyen}.$$

D'ailleurs, on a

$$Moyen\ mouvement\ sidéral\ en\ 1\ jour\ moyen = \frac{1}{365,25}\left(\frac{d\odot_m}{dt} - \frac{d\psi_1}{dt}\right).$$
$$= 3548'',1928615.$$

Quelle que soit l'expression que l'on emploie, on trouvera

$$Année\ sidérale = ann.\ tropiq. + 0^{j},0141580 + 0',0054t = 365^{j.m.},2563576$$
$$= 265^{j.m.}.06^{h.}.09^{m}.09^{s},30.$$

La valeur de l'année sidérale est par suite invariable ou du moins peut être regardée comme telle jusqu'à présent. L'année tropique subit au contraire une diminution annuelle de $0',0054$ due à l'accélération de la précession des équinoxes; cette accélération n'étant que périodique, en vertu du principe de Laplace, il en sera de même de la variation de l'année tropique; la même remarque est applicable à la variation du jour.

2. Calcul des éléments astronomiques en fonction du temps. — Les valeurs du jour et de l'année se trouvant connues par ce qui précède, il y a lieu de montrer comment on se sert de ces éléments pour compter le temps, fixer les dates du calendrier, et enfin de quelle manière il faut procéder pour appliquer les formules ordinaires de l'astronomie au calcul des positions des astres pour les dates ainsi fixées.

Le *jour moyen* d'un lieu est déterminé par la condition expresse qu'il soit midi quand le Soleil moyen passe au méridien du lieu.

L'intervalle qui sépare deux midis consécutifs est le jour moyen. On le divise en 24 heures, chaque heure se divisant en 60 minutes, et chaque minute en 60 secondes. Une horloge qui comptera 24 heures dans l'intervalle des deux midis, et qui sera réglée de manière à marquer midi au passage du Soleil moyen au méridien, mesurera le temps moyen.

On distingue le *jour astronomique* et le *jour civil* : le premier se compte de 0^h à 24^h et commence à midi. Le second commence à minuit, c'est-à-dire 12 heures plus tôt que le précédent, et se compose de deux périodes de 12 heures dénommées *matin* et *soir* et se comptant séparément de 0^h à 12 heures.

Il résulte de là qu'une date civile étant donnée, elle ne différera pas de la date astronomique si elle est relative à la période du soir, mais qu'elle en différera de 12 heures si elle est relative à la période du matin.

Pour obtenir la date astronomique qui correspond à une date civile suivie de la qualification matin, ou retranche une unité de la date civile, et l'on ajoute 12 heures au temps indiqué.

Par exemple, le 10 janvier 8 heures du matin temps civil correspond au 9 janvier 20 heures temps astronomique.

Inversement, pour avoir la date civile qui correspond à une date astronomique dans laquelle le nombre d'heures données est inférieur à 12 heures, on ajoutera une unité à la date astronomique, et l'on prendra pour heure du matin l'heure astronomique diminuée de 12 heures.

Ainsi le 13 février 18 heures temps astronomique correspond au 14 février 6 heures du matin.

L'année employée pour compter le temps est l'année tropique. Cette année se compose, comme nous l'avons vu, de $365^j,2422$ jours moyens. Elle correspond à 365 révolutions entières, plus une fraction de révolution que nous prendrons pour un moment égale à 0,25. Comme une révolution complète correspond à 24 heures, la fraction 0,25 sera la même chose que 6 heures, de sorte que

$$\text{Année} = 365 \text{ jours} + 6 \text{ heures.}$$

Il n'est pas possible de tenir immédiatement compte de la fraction 6 heures sans changer l'établissement du jour, ce qui entraînerait de graves incommodités. On maintient le jour tel qu'il a été établi et l'on compte l'année comme se composant exactement de 365 jours. Il résulte de là qu'au bout de 4 ans on a compté 24 heures ou 1 jour en moins. On tient compte de cette heure en comptant 1 jour en plus, la quatrième année, ce qui revient à faire cette quatrième année égale à 366 jours. Le jour supplémentaire que l'on ajoute s'intercale entre le 28 février et le 1ᵉʳ mars : l'année ainsi modifiée est dite *bissextile*.

Le calcul qui vient d'être fait revient à supposer l'année égale à $365^{\text{jours}},25$, et à tenir compte de la fraction 0,25 au moyen d'une convention particulière.

Mais nous avons trouvé pour valeur de l'année tropique, non pas $365^{\text{j}},25$ ou $365^{\text{jours}},6^{\text{h}}$, mais $365^{\text{j}}5^{\text{h}}48^{\text{m}}46^{\text{s}},04$; le calcul précédent a donc pour conséquence une erreur de $+11^{\text{m}}13^{\text{s}},96$ chaque année, erreur qui correspond à $18^{\text{h}}43^{\text{m}}16^{\text{s}}$ au bout d'un siècle.

On tient compte de cette erreur en supprimant 1 année bissextile pendant trois siècles consécutifs, ce qui revient à supposer l'année égale à $365^{\text{j}},25 - 0^{\text{j}},0075 = 365,2425$.

Il en résulte une erreur de $-5^{\text{h}}16^{\text{m}}44^{\text{s}}$ par siècle, ou de $21^{\text{h}}06^{\text{m}}56^{\text{s}}$ en 400 ans. On en tient compte en rétablissant une année bissextile au bout de chaque période de quatre siècles. Cette correction ne sera pas encore définitive; il restera, en effet, une erreur de $2^{\text{h}}53^{\text{m}}04^{\text{s}}$, qui au bout de 8 périodes de 4 siècles, c'est-à-dire de 3200 ans, correspondra à $23^{\text{h}}14^{\text{m}}32^{\text{s}}$. Mais il n'y a pas lieu de se préoccuper de cette erreur pour l'époque actuelle.

On est convenu d'adopter pour années bissextiles celles dont la date ou plutôt le nombre qui les représente est divisible par 4.

Les siècles bissextiles sont également ceux dont le nombre est divisible par 4.

Ainsi les années 1872, 1876, 1880 sont bissextiles; 1600, 2000 sont également bissextiles : 1700, 1800, 1900 ne le sont pas.

L'établissement du calendrier étant bien connu, et la correspondance de ses dates avec le temps réel ou plutôt avec la position exacte du Soleil parfaitement déterminée, il est facile d'appliquer les formules données précédemment au calcul des positions des astres.

Les éléments que l'on a besoin de calculer sont en général donnés par des développements exprimés en fonction du temps moyen; leur calcul suppose presque toujours la connaissance exacte de la durée de leur période, ou tout au moins leur variation pendant un intervalle de temps déterminé, cette durée ou cet intervalle étant également exprimés en temps moyen. Un élément quelconque A sera, d'après cela, donné par une expression de la forme

$$A = A_0 + Bt + Ct^2 + Dt^3,$$

A_0 étant la valeur de l'élément au temps initial ou origine du temps, t l'intervalle de temps écoulé entre cette origine et l'époque à laquelle on se propose de calculer A, cet intervalle étant exprimé au moyen de l'année de $365^{\text{j}},25$ ou année julienne. Nous supposerons d'abord que t

ne dépasse pas un petit nombre d'années, de sorte que ncus pouvons négliger les termes séculaires en t^2 et t^3 et poser simplement

$$A = A_0 + Bt.$$

Dans cette expression, B représente la variation de A dans une année de 365,25, de sorte que $A_0 + B$ est la valeur de l'élément A, non pas au bout d'une révolution exacte ou année réelle, mais bien au bout de l'année nominale ou conventionnelle, telle qu'on la compte dans l'établissement du calendrier.

Le calcul et l'observation font connaître habituellement le temps qui correspond à une révolution tropique ou révolution exacte de 360°; il sera toujours facile de conclure immédiatement la variation correspondante en $365^j,25$.

On a trouvé, par exemple, pour 1850, que le Soleil exécute sa révolution tropique en $365^j.242199$, de sorte que dans cet intervalle sa longitude moyenne varie de 0 à 360° avec un moyen mouvement de $3548''.3304$ en 24 heures. Soit $360° + \alpha$ la variation de la longitude en $365^j,25$, on aura évidemment, en posant $365,25 = 365^j,242199, + \beta$,

$$\frac{360° + \alpha}{365,242199 + \beta} = 3548'',330\,399\,4.$$

Comme $3548'',3303994 \times 365,2421996 = 360°$ et que $\beta = 0,0078004$, on conclura

$$\alpha = 0,0078004 \times 3448'',3303994 = 27'',678\,396.$$

D'où

Mouvement annuel de la longitude moyenne $= 360° + 27'',678\,396$;

et par suite

$$\odot_m = L_0 + (360° + 27'',6784)\, t.$$

Le coefficient que nous avons appelé B serait donc égal à $360° + 27'',0784$.

Dans chaque cas particulier on peut déduire de même la valeur de B ou la variation de l'élément considéré A en $365^j,25$ quand cn connaît la durée qui correspond à une révolution tropique ou révolution de 360°.

En divisant B par $365^j,25$, on obtiendra la variation de l'élément A en 1 jour ou 24 heures, on conclura par suite cette variation pour un nombre d'heures quelconque. Appelons, par exemple, b la variation de A en 6 heures. Supposons maintenant, pour fixer les idées, que la valeur initiale A_0 correspond au midi moyen du 1er janvier d'une année bissextile, et proposons-nous de calculer A pour les années suivantes à la même époque.

L'année initiale étant bissextile comprendra 366 jours, de sorte que le 1er janvier qui suivra l'époque origine aura lieu 366 jours plus tard. Comme B représente la variation de A pendant une année, c'est-à-dire 365 jours et 6 heures, il en résultera que pour le 1er janvier dont il s'agit, on devra prendre A égal à A_0 augmenté de B ou variation en 365 jours, plus la variation en 1 jour moins 6 heures, ou variation en 18 heures, ou

$$A_1 = A_0 + B + 3b.$$

A la fin de de l'année suivante, il se sera écoulé une période de 366 jours, plus une période de 365, et l'on aura

$$A_2 = A_0 + 2B + 2b.$$

Pour la troisième année, on trouvera

$$A_3 = A_0 + 3B + b,$$

et pour la quatrième

$$A_4 = A_0 + 4B.$$

Ces diverses expressions se réunissent habituellement en une seule qui s'écrit de la manière suivante :

$$A = (A_0 + 4b) + Bt - Nb.$$

N étant le reste de la division par 4 du nombre qui représente l'année considérée, quand cette année n'est pas bissextile et N étant égal à 4 si elle est bissextile.

C'est d'après cette notation que nous avons donné précédemment les expressions de la longitude moyenne et de l'anomalie moyenne du Soleil pour l'époque $1860 + t$ (1er janvier à midi moyen).

$$\odot_m = 281°.20'.54'',47 + (360° + 27'',6896)\,t + 0'',00011073\,t^2 -$$
$$- (14'.47'',083)\,N,$$

$$m = 49'.16'',0 + (360° - 34'',0225)\,t - 0'',0000716\,t^2 - (14'.47'',040)\,N.$$

t représente l'intervalle de temps qui sépare l'époque considérée de l'époque initiale 1850. Si t ne représentait pas un nombre entier d'années, mais bien un nombre fractionnaire, de sorte que l'époque à laquelle on veut calculer un élément tombe dans le courant d'une année, on calculera toujours préalablement cet élément pour le 1er janvier; soit alors

$$t = \mathrm{T} + \frac{1}{n},$$

$\frac{1}{n}$ étant la fraction de l'année qui correspond à l'époque considérée, on trouvera pour le 1er janvier

$$\mathrm{A} = (\mathrm{A}_0 + 4b) + \mathrm{B}\mathrm{T} + \mathrm{C}\mathrm{T}^2 - \mathrm{N}b = \mathrm{B}_0,$$

et l'on aura ensuite pour l'élément cherché A_x

$$\mathrm{A}_x = \mathrm{B}_0 + \mathrm{B}\frac{1}{n}.$$

Il n'y a pas lieu en général dans ce cas de se préoccuper du terme en t^2 qui est toujours très petit, et correspond en réalité à une variation séculaire. La fraction $\frac{1}{n}$ est donnée dans les éphémérides pour tous les jours de l'année et pour le midi moyen.

Si l'époque considérée n'était pas le midi moyen, mais bien cette époque augmentée d'un certain nombre d'heures, minutes et secondes, il resterait à ajouter au résultat obtenu par le calcul précédent la variation de l'élément considéré dans cet intervalle de temps.

Après les explications qui viennent d'être données, ce genre de calcul ne saurait présenter aucune difficulté.

Comme application, on trouvera, au 1er janvier midi moyen de Paris :

$$\text{En 1870} \quad \odot_m = 280°55'57'',08,$$
$$\text{En 1875} \quad \odot_m = 280°43'28'',39,$$
$$\text{En 1880} \quad \odot_m = 280°30'59'',70.$$

Au 1er mai 1875 à midi moyen,

$$\odot_m = 40°40'08'',04.$$

Au 1er mai 1875, à 6^h.30^m (temps astronomique) ou 6^h.30^m du soir,

$$\odot_m = 40°56'09'',04.$$

Pour établir la formule dont nous venons d'expliquer l'usage et les applications, nous avons supposé que l'année initiale était bissextile;

quand il n'en est pas ainsi, il est clair que la formule qui sert à passer d'une année à l'autre ne doit plus être la même.

Si l'année initiale vient immédiatement après une année bissextile, on trouvera successivement pour expressions de A pour les quatre années qui suivent

$$A_1 = A_0 + B - b,$$
$$A_2 = A_0 + 2B - 2b,$$
$$A_3 = A_0 + 3B - 3b,$$
$$A_4 = A_0 + 4B.$$

Si l'année initiale vient deux ans après une année bissextile, on trouvera

$$A_1 = A_0 + B - b,$$
$$A_2 = A_0 + 2B - 2b,$$
$$A_3 = A_0 + 3B + b,$$
$$A_4 = A_0 + 4B.$$

Et enfin si l'année initiale vient trois ans après une année bissextile, ou précède immédiatement une autre année bissextile,

$$A_1 = A_0 + B - b,$$
$$A_2 = A_0 + 2B + 2b,$$
$$A_3 = A_0 + 3B + b,$$
$$A_4 = A_0 + 4B.$$

Mais dans tous les cas, on remarquera que la variation totale de A est toujours indépendante de b, si l'intervalle de temps considéré est un multiple de 4, et cela quelle que soit l'année initiale; cela est du reste évident *à priori*, de sorte que

$$An = A_0 + nB$$

pour n années, si n est un multiple de 4.

Il est facile de voir qu'il est possible de renfermer les diverses expressions qui viennent d'être données dans une seule formule générale. Pour cela nous conviendrons de donner à chacune des années qui composent une période de quatre ans une dénomination particulière.

Nous affecterons l'année qui suit immédiatement une année bissextile de l'indice 1, la suivante de l'indice 2, la troisième de l'indice 3 et enfin l'année bissextile qui vient après et en général toute année bissextile de l'indice 4.

Cela posé, i étant l'indice de l'année pour laquelle on veut calculer l'élément A et i_0 l'indice de l'année initiale, on reconnaîtra facilement que l'on a toujours

$$A = A_0 + Bt + (i_0 - i)b.$$

On a trouvé, par exemple, que pour l'époque $1850 + t$ ou 1er janvier à midi moyen de Paris, on a

$$\odot_m = 280°46'43'',51 + (360° + 27'',6784)t + 0'',00011073\,t^2.$$

Si l'on veut calculer $\odot_m$ pour le 1er janvier 1860, on fera dans cette expression $t = 10$ et l'on trouvera une valeur de $\odot_m$ égale à

$$280°51'20'',30$$

à laquelle il faudra ajouter $(i_0 - i)b$.

Or, dans le cas dont il s'agit, l'année initiale est 1850 et vient deux ans après une année bissextile, de sorte qu'elle a l'indice 2; d'un autre côté 1860 est une année bissextile et a par suite l'indice 4; donc

$$i_0 = 2, \quad i = 4 \quad \text{et} \quad i_0 - i = -2.$$

D'ailleurs
$$b = 14'47'',083;$$
de sorte que
$$(i_0 - i)b = -29'34'',17.$$

Donc finalement
$$\odot_m = 280°21'56'',13,$$

pour le 1er janvier 1860 à midi moyen.

On a trouvé pour expression de la longitude moyenne de la Lune à l'époque $1850 + t$, 1er janvier à midi moyen

$$\mathbb{C}_m = 136°10'29'',57 + (13.360° + 132°40'44'',3293)t +$$
$$+ 13'',322\left(\frac{t}{100}\right)^2 + 0'',013473\left(\frac{t}{100}\right)^3.$$

On propose de calculer cette longitude pour le 1er janvier 1875. On fera $t = 25$ dans l'expression de $\mathbb{C}_m$ et l'on trouvera

$$243°08'57'',80$$

valeur à laquelle il faudra ajouter $(i_0 - i)b$. Dans le cas dont il s'agit

$$i_0 = 2, \quad i = 3 \quad \text{et} \quad i_0 - i = -1;$$

d'ailleurs

$$b = 3°\,17'\,38'',76.$$

Retranchant donc ce nombre de la valeur trouvée tout à l'heure, on aura

$$\mathbb{C}_m = 246°26'36'',56$$

pour valeur de la longitude moyenne de la Lune au 1ᵉʳ janvier 1875 à midi moyen.

Nous pourrions encore multiplier les exemples; les deux qui viennent d'être donnés doivent être plus que suffisants pour montrer comment on doit s'y prendre pour appliquer une expression de la forme $A = A_0 + Bt + Ct^2$ au calcul de l'élément A pour une époque quelconque en se servant du terme complémentaire $(i_0 - i)b$. Ainsi qu'on peut le remarquer ce terme est indispensable pour mettre la valeur donnée par la formule générale en concordance avec l'époque du calendrier. Il y a lieu de remarquer toutefois que si la variation de l'élément considéré en vingt-quatre heures est moindre que $0'',1$, il est en général tout à fait superflu de tenir compte du terme complémentaire $(i_0 - i)b$; il en est ainsi, par exemple, pour les expressions qui donnent l'excentricité, la précession des équinoxes, l'obliquité de l'écliptique et même la longitude du périgée solaire.

Le terme séculaire Ct^2 pourrait donner lieu à un terme de correction de la forme $(i_0 - i)b$; mais comme b serait une fraction de seconde à peu près inappréciable, il n'y a pas lieu d'en tenir compte.

On doit remarquer qu'en général le terme B se présente sous la forme $K \times 360° + \alpha$; dans le cas de la longitude du Soleil, par exemple, $B = 360° + 27'',6784$, de sorte que $\alpha = 27'',6784$. Quand on veut passer d'une année à une autre et pour la même époque, il n'y a pas lieu de s'occuper du terme $K \times 360°$ qui ne modifie en rien la valeur absolue de l'élément.

Soient, en général, les éléments A_t et $A_{t'}$ relatifs à deux années placées dans un même siècle où elles occupent les rangs t et t', de sorte qu'elles sont distantes de $n = t' - t$ années; on aura dans tous les cas

$$A_{t'} = A_t + (t' - t)\alpha + (i_t - i_{t'})b + C(t'^2 - t^2).$$

Telle sera la formule générale qui permettra de calculer un élément quelconque pour une époque donnée quand on connaîtra cet élément pour la même époque dans une année différente, si les deux années sont comprises dans le même siècle, sans qu'il soit nécessaire de se servir de la valeur de l'élément à l'époque prise pour origine du temps.

Pour l'application de cette formule, on saura que :

$A_{t'}$ = valeur cherchée de l'élément pour l'époque t' ;

A_t = valeur donnée de l'élément pour l'époque t ;

α résulte de $B = 360° + \alpha$ dans l'expression générale $A = A_0 + Bt + Ct^2$;

i_t = indice de l'année t ;

$i_{t'}$ = indice de l'année t'.

$i = 4$, 1, 2, 3 suivant que l'année t ou t' est bissextile ou suit une année bissextile à un intervalle de 1, 2 ou 3 années suivant la convention adoptée.

$$b = \frac{1}{4}\frac{dA}{dt}\frac{1}{365{,}25} = \frac{1}{4}\frac{B}{365{,}25} = \text{variation de A en 6 heures}$$

$$\text{de temps moyen.}$$

Au moyen de la formule précédente, on passera aisément d'une année à une autre dans le courant d'un même siècle, par exemple, depuis 1801 jusqu'à l'année 1900 inclusivement, pendant le XIXe siècle où se trouve placée l'année 1850 qui a été prise pour origine des temps.

On va se proposer maintenant de passer d'une année du XIXe siècle à l'année correspondante d'un autre siècle.

Si l'on suppose d'abord que les siècles ne soient pas bissextiles, on aura

$$\text{Mouvement d'un élément en 100 ans} =$$
$$= \text{Mouvement en 365 jours} \times 100 + \text{Mouvement en 24 jours.}$$

Or

$$\text{Mouvem}^t \text{ en 365 jours} = \text{Mouvem}^t \text{ en } 365^j{,}25 - \text{Mouvem}^t \text{ en } \tfrac{1}{4} \text{ jour.}$$

et

$$\text{Mouvement en } 365^j{,}25 = B \quad \text{ou} \quad K \times 360° + \alpha.$$

Par suite

$$\text{Mouvement d'un élément en 100 ans} =$$
$$= K \times 360° \times 100 + 100\alpha - \text{Mouv}^t \text{ en 25 jours} + \text{Mouv}^t \text{ en 24 jours}$$

ou simplement

$$\text{Mouvem}^t \text{ d'un élément en 100 ans} = 100\alpha - \text{Mouvem}^t \text{ en 1 jour} = c.$$

A' étant l'élément cherché et A l'élément correspondant du xix⁰ siècle, on aura par suite

$$A' = A + nc + \text{terme séculaire,}$$

n étant le nombre de siècles qui sépare les deux siècles et c étant positif ou négatif suivant que le siècle de A' est postérieur ou antérieur au siècle de A ou au xixᵉ siècle.

Pour le cas de la longitude moyenne du Soleil

$$c = 27'',678396 \times 100 - 3548'',3304 = -13'00'',4908.$$

Sachant, par exemple, que la longitude moyenne $\odot_m$ du Soleil était $280° 46'43'',51$ le 1ᵉʳ janvier 1850, on trouvera que la longitude $\odot'_m$ était le 1ᵉʳ janvier 1750

$$\odot'_m = \odot_m - c + 0'',0001173(100)^2$$
$$= 280° 46'43'',51 + 13'00'',49 + 1'',11 = 280° 59'45'',11.$$

Pour le 1ᵉʳ janvier 1650, il eût fallu évidemment remplacer c par $2c$ et $(100)^2$ par $(200)^2$.

Soit maintenant le cas d'un siècle bissextile, on aura pour une période de 400 ans

$$\text{Mouv}^t \text{ en } 400 \text{ ans} = 400\alpha - 4 \text{ Mouv}^t \text{ en } 1 \text{ jour} + \text{Mouv}^t \text{ en } 1 \text{ jour}$$
$$= 400\alpha - 3 \text{ Mouv}^t \text{ en } 1 \text{ jour} = 100\alpha + 3c = d. \; .$$

Pour 800 ans, on aurait $2d$, et en général pour n fois 400 ans nd, d étant négatif s'il s'agit d'une époque antérieure au xixᵉ siècle et positif si l'époque est postérieure.

Dans le cas de la longitude moyenne du Soleil

$$d = 100\alpha + 3c = 46'07'',8396 - 39'01'',4724 = 7'06'',3672.$$

Si maintenant, on se donne la peine d'aligner un certain nombre de siècles consécutifs en tenant compte des résultats qui viennent d'être obtenus, et que l'on procède comme cela a déjà été fait pour des années consécutives, on sera conduit à caractériser les siècles par des indices particuliers; le siècle bissextile aura l'indice 4, le suivant l'indice 1, le deuxième l'indice 2 et le troisième l'indice 3. Prenant alors pour point de départ le xixᵉ siècle, on établira la formule suivante :

$$A_t = A_{xix} - (I_{xix} - I_t)c - (4 - n)d + Ct^2.$$

A_t est l'élément cherché dans le siècle t;
A_{xix} est la valeur de cet élément à la même date dans le xixᵉ siècle;

I_t est l'indice du siècle t, 4, 1, 2 ou 3 ;

I_{xix} est l'indice du xixe siècle et se trouve par suite égal à 3 ;

$c = 100\alpha$ — mouvement en 1 jour, ainsi que cela a été expliqué ;

$d = 100\alpha + 3c$.

$n =$ nombres de siècles bissextiles compris entre le siècle de t et l'an 1, c'est-à-dire le commencement de l'ère ; n est par suite positif ou négatif suivant que l'époque de t est postérieure ou antérieure à l'an 1 ; ainsi, pour l'an 0, $n = -1$; pour l'an 1300 avant Jésus-Christ ou — 1300, $n = -4$; au contraire, pour l'an $+ 2100$, $n = +5$.

Il n'est plus nécessaire de se préoccuper des signes relatifs de c et de d ; ces quantités ont leurs signes absolus déterminés par leurs expressions ; quant aux signes des corrections correspondantes, elles résultent de la formule elle-même qui est entièrement générale.

Comme application, calculons la longitude moyenne du Soleil pour le 1er janvier de l'année 50 à midi temps moyen de Paris.

Dans ce cas I_t, indice du siècle où se trouve l'année 50, est égal à 1 ; $n = 0$ et $t = 1850 - 50 = 1800$.

$$A_{xix} \text{ ou } \odot_m \text{ au } 1^{er} \text{ janvier } 1850 = 280°46'43'',51$$
$$- (I_{xix} - I_t)c = -2c = + \quad 26'00'',98$$
$$\overline{ 281°12'44'',49}$$
$$- (4 - n)d = -4d = - \quad 28'25'',47$$
$$\overline{ 280°44'19'',02}$$
$$Ct^2 = 0'',00011073 \times (1800)^2 = + \quad 5'58'',76$$

Longit. moyenne du Soleil le 1er janvier de l'an $50 = 280°50'17'',78$

Dans l'exemple précédent, la date pour laquelle on cherchait l'élément $\odot_m$ correspondait exactement à l'année 1850, on s'est servi en conséquence des éléments c et d qui avaient déjà été calculés pour cette date et le résultat a été obtenu immédiatement. Si la date donnée avait été, par exemple, le 1er janvier 701 ou le 1er janvier 780, il eût fallu se servir des années correspondantes 1801 et 1880 comme initiales, et, en outre, prendre les valeurs de c et d calculées pour ces deux dernières années ; car il ne faut pas oublier que c et d sont fonction de α et que α varie avec le temps.

$$A = A_0 + (K360° + \alpha)t + Ct^2 + Dt^3 ;$$

de sorte qu'en général si l'on déplace l'époque initiale de Δt, ce qui revient à remplacer t par $t' = t + \Delta t$, α devient

$$\alpha + (2C + 3D)\Delta t \quad \text{ou} \quad \alpha + \Delta\alpha.$$

Il y aurait donc lieu tout d'abord de calculer dans chaque cas particulier les valeurs de c et de d d'après la valeur correspondante de α; mais il sera généralement plus court de se servir, dans tous les cas, des valeurs obtenues pour 1850 et de corriger ensuite le résultat A_t au moyen d'un terme de correction qui va être calculé

$$c = 100\alpha - m, \qquad \Delta c = 100\Delta\alpha - \Delta m,$$
$$d = 400\alpha - 3m, \qquad \Delta d = 400\Delta\alpha - 3\Delta m;$$

et ensuite

$$\Delta A_t = -(I_{xix} - I_t)\Delta c - (4 - n)\Delta d$$

ou en remplaçant I_{ix} par sa valeur 3 et ordonnant

$$\Delta A_t = -1900\Delta\alpha + (I_t + 4n)100\Delta\alpha + 13\Delta m - (I_t + 3n)\Delta m.$$

$$\Delta\alpha = (2C + 3D)\Delta t \qquad \Delta m = \frac{2C + 3D}{365,25}\Delta t = \frac{\Delta\alpha}{365,25}.$$

Pour le cas de la longitude moyenne du Soleil

$$D = 0, \qquad C = 0'',00011073;$$

les termes en Δm sont entièrement négligeables et l'on a

$$\Delta A_t = -0'',4208\Delta t + (I_t + 4n)0'',0221\Delta t.$$

Pour l'application de cette correction, on saura que Δt est la variation d'époque entre 1801 et 1900 et comme 1850 est l'époque fondamentale, que Δt est compris entre -49 et $+50$. Pour 1801, $\Delta t = -49$; pour 1820, $\Delta t = -30$; pour 1880, $\Delta t = +30$; enfin, pour 1900, $\Delta t = +50$.

Calcul de la longitude moyenne du Soleil pour le 1er janvier de l'an 0 :

$$I_{iv} = 3, \quad I_t = 4, \quad d = -1, \quad t = 1900, \quad \Delta t = 50$$

$\odot_m$ au 1er janvier de l'année 1900 $= 280°40'13'',54$

$-(I_{xix} - I_t) c = -(3 - 4) c = +c = -\quad 13'00'',49$
$$\overline{\phantom{-(I_{xix} - I_t) c = -(3 - 4) c}\quad 280°27'13'',05}$$

$-(4 - n) d = -5d. \ldots\ldots\ldots = -\quad 35'31'',83$
$$\overline{\quad 279°51'44'',22}$$

$\Delta A_t = -0'',4208 \times 50\ldots\ldots = -\quad 21'',04$
$$\overline{\quad 279°51'20'',18}$$

$C t^2 = C \times \overline{1900}^2. \ldots\ldots\ldots = +\quad 6'39'',74$

$\odot_m$ au 1er janvier de l'an 0. $\ldots = 279°57'59'',92$

Dans tous les exemples choisis jusqu'à présent, le midi moyen du
1er janvier a été pris comme date initiale, mais il est bien évident que le
raisonnement fait pour passer d'un siècle à un autre est indépendant de
la date initiale et que par suite le calcul reste toujours le même. Si
l'on voulait par exemple la longitude moyenne du Soleil pour le
31 juillet à 9^{h}45^{m}50^s T. M. de Paris pour l'an 1205, on prendrait pour
valeur de $\odot_{mxix}$ la longitude moyenne à 9^{h}45^{m}50^s, 31 juillet 1805 et
les corrections à lui faire subir seraient les mêmes que si l'on voulait
passer de $\odot_m$ au 1er janvier 1805 à $\odot_m$ au 1er janvier 1205, et cela
parce que les valeurs de c et d qui peuvent varier dans l'espace de
quelques années ne varient pas de quantités appréciables dans le courant d'une année.

Quand on opère sur des époques distantes de plusieurs siècles, il y
a lieu de se préoccuper de l'approximation des résultats. Cette approximation dépend uniquement de la précision du coefficient du
terme séculaire, les autres corrections étant en général exactes à moins
de 0″,0001 ; si $C = 0″,00011073$ est approché à une unité près du 8^e
ordre décimal, la valeur de $\odot_m$ trouvée tout à l'heure pour l'an 0 est
exacte à moins de 0″,05 ; mais il y a lieu de supposer que C n'est pas
approché à plus de 0″,0000005 ; dans cette hypothèse l'approximation
de $\odot_m$ est seulement de 1″,7 environ.

On doit remarquer que les formules précédentes destinées à passer
soit d'une année à une autre dans le courant du même siècle, soit
d'un siècle à un autre sont d'une généralité absolue et s'appliquent en
conséquence à un astre quelconque du système solaire, à la Lune,
aux planètes aussi bien qu'au Soleil, en un mot, à tout corps céleste
dont un élément est donné en fonction du temps par l'équation

$$A = A_0 + Bt + Ct^2 + Dt^3 ;$$

les quantités α, m, b, c, d résultant des relations

$$B = k.360° + \alpha ; \qquad m = \frac{k.350° + \alpha}{365,25} ; \qquad b = \frac{1}{4}\,m ; \qquad c = 100\alpha - m ;$$

$$d = 4c + m.$$

Dans le cas du Soleil, α est égal à quelques secondes ; pour la Lune et
les planètes, α sera en général représenté par un arc quelconque.

Les calculs précédents ont été faits uniquement en vue des recherches historiques. Comme ces calculs sont en somme très simples
et d'une application des plus élémentaires, il importe qu'ils soient vul-
garisés. Il arrive fréquemment que les historiens signalent comme événement remarquable une éclipse de Soleil ou de Lune, la conjonction
ou l'opposition d'une planète, la position d'un corps du système so-

laire par rapport à une constellation. Or, ce sont là des événements dont il est possible d'assigner la date avec une très grande précision. Les chiffres que nous avons donnés pour les éléments du Soleil, de la Lune et des planètes sont suffisamment exacts pour qu'il soit permis d'affirmer, dans tous les cas, le calcul d'une position à quelques minutes près au maximum et souvent même avec une approximation bien plus grande, et cela depuis — 4000 ans jusqu'à + 6000 ans. La date des événements indiqués tout à l'heure dépend en effet toujours de la résolution en fonction de t d'une équation de la forme

$$\odot - L = 0 \text{ ou } 180°,$$

dont on trouvera une solution approchée en remplaçant les longitudes vraies par les longitudes moyennes

$$\odot_m - L_m = 0.$$

Si l'on connaît les expressions de $\odot_m$ et de L_m quel que soit l'astre auquel cette dernière longitude s'applique, il est bien évident que l'on pourra poser l'équation et ensuite la résoudre complétement. On fera, il est vrai, de cette manière un calcul qui ne sera qu'approché, mais qui donnera souvent des résultats à quelques heures près. Si l'on veut ensuite une approximation plus grande, on tiendra compte des éléments exacts et des parallaxes, on fera, en un un mot, un calcul, d'après la méthode ordinaire (tome II, livre vi).

Comme application de la théorie qui vient d'être exposée, je vais donner quelques résultats remarquables qui ont été calculés au moyen de la formule générale.

Longitude moyenne du Soleil pour le 1ᵉʳ janvier de

$$\text{l'an } 1 = 280° 42' 48'',45.$$

Prenant cette longitude pour initiale et comptant le temps t à partir de cette époque, on aura pour expression de la longitude moyenne

$$\odot_m = 280° 42' 48'',45 + (360° + 27'',2687)t + 0'',00011073t^2.$$

Si l'on prenait l'an 0 pour époque initiale, on aurait

$$\odot_m = 279° 57' 59'',92 + (360° + 27'',2687)t + 0'',00011073t^2,$$

on trouverait d'ailleurs à cette époque

$$c = -13' 41'',4598, \quad d = +4' 22'',4901.$$

Quand on veut passer aux époques antérieures à l'an 1, t doit être pris évidemment avec le signe —; mais il y a lieu de faire une autre remarque relativement aux indices. Ces indices, d'après leur définition, sont comptés dans l'ordre naturel des temps, de sorte que l'indice 1 est celui de l'année qui suit l'année bissextile, l'indice 2 celui de la suivante, etc.; toutes les années numérotées de la même manière se trouvent ainsi avoir le même indice. Pour les époques négatives, il y a une sorte de renversement par rapport aux années positives. Par exemple l'année $+ 101$ ayant l'indice 1 comme suivant immédiatement une année bissextile, l'année $- 101$ a l'indice 3 comme précédant une année bissextile dans l'ordre naturel des temps. La même remarque est applicable aux indices des siècles. Il suffit du reste de l'énoncer pour que l'on ait soin d'y prendre garde.

En $1850 + t$, la longitude du périgée solaire a pour expression :

$$\Pi = 280°21'21'',5 + 61'',6995 t + 0'',0001823 t^2.$$

$$\alpha = 61'',6995.$$

En 1850

$$c = 100\alpha - m = 1°42'49'',78, \qquad m = 0'',16892,$$

$$d = 4c + m = 6°51'19'',29.$$

Pour le 31 août 1244, on trouvera

$$\Pi = 270°00'00''.$$

Pour le 1er janvier de l'an 0

$$\Pi = 248°49'23'',7.$$

En prenant cette valeur et choisissant l'an 0 pour époque initiale

$$\Pi = 248°49'23'',7 + 61'',0044 t + 0'',0001823 t^2.$$

Pour le 29 juillet de l'année $- 4110$

$$\Pi = 180°00'00''.$$

A cette époque, le grand axe de l'orbite terrestre était par suite dirigé vers le point équinoxial du printemps et coïncidait avec la ligne des nœuds, ou, en d'autres termes, se confondait avec l'intersection du plan de l'orbite et du plan de l'équateur. Il est curieux de constater que cette position remarquable se rapporte à fort peu près à l'époque assignée par les traditions à l'origine de l'espèce humaine.

La longitude du périgée étant 270° en 1244, on conclura facilement que le périgée a mis 5354 ans à parcourir 90° et qu'il exécutera par suite sa révolution totale en 21416 années, sauf tontefois l'accélération due au terme séculaire.

3. Du calcul des éléments du Soleil. — Nous donnons tout d'abord les valeurs des éléments fondamentaux telles qu'elles ont été établies par une discussion approfondie des observations elles-mêmes et de leur comparaison avec les résultats fournis par le calcul des formules de la mécanique céleste.

Nous adopterons pour époque initiale le 1ᵉʳ janvier midi moyen de Paris de l'année 1850.

La longitude moyenne pour $1850 + t$ a pour expression :

$$\odot_m = 280° 46' 43'',51 + (360° + 27''',6784)t + 0'',00011073t^2.$$

Cette expression résulte immédiatement, ainsi que nous l'avons vu, de la détermination exacte de la constante par des observations directes et de la connaissance du moyen mouvement. On a trouvé

Moyen mouvement en longitude $= 3548'',3303994 + 0'',000000606t.$

La longitude du périgée est

$$\Pi = 280° 21' 21'',5 + 61'',6995t + 0'',0001823t^2.$$

La variation de cette longitude dépend et du mouvement en précescession qui déplace l'orbite dans son plan et d'un mouvement propre du périgée lui-même :

Mouvement annuel en précession $\quad = 50'',2357 + 0'',0002258t,$

Mouvement propre annuel du périgée $= 11'',4638 + 0'',0001388t,$

Mouvement total du périgée $\quad\quad = 61'',6995 + 0'',0003646t.$

L'anomalie moyenne m est égale à la différence entre la longitude moyenne et la longitude du périgée :

$$m = \odot_m - \Pi.$$

On conclura des deux relations précédentes :

$$m = 25' 22'',01 + (360° - 34'',0211)t - 0'',0000716t^2.$$

On a trouvé pour expression du mouvement de m en un jour moyen :

Moyen mouvement de $m = 3548'',16170525 - 0'',000000380t.$

En divisant 360° par le moyen mouvement de l'anomalie, on obtiendra la durée de la révolution anomalistique ou année anomalistique; pour 1850 :

$$\text{Année anomalistique} = 365^j,259\,562\,342 = 365^j\,06^h\,13^m\,46^s,186,$$

avec une variation annuelle de $+\,0^s,003\,38$.

Nous avons donné précédemment la valeur de l'année sidérale; en divisant 360° par la durée de cette année, on obtient le moyen mouvement sidéral;

$$\text{Moyen mouvement sidéral} = 3548'',192\,8593,$$

L'excentricité de l'orbite de la Terre a pour expression

$$\frac{e}{\sin 1''} = 3459'',28 - 0'',087\,55t - 0'',000\,002\,82t^2.$$

Les coefficients de l'équation du centre

$$f = a_1 \sin m + a_2 \sin 2m + a_3 \sin 3m + a_4 \sin 4m$$

se calculent immédiatement au moyen de l'excentricité; on a

$$a_1 = 2e - \tfrac{1}{4}e^3 = 6918'',310 - 0'',175\,10t - 0'',000\,005\,64t^2,$$
$$a_2 = \tfrac{5}{4}e^2 - \tfrac{11}{24}e^4 = 72'',508 - 0''',003\,75t,$$
$$a_3 = \tfrac{13}{12}e^3 = 1'',054 - 0'',000\,08t,$$
$$a_4 = \tfrac{103}{96}e^4 = 0'',018.$$

Cela posé, l'expression exacte de la longitude du Soleil peut s'écrire :

$$\odot = \odot_m + f + \text{N} + \text{A} + \text{P}.$$

f étant l'équation du centre, N la nutation, A l'aberration et P la somme de la perturbation lunaire et des perturbations planétaires.

D'après ce qui précède, on sait calculer pour une époque quelconque les quantités $\odot_m$, f, N et A; en faisant la somme de ces quantités et y ajoutant P qui sera donné par une table spéciale pour tous les jours de l'année, on obtiendra donc finalement la valeur de $\odot$.

Un pareil calcul sera toujours assez long, mais il ne saurait présenter aucune difficulté matérielle, puisque les diverses expressions qu'il s'agit de calculer sont connues très exactement.

Les éphémérides doivent donner pour tous les jours de l'année la valeur de $\odot$; si l'on se servait de la formule précédente, on serait donc obligé de faire, pour chaque jour, le calcul qui vient d'être indiqué et de recommencer le même travail tous les ans pour construire les éphémérides. Ce travail peut être considérablement simplifié en vertu des considérations suivantes : à une année et même à plusieurs années d'intervalle, le Soleil vient occuper sur son orbite des positions qui, en réalité, diffèrent très peu pour la même date, de sorte que, si l'on peut calculer $\Delta\odot$ pour l'intervalle de temps considéré, quand on aura déjà les positions du Soleil pour une année donnée, en appliquant la correction $\Delta\odot$ à ces positions déjà obtenues, on trouvera immédiatement les coordonnées du Soleil pour la nouvelle époque. En un mot, ayant calculé une éphéméride qui sera prise pour éphéméride-type, on peut se proposer de s'en servir pour calculer d'autres éphémérides pendant un grand nombre d'années en déterminant les variations des divers éléments, au lieu de calculer ces éléments eux-mêmes.

Nous allons d'après cela chercher l'expression de $\Delta\odot$ en fonction de $\odot$ pour un intervalle de n années.

Nous commencerons par exprimer l'équation du centre f au moyen de la longitude, en ayant soin de laisser de côté, pour le moment, les quantités N. A et P., de sorte que nous supposerons $\odot = \odot_m + f$.

Comme on a trouvé $\odot_m = \Pi + m$, on a

$$\odot = \Pi + m + f.$$

Π étant égal à $280° + \alpha$, α variant avec le temps, nous poserons

$$\Pi = 270° + \varpi,$$

ϖ étant en général égal à 10 ou à 12 degrés et variant avec le temps d'après l'expression même de Π; on aura du reste

$$\varpi = 10°21'21'',5 + 61'',6995t + 0'',0001823t^2.$$

De l'expression de $\odot$ on déduira

$$m = \odot - \Pi - f = \odot - 270° - \varpi - f,$$

et en posant pour abréger $\odot - \varpi = u$,

$$m = u - f - 270°,$$

d'où, en prenant les différences,

$$\Delta m = \Delta u - \Delta f \quad \text{ou} \quad \Delta u = \Delta m + \Delta f.$$

Cela posé, nous rappellerons que l'on a donné le nom d'Équation du centre à la différence entre l'anomalie vraie et l'anomalie moyenne, et que son expression a été donnée en fonction de l'anomalie moyenne.

$$f = v - m = a_1 \sin m + a_2 \sin 2m + a_3 \sin 3m + a_4 \sin 4m + \ldots$$

De ce développement on peut facilement conclure celui de m, et par suite, celui de $v - m$, en fonction de l'anomalie vraie v. On trouve

$$v - m = f = 2e \sin v - \left(\tfrac{3}{4} e^2 + \tfrac{1}{8} e^4\right) \sin 2v + \tfrac{1}{3} e^3 \sin 3v - \tfrac{5}{32} e^4 \sin 4v + \ldots$$

Comme on a toujours $\odot = \Pi + v$, on conclura immédiatement en se servant de la notation indiquée tout à l'heure ;

$$v = \odot - \Pi = \odot - \varpi - 270° = u - 270°,$$

d'où, en remplaçant u par cette valeur,

$$(a) \quad f = 2e \cos u + \left(\tfrac{3}{4} e^2 + \tfrac{1}{8} e^4\right) \sin 2u - \tfrac{1}{3} e^3 \cos 3u - \tfrac{5}{32} e^4 \sin 4u + \ldots$$

Cette expression de l'équation du centre est très commode à employer dans beaucoup de calculs ; toutefois comme elle exige le calcul de ϖ pour avoir la valeur de u quand $\odot$ est déjà connu, il est avantageux de remplacer u par $\odot - \varpi$ en substituant à ϖ sa valeur numérique ; la formule précédente prend alors la forme

$$(b) \quad \begin{cases} f = m_1 \sin \odot + m_2 \sin 2\odot + m_3 \sin 3\odot + m_4 \sin 4\odot + \ldots \\ \quad + n_1 \cos \odot + n_2 \cos 2\odot + n_3 \cos 3\odot + n_4 \cos 4\odot + \ldots \end{cases}$$

En faisant

$$m_1 = 2e \sin \varpi, \quad m_2 = \left(\tfrac{3}{4} e^2 + \tfrac{1}{8} e^4\right) \cos 2\varpi, \quad m_3 = -\tfrac{1}{3} e^3 \sin 3\varpi,$$
$$m_4 = -\tfrac{5}{32} e^4 \cos 4\varpi ;$$

$$n_1 = 2e \cos \varpi, \quad n_2 = -\left(\tfrac{3}{4} e^2 + \tfrac{1}{8} e^4\right) \sin 2\varpi, \quad n_3 = -\tfrac{1}{3} e^3 \cos 3\varpi,$$
$$n_4 = +\tfrac{5}{32} e^4 \sin 4\varpi.$$

Nous avons calculé les valeurs numériques des coefficients m_1, $m_2 \ldots n_1$, n_2 et nous avons trouvé pour l'époque $1850 + t$:

$$m_1 = 1243'',702 + 200'',434 \left(\frac{t}{100}\right) - 1'',0216 \left(\frac{t}{100}\right)^2 - 0'',03007 \left(\frac{t}{100}\right)^3,$$

$$m_2 = 40'',702 - 1'',127 \left(\frac{t}{100}\right) - 0'',0782 \left(\frac{t}{100}\right)^2,$$

$$m_3 = -0'',167 - 0'',023 \left(\frac{t}{100}\right).$$

$$m_4 = - \, 0'',002,$$

$$n_1 = 6805'',848 - 54'',427 \left(\frac{t}{100}\right) - 0'',0301 \left(\frac{t}{100}\right)^2 + 0'',0118 \left(\frac{t}{100}\right)^3,$$

$$n_2 = -15'',389 - \; 2'',357 \left(\frac{t}{100}\right) + 0'',0395 \left(\frac{t}{100}\right)^2,$$

$$n_3 = - \; 0'',278 + \; 0'',017 \left(\frac{t}{100}\right),$$

$$n_4 = + \; 0'',002.$$

Dans beaucoup de circonstances l'expression de f en fonction de $\odot$ est d'une application très commode, cela surtout quand on peut la réduire à ses deux termes principaux; on a alors simplement :

$$f = m_1 \sin \odot + n_1 \cos \odot.$$

f se trouvant maintenant connue en fonction de la longitude $\odot$, il est facile de calculer, en fonction de la même variable, la variation Δf qui correspond à un intervalle de n jours ou de n années; pour cela on se servira de la relation (a); on remarquera d'abord que f, étant d'après cette relation fonction de e et de u, peut se développer, suivant la formule de Taylor, de la manière suivante :

$$\Delta f = \frac{df}{du}\Delta u + \frac{df}{de}\Delta e + \tfrac{1}{2}\left(\frac{d^2 f}{du^2}\Delta u^2 + 2\frac{d^2 f}{du\,de}\Delta u \Delta e + \frac{d^2 f}{de^2}\Delta e^2\right) + \ldots..$$

Appelant f', f'',..... les dérivées successives de f par rapport à u et posant pour abréger

$$\frac{df}{de}\Delta e = \alpha, \quad \tfrac{1}{2}\frac{d^2 f}{de^2}\Delta e^2 = \beta, \quad \frac{d^2 f}{du\,de}\Delta f = \frac{df'}{de}\Delta e = \gamma.$$

on aura

$$\Delta f = (f' + \gamma)\Delta u + \tfrac{1}{2}f'' \Delta u^2 + \ldots.. + \alpha + \beta.$$

Remarquant maintenant que $\Delta u = \Delta m + \Delta f$ et substituant cette valeur à Δu dans l'équation précédente,

$$\Delta f = (f' + \gamma)\Delta m + \tfrac{1}{2}f''\Delta m^2 + \ldots.. + \alpha + \beta + (f' + f''\Delta m + \gamma \ldots..)\Delta f +$$
$$+ \tfrac{1}{2}f''\Delta f^2 + \ldots..$$

expression de la forme

$$\Delta f = A + B\Delta f + C\Delta f^2 + \ldots..$$

que l'on développera suivant la formule de Lagrange,

$$\Delta f = A + AB + AB^2 + \ldots$$

Effectuant les calculs et ne conservant que les termes du second ordre on a, toutes réductions faites,

$$\Delta f = (f' + f'^2 + f'^3)\Delta m + \tfrac{1}{2}(f'' + 3f'f'' + 6f'^2 f'')\Delta m^2 + \ldots +$$
$$+ \alpha + \beta + \gamma\Delta m + \alpha\gamma + f'\alpha + \ldots$$

Cette valeur de Δf comprend deux parties distinctes que l'on calculera séparément ; l'une que nous appellerons M qui ne dépend que de la variation Δm, et l'autre que nous désignerons par μ qui dépend à la fois de Δe et de Δm ;

$$\Delta f = M + \mu.$$

Il est évident que la variation Δe de l'excentricité étant très faible d'une année à l'autre, le terme μ sera à peine appréciable si Δf correspond à l'intervalle de deux années consécutives et que, par suite, ce terme sera toujours négligeable quand Δf s'appliquera à un intervalle de jours de la même année.

En développant jusqu'au quatrième ordre,

$$M = (f' + f'^2 + f'^3 + f'^4)\Delta m + (f' + 3f'f'' + 6f'^2 f'')\frac{\Delta m^2}{2} +$$
$$+ (f''' + 4f'f''' + f''^2)\frac{\Delta m^3}{6} + f^{\mathrm{iv}}\frac{\Delta m^4}{24}.$$

Le calcul des dérivées successives de f' au moyen de la formule (a) et la formation des coefficients de Δm, $\Delta m'$, etc., dans le développement de M, ne présente aucune difficulté ; on trouvera :

$$(c)\begin{cases} M = [(2e^2 + \tfrac{21}{8}e^4) - (2e + 3e^3)\sin u - \tfrac{1}{4}(2e^2 + 3e^4)\cos 2u + \ldots]\Delta m \\ \quad - [(e + \tfrac{15}{4}e^3)\cos u - \tfrac{3}{2}e^2\sin 2u - \tfrac{2}{4}e^3\cos 3u + \ldots]\Delta m^2 - \\ \quad - (\tfrac{3}{2}e^2 - \tfrac{1}{3}e\sin u - e^2\cos 2u\ldots)\Delta m^3 + \tfrac{1}{12}e\cos u\,\Delta m^4 + \ldots \end{cases}$$

Cette formule est très simple et très facile à calculer ; elle présente surtout cela de remarquable, que dans le coefficient de Δm les termes en $3u$ et $4u$ sont nuls, ou plutôt au plus du cinquième ordre, ce qui fait en réalité du second membre une série très convergente.

Suivant que l'on substituera à Δm la variation diurne de m ou sa variation annuelle, on obtiendra la valeur de M qui correspond à la variation diurne de Δf ou à sa variation annuelle ; toutefois, dans le second cas, il y a lieu de tenir compte de μ ; de même, si l'on remplace Δm par $n\Delta m$, on obtiendra la variation en n jours ou n années, suivant que Δm correspondra à 1 jour ou à 1 année.

Il faudra remplacer u par $\odot - \varpi$ et calculer les coefficients numériques en conséquence ; la formule qui en résultera est un peu plus compliquée au premier abord, mais se trouve en réalité d'une application plus commode dans la pratique, vu que l'on n'a plus à se préoccuper du calcul de ϖ pour l'époque que l'on considère.

Remplaçant donc u par $\odot - \varpi$, effectuant le calcul numérique des coefficients, et tenant compte des variations de ces coefficients avec le temps, à l'époque $1850 + t$ la variation de Δf en n jours et par suite pour la valeur $\Delta m = n \times 3548'',16$ sera :

$$(d) \begin{cases} \Delta f = n \quad \Big[(1'',997 - 0'',0001t) - (117'',123 - 0'',0094t)\sin\odot + \\ \qquad + (21'',403 + 0'',0345t)\cos\odot - (0'',177 + 0'',0003t)\sin 2\odot - \\ \qquad - (0'',467 - 0'',0001t)\cos 2\odot \Big] - \\ - \left(\dfrac{n}{10}\right)^2 \Big[(18'',42 + 0'',030t)\sin\odot + (100'',80 - 0'',008t)\cos\odot - \\ \qquad - (2'',41 - 0'',001t)\sin 2\odot + (0'',91 + 0'',001t)\cos 2\odot - \\ \qquad - 0'',01\sin 3\odot - 0'',02\cos 3\odot \Big] - \\ - \left(\dfrac{n}{10}\right)^3 \Big[0'',44 - 5'',77\sin\odot + 1'',05\cos\odot - 0'',10\sin 2\odot - \\ \qquad - 0'',28\cos 2\odot \Big] + \\ + \left(\dfrac{n}{10}\right)^4 \Big[0'',05\sin\odot + 0'',25\cos\odot \Big]. \end{cases}$$

Pour avoir la variation de longitude en n jours, il suffira alors de remarquer que $\Delta\odot = \Delta\odot m + \Delta f$, et que l'on a pour la variation diurne de la longitude moyenne $\Delta\odot_m = 3548'',330$.

Pour $t = 25$, c'est-à-dire pour l'année 1875, on trouvera

$$(e) \begin{cases} \Delta\odot = n \quad \Big[3550'',33 - 116'',887\sin\odot + 22'',264\cos\odot - \\ \qquad - 0'',183\sin 2\odot - 0'',464\cos 2\odot \Big] - \\ - \left(\dfrac{n}{10}\right)^2 \Big[19'',16\sin\odot + 100'',60\cos\odot - 2'',39\sin 2\odot + \\ \qquad + 0'',94\cos 2\odot - 0'',01\sin 3\odot - 0'',02\cos 3\odot \Big] - \\ - \left(\dfrac{n}{10}\right)^3 \Big[0'',44 - 5'',76\sin\odot + 1'',05\cos\odot - 0'',10\sin 2\odot - \\ \qquad - 0'',28\cos 2\odot \Big] + \\ + \left(\dfrac{n}{10}\right)^4 \Big[0'',05\sin\odot + 0'',25\cos\odot \Big]. \end{cases}$$

Cette formule pourra servir pour calculer $\Delta\odot$ pendant une période de 10 jours, c'est-à-dire pour le cas de $n=1$, $n=2\ldots,n=10$, et par suite, pour une période de 20 jours en prenant les 10 jours qui précèdent ou en faisant $n=-1$, $n=-2$, etc. Les coefficients sont suffisamment exacts pour que la valeur résultante de $\odot$ soit approchée au moins au dixième de seconde dans cet intervalle; enfin les coefficients varient assez peu pour que la formule soit applicable de 1865 à 1875; il y a lieu de remarquer toutefois que le coefficient de $\cos\odot$, dans la valeur de n, varie assez notablement; il en pourra résulter, dans certains cas, une erreur de $0'',3$ au bout de 10 ans.

Pour le mouvement annuel ou plutôt le mouvement en n années, on trouve

$$M=\left(\frac{n}{100}\right)\left[-(1'',92-0'',0001t)+(112'',30-0'',0085t)\sin\odot-\right.$$
$$\left.-(20'',52+0'',0332t)\cos\odot+(0'',17+0'',0003t)\sin2\odot+\right.$$
$$\left.+(0'',45-0'',0001t)\cos2\odot\right]-$$
$$-\left(\frac{n}{100}\right)^2\left[(0'',169+0'',00028t)\sin\odot+(0'',927+0'',00007t)\cos\odot-\right.$$
$$\left.-0'',022\sin2\odot+0'',008\cos2\odot\right].$$

$$\mu=-\left(\frac{n}{100}\right)\left[(3'',15+0'',0053t)\sin\odot+(17'',22+0'',0002t)\cos\odot\right]-$$
$$-\left(\frac{n}{100}\right)^2\left[0'',284\sin\odot-0'',052\cos\odot\right].$$

On conclura de là $\Delta f=M+\mu$.

Comme on a d'ailleurs pour la variation annuelle de la longitude moyenne

$$\Delta\odot_m=(27'',6784+0'',000221t)\Delta t+(0'',000111)\Delta t^2,$$

la variation de cette longitude en n années sera

$$\Delta\odot_m=\frac{n}{100}(2767'',84+0'',0221t)+\left(\frac{n}{100}\right)^2 1'',11.$$

On aura finalement en substituant les valeurs Δf et $\Delta\odot_m$ dans l'expression $\Delta\odot=\Delta\odot_m+\Delta f$:

$$(f) \begin{cases} \Delta\odot = \left(\dfrac{n}{100}\right)\Big[(2765'',92 + 0'',0222t) + (109''15 - 0'',0138t)\sin\odot - \\ \qquad - (37'',74 + 0'',0334t)\cos\odot + (0'',17 + 0'',0003t)\sin 2\odot + \\ \qquad + (0'',45 - 0''.0001t)\cos 2\odot \Big] + \\ \quad + \left(\dfrac{n}{100}\right)^2\Big[1'',11 - 0'',45\sin\odot - 0'',88\cos\odot + \\ \qquad + 0'',02\sin 2\odot - 0'',01\cos 2\odot \Big]. \end{cases}$$

En faisant $t = 25$, on trouvera pour 1875 :

$$(g) \begin{cases} \Delta\odot = \left(\dfrac{n}{100}\right)\Big[2766'',42 + 108'',83\sin\odot - 38'',56\cos\odot + \\ \qquad + 0'',17\sin 2\odot + 0'',45\cos 2\odot \Big] + \\ \quad + \left(\dfrac{n}{100}\right)^2\Big[1'',11 - 0'',45\sin\odot - 0'',88\cos\odot + 0'',02\sin 2\odot - \\ \qquad - 0'',01\cos 2\odot \Big]. \end{cases}$$

Les termes de cette formule sont suffisamment exacts pour qu'il soit possible de calculer $\Delta\odot$ au dizième de seconde pendant la période de 100 ans qui suit ou précède 1875.

4. Calcul de la longitude du Soleil. — Les considérations qui précèdent permettent d'exposer le calcul de la longitude du Soleil d'une manière très-simple.

On a vu que cette longitude a pour expression générale

$$\odot = \odot_m + f + N + A + P.$$

$\odot_m$ étant la longitude moyenne, f l'équation du centre, N la nutation, A l'aberration et P la somme des perturbations lunaire et planétaires.

On a donné précédemment la valeur de la nutation en longitude

$$\Delta \mathcal{L} = -17'',405\sin \Omega + 0'',2073\sin 2\Omega - 0'',2041\sin 2\mathbb{C} + \\ + 0'',0677\sin(\mathbb{C} - P') + 0'',0101\sin\odot + 0'',1663\cos\odot - \\ - 1'',2692\sin 2\odot.$$

Cette expression peut être regardée comme se composant de deux parties distinctes, l'une dépendant de la longitude de la Lune ou de celle de son nœud, et l'autre qui est seulement fonction de la longitude du Soleil : la première est la nutation lunaire, et la seconde la nuta-

Chabirand, I.   21

tion solaire; nous séparerons ces deux nutations l'une de l'autre, et nous conviendrons dès à présent que le terme N représente uniquement la nutation lunaire.

On a trouvé pour valeur de l'aberration

$$A = -20'',463 - 0'',343 \cos m.$$

D'ailleurs

$$0'',343 \cos m = -0'',006 + 0'',337 \sin \odot - 0'',062 \cos \odot -$$
$$- 0'',002 \sin 2\odot - 0'',005 \cos 2\odot.$$

L'aberration renferme par suite une partie constante qui peut être réunie à la valeur de $\odot_m$, et une partie variable qui ne dépend que de la longitude du Soleil; nous supposerons que cette partie variable ait été réunie à la nutation solaire de manière à constituer un seul terme que l'on pourra appeler f' qui se développera en fonction de $\odot$; mais comme f se développe lui-même de la même manière, on pourra supposer que f' ait été réuni à l'équation du centre de manière à ne former qu'un seul terme que nous continuerons à appeler f. On remarquera d'ailleurs que f' est trop petit pour qu'il en résulte une modification sensible dans la valeur de Δf, telle qu'elle a été calculée précédemment.

On mettra donc l'expression de la longitude sous la forme suivante :

$$\odot = \odot_m + f + N + P.$$

N ne représentant plus que la nutation lunaire, $\odot$ et $\odot_m$ se trouvant virtuellement corrigées de l'aberration et de la nutation solaire.

Cela posé, connaissant la valeur de $\odot$ pour une époque déterminée, nous supposerons que l'on veuille calculer cette même longitude, pour une autre époque. Pour cela nous débarrasserons préalablement la valeur de $\odot$ de la correction $N + P$ de manière à avoir simplement :

$$\odot_0 = \odot_m + f.$$

Si $\odot_0$ correspond par exemple au 1er janvier d'une année et la valeur $\odot_n$ que l'on veut calculer au même 1er janvier d'une autre année séparée de la première par un intervalle de n années, on aura évidemment

$$\odot_n = \odot_0 + \Delta\odot_0.$$

$\Delta\odot_0$ sera donnée par la formule (f) dans laquelle on remplacera $\odot$ par la valeur connue de $\odot_0$.

Connaissant $\odot_n$ on y ajoutera $N + P$ calculé pour l'époque considérée, et l'on aura finalement la valeur cherchée de $\odot$.

La relation précédente suppose que les deux années considérées sont de même indice; il n'en est pas généralement ainsi, de sorte qu'il faut tenir compte de la différence qui en résulte; on a en réalité

$$\odot_n = \odot_0 + \Delta\odot_0 + (i_0 - i)b.$$

i_0 est, comme nous l'avons vu, l'indice de l'année initiale et i l'indice de l'année considérée; quant à b, il est égal à la variation de $\odot_0$ en 6 heures.

Exemple :

On trouve dans la *Connaissance des temps* de 1870 au 1er mai :

$$\text{Longitude du Soleil à midi moyen} = 40°52'17'',64.$$

D'ailleurs pour cette époque

$$\Omega = 112°59'27'', \quad \mathbb{C} = 48°43'21'', \quad \text{d'où l'on conclut} \quad N = -16'',22.$$

On trouve d'un autre côté

$$P\mathbb{C} = +0'',94, \quad P_p = -18'',50, \quad \text{de sorte que} \quad P = -17'',56$$

et

$$N + P = -33'',78.$$

On a par suite

$$\odot_0 = 40°52'17'',64 + 33'',78 = 40°52'51'',42.$$

$\odot_0$ est la valeur de la longitude considérée indépendamment de la nutation et des perturbations lunaire et planétaires.

Supposons que l'on veuille se servir maintenant de cette longitude pour calculer celle qui correspond au 1er mai d'une autre époque, par exemple au 1er mai 1801, c'est-à-dire 69 ans auparavant.

On appliquera la formule (g) en y faisant $n = 69$ et $\odot = \odot_0$, ou]

$$\odot = \odot_0 = 40°52'51'',42.$$

On trouvera ainsi

$$\Delta\odot_0 = \frac{n}{100}(2808'',73) + \left(\frac{n}{100}\right)^2 (0'',17) = 32'18''.08.$$

Or

$$\odot = \text{Longitude cherchée} = \odot_0 - \Delta\odot_0' + (i_0 - i)b.$$

Dans le cas dont il s'agit, l'année initiale est 1870, par suite $i_0 = 2$, l'année finale est 1801 et a par suite pour indice $i = 1$, de sorte que

$$\odot = \odot_0 - \Delta\odot_0 + b.$$

b étant la variation de longitude en 6^h, $\odot_0 - \Delta\odot_0$ sera la longitude, non plus le 1er 1801, mais 6 heures plus tôt, c'est-à-dire le 6 avril à 18 heures. On trouvera

$$\odot_0 - \Delta\odot_0 = 40° 20' 33'',34.$$

Les éphémérides fondamentales de 1801 qui servent à calculer les éléments du Soleil donnent pour cette époque $40°20'33'',35$.

Ce résultat peut servir à fixer les idées sur la précision et l'exactitude de la formule (f).

Pour calculer la variation de la longitude en 6 heures, il y a lieu de se servir de la formule (d) relative à la variation diurne, en faisant dans cette formule $n = 6$ heures $= \frac{1}{4}$, elle donnera

$$b = 14' 32'',19,$$

et par suite $\odot = 40°35'05'',54$ pour valeur de la longitude du Soleil, le 1er mai 1801 à midi moyen.

On remarquera que le calcul de b est, par le fait, aussi compliqué que le calcul de $\Delta\odot_0$ lui-même. Il est possible de se dispenser de ce calcul en procédant de la manière suivante : dans le cas dont il s'agit, au lieu de prendre pour valeur initiale de $\odot_0$ la longitude qui correspond au midi moyen, on prend celle qui est relative à 6 heures du soir. Cette longitude, il est vrai, n'est pas donnée par les éphémérides, mais il est très facile de l'établir par les formules d'interpolation ordinaires. Au moyen de la longitude $\odot_0$ de 6 heure du soir on calcule $\Delta\odot_0$; le résultat $\odot_0 - \Delta\odot_0$ représentera, ainsi qu'on l'a vu tout à l'heure, la longitude relative, non pas à 6 heures, mais bien à midi.

La remarque qui vient d'être faite permet d'établir une conclusion importante : si, pour une année donnée, on avait calculé de 6 heures en 6 heures la longitude du Soleil pour tous les jours de l'année, il serait toujours très facile de partir de cette longitude pour calculer celle qui est relative à une année quelconque sans avoir à se préoccuper du calcul de la variation $(i_0 - i) b$: il suffirait de choisir convenablement la longitude initiale.

On a en effet d'une manière générale

$$\odot_n = \odot_0 + \Delta\odot_0 + (i - i)b.$$

Supposons que l'on veuille que la longitude cherchée $\odot_n$ corresponde à un midi moyen, comme cela a lieu habituellement, et pour une date donnée.

Suivant que $i_0 - i$ sera égal à $+1, +2, +3$, il faudra prendre évidemment la longitude $\odot_0$ qui correspond à 18^h, 12^h ou 6^h de la date précédente dans l'année initiale; de même si $i_0 - i$ est égal à $-1, -2, -3$, on prendra la valeur $\odot_0$ qui correspond à 6^h, 12^h ou 18^h pour la même date dans l'année initiale.

Ce principe étant établi, on conçoit que pour chaque valeur de $\odot$, on calcule la valeur correspondante de $\Delta\odot_0$ au moyen de la formule (f), et que l'on mette en regard de $\odot_0$ le coefficient de n et le coefficient de n^2. On construira ainsi une véritable table qui donnera pour tous les jours de l'année initiale et de 6 heures en 6 heures $\odot_0$ et $\Delta\odot_0$; pour obtenir alors la longitude pour une époque quelconque séparée de l'époque initiale par un intervalle de n années, il suffira de multiplier par n le terme du premier ordre de $\Delta\odot_0$, par n^2 le terme du second ordre, de faire la somme de ces deux termes et d'ajouter le résultat à $\odot_0$. Ce calcul est d'une simplicité extrême, puisqu'il se réduit à deux multiplications.

Dans les tables du Soleil calculées par M. Le Verrier, l'année initiale est 1801; pour cette année la longitude a été calculée de 6 heures en 6 heures; on s'en sert pour calculer les éphémérides d'une année quelconque d'après les considérations qui viennent d'être exposées.

La variation $\Delta\odot_0$, dans les tables dont nous venons de parler, a été calculée par un procédé différent de celui que nous avons indiqué, mais qui au fond revient absolument au même.

La formule que nous avons appelée (f) a l'avantage de dispenser de l'emploi des éphémérides-types d'une année particulière, et de permettre l'usage des éphémérides d'une année quelconque : c'est du reste dans ce but qu'elle a été calculée.

Nous allons maintenant donner un exemple de l'emploi simultané der formules (f) et (d) pour le calcul de la longitude à une époque donnée et pour 10 jours consécutifs.

Soit 1870 l'année initiale; nous avons déjà trouvé pour cette année au 1er mai midi moyen

$$\odot_0 = 40°52'51'',42,$$

et en outre

$$\Delta_0\odot = \frac{n}{100}\,(2808'',73) + \left(\frac{n}{100}\right)^2 (0'',17).$$

Supposons qu'il s'agisse de calculer $\odot$ pour le 1er mai 1873, on fera $n = 3$, et l'on aura

$$\Delta\odot_0 = 1'.24'',26,$$

d'où

$$\odot = \odot_0 + \Delta\odot_0 = 40°.54'.15''.68 + (i_0 - i)b,$$

$i_0 = 2$, $i = 1$, de sorte que $(i_0 - i)\,b = b$.

Portant la valeur trouvée pour $\odot$ dans la formule (d) et ne poussant le calcul que jusqu'au 2e ordre, ce qui est très suffisant,

$$\Delta\odot = n(3490'',31) - \left(\frac{n}{10}\right)^2 (86'',34).$$

Faisant $n = 6^h = \frac{1}{4}$, on trouvera $\Delta\odot = b = 14'32'',52$, et par suite $\odot = 41°08'48'',02$ pour le 1er mai 1873 à midi moyen. On pourra maintenant se servir de cette valeur $\odot$ pour calculer la longitude pour les 10 jours consécutifs qui suivent le 1er mai, en se servant de la formule (d)

$$\Delta\odot = n\left[3550'',327 - 116'',907\sin\odot + 22'',197\cos\odot - 0'',184\sin 2\odot - \right.$$
$$\left. - 0'',464\cos 2\odot\right]$$

$$- \left(\frac{n}{10}\right)^2\left[19'',11\sin\odot + 100'',63\cos\odot - 2'',39\sin 2\odot + \right.$$
$$\left. + 0'',94\cos 2\odot - 0'',01\sin 3\odot - 0'',02\cos 3\odot\right]$$

$$- \left(\frac{n}{10}\right)^3\left[0'',44 - 5'',77\sin\odot + 1'',05\cos 2\odot - 0'',10\sin 2\odot - \right.$$
$$\left. - 0'',28\cos 2\odot\right]$$

$$+ \left(\frac{n}{10}\right)^4\left[0'',05\sin\odot + 0'',25\cos\odot\right].$$

Effectuant les calculs,

$$\Delta\odot = n(3489'',87) - \left(\frac{n}{10}\right)^2 (85'',94) + \left(\frac{n}{10}\right)^3 (2'',94) + \left(\frac{n}{10}\right)^4 (0'',20).$$

Faisant successivement $n = 1$, $n = 2$,..... $n = 10$, on trouvera $\Delta\odot$, et par suite $\odot$ pour le 2, le 3,..... le 11 mai à midi moyen.

Voici le tableau des résultats :

	$\odot_0$	$\Delta\odot_0$	$\odot$
1er mai.	41°08′48″,20	. . . .	. . . .
2 —	. . . .	58′ 09″,0	42° 06′ 57″,2
3 —	. . . .	1°56 16 ,3	43 05 04 ,5
4 —	. . . .	2 54 22 ,0	44 03 10 ,2
5 —	. . . .	3 52 25 ,9	45 01 44 ,1
6 —	. . . .	4 50 28 ,3	45 59 28 ,5
7 —	. . . .	5 48 29 ,0	46 57 17 ,2
8 —	. . . .	6 46 28 ,1	47 55 16 ,3
9 —	. . . .	7 44 25 ,6	48 53 13 ,8
10 —	. . . .	8 42 21 ,5	49 51 09 ,7
11 —	. . . .	9 40 16 ,0	50 49 04 ,3

Il restera à ajouter à ces divers résultats la correction $N + P$ pour avoir la longitude vraie du Soleil.

Le calcul de N peut toujours s'effectuer très aisément au moyen de l'expression donnée pour la nutation lunaire; les arguments de cette expression sont en effet la longitude du nœud, la longitude de la Lune et celle du périgée lunaire; les formules que nous avons données dans la théorie de la Lune permettent de calculer facilement ces divers arguments avec toute la précision voulue : la longitude de la Lune n'a besoin en effet d'être connue qu'au degré près, de sorte qu'il est permis de négliger dans l'expression de cette longitude presque toutes les inégalités ainsi que la réduction à l'écliptique; on a alors

$$\mathbb{C} = \mathbb{C}_m + \gamma + f.$$

f sera l'équation du centre que l'on réduira au premier terme de son développement; la somme des inégalités γ ne comprendra au plus que l'évection et la variation, ce qui sera plus que suffisant.

Nous avons donné l'expression exacte de la perturbation lunaire. Elle dépend de la différence des longitudes de la Lune et du Soleil et du rapport des parallaxes; il sera donc encore toujours très facile de calculer cette perturbation.

Quant à la somme des perturbations planétaires, on ne saurait songer à la calculer dans chaque cas particulier; le calcul de la perturbation pour chaque planète en particulier, sans présenter aucune difficulté, est toujours fort long; or il y a lieu de faire ce calcul pour chaque planète. Il est utile d'avoir une table contenant pour diverses époques de l'année la somme de toutes les perturbations; il serait à désirer qu'une table de ce genre pût être comprise dans les éphémérides.

Latitude du Soleil. — Elle est toujours égale à la somme des perturbations lunaire et planétaires en latitude pour l'époque considérée.

La latitude est généralement inférieure à $1''$.

Rayon vecteur du Soleil. — Le calcul du rayon vecteur est tout à fait analogue à celui de la longitude. L'expression de ce rayon vecteur peut en effet se développer directement en fonction de l'anomalie vraie et par suite de la longitude. On en peut conclure la valeur de la variation ΔR_0 pour un nombre n d'années en fonction de la longitude $\odot_0$ de l'année initiale

$$\Delta R_0 = np + n^2 q.$$

On aura par suite

$$R_n = R_0 + \Delta R_0 + (i_0 - i)b + R_p.$$

R_0 sera le rayon vecteur pour l'année initiale à l'époque considérée, ΔR_0 la variation correspondante à l'intervalle des deux années, b la variation de R dans l'intervalle indiqué par la différence des indices de ces deux années et R_p la somme des parturbations lunaire et planétaires.

Nous ne donnons pas ici l'expression de ΔR_0, cette expression n'étant susceptible d'aucune application dans les calculs de navigation ; dans les tables de M. Le Verrier R_0 et ΔR_0 ont été calculés pour tous les jours de l'année 1801, de 6 heures en 6 heures.

5. Ascension droite du Soleil. — L'ascension droite du Soleil se calcule immédiatement au moyen de la longitude et de l'obliquité de l'écliptique par la formule de transformation des coordonnées écliptiques en cordonnées équatoriales

$$\text{tg } \alpha = \cos \omega \, \text{tg} \odot.$$

L'obliquité de l'écliptique pour l'époque $1850 + t$ est, d'après M. Le Verrier :

$$\omega = 23°27'31'',83 - 0'',47594\,t - 0'',00000149\,t^2.$$

Dans l'hypothèse particulière où l'on aurait à calculer une ascension droite ou un petit nombre d'ascensions droites, il sera toujours commode de se servir de la formule précédente quand on aura calculé préalablement la longitude. Il n'y a pas lieu de songer à procéder comme on l'a fait pour le calcul de la longitude, c'est-à-dire de se servir de l'ascension droite d'une année initiale : cela entraînerait toujours un calcul plus long que celui qui vient d'être indiqué ; il faudrait en effet débarrasser préalablement la valeur de l'ascension droite de la nutation et des perturbations en ascension droite : Or ces quantités étant habituellement données en longitude et en latitude, il serait indispensable de faire un calcul préliminaire pour les transformer en coordonnées équatoriales, ce qui compliquerait notablement le calcul total.

Mais quand il s'agit de construire des éphémérides, les conditions ne sont plus les mêmes; au lieu de calculer l'ascension droite pour tous les jours de l'année au moyen de la formule donnée tout à l'heure, il est préférable de se servir des ascensions droites d'une année prise pour point de départ et de s'en servir pour calculer d'autres ascensions droites pour une année quelconque.

Il faut alors former l'expression $\Delta\alpha$ qui correspond à un intervalle de n années. Cela est facile quand on connaît déjà $\Delta\odot$.

On développera $\Delta\alpha$ en fonction de $\Delta\odot$.

$$\Delta\alpha = \frac{\cos\omega}{\cos^2\delta}\,\Delta\odot + \sin 2\omega\,\frac{\sin\delta\cos\alpha}{\cos^3\delta}\,\frac{\Delta\odot^2}{2} + \ldots\ldots$$

En substituant la valeur trouvée de $\Delta\odot$, et remplaçant α et δ par leurs valeurs dans l'année initiale, on aura une expression de $\Delta\alpha$ en fonction de la longitude, et si l'on remplace cette longitude elle-même par sa valeur pour l'année initiale, on aura finalement $\Delta\alpha$ représenté par la somme de deux termes, l'un du 1er ordre et l'autre du 2e ordre, coefficients le premier du nombre d'années formant l'intervalle de temps considéré, et le second du carré de ce nombre

$$\Delta\alpha = n\mathrm{A}_1 + n^2\mathrm{A}_2,$$

c'est-à-dire une expression tout à fait analogue à celle qui a été donnée pour $\Delta\odot$; nous ne donnons pas ici l'expression de $\Delta\alpha$, parce qu'elle nous paraît d'un usage peu pratique pour le calcul d'une ascension droite isolée, et cela en vertu des considérations exposées tout à l'heure. Mais on pourra toujours, si l'on en avait besoin, calculer facilement $\Delta\alpha$ pour une année initiale quelconque d'après ce qui vient d'être dit; on aura alors pour l'ascension droite cherchée α

$$\alpha = \alpha_0 + \Delta\alpha_0 + (i_0 - i)b,$$

α_0 et $\Delta\alpha_0$ correspondant à l'année initiale, b étant la variation d'ascension droite dans l'intervalle de temps déterminé par la différence des indices de l'année initiale et de l'année considérée.

α_0 et $\Delta\alpha_0$ ont été calculés pour tous les jours de l'année 1801 de 6 heures en 6 heures dans les tables du Soleil de M. Le Verrier.

Il restera à ajouter à la valeur de α, ainsi obtenue, la nutation et la somme des perturbations en ascension droite; ces quantités ont déjà été calculées en longitude et en latitude; il faut tenir compte en outre de la nutation en obliquité; il en résultera une variation $\Delta\alpha$ dans laquelle on négligera les termes du second ordre, et qui sera par suite (page 135)

$$\Delta\alpha = \frac{\cos\omega}{\cos^2\delta}\,\Delta\odot - \operatorname{tg}\delta\cos\alpha\,\Delta\omega - \frac{\sin\omega\cos\alpha}{\cos\delta}\,\lambda.$$

$\Delta\odot$ représentant ici la somme de là nutation et des perturbations en longitude, $\Delta\omega$ la variation d'obliquité due à la nutation, λ étant la latitude du Soleil.

α et δ sont l'ascension droite et la déclinaison déjà obtenues indépendamment de la nutation et des perturbations; la correction précédente suppose par suite le calcul préalable de la déclinaison. Ce n'est effectivement qu'après le calcul de cette déclinaison que l'on s'occupe d'effectuer cette correction; alors on la détermine simultanément pour l'ascension droite et la déclinaison.

Déclinaison du Soleil. — Le calcul de la déclinaison est entièrement analogue à celui de l'ascension droite. Si l'on a besoin seulement d'une déclinaison isolée relative à une époque particulière, on se servira de l'une des deux formules

$$\operatorname{tg}\delta = \operatorname{tg}\omega\sin\alpha, \qquad \sin\delta = \sin\odot\sin\omega.$$

Mais s'il s'agit de calculer les éphémérides pour une année entière, il est avantageux de calculer pour une année initiale la valeur $\Delta\delta_0$ au moyen de la celle de $\Delta\odot_0$ et de $\Delta\omega$. On y arrivera au moyen de la relation

$$\Delta\delta = \sin\omega\cos\alpha\,\Delta\odot - \frac{1}{2}\sin 2\omega\,\frac{\sin\alpha}{\cos^2\delta}\,\frac{\Delta\odot^2}{2} - \ldots\ldots,$$

dans laquelle on remplacera α et δ par les ascension droite et déclinaison de l'année initiale, et $\Delta\odot$ pour son expression.

On aura alors

$$\delta = \delta_0 + \Delta\delta_0\,(i_0 - i)b$$

pour la déclinaison cherchée.

Il restera, pour obtenir la déclinaison vraie, à ajouter à la valeur précédente de δ la variation due à la nutation et aux perturbations. Cette valeur sera (page 135)

$$\Delta\delta = \sin\omega\cos\alpha\,\Delta\odot + \sin\alpha\,\Delta\omega + \frac{\cos\omega}{\cos\delta}\,\lambda.$$

Δ⊙ représentant ici la somme de la nutation et des perturbations en longitude, Δω la variation d'obliquité due à la nutation et λ la latitude du Soleil.

Ce calcul, ainsi du reste que ceux qui précèdent, ne présente en réalité aucune difficulté pratique. Ils ont tous un caractère commun ; le calcul de la valeur principale de l'élément cherché est toujours très simple et très rapide ; mais, en revanche, le calcul de la correction due à la nutation et aux perturbations est généralement long et même assez délicat à cause de l'attention qu'il faut donner aux changements de signe. Il serait éminemment avantageux d'avoir des tables qui renferment pour un grand nombre d'années la nutation et les perturbations non-seulement en longitude et en latitude, mais encore en déclinaison et ascension droite.

6. Parallaxe du Soleil. — On a donné précédemment pour expression générale de la parallaxe du Soleil

$$\pi = \frac{1}{R} \times 8'',95 = (1 + 0,0168 \cos m)8'',95.$$

R étant le rayon vecteur et m l'anomalie moyenne.

Cette parallaxe varie très peu pour la même date pendant une longue période de temps ; on a en effet

$$\Delta\pi = -0,0168 \sin m \times 8'',95 \, \Delta m$$

pour l'intervalle de 1 année $\Delta m = -34'',0211$, de sorte que

$$\Delta\pi = 0'',000025 \sin m$$

est la variation annuelle de la parallaxe pour une époque donnée. Pour un intervalle de 100 ans $\Delta\pi$ est donc inférieur à $0'',01$; on peut conclure de là que la parallaxe ayant été calculée pour tous les jours de l'année, la table qui en résultera sera indéfiniment applicable, du moins dans l'espace d'un siècle, sans qu'il soit nécessaire d'y ajouter aucune correction.

Nous exprimerons la parallaxe en fonction de la longitude du Soleil ; on a vu précédemment que $m = \odot - \varpi - f - 270°$; par suite

$$\cos m = -\sin(\odot - \varpi - f) = -\sin(\odot - \varpi) + f\cos(\odot - \varpi) + \dots$$

Il n'y a pas lieu de se préoccuper du second terme.

Développant et effectuant les réductions on trouvera

$$\cos m = -\cos\varpi \sin\odot + \sin\varpi \cos\odot + \dots$$

En effectuant les calculs, on aura finalement

$$0,0168 \cos m = e \cos m = -0'',0165 \sin \odot + 0'',0030 \cos \odot + \dots$$

Et enfin

$$\pi = 8'',95 - 0'',148 \sin \odot + 0'',027 \cos \odot + \dots$$

Telle est l'expression de la parallaxe en fonction de la longitude. Dans un grand nombre de cas particuliers, on pourra réduire cette expression à ses deux premiers termes et poser simplement

$$\pi = 8'',95 - 0'',15 \sin \odot.$$

Demi-diamètre apparent du Soleil. — Le demi-diamètre apparent du Soleil a pour valeur $\frac{1}{2}d = \frac{1}{2}D\pi$; D étant le diamètre réel du Soleil exprimé au moyen du rayon terrestre pris pour unité et π la parallaxe du Soleil; en prenant $\pi = 8'',95$ et $\frac{1}{2}d_0 = 16'00'',00$ pour valeurs de la parallaxe et du demi-diamètre correspondant à la moyenne distance du Soleil à la Terre, on a trouvé

$$D = 214,52 \text{ rayons terrestres.}$$

Comme $\pi = \dfrac{8'',95}{R}$, R étant le rayon vecteur du Soleil, on aura en général

$$\tfrac{1}{2}d = \tfrac{1}{2}D\,\frac{8'',95}{R}.$$

Et comme $\frac{1}{2}D \times 8'',95 = \frac{1}{2}d_0 = 16'00'',00$,

$$\tfrac{1}{2}d = \frac{\frac{1}{2}d_0}{R}.$$

Connaissant le rayon vecteur et le demi-diamètre moyen $\frac{1}{2}d_0$, on pourra donc toujours avoir immédiatement la valeur de $\frac{1}{2}d$. Mais $\frac{1}{2}d$ varie peu d'une année à l'autre et même pendant une période de plusieurs années, du moins pour la même époque de l'année. En prenant $\dfrac{1}{R} = 1 + 0,0168 \cos m$, on trouvera, en effet, pour la variation annuelle du demi-diamètre apparent $\frac{1}{2}d$,

$$\Delta \tfrac{1}{2}d = -0,0168 \sin m \times \tfrac{1}{2}d_0 \Delta m,$$

$$\Delta \tfrac{1}{2}d = 0'',00265 \sin m.$$

Ainsi $\frac{1}{2}d$ varie au plus de $0'',027$ en dix ans; il résulte de là que le demi-diamètre apparent ayant été calculé pour tous les jours de l'année, la table qui en résulte peut servir pendant près de dix ans sans erreur appréciable.

En répétant le calcul qui a été effectué pour la parallaxe, on pourra exprimer le demi-diamètre apparent en fonction de la longitude; on trouvera ainsi

$$\tfrac{1}{2}d = 16'00'',27 - 15'',87 \sin \odot + 2'',90 \cos \odot.$$

Dans le calcul qui sert à obtenir cette formule, on est obligé de tenir compte du terme $f \cos(\odot - \varpi)$ indiqué tout à l'heure; mais, comme en même temps il faut tenir compte du terme en $e^2 \cos 2m$ du rayon vecteur

$$\frac{1}{R} = 1 + e \cos m + e^2 \cos 2m + \ldots..$$

Il résulte finalement que les termes $\sin 2\odot$ et $\cos 2\odot$ s'annulent et que la correction du second ordre se réduit à e^2, ce qui correspond à $+ 0'',27$ à ajouter à la valeur du demi-diamètre moyen.

Dans la construction de *la Connaissance des temps*, on adopte pour valeur de la parallaxe moyenne $8'',86$; l'expression générale de la parallaxe en fonction de la longitude est alors

$$\pi = 8'',86 - 0'',146 \sin \odot + 0'',027 \cos \odot.$$

Au lieu de $16'00'',00$ pour le demi-diamètre moyen, on prend une valeur un peu plus grande

$$\tfrac{1}{2}d_0 = 16'01'',50.$$

On trouve alors pour expression générale du demi-diamètre apparent

$$\tfrac{1}{2}d = 16'01'',77 - 15'',890 \sin \odot + 2'',903 \cos \odot.$$

Cette formule est relative à l'année 1850; pour l'époque $1850 + t$, on trouverait

$$\tfrac{1}{2}d = 16'01'',77 - (15'',890 - 0'',00087t)\sin\odot + (2'',903 + 0'',00484t)\cos\odot.$$

7. Du temps sidéral. — Le jour moyen a été défini précédemment (page 292), un intervalle de temps correspondant à la durée de la révolution d'un mouvement résultant de deux autres mouvements; l'un annuel ou mouvement sur l'orbite, l'autre diurne ou sidéral ou mouvement autour de l'axe de rotation de la Terre. Inversement le jour sidéral a pu être regardé comme la durée de la révolution résultante et de la révolution annuelle et de la révolution moyenne ou jour moyen.

Le temps moyen et le temps sidéral qui ne sont autre chose que des époques particulières du jour moyen et du jour sidéral doivent se définir d'une manière tout à fait analogue. On dira donc que le temps moyen résulte du mouvement annuel et du mouvement sidéral et que le temps sidéral résulte du mouvement annuel et du mouvement moyen.

Pour une époque donnée le temps sidéral sera mesuré par l'angle horaire du point vernal, le temps moyen par l'angle horaire du Soleil moyen et le temps de l'année ou époque de la révolution annuelle par l'ascension droite du Soleil moyen; si donc on appelle θ le temps sidéral, T_m le temps moyen et α_m l'ascension droite moyenne, on aura entre ces trois éléments la relation

$$\theta = \alpha_m + T_m.$$

Quand T_m, angle horaire du Soleil moyen, sera nul, ou, en d'autres termes, quand il sera midi moyen, on aura

$$\theta = \alpha_m = \odot_m,$$

ainsi que nous l'avons déjà établi dans la théorie du Soleil. On se rappelle que l'hypothèse du Soleil moyen se mouvant uniformément sur l'équateur a été établie dans le but de débarrasser le mouvement elliptique de l'inégalité appelée équation du centre et aussi de l'inclinaison de l'orbite sur le plan de l'équateur. Cette conception s'est traduite au fond par la substitution du mouvement uniforme d'un point autour de l'axe du monde au mouvement inégal du Soleil.

Or, un pareil mouvement uniforme existe dans la réalité; c'est celui de la sphère céleste ou, ce qui est la même chose, celui d'une étoile quelconque. Si l'on considère une étoile qui coïncide avec le centre du Seleil moyen, son ascension droite sera exactement égale à l'ascension droite moyenne, de sorte qu'en appelant α cette ascension droite, on aura

$$\theta = \alpha = \alpha_m = \odot_m.$$

Comme toutes les étoiles qui appartiennent au même cercle horaire passent en même temps au méridien, les diverses étoiles dont l'ascension droite est égale à celle du Soleil moyen ou, en d'autres termes. qui se trouvent sur le même cercle horaire que ce Soleil moyen, pourront servir indistinctement à déterminer le temps sidéral aussi bien que le Soleil moyen lui-même. Mais il y a plus : l'ascension droite d'une étoile quelconque étant par définition égale à l'angle formé par son plan horaire avec celui du point équinoxial, quand cette étoile passe au méridien, le temps sidéral du lieu est rigoureusement égal à son ascension droite.

Le passage d'une étoile quelconque au méridien détermine donc le temps sidéral aussi bien que le passage du Soleil moyen lui-même. Mais pour que l'on puisse assimiler entièrement le Soleil moyen à une étoile de la sphère céleste, il y a lieu d'introduire dans l'expression de la longitude moyenne une légère correction.

On a vu que les coordonnées apparentes des étoiles résultent des corrections de précession de nutation et d'aberration. Ce sont les positions ainsi corrigées que l'on observe à la lunette méridienne et qui serviront par suite à établir immédiatement l'heure de la pendule sidérale. Or la longitude moyenne, telle qu'elle a été établie jusqu'à présent, suppose implicitement la correction de précession ; elle est corrigée, en outre, de la partie constante de l'aberration ; il reste donc à lui ajouter la nutation en ascension droite pour que le temps sidéral résultant de l'observation soit rigoureusement égal à celui que l'on obtient au moyen d'une étoile quelconque.

Daprès cela l'expression du temps sidéral sera

$$\theta = \odot + N \cos \omega.$$

N étant la nutation en longitude et ω l'obliquité de l'écliptique.

Les éphémérides donnent le temps sidéral à midi moyen pour tous les jours de l'année ; d'après l'expression précédente, le calcul du temps est toujours extrêmement simple.

Ayant déjà le temps sidéral pour tous les jours d'une année donnée, on passera aisément à la valeur de cet élément aux dates correspondantes d'une autre année quelconque. Faisons momentanément abstraction du terme $N \cos \omega$ de manière à avoir simplement

$$\theta = \odot_m.$$

On conclura immédiatement $\Delta\theta = \Delta\odot_m$.
Et comme pour $1850 + t$

$$\odot_m = 280°46'43'',51 + (360° + 27'',6784)t + 0,00011073t^2,$$

$$\Delta\odot_m = 360° + 27'',6784 + 0'',00022146t.$$

S'il s'agit d'une révolution complète, c'est-à-dire d'une année

$$\Delta\odot_m = 27'',6784 + 0'',00022146t,$$

et s'il s'agit d'une période de n années

$$\Delta\odot_m = n(27'',6784 + 0'',000\,221\,46t).$$

Par suite

$$\theta_n = \theta + \Delta\theta = \theta + n(27'',6784 + 0'',000\,221\,46t) + (i_0 - i)b.$$

i_0 étant l'indice de l'année initiale, i celui de l'année considérée et h la variation de longitude moyenne en six heures; $b = 14'57'',083$.

EXEMPLE. On trouve, dans *la Connaissance des temps* de 1870, pour le 9 juillet à midi moyen de Paris

$$\theta = 7^h08^m51^s,81.$$

D'ailleurs

$$N\cos\omega = -0^s,96;$$

par suite

$$\odot_m = \theta + 0^s,96 = 7^h08^m52^s,77.$$

On veut calculer θ pour le 9 juillet 1874 à midi moyen,

$$i_0 = 2, \quad i = 2;$$

de sorte que

$$(i_0 - i)b = 0.$$

Si d'un autre côté on fait $t = 20$ dans le coefficient de n, on trouvera

$$\Delta\theta = n(27'',6228) = 110'',73,$$

et en temps

$$\Delta\theta = 7^s,38.$$

Donc.

$$\odot_m(1874) = \odot_m(1870) + 7^s,38 = 7^h09^m00^s,15.$$

Or pour le 9 juillet, on trouvera

$$N\cos\omega = -0^s,50.$$

Donc pour le 9 juillet 1874, on aura finalement

$$\theta = \odot_m(1874) - 0^s,50 = 7^h08^m59^s,65.$$

8. Temps vrai, temps moyen, équation du temps. — On vient de voir que le temps moyen et le temps sidéral sont définis simultanément par la relation

$$\theta = \alpha_m + T_m$$

dans laquelle θ est l'angle horaire du point vernal, T_m l'angle horaire du Soleil moyen et α_m l'ascension droite du Soleil moyen.

De même, on définira le temps sidéral et le temps vrai par la relation

$$\theta = \alpha + T_v$$

dans laquelle θ sera encore l'angle horaire du point vernal, T_v l'angle horaire du Soleil vrai et α l'ascension droite du Soleil vrai, c'est-à-dire l'ascension droite telle qu'elle résulte du mouvement elliptique corrigé des inégalités.

En retranchant les deux égalités précédentes l'une de l'autre, on aura

$$\alpha_m - \alpha + T_m - T_v = 0,$$

d'où

$$T_m = T_v + (\alpha - \alpha_m).$$

$(\alpha - \alpha_m)$ est la quantité qu'il faut ajouter au temps vrai pour obtenir le temps moyen ; c'est ce que nous avons appelé précédemment l'équation du temps

$$T_m = T_v + Eq.$$

Il est du reste facile d'établir que $Eq = \alpha - \alpha_m$ en partant de la définition qui a été donnée de cette expression dans la théorie du Soleil ; on a vu en effet que $Eq = f - r$, f étant l'équation du centre et r la réduction à l'équateur, $r = \odot - \alpha$, de sorte que $Eq = f - \odot + \alpha$.

f, $\odot$, α résultaient alors du mouvement elliptique ; si l'on suppose que l'on ajoute à chacun de ces éléments la variation due à la somme des inégalités, Eq sera modifié d'une certaine correction que nous assimilerons à une différentielle dEq et l'on aura

$$dEq = df + - d\odot + d\alpha.$$

Mais $\odot = \odot_m + f$ d'après le mouvement elliptique, de sorte que

$$d\odot = df.$$

Par conséquent

$$dEq = d\alpha,$$

ce qui indique que l'introduction de la somme des inégalités dans l'expression de l'équation du centre revient à ajouter simplement à cette expression la somme des inégalités en ascension droite ; d'après cela l'équation du temps, eu égard aux inégalités, sera encore

$$Eq = f - \odot + \alpha,$$

α représentant alors l'ascension droite vraie et non plus l'ascension droite résultant uniquement du mouvement elliptique.

Et comme $\odot = \odot_m + f$, on aura finalement

$$Eq = \alpha - \odot_m = \alpha - \alpha_m,$$

c'est-à-dire la valeur de l'équation du temps que nous avons donnée tout à l'heure.

Après avoir calculé l'ascension droite vraie du Soleil, comme on l'a expliqué précédemment, ainsi que le temps sidéral α_m, il suffit donc de retrancher α_m de α pour obtenir immédiatement l'équation du temps.

Les éphémérides donnent habituellement, non pas l'équation du temps, mais le temps moyen à midi vrai; comme les éléments α et α_m sont calculés pour midi moyen, il faut ajouter à la quantité $\alpha - \alpha_m$ sa variation en temps moyen dans l'intervalle de temps qu'elle représente.

EXEMPLE. Le 20 mars 1870, à midi moyen de Paris,

$$\alpha = 23^h 58^m 58^s,23$$
$$\odot_m = 23\ 51\ 21\ ,87$$
$$Eq = \alpha - \alpha_m = \qquad 7^m 36^s,36$$

Le 21 mars

$$\alpha = 24^h 02^m 36^s,72$$
$$\odot_m = 23\ 55\ 18\ ,42$$
$$Eq = \alpha - \alpha_m = \qquad 7^m 18^s,30$$

L'équation du temps varie d'après cela de $- 18^s,06$ en 24 heures; on en conclura

$$Eq \text{ le 20 mars} = 7^m 36^s,26, \qquad Eq \text{ le 21 mars} = 7^m 18^s,20.$$

9. Unités de temps. Transformation des intervalles de temps. — Nous avons dit, dans l'étude du mouvement du Soleil, en signalant les diverses espèces de temps que l'on était amené à considérer, qu'il était toujours indispensable, quand on parlait de temps, d'indiquer la nature de ce temps et par suite de faire connaître l'unité avec laquelle il est mesuré, sous peine de s'exposer à une grande confusion. Nous entrerons ici dans quelques détails pour fixer entièrement les idées sur ce point important.

Dans ce qui précède, on n'a nullement fait mention de l'unité de temps, tout en parlant néanmoins de temps d'espèces différentes; au fond on n'en avait pas besoin ; les relations

$$(1) \quad \theta = \alpha_m + T_m, \qquad (2) \quad \theta = \alpha + T_v, \qquad (3) \quad \alpha - \alpha_m = T_m - T_v,$$

ont été posées indépendamment de cette unité, parce qu'elles établissent en réalité des équations entre des angles déterminés ; il a été dit en effet que

- θ est l'angle horaire du point vernal,
- T_m l'angle horaire du Soleil moyen,
- T_v l'angle horaire du Soleil vrai,
- α_m l'ascension droite du Soleil moyen,
- α l'ascension droite du Soleil vrai.

Les quantités renfermées dans les équations précédentes sont donc des angles à proprement parler et ne sauraient être interprétées *à priori* d'une autre manière ; sans cela, du reste, ces équations seraient parfaitement absurdes puisqu'elles exprimeraient des relations entre des grandeurs de natures différentes.

D'après un usage généralement consacré en astronomie, les expressions de temps et d'angle horaire sont souvent employées l'une pour l'autre ; cela tient à ce que les idées qui s'y rattachent sont liées entre elles d'une manière très intime. Or, si l'on veut faire intervenir l'idée de temps dans les équations précédentes, il est bien évident que cela ne peut avoir lieu que sous la condition de certaines réserves particulières. Il est donc nécessaire de s'expliquer comment l'usage dont nous venons de parler doit être entendu, si l'on ne veut pas s'exposer à commettre des confusions.

Toute circonférence, quel que soit son rayon, se divise en 360° ou 24 heures, le mot *heure* ayant dans ce cas la signification abstraite qui résulte du rappport $\dfrac{360}{15}$. Les degrés ou les heures de circonférence de rayon différent ont, il est vrai, des grandeurs absolues plus ou moins différentes suivant que les rayons sont eux-mêmes plus ou moins différents entre eux. Mais la notion du degré ou de l'heure est par elle-même entièrement indépendante de toute idée préalable sur la grandeur du rayon. Les degrés ou les heures sont des quantités angulaires et leur nature ne suppose la connaissance d'aucune grandeur linéaire.

Quand on veut fixer la direction dans laquelle se trouve un objet, il suffit d'estimer l'angle formé par cette direction avec une direction fixe prise pour origine, qui est arbitraire par elle-même et doit à cause de cela même être déterminée par une convention ; la direction prise pour origine étant fixée, il est évident que la position de l'objet sera connue si l'on donne sa distance angulaire avec cette origine.

Toute révolution complète d'un point mobile estimée sur un grand cercle correspond à 24 heures; mais si l'on imagine des révolutions s'exécutant avec des vitesses différentes et si alors, avec l'idée de vitesse, on introduit l'idée de temps qui en est inséparable, on arrivera à dire que chaque révolution correspond bien à 24 heures, mais que les heures et par suite les minutes et les secondes de ces diverses révolutions ont des grandeurs variables si on les compare à une même unité.

Mais l'idée du temps relatif à une révolution donnée, prise en particulier, est par elle-même indépendante de la durée absolue de la révolution totale, comme la notion du degré est indépendante de celle du rayon. Cette idée correspond en effet à celle d'une quantité angulaire. Si l'époque relative à la position d'un corps céleste sur le grand cercle qu'il décrit est connue, si d'un autre côté on a adopté une origine déterminée pour estimer la direction dans laquelle se trouve ce corps céleste, il est évident que sa position sur la sphère sera immédiatement connue.

L'origine adoptée en astronomie pour fixer la position d'un corps céleste est le méridien du lieu de l'observation.

Connaître l'époque de sa révolution à laquelle se trouve un astre par rapport au méridien, c'est connaître son angle horaire; la position de l'astre est par suite déterminée.

Si l'on imagine une pendule qui marque 0^h quand l'astre passe au méridien et qui effectue sa révolution de 24 heures dans le temps que l'astre met à revenir au méridien, il est clair que cette pendule marquera le temps qui est relatif au mouvement de l'astre considéré et que les époques qu'elle indiquera mesureront des angles horaires correspondants.

Les positions de tous les autres corps célestes, par rapport à celui dont nous venons de définir le temps, s'établiront pour une époque donnée par la connaissance de la différence de leurs angles horaires respectifs avec l'angle horaire de celui-ci, et cette différence traduite en heures, minutes et secondes devra être regardée comme *représentée en temps de l'astre par rapport auquel les positions sont établies.*

Les angles formés par les plans horaires entre eux, ou les différences de ces angles sont mesurés par les arcs interceptés sur le grand cercle de l'équateur; inversement tout arc de l'équateur peut être regardé comme mesurant un angle horaire et s'estimer par suite en temps. C'est d'après cela que les ascensions droites, qui sont comptées sur l'équateur, sont par extension comptées en temps comme les angles horaires, quoiqu'elles aient par elles-même une signification propre indépendante de la révolution horaire ou révolution par rapport au méridien.

Un arc de l'équateur s'évaluant toujours en temps, et cela indépendamment de toute unité de temps, il est évident que le nombre d'heures, minutes et secondes qui servira à mesurer cet arc, pourra s'appliquer à un temps quelconque; il doit effectivement en être ainsi puisque toute révolution horaire s'exécute en 24 heures : par exemple, la révolution sidérale en 24 heures sidérales, la révolution moyenne en 24 heures moyennes, etc., d'où il résulte que le nombre d'heures, minutes et secondes qui représentera le temps employé à parcourir un arc de l'équateur sera toujours constant quelle que soit la révolution considérée. Mais la nature de ce temps sera fixée quand on donnera le temps de l'astre par rapport auquel les différences d'angles horaires sont comptées.

D'après cela, les équations (1), (2) et (3) qui expriment des relations entre des angles horaires, ou, ce qui revient au même, entre des arcs de l'équateur, pourront servir à calculer des temps si l'on fait connaître l'astre par rapport auquel on doit compter les angles, ou, ce qui revient au même, le temps qui sera pris pour unité. Si, par exemple, on considère le point vernal, la somme angulaire $\alpha_m + T_m$ exprimée en temps sera, en temps sidéral, l'angle horaire du point vernal; de même $\alpha + T_v$ serait, en temps sidéral, l'angle horaire du point vernal; s'il s'agit du Soleil moyen, $\theta - \alpha_m$ exprimé en temps, sera, en temps moyen, l'angle horaire du Soleil moyen; s'il s'agit du Soleil vrai, $\theta - \alpha$ sera, en temps vrai, l'angle horaire du Soleil vrai.

Mais, dans aucun cas, on ne saurait introduire à la fois dans les équations en question deux espèces de temps à la fois. Alors, en effet, ces équations n'auraient plus aucun sens. Cela revient à dire que les équations ne représentent pas des relations entr des temps d'espèces différentes, mais qu'elles sont relatives à des angles horaires qui, sous la réserve de certaines restrictions, peuvent servir à mesurer des temps.

Les considérations précédentes peuvent être résumées en disant que les relations (1), (2), (3) n'ont de sens qu'à la condition d'être homogènes; le temps correspondant à l'un quelconque des angles horaires peut être pris pour unité : c'est alors par rapport à ce temps que s'établit l'homogénéité.

Les corps célestes qui ont des mouvements propres exécutent leurs révolutions horaires en des temps différents les uns des autres; de là diverses espèces de temps.

Le temps d'un astre quelconque dépend de la durée de sa révolution totale, et le rapport des temps de deux astres différents est égal au rapport inverse des durées de leurs révolutions totales, ou, ce qui revient au même, à celui des vitesses angulaires respectives. En appe-

lant T_p, T_q ces deux temps, D_p, D_q les durées des révolutions correspondantes, on aura donc

$$\frac{T_p}{T_q} = \frac{D_q}{D_p};$$

d'où

$$T_p = T_q \frac{D_q}{D_p} \quad \text{ou} \quad T_q = T_p \frac{D_p}{D_q}.$$

Dans ces relations, T_p, T_q, D_p, D_q seront des nombres abstraits que
l'on devra considérer indépendamment de toute idée des mouvements
qui ont servi à les fournir.

Suivant que l'on conviendra de prendre T_p ou T_q pour unité, T_q
ou T_p s'exprimera au moyen de cette unité.

On pourra prendre pour unité un temps quelconque. Toutefois il y
aura grand avantage à choisir dans ce but un temps qui varie d'une
manière uniforme, et par suite dont l'heure, la minute ou la seconde
et en général l'unité absolue reste constante en grandeur.

Le mouvement sidéral et le mouvement moyen sont des mouvements uniformes; les temps qui leur correspondent sont par suite
susceptibles d'être adoptés pour servir d'unités. Ce sont, en effet, les
seuls qui soient employés comme tels dans les observations astronomiques.

Nous avons établi précédemment le rapport qui existe entre la durée
du jour moyen et celle du jour sidéral, c'est-à-dire entre les durées
des révolutions totales du mouvement moyen et du mouvement sidéral; nous avons trouvé :

$$1 \text{ } jour \text{ } sidéral = 1 \text{ } jour \text{ } moyen - 3^m 55^s,909 \text{ de } temps \text{ } moyen,$$

$$1 \text{ } jour \text{ } moyen = 1 \text{ } jour \text{ } sidéral + 3^m 56^s,555 \text{ de } temps \text{ } sidéral.$$

On déduira facilement de là, pour les subdivisions du jour,

$$1 \text{ } heure \text{ } sidérale = 1 \text{ } heure \text{ } moyenne - \frac{3^m 55^s 909}{24} = 1^h \text{m.} - 9^s,8295 \text{ } (t.m.)$$

$$1 \text{ } heure \text{ } moyenne = 1 \text{ } heure \text{ } sidérale + \frac{3^m 56^d,555}{24} = 1^h \text{s.} + 9^s,8566 \text{ } (t.s.)$$

$$1 \text{ } minute \text{ } sidérale = 1 \text{ } minute \text{ } moyenne - \frac{3^m 55^s,909}{1440} = 1^m \text{m.} - 0^s,1638 \text{ } (t.m.)$$

$$1 \text{ } minute \text{ } moyenne = 1 \text{ } minute \text{ } sidérale + \frac{3^m 56^s,555}{1440} = 1^m \text{s.} + 0^s,1642 \text{ } (t.s.)$$

$$1 \text{ } seconde \text{ } sidérale = 1 \text{ } sec. \text{ } moyenne - \frac{3^m 55^s,909}{86400} = 1^s \text{m.} - 0^s,0027 \text{ } (t.m.)$$

$$1 \text{ } seconde \text{ } moyenne = 1 \text{ } sec. \text{ } sidérale + \frac{3^m 56^s,555}{86400} = 1^s \text{s.} + 0^s,0027 \text{ } (t.s.).$$

On obtiendrait de même les valeurs de n heures, de n minutes ou de n secondes de temps sidéral ou de temps moyen. Par exemple

$$n \text{ minutes sidérales} = n \text{ minutes moyennes} - n\,0^s,1638 \ (t.\ m.)$$
$$p \text{ secondes moyennes} = p \text{ secondes sidérales} + p\,0^s,0027 \ (t.\ s.).$$

En général, I étant un intervalle composé de H heures, M minutes et S secondes, on aura, pour I_s ou I exprimé en temps sidéral,

$$(1) \quad I_s = (I - 9^s,8295\,H - 0^s,1638\,M - 0^s,0027\,S) \text{ de temps moyen,}$$

et pour I_m ou I exprimé en temps moyen,

$$(2) \quad I_m = (I + 9^s,8566\,H + 0^s,1642\,M + 0^s,0027\,S) \text{ de temps sidéral.}$$

Dans la première de ces expressions, I est le *nombre* d'heures, de minutes et de secondes contenues dans I_s; H, M, S sont séparément les *nombres* d'heures, de minutes et de secondes contenues dans I_s. Le second membre représente en heures, minutes et secondes de temps moyen, l'intervalle figuré en temps sidéral par I_s.

De même, dans la seconde expression, I est le même *nombre* que I_m, H, M, S sont respectivement les *nombres* d'heures, de minutes ou de secondes contenues dans I_m. Le second membre représente en heures, minutes et secondes de temps sidéral l'intervalle que I_m exprime en heures, minutes et secondes de temps moyen.

L'expression (1) servira à convertir un intervalle I_s de temps sidéral en intervalle de temps moyen.

L'expression (2) servira à convertir un intervalle I_m de temps moyen en temps sidéral.

Les différents termes qui servent à calculer la valeur du temps moyen dans l'expression (1) et du temps sidéral dans l'expression (2), ont été mis en tables pour faciliter les calculs. Ces tables se trouvent dans tous les annuaires astronomiques. Elles ont pour arguments les nombres H, M, S d'heures, de minutes et de secondes de l'intervalle I. Dans la *Connaissance des temps*, ces tables sont placées parmi les tables annexes : ce sont les tables V et VI.

La table V sert à passer du temps sidéral au temps moyen; elle se construit au moyen de l'expression (1).

La table VI sert à passer du temps moyen au temps sidéral; elle se construit par suite avec l'expression (2).

Exemples. I. *Le 19 février 1874, la pendule sidérale marque* $7^h14^m48^s,50$; *on demande l'heure temps moyen, sachant que le temps sidéral à midi moyen était* $21^h57^m01^s,81$.

Si l'on retranche le temps sidéral à midi moyen de l'heure sidérale donnée, on trouvera $9^h 17^m 46^s,39$: ce sera l'intervalle de temps sidéral qui s'est écoulé depuis le midi moyen. Il faudra donc transformer cet intervalle en temps ; la table V donnera :

$$
\begin{array}{lr}
\text{Pour } 9^h \ldots\ldots\ldots\ldots\ldots & 1^m 28^s,466 \\
17^m \ldots\ldots\ldots\ldots\ldots & 2,785 \\
46^s \ldots\ldots\ldots\ldots\ldots & 0,126 \\
00^s,69 \ldots\ldots\ldots\ldots\ldots & 0,002 \\
\hline
\text{Somme} \ldots\ldots\ldots & 1^m 31^s,379
\end{array}
$$

On retranchera cette correction de l'intervalle temps sidéral

$$
\begin{array}{r}
9^h 17^m 46^s,69 \\
1\ 31\ ,38 \\
\hline
9^h 16^m 15^s,31
\end{array}
$$

$9^h 16^m 15^s,31$ est l'intervalle temps moyen cherché écoulé depuis midi. Il est donc $9^h 16^m 15^s,31$ à la pendule temps moyen quand la pendule sidérale marque $7^h 14^m 48^s,50$.

II. *Le 5 août 1874, il était* $16^h 39^m 18^s,53$ *temps moyen. On demande l'heure sidérale, sachant que le temps sidéral à midi moyen était* $8^h 55^m 26^s,69$.

On transformera l'intervalle temps moyen donné en intervalle sidéral au moyen de la table VI.

On trouvera :

$$
\begin{array}{lr}
\text{Pour } 16^h \ldots\ldots\ldots\ldots\ldots & 2^m 37^s,704 \\
39^m \ldots\ldots\ldots\ldots\ldots & 6,407 \\
18^s \ldots\ldots\ldots\ldots\ldots & 0,049 \\
0^s,53 \ldots\ldots\ldots\ldots\ldots & 0,002 \\
\hline
\text{Somme} \ldots\ldots\ldots & 2^m 44^s,162
\end{array}
$$

On ajoutera cette somme à l'intervalle temps moyen donné

$$
\begin{array}{r}
16^h 39^m 18^s,53 \\
2\ 44\ ,16 \\
\hline
16^h 42^m 02^s,69
\end{array}
$$

$16^h 42^m 02^s,69$ est, en unités sidérales, l'intervalle qui correspond à l'intervalle de temps moyen donné. Pour avoir *l'heure sidérale*, il faut l'ajouter à l'heure que marquait la pendule à midi moyen

$$16^h 42^m 02^s,69$$
$$8\ 55\ \ 26\,,69$$
$$\overline{25^h 37^m 29^s,38}$$

L'heure sidérale cherchée est donc $1^h 37^m 29^s,38$.

Ces problèmes, on le voit aisément, sont extrêmement simples et ne sauraient présenter aucune difficulté sérieuse. Toutefois ils exigent toujours une grande attention. Quand on n'a pas l'habitude de ce genre de calcul par une pratique journalière, on se trompe avec une facilité extrême; cela tient surtout à la confusion que l'on est souvent tenté de faire entre le mot *temps sidéral* et celui d'*heure sidérale;* les causes d'erreur deviennent encore bien plus grandes quand il faut comparer des temps de méridiens différents, c'est-à-dire des temps de divers lieux ayant entre eux des différences de longitude géographique.

Aussi pour transformer un intervalle de temps dans un autre, nous emploierons tout à l'heure un raisonnement un peu différent qui nous paraît diminuer les chances d'erreur et a d'ailleurs l'avantage d'être toujours le même, quelle que soit l'espèce de temps dont il s'agit. Mais auparavant nous reviendrons un instant sur ce qui a été dit précédemment pour donner aux expressions (1) et (2) une interprétation particulière.

(1) $I_s = (I - 9^s,8295H - 0^s,1638M - 0^s,0027S)$ de temps moyen,

(2) $I_m = (I + 9^s,8566H + 0^s,1642M + 0^s,0027S)$ de temps sidéral.

On est tenté au premier abord de prendre ces expressions pour des formules qui donnent les quantités I_s et I_m supposées inconnues; or il se trouve que I_s et I_m sont précisément les données qui servent à calculer les inconnues.

On peut facilement mettre les deux expressions sous la forme ordinaire des formules algébriques en changeant leur notation :

(3) $I_m = I_s - \Delta I_s,\quad \Delta I_s = 9^s,8295H + 0^s,1638M + 0^s,0027S,$

(4) $I_s = I_m + \Delta I_m,\quad \Delta I_m = 9^s,8566H + 0^s,1642M + 0^s,0027S.$

Dans la formule (3), I_m est alors l'intervalle que l'on cherche, I_s l'intervalle sidéral donné et ΔI_s la variation ou le mouvement qu'il faut faire subir à cet intervalle ou plutôt au nombre qu'il représente pour obtenir le nombre qui donnera l'intervalle moyen cherché.

De même dans la formule (4), I_s sera l'intervalle temps sidéral cherché, I_m l'intervalle moyen donné et ΔI_m la correction qu'il faut lui faire subir.

La correction ΔI_s est donnée par la table V et ΔI_m par la table VI.

Si l'on remarque maintenant que la variation ΔI qu'il faut faire subir au temps sidéral ou au temps moyen pour obtenir un intervalle moyen ou un intervalle sidéral, n'est autre chose que le mouvement du point vernal par rapport au méridien dans l'intervalle de temps que l'on considère, on arrivera à conclure que ΔI_s est le mouvement du temps sidéral ou la variation de l'ascension droite du Soleil dans l'intervalle sidéral I_s et que ΔI_m est cette même variation dans l'intervalle moyen I_m.

La table V *donne donc à vue la quantité angulaire dont varie l'ascension droite moyenne du Soleil dans un nombre donné d'heures, de minutes et de secondes sidérales.*

La table VI *fournit la variation de l'ascension droite moyenne du Soleil dans un intervalle de temps moyen.*

Conversion du temps sidéral en temps moyen et inversement. On partira de la relation fondamentale qui existe entre les angles horaires et l'ascension droite moyenne

$$\theta = \alpha_m + T_m,$$

et l'on en conclura θ ou T_m suivant que T_m ou θ sera donné.

Reprenons les deux problèmes résolus précédemment.

I. *On demande l'heure moyenne sachant que l'heure sidérale est $7^h 14^m 48^s,50$, et que le temps sidéral à midi moyen était $21^h 57^m 01^s,81$.*

$$T_m = \theta - \alpha_m.$$

$\theta =$ angle horaire du point vernal $= 7^h 14^m 48^s,50$.

Ascens. droite moyenne ou temps sidéral à midi moyen $= 21^h 57^m 01^s,81$

Variation de α_m dans l'intervalle sidéral donné (table V) $=$ 0 01 31 ,38

Valeur de α_m pour l'époque considérée. . . . . $= 21^h 58^m 33^s,19$

Par suite

$$T_m = \theta - \alpha_m = 9^h 16^m 15^s,31.$$

C'est l'heure moyenne cherchée.

II. *On demande l'heure sidérale correspondant à l'heure moyenne $16^h 39^m 18^s,53$, sachant que le temps sidéral à midi moyen était $8^h 55^m 26^s,69$.*

Ascension droite moyenne. . . . . $= 8^h 55^m 26^s,69$

Variation dans l'intervalle moyen donné (table V) $= 2\ 44\ ,16$

$\alpha_m =$ asc. dr. moyenne pour l'époque considérée $= 8^h 58^m 10^s,85$

$T_m =$ angle horaire donné. . . . . $= 16\ 39\ 18\ ,53$

Heure sidérale $\theta = \alpha_m + T_m$. . . . . $= 1^h 37^m 29^s,38$

Conversion du temps vrai en temps moyen et réciproquement. On se sert de la relation fondamentale :

$$T_m = T_v + Eq.$$

L'équation du temps est donnée dans les éphémérides pour midi vrai; il faut par suite la calculer dans chaque cas particulier pour l'époque du temps vrai considéré. On ne saurait pour cela avoir de tables analogues aux tables V et VI, parce que la variation de l'équation du temps est variable. Il faut donc établir cette variation par un calcul direct; comme d'ailleurs cette variation a souvent un mouvement assez notable, il peut y avoir lieu de faire une interpolation en tenant compte des différences secondes.

I. *Le* 1er *mars 1874, on donne le temps vrai* $13^h 53^m 28^s,30$; *on demande le temps moyen sachant que l'équation du temps est* $0^h 12^m 32^s,84$.

L'équation du temps varie de $-12^s,29$ en 24 heures de temps vrai et sa différence seconde est $+ 0^s,49$.

On trouvera

Variation de Eq dans l'intervalle donné. . . . . $=$ $-7^s,12$

Correction pour les différences secondes (t. XII) $= -0\ ,06$

Correction totale. . . . . $= -7^s,18$

Équation du temps pour l'époque considérée. . $= 0^h 12^m 25^s,66$

$T_v =$ angle horaire vrai. . . . . $= 13\ 53\ 28\ ,30$

Temps moyen cherché $= T_m = T_v + Eq$. . . . $= 14^h 05^m 53^s,96$

Dans les éphémérides on ne donne pas à proprement parler l'équation du temps, on donne le temps moyen à midi vrai; le temps moyen est égal à la quantité appelée équation du temps quand il est plus grand que 12 heures, mais il est le complément à 12 de cette quantité quand il est moindre que 12 heures, ce qui correspond au cas de l'équation du temps négative; alors on retranche 12 heures du résultat obtenu en ajoutant T_v à l'équation du temps,

II. *On donne pour le 11 juin 1874 l'heure moyenne* $6^h35^m43^s,64$; *on demande l'heure vraie.*

Dans ce cas il faudrait encore calculer l'équation du temps pour l'époque temps vrai, mais comme cette époque est précisément ce que l'on cherche, il y aurait lieu de procéder par approximations successives; il est facile de tourner la difficulté en remarquant que pour une époque quelconque $Eq. = \alpha - \alpha_m$ est la différence entre l'ascension droite vraie et l'ascension droite moyenne ou temps sidéral, et que ces deux quantités sont données pour midi moyen. En les retranchant l'une de l'autre, on aura l'équation du temps à midi moyen.

Dans le cas dont il s'agit,

$$\alpha = 5^h17^m52^s,44$$
$$\alpha_m = 5\ 18\ 36\,,00$$
$$Eq. = \alpha - \alpha_m = 11^h59^m16^s,44$$

Connaissant l'équation du temps à midi moyen, sachant qu'elle varie de $+12^s,24$ en 24 heures avec une différence seconde $+0^s,20$, il sera facile de l'interpoler pour l'heure temps moyen donnée.

On trouvera

$$\text{Variation de } Eq. \text{ pour l'intervalle donné } T_m = +3^s,35$$
$$\text{Correction pour les différences secondes}\ldots = -0\,,02$$
$$\text{Correction de } Eq. \ldots\ldots\ldots = +3^s,33$$

$$Eq. = \text{équation du temps pour l'époque donnée} = 11^h59^m19^s,76$$
$$T_m = \text{angle horaire donné}\ldots\ldots\ldots = 6\ 35\ 43\,,64$$
$$T_v = T_m - Eq.\ldots\ldots\ldots\ldots = 6^h36^m23^s,88$$

Conversion du temps sidéral en temps vrai et réciproquement. On se servira de la relation fondamentale :

$$\theta = \alpha + T_v.$$

On aura besoin de calculer l'ascension droite vraie α pour une époque temps vrai ou une heure sidérale, suivant que l'angle horaire connu sera T_v ou θ, et ce calcul devra se faire en tenant compte des différences secondes, parce que la variation de α est rapide et inégale. Mais comme les ascensions droites sont données dans la *Connaissance des temps* pour le temps moyen, il faudra, pour effectuer ce calcul, transformer préalablement le temps vrai ou le temps sidéral donné en temps moyen.

Il est plus court alors, quand on veut passer du temps vrai au temps sidéral ou inversement, ayant transformé le temps donné en temps moyen, de passer de ce temps moyen au temps sidéral ou au temps vrai correspondant, d'après l'un des calculs qui viennent d'être effectués tout à l'heure.

Si donc, connaissant T_v on veut avoir θ, on calculera T_m au moyen de la relation $T_m = T_v + Eq$, et l'on déduira ensuite θ de la relation $\theta = \alpha_m + T_m$.

De même si θ est donné et que l'on veuille obtenir T_v, on aura successivement

$$T_m = \theta - \alpha_m, \qquad T_v = T_m - E_q.$$

CHAPITRE IV

CALENDRIER. ÉPHÉMÉRIDES ASTRONOMIQUES.

1. Construction du calendrier. — On appelle *Calendrier* un tableau de la distribution du temps en périodes déterminées au moyen desquelles il est possible d'assigner l'époque d'un événement passé, présent ou futur.

On peut prendre pour unité de temps soit l'année tropique, durée de la révolution du Soleil, soit l'intervalle de temps qui correspond à la révolution synodique de la Lune.

De là, deux espèces de calendriers : le calendrier solaire et le calendrier lunaire.

Le calendrier lunaire peut s'établir facilement, d'après l'observation des phases de la Lune. La durée d'une révolution synodique prend le nom de *mois*. Un certain nombre de mois, 12 ordinairement, constituent une *année lunaire*. La durée de la révolution synodique étant de $29^{jours},5$ environ, 12 mois lunaires correspondent à 354 jours environ. L'année lunaire est plus petite que l'année solaire, de sorte que si l'on compte un certain nombre d'années de ce genre, les époques adoptées dans le principe pour les diverses saisons n'y correspondent plus au bout d'un certain temps. De là un grave inconvénient qu'il faudra compenser par la création de mois supplémentaires que l'on ajoutera à l'année primitive de 12 mois à des époques déterminées.

Le calendrier solaire présente au contraire le grand avantage de ramener les saisons aux mêmes dates en les faisant correspondre à la même position de la Terre par rapport au Soleil. Le calendrier solaire est basé sur la connaissance de la durée de l'année tropique. Cette durée, qui est, comme nous l'avons vu, de $365^{jours},2422$, fut déterminée très exactement par les Chaldéens à la suite d'un très grand nombre d'observations. La durée de l'année tropique établie, les Chaldéens adoptèrent le calendrier solaire. L'année 745 avant J.-C. fut la première comptée au moyen de ce calendrier; c'est, comme on

le sait en effet, l'année initiale de l'ère assyrienne ou ère de Nabo-
nassar.

Le calendrier solaire fut adopté également par les Égyptiens, puis
par les Romains sous Jules César, et enfin par tous les peuples modernes.

Le calendrier lunaire fut en usage chez les Grecs, puis chez les Romains jusqu'à l'époque de la réforme julienne : il est encore employé
aujourd'hui par les musulmans.

La grande difficulté de l'établissement du calendrier lunaire tient
à la détermination des mois supplémentaires, avec la condition que les
saisons se présentent à des époques à peu près fixes par rapport à
l'année. Les Grecs étaient arrivés à résoudre le problème au moyen du
cycle de Méton ou *cycle d'or*. Ainsi que nous l'avons vu, ce cycle se
composait de 19 ans, période nécessaire pour ramener le Soleil et la
Lune dans la même position par rapport à la Terre, et cela à la même
époque. Connaissant le numéro du cycle qui correspondait à une
année, ou ce que l'on appelle le *nombre d'or*, on pouvait immédiatement
établir le calendrier pour cette année ; or ce calendrier, ainsi calculé,
devait se reproduire au bout de 19 ans. Toutefois cela n'est pas rigoureusement exact, le cycle de Méton ne formant pas un intervalle de
temps parfaitement égal à 19 ans ; mais la différence qui en résulte
n'a besoin d'être corrigée qu'après une longue période.

Quoi qu'il en soit, le calendrier lunaire est aujourd'hui abandonné
par tous les peuples, sauf les musulmans. Le mouvement de la Lune
intervient seulement dans le calendrier solaire pour fixer certaines
époques, par exemple les dates de quelques fêtes religieuses.

Les périodes adoptées pour la subdivision de l'année sont le *mois* et
la *semaine*. Il y a douze mois dont sept : *Janvier, Mars, Mai, Juillet, Août,
Octobre* et *Décembre* ont 31 jours ; quatre : *Avril, Juin, Septembre* et
Novembre ont 30 jours, et un, *Février*, a 28 jours dans les années ordinaires et 29 jours dans les années bissextiles.

La semaine est composée de sept jours qui se reproduisent périodiquement.

La semaine n'est par conséquent une subdivision exacte ni pour le
mois ni pour l'année. Cette double division de l'année en mois de durées inégales puis en périodes de 7 jours ou semaines, empruntée
partie au calendrier romain, partie au calendrier juif, a souvent été
l'objet de critiques très vives. On a trouvé, par exemple, qu'il eût été
plus rationnel de diviser l'année en 12 mois de 30 jours, ensuite chaque
mois en périodes de 10 jours ou décades, et enfin de compter en dehors
des mois 5 ou 6 jours particuliers qui pourraient être affectés à de
grandes fêtes nationales ou religieuses. Ce système était adopté par les
Égyptiens ; il a également été la base du calendrier républicain dont
on s'est servi en France de 1793 à 1806. Toutefois l'usage a prévalu, et

l'on ne saurait aujourd'hui songer à le changer sans se heurter à de graves difficultés.

Nous avons vu que la durée de l'année tropique est de $365^{jours},2422$ environ ; il est évident *à priori* que l'on ne peut dans les usages civils tenir compte de la fraction $0^j,2422$, et par suite faire coïncider le commencement de l'année avec le commencement du jour. Cela obligerait en effet à faire varier tous les ans et même journellement l'heure du commencement du jour.

Ainsi que nous avons déjà eu l'occasion de l'expliquer (page 299), on résout la difficulté en faisant l'année égale à 365 jours trois fois sur quatre et comptant la quatrième de 366 jours, le jour supplémentaire entre le 28 février et le 1ᵉʳ mars. Le mois de février a cette année-là 29 jours. L'année dont le mois de février a 29 jours est dite *bissextile*. Les années bissextiles sont celles dont le nombre est divisible par 4.

La manière de supputer le temps qui vient d'être indiquée est due à Sosigène, astronome d'Alexandrie; elle fut mise en vigueur par Jules César, d'où les noms de réforme julienne et de calendrier julien employés pour indiquer la manière de compter les années.

Comme $365^j,25$ n'est pas la durée réelle de l'année tropique, mais lui est supérieure d'environ $0^j,0078$, il en résulte que l'année julienne est trop grande, et que par suite le calendrier julien est basé sur une unité trop grande.

Pour 1000 ans, la différence entre le nombre de jours compté et le nombre de jours réel est de 7,8. En 1584, époque du pape Grégoire XIII, cette différence est de $12^j,5$ environ, de sorte que l'on se trouvait avoir compté $12^j,5$ de moins que l'on aurait dû en compter réellement. Comme d'ailleurs à l'époque de la fondation du calendrier julien, l'équinoxe du printemps avait été fixée au 23 mars, c'est-à-dire deux jours trop tard, il en résultait qu'en 1584 on comptait l'époque de l'équinoxe environ 10 jours trop tôt, c'est-à-dire le 11 mars.

D'après les indications de l'astronome Lilio, Grégroire XIII adopta le système suivant :

Le lendemain du 4 octobre, le jour fut numéroté 15 octobre pour tenir compte de la différence de 10 jours dont nous venons de parler.

A partir de cette époque, on dut suivre le calendrier julien sous la réserve de supprimer trois années bissextiles dans l'intervalle de chaque période de 400 ans. Ainsi que nous l'avons vu, cela revient à tenir compte d'une partie ($0^j,0075$) de la fraction $0^j,0078$ qui avait été entièrement négligée dans la réforme julienne.

Le système de Lilio ou calendrier grégorien établit, comme le calendrier julien, que toute année qui est divisible par 4 est bissextile; mais en outre, dans le but de tenir compte de la fraction $0^j,0075$, il veut que toute année centenaire ne soit bissextile qu'à la condition d'avoir son millésime divisible par 4, ce qui revient en définitive à établir que de même qu'il y a une année bissextile tous les 4 ans, il y aura un siècle bissextile tous les 4 siècles.

La réforme grégorienne a été adoptée par tous les peuples qui suivent le calendrier solaire. Les Russes seuls ont conservé le calendrier julien, sans doute parce que cette réforme a été inaugurée par un pontife romain. Aujourd'hui, les calendriers russes comptent l'équinoxe de printemps au 9 mars, de sorte que le temps compté d'après ce système se trouve de 12 jours environ en avance sur le nôtre. Dans la chronologie, on tient compte de cette différence en faisant suivre les dates russes de la dénomination *vieux style*.

En résumé, l'unité adoptée pour compter le temps dans la chronologie est l'année. L'année ordinaire se compose de 365 jours et l'année bissextile de 366 jours. L'année est divisée en 12 mois d'un nombre de jours variable. L'année de 365 jours comprend 52 semaines et 1 jour, l'année de 366 jours 52 semaines et 2 jours.

On distingue deux espèces de jours : le *jour astronomique* qui commence à midi et se subdivise en 24 heures, le *jour civil* qui commence à minuit et comprend deux périodes de 12 heures appelées *matin* et *soir*. On distingue également l'année civile et l'année astronomique. L'année civile commence au minuit qui sépare le 31 décembre du 1er janvier; l'année astronomique date du midi moyen du 1er janvier.

Le calendrier donne les noms des jours qui correspondent aux différentes dates du mois, l'époque du commencement de chaque saison, l'heure du lever et du coucher du Soleil, les époques des phases de la Lune, l'heure du lever et du coucher de la Lune, et enfin les dates des fêtes adoptées dans les usages civils et religieux.

Pour avoir les noms des jours qui correspondent à chaque date, il suffit d'avoir le nom du 1er janvier et de reproduire ensuite les jours de la semaine dans leur ordre naturel : *lundi, mardi, mercredi, jeudi, vendredi, samedi, dimanche*.

Lettre dominicale. — Il est très facile de déterminer par quel jour commence une année donnée quand on sait par quel jour commence une autre année : on se sert pour cela de ce que l'on appelle la *lettre dominicale*.

On représente les sept premiers jours de l'année, quels qu'ils soient, par les lettres A, B, C, D, E, F, G, de sorte que A est la lettre du 1er janvier, B celle du 2, etc., G celle du 7. La lettre dominicale de l'année est celle qui correspond au dimanche compris dans ces sept jours, c'est-à-dire au premier dimanche de l'année.

Si, par exemple, la lettre dominicale est C, C correspond au 3 janvier, le premier dimanche a lieu le 3, ce qui indique que le 1er janvier est un vendredi.

Sachant que la lettre dominicale était A pour l'année 1860, on peut aisément la calculer pour une année quelconque. Pour cela on remarquera que l'année ordinaire se compose de 52 semaines et 1 jour et l'année bissextile de 52 semaines et 2 jours. Si l'on numérote les 7 premiers jour de l'année 1, 2, 3, 4, 5, 6 et 7, le numéro du premier jour de l'année rétrogradera d'un rang chaque année ordinaire et de deux rangs chaque année bissextile.

Ainsi le numéro du 1ᵉʳ janvier étant 1 en 1860 est 6 en 1861, 5 en 1862, 4 en 1863, 3 en 1864, 1 en 1865. etc.

On conclura de là la règle suivante : on retranche 1860 de l'année considérée, on ajoute à la différence le nombre d'années bissextiles comprises dans l'intervalle, y compris 1860 et l'on divise le résultat par 7 ; le reste de la division indique le nombre dont il faut rétrograder à partir de 7, y compris ce numéro, pour avoir le numéro de la lettre dominicale.

Exemple. — Soit proposé de trouver la lettre dominicale pour l'année 1875. 1875 — 1860 = 15 ; il y a quatre années bissextiles de 1860 à 1875 :

$$15 + 4 = 19, \quad \text{et} \quad \frac{19}{7} = 2 + \text{un reste 5.}$$

Retranchant 5 numéros à partir de 7 inclusivement, on trouve le numéro 3 ; par suite, la lettre dominicale est C.

Donc le 1ᵉʳ dimanche de l'année 1875 aura lieu le 3 janvier ; l'année commence un vendredi.

On fait commencer les saisons aux époques que nous avons appelées équinoxes et solstices ; le printemps à l'équinoxe de printemps, l'été au solstice d'été, l'automne à l'équinoxe d'automne et l'hiver au solstice d'hiver.

Il y a équinoxe de printemps quand la longitude du Soleil est égale à 0°, solstice d'été quand elle est 90°, équinoxe d'automne 180° et solstice d'hiver quand elle devient égale à 270°. Il suffit donc d'avoir calculé les longitudes du Soleil pour avoir immédiatement les époques des commencements des saisons.

Les heures du lever et du coucher du Soleil varient avec les latitudes ; on les détermine pour chaque lieu en particulier.

Les époques des phases de la Lune se calculent ainsi qu'on l'a expliqué dans la théorie de la Lune. Toutefois, on peut les obtenir très approximativement quand on connaît la date d'une phase quelconque, en remarquant que la durée d'une lunaison étant de 29ʲ 5ʰ ou de 28ʲ 36ʰ, l'intervalle de deux phases sera le quart de cet intervalle, c'est-à-dire de 7 jours et 9 heures.

Les heures du lever et du coucher de la Lune se déterminent pour chaque lieu en particulier.

Les fêtes civiles et religieuses correspondent généralement à des dates fixes. Dans la religion chrétienne, il existe toutefois un certain nombre de fêtes dites fêtes mobiles, dont l'époque est déterminée par le mouvement de la Lune.

Dans la religion catholique romaine, toutes les fêtes mobiles se fixent d'après la date du jour de Pâques.

La fête de Pâques a lieu *le dimanche qui accompagne ou suit immédiatement la première pleine Lune qui vient immédiatement après l'équinoxe de printemps*. Connaissant la date et le jour de cette pleine Lune, on trouve facilement la date de Pâques, sachant que cette fête doit avoir lieu un dimanche.

Nous avons vu que le cycle d'or ou cycle de Méton était une période de 19 ans qui ramenait à très peu près la Lune dans la même position par rapport au Soleil et à la Terre à la même époque. Les années du cycle étaient numérotées de 1 à 19 et chacun des numéros était inscrit en lettres d'or à la porte du temple de Delphes, d'où le nom de *nombre d'or* affecté à chacun de ces numéros.

A chaque année correspond un nombre d'or déterminé.

On a trouvé qu'un cycle d'or a commencé un an avant l'ère chrétienne, de sorte qu'étant donnée une année, si on lui ajoute 1 et que l'on divise le résultat par 19, le reste de la division est le nombre d'or pour l'année considérée.

Par exemple, pour l'année 1875, on aura :

$$\frac{1875 + 1}{19} = 98 + \frac{14}{19}.$$

Nombre d'or pour 1875 = reste de la division = 14.

On appelle *âge de la Lune*, pour une époque donnée, le nombre de jours écoulés depuis la nouvelle Lune jusqu'à cette époque ou, en d'autres termes, le quantième du mois lunaire (synodique).

L'*épacte* est l'âge de la Lune le 1er janvier.

Le cycle d'or commence une année où la Lune est nouvelle le 1er janvier, c'est-à-dire où l'épacte est égale à 1. Le nombre d'or est alors égal à 0.

12 mois synodiques correspondent à 354 jours, c'est-à-dire à une année solaire moins 11 jours; il résulte de là que si l'on multiplie le nombre d'or diminué d'une unité par 11 et que l'on divise le produit par 29,5, nombre correspondant à la durée de la révolution synodique ou simplement par 30, le reste de la division sera l'épacte pour l'année considérée.

Épacte = Reste de la division par 30 de (nombre d'or — 1) × 11.

Pour l'année 1875 nous avons trouvé :

$$\text{Nombre d'or} = 14,$$
$$\text{Nombre d'or} - 1 = 13,$$
$$\frac{13 \times 11}{30} = 4 + \frac{23}{30}.$$

23 = reste de la division = épacte pour 1875.

23 étant l'épacte ou l'âge de la Lune, le 1er janvier, on en conclut que la Lune est nouvelle le 7 janvier, puis en ajoutant deux révolutions synodiques, c'est-à-dire 59 jours, qu'elle est nouvelle le 7 mars, et enfin en ajoutant une demi-révolution synodique, qu'elle est pleine le 22 mars.

On peut arriver immédiatement à ce résultat par le calcul direct très simple que nous avons indiqué (page 265).

Si l'on connaît la lettre dominicale pour 1875, il sera facile de trouver la date de Pâques, puisque l'on sait que cette date sera celle du dimanche qui accompagne ou suit immédiatement le 22 mars.

Or on a trouvé que C est la lettre dominicale pour 1875 et par suite le premier dimanche de l'année 1875 a lieu le 3 janvier. Si l'on fait la somme des jours écoulés du 3 janvier au 22 mars et que l'on divise le résultat par 7, nombre de jours de la semaine, il est évident que le reste donnera le numéro du jour de la semaine correspondant au 22 mars, lundi ayant le numéro 1, mardi le numéro 2, etc.

$$\frac{22 + 28 + (31 - 3)}{7} = \frac{78}{7} = 11 + \frac{1}{7}.$$

1 est le reste de la division ; le 22 mars est donc un lundi, la fête de Pâques aura par suite lieu le 28 mars en l'année 1875.

Connaissant la date de Pâques, il est très facile de fixer les dates des autres fêtes mobiles au moyen des conditions établies par l'Église. Par exemple, le jour des Cendres est le mercredi qui précède le 6e dimanhe avant Pâques, l'Ascension le jeudi qui suit le 5e dimanche après Pâques, la Pentecôte le 7e dimanche après Pâques, la Trinité le 8e dimanche après Pâques, etc.

Les quelques notions qui viennent d'être exposées suffisent pour permettre de construire un calendrier à une époque quelconque et pour un lieu quelconque.

2. Éphémérides. Connaissance des temps. — Pour l'usage des astronomes et des marins, on construit des tables qui donnent tous les jours de l'année les coordonnées des différents corps célestes.

Ces tables ont reçu le nom général d'*Éphémérides*. Les livres qui les renferment s'appellent, en France, *Connaissance des temps;* en Angleterre, *Nautical almanack;* en Allemagne, *Jahrbuch*, etc.

Nous allons donner ici une description détaillée de la *Connaissance des temps*, ce livre étant d'un emploi journalier dans la pratique de la navigation. La *Connaissance des temps* est publiée en France par les soins du Bureau des longitudes. Les principales matières qui s'y trouvent renfermées sont les suivantes :

1° Les éphémérides du Soleil comprenant un calendrier solaire et des tables des coordonnées du Soleil ou des éléments qui en sont la conséquence pour tous les jours de l'année à midi, temps moyen de l'Observatoire de Paris ;

2° Les éphémérides de la Lune comprenant un calendrier lunaire et des tables des coordonnées de la Lune pour tous les jours et même toutes les heures de l'année, temps moyen de Paris, et en outre quelques éléments particuliers de la Lune ;

3° Des tables des coordonnées des différentes planètes pour midi temps moyen de Paris ;

4° Des tables faisant connaître les coordonnées équatoriales apparentes des principales étoiles ;

5° Des tables des distances angulaires de la Lune au Soleil, aux planètes et à quelques étoiles, de 3 heures en 3 heures, temps moyen de Paris ;

6° Des tables indiquant les éclipses et les configurations des satellites de Jupiter ;

7° Les éléments nécessaires pour calculer des éclipses de Soleil ou de Lune et les occultations des étoiles par la Lune pour un lieu quelconque ;

8° Un certain nombre de tables particulières d'un usage fréquent pour les calculs d'astronomie.

I. ÉPHÉMÉRIDES DU SOLEIL.

Le calendrier solaire est précédé d'uu certain nombre de données dont les unes, comme la correspondance entre les dates des différentes ères connues avec celles du calendrier grégorien n'ont qu'une importance purement historique ; les autres, comme les dates des fêtes religieuses ou les éléments qui servent à les déterminer (nombre d'or, épacte, lettre dominicale, etc.), n'ont d'intérêt que pour les usages religieux.

On a établi en outre une correspondance complète pour tous les jours des années juliennes et grégoriennes. Cela peut servir à comparer immédiatement à nos dates usuelles les dates données par un calendrier grec ou russe.

On a donné aussi la liste des planètes télescopiques dont on a pu calculer les éléments.

Immédiatement avant le calendrier solaire, on a inséré une table qui donne l'*obliquité moyenne* de l'écliptique pour le 1ᵉʳ janvier, puis l'*obliquité apparente*, la précession en longitude et la nutation en longitude et en ascension droite de dix jours en dix jours. Il y a lieu de remarquer que la quantité donnée en temps sous le nom de nutation en ascension droite n'est pas la nutation en ascension droite complète; cette quantité est égale à N cos ω, N étant la nutation en longitude et ω l'obliquité de l'écliptique. C'est par suite seulement le premier terme de la véritable expression de la nutation en ascension droite. Cette valeur N cos ω de la nutation est, comme on l'a vu, la quantité supplémentaire que l'on ajoute à la longitude moyenne du Soleil pour obtenir le temps sidéral à midi moyen.

Le calendrier solaire donne de 24 heures en 24 heures les jours du mois, les jours de la semaine, les jours de l'année d'après leur date comptée à partir du 1ᵉʳ janvier, la fraction de l'année à laquelle correspondent ces jours et enfin les jours de la période julienne.

La fraction de l'année correspondante à chaque jour est d'un usage commode dans beaucoup de calculs astronomiques. Il est bon toutefois de remarquer que cette fraction a pour origine le midi moyen du 1ᵉʳ janvier, c'est-à-dire le commencement de l'année astronomique.

Le calendrier solaire est suivi d'un tableau donnant les heures du lever et du coucher du Soleil à Paris pour tous les jours de l'année.

Les tables des coordonnées du Soleil sont au nombre de quatre. On trouve dans la première l'ascension droite, la déclinaison, le temps sidéral et l'équation du temps pour tous les jours de l'année, à midi vrai et à midi moyen de Paris. La seconde renferme la longitude, la latitude et le rayon vecteur du Soleil pour tous les jours à midi moyen de Paris. La troisième contient la parallaxe horizontale, le demi-diamètre, la durée du passage du demi-diamètre au méridien, et l'aberration. Enfin, la quatrième donne les coordonnées rectilignes du Soleil. Toutes ces tables ont été calculées au moyen des tables fondamentales établies par M. Le Verrier (*Annales de l'Observatoire*, tome IV).

Ascension droite du Soleil.—Elle est donnée pour tous les jours à midi moyen et à midi vrai; on la calcule au moyen de l'ascension droite de l'année initiale 1801 et de la variation subie pendant l'intervalle de temps correspondant à l'année considérée. Le résultat est ensuite corrigé de la nutation de l'aberration et des perturbations périodiques.

Une colonne placée en regard de celle qui contient les ascensions droites, et intitulée *différences*, donne pour tous les jours la variation subie par l'ascension droite en 24 heures de temps moyen.

L'ascension droite et les différences sont exprimées en temps.

Déclinaison du Soleil. — Elle est également donnée pour tous les jours à midi moyen et à midi vrai. On la déduit directement de l'ascension droite ou de la longitude et de l'obliquité de l'écliptique au moyen de l'une des deux formules

$$\mathrm{tg}\,\delta = \mathrm{tg}\,\omega \sin\alpha, \quad \sin\delta = \sin\odot \sin\omega,$$

α et $\odot$ sont l'ascension droite et la longitude vraie; ω est l'obliquité vraie. Il y a lieu de faire ensuite subir au résultat une petite correction due à la petite latitude du Soleil.

Une colonne placée en regard de celle qui contient les déclinaisons donne, toute calculée, la variation que subit chaque jour la déclinaison par 24 heures de temps moyen. Cette variation sert à calculer la déclinaison pour une heure quelconque.

Temps sidéral. — Le temps sidéral, ou, ce qui est la même chose, la longitude ou ascension droite moyenne du Soleil à midi moyen est donné pour tous les jours dans la colonne intitulée temps sidéral.

On calcule sa valeur au moyen de l'expression générale de la longitude moyenne, et l'on ajoute au résultat la correction $N\cos\omega$, ainsi qu'on l'a expliqué précédemment, N étant la nutation en longitude.

Le temps sidéral varie en 24 heures de la quantité constante $3^{m}56',555$.

Équation du temps ou temps moyen à midi vrai. — Cette quantité est donnée pour tous les jours à midi vrai et à midi moyen de Paris. Une colonne placée en regard indique la variation dans 24 heures de temps vrai, et permet par suite de calculer sa valeur pour une heure temps vrai quelconque.

L'équation du temps s'obtient, ainsi qu'on l'a expliqué, en retranchant l'ascension droite vraie de l'ascension droite moyenne et faisant subir au résultat une légère correction.

Les divers éléments dont on vient de parler sont calculés de 24 heures en 24 heures pour midi moyen ou midi vrai. Si l'on avait besoin de leur valeur pour une époque intermédiaire, ce qui est le cas habituel qui se présente dans la pratique, on calculerait la correction à leur faire subir, soit par une interpolation, soit par une simple partie proportionnelle. Toutes les fois que l'élément cherché ne doit être connu au plus qu'à $1''$ près, il est en général tout à fait inutile de se préoccuper des différences secondes, de sorte que dans ce cas le calcul est toujours très simple.

Longitude du Soleil. — Elle est donnée pour tous les jours à midi moyen de Paris. On la calcule au moyen de la longitude de l'année initiale 1801 et de l'expression que nous avons appelée la formule (f) mise en tables pour l'année 1801. On peut, ainsi que nous l'avons expliqué, se servir d'une année quelconque pour année initiale en se servant de cette même formule (p. 325).

La longitude déduite de l'année initiale est ensuite corrigée de la nutation de l'aberration et des petites perturbations périodiques.

La longitude ainsi obtenue est la longitude apparente, c'est-à-dire la longitude vraie diminuée de la valeur absolue de l'aberration. Pour avoir la longitude vraie qui est employée dans le calcul des positions des planètes, il faut par suite ajouter à sa valeur de longitude donnée par la *Connaissance des temps* la valeur absolue de l'aberration.

Latitude du Soleil. — Elle est donnée pour tous les jours de l'année à midi moyen de Paris. Cette latitude est toujours très faible. Elle s'obtient en faisant la somme des perturbations lunaire et planétaires en latitude.

Rayon vecteur. — Il est également donné pour tous les jours à midi moyen. On le calcule au moyen de sa valeur donnée par l'année initiale 1801 et de sa variation dans un intervalle n d'années.

Le rayon vecteur est corrigé de la nutation et des perturbations périodiques, mais n'est pas corrigé de l'aberration. Cela tient à ce que l'on a surtout besoin de cet élément pour les calculs de planètes, auquel cas on emploie la longitude vraie et le rayon vecteur vrai ; si l'on avait besoin du rayon vecteur apparent, on lui ferait subir une correction ΔR qui serait facile à calculer d'après l'expression même de ce rayon vecteur et la valeur de l'aberration pour l'époque considérée.

La parallaxe horizontale, le demi-diamètre, la durée du passage au méridien et l'aberration sont calculés de 5 jours en 5 jours. Ces éléments ne variant pas sensiblement d'une année à l'autre pour la même époque, sont calculés une fois pour toutes, de sorte que la table qui les renferme reste invariable pour toutes les années, du moins jusqu'à l'époque où l'on pourra constater quelques différences appréciables.

La parallaxe horizontale se calcule avec la constante 8″,86 et le demi-diamètre avec la valeur moyenne 16′01″,07.

La durée du passage du demi-diamètre au méridien, exprimée en temps moyen et en temps sidéral, s'établit d'après la valeur du demi-diamètre et le mouvement en hauteur pour l'époque considérée, à la latitude de Paris.

Coordonnées rectilignes. — Les coordonnées rectilignes X, Y, Z du Soleil rapportées au plan de l'équateur résultent des formules

$$X = R\cos\odot,$$

$$Y = R\sin\odot\cos\omega - \lambda\sin 1''\sin\omega,$$

$$Z = R\sin\odot\sin\omega + \lambda\sin 1''\cos\omega.$$

R est le rayon vecteur de la Terre, la distance moyenne au Soleil étant prise pour unité, $\odot$ la longitude vraie, λ la latitude du Soleil, ω l'obliquité apparente de l'écliptique. L'axe des X est dirigé vers l'équinoxe vrai.

On a donné à ces valeurs des variations ΔX, ΔY, ΔZ en fonction de $\Delta\odot$, calculées par les formules suivantes :

$$\Delta X = R \sin\odot \, \Delta\odot \sin 1'',$$

$$\Delta Y = - R \cos\odot \cos\omega \, \Delta\odot \sin 1'' + R \sin\odot \sin\omega \, \Delta\omega \sin 1'',$$

$$\Delta Z = - R \cos\odot \sin\omega \, \Delta\odot \sin 1'' - R \sin\odot \cos\omega \, \Delta\omega \sin 1''.$$

On prend $\Delta\odot$ égale à la somme de la précession et de la nutation en longitude et $\Delta\omega$ égale à la variation d'obliquité de l'écliptique due à la précession et à la nutation.

Comme d'ailleurs ΔX, ΔY, ΔZ sont les variations de X, Y, Z changées de signes

$$X' = X + \Delta X, \quad Y' = Y + \Delta Y, \quad Z' = Z + \Delta Z$$

sont les coordonnées rectilignes du Soleil, indépendamment de la précession et de la nutation.

Les coordonnées X, Y, Z et leurs variations ΔX, ΔY, ΔZ sont données pour tous les jours de l'année à midi moyen de Paris.

Les coordonnées rectilignes du Soleil sont employées dans le calcul des positions des planètes.

II. Éphémérides de la Lune.

Les éphémérides de la Lune contenues dans la *Connaissance des temps* se composent : 1° d'une table donnant la longitude moyenne du nœud ascendant de la Lune; 2° d'un calendrier lunaire; 3° de tables donnant la longitude et la latitude; 4° de tables contenant l'ascension droite, la déclinaison, la parallaxe horizontale équatoriale et le demi-diamètre apparent de la Lune.

Ces divers éléments sont calculés d'après les tables de Hansen.

Longitude moyenne du nœud ascendant Ω. — Cette longitude est donnée de 10 jours en 10 jours pour midi moyen de Paris. Elle varie d'une manière uniforme à raison de $- 0°03'10'',64$ en 24 heures. Il est par suite facile de l'établir pour une époque quelconque par un simple calcul de parties proportionnelles.

Nous avons donné, dans la théorie de la Lune, l'expression qui sert à calculer Ω directement pour une époque quelconque.

A la suite de la table qui renferme la longitude du nœud, on a placé un tableau qui fait connaître en jours les époques auxquelles la Lune passe au périgée et à l'apogée dans le courant de l'année.

Calendrier lunaire. — Ce calendrier fait connaître, pour chaque jour du mois, temps moyen de Paris : 1° les heures du lever et du coucher de la Lune; 2° l'heure du passage de la Lune au méridien; 3° le jour de la Lune ou date du mois lunaire (révolution synodique); 4° les époques des phases de la Lune.

Le lever, le coucher et le passage au méridien se déterminent d'après la latitude du lieu et la déclinaison de la Lune à l'époque considérée; on a tenu compte de la parallaxe et de la réfraction, de sorte que ce sont le lever et le coucher apparents pour Paris qui sont donnés.

Les phases sont calculées au moyen des longitudes de la Lune et du Soleil, avec les équations $\mathbb{C} - \odot = 0°$ pour la nouvelle Lune, $\mathbb{C} - \odot = 90°$ pour le premier quartier, $\mathbb{C} - \odot = 180°$ pour la pleine Lune et $\mathbb{C} - \odot = 270°$ pour le second quartier. On procède par interpolation en prenant les éléments des tables.

Les jours de la Lune s'établissent d'après l'époque de la nouvelle Lune.

Les divers éléments que nous venons d'énumérer sont destinés seulement à servir d'indications générales dans les observations astronomiques; ils ne peuvent entrer dans aucun calcul de précision : aussi ne sont-ils donnés qu'à 1 minute près.

Longitude et latitude de la Lune. — Ces éléments sont donnés de 12 heures en 12 heures pour tous les jours de l'année aux heures midi et minuit, temps moyen de Paris.

Nous avons fait connaître dans la théorie de la Lune les expressions générales de la longitude et de la latitude. Nous n'avons tenu compte dans ces formules que des inégalités principales; toutefois, ces formules sont assez précises pour permettre, en général, de calculer les coordonnées au moins à 5 ou 6 minutes près.

Le mouvement de la Lune étant très rapide, ses éléments varient très vite. Les différences de deux longitudes ou de deux latitudes ne varient pas proportionnellement au temps, de sorte qu'il est presque toujours indispensable de pousser l'approximation jusqu'aux différences quatrièmes, quand on a besoin de calculer un élément de la Lune pour une époque intermédiaire à celles de la connaissance des temps.

Ascension droite et déclinaison de la Lune. — Elles sont données pour toutes les heures du jour, temps moyen de Paris. L'ascension droite est comptée de l'équinoxe apparent.

On les calcule d'abord pour midi et pour minuit avec la longitude et la latitude, au moyen des formules générales de transformation des coordonnées écliptiques ou coordonnées équatoriales. On interpole ensuite les résultats pour avoir les coordonnées d'heure en heure.

Les ascensions droites sont exprimées en temps et les déclinaisons en arcs.

En regard des colonnes qui renferment les valeurs de l'ascension droite et de la déclinaison se trouve une colonne intitulée différence qui donne pour chaque heure la variation de l'ascension droite et de la déclinaison *en 1 minute de temps moyen*. Ces différences sont destinées à calculer l'ascension droite et la déclinaison pour un temps quelconque.

Une colonne particulière renferme la longitude des lieux où la Lune passe au méridien pour toutes les heures; en regard on a placé les logarithmes de la variation d'ascension droite et de déclinaison en 1 minute de temps moyen. Ces données trouvent leurs applications dans la détermination des longitudes par les observations de passage au méridien.

Le demi-diamètre et la parallaxe horizontale ont été calculés pour toutes les heures et se trouvent placés en regard des autres éléments chacun dans une colonne particulière.

Il y a lieu de remarquer que le demi-diamètre, la parallaxe horizontale et la longitude des lieux où la Lune passe au méridien n'ont été calculés que pour les jours où la Lune est observable. En dehors de ces époques, le demi-diamètre et la parallaxe sont données pour midi et minuit seulement.

Enfin, on a inscrit dans les tables, à titre de renseignements pour chaque jour, les coordonnées d'une étoile fondamentale se trouvant dans le voisinage de la Lune et passant au méridien à très peu près à la même époque.

III. Éphémérides des Planètes.

La *Connaissance des temps* fait connaître pour chacune des planètes : Mercure, Vénus, Mars, Jupiter, Saturne, Uranus et Neptune, à midi, temps moyen de Paris, les éléments suivants : l'ascension droite, la déclinaison, le logarithme de la distance à la Terre (la distance moyenne de la Terre au Soleil étant prise pour unité), la longitude, la latitude et le rayon vecteur héliocentrique. On fait connaître, en outre, l'heure du passage de chaque planète au méridien et la durée du passage de son demi-diamètre.

On n'a pas tenu compte de l'aberration dans les coordonnées héliocentriques, de sorte que ces coordonnées sont comptées de l'équinoxe vrai et par suite corrigées de la nutation seulement; mais les coordonnées équatoriales sont apparentes : on les a corrigées de l'aberration.

A la suite des tables qui renferment les coordonnées de chaque planète en particulier, se trouve une table générale qui donne tous les trois jours à midi, temps moyen de Paris, la parallaxe horizontale équatoriale et le demi-diamètre apparent de chaque planète.

Les éphémérides des planètes sont calculées au moyen de tables spéciales construites pour chaque planète en particulier.

IV. Positions apparentes des étoiles.

Les positions apparentes des étoiles sont calculées d'après leurs positions moyennes définies par les coordonnées équatoriales α et δ pour le 1ᵉʳ janvier au moyen des formules données en traitant de la précession, de la nutation et de l'aberration.

$$\alpha' = \alpha + A a + B b + C c + D d + E + t \mu,$$
$$\delta' = \delta + A a' + B b' + C c' + D d' + t \mu'.$$

Nous avons défini les diverses quantités qui entrent dans ces formules ; nous n'y reviendrons pas.

Les quantités a, a', b, b', c, c', d et d' sont habituellement données dans les catalogues d'étoiles ; quand on ne les a pas, on peut toujours les calculer au moyen des coordonnées moyennes

$$a = \cos \alpha \sec \delta, \qquad a' = \operatorname{tg} \omega \cos \delta - \sin \alpha \sin \delta.$$
$$b = \sin \alpha \sec \delta, \qquad b' = \cos \alpha \sin \delta.$$
$$c = m + n \sin \alpha \operatorname{tg} \delta, \qquad c' = n \cos \alpha.$$
$$d = \cos \alpha \operatorname{tg} \delta, \qquad d' = - \sin \alpha.$$

Les coefficients A, B, C, D et E sont, ainsi qu'on l'a vu, des fonctions des longitudes du Soleil, de la Lune, du nœud ascendant de la Lune, du périgée solaire et du périgée lunaire.

La *Connaissance des temps* donne pour tous les jours de l'année, à *minuit moyen*, c'est-à-dire à 12 heures temps moyen de Paris, les logarithmes de A, B, C et D. E n'est pas donné ; c'est généralement une quantité assez petite pour pouvoir être négligée sans erreur sensible.

Pour se servir des tables qui donnent A, B, C et D, il est bon de faire les remarques suivantes : on a supposé l'année commençant au moment où la longitude moyenne du Soleil est égale à 280°, ce qui arrive environ 12 heures avant le midi moyen du 1ᵉʳ janvier ou une fraction de l'année $\dfrac{1}{K}$ avant ce midi moyen ; pour calculer la fraction

de l'année que nous avons appelée t, en se servant de la fraction de l'année contenue dans le calendrier solaire, qui, elle, est comptée du midi moyen, il faut augmenter cette fraction de la quantité $\frac{1}{K}$; comme d'ailleurs les nombres A, B, C et D sont donnés pour minuit moyen ou 12 heures, temps astronomique, il faut encore ajouter au résultat la fraction résultante de ces 12 heures ou de ce demi-jour, c'est-à-dire de $0^{m},001\,37$; finalement, la quantité que nous avons appelée t sera pour une époque déterminée égale à la fraction de l'année donnée pour cette époque par le calendrier plus $\frac{1}{K} + 0^{m},001\,37$.

Par exemple, on trouve qu'en 1874 $\frac{1}{K} = 0^{m},002\,67$ et, pour le 20 avril de la même année, fraction de l'année $= 0,298\,4$.

La fraction t qui correspond au 20 avril à minuit moyen sera

$$0^{m},298\,4 + 0^{m},002\,67 + 0^{m},001\,37 = 0^{m},298\,4 + 0^{m},004\,04 = 0^{m},302\,4.$$

La fraction $0,004\,04$ reste la même pour toute l'année; on la donne habituellement dans l'introduction qui précède les tables dont nous parlons. Du reste, la fraction $\frac{1}{K}$ peut se calculer directement de la manière suivante :

La longitude moyenne ou ascension droite 280° correspond à $18^{h}40^{m}$ d'ascension droite. D'un autre côté, le temps sidéral, le 1er janvier à midi moyen, est égal à l'ascension droite moyenne plus la correction N cos ω que l'on trouve dans la table de l'obliquité de l'écliptique au commencement de la *Connaissance des temps*, sous la dénomination : nutation en ascension droite. On a donc

$$\text{Longitude moyenne} = \text{Temps sidéral} - \text{N cos ω}$$

pour 1874

$$\text{Temps sidéral} = 18^{h}43^{m}50^{s},53, \quad \text{N cos ω} = -0^{s},67,$$

par suite

$$\text{[Longitude moyenne} = 18^{h}43^{m}51^{s},20$$

et

$$\text{Longitude moyenne} - 280° = 3^{m}51^{s},20 = 231^{s},20.$$

Le mouvement de la longitude moyenne est de 360° ou 24^{h} ou $86\,400^{s}$ en une année, de sorte que le rapport de $231,20$ à $86\,400$ est la fraction $\frac{1}{K}$ cherchée.

$$\frac{1}{K} = \frac{231,20}{86.400} = 0,002\,67.$$

Quand on ne connaît pas les quantités a, a', b, b', c, c', d, d', on trouve quelquefois avantageux, pour se servir des formules précédentes, de les mettre sous une autre forme; on pose

$$h \sin H = A, \qquad g \sin G = D, \qquad f = mC,$$
$$h \cos H = B, \qquad g \cos G = nC, \qquad i = A \operatorname{tg} \omega.$$

Alors les formules deviennent

$$\alpha' = \alpha + f + g \sin(G + \alpha) \operatorname{tg} \delta + h \sin(H + \alpha) \sec \delta + t\mu,$$
$$\delta' = \delta + g \cos(G + \alpha) + h \cos(H + \alpha) \sin \delta + i \cos \delta + t\mu'.$$

Les nombres f, g, G, h, H et i sont donnés pour minuit moyen ou 12 heures temps moyen astronomique de Paris, de 5 jours en 5 jours, par des tables placées immédiatement à la suite de celles qui contiennent les logarithmes de A, B, C et D.

Les formules qui précèdent ne seraient pas suffisamment exactes pour calculer les positions des étoiles voisines du pôle; nous avons eu l'occasion, en effet, de dire déjà que les valeurs c et c' qui représentent la précession en ascension droite et en déclinaison doivent, dans ce cas particulier, être remplacées par d'autres plus approchées dont nous avons donné les expressions. Mais comme les positions apparentes des étoiles ne sont susceptibles de recevoir d'applications dans les usages de la navigation que pour les distances lunaires ou pour les occultations et que dans ce cas on a toujours affaire à des étoiles voisines de l'écliptique, nous ne nous préoccuperons pas davantage du calcul des positions des étoiles voisines du pôle.

Les tables des positions apparentes des étoiles de la *Connaissance des temps* donnent ces positions pour le passage supérieur au méridien de Paris, c'est-à-dire pour l'époque où le temps sidéral à Paris est égal à l'ascension droite de l'étoile ($\theta = \alpha_m + T_m$). On pourra, au moyen d'une petite interpolation par parties proportionnelles, conclure les coordonnées apparentes pour une heure quelconque.

Les positions apparentes de α et δ de la Petite Ourse sont calculées pour tous les jours de l'année à leur passage supérieur au méridien de Paris. Ces positions sont données pour 116 autres étoiles seulement de 10 jours en 10 jours.

Au bas des tables se trouvent, pour chaque étoile, les positions moyennes relatives au 1er janvier de l'année, c'est-à-dire les coordonnées de l'étoile à cette époque, considérées indépendamment de la nutation et de l'aberration. Ce sont ces coordonnées qui, dans les formules de tout à l'heure, sont représentées par α et δ.

V. Distances lunaires.

Les distances de la Lune aux différents astres, mesurées sur la sphère céleste au moyen d'arcs de grand cercle, sont employées pour déterminer les longitudes terrestres.

Les distances de la Lune au Soleil, aux planètes et aux principales étoiles sont données pour tous les jours de l'année, de 3 heures en 3 heures, temps moyen de Paris, toutes les fois que ces distances sont moindres que 130° et plus grandes que 15°, distances-limites pour les calculs ordinaires de longitudes.

Les distances sont calculées soit au moyen des ascensions droites et des déclinaisons, soit avec les longitudes et les latitudes des deux astres, ces coordonnées étant les coordonnées apparentes, c'est-à-dire celles qui sont inscrites dans les éphémérides.

En regard des distances, les tables donnent, dans une colonne à part, le logarithme du nombre $\dfrac{3}{\text{diff.}}$ (*), la différence étant celle de deux distances consécutives. Ce logarithme sert à calculer la distance pour une époque quelconque intermédiaire aux heures pour lesquelles la distance est donnée dans la table.

Soient, par exemple, D_1, D_2, deux distances consécutives correspondant aux heures t_1, t_2, D' une distance intermédiaire correspondant au temps t' ; en admettant que les distances varient proportionnellement au temps, on aura la proportion

$$\frac{D' - D_1}{t' - t_1} = \frac{D_2 - D_1}{t_2 - t_1},$$

d'où

$$t' - t_1 = \frac{t_2 - t_1}{D_2 - D_1}\,(D' - D_1);$$

or

$$t_2 - t_1 = 3 \text{ heures} \quad \text{et} \quad D_2 - D_1 = \text{différence tabulaire.}$$

(*) Ce logarithme s'obtient en retranchant du logarithme de 10800 (10800″=3ʰ) celui de la différence des deux distances consécutives, cette différence étant exprimée en secondes d'arc.

$$t' = t_1 + \frac{3}{\text{diff.}}\,(D' - D_1).$$

On exprimera $D' - D_1$ en secondes d'arc, et l'on prendra le logarithme du nombre correspondant. On ajoutera ce logarithme à celui de $\dfrac{3}{\text{diff.}}$ donné par la table et le nombre qui correspondra à la somme de ces deux logarithmes représentera en *secondes de temps* l'intervalle qu'il faut ajouter à t_1 pour avoir l'heure de la distance D'.

Le calcul précédent suppose que les distances varient proportionnellement au temps ou, en d'autres termes, que les différences secondes sont nulles ou au moins négligeables. Or, il faut généralement avoir égard aux différences secondes, de sorte que ce calcul exige une correction. On tient compte des différences secondes au moyen de la table XI des tables annexes de la *Connaissance des temps*. Cette table a pour argument horizontal l'intervalle de temps appproché $t' - t_1$ calculé d'après la formule de tout à l'heure et pour argument vertical la différence des deux valeurs consécutives de la quantité $\log \dfrac{3}{\text{diff.}}$ qui correspond aux époques t_1 et t_2.

Les nombres donnés par la table XI sont exprimés en secondes de temps; ils sont positifs quand les logarithmes de $\dfrac{3}{\text{diff.}}$ vont en décroissant et négatifs quand ils vont en croissant. On peut dire encore que la correction due aux différences secondes est positive quand $\Delta \log \dfrac{3}{\text{diff.}}$ et négative quand cette différence est positive.

Exemple. — *Trouver le 15 juin 1877 à quelle heure la distance de la Lune au Soleil est égale à 54°30'50".*

On trouvera pour 0^h :

$$\text{Distance} = 53°14'20'' \quad \text{et} \quad \log \frac{3}{\text{diff.}} = 0{,}249\,0$$

avec une variation de $+6$ pour 3^h. La différence de l'élément donné avec l'élément initial est

$$1°16'30'' = 4590''$$

$$\log \frac{3^h}{\text{diff.}} = 0{,}249\,0$$

$$\log 4590 = 3{,}661\,8$$

$$\overline{\phantom{\log 4590 = {}}3{,}910\,8}$$

Le nombre correspondant à ce logarithme est 8143 qui donnera
$2^h15^m03^s$; avec la différence logarithmique $+6$, on trouvera dans la
table XI en regard de 2^h15^m la correction 1,6 qui devra être prise négativement, parce que la différence logarithmique est positive. Finalement, on conclura pour valeur du temps cherché, $2^h15^m01^s,4$; la
valeur exacte est $2^h15^m01^s,2$.

Comme nous l'avons fait remarquer (p. 192), la correction qui résulte
de la table XI n'est pas entièrement rigoureuse.

VI. Éclipses et configurations des satellites de Jupiter.

La planète Jupiter est accompagnée de quatre satellites qui gravi-
tent autour d'elle. Ces satellites sont distingués habituellement les uns
des autres par les n°° 1, 2, 3 et 4, suivant leur ordre de distance à
Jupiter; ils ne sont pas visibles à l'œil nu, mais on peut les distinguer
très nettement au moyen d'une lunette de 1 mètre de foyer. La planète projetant un cône d'ombre dans la direction opposée à celle du
Soleil, les satellites sont susceptibles de s'éclipser quand ils pénètrent
dans ce cône. L'éclipse d'un satellite est un phénomène instantané
ou à peu près, qui est susceptible d'être mis à profit pour la détermination des longitudes.

La *Connaissance des temps* indique les heures, temps moyen de Paris,
des immersions et émersions des satellites de Jupiter pour toutes les
époques où ces phénomènes se présentent.

Pour pouvoir se servir de ces indications, il est indispensable de bien
connaître les positions des divers satellites par rapport à la planète.
Les positions sont données pour tous les jours de l'année dans les
tableaux intitulés *Configuration des satellites de Jupiter*. Il y a lieu de
remarquer que les positions fournies par ces tableaux sont les positions
vraies renversées, en d'autres termes les satellites sont figurés tels
qu'on les verrait dans une lunette renversant les objets, une lunette
astronomique par exemple.

VII. Éclipses de lune et de Soleil.

La *Connaissance des temps* fait connaître les époques auxquelles
il se présentera des éclipses de Lune ou de Soleil. Elle donne
en outre les éléments qui servent au calcul précis de l'heure de
ces phénomènes. Ces éléments sont : le temps de la conjonction
ou de l'opposition en ascension droite, suivant qu'il s'agit d'une

éclipse de Soleil ou d'une éclipse de Lune, les mouvements horaires en ascension droite et en déclinaison, les parallaxes horizontales équatoriales, et enfin les demi-diamètres apparents vrais (indépendants de la réfraction et de la hauteur) de la Lune et du Soleil pour l'époque de la conjonction et de l'opposition.

On a calculé, en outre, les diverses phases du phénomène pour un certain nombre de points du globe. Les résultats permettent de figurer sur une carte les apparences de l'éclipse à la surface de la Terre.

Occultations des planètes et des étoiles par la Lune. — Les occultations des planètes et des étoiles par la Lune sont des phénomènes instantanés qui permettent de calculer la longitude d'un lieu avec une grande précision. Les éphémérides font habituellement connaître les diverses occultations qui sont susceptibles d'être observées dans le courant de l'année.

Une première table contient les coordonnées moyennes des étoiles qui seront occultées pendant l'année. Ces coordonnées moyennes sont relatives au 1ᵉʳ janvier. La table indique, en outre, dans une colonne particulière le numéro de grandeur de l'étoile dont il s'agit.

Une seconde table donne la date du jour où aura lieu chaque occultation, l'époque de la conjonction en ascension droite exprimée en temps moyen de Paris pour l'étoile occultée et la limite des latitudes pour lesquelles ce phénomène sera visible. La table contient, en outre, dans des colonnes spéciales pour l'époque de la conjonction, les valeurs des quantités h, q, $\log p$, $\log p'$, qui sont définies dans la théorie des occultations et qui servent à effectuer les calculs.

Une troisième table fait connaître les occultations qui sont visibles à Paris et leurs phases principales.

LIVRE IV

DES POSITIONS APPARENTES. — RÉDUCTION AU CENTRE DE LA TERRE.

INTRODUCTION.

On vient de voir comment, au moyen des formules de la mécanique céleste, on peut calculer pour une époque quelconque la position d'un astre sur la sphère céleste en tenant compte à la fois du mouvement propre de cet astre sur son orbite, des inégalités ou perturbations résultant des attractions mutuelles des divers corps du système solaire, et enfin du déplacement apparent dû au phénomène de l'aberration de la lumière. Les coordonnées, résultats de ce calcul, ne sont qu'apparentes puisqu'elles sont affectées du déplacement dû à l'aberration de la lumière qui n'est lui-même qu'apparent; mais elles sont exactement celles qui seraient mesurées par un observateur placé au centre de la Terre qui observerait le centre même de l'astre considéré. Ces coordonnées peuvent être calculées à l'avance pour une époque déterminée et être ensuite inscrites dans les éphémérides.

Les conditions théoriques dans lesquelles on se place pour établir les coordonnées des astres diffèrent notablement de celles qui existent dans la réalité pour l'observateur. Cet observateur est, en effet, placé, non pas au centre, mais à la surface de la Terre et à une distance du centre différente pour chaque latitude, eu égard à la forme elliptique du méridien terrestre; il est entouré, en second lieu, d'une atmosphère qui a un pouvoir réfringent variable; enfin, eu égard à la construction des instruments dont il dispose, il observe, non pas le centre de l'astre, mais un point du disque apparent de cet astre sur la sphère céleste. De là un certain nombre de causes particulières qui font que la position établie par l'observation diffère de celle qui serait donnée immédiatement par les éphémérides. La position observée n'est qu'*apparente;* elle doit subir un certain nombre de corrections pour se trouver dans les conditions théoriques supposées par le calcul.

Dorénavant les coordonnées fournies par les éphémérides seront pour nous les *coordonnées vraies* ou coordonnées du centre de l'astre par rapport au centre de la Terre. Les coordonnées données par l'observation directe exécutée à l'aide d'un instrument seront les *coordonnées apparentes*. Nous nous proposons ici de montrer comment on peut déduire les coordonnées vraies des coordonnées apparentes, ou, en d'autres termes, d'exécuter l'ensemble des calculs nécessaires pour passer des conditions imposées par la réalité aux conditions théoriques dans lesquelles il faut se placer pour appliquer les formules de la mécanique céleste.

Nous étudierons en conséquence successivement chacun des déplacements particuliers résultats des conditions inhérentes à la position de l'observateur; nous calculerons l'expression analytique de chacun de ces déplacements et nous en conclurons la correction correspondante à exécuter pour passer à la position théorique supposée par les éphémérides. Faisant la somme de ces diverses corrections partielles, nous aurons finalement la correction totale à faire subir à chaque mesure des coordonnées exécutée à la surface de la Terre. Cette opération constitue ce que l'on appelle habituellement la *Réduction des observations au centre de la Terre* ou simplement la *Réduction des observations*.

CHAPITRE I.

FORME ET DIMENSIONS DE LA TERRE. — APLATISSEMENT.

---

1. Forme générale de la Terre. — Ainsi qu'on l'a fait remarquer précédemment, la forme de la Terre n'est pas sphérique. Le solide géométrique dont la figure s'approche le plus de celle de la Terre est l'ellipsoïde de révolution. Toutefois la Terre n'est pas non plus rigoureusement un solide de ce genre.

Les nombreuses opérations géodésiques qui ont été exécutées dans le courant de ce siècle, en un très grand nombre de zones et dans les deux hémisphères dans le but d'établir expérimentalement la longueur des degrés de divers méridiens à des latitudes différentes et, par suite, les rayons de courbure et les dimensions de ces méridiens eux-mêmes ont démontré que ces méridiens ne sont pas identiques entre eux. Les ellipses méridiennes ont des excentricités différentes, de sorte qu'elles ne sont pas en général superposables. Les différences données par le calcul des observations ne pouvant être attribuées à des erreurs d'observation, on a dû en conclure que la Terre n'est pas rigoureusement un ellipsoïde de révolution.

Néanmoins les différences, qui existent entre la figure réelle de la Terre et celle d'un ellipsoïde de révolution, sont d'un ordre tel que l'assimilation pourra, dans la plupart des cas, être regardée comme parfaite. Si l'on adopte pour section méridienne de la Terre une ellipse moyenne entre les diverses ellipses fournies par les mesures géodésiques, les erreurs qui en résulteront pour les calculs astronomiques seront le plus souvent entièrement négligeables. Pour les calculs de navigation, en particulier, il n'y a jamais lieu de se préoccuper des erreurs de ce genre.

2. Éléments de l'ellipse méridienne — Cela posé, nous allons faire connaître les expressions des divers éléments de la section méridienne terrestre; nous en conclurons ensuite les données qui doivent servir à la réduction des observations astronomiques. Soit O le centre d'une ellipse dont $2OA=2a$; $2OB=2b$ sont le grand et le petit axe, figurant un méridien terrestre, de sorte que B est le pôle et OA la projection de l'équateur.

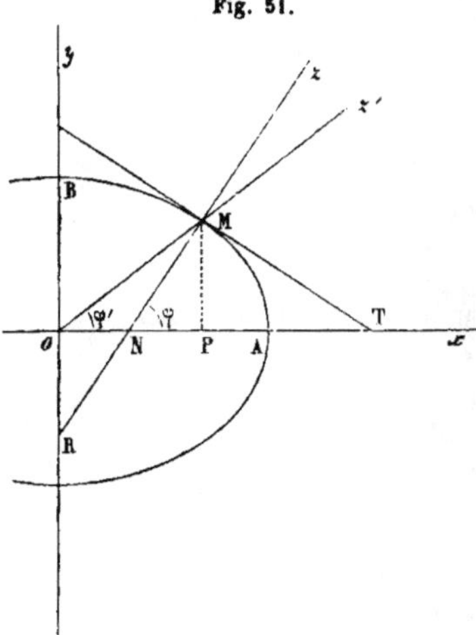

Fig. 51.

Cette ellipse rapportée à son centre et à ses deux axes $OA=a$, $OB=b$ pris pour axes de coordonnées a, comme on le sait, pour équation

$$a^2y^2 + b^2x^2 = a^2b^2.$$

Si l'on désigne par e l'excentricité de l'ellipse, cette excentricité a pour expression

$$e^2 = \frac{a^2 - b^2}{a^2}.$$

On appelle aplatissement du méridien le rapport de la différence des axes au grand axe, de sorte que

$$\alpha = \frac{a - b}{a}.$$

L'aplatissement joue un rôle important dans tous les calculs relatifs à l'ellipse. Tous les éléments pouvant s'exprimer en fonction de l'excentricité peuvent de même s'exprimer au moyen de l'aplatissement; il résulte en effet des deux relations précédentes

$$e^2 = 2\alpha - \alpha^2.$$

Soit M un point de la section méridienne. Faisons passer par ce point un rayon vecteur OMZ' et une normale NMZ. La normale NMZ représente la verticale du lieu, de sorte que l'angle φ qu'elle fait avec l'équateur est ce que l'on est convenu d'appeler la *latitude* du lieu M. Dans l'hypothèse de la terre sphérique, ce serait au contraire l'angle φ' formé par le rayon vecteur avec l'équateur qui représenterait cette même latitude.

L'angle φ est la latidude *astronomique* ou apparente, et l'angle φ' la latitude vraie ou *géocentrique.*

On reconnaît immédiatement que le fait de l'aplatissement du méridien a pour conséquence d'établir une différence entre la latitude astronomique et la latitude géocentrique, différence qui variera avec la position du lieu de l'observation. D'un autre côté, le rayon vecteur OM variera avec la latitude.

Dans les calculs astronomiques on a constamment besoin de connaître la différence des deux latitudes et la valeur du rayon vecteur. Nous allons, en conséquence, nous proposer de calculer ces deux éléments.

Désignons par x' et y' les coordonnées du point M; la normale à l'ellipse en ce point faisant avec l'axe des x un angle égal à la latitude φ se trouve avoir pour équation

$$y - y' = \operatorname{tg} \varphi \, (x - x').$$

D'ailleurs la normale en un point (x', y') de l'ellipse a pour équation générale

$$y - y' = - \frac{1}{\left(\dfrac{dy}{dx}\right)} (x - x'),$$

et l'on tire de l'équation de l'ellipse après y avoir remplacé b^2 par $a^2 (1 - e^2)$

$$\frac{dy}{dx} = - \frac{x'}{y'}(1 - e^2);$$

d'où

$$\operatorname{tg} = - \frac{1}{\left(\dfrac{dy}{dx}\right)} = \frac{1}{1 - e^2} \frac{y'}{x'},$$

et par suite

$$y' = x' (1 - e^2) \operatorname{tg} \varphi.$$

Substituant cette valeur dans l'équation $y'^2 + (1 - e^2) x'^2 = a^2 (1 - e^2)$, on trouvera ensuite

$$x'^2 = \frac{a^2 \cos^2 \varphi}{1 - e^2 \sin^2 \varphi}.$$

Avec ces valeurs de x' et de y', on calculera

$$\mathrm{MR} = \mathrm{N} = \text{grande normale} = \frac{x'}{\cos \varphi} = \frac{a}{\sqrt{1 - e^2 \sin^2 \varphi}}.$$

puis au moyen de l'équation de la normale

$$\mathrm{ON} = e^2 x' = \mathrm{N}e^2\cos\varphi \qquad \mathrm{OR} = e^2 x' \operatorname{tg}\varphi = \mathrm{N}e^2\sin\varphi,$$

et en outre

$$\mathrm{NP} = \mathrm{OP} - \mathrm{ON} = x'(1 - e^2) = \mathrm{N}(1 - e^2)\cos\varphi,$$

$$\mathrm{MN} = \frac{\cos\varphi}{\mathrm{NP}} = \mathrm{N}(1 - e^2),$$

$$y' = \mathrm{MP} = \mathrm{MN}\sin\varphi = \mathrm{N}(1 - e^2)\sin\varphi,$$

$$x' = \mathrm{OP} = \mathrm{ON} + \mathrm{NP} = \mathrm{N}\cos\varphi,$$

et enfin

$$\mathrm{MT} = \mathrm{MN}\operatorname{tg}\varphi = \mathrm{N}(1 - e^2)\operatorname{tg}\varphi.$$

Ainsi qu'on peut le remarquer, les divers éléments de l'ellipse s'expriment avec une très grande simplicité en fonction de la grande normale N.

Le rayon de courbure a en général pour expression

$$\mathrm{R} = \frac{\left(1 + \dfrac{dy^2}{dx^2}\right)^{\frac{3}{2}}}{\dfrac{d^2 y}{dx^2}}.$$

Dans le cas de l'ellipse rapportée à ses axes

$$\frac{dy}{dx} = -\frac{b^2 x'}{a^2 y'} = -\frac{b^2}{a^2}\frac{\cot g\,\varphi}{1 - e^2} = -\cot g\,\varphi, \quad \text{puisque} \quad b^2 = a^2(1 - e^2),$$

d'où

$$\left(1 + \frac{dy^2}{dx^2}\right)^{\frac{3}{2}} = \left(\frac{1}{\sin\varphi}\right)^3$$

$$\frac{d^2 y}{dx^2} = -\frac{b^4}{a^2 y^3} = -\frac{a^2(1 - e^2)^2}{y'^3} = -\frac{a^2}{(1 - e^2)\,\mathrm{N}^3\sin^3\varphi},$$

et finalement

$$\text{Rayon de courbure} = \mathrm{R} = \left(\frac{1 - e^2}{a^2}\right)\mathrm{N}^3,$$

ou si l'on remplace N par sa valeur

$$R = \frac{a(1-e^2)}{(1-e^2\sin^2\varphi)^{\frac{3}{2}}}.$$

3. Différence des latitudes et rayon vecteur. — Calculant maintenant la latitude géocentrique en fonction de la latitude astronomique et de l'excentrité, on aura

$$\operatorname{tg}\varphi' = \frac{y'}{x'} = (1-e^2)\operatorname{tg}\varphi,$$

d'où l'on conclura par un développement connu

$$\varphi' = \varphi - \frac{e^2}{2-e^2}\sin 2\varphi + \tfrac{1}{2}\left(\frac{e^2}{2-e^2}\right)^2\sin 4\varphi - \ldots$$

ou en posant

$$m = \frac{e^2}{2-e^2}$$

et exprimant la différence $\varphi' - \varphi$ en secondes d'arc,

$$\varphi' = \varphi - \frac{m}{\sin 1''}\sin 2\varphi + \tfrac{1}{2}\frac{m^2}{\sin 1''}\sin 4\varphi - \ldots$$

Pour le rayon vecteur $oM = \rho$ on trouvera

$$\rho^2 = x'^2 + y'^2 = N^2(1 - 2e^2\sin^2\varphi + e^4\sin^2\varphi).$$

Remplaçant N par sa valeur et prenant le demi grand axe a pour unité,

$$\rho^2 = \frac{1 - 2e^2\sin^2\varphi + e^4\sin^2\varphi}{1 - e^2\sin^2\varphi}.$$

Cette formule n'est pas d'un calcul commode, mais il est très facile de trouver une expression de $\log\rho$, qui donne lieu à un développement en série d'un usage pratique.

Si l'on remplace $\sin^2\varphi$ par $\tfrac{1}{2}(1-\cos 2\varphi)$, on aura

$$\rho^2 = \frac{2(1-e^2) + e^4 + (2-e^2)e^2\cos 2\varphi}{2 - e^2 + e^2\cos 2\varphi},$$

ou après avoir multiplié les deux termes de la fraction par 2 et groupé dans chaque terme les éléments d'une manière convenable,

$$\rho^2 = \frac{(2-e^2)^2 + e^4 + 2e^2(2-e^2)\cos 2\varphi}{\left(1+\sqrt{1-e^2}\right)^2 + \left(1-\sqrt{1-e^2}\right)^2 + 2\left(1+\sqrt{1-e^2}\right)\left(1-\sqrt{1-e^2}\right)\cos 2\varphi}.$$

On remplacera $\dfrac{e^2}{2-e^2}$ par m et l'on posera $\dfrac{1-\sqrt{1-e^2}}{1+\sqrt{1-e^2}} = n$ et l'on aura

$$\rho^2 = \frac{(2-e^2)^2}{\left(1+\sqrt{1-e^2}\right)^2}\frac{1+m^2+2m\cos 2\varphi}{1+n^2+2n\cos 2\varphi},$$

ou en faisant $\dfrac{2-e^2}{1+\sqrt{1-e^2}} = A$,

$$\rho = A\frac{\sqrt{1+m^2+2m\cos 2\varphi}}{\sqrt{1+n^2+2n\cos 2\varphi}},$$

et ensuite par un développement connu

$$\log\rho = \log A + M\left\{(m-n)\cos 2\varphi - \frac{m^2-n^2}{2}\cos 4\varphi + \frac{m^3-n^3}{3}\cos 6\varphi - \ldots\right\}$$

M est le module des logarithmes vulgaires,

$$\log M = 9,637\,7843.$$

Les quantités A, m, n s'expriment d'ailleurs avec la plus grande facilité en fonction de l'aplatissement α; on a en effet

$$A = \frac{1+(1-\alpha)^2}{1+(1-\alpha)}, \qquad m = \frac{1-(1-\alpha)^2}{1+(1-\alpha)^2}, \qquad n = \frac{1-(1-\alpha)}{1+(1-\alpha)}.$$

Les divers éléments de l'ellipse méridienne se trouvent déterminés par ce qui précède au moyen du grand axe et de l'excentricité ou, ce qui est équivalent, de l'aplatissement terrestre. Il nous reste à faire connaître les valeurs numériques de ces deux éléments pour en conclure immédiatement les divers coefficients qui entrent dans les formules.

4. Dimensions de la Terre. — Les dimensions de la Terre sont données par les mesures géodésiques qui ont été exécutées sur divers points de sa surface. Ainsi qu'on l'a dit, ces mesures ont démontré que les diverses sections méridiennes ne sont pas rigoureusement identiques à la vérité, mais présentent entre elles des différences assez faibles pour être négligées dans la plupart des calculs astronomiques.

Bessel comparant entre eux les résultats des mesures exécutées par les savants de toutes les nations, les a soumises à une savante discussion basée sur la méthode des moindres carrés, dans le but d'éliminer autant que possible les erreurs dues aux observations, et de fixer ainsi les dimensions les plus probables du méridien terrestre. A la suite de son analyse, il a donné les chiffres suivants :

Demi grand axe terrestre $= a = 6\,377\,398^{m},04$ $(\log a = 6,804\,6436)$.

Demi petit axe terrestre $= b = 6\,356\,079^{m},84$ $(\log b = 6,803\,1894$.

Aplatissement $= \alpha = \dfrac{1}{299,15}$; $(\log \alpha = \overline{3},524\,1069)$.

Excentricité $= e = 0,081\,6967$; $(\log e = \overline{2},912\,2050)$.

Nous avons reproduit ici les chiffres de Bessel, tels qu'ils se trouvent établis dans les ouvrages de ce savant astronome; mais nous devons faire observer immédiatement que leur précision est plus apparente que réelle.

Bessel lui-même, en donnant $\dfrac{1}{299,15}$ pour valeur de l'aplatissement, indique une erreur probable de $\pm 4,67$ sur le dénominateur $299,15$; il résulte de là que ce dénominateur n'est pas exact à une unité près, et que, par suite, la fraction décimale qui l'accompagne est tout à fait illusoire. De même les valeurs de a et de b ne sauraient être acceptées comme exactes à une unité près; quant à l'excentricité e, elle peut être regardée comme approchée à une unité près du quatrième ordre décimal seulement.

On peut, d'un autre côté, faire à l'analyse de Bessel une objection capitale. La Terre n'est pas rigoureusement un solide de révolution. Ainsi que l'a fait remarquer Laplace, il doit en être ainsi *à priori* par suite du défaut d'homogénéité de l'ensemble des matières qui composent le globe terrestre. Les mesures géodésiques ont d'ailleurs mis ce fait en évidence d'une manière incontestable. En effet, les résultats obtenus par les géomètres pour des mesures exécutées en des lieux différents, présentent des différences d'un ordre tel qu'il est impossible d'attribuer l'origine de ces différences à des mesures d'observation. On est amené alors à conclure que les ellipses méridiennes ne sont pas égales entre elles. D'un autre côté, en s'en tenant uniquement au motif basé sur le défaut d'homogénéité, il est permis de douter que la Terre soit parfaitement symétrique par rapport au plan de l'équateur, de sorte qu'en définitive la section méridienne ne saurait être regardée comme rigoureusement une ellipse, tout en s'approchant toutefois très sensiblement de cette courbe.

Dans de pareilles conditions, il est évident que les mesures exécutées sur des méridiens différents ne sont pas comparables entre elles. Par suite, l'application de la méthode des moindres carrés à la discussion de l'ensemble de ces mesures ne peut pas être suffisamment justifiée. Cette méthode ne saurait en effet donner des résultats véritablement scientifiques qu'autant qu'elle est appliquée à des observations d'une précision égale ou à peu près faites sur une même grandeur ou des grandeurs de même nature.

Quoi qu'il en soit, le chiffre de Bessel peut être regardé comme représentant une sorte de moyenne entre les valeurs fournies par l'observation pour un certain nombre de méridiens. A ce point de vue, il donne assez exactement ce que l'on peut appeler l'*aplatissement moyen*. Ce résultat se trouve d'ailleurs constaté par des observations d'une autre nature.

Parmi les inégalités lunaires, il en existe une qui dépend de l'aplatissement de la Terre, et dont par suite la période est une fonction connue de cet aplatissement. De la connaissance exacte de la période, il est par suite possible de conclure l'aplatissement moyen. En se basant sur ces considérations, Laplace a cherché à calculer l'aplatissement de la Terre au moyen des observations astronomiques faites sur la Lune. Il a donné successivement les diverses valeurs $\frac{1}{310}$, $\frac{1}{308}$, $\frac{1}{305}$; ce dernier chiffre a été longtemps adopté dans la construction des tables de la Lune : il se trouve d'ailleurs précisément le même que celui qui a été déduit de la mesure de la méridienne de France. Hansen a pris $\frac{1}{300}$ dans le calcul de ses tables. Ce chiffre est très voisin de celui de Bessel ; il présente tout au moins la même certitude ; il a d'ailleurs l'avantage d'être facile à retenir et de se prêter commodément aux calculs.

En posant

$$\alpha = \frac{1}{300},$$

on trouve

$$e = 0{,}081\,582, \quad \log e = \overline{2}{,}911\,5920.$$

Au moyen de la valeur de l'aplatissement, on calculera facilement les coefficients numériques qui entrent dans les développements de la latitude géocentrique φ' et de $\log \rho$ donnés précédemment ; on trouvera ainsi en adoptant le chiffre de Bessel :

$$\varphi' = \varphi - 11'30'',63 \sin 2\varphi + 1'',16 \sin 4\varphi - 0{,}002 \sin 6\varphi,$$

$$\log \rho = \overline{1}{,}9992747 + 0{,}0007271 \cos 2\varphi - 0{,}0000018 \cos 4\varphi + \ldots$$

Ces expressions sont celles que l'on rencontre dans tous les ouvrages astronomiques où l'on a adopté les résultats donnés par Bessel.

Il y a lieu de remarquer que la précision attribuée aux coefficients numériques est quelque peu exagérée. On trouvera facilement, en effet, qu'une erreur de $+$ une unité sur le dénominateur de l'aplatissement se traduit par une différence de $-2''$ sur le coefficient de $\sin 2\varphi$ dans le développement de φ, et par $+0,0000034$ sur la partie constante de $\log\rho$. Comme on ne saurait répondre du dénominateur de l'aplatissement à une unité près, ainsi qu'on l'a expliqué précédemment, il en résulte que les décimales et même les unités de secondes des coefficients du développement de $\varphi-\varphi'$ sont parfaitement illusoires, ainsi du reste que les deux dernières décimales au moins de $\log\rho$.

Pour la facilité des calculs, on a construit des tables qui donnent immédiatement à vue la différence $\varphi-\varphi'$ et $\log\rho$, en prenant pour argument la latitude astronomique φ. Ces tables se trouvent dans la plupart des recueils de tables astronomiques.

5. De la manière de tenir compte de l'aplatissement dans les calculs. — La quantité $\varphi-\varphi'$ représente à la fois la différence des latitudes astronomique et géocentrique, et l'inclinaison du rayon vecteur terrestre sur la normale ou verticale du lieu, ou encore ce que l'on peut appeler l'angle de la verticale astronomique avec la verticale géocentrique. Dans nos calculs, nous désignerons habituellement cet angle par la lettre i, de sorte que

$$i = \varphi - \varphi' = 11'30'',65 \sin 2\varphi + 1'',16 \sin 4\varphi - 0'',002 \sin 6\varphi + \ldots ,$$

φ étant la latitude astronomique.

D'après la convention adoptée pour compter les coordonnées, φ a le signe $+$ dans l'hémisphère nord, et le signe $-$ dans l'hémisphère sud. La formule précédente sera appliquée en tenant compte de cette convention ; alors i *sera positif pour l'hémisphère nord et négatif pour l'hémisphère sud.*

Il est bon de ne pas oublier ce détail particulier dans toutes les opérations où l'on tient compte de l'aplatissement de la Terre.

Dans les calculs astronomiques, où doit intervenir le rayon terrestre, ou, ce qui revient au même, la parallaxe de l'astre que l'on considère, on a souvent besoin de rapporter successivement la position de cet astre à deux systèmes de coordonnées ayant pour origine l'un le lieu de l'observation, l'autre le centre de la Terre. Il est facile de voir comment on doit alors tenir compte de l'aplatissement.

Figurons une section méridienne, et soit M un lieu de la Terre. Menons le rayon vecteur OM, la normale ou verticale du lieu $\text{M}z'$ et la tangente $\text{M}x'$: cette tangente est la trace de l'horizon sur le plan de projection.

On rapporte la position d'un astre à trois axes rectangulaires dont

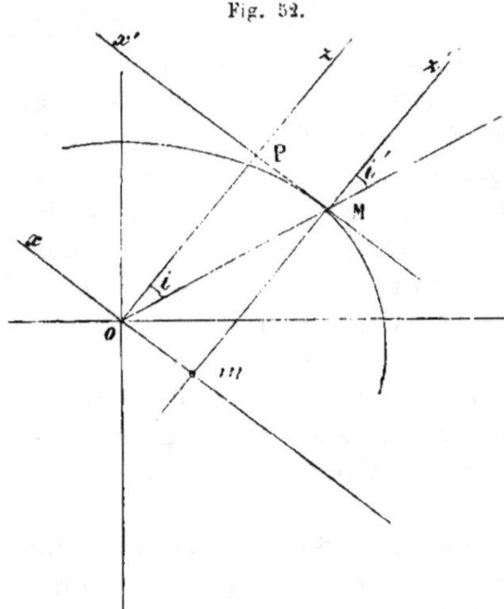

Mz' et Mx'; les z' positifs sont dirigés vers le zénith, et les x' positifs sont dirigés vers le Nord.

Soit maintenant un second système d'axes rectangulaires parallèles aux premiers mais ayant leur origine au centre de la Terre (Oz, Ox). Les coordonnées du point M, par rapport à ce second système, seront Om et Op, et Om sera dirigé dans le sens des x négatifs; on aura donc pour les coordonnées x et z du lieu de l'observation par rapport au centre de la Terre.

$$x = Om = -\rho \sin \imath$$

et
$$z = \rho \cos i,$$

en appelant ρ le rayon vecteur OM et i l'angle $\varphi - \varphi'$.

Par rapport à un système d'axes de coordonnées dans lequel le plan horizontal de projection serait l'équateur et l'axe des z l'axe du monde, les coordonnées du point M seraient

$$x = \rho \cos \varphi' \quad \text{et} \quad z = \rho \sin \varphi',$$

φ' étant la latitude géocentrique.

6. Corrections des coordonnées dues à l'aplatissement. — L'aplatissement de la Terre intervient en particulier dans tous les calculs de parallaxe, ces calculs ayant surtout pour objet, ainsi qu'on le verra plus loin, de rapporter les observations au centre même de la Terre ou inversement. Mais il est posible de mettre dès à présent en évidence quelques-unes des conséquences de la forme elliptique du méridien terrestre. On reconnaît immédiatement que les plans coordonnés dont on se sert pour estimer la hauteur et l'azimut d'un astre à la surface de la Terre diffèrent d'une manière notable de ceux que l'on aurait si la Terre était exactement sphérique, ou, ce qui revient au même, si l'on observait du centre même de la Terre.

En réalité, l'horizon sensible auquel l'observateur rapporte les positions des astres fait avec l'horizon, qui est un plan perpendiculaire au rayon terrestre, un angle égal à celui de la normale ou verticale du lieu avec le rayon vecteur; de même l'observateur rapporte ses coordonnées à un vertical qui est différent de celui qui existerait si la Terre était sphérique.

Soient P le pôle et c la position d'un astre sur la sphère céleste.

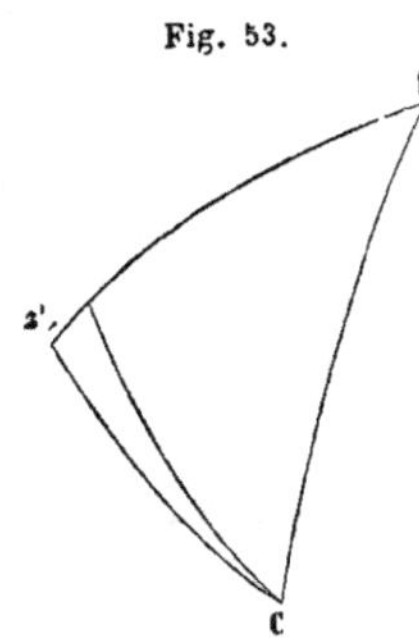
Fig. 53.

Désignons par z le point où la normale ou verticale du lieu vient percer la sphère céleste et par z' le point où le rayon vecteur mené du centre de la Terre au lieu considéré perce également la sphère céleste. Nous avons déjà vu que l'arc Pz a reçu le nom de colatitude astronomique du lieu et Pz' celui de colatitude géocentrique. Par analogie, le point z sera le zénith astronomique ou apparent, et le point z' le zénith géocentrique. De même, zc sera la distance zénithale astronomique et $z'c$ la distance zénihtale géocentrique, Pzc l'azimut astronomique et P$z'c$ l'azimut géocentrique. L'angle horaire P reste invariable, quel que soit le zénith auquel on rapporte la position de l'astre. La valeur de cet angle reste toujours la même, qu'elle soit calculée avec les éléments astronomiques ou avec les élément géocentriques.

Les coordonnées azimut et hauteur sont différentes suivant le zénith employé; elles dépendent de l'aplatissement de la Terre. Ces coordon_ nées, estimées du centre de la Terre, sont égales aux coordonnées géocentriques.

Les coordonnées angle horaire, ascension droite, déclinaison, longitude et latitude, dépendant avant tout de la position du pôle, et cette position étant indépendante de l'aplatissement, sont elles-mêmes indépendantes de l'aplatissement.

Dans les calculs ordinaires de navigation, on se propose de conclure des observations une longitude, une latitude ou une direction du méridien susceptibles d'être portées sur la carte. Or les cartes sont graduées avec les latitudes astronomiques. Pour conclure des observations un élément destiné à être porté sur la carte, il suffit donc de calculer cet élément au moyen des coordonnées astronomiques ou apparentes fournies directement par l'observation sans se préoccuper de l'influence de l'aplatissement de la Terre.

D'un autre côté, les triangles Pzc, P$z'c$ montrent immédiatement que si, comme cela arrive dans certains cas, on veut se servir des éléments des éphémérides, par exemple, de l'ascension droite et de la déclinaison, qui sont établis dans l'hypothèse de l'observateur placé au centre de la Terre, pour calculer des hauteurs et des azimuts, on obtiendra la hauteur et l'azimut astronomique si l'on se sert de la latitude astronomique, la hauteur et l'azimut géocentrique si l'on se sert de la latitude géocentrique.

De même que l'on a appris à passer de la latitude astronomique à la latitude géocentrique ou inversement, on doit savoir calculer la hauteur et l'azimut astronomiques au moyen de la hauteur et de l'azimut géocentriques et inversement.

Dans le triangle czz', le côté $zz' = \varphi - \varphi' = i$ est très petit par rapport aux deux autres, et l'on a, d'après une formule connue,

$$cz - cz' = zz'\cos czz' - \tfrac{1}{2}\overline{zz'}^2 \, \mathrm{cotg}\, cz \, \sin^2 czz' + \ldots$$

Mais

$$cz - cz' = (90° - h) - (90° - h') = h' - h,$$
$$zz' = \varphi - \varphi' = i \quad \text{et} \quad czz' = 180° - A.$$

h' étant la hauteur géocentrique, h et A la hauteur et l'azimut astronomique. Effectuons sa substitution

$$h' - h = -i\cos A - \tfrac{1}{2} i^2 \, \mathrm{tg}\, h \, \sin^2 A,$$

c'est-à-dire

Hauteur géocentrique $=$ Hauteur astronom. $-i\cos A - \tfrac{1}{2} i^2 \, \mathrm{tg}\, h \, \sin^2 A$.

Dans cette formule, A est compté de 0° à 360°, suivant la convention établie pour mesurer les azimuts.

Pour calculer la différence des azimuts $A' - A$, nous considérerons encore le même triangle zcz', dans lequel le côté zz' est très petit, et nous aurons, d'après la formule employée tout à l'heure :

$$cz'P = 180° - czz' - zz' \sin czz' \, \mathrm{cotg}\, cz -$$
$$- \tfrac{1}{2} zz'^2 \sin czz' \cos czz'(1 + 2\mathrm{cotg}^2 cz) + \ldots$$

Or :

$$cz'P = A'; \quad 180° - czz' = A; \quad zz' = \varphi - \varphi' = i; \quad cz = 90° - h;$$

de sorte que :

$$A' = A - i \sin A \, \mathrm{tg}\, h + \tfrac{1}{2} i^2 \sin A \cos A(1 + 2\mathrm{tg}^2 h) + \ldots$$

ou

$$A' = A - i \sin A \, \mathrm{tg}\, h + \tfrac{1}{4} i^2 \sin 2A(1 + 2\mathrm{tg}^2 h) + \ldots$$

c'est-à-dire :

Azimut géocentrique $=$ Azimut astronomique $- i \sin A \, \mathrm{tg}\, h + \ldots$

On calculerait de même le petit angle zcc' différence entre l'angle de position astronomique et l'angle de position géocentrique, et l'on trouverait :

$$czz' = i\,\frac{\sin A}{\cos h} - \tfrac{1}{2}\,i^2 \sin 2A\,\frac{\sin h}{\cos^3 h} + \ldots..$$

de sorte que

$$\textit{Angle de position géocentrique} = \textit{Angle de position astronomique}$$
$$+ i\,\frac{\sin A}{\cos h} + \ldots..$$

Dans ces diverses formules les azimuts A se comptent suivant la convention établie de 0° à 360°.

Nous venons de déterminer les éléments géocentriques en fonction des éléments astronomiques; si l'on prend pour inconnues les éléments astronomiques, un calcul tout à fait identique nous donnera les éléments astronomiques en fonction des éléments géocentriques; on trouvera ainsi :

$$h = h' + i\cos A' - \tfrac{1}{2}\,i^2 \operatorname{tg} h' \sin A' + \ldots..$$
$$A = A' + i\sin A' \operatorname{tg} h' + \tfrac{1}{4}\,i^2 \sin 2A'\,(1 + \operatorname{tg}^2 h') + \ldots..$$
$$C = C' - i\,\frac{\sin A'}{\cos h'} - \tfrac{1}{2}\,i^2 \sin 2A'\,\frac{\sin h'}{\cos^3 h'} + \ldots..$$

L'aplatissement de la Terre intervient assez rarement d'une manière directe dans les calculs ordinaires, en particulier dans ceux qui sont relatifs à la navigation. L'usage des coordonnées géocentriques n'a, en effet, aucune raison d'être dans ces derniers, puisque si d'un côté la valeur absolue de l'angle horaire est indépendante de l'aplatissement, d'un autre la latitude astronomique suffit pour le tracé de la route, les cartes marines étant graduées en latitudes astronomiques. En revanche, la nécessité de tenir exactement compte de l'aplatissement s'impose dans tous les calculs de parallaxes : cela résulte de ce que la parallaxe est avant tout fonction du rayon vecteur au lieu de l'observation.

Quoi qu'il en soit, il n'est peut-être pas inutile de se rendre compte de la différence qui peut exister entre les coordonnées géocentriques et les coordonnées astronomiques. Dans ce but nous allons traiter un exemple particulier. Nous exécuterons un double calcul : dans le premier, les coordonnées astronomiques et géocentriques seront établies directement au moyen des formules générales; dans le second, les différences $h - h'$ et $A - A'$ seront calculées avec les séries. Le second calcul servira de vérification au premier en même temps qu'il mettra en évidence le degré de convergence des séries.

Chabirand, I.   25

EXEMPLE. *Le 1ᵉʳ janvier 1873, à midi T. M. de Paris, le temps sidéral* $\theta = 18^h 44^m 47^s,09$; *les coordonnées équatoriales de* (α) *de la Lyre sont :*

$$\alpha = 18^h 32^m 35^s,96,$$
$$\delta = + 38°39'54'',0 \ldots$$

Calculer les coordonnées astronomiques et géocentriques de cette étoile, sachant que les latitudes astronomique et géocentrique sont :

$$\varphi = + 48°.50'.11'',0, \qquad \varphi' = + 48°.38'.47''.0\ldots$$

$$T = \theta - \alpha; \quad \operatorname{tg} M = \frac{\operatorname{tg}\delta}{\cos T}; \quad \operatorname{tg} A = \frac{\cos M \operatorname{tg} T}{\sin(\varphi - M)}; \quad \operatorname{tg} h = -\cos A \operatorname{cotg}(\varphi - M).$$

$\theta = 18^h 44^m 47^s,59$	$\log \operatorname{tg}\delta = 9,9031707 +$	$\log \operatorname{tg} T = 8,7263697 +$	$\log \cos A = 9,9882091 -$
$\alpha = 18^h 32^m 35^s,96$	$c^t \cos T = 0,0006150 +$	$\log \cos M = 9,8923071 +$	$\lg \operatorname{cotg}(\varphi . M) = 0,7178756 +$
		$c^t \sin(\varphi . M) = 0,7547015 +$	
$T = 0^h 12^m 11^s,63$	$\log \operatorname{tg} M = 9,9037857$		$\lg \operatorname{tg} h = 0,7360847 +$
$\quad = 3°02'54'',5$	$M = + 38°42'16'',5$	$\lg \operatorname{tg} A = 9,3733783$	$h = 79°35'43''$
	$\varphi = + 48°50'11''$	$[A] = 13°17'33''$	$\log \cos A' = 9,9877683$
		$A = 193°17'33''$	$\operatorname{cotg}(\varphi' . M) = 0,7562680$
	$\varphi - M = + 10°07'54'',5$	$\log \operatorname{tg} T = 8,7263697$	
	$\varphi' = + 48°38'47''$	$\lg \cos M = 9,8923071$	$0,7440363$
	$\varphi' - M = + 9°56'30'',5$	$c^t \sin(\varphi' . M) = 0,7628389$	$h' = 79°46'48''$
		$\log \operatorname{tg} A' = 9,3815157$	
		$[A'] = 13°32'05''$	
		$A' = 193°32'05''$	

$$h' = h - i\cos A - \frac{1}{2}i^2 \operatorname{tg} h \sin^2 A$$

$$A' = A - i\sin A \operatorname{tg} h + \frac{1}{2}i^2 \sin 2A (1 + 2\operatorname{tg}^2 h)$$

$$i = 11'24'' = 684''$$

$\log i = 2,8350561$	$\log i = 2,8350561$	$i^2 \quad 0,3556863$	$i^2 \quad 0,3556863$
$\lg \cos A = 9,9882091 -$	$\sin A \quad 9,3615811 -$	$\operatorname{tg} h \quad 0,7360847$	$\sin^2 A \quad 9,6507920$
	$\operatorname{tg} h \quad 0,7360787$	$\sin^2 A \quad 8,7231622$	$1 + \cos^2 h \quad 1,7803893$
$2,8232652$			
$i\cos A = - 665'',6$	$2,9327159$	$9,8149332$	$1,7868676$
$\quad = - 11'05'',6$	$i\sin A \operatorname{tg} h = - 856'',4$	$0'',66$	$61'',21$
$h' - h = + 11'05'',3$	$\quad = - 14'16'',4$	$\frac{1}{2} \quad 0'',3$	$\frac{1}{4} \quad 15'',3$
	$\quad\quad + 15'',3$		$+ 15'',3$
	$\overset{\Lambda}{A' - A} = + 14'31'',7$		

Les résultats des deux calculs sont identiques. En effet, on conclut du premier :

$\{h' = 79°46'48''$	$\overset{\Lambda}{A'} = 193°32'05''$
$h = 79°35'43''$	$A = 193°17'33''$
$h' - h = + 11'05''$	$A' - A = \ + 14'32''$

CHAPITRE II.

RÉFRACTION ASTRONOMIQUE.

1. Définition de la réfraction. — Le globe terrestre est entouré d'une atmosphère gazeuse. Cette atmosphère, dont l'épaisseur est de 8000 mètres environ, a une densité variable qui dépend à la fois et de la température et de la distance au centre ou simplement à la surface de la Terre. La densité diminue quand la température augmente ou quand la hauteur de la couche considérée devient plus grande.

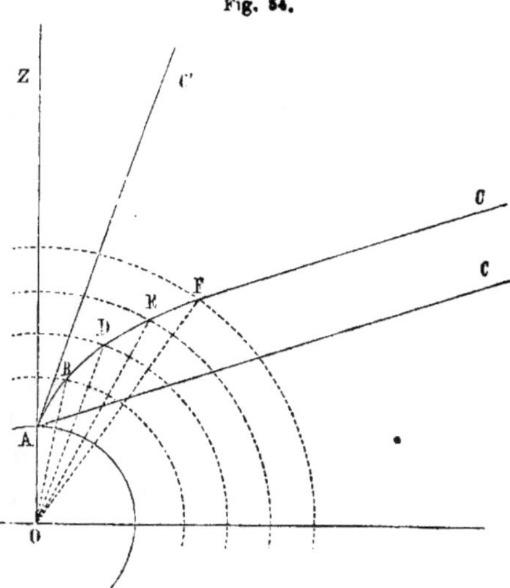

Les rayons lumineux qui émanent des corps célestes sont réfractés par l'atmosphère suivant les lois de Descartes :

1° Le rayon incident et le rayon réfracté sont dans un plan normal à la surface qui sépare les deux milieux.

2° Le sinus de l'angle d'incidence et le sinus de l'angle de réfraction sont dans un rapport constant; ce rapport est ce que l'on appelle l'*indice de réfraction* du second milieu par rapport au premier.

Quand un rayon lumineux passe d'un milieu moins dense dans un milieu plus dense, l'indice de réfraction est plus grand que l'unité; en d'autres termes, l'angle de réfraction est plus petit que l'angle d'incidence, de sorte qu'en se réfractant le rayon lumineux se rapproche de la normale ; c'est l'inverse qui a lieu quand on passe d'un milieu plus dense dans un milieu moins dense.

La densité de l'atmosphère augmentant au fur et à mesure que la distance à la surface de la terre diminue, les rayons lumineux qui traversent l'atmosphère se réfractent en faisant avec le rayon vecteur mené du centre de la terre des angles de plus en plus petits. Si par exemple on imagine un astre placé en C, le rayon lumineux CE, en traversant les couches successives de l'atmosphère, s'infléchira de plus en plus de manière à décrire finalement une courbe telle que FEDBA.

L'observateur placé en A, au lieu de voir l'astre dans sa direction réelle AC, le verra dans la direction AC' suivant la tangente à la courbe. La distance zénithale donnée par l'observation sera donc l'angle ZAC' ; on conclura la distance zénithale vraie en ajoutant à la distance observée l'angle C'AC. Cet angle C'AC est appelé la *Réfraction* pour la distance observée ; c'est la déviation totale subie par le rayon lumineux par suite de son passage à travers le milieu réfringent constitué par l'atmosphère.

Il résulte de ce qui précède que la réfraction a pour effet de faire voir les astres plus élevés au-dessus de l'horizon qu'ils ne le sont réellement ; en d'autres termes, les distances zénithales apparentes ou distances zénithales observées sont trop petites ou encore les hauteurs apparentes sont trop grandes ; il faudra donc, pour obtenir les positions vraies :

1º *Augmenter de la réfraction les distances zénithales observées ;*

2º *Diminuer de la réfraction les hauteurs observées.*

2. Formule de Laplace pour les distances zénithales moindres que 80°. — Le calcul de la réfraction est un problème d'analyse qui a été abordé dès le commencement du siècle dernier par un grand nombre de géomètres. Newton, Cassini, Bradley, Lacaille, Kramp, Simpson ont donné successivement des formules qui, mises en tables, ont pu rendre à l'astronomie des services réels. Ces formules, basées en général sur des hypothèses particulières relatives à la constitution de l'atmosphère, ont cela de commun que pour des distances zénithales inférieures à 70°, elles peuvent toutes être ramenées à la forme :

$$R = A \operatorname{tg} z + B \operatorname{tg}^3 z + C \operatorname{tg}^5 z + \ldots$$

expression dans laquelle R est la réfraction ou l'angle CAC', z la distance zénithale apparente, et A, B, C des coefficients numériques susceptibles d'être calculés par l'expérience. Delambre, qui s'est occupé d'une manière toute particulière de la détermination directe de la réfraction par des mesures de distances zénithales, a calculé ces coefficients au moyen de ses observations ; il a trouvé, entre autres expressions de la réfraction moyenne à la température 0° et la pression barométrique 0,760,

$$R_m = 61'',1766 \, \mathrm{tg}\, z - 0'',2648 \, \mathrm{tg}^3 z + 0'',002\,485 \, \mathrm{tg}^5 z.$$

En employant divers systèmes d'observations, Delambre a remarqué que la forme générale de la formule restant la même, les coefficients pouvaient varier notablement; de là la possibilité d'établir plusieurs expressions analogues à la précédente. Delambre en a conclu que le problème de la détermination de la formule de la Réfraction, par l'observation, était tout à fait indéterminé.

Quoi qu'il en soit, la formule précédente, ainsi que celles que l'on peut calculer de la même manière, ne sont que des résultats empiriques; mais elles traduisent très exactement les faits toutes les fois que la distance zénithale est inférieure à 70°, sauf toutefois les corrections relatives à la température et à la pression, ainsi qu'on le verra plus loin pour la température t et la pression h

$$R = \frac{h}{760} \frac{1}{1 + nt} Rm,$$

n étant le coefficient de dilatation de l'air.

C'est à Laplace qu'appartient l'honneur d'avoir donné le premier une véritable solution analytique du problème de la réfraction (*Mécanique céleste*, tome IV).

On n'exposera pas ici l'analyse de ce grand géomètre; on fera connaître seulement les principaux résultats qu'il a établis et l'on en conclura des formules d'un usage pratique.

Laplace a examiné successivement deux cas : dans le premier, les distances zénithales sont moindres que 78°; dans le second, elles sont supérieures.

Dans le premier cas il a démontré qu'il était possible de calculer la réfraction indépendamment de toute hypothèse sur la constitution de l'atmosphère; il en résulte une certitude très grande pour la formule finale.

Si l'on désigne la réfraction moyenne par R_m, la distance zénithale apparente par z, le rayon terrestre par a, l'épaisseur de l'atmosphère par l, et enfin si l'on appelle α une certaine constante (*Constante de la refraction*) à déterminer par l'expérience, Laplace a obtenu, en intégrant l'équation différentielle de la réfraction à laquelle il avait été conduit,

$$R_m = \alpha \, \mathrm{tg}\, z + \tfrac{1}{2}\alpha^2 \frac{1 + 2\cos^2 z}{\cos^2 z} \, \mathrm{tg}\, z - \frac{l}{a}\alpha \frac{\mathrm{tg}\, z}{\cos^2 z};$$

ou en remplaçant $\dfrac{1}{\cos^2 z}$ par $1 + \mathrm{tg}^2 z$,

$$R_m = \alpha \left(1 + \frac{3}{2}\alpha - \frac{l}{a}\right) \mathrm{tg}\, z - \alpha \left(\frac{l}{a} - \frac{\alpha}{2}\right) \mathrm{tg}^3 z.$$

D'après Delambre, $\alpha = 60'',616$, ou en parties du rayon, $\alpha = 0,000\,293\,876$. Laplace a adopté, en outre, les valeurs :

$$l = 7974 \text{ mètres}; \quad a = 6\,366\,198 \text{ mètres}; \quad \frac{l}{a} = 0,001\,252\,553.$$

D'après ces valeurs, on trouvera :

$$R_m = 60'',567 \, \mathrm{tg}\, z - 0'',067\,018 \, \mathrm{tg}^3 z$$

pour expression de la réfraction moyenne à la température $0°$, et la pression 760.

Dans la formule précédente, α dépend à la fois de la température et de la pression, et l de la température. Laplace, étudiant l'influence de ces deux éléments, a transformé sa formule.

Si l'on appelle t la température en degrés centigrades, h la pression barométrique exprimée en millimètres et supposée corrigée au préalable de la dilatation de l'échelle du baromètre et de la dilatation du mercure, ou en d'autres termes, la pression barométrique ramenée à $0°$, et enfin n le coefficient de dilatation de l'air, trouvé égal à $0,00367$ par M. Regnault, on a, d'après Laplace, pour expression de la réfraction à la température t et la pression h,

$$R = \left(\frac{h}{760}\frac{1}{1+nt}\right)\alpha\,\mathrm{tg}\,z + \tfrac{1}{2}\left(\frac{h}{760}\frac{1}{1+nt}\right)^2\alpha^2\frac{1+2\cos^2 z}{\cos^2 z}\mathrm{tg}\,z - \frac{h}{760}\alpha\frac{l}{a}\frac{\mathrm{tg}\,z}{\cos^2 z}.$$

On posera $\dfrac{h}{760} = 1 + y$ et $\dfrac{1}{1+nt} = 1 - x$, y et x étant en général des quantités du second ordre, de sorte que l'on pourra négliger les produits xy, x^2 ou y^2; on remplacera $\dfrac{1}{\cos^2 z}$ par $1 + \mathrm{tg}^2 z$; développant et ordonnant, on trouvera facilement

$$R = (1+y)(1-x)\left\{ \alpha\left(1 + \tfrac{3}{2}\alpha - \frac{l}{a}\right)\mathrm{tg}\,z - \alpha\left(\frac{l}{a} - \tfrac{1}{2}\alpha\right)\mathrm{tg}^3 z + \right.$$

$$\left. + y\,\tfrac{1}{2}\alpha^2(3\,\mathrm{tg}\,z + \mathrm{tg}^3 z) - x\alpha\left[\left(\tfrac{1}{2}\alpha + \frac{l}{a}\right)\mathrm{tg}\,z + \left(\tfrac{1}{2}\alpha + \frac{l}{a}\right)\mathrm{tg}^3 z\right] \right\}.$$

La quantité entre parenthèses se compose de trois parties : une première indépendante de x et de y, qui n'est autre chose que la réfraction moyenne R_m; une seconde, qui a pour coefficient z, et une troisième, qui a pour coefficient x.

Soient
$$q = \tfrac{1}{2}\alpha^2(3 \operatorname{tg} z + \operatorname{tg}^3 z),$$
$$p = \alpha\left(\tfrac{3}{2}\alpha + \frac{l}{a}\right)\operatorname{tg} z + \alpha\left(\tfrac{1}{2}\alpha + \frac{l}{a}\right)\operatorname{tg}^3 z,$$

ou en introduisant les quantités numériques données plus haut :

$$q = 0'',026\,721\,\operatorname{tg} z + 0'',008\,907\,\operatorname{tg}^3 z,$$
$$p = 0'',049\,203\,\operatorname{tg} z + 0'',067\,017\,\operatorname{tg}^3 z;$$

l'expression de la réfraction totale devient

$$R = (1 + y)(1 - x)[R_m + qy - px],$$

ou

$$R = R_m + (R_m + q)y - (R_m + p)x.$$

On conclura de là l'expression de la réfraction moyenne pour la température 10° centigrades et la pression $0^m,760$;

$$R_m = 58'',408\,\operatorname{tg} z - 0'',067\,096\,\operatorname{tg}^3 z.$$

Il sera facile de construire des tables qui permettront de calculer immédiatement la réfraction au moyen de la formule précédente.

Une première table ayant pour argument la distance zénithale z, donnera R_m, p et q; une seconde table à double entrée ayant pour arguments $R'_m = R_m + q$ et h fera connaître la correction barométrique $(R_m + q)y$; enfin une troisième table analogue à la précédente fournira la correction thermométrique $(R_m + p)x$, au moyen des arguments $(R_m + p)$ et t.

Quand la distance zénitale est moindre que 70°, il est généralement superflu de tenir compte des coefficients p et q en particulier, en ce qui concerne la navigation; la formule de la réfraction devient alors :

$$R = (1 + y)(1 - x)R_m = R_m + yR_m - xR_m.$$

Les deux termes de correction yR_m et xR_m peuvent être donnés par une table unique. Si en effet on a construit par exemple la table des valeurs de yR_m et gradué cette table au moyen de la hauteur h, il suffira de mettre en regard les valeurs de t, télles que l'on ait $yR_m = xR_m$ pour que la table se trouve réduite par rapport à t et donne par suite les deux corrections yR_m et xR_m.

La table VIII de Callet et la table XVI de Caillet, calculées l'une et l'autre d'après un travail publié par M. Caillet, dans la *Connaissance des temps* de 1851, donnent la réfraction moyenne pour la température 10° centigrades et la pression 0,760. Les tables VIII *bis* de Callet et XXI de Caillet font connaître, avec leurs signes respectifs, les produits $y\mathrm{R}_m$ et $x\mathrm{R}_m$. Comme la réfraction moyenne est donnée pour $t = 10°$, la valeur de x ne résulte plus de la relation $1 - x = \dfrac{1}{1 + nt}$, mais bien de $1 - x = \dfrac{1}{1 + n(t - 10)}$.

Les tables précédentes sont tout à fait satisfaisantes quand la distance zénithale est moindre que 70°; mais quand cette distance devient plus grande, elles sont parfaitement insuffisantes; les erreurs sont de plus en plus grandes au fur et à mesure que z s'approche de 90°, parce que l'on a négligé les termes p et q. Dans le cas où l'on aurait à exécuter un calcul de précision il faudrait alors éviter l'emploi de ces tables et en chercher d'autres plus parfaites, par exemple celles de Bessel ou d'Ivory, ou calculer directement la réfraction au moyen d'une des formules qui seront données plus loin.

Les tables additionnelles I et II de la *Connaissance des temps* calculées l'une et l'autre par M. Caillet, sont destinées également à déterminer la réfraction. La table I donne la réfraction moyenne pour la température $t = 10°$ centigrades et la pression $h = 760$; la table II donne séparément les facteurs $(1 - y)$ et $(1 + x)$; multipliant la réfraction moyenne par le produit de ces facteurs, on obtient la réfraction totale : ces tables étant calculées indépendamment des quantités p et q, ne sont pas plus exactes que les précédentes; en revanche elles sont beaucoup plus incommodes. Il eût été au moins rationnel de donner les logarithmes des quantités R_m, $(1 + y)$ et $(1 - x)$.

Il y a lieu de remarquer, au sujet des tables précédentes, que la hauteur du baromètre avec laquelle on entre dans la table est supposée corrigée seulement de la dilatation de l'échelle; si l'on appelle K le coefficient de dilatation du mercure, on a alors pour valeur du facteur correspondant à la hauteur barométrique

$$1 + y = \frac{h}{760} \; \frac{1}{1 + \mathrm{K}(t - 10)}.$$

C'est de ce facteur que M. Caillet s'est servi.

3. Formule de Laplace pour les grandes distances zénithales. — On a dû remarquer que l'expression de la réfraction donnée tout à l'heure étant une série ordonnée par rapport aux puissances croissantes de $\mathrm{tg}\, z$ n'est plus convergente quand z devient une grande quantité, de sorte que cette expression ne peut plus permettre de calculer la réfraction pour les grandes distances zénitales. Toutes les fois que la hauteur est moindre que $12°$, il faut recourir à une autre formule. Laplace a cherché à établir cette formule; il ne lui parut pas possible de la calculer sans se servir de la loi qui préside au décroissement de densité des couches atmosphériques. Comme cette loi n'est pas connue, il a fait successivement diverses hypothèses à ce sujet, et a comparé les résultats qui en étaient la conséquence à ceux qui étaient fournis par l'observation directe de la grandeur de la réfraction. Il a reconnu ainsi qu'aucune loi bien définie ne lui donnait des résultats satisfaisants; alors il a adopté une sorte de loi moyenne entre toutes celles qu'il avait supposées *à priori*, en déterminant les coefficients par la condition que les réfractions calculées fussent conformes aux résultats des observations; cela revient purement et simplement à établir une formule empirique. Quoi qu'il en soit, voici l'expression donnée par Laplace :

$$R = \frac{2\alpha}{(1-\alpha)\sqrt{2l'}}\left(1 - \frac{f}{2} - fT^2\right)\psi \sin z + \frac{\alpha f}{(1+\alpha)4l'}\sin 2z.$$

$$\alpha = \text{constante de la réfraction} = 60'',616; \qquad T = \frac{\cos z}{\sqrt{2l'}}.$$

Les deux constantes l' et f résultent des deux équations de condition

$$l'(1+f) = \frac{l}{a} - \tfrac{1}{2}\alpha,$$

$$h(1-\alpha)\sqrt{2l'} = \alpha\sqrt{\pi}\left(1 + \frac{f}{2}\right),$$

$h = $ réfraction horizontale $= 0,010\,210\,18 = 2106'',0$.

Laplace a trouvé

$$l' = 0,000\,741\,816; \quad f = 0,490\,4167 \quad T = 25,961\,924\cos z.$$

La quantité ψ est une intégrale qui joue un très grand rôle dans toutes les formules de réfraction calculées par l'analyse

$$\psi = e^{T^2}\int_T^\infty e^{-t^2}dt = e^{T^2}\left(\tfrac{1}{2}\sqrt{\pi} - T + \frac{T^3}{3} - \frac{1}{1.2}\frac{T^5}{5} + \frac{1}{1.2.3}\frac{T^7}{7} + \cdots\right).$$

Cette intégrale a été mise en table par Bessel pour les valeurs de **T** comprises entre 0 et 1 (*Fondamenta astronomiæ*, 1818, pages 36 et 37). Cette table est indispensable toutes les fois que l'on veut calculer des réfractions pour de petites hauteurs, quelle que soit d'ailleurs la formule que l'on emploie.

A la suite des travaux de M. Regnault sur les densités et la dilatation des gaz, on a dû modifier un peu les constantes adoptées par Laplace :

$$l' = 0,000\,745\,931\,4, \quad f = 0,486\,2269, \quad T = 25,890\,21 \cos z.$$

En se servant de ces constantes et des valeurs numériques données précédemment, on trouvera pour expression de la réfraction moyenne à la température $10°$ centigrades et la pression $0^m,760$,

$$R = 2782'',450\ (0,756\,8866 - 0,486\,2269\,T^2)\frac{2}{\sqrt{\pi}}\ \psi \sin z + 9880'',912 \sin 2z.$$

Pour $z = 90°$: $T = 0$, $\psi = \dfrac{\sqrt{\pi}}{2}$, et la réfraction horizontale a pour valeur

$$R = 2782'',450 \times 0,756\,8866 = 2106''.$$

Pour l'étude des réfractions relatives aux hauteurs voisines de $0°$, il est commode de substituer à la formule générale une série convergente ordonnée par rapport aux puissances de la hauteur h. Pour cela on remplacera ψ par sa valeur

$$\tfrac{1}{2}\sqrt{\pi} - T + \tfrac{1}{2}\sqrt{\pi}\,T^2 - \tfrac{1}{3}\,T^3.$$

Développant jusqu'au troisième ordre et introduisant les valeurs numériques, on trouvera finalement, en effectuant le calcul pour la température $0°$ et la pression $0,760$,

$$R_m = 1986'' - 0'',18667\,h + 0'',000\,010\,653\,h^2 + 0'',000\,000\,000\,027\,560\,h^3.$$

On peut conclure de là la valeur de la différentielle de la réfraction horizontale par rapport à la hauteur

$$\frac{dR_m}{dh} = -0'',1867.$$

M. Caillet s'est servi de la formule générale de Laplace pour calculer les réfractions moyennes relatives aux petites hauteurs pour la température $10°$ centig. et la pression $0,760$. Ces tables, dont nous avons déjà parlé, sont assez inexactes pour les hauteurs voisines de l'horizon ; les nombres qui s'y trouvent inscrits diffèrent très notablement de ceux qui sont donnés par les tables de Bessel et d'Ivory ; cela tient en partie à ce que M. Caillet n'a pas calculé les coefficients météorologiques de la formule de Laplace, et a simplement corrigé les réfractions moyennes au moyen de la relation approchée

$$R = \frac{h}{760}\,\frac{1}{1+nt}\,R_m.$$

4. Calcul des coefficients météorologiques. — Pour calculer les corrections dues à la température, il serait trop long de se servir du procédé élémentaire que l'on a appliqué pour les réfractions relatives aux hauteurs plus grandes que $12°$. On va indiquer ici une méthode générale qui peut s'appliquer à une formule de réfraction quelconque.

Reprenons la formule générale donnée par Laplace et mettons-la sous la forme

$$R_m = \frac{2\alpha \sin z}{(1-\alpha)\sqrt{2l'}}\left[\left(1 - \frac{f}{2} - fT^2\right)\psi + \tfrac{1}{2}fT\right],$$

α et l' qui est une fonction de α, T et ψ qui sont des fonctions de l', et par suite de α sont fonctions de la température et de la pression

$$\Delta\alpha = \alpha y - \alpha x \quad \text{si l'on pose} \quad \alpha' = \alpha(1+y)(1-x) = \alpha\,\frac{h}{760}\,\frac{1}{1+nt}.$$

Comme

$$l'(1+f) = \frac{l}{a} - \tfrac{1}{2}\alpha, \quad \text{et que} \quad l = l_0(1+nt), \quad \text{d'où} \quad \Delta l = l_0 x,$$

$$\Delta l' = \frac{dl'}{dl}\,\Delta l + \frac{dl'}{d\alpha}\,\Delta\alpha = \frac{1}{1+f}\left(\frac{l_0}{a} + \tfrac{1}{2}x\right)x - \tfrac{1}{2}\alpha y = \frac{u}{1+f}\,x - \tfrac{1}{2}\frac{\alpha}{1+f}\,y.$$

Cela posé pour abréger les écritures, on posera

$$\frac{2\alpha}{(1-\alpha)\sqrt{2l'}} = \varphi(\alpha, l') \quad \text{et} \quad \left[\left(1 - \frac{f}{2} - fT^2\right)\psi + \tfrac{1}{2}fT\right]\sin z = F(l'),$$

de manière que

$$R_m = \varphi(\alpha, l')\,F(l').$$

La réfraction totale R est égale à la réfraction moyenne augmentée de la variation due à la température et à la pression. On calculera $\Delta R m$

en développant le second membre d'après la formule de Taylor,

$$\Delta R_m = F \left(\frac{d\varphi}{d\alpha} \Delta\alpha + \frac{d\varphi}{dl'} \Delta l' \right) + \varphi \frac{dF}{dl'} \Delta l';$$

on remplacera $\Delta\alpha$ et $\Delta l'$ par leurs valeurs trouvées ci-dessus

$$\Delta R_m = - \left[F \frac{d\varphi}{d\alpha} \alpha - \left(F \frac{d\varphi}{dl'} + \varphi \frac{dF}{dl'} \right) \frac{u}{1+f} \right] x +$$
$$+ \left[F \frac{d\varphi}{d\alpha} \alpha - \tfrac{1}{2} \left(F \frac{d\varphi}{dl'} + \varphi \frac{dF}{dl'} \right) \frac{\alpha}{1+f} \right] y.$$

On divisera les deux membres par $R_m = \varphi \cdot F$, et l'on posera

$$p = - \frac{1}{\varphi} \frac{d\varphi}{d\alpha} \alpha + \left(\frac{1}{\varphi} \frac{d\varphi}{dl'} + \frac{1}{F} \frac{dF}{dl'} \right) \frac{u}{1+f},$$
$$q = \frac{1}{\varphi} \frac{d\varphi}{d\alpha} \alpha - \frac{1}{2} \left(\frac{1}{\varphi} \frac{d\varphi}{dl'} + \frac{1}{F} \frac{dF}{dl'} \right) \frac{\alpha}{1+f},$$

de manière à avoir finalement pour formule de la variation totale

$$\Delta R_m = p R_m + q R_m.$$

Il ne reste plus qu'à exécuter le calcul des quantités p et q. Ce calcul est une suite de différentiations qui ne sauraient présenter aucune difficulté. On trouvera d'abord

$$- \frac{\alpha}{\varphi} \frac{d\varphi}{d\alpha} + \frac{1}{\varphi} \frac{d\varphi}{dl'} \frac{u}{1+f} = - \frac{1}{1-\alpha} - \frac{1}{2} \frac{u}{v} = - \left(1 + \alpha + \frac{1}{2} \frac{u}{v} \right), \quad v = \frac{l_0}{a} - \frac{1}{2} \alpha,$$
$$\frac{\alpha}{\varphi} \frac{d\varphi}{d\alpha} - \frac{1}{2} \frac{1}{\varphi} \frac{d\varphi}{dl'} \frac{\alpha}{1+f} = \frac{1}{1-\alpha} + \frac{\alpha}{4v} = 1 + \alpha + \frac{\alpha}{4v}.$$

Pour le calcul de $\dfrac{dF}{dl'}$, on remarquera que

$$\frac{dF}{dl'} = \frac{dF}{dT} \cdot \frac{dT}{dl'}, \quad \text{et} \quad \text{que} \quad \frac{d\psi}{dl'} = \frac{d\psi}{dT} \cdot \frac{dT}{dl'} = (2T\psi - 1) \frac{dT}{dl'}.$$

D'ailleurs

$$\frac{dT}{dl'} = - \frac{1}{2} \frac{T}{l'}.$$

En posant

$$S = 1 - f - f T^2 + \psi T (2.3f - 2f T^2),$$

on trouvera

$$\frac{d\mathrm{F}}{dl'} = -\,\mathrm{S}\,\frac{\mathrm{T}\sin z}{2l'} = \frac{1}{2}\,\mathrm{S}\,\frac{\sin 2z}{(2l')^{\frac{3}{2}}}.$$

$$\frac{1}{\mathrm{F}}\frac{d\mathrm{F}}{dl'} = \frac{\varphi}{\mathrm{R}_m}\frac{1}{2}\,\mathrm{S}\,\frac{\sin 2z}{(2l')^{\frac{2}{3}}} = \frac{\alpha}{1-\alpha}\frac{\mathrm{S}}{(2l')^2}\frac{\sin 2z}{\mathrm{R}_m},$$

$$\frac{u}{1+f}\frac{1}{\mathrm{F}}\frac{d\mathrm{F}}{dl'} = \frac{1}{4}\frac{\alpha}{1-\alpha}\frac{(1+f)u}{v^2}\,\mathrm{S}\,\frac{\sin 2z}{\mathrm{R}_m} = \varepsilon,$$

$$-\frac{\alpha}{1+f}\frac{1}{\mathrm{F}}\frac{d\mathrm{F}}{dl'} = -\frac{1}{8}\frac{\alpha^2}{1-\alpha}\frac{1+f}{v^2}\,\mathrm{S}\,\frac{\sin 2z}{\mathrm{R}_m} = -\,\eta.$$

Finalement

$$p\mathrm{R}_m = -\left(1 + \alpha + \tfrac{1}{2}\frac{u}{v} - \varepsilon\right)\mathrm{R}_m,$$

$$q\mathrm{R}_m = \left(1 + \alpha + \tfrac{1}{4}\frac{u}{v} - \eta\right)\mathrm{R}_m.$$

Ces valeurs ne sont pas entièrement rigoureuses; cela tient à ce que, pour simplifier le calcul, on a négligé les termes du second ordre; en réalité, on aurait dû poser $\Delta\alpha = \alpha y - \alpha x + \alpha x^2 - \alpha yx + \alpha y^2$, et développer $\Delta\mathrm{R}_m$ jusqu'au second ordre inclusivement. Toutes les fois que la réfraction est d'au moins 15′, les termes du second ordre peuvent se traduire par plusieurs secondes.

Nous poserons pour expression de la réfraction totale

$$\mathrm{R} = \mathrm{R}_m - px\mathrm{R}_m + qy\mathrm{R}_m + \Delta p x^2 \mathrm{R}_m + \Delta(p,q)xy\mathrm{R}_m + \Delta q y^2 \mathrm{R}_m,$$

en désignant par Δp, Δq, $\Delta(p,q)$ les coefficients de x^2, y^2 et xy. On voit facilement comment on calculerait ces coefficients en poussant les développements jusqu'au second ordre. Nour donnerons seulement ici les résultats numériques que nous avons obtenus en nous servant des valeurs de l, a et α données précédemment et en remplaçant x par nt et y par $\dfrac{h-760}{760}$.

$$\mathrm{R} = \mathrm{R}_m - (0{,}005\,99 - n\varepsilon)\,\mathrm{R}_m\,(t-10) + \left(0{,}001\,40 - \frac{\eta}{760}\right)\mathrm{R}_m(h-760)+$$

$$+ \,(0{,}000\,030\,96 - n^2\Delta\varepsilon)\,\mathrm{R}_m\,(t-10)^2 +$$

$$+ \left[0{,}000\,010\,69 - \left(\frac{1}{760}\right)^2\Delta\eta\right]\mathrm{R}_m\,(h-760)^2 -$$

$$- \left[0{,}000\,009\,13 - \frac{n}{760}\Delta(\varepsilon,\eta)\right]\mathrm{R}_m\,(h-760)\,(t-10),$$

ou d'une manière générale

$$R = R_m - At + B(h-760) + at^2 + b(h-760)^2 - c(h-760)t.$$

Les quantités ε, $\Delta\varepsilon$, η, $\Delta\eta$ et $\Delta(\varepsilon, \eta)$ sont des fonctions de z qui pourront se calculer en même temps que R_m. Dans une table bien construite, on mettra en regard de R_m les valeurs correspondantes de $n\varepsilon$, $\dfrac{\eta}{760}$, $n^2\Delta\varepsilon$, etc., ou plutôt celles des coefficients A, a, B, b et c.

Pour la réfraction horizontale, auquel cas $z = 90^c$, $\varepsilon = 0$, $\eta = 0$, $\Delta\varepsilon = 0$, etc., on trouvera par la formule ci-dessus que la réfraction varie de $-121''$ pour 10° du thermomètre, et de $+32''$ pour $+10^{mm}$ du baromètre, R_m étant supposé égal à $2106''$ à 0° et 760. D'après cela, la formule de Laplace donnera $33'05''$ pour valeur de réfraction horizontale à la température 10° et sous la pression 760; les tables de Caillet portent $33'48''$.

Pour établir les formules de la réfraction, Laplace avait admis que la correction relative à la présence de la vapeur d'eau dans l'atmosphère était négligeable; il remarquait, en effet, que si d'un côté le pouvoir réfringent de la vapeur d'eau est plus grand que celui de l'air sec, d'autre part, à tension égale, sa densité est inférieure à celle de l'air, de sorte qu'il semble y avoir compensation.

Toutefois la compensation n'est pas entièrement rigoureuse; Laplace l'ayant reconnu, a calculé une expression de l'accroissement de réfraction dû à l'humidité de l'air, en supposant l'air saturé de vapeur d'eau; il a trouvé ainsi

$$\Delta R_m = \frac{u \times 11'',24}{1 + 0,003\,67t}\,\text{tg}\,z$$

u étant une fonction de la température t telle que

$$\log u = 10 - (100 - t)\,0,015\,454\,7 - (100 - t)^2\,0,000\,062\,582\,6.$$

Appliquant l'expression précédente, Laplace donne dans la *Mécanique céleste* les résultats suivants

$$
\begin{aligned}
\text{pour } t = 15^\circ &\ldots\ldots \Delta R_m = 0'',182\,\text{tg}\,z\\
20 &\ldots\ldots\ldots 0,241\\
25 &\ldots\ldots\ldots 0,317\\
30 &\ldots\ldots\ldots 0,413\\
35 &\ldots\ldots\ldots 0,535\\
40 &\ldots\ldots\ldots 0,688
\end{aligned}
$$

Il résultera de là que pour des distances zénithales qui ne sont pas trop grandes, l'influence de l'humidité peut être regardée comme entièrement négligeable. Mais il n'en est plus ainsi quand les distances zénithales sont voisines de 90°; pour $z = 89°30'$, on trouvera, en particulier que $\Delta R = 23''$ environ. La présence de l'humidité dans l'air peut donc entraîner de très grandes erreurs dans les recherches sur les réfractions horizontales, si l'on n'en tient pas compte. Il faut très probablement attribuer à des erreurs de ce genre les anomalies observées par Delambre dans les nombreuses observations qu'il a éxécutées dans le but de déterminer la réfraction horizontale. Cet illustre astronome raconte dans son *Traité d'astronomie* que dans les observations qu'il a faites à Bourges sur le Soleil, il lui est fréquemment arrivé d'obtenir, à un jour d'intervalle, des réfractions horizontales en différence, non pas de plusieurs secondes, mais bien de quelques minutes, le baromètre et le thermomètre accusant les mêmes hauteurs ou à peu près.

5. Formules et tables de Bessel. — Bessel a donné, en 1818, (*Fundamenta astronomiæ*) une nouvelle théorie de la réfraction et comme conséquence de cette théorie de nouvelles tables qui sont encore aujourd'hui exclusivement employées par les astronomes étrangers.

La formule donnée par Bessel est la suivante :

$$_m = \frac{\alpha}{1-\alpha} \sqrt{2\beta} \left[e^{-\frac{\alpha\beta}{\sin^2 z}} \psi(1) + e^{-\frac{2\alpha\beta}{\sin^2 z}} \psi(2) \, 2\frac{\frac{1}{2}\alpha\beta}{\sin^2 z} + e^{-\frac{3\alpha\beta}{\sin^2 z}} \psi(3) \, 3\frac{\frac{3}{2}\alpha^2\beta^2}{1.2\sin^2 z} + \ldots \right]$$

ou en remplaçant l'exponentielle par son développement

$$\left(e^x = 1 + \frac{x}{1} + \frac{x^2}{1.2} + \ldots \right)$$

$$R_m = \frac{\alpha}{1-\alpha} \sqrt{2\beta} \left\{ \psi(1) + \frac{\alpha\beta}{\sin^2 z} \left[\sqrt{2}\,\psi(2) - \psi(1) \right] + \right.$$
$$\left. + \frac{1}{2} \frac{\alpha^2\beta^2}{\sin^4 z} \left[3\sqrt{3}\,\psi(3) - 4\sqrt{2}\,\psi(2) + \psi(1) \right] + \ldots \right\}$$

Dans cette formule :

$$\psi(n) = e^{T_n^2} \int_{T_n}^{\infty} e^{-t^2} dt \quad \text{ou} \quad T_n = \sqrt{\frac{n\beta}{2}} \cotg z$$

de sorte que

$\psi(1)$ est l'intégrale ψ dans laquelle $T = T_1 = \sqrt{\dfrac{\beta}{2}} \cotg z$,

$\psi(2)$ est l'intégrale ψ dans laquelle $T = T_2 = \sqrt{\beta} \cotg z$, etc.

$$l' = \frac{g - l_0}{g l_0} a.$$

g étant une constante à déterminer par l'observation, l_0 la hauteur de l'atmosphère et a le rayon terrestre au lieu de l'observation ; on remarquera que β est l'analogue de la quantité $\dfrac{1}{l'}$ de Laplace.

D'après Bessel, pour la température 48°,75 Fahrenheit (9°,3 centigrades) et la pression barométriques 29,6 pouces anglais (751^{mm},83).

$$\alpha = 57'',538,$$
$$g = 1168658 \text{ toises} = 227776^{\text{m}},12,$$
$$l_0 = 4236,74 \text{ toises} = 8257^{\text{m}},56,$$
$$a = 3269805 \text{ toises} = 6372970 \text{ mètres},$$
$$\beta = 745755.$$

Il est aisé de voir que dans le cas où la distance zénithale ne dépasse pas une certaine limite, la formule générale de Bessel se ramène facilement à celle de Laplace ou plutôt à l'expression générale de la réfraction donnée par Delambre.

Dans ce cas, T étant plus grand que 1, l'intégrale ψ aura pour expression générale

$$\psi = \frac{1}{2T}\left(1 - \frac{1}{2T^2} + \frac{3}{4T^4} \ldots\right)$$

Remplaçant $\psi\,(1)$, $\psi\,(2)$, $\psi\,(3)\ldots$ par les développements correspondants et remarquant que $\dfrac{1}{\sin^2 z} = 1 + \cotg^2 z$, on trouvera finalement :

$$R_m = \left(\alpha + \frac{3}{2}\alpha^2\right)\operatorname{tg} z - \left[\frac{1}{\beta}\left(\alpha + \frac{13}{4}\alpha^2\right) - \frac{1}{2}\alpha^2 - \frac{3}{2}\alpha^3\right]\operatorname{tg}^3 z +$$
$$+ \left[3\frac{\alpha}{\beta^2} - \frac{9}{4}\frac{\alpha^2}{\beta} + \frac{1}{2}\alpha^3\right]\operatorname{tg}^5 z,$$

ou en introduisant les quantités numériques

$$R_m = 58'',035 \operatorname{tg} z - 0'',0781 \operatorname{tg}^3 z + 0'',000\,265 \operatorname{tg}^5 z \ldots$$

Cette formule a été calculée pour la température 10° centigrades et la pression barométrique 0,760 ; dans ce cas $\alpha = 58'',010$ et $\beta = 743,762$.

Pour les distances zénithales voisines de 90°, on peut également trouver un développement de R_m en fonction de $\operatorname{tg} h$.

Dans ce cas T est inférieur à l'unité, de sorte que

$$\psi = \frac{1}{2}\sqrt{\pi} - T + \frac{1}{2}\sqrt{\pi}\,T^2 \ldots$$

On a trouvé

$$R_m = \frac{\alpha}{1-\alpha} \sqrt{2\beta} \left(A + B \operatorname{tg} h + C \operatorname{tg}^2 h + \ldots \right)$$

$$= 2.238'' \left(0{,}973\,37 - 23{,}980 \operatorname{tg} h + 493{,}65 \operatorname{tg}^2 h \right)$$

ou en remplaçant tg h par $h \sin 1''$

$$R_m = 2.185'' - 0''{,}26\,019 h + 0''{,}000\,025\,97 h^2.$$

Pour calculer la réfraction pour une température et une pression déterminée, Bessel met l'expression de cette réfraction sous la forme

$$R = \gamma^{1+p} (BT)^{1+q} R_m.$$

p et q étant des coefficients météréologiques, fonctions de la distance zénithale z qu'il calcule préalablement.

γ est relatif à la température de l'air extérieur

$$\gamma = \frac{1 + 9{,}31 . m}{1 + mt'},$$

B et T sont relatifs au baromètre

$$B = \frac{h}{751{,}8} \frac{1}{1 - 10\lambda}; \quad T = \frac{1 - \lambda(t - 10)}{1 - k(t - 10)},$$

t étant la température intérieure de la chambre du baromètre, λ et k les coefficients de dilatation du laiton de l'échelle et du mercure du baromètre.

γ, B et T ou plutôt les logarithmes de ces quantités sont donnés par les tables, ainsi que les logarithmes de R_m, de sorte que

$$\log R = \log R_m + (1 + p) \log \gamma + (1 + q)(\log B + \log T).$$

Les conditions normales de température et de pression pour lesquelles sont calculées les tables de Bessel, sont 48°,75 Fahrenheit ou 9°,31 centigrades pour l'air extérieur, 50° Fahrenheit ou 10° centig. pour l'air intérieur et 29'',6 pouces anglais ou 751^{mm},8.

On reconnaîtra facilement que la formule adoptée par Bessel pour R ne diffère qu'en apparence de celle qui a été donnée précédemment à la suite de la formule de Laplace. Si, en effet, la hauteur h a été corrigée préalablement de la dilatation de l'échelle et de celle du mercure, et si, d'un autre côté, on prend 760 pour pression normale,

B devient $\dfrac{h}{760}$ ou $(1 + y)$ et $T = 1$; d'un autre côté, si la température normale adoptée, est 10° centigrades $\gamma = 1 - m(t - 10) = 1 - x$. D'ailleurs, comme p et q sont toujours de petites quantités,

$$\left(\frac{h}{760}\right)^{1+q} = (1 + y)^{1+q} = 1 + qy; \qquad \gamma^{1+p} = (1 - x)^{1+p} = 1 - qx;$$

de sorte que, en négligeant les quantités d'ordre inférieur,

$$R = R_m - pR_m x + qR_m y.$$

Pour les distances zénithales moindres que 70°, les tables de Bessel donnent des résultats identiques à ceux des tables construites par M. Caillet à l'aide des formules de Laplace; mais pour les distances plus grandes, elles sont plus exactes parce que Bessel a tenu compte des coefficients météorologiques.

6. Formules et tables d'Ivory. — Ivory a fait paraître en 1838, dans les *Transactions philosophiques*, un nouveau travail sur la réfraction, à la suite duquel il a été donné de nouvelles tables.

L'analyse d'Ivory présente en somme beaucoup d'analogie avec celle de Bessel; toutefois il adopte une hypothèse différente et emploie des constantes qui ne sont plus les mêmes.

La formule générale d'Ivory peut se mettre sous la forme

$$R = \frac{\alpha}{1-\alpha} \sqrt{2\beta} \left\{ \psi(1) + \left(\frac{\alpha\beta}{\sin^2 z} - 2f\right)[\sqrt{2}\,\psi(2) - \psi(1)] + \right.$$
$$\left. + f[(\tfrac{1}{2} + T_2^2)\,\psi(1) - \tfrac{1}{2}T_1] + \ldots \right\}.$$

D'après Ivory, pour la température $t = 50°$ Fahrenheit ou 10° centigrades, et la pression 30 pouces anglais ou 762 millim., on prendra

$$\alpha = 58'',47 \quad \text{ou} \quad \alpha = 0\,000\,283\,5,$$

$$\beta = \frac{l_0}{a} \qquad\qquad l_0 = 4509 \text{ brasses} = 8249 \text{ mètres environ},$$

$$a = 348\,1280 \text{ brasses} = 636\,7260 \text{ mètres},$$

$$\beta = 771,724 \qquad f = \frac{2}{9}.$$

Si l'on transforme la formule [précédente, comme on l'a fait pour celle de Bessel, en remplaçant ψ par sa valeur en fonction de T, puis T_1 par $\sqrt{\dfrac{l'}{2}}\,\text{cotg}\,z$ et T_2 par $\sqrt{l'}\text{cotg}\,z$, on trouvera pour les hauteurs moindres que 80° environ

$$R_m = \frac{\alpha}{1-\alpha}\left\{(1+\tfrac{1}{2}\alpha) - \left(\frac{1}{\beta} - \tfrac{1}{2}\alpha + \tfrac{9}{4}\frac{\alpha}{\beta}\right)\mathrm{tg}^2 z + \left(\frac{3}{\beta^2} - \frac{9\alpha}{4\beta}\right)\mathrm{tg}^5 z - \ldots\right\},$$

la température normale étant 10° centigrades et la pression 0,760, auquel cas $\alpha = 58'',32$, on aura

$$R_m = 58'',42 - 0'',0672\,\mathrm{tg}^3\,\alpha + 0'',000\,266\,\mathrm{tg}^5\,\alpha - \ldots$$

Pour le cas des hauteurs voisines de 0°, la formule d'Ivory donne

$$R_m = 2291'',8\,(0,9018 - 19,573\,\mathrm{tg}\,h + 315,211\,\mathrm{tg}^2\,h + \ldots)$$

ou

$$R_m = 34'27'',2 - 44\,858''\,\mathrm{tg}\,h + 722\,410''\,\mathrm{tg}^2\,h,$$

ou, en remplaçant tg h par $h\sin 1''$,

$$R_m = 34'27'',2 - 0''21\,748\,h + 0'',000\,016\,980\,h^2 - \ldots$$

Pour la construction des tables, Ivory met la formule de la réfraction moyenne sous la forme

$$R_m = \alpha(1+\alpha)\sqrt{\frac{\beta}{5}}(Q_0 + \lambda Q_1 - fQ_2 - f'Q^3 \ldots)\sin z =$$

$$= (1+\alpha)\sqrt{\frac{\beta}{5}}\,S\sin z.$$

Q_0, Q_1, Q_2..... dépendent de l'intégrale ψ; ce sont des fonctions de z que l'on calcule préalablement, $\lambda = \alpha\beta$; S est la somme des quantités entre parenthèses.

Les tables de la réfraction moyenne d'Ivory s'appliquent à la température 50° Fahrenheit ou 10° centigrade et à la pression 30 pouces anglais ou 762 millim.

Pour obtenir les coefficients météorologiques, Ivory développe ΔR_m suivant la formule de Taylor, d'après la méthode générale indiquée précédemment; il en conclut des coefficients T et C qui sont des fonctions de z dont il donne l'expression. Finalement la formule générale de la réfraction est

$$R = R_m + \Delta R_m = \frac{R_m}{1 + n\,(\tau - 50)}\frac{p}{30} - T\,(\tau - 50) - C\,(30 - p),$$

τ est le degré du thermomètre Fahrenheit; p est la différence de la hauteur du baromètre avec 30 pouces; p est exprimée en *lignes*.

Si l'on voulait se servir du thermomètre centigrade et de l'échelle barométrique en millimètres, on aurait

$$R = \frac{R_m}{1 + n\,(t - 10)}\,\frac{h}{762} - 1,783\,T\,(t - 10) - 0,444\,C\,(762 - h).$$

Dans les tables d'Ivory, en regard des réfractions moyennes, on trouve les coefficients T et C exprimés en secondes; ces coefficients doivent être multipliés, T par 1,783 et C par 0,444 si l'on veut se servir du thermomètre centigrade et du baromètre français.

Ivory n'a pas tenu compte des corrections qui dépendent de $(t - 10)^2$ et $(762 - h)^2$ ou de $(t - 10)\,(762 - h)$; il en peut résulter des erreurs de quelques secondes pour les hauteurs voisines de 0. Les tables de Bessel sont plus exactes.

7. Formule de M. Emmanuel Liais. — Il y a quelques années, un astronome français, M. Emmanuel Liais, a fait connaître des recherches particulières sur la réfraction qui semblent jeter un nouveau jour sur cet important problème (*). Ce savant observateur eut l'occasion de constater, au Brésil, que la réfraction horizontale, estimée sous les basses latitudes, présente une différence sensible avec celle que l'on observe sous les latitudes moyennes; il attribua cette anomalie à la différence de densité de l'air atmosphérique, et par suite à la différence d'intensité de la pesanteur. Sous l'inspiration de cette idée, il fut conduit à exécuter de nouvelles recherches sur la réfraction horizontale. A la suite d'une analyse des plus ingénieuses, il fut assez heureux pour calculer une expression générale de la réfraction sans avoir besoin d'émettre *aucune hypothèse préalable sur la constitution de l'atmosphère*. Ce fait est très important à signaler, car il assure *à priori* au moins une très grande probabilité à la formule admise par l'auteur.

Sans nous arrêter à l'analyse de M. Liais, nous donnons seulement ici la formule finale établie par cet astronome pour calculer la réfraction relative à une distance zénithale quelconque.

$$R = \frac{h}{760}\,\frac{60'',616}{1 + nt}\,M\,\sqrt{\frac{\rho}{2H}}\left(\operatorname{tg}\tfrac{1}{2}a + \sqrt{\frac{20}{7}}\,\operatorname{tg}\tfrac{1}{2}a'' - \sqrt{\frac{13}{7}}\,\operatorname{tg}\tfrac{1}{2}a'\right)\sin z.$$

h est la hauteur du baromètre supposé ramenée à la température normale 0°, n le coefficient de dilatation de l'air ($n = 0,00367$), t la température exprimée en degrés centigrades.

(*) *Traité d'astronomie appliquée à la géographie et à la géodésie.*

M est le rapport de la gravité sous le parallèle du lieu à la gravité sous le 45ᵉ parallèle.

$$M = 1 - 0,002\,837 \cos 2\varphi,$$

φ étant la latitude. ρ = rayon de la Terre au lieu de l'observation.

$$H = 4647\,\frac{1 + nt}{M}.$$

2H est l'analogue de la quantité désignée par l' dans les formules précédentes

Enfin, les quantités a, a'' et a' sont définies par les relations

$$\operatorname{tg} a = \sqrt{\frac{2H}{\rho}}\sec z, \quad \operatorname{tg} a'' = \sqrt{\frac{20}{7}}\operatorname{tg} a, \quad \operatorname{tg} a' = \sqrt{\frac{13}{7}}\operatorname{tg} a.$$

Pour les distances zénithales moindres que 80°, la formule de M. Liais donne des résultats identiques à ceux qui sont fournis par la formule de Laplace. Du reste, dans ce cas, il est facile de montrer que la formule peut se mettre sous la forme générale établie par Delambre.

Soient, en effet,

$$t = 0, \quad h = 760, \quad M = 1,$$

on posera

$$\sqrt{\frac{\rho}{2H}} = m, \quad \sqrt{\frac{20}{7}} = \mu, \quad \sqrt{\frac{13}{7}} = \nu;$$

d'où

$$\operatorname{tg} a = \frac{1}{m\cos z}, \quad \operatorname{tg} a'' = \frac{\mu}{m\cos z}, \quad \operatorname{tg} a' = \frac{\nu}{m\cos z}.$$

On remarquera alors que

$$\operatorname{tg}\tfrac{1}{2} a = \tfrac{1}{2}\operatorname{tg} a - \tfrac{1}{8}\operatorname{tg}^3 a + \tfrac{1}{16}\operatorname{tg}^5 a - \dots$$

Substituant à $\operatorname{tg} a$ sa valeur $\dfrac{1}{m\cos z}$ et calculant de même $\operatorname{tg}\tfrac{1}{2} a''$ et $\operatorname{tg}\tfrac{1}{2} a'$, on obtiendra finalement

$$R = 60'',616\,m\left(\frac{1 + \mu^2 - \nu^2}{2m\cos z} - \frac{1 + \mu^4 - \nu^4}{8m^3\cos^3 z} + \frac{1 + \mu^6 - \nu^6}{16m^5\cos^5 z} - \dots\right)\sin z.$$

Remplaçant les constantes par leurs valeurs numériques et $\dfrac{1}{\cos^2 z}$ par $(1 + \operatorname{tg}^2 z)$, on aura, toutes réductions faites, pour expression de la réfraction moyenne à la température 0°, et la pression 760 et sous la latitude 45°,

$$R_m = 60'',609 \operatorname{tg} z - 0'',0629 \operatorname{tg}^3 z + 0'',000137 \operatorname{tg}^5 z - \ldots,$$

c'est-à-dire la formule de Laplace, sauf des différences d'ordre inférieur dans la valeur des constantes.

Pour les conditions normales 10° centigrades et 0,760,

$$R_m = 58'',357 \operatorname{tg} z - 0'',0606 \operatorname{tg}^3 z + 0''.000132 \operatorname{tg}^5 z - \ldots$$

On peut de même développer la formule de M. Liais pour le cas des hauteurs voisines de 0°; pour cela on remarquera que

$$\operatorname{tg} \tfrac{1}{2} a = \frac{1 - \cos a}{\sin a} = (1 + m^2 \sin^2 h)^{\frac{1}{2}} - m \sin h,$$

en exprimant $\sin a$ et $\cos a$ en fonction de $\operatorname{tg} a = \dfrac{1}{m \sin h}$; de même

$$\operatorname{tg} \tfrac{1}{2} a'' = \left(1 + \frac{m^2 \sin^2 h}{p^2}\right)^{\frac{1}{2}} - \frac{m \sin h}{p}; \quad \operatorname{tg} \tfrac{1}{2} a' = \left(1 + \frac{m^2 \sin^2 h}{q^2}\right)^{\frac{1}{2}} - \frac{m \sin h}{q}.$$

Développant les binomes par la formule ordinaire et effectuant les substitutions,

$$R_m = 60'',616\, m \left[(1 + p - q) \cos h - m \sin h \cos h + \tfrac{1}{2}\left(1 + \frac{1}{p} - \frac{1}{q}\right) \sin^2 h \cos h - \right.$$
$$\left. - \tfrac{1}{8}\left(1 + \frac{1}{p^3} - \frac{1}{q^3}\right) m^4 \sin^4 h \cos h + \tfrac{1}{16}\left(1 + \frac{1}{p^5} - \frac{1}{q^5}\right) m^6 \sin^6 h \cos h - \ldots \right].$$

Pour la température 10° centigrades et la pression 0,760, on a trouvé, en remplaçant les lignes trigonométriques par les arcs et s'arrêtant à la seconde puissance de h,

$$R_m = 33'15'',2 - 0'',18728\, h + 0'',000010012\, h^2,$$

série très peu différente de celle qui a été déduite de la formule de Laplace.

8. Comparaison des diverses formules et tables de réfraction. — On a pu remarquer que les formules qui viennent d'être exposées, bien que présentant au fond une très grande analogie, puisqu'elles peuvent toutes être ramenées analytiquement à une forme identique, fournissent, dans certains cas, des résultats notablement différents. Nous allons nous arrêter un instant à comparer ces résultats; dans ce but, nous réunirons tout d'abord dans un même tableau les principaux chiffres fournis par les divers astronomes, ces chiffres étant relatifs à la température 10° centigrades et à la pression 0,760.

NOMS des astronomes.	CONSTANTE de la réfraction ou α.	RÉFRACTION pour $z = 45°$.	RÉFRACTION horizontale $= R_m$ horiz.	$\dfrac{dR_m \text{ horiz.}}{dz}$	$\dfrac{dR_m \text{ horiz.}}{dt}$	$\dfrac{dR_m \text{ horiz.}}{dh}$
Laplace.. .	58″,47	58″,34	33′,06″	0″,186	12″,0	3″,2
Bessel. . .	58 ,01	57 ,96	36 ,25	0 ,260	11 ,9	3 ,0
Ivory. . . .	58 ,32	58 ,35	34 ,27	0 ,217	11 ,8	2 ,8
Liais. . . .	58 ,47	58 ,29	33 ,15	0 ,187	11 ,1	2 ,7

On remarquera tout d'abord que la constante fondamentale α n'est pas la même pour chaque astronome; celle de Bessel, en particulier, est notablement différente des autres. Les différences qui pourraient en être la conséquence sont dans une certaine limite compensées par les valeurs particulières adoptées pour les constantes qui ont été calculées par chaque astronome par la condition que les réfractions données par la formule fussent les mêmes que celles qui résultent des observations. Aussi, quelle que soit la formule que l'on adopte, on peut dire que l'on obtiendra toujours des réfractions identiques, du moins à $1″$ près si la distance zénithale ne dépasse pas 80°. Dans cette limite, toutes les tables de réfraction sont à peu près équivalentes. Si les tables de Bessel et d'Ivory doivent être employées de préférence à celles de M. Caillet, quand les distances zénithales sont supérieures à 45°, c'est uniquement parce que les coefficients météorologiques s'y trouvent calculés avec plus d'exactitude.

Mais quand la distance zénithale dépasse 80°, les diverses formules ne donnent plus les même valeurs; cela tient à deux causes : 1° la constante α n'est pas déterminée avec une précision suffisante; 2° les constantes auxiliaires l', f (Laplace); g, β (Bessel); f, β (Ivory) ne sont pas convenables, ou plutôt les lois qui ont servi à déterminer ces constantes avec le secours des données expérimentales ne sont pas l'expression de la réalité. On a déjà eu l'occasion de dire que Laplace, ayant cherché la loi suivant laquelle varie la densité de l'air à travers les couches atmosphériques, et n'ayant pu la formuler, fut conduit à émettre une sorte d'hypothèse moyenne entre toutes celles qu'il avait examinées. Cette hypothèse s'est trouvée traduire exactement la loi du décroissement de température dans l'air que l'observation a fait connaître. Bessel et Ivory ont émis chacun une hypothèse bien déterminée, ou, ce qui revient au même, formulé une véritable loi, sauf à déterminer, comme Laplace, les constantes expérimentalement par la condition que les réfractions calculées fussent égales aux réfractions mesurées. Or, les lois de Bessel et d'Ivory, non-seulement ne traduisent pas les faits observés, mais encore sont avec eux en contradiction formelle. Il est permis de conclure de là que si les formules, conséquences de ces lois, peuvent bien, dans les conditions moyennes, donner des résultats exacts ou du moins suffisamment approchés, il ne saurait en être de même quand on en pousse l'application aux limites extrêmes. La formule de M. Liais a l'avantage d'avoir été établie indépendamment de toute hypothèse préalable; aussi semble-t-elle devoir présenter une grande supériorité sur toutes les autres; observons du reste que M. Liais a fait remarquer qu'il est possible de trouver plusieurs hypothèses différentes susceptibles de conduire au calcul exact de la réfraction. Selon toutes les probabilités, les hypothèses de Laplace, de Bessel et d'Ivory rentrent dans ces conditions. Par le fait, il semble que dans le problème de la détermination de la réfraction, il ne soit nullement nécessaire de connaître la loi véritable qui préside à la variation de densité des couches atmosphériques. Il suffit de remplacer cette loi inconnue par une hypothèse que l'on accommode aux exigences de la pratique par la mesure expérimentale des constantes.

La véritable inconnue dans la théorie de la réfraction est la constante α: cette constante n'est pas déterminée à $0'',2$ près. Bessel et Ivory ont conclu sa valeur de la réfraction à $45°$. Or, comme les distances zénithales observées ne sauraient être exactes à moins de $0'',2$, l'approximation reste la même quant à ce qui est de la valeur de α. La constante de Laplace semble plus exacte; Delambre, en la calculant, a tenu compte des données qu'il possédait sur la réfraction horizontale; toutefois il ne l'a fait que dans certaines limites, puisque la valeur de réfraction horizontale donnée par la formule de Laplace diffère encore notablement de celle que Delambre avait adoptée comme résultat de ses observations. Si la réfraction horizontale était connue à $1''$ près, la constante α pourrait être calculée à $0'',04$, et alors le problème de la réfraction pourrait être regardé comme résolu. Il résulte de là que toutes les recherches devraient se porter sur la mesure de la réfraction horizontale. Bessel a basé ses chiffres sur les observations de Bradley. Comme ces observations sont en général relatives à des hauteurs moyennes, il n'en résulte que des données fort incertaines pour la valeur de la réfraction horizontale; aussi le chiffre adopté par Bessel, pour cette réfraction, est-il des plus hyothétiques;

on peut en dire autant de celui d'Ivory. Ces deux astronomes n'ont du reste fait connaître ni l'un ni l'autre la discussion des observations sur lesquelles ils basaient le chiffre donné par eux pour la réfraction horizontale. Le seul qui ait fait à ce sujet des recherches véritablement sérieuses est Delambre. Or, le chiffre adopté par lui est notablement différent de tous les autres Il est vrai que Delambre, ayant constaté dans ses observations des anomalies très considérables, se garde bien d'affirmer comme très approchée la valeur qu'il adopte pour la réfraction ; mais il est permis de tenir compte, en pareille matière, de la grande sagacité de l'observateur et de supposer que s'il a choisi cette valeur pour ses observations personnelles, il avait pour cela des raisons fort sérieuses justifiées par la pratique. Selon toutes les probabilités, l'état hygrométrique de l'air intervient comme cause perturbatrice dans les mesures de réfraction horizontale, et il conviendrait de faire, à ce sujet, des observations nombreuses. Si, en effet, d'après les calculs de Laplace, la présence de la vapeur d'eau dans l'air ne se traduit que par des corrections au plus du second ordre pour les hauteurs moyennes, il n'en est plus de même quand ces hauteurs sont voisines de 0.

Mais indépendamment des anomalies qui peuvent résulter de l'état hygrométrique de l'air, il semble que les variations de la réfraction par rapport à la hauteur, à la température et à la pression barométrique soient susceptibles de fournir des équations de condition propres à la détermination de la constante a. Nous avons donné dans le tableau ci-dessus les valeurs de $d\mathrm{R}_m$ horiz. pour $1''$ de distance zénithale, $1°$ du thermomètre et 1^{mm} du baromètre. Ces valeurs peuvent être d'un enseignement précieux. Les valeurs de $\dfrac{d\mathrm{R}_m \text{horiz.}}{dt}$ et $\dfrac{d\mathrm{R} \text{horiz.}}{dh}$ sont à peu près les mêmes, sauf toutefois celle qui résulte de la formule de M. Liais pour la température ; mais celles de $\dfrac{d\mathrm{R}_m \text{horiz.}}{dz}$ présentent des différences notables pour les formules de Bessel et d'Ivory. En revanche, les formules de Laplace et de M. Liais donnent le même chiffre. Comme la formule de M. Liais est indépendante de toute hypothèse, nous sommes disposé à conclure de ce dernier fait que la formule de Laplace conduit à des résultats beaucoup plus exacts que celles de Bessel et d'Ivory. Dans tous les cas, les valeurs en question auraient besoin d'être contrôlées par l'observation, ce qui serait extrêmement facile, les différentielles en question pouvant être estimées au moins au centième de secondes.

Nous avons insisté peut-être un peu longuement sur ces diverses considérations relatives à la réfraction ; nous l'avons fait parce qu'il nous semble que la connaissance exacte de la réfraction horizontale et de son mode de variation pourrait rendre en navigation de très grands services pour la mesure du temps par le lever et le coucher des astres ou tout au moins leurs petites hauteurs; il en résulterait d'ailleurs, selon toutes les probabilités, une valeur beaucoup plus certaine du coefficient de réfraction que l'on applique à la dépression de l'horizon.

9. De la dépression de l'horizon. — Soit B un point placé à une certaine altitude $AB = e$ au-dessus de la surface de la Terre. Pour ce point, l'horizon vrai est un plan BH perpendiculaire à la verticale OB, de sorte que la hauteur vraie d'un astre tel que C au-dessus de l'horizon est l'angle CBH.

Pour un observateur placé en B l'horizon sensible ou apparent est un plan tangent à la surface de la Terre, tel que BH'; il résulte de là que la hauteur déterminée par l'observation directe ou hauteur apparente est un angle tel que CBH'; cette hauteur différera d'autant plus de la hauteur vraie que l'altitude AB sera plus grande.

La différence HBH' est ce que l'on appelle la *Dépression de l'horizon*.

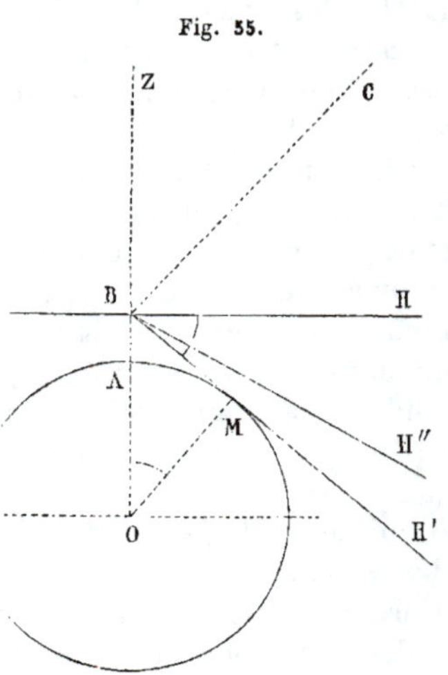

La hauteur vraie est égale à la hauteur apparente ou observée moins la dépression de l'horizon.

$$H_v = H_0 - \text{Dép.}$$

Il est très facile d'exprimer la dépression HBH' en fonction de l'altitude e et du rayon de la Terre.

En effet,

$$HBH' = BOM = O,$$

en appelant ρ le rayon de la Terre pour le lieu considéré ou ce qui est suffisamment approché, le rayon terrestre moyen

$$(\rho + e) \cos O = \rho,$$

et comme O est toujours un très petit angle,

$$(\rho + e)\left(1 - \tfrac{1}{2} O^2\right) = \rho \, ;$$

d'où, en négligeant le terme du troisième ordre

$$2e = \rho 0^2$$

et

$$0 = \sqrt{\frac{2e}{\rho}},$$

ou en exprimant le résultat en secondes d'arc,

$$0 = \frac{1}{\sin 1''} \sqrt{\frac{2e}{\rho}}.$$

L'angle 0 ainsi calculé a reçu le nom de *Dépression vraie*.

Par suite de la réfraction de l'air, l'horizon BH′ est en réalité élevé d'une certaine quantité angulaire H′BH″, de sorte que l'horizon sensible pour l'observateur est BH″; par suite, la dépression applicable à l'observation de hauteur est égale à HBH″; c'est ce que l'on appelle la *Dépression apparente*.

On admet que

$$\text{H′BH″} = n0,$$

n étant un coefficient numérique qui dépend du pouvoir réfringent de l'atmosphère.

Il résulte de là que

$$\text{Dépression apparente} = \text{Dépression vraie} - n0 = \frac{1-n}{\sin 1''} \sqrt{\frac{2h}{\rho}}.$$

On admet, d'après les recherches de Delambre, que $n = 0{,}08$. Cette valeur numérique est loin de présenter une grande certitude. Dans les circonstances normales, le chiffre 0,08 est à peine exact à 0,01, ainsi que cela résulte des recherches exécutées par plusieurs savants. L'humidité, la température et la pression barométrique sont susceptibles de le modifier considérablement; il en résulte une très grande incertitude sur la véritable valeur à attribuer à la dépression de l'ho rizon.

Les observations basées sur la mesure de la hauteur d'un astre au-dessus de l'horizon sensible ne sont pas des observations de précision. Indépendamment du reste de l'incertitude de la valeur exacte de la dépression, il existe encore une cause d'erreurs souvent considérables pour ce genre d'observations. Il arrive souvent, par suite de l'humidité et des nuages, que la ligne de l'horizon est extrêmement confuse et que des phénomènes de mirage viennent la modifier à chaque instant; de là des erreurs qui affectent les observations de mer dans des proportions beaucoup plus grandes qu'on ne se l'imagine généralement. Pour bien se rendre compte de ce fait, il suffit de calculer un angle horaire simultanément avec un horizon artificiel et l'horizon de la mer; on trouve alors des différences qui dépassent quelquefois plusieurs secondes de temps.

Quoi qu'il en soit, les observations exécutées à la mer sont toujours corrigées de la dépression de l'horizon au moyen de la formule

$$\text{Dép} = \frac{1-n}{\sin 1''} \sqrt{\frac{2h}{\rho}}.$$

Cette formule a été mise en table; l'argument est la hauteur h de l'œil au-dessus du niveau de la mer. Cette table accompagne ordinairement les tables de réfraction (table VII de Callet).

Une première table donne la dépression vraie $\dfrac{1}{\sin 1''} \sqrt{\dfrac{2h}{\rho}}$ et une seconde la dépression apparente $\dfrac{1-n}{\sin 1''} \sqrt{\dfrac{2h}{\rho}}$; c'est toujours de cette dernière que l'on doit corriger les observations de hauteur estimées par rapport à l'horizon de la mer.

En somme, la réfraction astronomique, en faisant paraître les astres plus élevés qu'ils ne le sont réellement, et la dépression en faisant estimer l'horizon au-dessous de sa position vraie, ont l'une et l'autre pour effet de faire observer des hauteurs trop grandes; par suite :

Pour passer des hauteurs apparentes ou observées par rapport à l'horizon de la mer, aux hauteurs vraies correspondantes, il faut en retrancher la réfraction et la dépression de l'horizon

$$H_v = H_0 - R - \text{Dép}.$$

en appelant H_v la hauteur vraie et H_0 la hauteur observée.

Dans la théorie qui vient d'être exposée au sujet de la réfraction et de la dépression de l'horizon, on a supposé que ces deux causes d'erreurs pour les observations se traduisaient uniquement par un déplacement en hauteur du point observé. On a admis qu'il n'existait aucun déplacement en azimut. Cela suppose qu'une même couche d'air horizontale est rigoureusement homogène, et qu'en outre la Terre est parfaitement sphérique. En réalité, il n'en est pas toujours ainsi. Mais on peut affirmer que toutes les fois que l'astre observé est à une certaine hauteur au-dessus de l'horizon, les erreurs d'azimut sont d'un ordre tout à fait inférieur et complétement négligeables.

Au contraire, pour les observations exécutées dans le voisinage de l'horizon, on observe des anomalies souvent très notables qui tiennent à la fois et au défaut d'homogénéité de l'air (présence de la vapeur d'eau, température du sol, etc.) et à l'incertitude du coefficient de réfraction n. Ces anomalies se manifestent d'une manière frappante dans les observations azimutales exécutées sur divers points placés à la surface de la Terre. De là des erreurs qui, pour être annulées, demandent une grande sagacité de la part des observateurs. En réalité, ces erreurs ne sont sensibles que dans les observations qui exigent une grande précision, par exemple, les observations géodésiques de méridienne; mais elles existent, cela est incontestable. Aussi, quelque faibles qu'elles soient, elles affectent toujours, dans une certaine limite, les observations astronomiques que l'on appelle azimutales ou extra-méridiennes. Au contraire, dans le plan du méridien, elles peuvent être regardées comme rigoureusement nulles. C'est là une des principales raisons qui a toujours fait regarder la lunette méridienne comme le principal instrument de l'astronomie de précision.

CHAPITRE III.

PARALLAXES.

---

1. De la parallaxe en général. — On appelle *Parallaxe* d'un astre C à une époque donnée, et pour un lieu donné, l'angle sous lequel est vu de cet astre, à l'époque considérée, le rayon vecteur qui joint le centre de la Terre à la position de l'observateur.

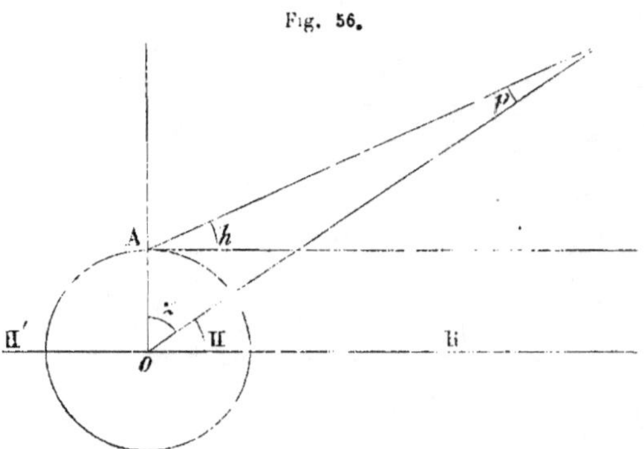

Soient A le lieu de l'observation, HH′ l'horizon. ACO $= p$ est la parallaxe de l'astre C. On reconnaît immédiatement que la parallaxe varie avec la hauteur de l'astre au-dessus de l'horizon : nulle au zénith, elle est maximum à l'horizon.

On appelle *Parallaxe horizontale* d'un astre la parallaxe de cet astre quand il se trouve à l'horizon. Nous désignerons cette parallaxe par la lettre P ; p représentera la *Parallaxe en hauteur.*

La parallaxe horizontale d'un astre pour un lieu donné est par suite l'angle maximum sous lequel le rayon de la Terre pour ce lieu peut être vu de l'astre considéré. Le rayon vecteur variant avec la latitude par suite de l'aplatissement de la Terre, elle devient maximum quand le rayon de la Terre devient maximum, ce qui a lieu pour un point d'observation placé sur l'équateur. Cette parallaxe maximum prend le nom de *Parallaxe horizontale équatoriale ;* nous la désignerons par la lettre π.

La parallaxe dépend avant tout de la distance de l'astre considéré au centre de la Terre. Les éphémérides donnent pour toutes les époques de l'année la parallaxe horizontale équatoriale de chaque astre, calculée au moyen de cette distance à l'aide des tables astronomiques relatives à l'astre considéré. Nous avons fait connaître précédemment les formules de la *Mécanique céleste* qui permettent de calculer cette parallaxe pour le Soleil, la Lune et les planètes.

2. Parallaxe horizontale. — Nous allons montrer maintenant comment on peut se servir de la parallaxe horizontale équatoriale π pour déterminer la parallaxe horizontale P relative à une latitude quelconque, et ensuite la parallaxe en hauteur p pour une époque donnée.

Si l'on appelle Δ la distance de l'astre au centre de la Terre, on voit que par un point de la Terre dont le rayon est ρ, on a, quand l'astre est placé à l'horizon,

$$\Delta \sin P = \rho,$$

et pour un point de l'équateur dont le rayon est R

$$\Delta \sin \pi = R.$$

D'où

$$\sin P = \frac{\rho}{R} \sin \pi,$$

et comme le rayon équatorial R est pris pour unité,

$$\sin P = \rho \sin \pi.$$

Telle est l'expression de la parallaxe horizontale en fonction de la parallaxe horizontale équatoriale et du rayon vecteur. Comme p et P sont toujours de très petits angles, même quand il s'agit de la Lune, on peut écrire simplement

$$P = \rho \pi.$$

Ainsi qu'on l'a vu précédemment, ρ se calcule immédiatement au moyen de la latitude et de l'aplatissement. On peut construire une table à double entrée qui donne pour chaque astre la parallaxe horizontale pour une latitude donnée, étant connue la parallaxe horizontale équatoriale. Il existe des tables de ce genre dans tous les recueils de tables nautiques. Il y a lieu de remarquer toutefois que ces tables n'ont de raison d'être que pour la Lune. Pour les autres astres, comme le Soleil et les planètes, la parallaxe est assez faible pour que la parallaxe horizontale puisse être regardée comme égale à la parallaxe horizontale équatoriale, avec une approximation plus que suffisante.

On donne quelquefois la valeur de P directement en fonction de la latitude φ et de l'aplatissement de la Terre α

$$P = \pi - \pi\alpha \sin^2\varphi + \tfrac{5}{8}\pi\alpha^2\sin^2 2\varphi.$$

Il est facile de déduire cette formule de celle donnée tout à l'heure $P = \rho\pi$, en remplaçant ρ par sa valeur en fonction de φ; mais cela n'a aucune importance. Quand on veut mettre P en table, il est plus facile de se servir du rayon vecteur ρ s'il a été calculé au moyen de la latitude. D'un autre côté, dans les calculs, il est très commode d'employer la relation $P = \rho\pi$, ainsi qu'on aura l'occasion de le reconnaître.

3. Parallaxe en hauteur. — Cela posé, la parallaxe horizontale étant connue pour un lieu déterminé, nous allons nous proposer de calculer cette parallaxe à une époque quelconque, c'est-à-dire pour une hauteur ou une distance zénithale donnée de l'astre considéré.

Soit z la distance zénithale de l'astre C supposé vu du centre de la Terre, on a, par le triangle AOC,

$$\frac{\rho}{\sin p} = \frac{\Delta}{\sin(p+z)},$$

$\frac{\rho}{\Delta}$ est la parallaxe horizontale, de sorte que $\frac{\rho}{\Delta} = P$.

Par conséquent

$$P = \frac{\sin p}{\sin(p+z)}.$$

D'où l'on déduira facilement

$$(1)\qquad \operatorname{tg} p = = \frac{P\sin z}{1 - P\cos z}.$$

On a d'ailleurs, en appelant Δ' la distance AC,

$$\Delta'^2 = \Delta^2 + \rho^2 - 2\Delta\rho\cos z.$$

Divisant par Δ^2 et appelant r le rapport $\dfrac{\Delta'}{\Delta}$,

$$(2)\qquad r^2 = 1 + P^2 - 2P\cos z.$$

Des relations (1) et (2) ou conclut les deux développements

$$p = \mathrm{P}\sin z + \tfrac{1}{2}\mathrm{P}^2\sin 2z + \tfrac{1}{3}\mathrm{P}^3\sin 3z\ldots$$

$$\mathrm{Log}\, r = -\mathrm{M}(\mathrm{P}\cos z + \tfrac{1}{2}\mathrm{P}^2\cos 2z + \tfrac{1}{3}\mathrm{P}^3\cos 3z +\ldots)$$

Ces relations ont été établies pour la première fois par Delambre.

Nous avons appelé z la distance zénithale de l'astre vu du centre de la Terre, c'est-à-dire sa distance zénithale vraie. Si l'on veut exprimer la parallaxe au moyen de la hauteur vraie h, il suffira de remplacer z par $90° - h$. On trouvera alors

$$p = \mathrm{P}\cos h + \tfrac{1}{2}\mathrm{P}^2\sin 2h - \tfrac{1}{3}\mathrm{P}^3\cos 3h +\ldots$$

Telle sera la relation qui permettra de calculer la parallaxe en hauteur au moyen de la hauteur vraie de l'astre au-dessus de l'horizon.

On reconnaît immédiatement, à l'inspection de la figure, que la hauteur vraie h est égale à la hauteur apparente h' de l'astre C, par rapport au point d'observation A, augmentée de la parallaxe en hauteur, de sorte que

$$h = h' + p.$$

La parallaxe a donc pour effet de faire voir les astres moins élevés qu'ils ne le sont réellement et pour passer de la hauteur apparente ou hauteur donnée par l'observation à la hauteur vraie ou hauteur estimée du centre de la Terre, il faudra augmenter la première de la valeur de la parallaxe en hauteur.

4. Parallaxe de hauteur en fonction de la hauteur apparente. — Nous venons de donner la parallaxe en hauteur en fonction de la hauteur vraie. Comme cette dernière est précisément l'inconnue que l'on se propose de déterminer au moyen des données de l'observation, il importe de calculer une autre expression qui donne immédiatement la parallaxe en fonction de la hauteur apparente.

Pour cela, on remplacera h par $h' + p$ dans l'expression de p calculée tout à l'heure, et l'on aura

$$p = \mathrm{P}\cos(h' + p) + \tfrac{1}{2}\mathrm{P}^2\sin(2h' + 2p) - \tfrac{1}{3}\mathrm{P}^3\cos(3h' + 3p);$$

p étant toujours une petite quantité par rapport à h', on développera le second nombre suivant la formule de Taylor, en regardant p comme une variation de h'. Effectuant les calculs, ordonnant par rapport à p et limitant l'approximation au troisième ordre, on trou-

Chabirand, I. 27

vera, toutes réductions faites,

$$p = \mathrm{P}\cos h' + \tfrac{1}{2}\mathrm{P}^2\sin 2h' - \tfrac{1}{3}\mathrm{P}^3\cos 3h' - p\,(\mathrm{P}\sin h' - \mathrm{P}^2\cos 2h') -$$
$$- \tfrac{1}{2}p^2\,\mathrm{P}\cos h',$$

équations en p de la forme

$$p = a + bp + cp^2,$$

dans laquelle a est déjà une valeur très approchée de p, et que l'on devra résoudre par suite, par la formule des approximations successives.

On a trouvé précédemment, pour cette formule,

$$p = a + ab + ab^2 + a^2c.$$

Dans le cas actuel

$$a = \mathrm{P}\cos h' + \tfrac{1}{2}\mathrm{P}^2\sin 2h' - \tfrac{1}{3}\mathrm{P}^3\cos 3h',$$
$$b = -\,(\mathrm{P}\sin h' - \mathrm{P}^2\cos 2h'),$$
$$c = -\,\tfrac{1}{2}\mathrm{P}\cos h',$$
$$ab = -\,\tfrac{1}{2}\mathrm{P}^2\sin 2h' + \mathrm{P}^3\cos^3 h' - 2\mathrm{P}^3\sin^2 h\cos h',$$
$$ab^2 = \mathrm{P}^3\sin^2 h'\cos h',$$
$$a^2c = -\,\tfrac{1}{2}\mathrm{P}^3\cos^3 h'.$$

Par suite

$$p = \mathrm{P}\cos h' - \tfrac{1}{3}\mathrm{P}^3\cos 3h' + \tfrac{1}{2}\mathrm{P}^3\cos^3 h' - \mathrm{P}^3\sin^2 h'\cos h',$$

et comme $\cos 3h' = \cos^3 h' - 3\sin^2 h'\cos h'$, on aura finalement

$$p = \mathrm{P}\cos h' + \tfrac{1}{6}\mathrm{P}^3\cos^3 h'.$$

Telle est l'expression de la parallaxe de hauteur en fonction de la hauteur apparente et de la parallaxe horizontale. On remarquera qu'elle est beaucoup plus convergente que celle qui a été donnée tout à l'heure en fonction de la hauteur vraie.

Dans le cas de le Lune, P ne dépasse jamais $61'$; alors $\mathrm{P}^3 = 1'',152$ et $\tfrac{1}{6}\mathrm{P}^3 = 0,192$, de sorte que, dans tous les cas,

$$\tfrac{1}{6}\mathrm{P}^3\cos 3h' < 0'',2.$$

On néglige ordinairement le terme du troisième ordre, et l'on prend pour expression de la parallaxe en hauteur

$$p = \mathrm{P}\cos h'.$$

Cette formule peut servir à construire une table à double entrée avec la parallaxe horizontale et la hauteur apparente pour arguments.

On trouve des tables de ce genre pour la Lune, le Soleil et les planètes, dans tous les recueils de tables nautiques et astronomiques.

Il résulte de tout ce qui a été dit jusqu'à présent, que l'influence de la parallaxe sur les observations se traduit par un *déplacement apparent* en hauteur de l'astre observé. Il nous reste à montrer comment se décompose ce déplacement dans les divers systèmes de coordonnées adoptés en astronomie.

5. Parallaxes en hauteur et en azimut. — Dans la théorie qui vient d'être exposée tout à l'heure, on a calculé la parallaxe en hauteur en admettant que la Terre était rigoureusement sphérique, et l'on a montré en outre que le déplacement correspondant à cette parallaxe se produisait suivant la direction de la hauteur, c'est-à-dire dans le vertical même de l'astre. Dans cette hypothèse, une seule des deux coordonnées, hauteur et azimut, se trouve modifiée par la parallaxe; la hauteur réelle de l'astre est diminuée; quand à l'azimut, il ne change pas, de sorte que

Hauteur vraie $=$ Hauteur apparente $+$ Parallaxe en hauteur ($\mathrm{P}\cos h'$)
  Azimut vrai $=$ Azimut apparent.

Mais à cause de l'aplatissement de la Terre, chacune de ces coordonnées doit subir une correction du second ordre qu'il est facile de calculer.

On a établi la relation $p = \mathrm{P}\cos h'$ en supposant que h' était la hauteur apparente dans le cas de la Terre sphérique, c'est-à-dire la hauteur que l'on a appelée géocentrique. Or, on a vu précédemment que la hauteur géocentrique diffère de la hauteur astronomique ou hauteur apparente fournie par l'observation d'une certaine correction et l'on a trouvé

Hauteur géocentrique $=$ Hauteur astronomique $- i \cos \mathrm{A}'$

en négligeant les termes du second ordre; i étant la différence des latitudes $\varphi - \varphi'$ et A' l'azimut apparent compté de 0° à 360°.

La hauteur qui entre dans l'expression de la parallaxe ($p = \mathrm{P}\cos h'$) est la hauteur géocentrique, de sorte que, si l'on veut calculer la parallaxe en fonction de la hauteur donnée par l'observation ou hauteur astronomique, il faut, dans cette expression, remplacer h' par $h' - i \cos \mathrm{A}'$.

Or, si l'on différentie l'expression $p = \mathrm{P} \cos h'$, on trouvera

$$dp = - \mathrm{P} \sin h' dh'.$$

Remplaçant dh' par $- i \cos \mathrm{A}'$, on aura

$$dp = i\mathrm{P} \sin h' \cos \mathrm{A}'.$$

Telle sera la correction qu'il faudra faire subir à la valeur de p calculée précédemment pour obtenir la parallaxe qui affecte la hauteur observée, de sorte que

$$\text{Parallaxe en hauteur} = p + dp = \mathrm{P} \cos h' + i\mathrm{P} \sin h' \cos \mathrm{A}'$$

et par suite

$$h = \text{Hauteur vraie} = h' + \mathrm{P} \cos h' + i\mathrm{P} \sin h' \cos \mathrm{A}',$$

formule dans laquelle h' et A' sont la hauteur et l'azimut donnés directement par l'observation.

i et P étant toujours de petites quantités, la correction $i\mathrm{P} \sin h' \cos \mathrm{A}'$ est en réalité toujours du second ordre ; il y a lieu d'en tenir compte seulement pour les observations de Lune ; or, dans ce cas, P est toujours inférieur à 61', d'ailleurs

$$i = \varphi - \varphi' < 11' 31'';$$

on trouvera d'après cela que dans tous les cas

$$i\mathrm{P} \sin h' \cos \mathrm{A}' < 12'',5.$$

En comparant les azimuts astronomique et géocentrique d'un même astre, on a trouvé

$$\text{Azimut géocentrique} = \textit{Azimut astronomique} - i \sin \mathrm{A}' \operatorname{tg} h'$$

et, dans cette relation h' représentait la hauteur apparente indépendamment de toute parallaxe, c'est-à-dire dans le cas où l'astre observé se trouverait placé à l'infini ; la parallaxe ayant pour effet de modifier cette hauteur de la correction $\mathrm{P} \cos h'$, h' devra être remplacé dans la formule précédente par $h' + \mathrm{P} \cos h'$; considérons $\mathrm{P} \cos h'$ comme une différentielle, ce qui est suffisamment approché :

$$d(i \operatorname{tg} h' \sin \mathrm{A}') = i \sin \mathrm{A}' \frac{dh'}{\cos^2 h'}.$$

Remplaçant dh' par $\mathrm{P} \cos h'$

$$d(i \operatorname{tg} h' \sin \mathrm{A}') = i\mathrm{P} \frac{\sin \mathrm{A}'}{\cos h'},$$

on conclura de là

$$\text{Azimut géocent.} = \left(\text{Azimut astron.} - i\mathrm{P} \frac{\sin \mathrm{A}'}{\cos h'} \right) - i \sin \mathrm{A}' \operatorname{tg} h':$$

d'où il résulte que le fait de l'existence d'une parallaxe pour l'astre observé a pour conséquence une variation de $i\mathrm{P} \dfrac{\sin \mathrm{A}'}{\cos h}$, sur l'azimut; par suite

$$\text{Azimut de l'observation} = \text{Azimut vrai} - i\mathrm{P} \frac{\sin \mathrm{A}'}{\cos h'}$$

d'où

$$\mathrm{A} = \text{Azimut vrai} = \text{Azimut observé} + i\mathrm{P} \frac{\sin \mathrm{A}'}{\cos h'},$$

et par azimut vrai, nous entendons ici l'azimut corrigé de la parallaxe.

En somme, l'influence de la parallaxe et de l'aplatissement de la Terre a pour conséquence une correction du second ordre sur la hauteur et l'azimut. Cette correction n'est jamais appréciable que pour la Lune; elle est toujours négligeable pour les astres tels que le Soleil et les planètes.

Finalement, on corrigera les hauteurs et azimuts observés au moyen des deux relations

$$\begin{cases} \text{Hauteur vraie} = h' + \mathrm{P} \cos h' + i\mathrm{P} \sin h' \cos \mathrm{A}', \\[2mm] \text{Azimut vrai} = \mathrm{A}' + i\mathrm{P} \dfrac{\sin \mathrm{A}'}{\cos h'}. \end{cases}$$

Relations dans lesquelles h' et A' sont la hauteur et l'azimut donnés par l'observation, sauf toutefois les corrections de collimation, de réfraction de dépression ou de demi-diamètre qui ont dû être effectuées au préalable.

i est la différence des latitudes pour le lieu considéré et P la parallaxe horizontale pour ce même lieu; comme $\mathrm{P} = \rho\pi$, ρ étant le rayon de la Terre pour le lieu de l'observation et π la parallaxe horizontale équatoriale,

$$i\mathrm{P} = (\varphi - \varphi') \, \mathrm{P} = (\varphi - \varphi') \, \rho\pi = \frac{(\varphi - \varphi') \, \rho\pi}{\sin 1''} = \rho\pi \sin (\varphi - \varphi').$$

D'après cette relation, la quantité $i\mathrm{P}$ que l'on peut appeler la *Paral-*

laxe azimutale maximum peut être estimée au moyen d'une table à double entrée ayant pour arguments la latitude du lieu et la parallaxe horizontale équatoriale.

Rappelons que dans la pratique on ne doit pas oublier que l'élément i est positif pour l'hémisphère nord et négatif pour l'hémisphère sud.

6. Méthode générale pour calculer les parallaxes. — L'analyse dont nous nous sommes servi pour calculer les corrections de parallaxe dues à l'aplatissement de la Terre applicables aux coordonnées azimut et hauteur n'est qu'un calcul d'approximation, ainsi qu'on a pu le remarquer. Nous avons négligé en réalité toutes les quantités d'un ordre inférieur au second. Cela est plus que suffisant pour le cas dont il s'agit; aussi les résultats obtenus présentent toute l'approximation nécessaire dans la pratique. Toutefois, comme il n'est jamais inutile de connaître les expressions rigoureuses des éléments que l'on peut employer, nous allons les calculer. Nous nous servirons pour cela d'un mode de calcul sur lequel il y a lieu d'appeler l'attention, parce qu'il est susceptible de trouver son application dans un grand nombre de circonstances.

On rapporte l'astre considéré à trois axes de coordonnées rectangulaires ayant pour origine le lieu de l'observation et dirigés de la manière suivante : l'axe de z vers le zénith astronomique, l'axe des x vers le nord et l'axe des y vers l'ouest. Alors, ainsi qu'on l'a expliqué précédemment (page 138), si l'on appelle Δ' la distance de l'astre à l'origine, h' sa hauteur et A' son azimut pour cette origine, c'est-à-dire le lieu de l'observation, et x', y', z' les trois coordonnées par rapport au système d'axes adoptés

$$x' = \Delta' \cos h' \cos A'$$
$$y' = \Delta' \cos h' \sin A'$$
$$z' = \Delta' \sin h'$$

Le même astre rapporté a trois axes parallèles à ceux dont on vient de se servir, mais ayant leur origine au centre de la Terre, aurait pour coordonnées :

$$x = \Delta \cos h \cos A,$$
$$y = \Delta \cos h \sin A,$$
$$z = \Delta \sin h,$$

Δ étant la distance au centre de la Terre, h et A la hauteur et l'azimut pour un observateur placé au centre de la Terre, c'est-à-dire ce que l'on appelle les coordonnées vraies.

D'ailleurs, si l'on appelle ρ le rayon vecteur, i la différence $\varphi - \varphi'$ des latitudes pour le lieu d'observation, les coordonnées de ce lieu, par rapport au deuxième système d'axes de coordonnées, sont :

$$x = - \rho \sin i; \quad y = o; \quad z = \rho \cos i.$$

Cela posé, on considérera le triangle formé par l'astre, le lieu et le centre de la Terre, et l'on projettera ses trois côtés successivement sur chacun des trois axes du deuxième système ; on aura alors, d'après le théorème des projections,

Projection de Δ = projection de Δ' + projection de ρ,

ou

Projection de Δ' = projection de Δ — projection de ρ,

c'est-à-dire :

Pour l'axe des x $\Delta' \cos h' \cos A' = \Delta \cos h \cos A + \rho \sin i,$

Pour l'axe des y $\Delta' \cos h' \sin A' = \Delta \cos h \sin A,$

et

Pour l'axe des z $\Delta' \sin h' \qquad = \Delta \sin h - \rho \cos i.$

On multipliera la première équation par $\cos A$, la seconde par $\sin A$ et l'on ajoutera ; on multipliera ensuite la première par $\sin A$, la seconde par $\cos A$ et l'on retranchera la seconde de la première. On remplacera alors le système précédent par le suivant :

$$(a) \quad \begin{cases} \Delta' \cos h' \cos (A - A') = \Delta \cos h + \rho \sin i \cos A, \\ \Delta' \cos h' \sin (A - A') = \rho \sin i \sin A, \\ \Delta' \sin h' = \Delta \sin h - \rho \cos i. \end{cases}$$

Les deux premières équations fournissent immédiatement une expression de la différence des azimuts $A' - A$;

$$\operatorname{tg}(A - A') = \frac{\rho \sin i \sin A}{\Delta \cos h + \rho \sin i \cos A}.$$

On cherchera ensuite une expression de la différence $h - h'$.

Pour cela on multipliera la première des équations (a) par $\cos \frac{1}{2}(A - A')$ et la seconde par $\sin \frac{1}{2}(A - A')$; ajoutant les produits et divisant par $\cos \frac{1}{2}(A - A')$ on trouvera

$$\Delta' \cos h' = \Delta \cos h + \rho \sin i \, \frac{\cos \frac{1}{2}(A + A')}{\cos \frac{1}{2}(A - A')}.$$

On posera

$$\frac{\cos\frac{1}{2}(A + A')}{\cos\frac{1}{2}(A - A')}\, \operatorname{tg} i = \operatorname{cotg} u,$$

u étant une quantité auxiliaire; on aura alors, en tenant compte de la troisième des équations (a), le nouveau système

$$\Delta'\cos h' = \Delta\cos h + \rho\cos i\,\operatorname{cotg} u,$$
$$\Delta'\sin h' = \Delta\sin h - \rho\cos i.$$

Multipliant la première par $\cos h$ et la seconde par $\sin h$ et ajoutant, puis la première par $\sin h$ et la seconde par $\cos h$ et retranchant, on trouvera

$$\Delta'\cos (h - h') = \Delta + \rho\cos i\,\frac{\cos (h + u)}{\sin u}\,,$$
$$\Delta'\sin (h - h') = \rho\cos i\,\frac{\sin (h + u)}{\sin u}.$$

D'où, en divisant,

$$\operatorname{tg}(h - h') = \frac{\dfrac{\rho\cos i}{\sin u}\sin (h + u)}{\Delta + \dfrac{\rho\cos i}{\sin u}\cos (h + u)}.$$

On remarquera que $\dfrac{1}{\Delta}$ n'est autre chose que ce que nous avons appelé la parallaxe horizontale équatoriale, le rayon terrestre étant pris pour unité.

Soit

$$\frac{1}{\Delta} = \pi.$$

Si l'on pose d'un côté

$$m = -\frac{\rho\pi\sin i}{\cos h}$$

et de l'autre

$$n = -\frac{\rho\pi\cos}{\sin u}\,,$$

les formules qui donnent $A - A'$ et $h - h'$ deviennent

$$\operatorname{tg}(A - A') = -\frac{m\sin A}{1 - m\cos A};\quad \operatorname{tg}(h - h') = -\frac{n\sin (h + u)}{1 - n\cos (h + u)},$$

expressions qui se développeront suivant la formule de Delambre :

$$A' = A + \frac{m}{1}\sin A + \frac{m^2}{2}\sin 2A + \frac{m^3}{3}\sin 3A + \ldots$$

$$h' = h + \frac{n}{1}\sin(h+u) + \frac{n^2}{2}\sin 2(h+u) + \frac{n^3}{3}\sin 3(h+u) + \ldots$$

Tels sont les développements rigoureux qui donnent les parallaxes en azimut et en hauteur, en fonction des azimuts et des hauteurs vraies. D'après un calcul précédemment exécuté (page 418), on calculera les coordonnées vraies en fonction des coordonnées apparentes

$$A = A' - \frac{m}{1}\sin A'; \qquad h = h' - \frac{n}{1}\sin(h'+u)$$

en limitant l'approximation au troisième ordre.

Il est facile de vérifier que ces expressions ne diffèrent pas de celles que nous avons calculées précédemment.

Si l'on remplace m par sa valeur $m = -\dfrac{\rho\pi\sin i}{\cos h} = -\dfrac{i\mathrm{P}}{\cos h}$,

$$A = A' + i\mathrm{P}\,\frac{\sin A'}{\cos h},$$

c'est-à-dire

$$\text{Azimut vrai} = A' + i\mathrm{P}\,\frac{\sin A'}{\cos h'},$$

A' et h' représentant l'azimut et la hauteur de l'observation.

Pour la hauteur on remarquera qu'à une quantité près du troisième ordre, $u = 90° - i\cos A'$, et que, par suite, avec la même approximation, $\sin u = 1$.

Par suite

$$n = -\frac{\rho\pi\cos i}{\sin u} = -\rho\pi = -\mathrm{P},$$

et

$$h + u = 90° + h - i\cos A \qquad \text{et} \qquad \sin(h+u) = \cos(h - i\cos A)$$

ou

$$\sin(h+u) = \cos h + i\cos A\sin h.$$

D'où, par conséquent,

$$h = h' + \mathrm{P}\cos h' + i\mathrm{P}\sin h'\cos A',$$

c'est-à-dire

$$\text{Hauteur vraie} = h' + \mathrm{P} \cos h' + i\mathrm{P} \sin h' \cos \mathrm{A}',$$

en appelant, comme précédemment, h' et A' la hauteur et l'azimut de l'observation. C'est la formule déjà obtenue.

7. Parallaxes en ascension droite et en déclinaison.

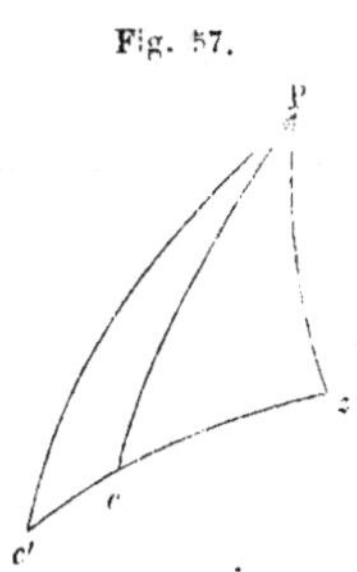

Fig. 57.

— Soient z le zénith, P le pôle et c la position vraie d'un astre; la parallaxe ayant pour conséquence un déplacement apparent en hauteur, tel que cc', pour l'astre considéré, cet astre paraîtra occuper sur la sphère céleste une position apparente, telle que c'. De là un angle horaire apparent $z\mathrm{P}c'$ et une distance polaire apparente $\mathrm{P}c'$ différents de l'angle horaire vrai $z\mathrm{P}c$ et de la distance polaire vraie $\mathrm{P}c$. Comme l'angle horaire $\mathrm{T} = \theta - \alpha$, θ étant le temps sidéral et α l'ascension droite de l'astre, et que la distance polaire est le complément de la déclinaison δ, les coordonnées équatoriales (ascension droite et déclinaison) applicables à la position apparente et par suite données par les observations exécutées à la surface de la Terre ne sont elles-mêmes qu'apparentes.

Les variations d'ascension droite et de déclinaison, conséquence de la parallaxe, ou, ce qui est la même chose, les différences entre les ascensions droites ou les déclinaisons vraies et apparentes s'appellent *Parallaxes en ascension droite et en déclinaison*.

Comme on connaît déjà, par ce qui précède, l'expression de la parallaxe en hauteur cc', on conçoit immédiatement la possibilité de s'en servir pour déterminer la valeur de l'angle $c\mathrm{P}c'$ qui est la parallaxe en ascension droite et la différence $\mathrm{P}c' - \mathrm{P}c = [90° - \delta' - (90° - \delta)$, ou de la parallaxe de déclinaison, soit par un calcul trigonométrique, soit au moyen des formules différentielles relatives aux transformations de coordonnées, soit enfin par la méthode générale qui nous a déjà servi à établir les développements rigoureux des parallaxes en hauteur et en azimut.

D'après ce qui a été expliqué précédemment, la parallaxe en hauteur est dans le calcul une correction qu'il faut ajouter à la hauteur apparente pour obtenir la hauteur vraie; par analogie, les parallaxes en ascension droite et en déclinaison seront les corrections qu'il faudra ajouter à l'ascension droite apparente ou à la déclinaison apparente pour obtenir l'ascension droite vraie ou la déclinaison vraie. Ces corrections pourront être positives ou négatives suivant la position de l'astre. Si d'après cela on appelle α et δ les coordonnées vraie, α' et δ' les coordonnées apparentes, P_α et P_δ les parallaxes en ascension droite et en déclinaison, on aura

$$\alpha = \alpha' + P_\alpha; \qquad \delta = \delta' + P_\delta.$$

Suivant que l'on supposera le zénith z zénith géocentrique ou zénith astronomique, cc' sera égal à $P \cos h'$ ou à $P \cos h' + iP \sin h' \cos A'$. Dans les deux cas la variation de l'angle horaire reste la même, de sorte qu'il y a avantage au point de vue du calcul à considérer la variation la plus simple $P \cos h'$ et à prendre le zénith géocentrique, de sorte que $Pz =$ colatitude géocentrique $= 90° - \varphi'$.

On a par le triangle cPc'

$$\frac{\sin cc'}{\sin Pc \text{ ou } \cos \delta} = \frac{\sin cPc'}{\sin Pc'z} = \frac{\sin P_\alpha}{\sin Pc'z}.$$

De même, par le triangle Pzc' dans lequel l'angle $zPc' = T + P_\alpha$ en appelant T l'angle horaire vrai zPc,

$$\frac{\cos \varphi'}{\cos h'} = \frac{\sin Pc'z}{\sin(T + P_\alpha)}.$$

Des deux égalités précédentes, on conclura

$$\frac{\sin cc' \cos \varphi'}{\cos \delta \cos h'} = \frac{\sin P_\alpha}{\sin(T + P_\alpha)},$$

et comme $\sin cc' = \sin P \cos h'$ à une quantité près du troisième ordre

$$\frac{\text{tg} P_\alpha}{\sin T + \cos T \, \text{tg} P_\alpha} = \frac{\sin P \cos \varphi'}{\cos \delta}.$$

On posera

$$\frac{\sin P \cos \varphi'}{\cos \delta} = m,$$

et l'on aura finalement

$$\text{tg} P_\alpha = \frac{m \sin T}{1 - m \cos T},$$

expression qui pourra être développée suivant la formule de Delambre ou rendue calculable par logarithmes; dans ce dernier cas, on poserait

$$m \sin T = \rho \sin \pi \frac{\cos \varphi' \sin T}{\cos \delta} = \text{tg} M,$$

et l'on trouverait

$$\operatorname{tg} P_\alpha = \operatorname{tg}(\alpha - \alpha') = \frac{\sin T \sin M}{\sin(T - M)} = \frac{\sin(\theta - \alpha)\sin M}{\sin(\theta - \alpha - M)},$$

pour calculer la parallaxe en ascension droite; dans l'application de cette formule, on devra remarquer que T est compté de 0° à 360° et l'auxilaire M de 0° à 90°, mais pouvant être positif ou négatif, d'où il résulte que P_α peut être positif ou négatif.

La parallaxe en déclinaison se calculera avec la même facilité; les triangles czP, $c'zP$ donneront successivement

$$\sin \delta = \sin h \sin \varphi' + \cos h \cos \varphi' \cos A,$$
$$\sin \delta' = \sin h' \sin \varphi' + \cos h' \cos \varphi' \cos A;$$

d'où en éliminant $\cos A$

$$\frac{\sin \delta - \sin h \sin \varphi'}{\cos h} = \frac{\sin \delta' - \sin h' \sin \varphi'}{\cos h'},$$

et, en réduisant au même dénominateur,

$$\sin \delta \cos h' - \sin \delta' \cos h = \sin \varphi'(\sin h \cos h' - \sin h' \cos h) = \sin \varphi' \sin(h - h'),$$

ou, comme $h - h' = P \cos h'$,

$$\sin \delta' \cos h = \cos h'(\sin \delta - P \sin \varphi'),$$

d'où

$$\frac{\cos h}{\cos h'} = \frac{\sin \delta - P \sin \varphi'}{\sin \delta'}.$$

D'ailleurs, on a par les triangles czP et $c'zP$

$$\frac{\cos h}{\sin T} = \frac{\cos \delta}{\sin Pzc} \quad \text{et} \quad \frac{\cos h'}{\sin(T + P_\alpha)} = \frac{\cos \delta'}{\sin Pzc'},$$

d'où

$$\frac{\cos h}{\cos h'} = \frac{\sin T}{\sin(T + P_\alpha)} \frac{\cos \delta}{\cos \delta'}.$$

Combinant cette relation avec celle trouvée tout à l'heure, on trouvera

$$\operatorname{tg} \delta' = \left(\frac{\sin \delta - P \sin \varphi'}{\cos \delta}\right) \frac{\sin(T + P_\alpha)}{\sin T}.$$

On posera

$$\frac{P \sin \varphi'}{\cos \delta} = \rho \pi \frac{\sin \varphi'}{\cos \delta} = \operatorname{tg} N,$$

et l'on aura

$$\operatorname{tg} \delta' = \frac{\sin (\delta - N) \sin (T + P_\alpha)}{\cos \delta \cos N \sin T}.$$

Telle est l'expression de la déclinaison apparente; on en conclura, par suite, la parallaxe de déclinaison $P_\delta = \delta - \delta'$.

8. Développements des parallaxes en séries. — On a pu remarquer que, pour effectuer les calculs précédents, on a admis que la parallaxe en hauteur avait pour valeur $P \cos h'$, h' représentant la hauteur apparente. Or, on a vu que $P \cos h'$ n'est, en réalité, qu'une valeur approchée de la parallaxe en hauteur; toutefois on a démontré que cette valeur est suffisamment approchée pour être regardée comme suffisante dans presque tous les cas. Mais il faudra conclure de là que les expressions précédentes relatives aux parallaxes en ascension droite et en déclinaison ne sont qu'approchées.

Nous allons calculer les développements rigoureux de ces parallaxes en appliquant la méthode générale qui nous a servi pour les parallaxes en hauteur et en azimut.

Par rapport à un premier système d'axes rectangulaires ayant pour origine le lieu de l'observation et dirigés, l'axe des z vers le pôle et l'axe des x vers le point équinoxial ou point origine des ascensions droites, les coordonnées apparentes d'un astre seront :

$$z' = \Delta' \sin \delta'; \quad x' = \Delta' \cos \delta' \cos \alpha'; \quad y' = \Delta' \cos \delta' \sin \alpha'.$$

Par rapport à un second système d'axes parallèles aux premiers, mais ayant pour origine le centre de la Terre, les coordonnées du même astre seront :

$$z = \Delta \sin \delta; \quad x = \Delta \cos \delta \cos \alpha; \quad y = \Delta \cos \delta \sin \alpha.$$

Par rapport au second système d'axes, les coordonnées du lieu de l'observation seront :

$$z = \rho \sin \varphi'; \quad x = \rho \cos \varphi' \cos \theta; \quad y = \rho \cos \varphi' \sin \theta;$$

θ représentant le temps sidéral du lieu.

On conclura par le théorème des projections appliqué successivement aux trois axes

$$(a) \quad \begin{cases} \Delta' \cos \delta' \cos \alpha' = \Delta \cos \delta \cos \alpha - \rho \cos \varphi' \cos \theta, \\ \Delta' \cos \delta' \sin \alpha' = \Delta \cos \delta \sin \alpha - \rho \cos \varphi' \sin \theta, \\ \Delta' \cos \delta' \quad\quad = \Delta \sin \delta \quad\quad - \rho \sin \varphi'. \end{cases}$$

Multipliant la première équation par $\sin \alpha$, la seconde par $\cos \alpha$ et retranchant la seconde de la première, puis la première par $\cos \alpha$ et la seconde par $\sin \alpha$ et ajoutant les résultats, on trouvera :

$$(b) \quad \begin{cases} \Delta' \cos \delta' \sin (\alpha - \alpha') = \rho \cos \varphi' \sin (\theta - \alpha) = \rho \cos \varphi' \sin \mathrm{T}, \\ \quad \text{car } \theta - \alpha = \mathrm{T} = \text{angle horaire}, \\ \Delta' \cos \delta' \cos (\alpha - \alpha') = \Delta \cos \delta - \rho \cos \varphi' \cos \mathrm{T}. \end{cases}$$

D'où, en divisant la première par la seconde,

$$\operatorname{tg} (\alpha - \alpha') = \frac{\rho \cos \varphi' \sin \mathrm{T}}{\Delta \cos \delta - \rho \cos \varphi' \cos \mathrm{T}};$$

$\dfrac{1}{\Delta} =$ parallaxe horizontale équatoriale $= \pi$, le rayon équatorial terrestre étant pris pour unité.

Posant

$$\frac{\rho \cos \varphi'}{\Delta \cos \delta} = \frac{\rho \pi \cos \varphi'}{\cos \delta} = m,$$

$$(1) \quad\quad \operatorname{tg} (\alpha - \alpha') = \frac{m \sin \mathrm{T}}{1 - m \cos \mathrm{T}}.$$

Multipliant maintenant la première des équations (b) par $\sin \frac{1}{2}(\alpha - \alpha')$ et la seconde par $\cos \frac{1}{2}(\alpha - \alpha')$, on aura

$$\Delta' \cos \delta' = \Delta \cos \delta - \rho \cos \varphi' \frac{\cos \left[\mathrm{T} + \frac{1}{2}(\alpha - \alpha') \right]}{\cos \frac{1}{2}(\alpha - \alpha')}$$
$$= \Delta \cos \delta - \rho \cos \varphi' \frac{\cos \left(\mathrm{T} + \frac{1}{2} \mathrm{P}_\alpha \right)}{\cos \frac{1}{2} \mathrm{P}_\alpha}.$$

Soit

$$\frac{\cos \left(\mathrm{T} + \frac{1}{2} \mathrm{P}_\alpha \right)}{\cos \frac{1}{2} \mathrm{P}_\alpha} = \operatorname{tg} \varphi' \operatorname{cotg} u;$$

u étant une auxiliaire, on aura, en se servant de la troisième équation (a), le nouveau système

$$\Delta' \cos \delta' = \Delta \cos \delta - \rho \sin \varphi' \operatorname{cotg} u,$$
$$\Delta' \sin \delta' = \Delta \sin \delta - \rho \sin \varphi'.$$

Multipliant le premier par $\sin \delta$, le second par $\cos \delta$, puis retranchant la première de la seconde; multipliant ensuite la première par $\cos \delta$, la seconde par $\sin \delta$ et ajoutant :

$$\Delta' \sin (\delta' - \delta) = \rho \sin \varphi' \frac{\sin (\delta - u)}{\sin u},$$

$$\Delta' \cos (\delta' - \delta) = \Delta - \rho \sin \varphi' \frac{\cos (\delta - u)}{\sin u}.$$

D'où, en divisant la première par la seconde,

$$\operatorname{tg} (\delta' - \delta) = \frac{\dfrac{\rho \sin \varphi'}{\Delta \sin u} \sin (\delta - u)}{1 - \dfrac{\rho \sin \varphi'}{\Delta \sin u} \cos (\delta - u)}.$$

Soit

$$\frac{\rho \sin \varphi'}{\Delta \sin u} = \frac{\rho \pi \sin \varphi'}{\sin u} = \frac{P \sin \varphi'}{\sin u} = n;$$

π étant la parallaxe horizontale équatoriale et P la parallaxe horizontale pour le lieu.

$$(2) \qquad \operatorname{tg} (\delta' - \delta) = \frac{n \sin (\delta - u)}{1 - n \cos (\delta - u)}.$$

Les expressions (1) et (2) se développent suivant la formule de Delambre, et l'on aura pour développements rigoureux des parallaxes en ascension droite et en déclinaison :

$$\alpha - \alpha' = m \sin T + \frac{m^2}{2} \sin 2T + \frac{m^3}{3} \sin 3T + \ldots$$

$$\delta' - \delta = n \sin (\delta - u) + \frac{n^2}{2} \sin 2(\delta - u) + \frac{n^3}{3} \sin 3(\delta - u) + \ldots$$

On remarquera que si $T = 0$, $\alpha' - \alpha = 0$; par conséquent la parallaxe en ascension droite est nulle quand l'astre est placé dans le plan du méridien.

Dans l'application des formules précédentes il faut tenir compte avec soin des signes qui affectent les coordonnées δ, φ', et les quantités $\sin T$ et $\cos T$, et cela d'après la manière dont ces quantités doivent être comptées conformément aux conventions établies. L'auxiliaire u est toujours moindre que $90°$, mais peut être positive ou négative; n peut de même avoir le signe $+$ ou le signe $-$ suivant que

$\sin \varphi'$ et $\sin u$ seront de même signe on de signes contraires; quant à m, il est, par le fait, toujours positif.

On remarquera, dans les applications, que les séries précédentes sont en général assez peu convergentes; il est souvent indispensable de calculer le terme du troisième ordre. Alors il peut être plus commode d'employer des formules calculables par logarithmes.

Pour la parallaxe d'ascension droite, on posera

$$m \sin T = \rho\pi \frac{\cos \varphi' \sin T}{\cos \delta} = P \frac{\cos \varphi' \sin T}{\cos \delta} = \operatorname{tg} M,$$

et l'on trouvera

$$\operatorname{tg}(\alpha - \alpha') = \operatorname{tg} P_\alpha = \frac{\sin M \sin T}{\sin (T - M)}.$$

Pour la parallaxe en déclinaison, on pourrait se servir de l'expression de $\operatorname{tg}(\delta' - \delta)$ et procéder d'une manière analogue; mais on abrégera le calcul en calculant directement δ' au lieu de $\delta' - \delta$.

Au moyen de la troisième équation (a) et de la première des équations (b) on trouvera facilement

$$\operatorname{tg} \delta' = \sin P_\alpha \frac{\Delta \sin \delta - \rho \sin \varphi'}{\rho \cos \varphi' \sin T} = \sin P_\alpha \frac{\operatorname{tg} \delta - \dfrac{\rho \sin \varphi'}{\Delta \cos \delta}}{\dfrac{\rho \cos \varphi'}{\Delta \cos \delta} \sin T}.$$

On posera

$$\frac{\rho \sin \varphi'}{\Delta \cos \delta} = \rho\pi \frac{\sin \varphi'}{\cos \delta} = P \frac{\sin \varphi'}{\cos \delta} = \operatorname{tg} N,$$

et l'on aura

$$\operatorname{tg} \delta' = \frac{\sin P_\alpha \sin (\delta - N)}{\operatorname{cotg} \varphi' \sin N \cos \delta \sin T}.$$

Dans le cas que l'on admettra que la parallaxe en hauteur CC' est égale à $P \cos h$, on remarquera que

$$\frac{\sin P_\alpha}{\sin (T + P_\alpha)} = \frac{\sin cc' \cos \varphi'}{\cos \delta \cos h} = \frac{P \cos \varphi'}{\cos \delta} = \operatorname{cotg} \varphi' \operatorname{tg} N;$$

alors la formule précédente devient

$$\operatorname{tg} \delta' = \frac{\sin (T + P_\alpha) \sin (\delta - N)}{\cos \delta \cos N \sin T},$$

c'est-à-dire celle que nous avons déjà établie précédemment.

Le calcul des parallaxes en ascension droite et en déclinaison est, en général, toujours laborieux; aussi cherche-t-on à l'éviter toutes les fois que cela est possible.

Les formules précédentes permettent de calculer les coordonnées apparentes quand les coordonnées vraies sont connues; mais elles ne résolvent pas leproblème inverse qui consiste à passer des coordonnées apparentes aux coordonnées vraies. On pourrait, par un calcul d'approximations successives, effectuer ce calcul, ainsi qu'on l'a fait pour la hauteur, mais il n'y a à cela aucun intérêt. Si, en effet, les coordonnées apparentes sont fournies par une observation directe, elles doivent être corrigées non-seulement de la parallaxe, mais encore de la réfraction. Alors il est plus court de transformer purement et simplement les ascensions droites et déclinaisons apparentes en azimut et hauteur apparents, de corriger ces nouvelles coordonnées de la réfraction et de la parallaxe, et de calculer ensuite les ascensions droites et déclinaisons vraies.

Exemple. — *Le 22 avril, à midi T. M. de Paris, le temps sidéral* $0 = 2^h 02^m 25^s,20$. *Les coordonnées équatoriales de la Lune sont*

$$\mathbb{C} \begin{cases} \alpha = 22^h 25^m 17^s,17 & \varphi' = 48° 38' 47'' \\ \delta = -15° 27' 16'',7 & \varphi = 48° 50' 11'' \end{cases}$$

et la parallaxe horizontale équatoriale $\pi = 59' 46'',3$.

Calculer les parallaxes en ascension droite et en déclinaison, puis en hauteur et en azimut.

$$\sin P = \rho \sin \pi \qquad \begin{aligned} \log \sin \pi &= 8,2401996 \\ \log \rho &= 9,9991752 \end{aligned}$$

$$\begin{aligned} \log \sin P &= 8,2393748 \\ \theta &= 26^h 02^m 25^s,20 \\ \alpha &= 22^h 25^m 17^s,17 \end{aligned}$$

$$P = 59' 39'',5$$

$$\begin{aligned} T = \theta - \alpha &= 3^h 37^m 08^s,03 \\ &= 54° 17' 00'',45 \end{aligned}$$

$$\operatorname{tg} M = \sin P \frac{\cos \varphi' \sin T}{\cos \delta}; \qquad \operatorname{tg} N = \sin P \frac{\sin \varphi'}{\cos \delta};$$

$$\operatorname{tg} P_\alpha = \frac{\sin M \sin T}{\sin (T - M)}; \qquad \operatorname{tg} \delta' = \frac{\sin (\delta - N) \sin (T + P_\alpha)}{\cos \delta \cos N \sin T}.$$

$$\log \sin \mathrm{P} = 8{,}239\,3748$$
$$\log \cos \varphi' = 9{,}820\,0072$$
$$\log \sin \mathrm{T} = 9{,}909\,5107$$
$$\mathrm{ct}\,\log \cos \delta = 0{,}015\,9943$$
$$\log \mathrm{tg}\, \mathrm{M} = 7{,}984\,8870$$
$$\mathrm{M} = 33'12'',0$$
$$\mathrm{T} = 54°17'00'',5$$
$$\mathrm{T} - \mathrm{M} = 53°43'48'',5$$

$$\lg \sin \mathrm{P} = 8{,}239\,3748$$
$$\sin \varphi' = 9{,}875\,4353$$
$$\mathrm{ct} \cos \delta = 0{,}015\,9943$$
$$\log \mathrm{tg}\, \mathrm{N} = 8{,}130\,8044$$
$$\mathrm{N} = 46'27'',4$$
$$\delta = -15°27'16'',7$$
$$\delta - \mathrm{N} = -16°13'44'',1$$

$$\log \sin \mathrm{M} = 7{,}984\,8574$$
$$\lg \sin \mathrm{T} = 9{,}909\,5107$$
$$\mathrm{ct} \sin(\mathrm{T}-\mathrm{M}) = 0{,}093\,5359$$
$$\lg \mathrm{tg}\, \mathrm{P}_\alpha = 7{,}987\,9040$$
$$\mathrm{P}_\alpha = 33'25'',9 = 2^\mathrm{m}13^\mathrm{s},73$$
$$\mathrm{T} = 54°17'00'',5$$
$$\mathrm{T}' = \mathrm{T} + \mathrm{P}_\alpha = 54°50'26'',4$$
$$\alpha' = \alpha + \mathrm{P}_\alpha = 22^\mathrm{h}\,27^\mathrm{m}\,30^\mathrm{s},90$$

$$\log \sin(\delta.\mathrm{N}) = 9{,}446\,3441$$
$$\sin \mathrm{T}' = 9{,}912\,5164$$
$$\mathrm{ct} \cos \delta = 0{,}015\,9943$$
$$\mathrm{ct} \cos \mathrm{N} = 0{,}000\,0397$$
$$\mathrm{ct} \sin \mathrm{T} = 0{,}090\,4893$$
$$\lg \mathrm{tg}\, \delta' = 9{,}465\,3838$$
$$\delta' = -16°16'40''$$
$$\delta = -15°27'16''$$
$$\mathrm{P}_\delta = \varepsilon - \delta = -\ 49'23''$$

$$\log \mathrm{tg}\, \delta = 9{,}441\,6513 -$$
$$\mathrm{ct} \cos \mathrm{T} = 0{,}233\,7542 +$$
$$\lg \mathrm{tg}\, \mathrm{M} = 9{,}675\,4055 -$$
$$\mathrm{M} = -25°20'30'',9$$
$$\varphi = 48°50'11'',0$$
$$\varphi - \mathrm{M} = 74°10'41'',9$$

$$\log \mathrm{tg}\, \delta' = 9{,}465\,3838$$
$$\mathrm{ct} \cos \mathrm{T}' = 0{,}239\,6909$$
$$9{,}705\,0747$$
$$\mathrm{M}' = -26°53'18'',7$$
$$\varphi = 48°50'11''$$
$$\varphi - \mathrm{M}' = 75°43'29'',7$$

$$\log \mathrm{tg}\, \mathrm{T} = 0{,}143\,2648$$
$$\cos \mathrm{M} = 9{,}956\,0577$$
$$\mathrm{ct} \sin(\varphi - \mathrm{M}) = 0{,}016\,7730$$
$$\lg \mathrm{tg}\, \mathrm{A} = 0{,}116\,0955$$
$$[\mathrm{A}] = 52°34'06'',7$$
$$\mathrm{A} = 232°34'06'',7$$

$$\log \mathrm{tg}\, \mathrm{T}' = 0{,}152\,2054$$
$$\cos \mathrm{M}' = 9{,}950\,3104$$
$$\mathrm{ct} \sin(\varphi - \mathrm{M}') = 0{,}013\,6211$$
$$0{,}116\,4369$$
$$[\mathrm{A}'] = 52°34'16'',2$$
$$\mathrm{A}' = 232°34'16'',2$$

$$\log \cos \mathrm{A} = 9{,}783\,7685$$
$$\mathrm{cotg}(\varphi - \mathrm{M}) = 9{,}452\,3700$$
$$\log \mathrm{tg}\, h = 9{,}236\,1385$$
$$h = 9°46'22'',2$$

$$\log \cos \mathrm{A}' = 9{,}783\,7433$$
$$\cot(\varphi - \mathrm{M}') = 9{,}405\,5746$$
$$9{,}189\,3179$$
$$h' = 8°47'25'',8$$

$$h = 9°46'22''$$
$$h' = 8°47'25''$$
$$h - h' = 58'56''$$

$$\mathrm{A} = 232°34'06''$$
$$\mathrm{A}' = 232°34'16''$$
$$\mathrm{A} - \mathrm{A}' = -\ 9''$$

$$\lg \sin \mathrm{P} = 8{,}239\,3748$$
$$\cos h' = 9{,}994\,8688$$
$$\mathrm{ct} \sin 1'' \quad 5{,}314\,4251$$
$$3{,}548\,6887$$
$$3537'',5 = 58'57''$$

$$h = h' + \mathrm{P} \cos h' + i\mathrm{P} \sin h' \cos \mathrm{A}'$$
$$\mathrm{A} = \mathrm{A}' + i\mathrm{P}\,\frac{\sin \mathrm{A}'}{\cos h'}$$

$$h' = 8°47'25'',8$$
$$\mathrm{P} \cos h' = +58'57'',5$$
$$i\mathrm{P} \sin h' \cos \mathrm{A}' = -\ 1'',1$$
$$= 9°56'22'',2$$

$$\mathrm{A}' = 232°34'16'',2$$
$$i\mathrm{P}\,\frac{\sin \mathrm{A}'}{\cos h'} = -\ 9'',5$$
$$\mathrm{A} = 232°34'06'',7$$

$$i = 11'24''$$
$$\log i = 2{,}835\,0561$$
$$\sin \mathrm{P} = 8{,}239\,3748$$
$$\log i\mathrm{P} = 1{,}074\,4309$$
$$\sin h' = 9{,}184\,1886$$
$$\cos \mathrm{A}' = 9{,}783\,7433$$
$$0{,}042\,3628$$
$$1'',1$$

$$\log i\mathrm{P} = 1{,}074\,430$$
$$\sin \mathrm{A}' = 9{,}899\,88$$
$$\mathrm{ct} \cos h' = 0{,}005\,131$$
$$0{,}979\,442$$
$$9'',5$$

10. Parallaxes en longitude et en latitude. — On rapporte l'astre que l'on considère successivement à deux systèmes d'axes de coordonnées rectangulaires, parallèles entre eux, ayant pour origine : le premier le point de la Terre, lieu de l'observation, le second le centre de la Terre. Dans chacun de ces deux systèmes, le plan horizontal de projection est parallèle au plan de l'écliptique. L'axe des z est dirigé vers le pôle de l'écliptique et l'axe des x vers le point équinoxial ou point origine des longitudes.

Les coordonnées de l'astre seront, par rapport au premier système :

$$z' = \Delta \sin \lambda'; \quad x' = \Delta' \cos \lambda' \cos \mathcal{L}'; \quad y' = \Delta' \cos \lambda' \sin \mathcal{L}',$$

en appelant λ' la latitude apparente et $\mathcal{L}'$ la longitude apparente de l'astre, et par rapport au deuxième système :

$$z = \Delta \sin\lambda; \quad x = \Delta\cos\lambda\cos\mathcal{L}; \quad y = \Delta\cos\lambda\sin\mathcal{L}.$$

Si l'on appelle l la longitude du lieu de l'observation, le méridien origine étant le méridien céleste qui passe par le point équinoxial, et k' la latitude géocentrique par rapport au pôle de l'écliptique, les coordonnées d'un point de la Terre, par rapport au deuxième système, seront

$$z = \rho\sin k'; \quad x = \rho\cos k'\cos l; \quad y = \rho\cos k'\sin l.$$

Ecrivant alors que la somme des projections sur chacun des trois axes du deuxième système est égale à 0, on aura les trois équations

$$\left\{ \begin{aligned} &\Delta'\cos\lambda'\cos\mathcal{L}' = \Delta\cos\lambda\cos\mathcal{L} - \rho\cos k'\cos l, \\ &\Delta'\cos\lambda'\sin\mathcal{L}' = \Delta\cos\lambda\sin\mathcal{L} - \rho\cos k'\sin l, \\ &\Delta'\sin\lambda' = \Delta\sin\lambda - \rho\sin k', \end{aligned} \right.$$

qui sont les équations (a) obtenues pour déterminer les parallaxes d'ascension droite et de déclinaison, dans lesquelles δ est remplacé par λ, α par $\mathcal{L}$, φ' par k' et θ par l.

On les traitera absolument de la même manière, et l'on trouvera

$$\operatorname{tg}(\mathcal{L}-\mathcal{L}') = \frac{\dfrac{\rho\cos k'}{\Delta\cos\lambda}\sin(l-\mathcal{L})}{1 - \dfrac{\rho\cos k'}{\Delta\cos\lambda}\cos(l-\mathcal{L})}$$

$$\bullet\ \operatorname{tg}(\lambda'-\lambda) = \frac{\dfrac{\rho\sin k'}{\Delta\sin u}\sin(\lambda-u)}{1 - \dfrac{\rho\sin k'}{\Delta\sin u}\cos(\lambda-u)},$$

l'auxiliaire u étant déterminée par la relation

$$\frac{\cos\left(l + \dfrac{\mathcal{L}+\mathcal{L}'}{2}\right)}{\cos\left(\dfrac{\mathcal{L}-\mathcal{L}'}{2}\right)} = \operatorname{tg} k \cot g\, u.$$

On posera

$$\frac{\rho\cos k}{\Delta\cos\lambda} = \mathrm{P}\,\frac{\cos k'}{\cos\lambda} = m; \quad \frac{\rho\sin k'}{\Delta\sin u} = \mathrm{P}\,\frac{\sin k'}{\sin u} = n.$$

et l'on aura

$$\operatorname{tg}(\ell - \ell') = \frac{m \sin(l - \ell)}{1 - m \cos(l - \ell)},$$

$$\operatorname{tg}(\lambda' - \lambda) = \frac{n \sin(\lambda - u)}{1 - n \cos(\lambda - u)},$$

expressions qui pourront être développées suivant la formule de Delambre ou rendues calculables par logarithmes, ainsi qu'il a été expliqué pour les parallaxes d'ascension droite et de déclinaison.

Les quantités l et k' ne sont pas connues immédiatement; on les calculera par les formules données précédemment :

$$\begin{cases} \operatorname{tg} M = \dfrac{\operatorname{tg}\varphi'}{\sin\theta}, \\[2mm] \operatorname{tg} l = \dfrac{\operatorname{tg}\theta \cos(M - \omega)}{\cos M}, \\[2mm] \operatorname{tg} k' = \sin l \operatorname{tg}(M - \omega), \end{cases}$$

ω étant l'inclinaison de l'écliptique.

CHAPITRE IV

DEMI-DIAMÈTRES APPARENTS.

---

1. Des demi-diamètres apparents. — Les astres qui, comme la Lune, le Soleil ou les planètes, sont assez rapprochés de la Terre pour avoir une parallaxe très appréciable, se projettent sur la sphère céleste sous l'apparence d'un disque d'une étendue plus ou moins grande, suivant que le diamètre réel est lui-même plus ou moins grand, et sa distance à la Terre moins ou plus considérable. L'angle sous lequel est vu de la Terre le diamètre du disque qui figure sur le ciel, l'astre observé est dit le *Diamètre apparent de cet astre.*

Les observations instrumentales faites sur un astre ayant un diamètre apparent, sont toujours exécutées pour un point de la circonférence du disque. Comme les coordonnées des corps célestes données par les éphémérides sont celles du centre même de chaque astre, les mesures données directement par l'observation doivent subir une certaine correction due au diamètre apparent. Les distance zénithales doivent être augmentées ou diminuées du demi-diamètre apparent, suivant qu'elles auront été faites sur le bord du disque le plus voisin ou le plus éloigné du zénith; les hauteurs de l'observation sont de même augmentées ou diminuées du demi-diamètre apparent, suivant qu'elles s'appliquent au bord inférieur ou au bord supérieur par rapport à l'horizon.

Les demi-diamètres apparents sont donnés par les éphémérides; mais ces éléments supposent l'observateur placé au centre de la Terre et dans un milieu non réfringent. L'atmosphère qui nous environne et la parallaxe des corps célestes ayant pour effet de déterminer un déplacement apparent de ces corps, il en résulte une altération plus ou moins sensible du demi-diamètre apparent qu'il est indispensable de mesurer pour pouvoir en tenir compte au besoin dans les calculs de précision.

2. De l'accourcissement du demi-diamètre apparent. —

Ainsi qu'on l'a vu, la réfraction a pour effet de nous faire voir les astres plus élevés au-dessus de l'horizon qu'ils ne le sont réellement. L'accroissement de hauteur dû à la réfraction, pour les hauteurs supérieures à 12°, a en général pour expression $\alpha \operatorname{cotg} h$, α étant ce que l'on appelle la *constante de la réfraction* ou *constante de Laplace*, de sorte que cet accroissement varie avec la hauteur elle-même et en raison inverse de cette hauteur.

D'après cela, si l'on considère le disque d'un astre sur la sphère céleste, celui du Soleil, par exemple, on verra d'abord que le centre du disque se trouve transporté à une hauteur plus grande que celle qui lui appartient réellement, et, en second lieu, que tous les points de la circonférence du disque se trouvent déplacés d'une manière analogue. Si le déplacement était le même et pour le centre et pour les points de la circonférence, cette circonférence ne subirait aucune déformation ; le disque resterait circulaire, mais il paraîtrait placé à une hauteur plus grande. Or il n'en est pas ainsi ; les points de la demi-circonférence inférieure subissent un déplacement moyen plus grand que le centre du disque, puisque leur hauteur moyenne est moindre que celle du centre ; les points de la demi-circonférence supérieure, au contraire, sont moins déplacés en moyenne que le centre, puisque leur hauteur est plus grande. Finalement, chacune de ces demi-circonférences sera remplacée sur la sphère céleste par une courbe aplatie intérieure à la demi-circonférence elle-même. Comme d'ailleurs le demi-diamètre horizontal n'éprouve pas de modification appréciable puisque la hauteur de chacune de ses extrémités est sensiblement la même que celle du centre, on peut reconnaître dès à présent que le disque apparent sera limité par une sorte de courbe ovale ayant pour axe horizontal le diamètre vrai et pour diamètre vertical une fraction plus ou moins grande de ce diamètre, suivant la grandeur de la réfraction.

Nous allons nous proposer de calculer l'équation de la courbe qui forme le contour apparent du disque sur la sphère céleste, et nous en conclurons ensuite une expression de la différence entre le rayon ou demi-diamètre vrai et un rayon vecteur quelconque.

Supposons la circonférence du disque rapportée à deux arcs de grand cercle perpendiculaires entre eux et passant chacun par le centre du disque que l'on prendra pour origine. Les coordonnées d'un point quelconque de la circonférence étant comptés sur des arcs de grand cercle et représentés par x et y, l'équation de la circonférence sera

$$\cos x \cos y = \cos \frac{d}{2}$$

en appelant d le diamètre vrai de l'astre considéré.

Les arcs x, y, d sont en général assez petits pour que les lignes trigonométriques puissent être remplacées par leurs développements ; on aura alors

$$\left(1 - \frac{x^2}{2} + \ldots\right)\left(1 - \frac{y^2}{2} + \ldots\right) = \left(1 - \frac{d^2}{8} + \right)\ldots$$

et en négligeant les termes d'un ordre inférieur

$$x^2 + y^2 = \frac{d^2}{4}.$$

On trouve ainsi l'équation d'une circonférence de cercle sur un plan rapportée à deux axes rectangulaires passant par son centre. Nous arriverons par suite à remplacer la calotte sphérique figurée sur la sphère céleste par le disque de l'astre, par un cercle qui serait placé dans le plan tangent à la sphère au centre même du disque ; nous remplacerons de même les deux axes de coordonnées sphériques par deux droites rectangulaires qui ne sont autre chose que leurs tangentes. Pour qu'il soit permis de procéder ainsi, il faut évidemment que le disque considéré soit suffisamment petit ; or, c'est ce qui a toujours lieu ; les diamètres apparents que l'on a l'occasion de considérer ne dépassent jamais 33′.

Cela posé, soit O le centre d'un cercle rapporté à deux axes de coordonnées rectangulaires, de sorte que l'équation de la circonférence est $x^2 + y^2 = \frac{d^2}{4}$; soit M un point de cette circonférence. Le cercle étant supposé placé à une certaine hauteur sur la sphère céleste, le point M sera déplacé en hauteur par la réfraction d'une quantité MM′.

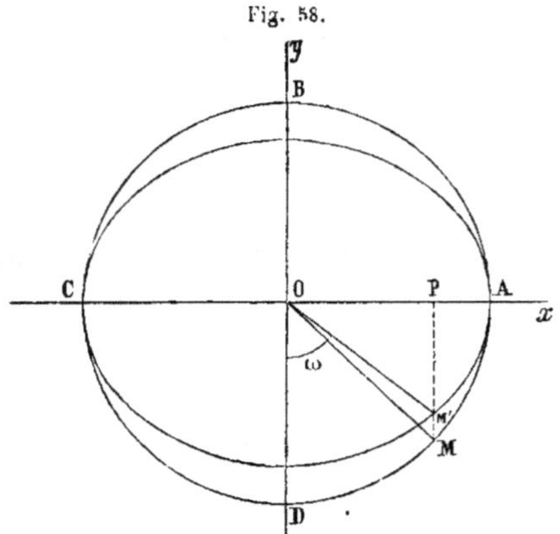

On admettra que la hauteur du centre du disque soit telle que la variation de réfraction pour une augmentation de hauteur de $+ 1′$ soit la même pour le bord inférieur et le bord supérieur, ce qui revient à supposer que la réfraction varie proportionnellement à la hauteur dans l'intervalle de hauteur représenté par la différence des hauteurs des deux bords.

Soit m la variation de réfraction qui correspond à une variation de
$+ 1'$ dans la hauteur. Si $y = $ MP, l'ordonnée du point M est exprimée
en minutes, il est évident que My représentera l'accroissement de hauteur MM' ou ce qui est équivalent l'accourcissement de l'ordonnée MP
dû à la réfraction.

Par suite

$$\mathrm{MP}' = \mathrm{MP} - \mathrm{MM}' = y - my = (1 - m)y.$$

La réfraction ne produisant aucun déplacement azimutal, l'abscisse
OP n'est pas modifiée. Remplaçons donc dans l'équation du cercle y
par $(1 - m)y$ et nous aurons l'équation de la courbe lieu des points M'

$$x^2 + (1 - m)^2 y^2 = \frac{d^2}{4}.$$

Cette équation représente une ellipse ayant pour grand axe (axe horizontal) $\dfrac{d}{2}$ et pour petit axe (axe vertical) $\dfrac{1}{2} \dfrac{d}{(1 - m)}$.

On en conclura immédiatement pour expression de la différence
entre le demi-diamètre horizontal ou demi-diamètre apparent vrai et
le demi-diamètre vertical ou demi-diamètre apparent accourci, ou ce
que l'on est convenu d'appeler l'accourcissement du demi-diamètre
apparent vertical

$$\text{Accourcissement du demi-diamètre} = \tfrac{1}{2} d \left(1 - \frac{1}{1 - m}\right) = - \tfrac{1}{2} md$$

en limitant l'approximation au second ordre.

Pour avoir l'accourcissement correspondant à une direction de
rayon vecteur quelconque, on appellera ρ le rayon vecteur OM' et ω
l'angle M'OD compté de 0° à 360° à partir du demi-diamètre vertical
inférieur; dans cette hypothèse

$$x = \rho \sin \omega, \qquad y = \rho \cos \omega.$$

Remplaçant x et y par ces valeurs dans l'équation de l'ellipse obtenue
tout à l'heure

$$\rho^2 [\sin^2 \omega + (1 - m)^2 \cos^2 \omega] = \frac{d^2}{4},$$

d'où

$$\rho = \tfrac{1}{2} \frac{d}{[\sin^2 \omega + (1 - m)^2 \cos^2 \omega]^{\frac{1}{2}}}.$$

Développant le dénominateur et négligeant les termes en m^2

$$\rho = \tfrac{1}{2}\,\frac{d}{(1 - 2m\cos^2\omega)^{\frac{1}{2}}} = \tfrac{1}{2}\,\frac{d}{1 - m\cos^2\omega} = \tfrac{1}{2}d(1 + m\cos^2\omega),$$

d'où

Accourcissement du rayon vecteur $= \tfrac{1}{2}d - \rho = -\tfrac{1}{2}md\cos^2\omega.$

Telle sera la valeur de l'accourcissement pour une direction quelconque ω du rayon vecteur. Si l'on fait $\omega = 0$, on retrouve la valeur déjà obtenue $-\tfrac{1}{2}md$.

L'expression de l'accourcissement se présente sous la forme négative parce que m est en réalité toujours négatif, puisque la réfraction diminue quand la hauteur augmente.

On conclura de ce qui précède pour passer de l'observation à la réalité ou inversement :

1° Pour le demi-diamètre en hauteur

Demi-diam. vrai $=$ *Demi-diam. observé* $+$ *Accourcissement* ou $(-\tfrac{1}{2}md)$;

2° Pour les demi-diamètres inclinés

Demi-diam. vrai $=$ *Demi-diam. observé* $+$ *Accourc.* $(-\tfrac{1}{2}md\cos^2\omega).$

On trouve dans les recueils nautiques des tables qui donnent à vue la valeur absolue de l'accourcissement en hauteur et pour une direction quelconque (table III de Guépratte, table XIV de Callet, table XXIII de Caillet). Comme m dépend exclusivement de la hauteur, les arguments de ces tables sont la hauteur et le demi-diamètre donné par les éphémérides.

On remarquera que l'accourcissement étant donné en somme par un produit dans lequel la valeur $\tfrac{1}{2}d$ du demi-diamètre entre comme facteur, devra devenir une quantité du second ordre si d est du même ordre que m ou une quantité très-petite, ce qui arrive dans le cas des planètes. On en conclut qu'il n'y a lieu de tenir compte de l'accourcissement dû à la réfraction que pour la Lune et le Soleil.

Dans l'analyse qui vient d'être exposée, on a admis que la quantité m, c'est-à-dire la variation de la réfraction qui correspond à une variation de hauteur égale à $1'$ était la même pour les hauteurs relatives au bord inférieur et au bord supérieur. Cette hypothèse n'est qu'approchée. En réalité, la réfraction n'est pas proportionnelle à la hauteur, de sorte que sa variation varie elle-même avec la hauteur. Toutefois, l'hypothèse précédente peut être regardée comme suffisamment exacte dans les conditions ordinaires de la pratique. Il suffit de

jeter les yeux sur une table des réfractions moyennes pour reconnaître
immédiatement que les réfractions relatives à deux hauteurs consécutives différentes de 30' ont des différences secondes d'un ordre inférieur
au dixième de seconde et peuvent par suite être regardées comme
nulles toutes les fois que la hauteur dépasse 20°; pour des hauteurs
comprises entre 12° et 20°, les différences secondes varient entre 0",1
et 0",4. Elles deviennent très notables au fur et à mesure que la hauteur s'approche de 0°.

Il est très facile d'obtenir une valeur rigoureuse de l'accourcissement
du demi-diamètre pour le point que l'on considère en prenant la valeur
de m qui convient à la réfraction relative à la hauteur de ce point. On
obtiendra ainsi deux valeurs différentes de l'accourcissement pour le
demi-diamètre inférieur et le demi-diamètre supérieur toutes les fois
que la hauteur sera inférieure à 20°.

Pour les hauteurs inférieures à 12°, il sera bon en outre de tenir
compte des termes en m^2, car alors m devient assez grand pour que la
seconde puissance de cette quantité ne soit plus négligeable. Il suffira
du reste de prendre les expressions exactes données précédemment

$$\text{Demi-diamètre accourci} = \tfrac{1}{2}\left(\frac{d}{1-m}\right)$$

s'il s'agit du diamètre en hauteur et

$$\text{Demi-diamètre accourci} = \tfrac{1}{2} \cdot \frac{d}{[\sin^2\omega + (1-m)^2\cos^2\omega]^{\frac{1}{2}}}.$$

Les tables de M. Caillet ont été calculées avec précision pour toutes
les hauteurs de 0° à 12° en particulier; elles donnent l'accourcissement
pour le bord inférieur et le bord supérieur de l'astre. Mais elles ne font
connaître cet accourcissement, dans le cas d'un rayon quelconque, que
pour la demi-circonférence supérieure du disque: cela est suffisant.
Dans la pratique, on n'a jamais besoin de considérer l'accroissement
suivant une direction quelconque que dans le cas des distances lunaires; or, si l'un des astres est à moins de 12° au-dessus de l'horizon, le
second est toujours à une hauteur supérieure.

**3. De l'augmentation du demi-diamètre dû à la parallaxe
ou du demi-diamètre en hauteur.** — On vient de voir que la
réfraction ayant pour conséquence un déplacement des astres en hauteur, il en résultait une déformation du disque de ces astres parce que
le déplacement est fonction de la hauteur et que les divers points de
la circonférence du disque sont à des hauteurs différentes au-dessus de
l'horizon.

Comme l'influence de la parallaxe se traduit dans les observations par un déplacement apparent, fonction de la hauteur, tout à fait analogue à celui qui est dû à la réfraction, à part cette différence qu'elle fait paraître les astres moins élevés au-dessus de l'horizon et que la

Fig. 59.

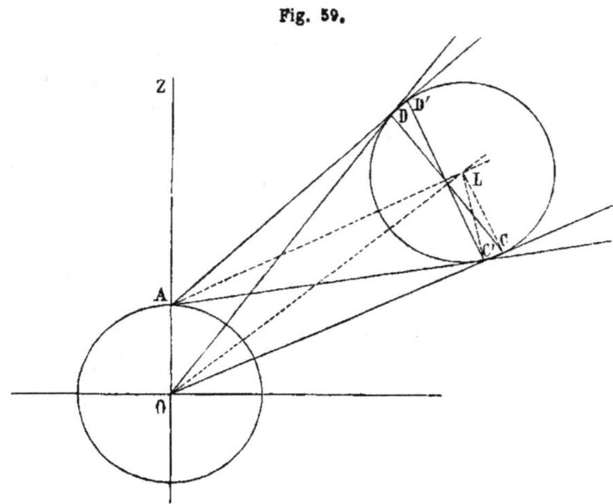

réfraction les fait voir au contraire plus élevés qu'ils ne le sont réellement, il peut sembler au premier abord que le fait de l'existence d'une parallaxe aura pour conséquence une déformation du disque apparent de l'astre observé.

Mais il ne saurait en être ainsi; l'analogie qui semble, au point de vue du calcul, exister entre les phénomènes de réfraction et de parallaxe n'est qu'apparente. En réalité, la réfraction est un effet d'optique qui modifie la position des images et qui déforme ces images elles-mêmes quand elles présentent une certaine étendue. La parallaxe est un phénomène d'un autre ordre qui dépend surtout des positions relatives des corps célestes considérés et qui ne saurait modifier les contours apparents de ces corps, à la condition toutefois que ces corps soient rigoureusement sphériques.

Pour bien se rendre compte de ce fait, il suffit de jeter les yeux sur la figure ci-contre dont on a à dessein exagéré les proportions. O et L sont le centre de deux cercles qui représentent les sections de la Terre et de la Lune. Pour un observateur placé au centre O de la Terre, le disque de la Lune se projettera sur la sphère céleste suivant un cercle qui sera le lieu des points de contact du cône circonscrit à la Lune ayant son sommet au point O. Soit CD le diamètre de ce cercle, de sorte que COD est le diamètre apparent de la Lune pour l'observateur placé en O.

Pour l'observateur placé en un point A de la surface de la Terre, le disque apparent de la Lune sera de même déterminé par le cercle lieu des points de contact du cône tangent à la Lune mené du point A. Soit C′D′ le diamètre de ce cercle; C′AD′ est le diamètre apparent pour le point A.

Dans les deux cas, le contour apparent de la Lune est un cercle parce que cet astre est un corps sphérique. Mais, eu égard à la différence des positions relatives des points O et A par rapport au centre de la Lune, les diamètre CD et C′D′ ne sont pas égaux et les diamètres apparents COD, C′AD′ sont différents l'un de l'autre.

On appelle *Diamètre apparent central ou horizontal*, le diamètre COD estimé du centre de la Terre, et *Diamètre en hauteur*, le diamètre C′AD′ estimé du point de la surface de la Terre où se trouve l'observateur. Il est facile de calculer la différence qui existe entre ces deux diamètres.

Soient $\frac{1}{2}d =$ COL le diamètre apparent central et $\frac{1}{2}d' =$ C′AL le demi-diamètre apparent en hauteur; on a pour les deux triangles rectangles COL et C′AL

$$\text{OL} \sin \tfrac{1}{2} d = \text{CL} = \text{rayon de la Lune,}$$
$$\text{AL} \sin \tfrac{1}{2} d' = \text{C′L} = \text{rayon de la Lune;}$$

d'où

$$\frac{\sin \tfrac{1}{2} d}{\sin \tfrac{1}{2} d'} = \frac{\text{AL}}{\text{OL}},$$

ou simplement, vu la petitesse des angles d et d',

$$\frac{d}{d'} = \frac{\text{AL}}{\text{OL}} \quad \text{et} \quad d = d' \frac{\text{AL}}{\text{OL}}.$$

D'un autre côté, par le triangle AOL

$$\frac{\text{AL}}{\text{OL}} = \frac{\sin \text{AOL}}{\sin \text{OAL}} = \frac{\sin z}{\sin z'} = \frac{\cos h}{\cos (h - p)},$$

en appelant z, z' les distances zénithales estimées du centre de la Terre et du lieu de l'observation, h la hauteur estimée du centre de la Terre ou hauteur vraie et p la parallaxe en hauteur; par suite

$$d = d' \frac{\cos h}{\cos (h - p)},$$

ou

$$d' = \frac{d}{\cos h} \cos (h - p).$$

Développant le second membre suivant la formule de Taylor

$$d' = \frac{d}{\cos h} \left(\cos h + \frac{p}{1} \sin h + \frac{p^2}{1.2} \cos h + \dots \right).$$

Remplaçant p par sa valeur $\mathbf{P} \cos h = \rho\pi \cos h$ et réduisant

$$d' = d(1 + \rho\pi \sin h + \tfrac{1}{2} \rho^2\pi^2 \cos^2 h + \dots),$$

d'où l'on couclut, en négligeant les termes d'ordre inférieur,

$$d' - d = d\rho\pi \sin h.$$

Telle est l'expression de la différence entre le demi-diamètre vrai et le demi-diamètre en hauteur. On peut la mettre sous une autre forme en remarquant que si K est le rayon de la Lune exprimé au moyen du rayon terrestre pris pour unité, on a dans tous les cas $d = \pi\mathrm{K}$, de sorte que $\pi = \dfrac{d}{\mathrm{K}}$; supposant d'un autre côté $\rho = 1$, ce qui est suffisamment exact pour le cas dont il s'agit,

$$d' - d = \frac{d^2}{\mathrm{K}} \sin h \qquad \text{ou} \qquad \frac{d}{\mathrm{K} \sin 1''} \, d \sin h,$$

expression qui pourra être calculée à vue au moyen d'une table à double entrée ayant pour argument la hauteur h et le demi-diamètre central. Quand on fait ce calcul, la hauteur h n'est pas connue; mais il est suffisamment exact de remplacer la hauteur vraie par la hauteur apparente donnée par l'observation, eu égard à la petitesse de $d' - d$.

Finalement, ou aura

$$\textit{Demi-diamètre vrai} = \textit{Demi-diamètre de l'observation} - \frac{d^2}{\mathrm{K}} \sin h,$$

ou inversement

$$\textit{Demi-diamètre qui convient à l'observation} = \textit{Demi-diamètre vrai}$$
$$\textit{(des éphémérides)} + \textit{Correction}.$$

La correction $\dfrac{d^2}{\mathrm{K}} \sin h$ est donnée par une table particulière : table XI de Guépratte; table XIV de Callet; table XXV de Caillet. — Ainsi qu'on l'a dit tout à l'heure, ces tables ont pour arguments la hauteur de l'observation déjà corrigée à quelques minutes près du demi-diamètre vrai et le demi-diamètre qui, lui, est fourni par les éphémérides.

La correction relative au demi-diamètre en hauteur ne dépasse jamais 20″. Cette correction n'est par suite applicable qu'à la Lune. Comme, en effet, elle est exprimée par un produit où entrent en facteurs le demi-diamètre et la parallaxe, il est bien évident qu'elle ne doit se traduire par une quantité appréciable qu'autant que chacun de ces éléments est au moins supérieur à 1′; ce qui ne peut avoir lieu que pour la Lune.

On a établi tout à l'heure la relation

$$\frac{d}{d'} = \frac{\cos h}{\cos h'},$$

entre les demi-diamètres et les hauteurs vraie et apparente.

Or, on a vu que T représentant l'angle horaire et P_α la parallaxe d'ascension droite, δ et δ' les déclinaisons vraies et apparentes

$$\frac{\cos h'}{\cos h} = \frac{\sin(T + P_\alpha)}{\sin T} \frac{\cos \delta'}{\cos \delta}.$$

On conclura de ces deux relations

$$d' = d\,\frac{\sin(T + P_\alpha)\cos \delta'}{\sin T \cos \delta}.$$

Si l'on a posé préalablement

$$\operatorname{tg} u = \operatorname{tg} \varphi' \,\frac{\cos \tfrac{1}{2} P_\alpha}{\cos(T - \tfrac{1}{2} P_\alpha)}. \qquad\text{(Voir page 430.)}$$

Cette dernière formule pourra se mettre sous la forme

$$d' = d\,\frac{\sin(\delta' - u)}{\sin(\delta - u)},$$

expression qui servira à calculer le demi-diamètre en hauteur immédiatement toutes les fois que l'on aura par un autre calcul été conduit à déterminer les parallaxes en ascension droite et en déclinaison.

On a dit précédemment, en traitant de l'accourcissement dû à la réfraction, que le demi-diamètre employé dans les formules de correction ou, ce qui revient au même, servant d'argument pour les tables, était le demi-diamètre fourni par les éphémérides. En réalité, c'est le demi-diamètre en hauteur dont il faudrait se servir; mais comme d'un côté la correction de hauteur ne dépasse jamais 20″ et que de l'autre une variation de 30″ sur le demi-diamètre n'entraîne pas de correction sensible pour l'accourcissement, il n'y a aucun inconvénient à prendre pour argument la valeur de demi-diamètre fournie par les éphémérides; cette valeur servira ainsi à la fois au calcul de l'accourcissement et à celui de la correction de hauteur. Mais dans les deux cas la hauteur employée sera la hauteur de l'observation corrigée du demi-diamètre à 1 ou 2 minutes près seulement.

En somme, la valeur de demi-diamètre apparent dont on doit se servir pour réduire une hauteur ou une distance zénithale obtenue en observant le bord d'un astre doit se calculer :

1° En retranchant l'*accourcissement* dû à la réfraction du demi-diamètre apparent donné par les éphémérides;

2° En ajoutant au résultat la correction dite de demi-diamètre en hauteur due à la parallaxe.

Si l'on appelle D' le diamètre apparent applicable à la réduction des hauteurs ou distances zénithales, D le diamètre apparent donné par les éphémérides pour l'astre observé,

$$D' = D - \text{Accourcissement} + \text{Correction pour hauteur.}$$

L'accourcissement et la correction de hauteur sont estimés au moyen des tables en prenant pour arguments le demi-diamètre $\frac{1}{2} D$ des éphémérides et la hauteur de l'observation corrigée à 1 ou 2 minutes près de $\frac{1}{2} D$.

On aura alors finalement

$$\text{Hauteur vraie} = \text{Hauteur observée} \pm \tfrac{1}{2} D',$$

suivant que l'on aura observé le bord inférieur ou le bord supérieur.

Pour les distances zénithales ce serait le contraire

$$\text{Distance zénithale vraie} = \text{Distance zénithale observée} \pm \tfrac{1}{2} D',$$

suivant qu'il s'agit du bord supérieur ou du bord inférieur par rapport à l'horizon.

La correction de l'accourcissement susceptible d'être employée pour les hauteurs de Lune et de Soleil est toujours négligeable pour les planètes.

La correction de demi-diamètre en hauteur n'est jamais employée que pour les hauteurs de Lune.

CHAPITRE V.

RÉDUCTION DES OBSERVATIONS ET DES POSITIONS APPARENTES AU CENTRE DE LA TERRE.

1. Généralités sur la réduction des observations. — Les coordonnées des astres sont déterminées expérimentalement par des mesures instrumentales exécutées sur les positions apparentes, au point de la surface de la Terre où se trouve placé l'observateur.

Comme il existe plusieurs systèmes de coordonnées et des instruments destinés à mesurer séparément chacune de ces coordonnées, il y a autant de systèmes d'observations que de coordonnées ou d'instruments. Mais, dans tous les cas, les positions des astres n'étant qu'apparentes, les coordonnées mesurées ne sont elles-mêmes qu'apparentes.

Ces coordonnées, avant de pouvoir être introduites dans les calculs d'astronomie sphérique, doivent avoir été calculées pour le centre de la Terre, ce qui se fait en corrigeant les mesures obtenues des erreurs instrumentales, des effets d'optique et des différences de position relative de l'observateur par rapport au centre de la Terre. On dit alors que les observations ont été *réduites*.

La *Réduction des observations* est toujours une opération assez délicate. Elle est basée, en premier lieu, sur une connaissance approfondie de l'instrument employé, en même temps que sur une certaine sagacité dans l'usage de cet instrument de la part de l'observateur. D'un autre côté, elle suppose une application bien entendue du calcul des approximations. Les corrections à exécuter ne se présentent jamais sous une forme finie; elles sont toujours données par des séries plus ou moins convergentes. En général, il n'y a lieu de conserver que le premier terme de chaque série; mais comme les diverses corrections sont d'ordres différents les unes par rapport aux autres, il importe de savoir ne tenir compte que de celles qui ont une importance réelle et omettre toutes celles qui sont négligeables. Finalement le résultat obtenu doit être présenté avec le degré d'approximation qui lui appartient réellement.

On a déjà dit que la description des instruments employés en astronomie, leur usage et la théorie des erreurs inhérentes à chacun d'eux constituaient aujourd'hui une étude des plus complexes suffisante pour faire l'objet d'une véritable science, l'astronomie instrumentale. Il n'entre pas dans le plan de cet ouvrage de traiter avec détail des questions qui sont du ressort de cette science ; aussi on ne peut que se contenter d'appeler quelquefois l'attention sur leur importance relative. Les données d'observation seront donc toujours supposées corrigées préalablement des erreurs instrumentales avec toute la précision possible. On indiquera d'ailleurs, dans chaque circonstance, la limite du degré de précision sur lequel il est possible de compter ordinairement, eu égard à la nature de l'instrument qui a été employé, et l'on s'en servira pour conclure finalement la limite de l'approximation des calculs.

Les données expérimentales supposées dégagées des erreurs instrumentales demeurent encore altérées par les effets d'optique et de parallaxe, de sorte qu'elles ne représentent que des coordonnées apparentes. Pour passer de ces coordonnées apparentes aux coordonnées vraies par rapport au centre de la Terre, il suffit de leur faire subir successivement les diverses corrections qui ont été calculées dans les précédentes théories.

On a fait remarquer tout à l'heure que les observations peuvent appartenir à autant de systèmes différents qu'il y a de systèmes de coordonnées. On ne parlera ici que d'un seul système, celui qui est relatif aux coordonnées azimutales (azimut et hauteur). Si l'on met à part les distances lunaires qui seront l'objet d'une étude toute spéciale, l'azimut et la hauteur ou son complément, la distance zénithale, sont, par le fait, les seuls éléments angulaires que l'on mesure avec des instruments dans les opérations géographiques. Pour les calculs nautiques en particulier, il faut à chaque instant déterminer par l'observation l'un ou l'autre de ces éléments.

A terre, les distances zénithales et les azimuts se mesurent au moyen de l'altazimut ou théodolithe complet, muni à la fois d'un cercle gradué vertical et d'un cercle gradué horizontal. Cet instrument est, par excellence, celui de l'astronome géographe.

Les distances zénithales obtenues avec le théodolithe sont indépendantes de la dépression de l'horizon ; elles ne sont, par suite, passibles que des corrections de réfraction, de demi-diamètre apparent et de parallaxe.

A la mer, les hauteurs peuvent se mesurer au moyen d'un instrument à réflexion (cercle ou sextant), et les azimuts avec une boussole ou compas de relèvements magnétiques.

Les hauteurs mesurées avec un instrument à réflexion se déterminent à l'aide, soit d'un horizon artificiel, soit de l'horizon de la mer ou horizontal naturel. Dans le premier cas, elles sont passibles des corrections de réfraction, de demi-diamètre et de parallaxe; dans le second, elles doivent subir, en outre, la correction de dépression de l'horizon.

On a fait remarquer que l'évaluation de la dépression de l'horizon ne comporte jamais qu'une précision douteuse, eu égard à l'incertitude qui règne sur la valeur du coefficient de réfraction; il en résulte que les observations qui ont dû subir cette correction ne présentent jamais elles-mêmes une bien grande exactitude; on ne doit s'en servir qu'à défaut d'autres.

Les observations de hauteur exécutées avec un instrument à réflexion à terre ont généralement pour but la détermination d'une latitude ou la régulation des chronomètres, ou si les chronomètres sont bien réglés, la détermination de la longitude; dans ces différents cas, elles doivent être toujours faites au moyen de l'horizon artificiel.

Les observations d'azimut exécutées au théodolithe sont généralement assez précises pour comporter simultanément les corrections de demi-diamètre apparent et de parallaxe azimutale. Il n'en est pas de même des mesures d'azimut obtenues à l'aide des compas de relèvement ou boussoles de déclinaison. Ces mesures ne sont pas exactes à 1 minute, de sorte qu'il est parfaitement inutile de tenir compte des corrections de secondes; alors l'observation est faite directement sur le centre de l'angle observé, en bissextant à vue le diamètre apparent. On doit faire remarquer toutefois qu'il serait possible de baser sur l'emploi de l'aiguille aimantée des compas de relèvement d'une précision beaucoup plus grande. Les officiers du génie de la brigade topographique emploient des instruments de ce genre, d'une grande précision, qui pourraient être utilisés avantageusement dans les opérations hydrographiques.

A la mer, les hauteurs sont toujours mesurées avec un instrument à réflexion au moyen de l'horizon de la mer ou horizon naturel; les azimuts se déterminent avec la boussole au compas des relèvements magnétiques. Les hauteurs devant être corrigées de la dépression de l'horizon sont affectées de toute l'incertitude inhérente à cette correction; cette incertitude est beaucoup plus grande qu'on se l'imagine généralement; elle est d'ailleurs essentiellement variable.

Les mesures d'azimuts avec le compas de relèvement à la mer sont toujours évaluées avec une approximation très faible, eu égard à l'installation même de l'instrument et au système de graduation que l'on est obligé d'adopter. D'ailleurs la mobilité du bâtiment est un obstacle invincible à la précision des observations. Il serait toutefois possible d'avoir des compas de relèvement beaucoup plus parfaits que ceux qui sont généralement en usage dans la marine. Il y aurait, à cet égard, un perfectionnement de construction considérable à réaliser si l'on voulait, au moins dans la limite du possible, mettre les données de l'observation en rapport avec le degré de précision des calculs. Le relèvement d'un astre à la mer n'est jamais estimé avec une précision supérieure à 15'. Dans ces conditions, il n'y a jamais lieu de songer à lui faire subir aucune correction. Dans l'observation, on a soin toutefois, quand il s'agit d'un astre ayant un diamètre apparent, de pointer le centre même de l'astre en bissextant par le fil de l'alidade ou de la lunette le disque apparent de cet astre.

Les graduations des théodolithes et des instruments à réflexion sont généralement exécutées de 5' en 5'. Un vernier annexé au limbe permet de mesurer les arcs de 10″. Au moyen d'une bonne loupe, un observateur exercé peut toujours estimer l'arc à 5″ près; avec l'habitude, on peut pousser encore plus loin la précision de la lecture. Nous regarderons toutefois le chiffre de 5″ comme étant la limite de la précision que l'on obtient en général dans les observations géographiques basées sur l'emploi du théodolithe ou des instruments à réflexion. Les corrections que doivent subir ces observations seront alors calculées au dixième de seconde, de sorte que l'observation réduite sera encore exacte à 5″ près. Nous pensons qu'une précision plus grande est le plus souvent illusoire. Pour déterminer l'approximation des résultats calculés, on supposera donc toujours que l'observation est exacte à 5″ près; il sera du reste toujours facile d'en conclure la nouvelle approximation que l'on aurait si l'on était sûr de pouvoir compter sur des mesures plus précises.

Les observations de hauteur exécutées à la mer ne sont jamais certaines, à moins de 30″ et souvent même davantage. Comme les résultats que l'on se propose d'en conclure n'exigent pas une approximation supérieure à 1', il est en général parfaitement inutile de tenir compte, dans la réduction de ces observations, des corrections qui ne dépassent pas 10″ ou même 20″.

2. De la réduction des hauteurs. — Il est résulté des diverses théories qui ont été exposées dans les chapitres précédents que les réductions applicables aux hauteurs ou aux distances zénithales sont généralement complexes et composées de termes d'ordres différents d'une importance relative plus ou moins grande. On va résumer ces diverses réductions en en précisant l'application et en les exposant dans l'ordre d'après lequel elles doivent être exécutées. Cet ordre sera le suivant :

1° Dépression de l'horizon, 2° réfraction, 3° demi-diamètre apparent, 4° parallaxe.

On supposera qu'il s'agisse d'observations de hauteur en remarquant que les résultats donnés sont applicables aux distances zénithales à la condition de remplacer h par $90° - z$ et de changer le signe de la correction.

1° DÉPRESSION DE L'HORIZON.

La correction qui doit toujours précéder toutes les autres est celle de la dépression de l'horizon quand il y a lieu de l'appliquer

$$\text{Dép.} = \frac{1-n}{\sin 1''} \sqrt{\frac{2e}{\rho}}.$$

$n =$ constante de réfraction $= 0,08$ d'après Delambre; $e =$ élévation de l'œil au-dessus du niveau de la mer, exprimée en mètres; $\rho =$ rayon de la Terre au lieu de l'observation également exprimé en mètres. ρ peut être remplacé par le rayon moyen, celui qui convient au parallèle de $45°$; $\rho = 6\,367\,000$ mètres.

La dépression se calcule habituellement au moyen d'une table ayant pour argument unique l'élévation de l'œil au-dessus du niveau de la mer (tables I de Guépratte, VII de Callet, XV de Caillet).

Pour une élévation

$$e = 5 \text{ mètres}, \quad \text{Dép} = 3'58''.$$

La dépression est donc en général une correction importante qui ne doit jamais être oubliée dans la réduction des observations nautiques.

La dépression se retranche des hauteurs observées

$$h'_1 \text{ ou Hauteur} = h'_0 \text{ ou Hauteur instrumentale ou observée} - \text{Dép.}$$

La correction de dépression n'est applicable qu'à la mer; à terre, on doit éviter d'avoir à en tenir compte en observant à l'horizon artificiel.

2° RÉFRACTION.

La correction de réfraction a pour expression analytique

$$R = R_m + R_m y + R_m x.$$

$R_m =$ réfraction moyenne à la température $10°$ centigrades et la pression barométrique $0^m,760$. D'après Laplace et Delambre,

$$R_m = 58'',41 \cot g\, h'_1 - 0'',0671 \cot g^3 h'_1$$

en appelant h'_1 la hauteur observée telle qu'elle se trouve établie après la correction des erreurs instrumentales et de la dépression.

$R_m y =$ correction du second ordre qui dépend du baromètre.

y résulte de la relation $\dfrac{H}{760} = 1 + y$ dans laquelle h est la hauteur du baromètre exprimée en millimètres.

$R_m x =$ correction du second ordre qui dépend de la température.

$$1 - x = \frac{1}{1 + n(t - 10)} \qquad x = -\frac{n(t - 10)}{1 + n(t - 10)} \qquad n = 0,003\,67.$$

t représentant la température exprimée en degrés centigrades.

La réfraction moyenne R_m peut être estimée au moyen d'une table ayant pour argument unique la hauteur h'_1; les deux termes de correction $R_m y$ et $R_m x$ sont de même donnés par des tables ayant pour arguments la réfraction moyenne et la pression barométrique ou la température. Ces corrections peuvent être positives ou négatives; les tables en font habituellement mention (tables IV et V de Guépratte, VIII de Callet, XVI et XXI de Caillet).

La réfraction est nulle au zénith et maximum à l'horizon.

Pour des hauteurs supérieures à $12°$ la réfraction est plus petite que $4'\,30''$. Dans l'hypothèse d'une réfraction moyenne égale à $4'\,30''$, on trouve que pour les cas les plus extrêmes relatifs à la température et à la pression

$$R_m x < 30'' \qquad R_m y < 7''$$

en valeur absolue.

Dans les circonstances les plus ordinaires, c'est-à-dire pour des hauteurs supérieures à $20°$, la température comprise entre $0°$ et $25°$ et la pression entre $0,750$ et $0,770$ les termes $R_m x$ et $R_m y$ sont assez faibles pour qu'il n'en soit tenu aucun compte dans les observations faites à la mer.

La réfraction se retranche des hauteurs et s'ajoute aux distances zénithales observées.

Si l'on appelle h'_2 la hauteur observée corrigée de la réfraction et de la dépression, h'_1 représentant la hauteur observée h'_0 corrigée de la dépression seulement

$$h'_2 = h'_1 - \text{Réf} = h'_0 - \text{Dép} - \text{Réf}.$$

3° DEMI-DIAMÈTRE APPARENT.

$\frac{1}{2}D' = \frac{1}{2}D +$ Augmentation en hauteur.

$\frac{1}{2}D'' = \frac{1}{2}D' -$ Accourcissement.

$\frac{1}{2}D''$ ou $\frac{1}{2}D' =$ Demi-diamètre apparent tel que nous l'observons, celui qui doit servir à la correction des observations.

$\frac{1}{2}D =$ Demi-diamètre apparent donné par les éphémérides.

Accourcissement $= \frac{1}{2}mD$ en valeur absolue.

Dans cette expression $\frac{1}{2}D$ est un nombre abstrait qui contient autant d'unités qu'il y a de minutes dans la valeur de $\frac{1}{2}D$. m est la valeur absolue de la variation de réfraction qui correspond a une variation de $1'$ de hauteur; m étant exprimée en secondes, $\frac{1}{2}mD$ se trouve de même exprimé en secondes. La valeur de m est donnée par la table des réfractions moyennes pour la hauteur observée.

L'accourcissement est donné immédiatement à vue par une petite table dans laquelle on entre en prenant pour arguments le demi-diamètre $\frac{1}{2}D$ des éphémérides et la hauteur h'_2 de l'observation obtenue tout à l'heure, mais corrigée à une ou deux minutes près seulement du demi-diamètre $\frac{1}{2}D$. L'accourcissement est en réalité une réfraction moyenne; il doit être réduit comme tel des corrections de température et de pression. (Voir tome II, chap. III, § 2.) L'accourcissement moyen se trouve dans tous les recueils de tables nautiques (III de Guépratte, XIV de Callet et XXIII de Caillet).

L'accourcissement est maximum à l'horizon et nul au zénith.

Cette correction n'est applicable qu'à la Lune et au Soleil, c'est-à-dire aux astres qui ont un diamètre apparent notable.

En admettant une hauteur supérieure à $12°$, l'accourcissement est moindre que $6''$. Cette correction est par suite très-faible; il n'y a pas lieu d'en tenir compte dans les observations exécutées à la mer.

Augmentation du demi-diamètre en hauteur.

Elle a pour expression $\frac{1}{2}D \dfrac{\frac{1}{2}D \sin 1''}{K} \sin h'_2$ dans laquelle $\frac{1}{2}D =$ demi-diamètre apparent donné par les éphémérides; $h'_2 =$ hauteur apparente telle qu'elle a été définie tout à l'heure, c'est-à-dire la hauteur observée déjà réduite de la dépression et de la réfraction et corrigée en outre à une ou deux minutes près du demi-diamètre apparent $\frac{1}{2}D$.

$K =$ rayon de l'astre observé exprimé avec le rayon terrestre pris pour unité; pour la Lune $K = 0{,}2729$ ou environ $\frac{3}{11}$ d'après Hansen.

La valeur de l'augmentation du demi-diamètre en hauteur est donnée par une table qui a pour arguments la hauteur h'_2 et le demi-diamè-tre $\frac{1}{2}$D (tables XI de Guépratte, XIV de Callet et XXV de Caillet).

Cette correction est nulle à l'horizon et maximum au zénith. Elle n'est véritablement appréciable que pour la Lune; dans ce cas, elle est toujours moindre que 19″.

Quand l'observation a été exécutée sur le bord inférieur de l'astre par rapport à l'horizon, la correction du demi-diamètre apparent $\frac{1}{2}$D′ s'ajoute à la hauteur et se retranche de la distance zénithale observée. En appelant h'_3 la hauteur corrigée,

$$h'_3 = h'_2 + \tfrac{1}{2}D' = h'_0 - \text{Dép} - \text{Réf} + \tfrac{1}{2}D';$$

si au contraire l'observation avait été faite sur le bord supérieur, la correction $\frac{1}{2}$D′ se retrancherait de la hauteur et s'ajouterait à la distance zénithale

$$h'_3 = h'_2 - \tfrac{1}{2}D' = h'_0 - \text{Dép} - \text{Réf} - \tfrac{1}{2}D'.$$

4° PARALLAXE.

Elle a pour expression analytique

$$p = \text{P}\cos h'_3 + \frac{i\text{P}}{\sin 1''}\sin h'_3 \cos \text{A}'.$$

P = parallaxe horizontale du lieu.

P = $\rho\pi$, ρ étant le rayon de la Terre pour le lieu de l'observation et π la parallaxe horizontale équatoriale donnée par les éphémérides pour l'époque de l'observation

$$\text{P} = \rho\pi = \pi - \Delta\pi,$$

en appelant $\Delta\pi$ la variation de parallaxe due à la latitude.

$\Delta\pi$ est assez petit pour être négligeable quand il s'agit du Soleil ou des planètes; mais cette quantité est appréciable pour la Lune; nulle à l'équateur, elle est maximum au pôle. Elle est toujours moindre que 12″,5.

Pour la Lune $\Delta\pi$ est donné par une table dont les arguments sont la parallaxe horizontale équatoriale π à l'époque de l'observation et la latitude astronomique φ du lieu (tables X de Guépratte, XI de Callet, XXIV de Caillet).

$h'_3 =$ Hauteur de l'observation déjà corrigée du demi-diamètre de la réfraction et de la dépression.

$A' =$ azimut observé de l'astre considéré. Il suffit que A' soit connu au degré seulement.

$i =$ Différence des latitudes astronomique et géocentrique $(\varphi - \varphi')$.

La quantité i peut être donnée par une table ayant pour argument unique la latitude astronomique du lieu.

On trouve une table de ce genre dans Guépratte (table LXVII) sous la dénomination *angle de la verticale*. Elle a été construite en supposant l'aplatissement $\alpha = \dfrac{1}{309}$. Elle donne pour valeur maximum de i 11′09″,4.

La table XXII de Caillet donne la valeur de i en supposant $\alpha = \dfrac{1}{305}$; la valeur maximum de i est, d'après cette table, 11′17″,4.

On trouvera, à la suite du deuxième volume de l'*Astronomie* de Brunnow, une table des valeurs de i (table II) qui a été construite avec le chiffre de Bessel $\alpha = \dfrac{1}{299,15}$. La valeur maximum de i est, d'après cette table, 11′30″,6.

D'après ce qu'on a dit précédemment, les différences accusées par ces différentes tables s'expliquent très-naturellement; on a remarqué, en effet, qu'une erreur de $+1$ unité sur le dénominateur de l'aplatissement correspond à une erreur d'environ $-2″$ sur la valeur de $i = \varphi - \varphi'$.

Quand P et h'_3 sont connus, le terme $P\cos h'_3$ peut s'estimer au moyen d'une table à double entrée ayant pour arguments P et h'_3; on a construit des tables de ce genre pour le Soleil, les planètes et la Lune :

1° Pour le Soleil (tables VI de Guépratte, IX de Callet, XVII de Caillet) : $p = P\cos h$ est dans ce cas généralement moindre que 9″, de sorte que cette correction peut être négligée dans les observations faites à la mer.

2° Pour les planètes (table XCVIII de Guépratte, X de Callet, XXVII de Caillet) : Vénus est de toutes les planètes celle dont la parallaxe est la plus forte. Or, dans le cas de Vénus, on a toujours $p < 31″$.

3° Pour la Lune (tables XIII de Guépratte, XII de Callet et XXVIII de Caillet). Ces tables donnent, non pas la parallaxe en hauteur de la Lune, mais cette *parallaxe moins la réfraction moyenne* pour la température $+10°$ centigrades et la pression $0^m,760$.

Les arguments de ces tables sont d'un côté la parallaxe horizontale

P du lieu et de l'autre la hauteur observée corrigée de la *dépression* et du *demi-diamètre* apparent.

Il est facile de voir que les tables dont nous parlons sont construites d'après un principe vicieux et que les nombres qu'elles fournissent sont affectés d'erreurs à la vérité toujours très-faibles, mais néanmoins sensiblement appréciables.

On a pris pour valeur de la parallaxe le nombre qui convient à la hauteur observée d'un bord de l'astre augmentée ou diminuée du demi-diamètre apparent, suivant qu'on a observé le bord inférieur ou le bord supérieur. Or, cette parallaxe n'est pas la même que celle qui convient à l'observation, c'est-à-dire à la hauteur du centre moins la réfraction : elle en diffère toujours d'une quantité qui peut n'être pas négligeable. Il en résulte que dans la construction de la table on s'est servi d'une valeur de parallaxe qui n'est pas celle qui conviendrait à l'observation et que par suite les nombres donnés par cette table sont erronés d'une quantité qui est égale à la variation de parallaxe qui correspondrait à un mouvement en hauteur égal à la réfraction moyenne. On pourra se rendre compte de l'importance de cette erreur dans un exemple que nous donnerons plus loin.

Il eût été facile de tenir compte de la cause d'erreur qui vient d'être signalée : pour cela il eût suffi d'ajouter à tous les résultats fournis par la table une correction dont le calcul est très-simple. La parallaxe devant être calculée en fonction de la hauteur du centre h'_3 déjà corrigée de la réfraction, et les tables donnant cet élément en fonction de la hauteur h'_3 non corrigée, on trouvera que l'erreur commise en procédant de la sorte $d(par. - réf.)$ est égale à $\alpha P \cos h'_3$, α étant la constante de la réfraction ; ajoutant cette correction aux nombres de la table, on eût obtenu des résultats, sinon entièrement rigoureux, du moins suffisamment approchés.

Toutes les tables dont nous venons de parler donnent des résultats erronés d'une seconde environ pour les hauteurs vraies, de sorte qu'elles ne peuvent être d'aucune utilité dans les calculs de précision, par exemple dans les réductions de distances lunaires. Elles sont toutefois suffisamment approchées pour les calculs d'angle horaire exécutés à la mer.

Les tables qui servent à estimer *la parallaxe moins la réfraction moyenne* ont été calculées pour la première fois par Guépratte ; elles ont été reproduites telles quelles depuis par tous les auteurs qui ont publié des tables nautiques. Il eût été à désirer qu'on leur eût fait subir la correction que nous venons de signaler. Le but de ces tables a été de simplifier le calcul exécuté à la mer en réunissant deux corrections dans une seule ; au fond, cette simplification n'est réelle que pour les calculs de peu de précision comme ceux qui sont faits à la mer. Quand on a besoin d'une grande exactitude, la simplification n'existe plus; on est obligé en effet de tenir compte alors des corrections dues à la température et à la pression et par suite de calculer la valeur exacte de la réfraction moyenne. Dans ce cas, il faut exécuter les corrections dans l'ordre que nous avons indiqué et calculer directement par logarithmes le terme $P \cos h'_3$.

La correction de parallaxe $P \cos h'_3$ est minimum pour le passage au méridien ou culmination de l'astre et maximum à l'horizon.

La correction $iP \sin 1'' \sin h'_3 \cos A'$ est du second ordre au plus par rapport à la précédente; on a fait observer, en effet, qu'elle ne dépasse jamais $12'',5$ en valeur absolue. Elle n'est applicable que pour la Lune; on ne doit s'en préoccuper que pour les calculs de précision.

Cette correction ne peut pas être estimée au moyen d'une table particulière puisqu'elle contient par le fait quatre éléments variables.

On peut mettre en table la quantité $iP \sin 1''$; les arguments seraient alors la latitude et la parallaxe horizontale; les recueils employés généralement en navigation ne renferment point de table de ce genre, mais il serait facile de la construire.

Dans tous les recueils de tables nautiques ou astronomiques, il devrait y avoir une table donnant le produit $N \sin x$ ou $N \cos x$, N représentant un nombre de secondes ou de minutes compris entre 0 et $60'$ et x un arc quelconque compris entre $0°$ et $90°$. Cette table rendrait de grands services, car elle pourrait servir à calculer un grand nombre de termes de correction d'un usage fréquent. On pourrait, en effet, s'en servir pour calculer la parallaxe $P \cos h$ aussi bien que le terme de correction $iP \sin 1'' \sin h'_3 \cos A'$; $iP \sin 1''$ étant donné par une table particulière, soit cette quantité égale à m''; on calculerait le produit $m'' \sin h'_3 = n''$ et ensuite $n'' \cos A'$ au moyen de table des produits $N \sin x$ ou $N \cos x$.

Quoi qu'il en soit le terme de correction $iP \sin 1'' \sin h'_3 \cos A'$ est toujours une quantité du second ordre; cette quantité est nulle quand l'astre se trouve placé à l'horizon ou dans le premier vertical; elle est maximum pour le passage de l'astre au méridien. Cette quantité peut d'ailleurs être positive ou négative puisque A' est compris entre $0°$ et $360°$.

La correction totale de parallaxe

$$p = P \cos h'_3 + iP \sin 1'' \sin h'_3 \cos A'$$

s'ajoute à la hauteur observée et se retranche de la distance zénithale. Si l'on appelle finalement h la hauteur réduite, l'observation ayant eu lieu sur le bord inférieur,

$$h = h'_3 + p;$$
$$h = h'_0 - \text{Dép.} - \text{Réf.} + \tfrac{1}{2}\,\text{D}' + p.$$

De même pour la distance zénithale, on aurait dans le même cas

$$z = z'_2 - p;$$
$$z = z'_0 + \text{Réf.} - \tfrac{1}{2}\,\text{D}' - p.$$

Nous donnons maintenant quelques exemples de réductions de hauteurs.

I. *Le 22 avril 1873, à midi T. M. de Paris, par une latitude $\varphi = 48°50'11''$, l'œil étant élevé de 5 mètres au-dessus du niveau de la mer, la température étant $+30°$ centigrades et la hauteur du baromètre $H = 740^{mm},7$, on a observé la hauteur du bord inférieur de la Lune $h'_0 \mathbb{C} = 8°40'46''$. on veut réduire cette hauteur sachant que, d'après les éphémérides, on a pour l'époque de l'observation*

Parallaxe horizontale équatoriale ou $\quad \pi = 59'46'',3$;

Demi-diamètre apparent central ou $\quad \tfrac{1}{2}\,\text{D} = 16'18'',9.$

On a trouvé d'ailleurs pour azimut du centre de l'astre $232°30'$.
Pour l'élévation de l'œil $e = 5$ mètres, on trouvera Dép. $= 3'58''$.

$$h'_0 = 8°40'46''$$
$$\text{Dép.} = -\ 3'58''$$
$$\overline{}$$
$$h'_1 = 8°36'48''$$

Pour cette hauteur les tables de réfraction donneront :

Réfraction moyenne $= \text{R}_m = 6',08'',8,$

et ensuite, avec cette réfraction moyenne, la température et la pression données :

Correction thermométrique ou $\text{R}_m x = -\ 25'',7$ $(t = +\ 30°)$;

Correction barométrique ou $\text{R}_m y = -\ 9'',5$ $(\text{H} = 740,7)$;

d'où

Correction totale $= \text{R}_m x + \text{R}_m y = -\ 35'',2,$

et par suite,

$$\text{Réfraction totale ou } R = 5'33'',6;$$

$$h'_1 = 8°36'48'',0$$
$$R = - 5'33'',6$$
$$h'_2 = 8°31'14'',4$$

On trouvera d'ailleurs, pour calculer le demi-diamètre apparent $\frac{1}{2}D'$:

$$\text{Demi-diamètre } \tfrac{1}{2}D = 16'18'',9$$
$$\text{Augmentation} = + 2'',7$$
$$\text{Demi-diamètre } \tfrac{1}{2}D' = 16'21'',6$$

et ensuite,

$$h'_2 = 8°31'14'',4$$
$$\tfrac{1}{2}D' = + 16'21'',6$$
$$h'_3 = 8°47'36'',0$$

On calculera finalement les termes de la parallaxe; il faudra d'abord estimer la parallaxe horizontale du lieu P; la table donnera :

$$\pi = 59'46'',3$$
$$\Delta\pi = - 6'',8$$
$$P = 59'39'',5$$

Au moyen de la valeur de P, de la hauteur h'_3 et de l'azimut observé, $232°30'$, on trouvera

$$P \cos h'_3 = 58'57'',5$$
$$i P \sin 1'' \sin h'_3 \cos A' = - 1'',1$$
$$p = 58'56'',4$$

d'où

$$h'_3 = 8°47'36'',0$$
$$p = + 56'56'',4$$
$$\text{Hauteur vraie ou } h = 9°46'32'',4$$

Si l'on avait effectué la réduction au moyen des tables qui donnent la parallaxe diminuée de la réfraction, on eût trouvé

$$h_1 = 8°36'48''$$
$$\tfrac{1}{2}D'' = +16'12'',3 \quad (accourc. = 9'',3)$$
$$\overline{8°53'00'',3}$$

Parallaxe moins Réfraction $= \quad 52'59'',0$

$$\overline{8°45'59'',3}$$

Ce résultat doit, en outre, être réduit de la correction de réfraction 35'',2, due à la température et à la pression, et de la correction azimutale 1'',1 ; il y a lieu pour cela d'ajouter au résultat précédent 34'',1, et l'on aura finalement

$$h = \text{Hauteur réduite} = 8°46'33'',4.$$

Ce résultat diffère de 1'',0 de celui qui a été trouvé tout à l'heure : cela tient à l'inexactitude des tables signalée précédemment. On voit que l'erreur est notable et ne saurait, par suite, être négligée dans un calcul de précision. Cette erreur est d'autant plus faible que la hauteur est plus grande; elle est égale à la variation de parallaxe qui correspond à un mouvement en hauteur égal à la réfraction moyenne. Il est facile de vérifier, dans le cas considéré, que pour une hauteur d'environ 8°30' la parallaxe diminue de 1'',0 quand la hauteur augmente de 6', valeur de la réfraction moyenne.

II. *Le 19 avril 1874, l'œil étant élevé de 6 mètres au-dessus du niveau de la mer, le thermomètre indiquant $+25°$ et le baromètre $771^{mm},5$, on a observé la hauteur du bord inférieur du Soleil $h'_0 \odot = 14°42'16''$; on veut réduire cette observation sachant que, pour l'époque de l'observation, les Éphémérides donnent, pour valeur du demi-diamètre apparent, $\tfrac{1}{2}D = 15'56'',5$.*

On trouvera d'abord

$$h'_0 = 14°42'16''$$
$$\text{Dép} = -\quad 4'21''$$
$$\overline{h'_1 = 14°37'55''}$$

Calculant ensuite la réfraction

$$\text{Réfraction moyenne} = R_m = 3'39'',9$$
$$\text{Correction } R_m x = -11'',7$$
$$\text{Correction } R_m y = +\quad 3'',3$$
$$\overline{\text{Réfraction totale ou } R = 3'31'',5}$$

d'où

$$h'_2 = h'_1 - R = 14°34'23'',5$$

A ce résultat il faudra ajouter le demi-diamètre apparent $\frac{1}{2}$D des éphémérides, comme on l'a fait dans la première partie du calcul précédent sans se préoccuper de l'accourcissement. La hauteur vraie du centre est égale à la hauteur vraie du bord augmentée du demi-diamètre vrai. Si l'on voulait la hauteur apparente du centre, on ajouterait à la hauteur apparente du bord le demi-diamètre vrai diminué de l'accourcissement. Il n'y aura pas lieu non plus de tenir compte de l'augmentation en hauteur

$$h'_3 = h'_2 + \tfrac{1}{2}\mathrm{D},$$
$$h'_3 = 14°50'20'',0.$$

Enfin, on trouvera immédiatement à l'époque de l'observation pour la hauteur observée

$$p = 8'',5,$$

d'où

$$h = h'_3 + p = 14°50'28'',5,$$

telle sera la hauteur réduite demandée.

Le calcul pour le cas d'une planète serait identique au précédent, sauf toutefois l'accourcissement dont il n'y aura jamais lieu de tenir compte. Pour une étoile le calcul se simplifierait encore; il n'y aurait alors lieu de se préoccuper ni du demi-diamètre ni de la parallaxe.

3. De la réduction des azimuts. Il n'y a lieu d'effectuer cette réduction que dans le cas où l'on a mesuré l'azimut de l'un des bords d'un astre ayant un diamètre apparent au moyen d'un théodolithe avec une précision d'au moins 5''. La mesure exécutée est alors indépendante de toute dépression d'horizon et de la réfraction. Il y a lieu seulement de tenir compte dans l'expression totale de la réduction du demi-diamètre apparent et de la parallaxe en azimut.

Le demi-diamètre horizontal n'éprouve pas d'accourcissement par la réfraction, mais il subit l'augmentation due à la parallaxe, cela toutefois dans le cas de la Lune seulement. On aura donc

$$\text{Correction du demi-diamètre} = \tfrac{1}{2}\,\mathrm{D} + \text{Augmentation en hauteur}.$$

La correction de parallaxe est du second ordre; elle a pour expression

$$i\mathrm{P}\sin 1''\,\frac{\sin \mathrm{A}'}{\cos h'},$$

en appelant A' et h' l'azimut et la hauteur de l'observation; cette correction est nulle pour le passage de l'astre au méridien; elle n'est appréciable que pour la Lune, dans ce cas sa valeur maximum est $12'',5$.

Si l'on suppose que l'on ait observé le bord de la Lune le plus voisin du pôle Nord ou de l'origine

$$\text{Azimut vrai A} = \text{Azimut observé ou } A' + \tfrac{1}{2} D' + \frac{iP}{\sin 1''} \frac{\sin A'}{\cos h'},$$

$$\tfrac{1}{2} D' = \tfrac{1}{2} D + \text{Augmentation en hauteur.}$$

Pour le Soleil, on aurait simplement dans le même cas

$$A = A' + \tfrac{1}{2} D.$$

EXEMPLE. *Le 22 avril 1873, on a observé l'azimut du bord de la Lune le plus voisin du point Nord (les azimuts étant supposés comptés du Nord vers l'Ouest en passant par le Sud).*

$A'_0 = 232°17'54''$, *on demande l'azimut vrai sachant que la hauteur* était $8°47'$ environ *et que, d'après les éphémérides,* $\tfrac{1}{2} D = 16'18'',9$, $\pi = 59'46'',3$.

L'augmentation du demi-diamètre dû à la parallaxe est de $2'',7$, de sorte que

$$\tfrac{1}{2} D' = \tfrac{1}{2} D + \text{Augm.} = 16'21'',6.$$

L'azimut observé corrigé du demi-diamètre ou l'azimut du centre de l'astre sera par suite

$$A'_1 = A'_0 + \tfrac{1}{2} D' = 232° 34' 16''.$$

On trouvera d'ailleurs, en prenant la latitude $48°50'11''$, pour le lieu de l'observation

$$\frac{iP}{\sin 1''} \frac{\sin A'}{\cos h'} = - 9'',5,$$

d'où finalement

$$A = A' + \frac{iP}{\sin 1''} \frac{\sin A'}{\cos h'} = 232° 34' 07''.$$

Tel sera l'azimut réduit.

Il n'y a jamais lieu de se préoccuper des réductions d'azimut toutes les fois que les observations n'ont pas été exécutées avec une précision extrême.

FIN DU PREMIER VOLUME.

ERRATA

Page 9, ligne 27. Au lieu de *composé*, lire *comparé*.

— 29, — 21. Au lieu de 250°, lire 350°

— 35, — 18. Au lieu de $\log \dfrac{1 + \sin \varphi}{1 - \sin \varphi}$, lire $\log \dfrac{1 + e \sin \varphi}{1 - e \sin \varphi}$.

— 53, — 34. Au lieu de *à tribord*, lire *à bâbord*.

— *id.* — 35. Au lieu de *à bâbord*, lire *à tribord*.

— 56, — 16. Au lieu de *le vent de tribord*, lire *le vent de bâbord*.

— 65, — 9. Au lieu de *est*, lire *et*.

— 104, — 8 en remontant. Au lieu de *axe*, lire *arc*.

— 121, — 4 en remontant. Au lieu de *longitude l*, lire *longitude ψ'*.

— 123, — 2 en remontant. Au lieu de $\sin(s - z)$, lire $\cos(s - z)$.

— 136, — 13. Au lieu de $\dfrac{\cos \alpha}{\cos \delta}$, lire $\dfrac{\cos \alpha}{\cos^2 \delta}$.

— 154, — 9 en remontant. Au lieu de $2m \cos \alpha$ au dénominateur, lire $2n \cos \alpha$.

— 157. — 24. Au lieu de $\dfrac{\cos \varphi \cos \delta \sin T}{\operatorname{cotg} A \operatorname{cotg} C}$, lire $\dfrac{\operatorname{cotg} A \operatorname{cotg} C}{\cos \varphi \cos \delta \sin T}$.

— 158, — 16. Au lieu de *générale*, lire *généralement*.

— 167, — 2. Au lieu de $(y^{n+1})^{4n}$, lire $(y^{n+1})^{n}$.

— 168, — 8 en remontant. Au lieu de $3c^2$, lire $2c^2$.

— 173, — 7 en remontant. Au lieu de $\Delta E_2 - \Delta E_1$, lire $\Delta E_1 - \Delta E_0$; au lieu de $\Delta E_1 =$. lire $\Delta^2 E_1 =$; au lieu de $\Delta E_3 - \Delta E_1$, lire $\Delta E_3 - \Delta E_2$.

— *id.*, — 6 en remontant. Au lieu de $\Delta^2 E_1$, lire $\Delta^3 E_0$.

— 185, — 15. Au lieu de 3.30.35,9, lire 3.21.35,9.

— 188, — 11. Au lieu de 85 211,3, lire 86 211,3.

— 212, dernière ligne. Au lieu de *sur ε'*, lire *sur ε*.

— 218, ligne 12 en remontant. Au lieu de $\psi = 50'',327\,00\,t - 0'',000\,243\,589\,t^2$. lire $\psi = 50'',351\,36\,t - 0'',000\,121\,794\,t^2$.

— *id.*, — 8 en remontant. Au lieu de $50'',324\,04\,t$, lire $50'',354\,04\,t$.

— *id.*, — 6 en remontant. Au lieu de $0'',000\,112\,34\,t^2$, lire $0'',000\,11\,34\,t^2$.

— 222, lignes 2 et 3. Au lieu de $\alpha_1 - \delta_0$, lire $\alpha_1 - \alpha_0$. et de $\alpha_1 - \delta_0$, lire $\delta_1 - \delta_0$.

— 226, ligne 12. Au lieu de $9'',21\,31$, lire $9'',22\,31$.

— 241, — 2 en remontant. Au lieu de $281°.46',481$, lire $281°.20'.46'',481$, et ligne 1 en remontant. Au lieu de 003, lire 083.

— 242, — 20. Au lieu de $0'',000\,000\,50\,t$, lire $0'',000\,000\,606\,t$.

— 244, — 2. Supprimer *et ce*.

— 249, — 5 Au lieu de $\cos(\leftmoon - \odot)$, lire $\sin(\leftmoon - \odot)$.

— 261, — 6. Au lieu de $+0'',640$, lire $-0'',640$.

— 262, — 7. Au lieu de 606 71, lire 60,671.

— 269, — 2. Au lieu de $180° (v_1 - \odot)$, lire $180° - (v_1 - \odot)$.

— 270, — 8 en remontant. Au lieu de $d =$, lire $q =$.

— 272, — 16. Au lieu de ϖ', lire ϖ''.

— 273. — 22. Au lieu de $0'',000\,05\,t$, lire $0'',000\,01\,t$.

Chabirand. —Astronomie.

Page 273, ligne 3 en remontant. Au lieu de 23'.36",0, lire 23',56",0.
— 274, — 10 en remontant. Au lieu de 3 l'' — 7 l', lire 3l' — 7 l'.
— 275, — 1. Au lieu de $+ 2''$,629, lire $- 2''$,629.
— 279, — 9 en remontant. Au lieu de $- 0,0011\, t$, lire $+ 0,0011\, t$.
— 281, — 9. Au lieu de 2W, lire W.
— 284, — 14. Au lieu de $+ 20''$,92 sin 3g, lire $- 20''$,92 sin 3g.
— 285, — 11 en remontant. Au lieu de 11'',42 cos g, lire 11'',42 cos 2g.
— 286, — 14. Au lieu de $+ 16''$ sin 4g, lire $- 16''$ sin 4g.
— 296. — 11. Au lieu de $\dfrac{d \vartheta_1}{dt}$, lire $\dfrac{d\vartheta_1}{dt}$.
— 297, — 15 en remontant. Au lieu de 265$^{j.m}$, lire 365$^{j.m}$.
— 301. — 6 en remontant. Au lieu de 6896, lire 6806.
— 304, — 11 en remontant. Au lieu de 56'', lire 46''.
— 305, — 5. Au lieu de 246°.26'.36'',56, lire 239°.51'.19'',04.
— 317, — 2. Au lieu de 0'',0301, lire 3'',017.
— 326. — 8. Au lieu de 48'',02, lire 48'',20.
— 327. — 6. Au lieu de 44,1, lire 14.1.
— id., — 7. Au lieu de 28,5, lire 16,5.
— 354. — 5 en remontant. Au lieu de 29^{j},5^{h}, lire 29^{j},5.
— 375. — 8 en remontant. Au lieu de tg $=$, lire tg $\varphi =$.
— 376. — 5. Au lieu de $\dfrac{\cos \varphi}{\mathrm{NP}}$, lire $\dfrac{\mathrm{NP}}{\cos \varphi}$.
— 385. — 12. Au lieu de $- \dfrac{1}{2} i^2 \,\mathrm{tg}\, h' \sin \mathrm{A}'$, lire $+ \dfrac{1}{2} i^2 \,\mathrm{tg}\, h' \sin^2 \mathrm{A}'$.
— id.. — 13. Au lieu de $+ \dfrac{1}{4} i^2$, lire $- \dfrac{1}{4} i^2$.
— id.. — 14. Au lieu de $- \dfrac{1}{2} i^2$, lire $+ \dfrac{1}{2} i^2$.
— 395. — 7 en remontant. Au lieu de $\dfrac{1}{1+f} \left(\dfrac{l_0}{a} + \dfrac{1}{2} \alpha \right) - \dfrac{1}{2} \alpha y$,

lire $\dfrac{1}{1+f} \left[\left(\dfrac{l_0}{a} + \dfrac{1}{2} \alpha \right) - \dfrac{1}{2} \alpha y \right]$.

— 434, — 11. Au lieu de $\alpha' = \alpha + \mathrm{P}_\alpha = 22^h.27^m.30^s,90$, lire $\alpha' = \alpha - \mathrm{P}_\alpha = 22^h.23^m.03^s,44$;
et au lieu de $\mathrm{P}_\delta = \delta' - \delta = -$, lire $\mathrm{P}_\delta = \delta - \delta' = +$.
— id.. — 15 en remontant. Au lieu de $= 6°.56'.22'',2$, lire $= 9°.46'.22''.2$.
— 463. lignes 3, 21 et 23. Remplacer $\dfrac{\mathrm{P}}{\sin 1''}$ par P sin 1''.